亚洲重大地质问题研究系列著作

中国东南部及邻区中新生代
岩浆作用与成矿

毛建仁 等 著

谨以本书向南京地质矿产研究所建所五十周年献礼

科 学 出 版 社

北 京

内 容 简 介

本书从大陆动力学、壳幔相互作用和洋陆过程以及与短暂挤压相伴随的伸展构造观点,研究了中国东南部及邻区(重点是日本和韩国)中新生代岩浆活动与成矿,系统总结了印支期、燕山期和喜马拉雅期花岗岩-火山岩的时空分布、地球化学特征、岩浆起源与岩石成因。全书共分8章34节,按照以成岩成矿时代为主线的统一思路,阐述了中国东南部(包括台湾岛)、日本和韩国花岗岩-火山岩地质地球化学特征与规律性的新认识(第2至第7章);特别是将印支期花岗岩分为越南-海南岛带、华南内陆带-武夷山脉带、浙闽沿海-台湾带和苏鲁-韩国带进行了系统总结和剖析,将东南沿海与日本白垩纪-古近纪花岗岩-火山岩带进行了系统对比。在综合研究和整合地质事实基础上,提出了有关华南中生代岩浆活动的多板块汇聚和深部物质上涌的四阶段动力学演化新模式(第8章)。

本书可供相关高等院校科研院所、地勘部门的地质调查研究人员和研究生阅读与参考。

图书在版编目(CIP)数据

中国东南部及邻区中新生代岩浆作用与成矿 / 毛建仁等著 . —北京:科学出版社,2013.3

(亚洲重大地质问题研究系列著作)

ISBN 978-7-03-037029-7

Ⅰ.①中… Ⅱ.①毛… Ⅲ.①新生代-岩浆作用-研究-东南丘陵②新生代-岩浆矿床-矿床成因-研究-东南丘陵 Ⅳ.①P588.11②P611.1

中国版本图书馆 CIP 数据核字(2013)第 046131 号

责任编辑:韦 沁 / 责任校对:宋玲玲
责任印制:钱玉芬 / 封面设计:王 浩

科学出版社 出版

北京东黄城根北街 16 号
邮政编码:100717
http://www.sciencep.com

北京通州皇家印刷厂 印刷
科学出版社发行 各地新华书店经销

*

2013 年 3 月第 一 版 开本:787×1092 1/16
2013 年 3 月第一次印刷 印张:34
字数:790 000

定价:228.00 元

(如有印装质量问题,我社负责调换)

《亚洲重大地质问题研究系列著作》编委会

主　编：任纪舜

副主编（按拼音排序）

何国琦　洪大卫　陆松年　夏林圻

编　委（按拼音排序）

高林志　和政军　金小赤　李怀坤

李向民　毛建仁　牛宝贵　任留东

王　涛　邢光福　徐学义　杨崇辉

尹崇玉　张世红　赵　磊　周国庆

谨以本书向南京地质矿产研究所建所五十周年献礼

本 书 作 者

毛建仁　邢光福　叶海敏　赵希林

余明刚　刘　凯　陈　荣

厉子龙　李寄嵎　徐维光

高桥浩　（Yutaka Takahashi）

奇洹叙　（Weon-Seo Kee）

出版说明

    根据世界地质图委员会（CGMW）2004 年佛罗伦萨会议决议，在中国地质调查局的
全力支持下，从 2005 年到 2012 年，由 CGMW 南亚和东亚分会（挂靠中国地质科学院地
质研究所）负责，联合 CGMW 中东分会、北欧亚分会、海底图分会以及亚欧 20 个国家
100 余名地质学家共同编制了世界上第一份海陆地质同时表示的数字化 1：500 万国际亚洲
地质图（IGMA5000）。与此同时，为了解决一些重要地质问题，把编图与专题研究结合起
来，我们组织了包括早前寒武纪地质、晚前寒武纪地质、南华系－震旦系、显生宙地层、
东亚中生代火山岩、中亚大陆火山岩、花岗岩、蛇绿岩和大地构造等研究项目。《亚洲重
大地质问题研究系列著作》就是在这些项目总结报告的基础上撰写的。系列著作各专题将
从 2013 年起陆续出版。

    亚洲是世界上面积最大，地质结构和演化历史最复杂的一个大陆，有许多挑战性和前
沿性的问题急需研究。我们期望系列专著随着研究工作的不断扩展和深化而延续，使其成
为了解和研究亚洲地质的重要参考。由于中国位于亚洲的中心位置，本系列著作的出版必
将有助于深化对中国地质的认识。

任纪舜

2012.5.10

前　言

花岗岩-火山岩是大陆地壳的重要组分，同时又常常与多金属矿产有着密切的成因联系。因此，长期以来一直是地质科学的主要研究对象之一，它的成因和成矿等问题也一直是重要的前沿研究课题，也是探讨地球动力学过程与机制、开发利用自然资源必不可少的研究工作内容。随着人们对花岗岩成岩成矿的认识不断深入，不断有新的问题产生。正是这样，国际花岗岩学术讨论会，特别是与国际奥林匹克运动会相似的四年一次的"Hutton国际花岗岩及相关岩石成因"序列性学术讨论会在国际地质学界有着重要影响。

我国地质科学工作者长期重视花岗岩-火山岩的研究，华南花岗岩及相关岩石的研究曾达到国际水平。华南花岗岩的研究在 21 世纪初形成了新的热潮，由于控制亚洲显生宙构造演化的三大动力体系（古亚洲洋体系，特提斯-古太平洋体系和印度洋-太平洋体系）在中国东南部都有强烈表现，新生代古大陆的裂解，形成了世界上最宽阔的近海陆架和边缘海之一，原有的地质和地貌景象已被强烈破坏和改造，因缺少直接证据，故恢复中生代地质演化史的难度加大，中国东南部的构造演化就更显得极其复杂。因此，近 20 年来地质学家提出了各种推断和模式。

日本火山岩浆作用的研究起步较早、研究程度高。日本地质学家认为洋脊俯冲所引起的板片构造窗张开在西南日本白垩纪岩浆作用方面起了重要的作用（Kinoshita，1995a，1995b；Nakajima，1994）。他们阐述了板片构造窗导致部分熔融的热软流圈上涌，并为花岗质岩浆源区的地壳提供热源，并进一步指出与白垩纪花岗岩相关的一些辉长岩可能源自上涌的软流圈。Tatsumi 和 Hanyu（2003）及 Tatsumic 等（2005）根据日本国际科学计划中的海洋钻探计划成果提出全球系统变化的模式，用俯冲洋壳全地幔对流的观点来解释 HIMU 洋岛玄武岩形成和中白垩世超地幔柱的地球化学证据及"俯冲工厂"模式。Nakajima（1996）提出日本岛最古老的花岗岩位于弧后的飞弹（Hida）高原，是年龄介于 270～200Ma B. P. 的深成岩-变质岩地体。日本最大规模的岩浆活动发生在 125～60Ma B. P.，特别是西南日本晚白垩世（100～60Ma B. P.）所形成的花岗质岩石约占日本花岗岩出露面积的 70%，花岗岩带在日本海扩张以前是亚洲大陆的组成部分，是同库拉-太平洋板块和欧亚大陆的俯冲-碰撞相联系的。

韩国中新生代岩浆作用的研究程度较高，在 20 世纪 80～90 年代，许多学者研究了火山岩和花岗岩的形成时代，认为韩国显生宙的花岗岩主要包括较年轻的花岗岩（白垩纪—古近纪）和较老的花岗岩（二叠纪—侏罗纪），其中存在一个明显的岩浆活动间断（160～110Ma B. P.，Hee and Sung，2005）。三叠纪、侏罗纪和白垩纪的岩浆活动分别与韩国的松里运动、大堡运动和沃国寺运动有关。对花岗岩的地球化学特征、成因及构造环境判别进行了研究与总结（Lee，1987）。韩国印支期花岗岩的高精度锆石 SHRIMP 同位素年龄有三组：232～226Ma B. P.，227～226Ma B. P. 和 240～228Ma B. P.（*Kim et al.*，

2011）。大堡期花岗岩根据它们时空分布特征可以分为两组：早侏罗世花岗岩类（约201～185Ma B. P.）主要产在朝鲜半岛南部的岭南地块，中侏罗世花岗岩类（180～168Ma B. P.）产出在京畿地块、沃川带和临津江带（Lee et al.，2003；Hee and Sung，2005；Park et al.，2006；Kee et al.，2010）。Lee 等（1992）对显生宙的岩浆活动与板块运动联系起来，提出北部花岗岩的形成时代主要是三叠纪，中部主要是侏罗纪，南部主要是白垩纪，这种时空分布特征可能与古太平洋板块俯冲的后撤有关。

尽管上述地区火山-侵入岩浆活动的研究取得显著成果，但将中国东南部以及韩国和日本作为东亚大陆东缘中新生代岩浆活动的整体开展系统对比研究的工作不多，这些地区岩浆活动与周边板块运动关系的探讨还不够深入。中国东南部中生代岩浆活动的动力学问题是个长期有争议的重大地质问题。岩浆活动与古太平洋板块俯冲是否存在联系？如果存在联系，俯冲起始时间是什么时期？中国东南部中生代和真正与俯冲有关的日本、菲律宾等地区的火山-侵入岩的对比研究情况如何？近年来有关东南部印支期、燕山早期岩浆岩和下扬子地区高精度同位素定年数据与地球化学资料的积累，结合深部地球物理探测成果的揭示，使我们对中国东南部中生代火成岩的时空展布、物质来源和成因有了深入了解。结合周边国家和地区中生代岩浆活动地质地球化学研究的新进展，使我们有可能提出比较合理的中国东南部中生代岩浆活动的动力学模式。

本书以现代多源岩浆-成矿形成演化、壳幔作用以及大陆地壳生长和大陆动力学的新成果、新理论为指导，以中国东南部以及日本、韩国不同构造单元为研究基地，以中新生代岩浆-成矿事件群与构造演化阶段的关系为研究核心，以室内总结与对比研究为重点、辅以适当的野外地质调查，对中国东南部、韩国、日本等国家和地区不同构造单元内火成岩-矿床类型和组合与构造发展阶段的关系进行对比研究，取得的主要进展为：

（1）建立了中新生代构造-岩浆-热事件的年代学格架及时空演变规律。湖南道县-台湾东部构造-岩浆热事件年代学剖面图显示中新生代构造-岩浆-成矿作用具有明显的阶段性特征，具有从华南内陆带经武夷-云开山脉带至沿海和台湾东部构造-岩浆事件逐渐变新的趋势。中生代岩浆活动大致可以分为三期六个阶段。印支期花岗岩同位素年龄值主要集中于两个峰值：早阶段（243～233Ma B. P.）和晚阶段（224～204Ma B. P.），～225Ma B. P. 是个重要的热事件分界期；在湖南内陆发生了岩浆底侵事件。燕山早期岩浆活动的同位素年龄数据主要集中在两个阶段：即 187～170Ma B. P. 和 168～150Ma B. P.；燕山晚期火山-侵入岩同位素年龄主要有两个阶段：即 147～124Ma B. P. 和 124～87Ma B. P. 。系统总结了中国东南部中生代三期六个阶段岩浆岩的地质地球化学特征，同时也较系统地总结了日本、韩国印支期、燕山期和喜马拉雅期火山岩-侵入岩的地质地球化学特征。

（2）以位于武夷山脉印支期桂坑岩体为例，系统研究了岩体地质年代学、岩石学和地球化学特征；以武夷-云开山脉带印支期的富城-红山岩体和十万大山-大容山岩体、华南内陆带湖南省的两类印支期花岗岩体以及苏鲁-韩国带印支期花岗岩为例，系统总结了华南印支期岩浆作用和动力学演化。印支早期，华南陆块过铝质花岗岩的形成与陆内碰撞变形有关；印支晚期，华南内陆带碰撞后有小规模岩浆底侵，形成有极少量幔源组分加入的准铝-弱过铝质壳源型花岗岩；在武夷-云开山脉带碰撞后的应力松弛，形成具有后碰撞型的过铝质壳源型花岗岩。华北和下扬子陆块与华南陆块具有完全不同的前寒武纪变质基底及其动力学演化史，前者至今尚未发现类似于华南出露的印支期壳源型强过铝质花岗岩类，后者缺少类似于苏鲁-韩国带与伸展构造伴生的富集岩石圈地幔源的岩石组合。

（3）通过对越南、海南岛、日本和韩国以及华南内陆带、武夷-云开山脉带和东南沿海带印支期花岗岩时空分布特征的系统对比研究，认为单一太平洋板片俯冲模式无法解释我国东南部印支期花岗岩的时代、岩性特征和分布规律；湖南郴州存在软流圈上涌柱和燕山早期金属矿集区，约在 225Ma B.P. 时湘东南出现小规模的岩浆底侵事件；将日本飞弹带花岗岩同中朝地台的韩国-苏鲁带、华南地块的湖南内陆带以及中亚造山带的佳木斯地块系统对比后认为，飞弹带是从中亚造山带东部边缘佳木斯地块分离出来的；结合浙东地区印支期花岗岩的出露，尤其是在韩国岭南地块存在早于华北和扬子地块碰撞的印支期花岗岩，表明存在古太平洋板块与东亚大陆边缘的碰撞，印支期花岗岩的形成是其周边板块边界的俯冲-碰撞-伸展的结果。

（4）将我国东南沿海岩浆岩带与西南日本白垩纪火山-侵入岩带作了系统对比研究，提出东南沿海岩浆岩带经历韧性剪切变形后（120～117Ma B.P.），随时间推移，经历了同造山、造山后和非造山阶段，由挤压转换为扩张，晚期出露碱性 A 型花岗岩，壳幔作用增强，岩石中幔源组分贡献增大；西南日本岩浆岩带经历了韧性剪切变形后（90～87Ma B.P.），随时间推移，晚期出露过铝质细粒石榴子石-白云母花岗岩，火山-侵入岩在主量元素组成上变化不大，花岗岩的 Sr 初始值增加。高镁安山岩和埃达克岩（120～105Ma B.P.）是日本大面积白垩纪岩浆作用开始阶段由俯冲板片在高温条件下部分熔融形成的。日本领家带和山阳带花岗岩类是由古太平洋板块俯冲条件下由较年轻地壳部分熔融形成的。结合下扬子沿江地区岩浆-成矿活动在 124Ma B.P. 已结束的地质事实，可以认为我国东南部晚中生代大规模岩浆作用的开始与古太平洋板块俯冲没有直接联系，是在板块构造围限下陆内构造体系的产物，是先前存在的断裂再活化的结果，大约在早白垩世晚期（~120Ma B.P.）火山-侵入岩带遭受动力变形之后，在中国东部和海南岛、韩国、日本和越南等地进入了古太平洋板块的正向俯冲构造体系。

（5）提出中国东南部中生代岩浆活动四阶段成因模式：

A. 华南周边多板块汇聚，Sibumasu 地块与印支-华南板块的碰撞（258～243Ma B.P.）、古太平洋板块向西运动（253～239Ma B.P.）以及华北板块与扬子块体的碰撞（236～230Ma B.P.）；

B. 特提斯（EW 向线性分布）构造体系向环太平洋活动边缘（NE 向面型分布）构造体系转换转换开始时间约 165±5Ma B.P，燕山期构造运动是长期伸展与短期挤压交替伴随（168～150±5Ma B.P.）；

C. 陆内构造体系，大陆边缘造山后岩石圈减薄，华南各陆块间从深部到浅部的动力学不平衡，地壳伸展导致陆内深断裂活化（150～125Ma B.P.）；

D. 板块构造体系，大陆边缘与古太平洋板块正向俯冲构造体系有关的挤压-伸展造山作用，日本海和台湾海峡、红色断陷盆地的形成，以及发生在我国东部和海南岛、韩国、越南、日本以及楚科奇-锡霍特-阿林地区的火山-侵入作用（125～60Ma B.P.）。

该模式基于以下几点地质事实：

（a）中国东南部中生代以长期伸展和短期挤压相互交替为特色，至少存在三期挤压构造运动，印支期挤压构造变形表现为近东西向褶皱和北东向断裂发生右旋走滑运动（239～230Ma B. P.），指示中国东南部早中生代遭受南北向挤压作用，其动力源是印支板块与华南板块的南缘发生碰撞以及华北板块与扬子块体的陆-陆碰撞；中侏罗世挤压构造变形表现为 NE 向褶皱和 NE 向断裂朝 SE 的逆冲推覆（169～161Ma B. P.）；早白垩世长乐-南澳断裂带左旋走滑和动力变质变形作用（121～117Ma B. P.）造成先前岩石变形，形成片理化火山岩和片麻状花岗岩，后两期挤压的动力源自古太平洋板块的碰撞-挤压或是古太平洋上的古陆块朝东亚陆缘的正向俯冲碰撞-拼贴增生，在韩国、日本也存在类似的挤压变形构造。

（b）中国东南部中生代玄武岩的时空分布及其成因研究表明，华南内陆带和武夷-云开山脉带在早侏罗世时地幔相对均一，没有受到俯冲体系的改造，基性岩浆作用及其底侵作用是后印支运动伸展的结果，并可能引起燕山早期晚阶段（中侏罗世）大规模花岗质岩浆作用；燕山早期晚阶段花岗岩（168～150Ma B. P.）具有两种不同的分布格局：一种是武夷山褶皱带两侧呈 NE 向展布，另一种在华南内陆的南岭山脉地区以 EW 向展布为主，出现交切和重叠，它既不同于印支期的面式分布，也不同于燕山晚期单一的 NE 向分布，指示了从印支期特提斯构造域转换为燕山期太平洋构造域早期阶段的特点，该时期在钦（州）-杭（州）结合带的岩浆活动同样表证了太平洋构造域早期阶段的特点。

（c）东亚大陆边缘在燕山晚期进入太平洋俯冲构造体系，但不同地段的表现不同。那丹哈达，日本本州等存在有代表洋壳俯冲的岩石组合，如蛇绿混杂岩带、大洋深水沉积岩等，东亚大陆边缘古太平洋板块对欧亚大陆俯冲与否关键在于是否存在有代表洋壳俯冲的岩石组合。陆-陆或洋-陆板块间碰撞挤压后的伸展，导致岩石圈拆沉减薄，基性岩浆的底侵作用和深断裂的再活化等都可以使稳定地块遭受岩浆活动的破坏，可以非常好地揭示中国东南部中生代岩浆活动的成因。

本书是"中国东南部和日本中新生代火山-侵入作用与成矿对比研究"和"海峡两岸地质矿产对比研究"两个项目研究成果的总结，同时也是全体研究人员集体劳动的结晶。本书分八章三十四节，具体编写分工如下：

前言、后语，毛建仁。第 1 章，毛建仁、徐维光。2.1、2.2，毛建仁；2.3，叶海敏；2.4，赵希林；2.5，李寄嵎。3.1、3.2，邢光福、余明刚、陈荣；3.3、3.4，叶海敏。4.1，毛建仁、高桥浩；4.2～4.5，赵希林。5.1～5.3，厉子龙；5.4、5.5，叶海敏。第 6 章，毛建仁、奇洹叙、刘凯。7.1，毛建仁、高桥浩；7.2，毛建仁、刘凯；7.3，毛建仁、高桥浩。第 8 章，毛建仁、叶海敏、高桥浩、奇洹叙。

各章初稿完成后毛建仁研究员和叶海敏副研究员对所有章节进行了修改和补充，胡青副研究员负责文字编辑，刘凯对书中所有图件进行了核对清理，本书大部分图件由曹兴进、杨芳和袁媛清绘。

在本书写作修改定稿过程中，项目首席科学家任纪舜院士和李廷栋院士自始至终给与亲切指导和诸多帮助，他们那种为追求科学真理而顽强拼搏的精神和求实求真的学风给我们树立了榜样；肖序常院士、莫宣学院士、邓晋福研究员、陆松年研究员、肖庆辉研究员、陆志刚研究员、陶奎元研究员、谢窦克研究员、杨天南研究员、牛宝贵研究员、王军研究员曾给与多方面亲切指导；南京地质调查中心陈国栋所长、郭坤一副所长、李君浒副所长、陈冰处长、陈国光处长、曾勇处长、董永观处长、余根峰处长，国土资源部科技司彭齐鸣司长、中国地质调查局叶建良主任、卢民杰副主任、连长云副主任、肖桂义处长、刘凤山处长，中国地质科学院地质研究所侯增谦所长、耿元生副所长、王涛处长、姚培毅处长、迟振卿副处长等曾多次给予指导和关心。中国地质调查局科技外事部、中国地质科学院地质研究所科技处和南京地质调查中心总工办曾给予大力支持和帮助。值得一提的是中国地质调查局科技外事部外事处蒋仕金处长和柏琴处长凭着他们在外事工作的多年经验积累和专业技能给予我们诸多行之有效的指导，使得我们与日本和韩国的国际合作研究项目得以顺利执行，并圆满完成目标任务。

在日本工作期间，得到了日本地质调查所特别顾问石原舜三教授（Prof. Shunso Ishiihara）、日本地质和地质情报研究所前所长富坚茂子博士（Dr. Shigeko Togashi）、现任所长加藤桢一博士（Dr. Hirokazu Kato）、副所长栗本史雄博士（Dr. Chikao Kurimoto）、日本地质调查所所长佃荣吉博士（Dr. Eikichi Tsukuda）、地质信息中心主任 Wakita1 博士（Dr. Koji Wakita）、外事部门负责人高田亮博士（Dr. Akira Takada）、渡边宁博士（Dr. Yashushi Watanabe）等的诸多指导和关心，在日本野外地质调查工作期间，日方项目组成员高桥浩博士、中岛隆博士（Dr. Takashi Nakajima）、西岗芳晴博士（Dr. Yoshiharu Nishioka）和御子柴真澄博士（Dr. Masumi Uijie-Mikoshiba）以及日本神户大学田结庄良昭教授（Prof. Tainisho Yoshiaki）、九州大学渡边公一郎教授（Prof. Koichiro Watanabe）、高桥亮平博士（Dr. Ryohei Takahashi）、岩手大学土谷信高教授（Prof. Nobutaka Tsuchiya）等提供诸多方便和大力帮助。在韩国工作期间，得到了韩国地质资源研究院前院长李泰燮博士（Dr. Tai Sup Lee）、副院长辛性天博士（Dr. Seong-Cheon Shin）、院国际合作办公室主任张世元博士（Dr. SeWon Chang）、地质基础研究部主任金福哲博士（Dr. Bok-Chul Kim）等的诸多指导和关心，在韩国野外地质调查工作期间，韩方项目组成员奇洹叙博士（Dr. Weon-Seo Kee）、李承烈博士（Dr. Seung Ryeol Lee）、高喜在博士（Dr. Hee-Jae Koh）、金成原博士（Dr. Sung-Won Kim）、金寰喆博士（Dr. Hyeon-Cheol Kim）、赵腾龙博士（Dr. Deung-Lyong Cho）、宋教荣博士（Dr. Kyo-Young Song）和 Dr. You-Hong Kihm 等提供诸多方便和大力帮助。在此对日本和韩国的同行表示诚挚的感谢！台湾大学地质科学系陈正宏教授、陈文山教授、宋圣荣教授和邓属于教授以及台湾地质研究所蓝晶莹研究员等提供诸多支持和大力帮助，在此表示诚挚的感谢！因此，本书也是中日韩三国和海峡两岸地质学家真诚合作、辛勤工作的结晶。

中日韩三国地质学家在中国东南部野外地质调查工作期间，得到福建省、安徽省、江西省、浙江省和湖南省地质调查院、福建省闽西地质大队、福建省第八地质大队和江西省赣南地质大队的大力支持和帮助。本项目的单矿物 Ar-Ar 测年工作在中国地质科学院地质研究所同位素实验室完成、锆石 SHRIMP 测试工作在北京离子探针中心完成、主量元素和稀土元素测试工作由南京地质矿产研究所实验测试中心承担、微量元素以及 Nd，Sr 同位素在中国科学院地质与地球物理研究所完成、单矿物选样工作是在河北省区调所实验室完成，感谢上述单位领导和老师们给予的支持和帮助。此外，本专著还引用了有关地质调查和研究部门未公开发表的相关文献资料，本书作者对各位专家、同行老师和有关单位表示衷心感谢！

目　　录

第1章　中国东南部和邻区的地质背景

1.1　中国东南部和日本-台湾岛弧带在东亚
构造中的位置

中国东南部和台湾-日本岛弧带位于亚洲大陆东部、太平洋西缘，同属环太平洋大陆边缘的沟-弧-盆体系（图1.1）。

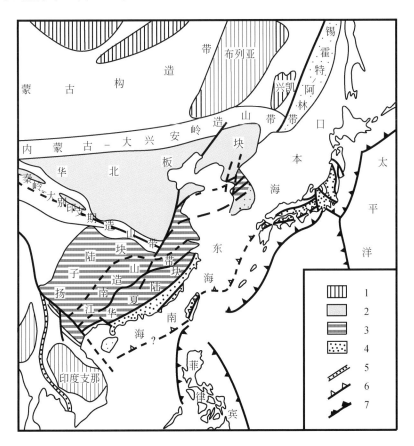

图1.1　东亚大陆边缘构造纲要图（据舒良树、周新民，2002；舒良树等，2004，有修改）

1. 前寒武纪地块；2. 华北板块；3. 华南板块；4. 中生代火成岩带；5. 印支期缝合带；
6. 中生代缝合带；7. 新生代板块俯冲带

1.1.1　中国东南部和东海地区地质构造

中国东南部由华北、扬子、华夏三大陆块于不同时期碰撞拼合而成（图 1.1、图 1.2）。在大地构造上，与中国东南部晚中生代构造-岩浆岩带有密切成因联系的构造单元有两个：前侏罗纪东西向构造域和中、新生代北东向东亚陆缘带（黄汲清等，1997；任纪舜等，1999）（图 1.2），前者分布地域广，经历了元古代、早古生代、晚古生代和中生代等多期构造-岩浆热事件的演化（Wang and Mo，1995）。后者地域相对狭窄，构造作用主要受中生代以来的太平洋板块活动制约（Charvet et al.，1999；任纪舜等，1999）。东西向构造域存在两种地球动力学体制：古生代，主体受南北向应力机制控制，从晚三叠世开始，东亚构造域受特提斯洋和古太平洋的联合作用。如在南岭地区，既有近东西向延伸的燕山早期花岗岩（西段居多），又发育了 NE 向燕山晚期花岗岩（东段）；沿金沙江-哀牢山断裂带有印支期蛇绿混杂岩和韧性剪切带（Lu et al.，1990）。

东海地质构造总体上具有东西分带、南北分块的特点（图 1.3）。

I 级单元：由西向东为浙闽隆起区—东海陆架盆地—钓鱼岛隆褶带—冲绳海槽盆地—琉球隆褶带—琉球海沟，呈 NNE 向正负相间的带状分布特征（图 1.4）。

II 级单元：以 NW 向渔山-久米大断裂为界，由北向南可分为浙东拗陷、台北拗陷、北冲绳拗陷及南冲绳拗陷。南冲绳拗陷为目前正在发展中的现代裂谷型拗陷，水深超过 2200m，深部地幔隆起，地壳减薄，莫霍厚度仅为 1.1km。

III 级单元：为凸起与凹陷，东海陆架盆地内自北向南有虎皮礁凸起、海礁凸起、渔山凸起和观音凸起等。

IV 级单元为构造带（背斜带和向斜带）。

V 级单元为局部构造（背斜和断块构造圈闭）。

东海陆架盆地自晚白垩世以来，随着欧亚大陆边缘在张应力的作用下，地壳逐渐减薄张开，在现今的东海陆架地区出现了若干小型的断陷盆地。随着拉张作用的进一步加强，这些小型的断陷盆地合并、发展，成为一个大型的沉积盆地。盆地从早期拉张断陷，到后期拗陷、扩展及晚期抬升褶皱，先后经历了三个阶段：

第一阶段（晚白垩世—始新世末期）：盆地断陷阶段。

在此阶段的早期（晚白垩世—古新世末期）为盆地形成的初期阶段，主要沉积了一套浅海相的上白垩统及古新统灵峰组。在古新世的晚期由于受到瓯江运动的影响，盆地被抬升剥蚀，出现了区域不整合。在此一阶段的晚期（古新世末期—始新世末期）为断陷盆地的发展阶段，主要沉积了一套滨海相、浅海相及海陆交互相的平湖组（台北拗陷为瓯江组）。

在始新世末期由于受到规模较大的区域构造运动——玉泉运动的影响，盆地再次被抬升，遭广泛的侵蚀与剥蚀，出现了广泛的区域不整合面，从而基本上结束了盆地的断陷发展阶段，并开始转入盆地拗陷发展阶段。

第二阶段（始新世末期—中新世末期）：盆地拗陷、扩展阶段。

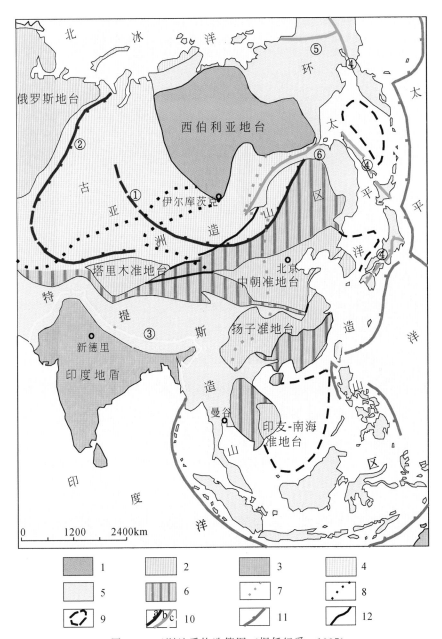

图 1.2　亚洲地质构造简图（据任纪舜，1997）

前寒武纪形成和再循环的大陆壳：1. 西伯利亚陆块（形成于 1900～1700Ma B.P.），2. 古中华、俄罗斯陆块群（形成于 1000～800Ma B.P.），3. 冈瓦纳陆块（形成于 540Ma B.P.）；显生宙形成和再循环的大陆壳：4. 劳亚大陆上的古生代（萨拉伊尔或兴凯、加里东、华力西）造山带，5. 特提斯和环太平洋中新生代（印支、燕山、喜马拉雅）造山带，6. 特提斯和古太平洋叠覆（230～150Ma B.P.）造山带；构造活动界线：7. 滨太平洋陆缘活化界线（140Ma B.P. 以来），8. 滨特提斯陆缘（新生代复活山系）活化界线（40Ma B.P. 以来），9. 裂解沉没陆块的推测界线，10. 主要缝合带：a. 华力西期，b. 燕山期，c. 喜马拉雅期，11. 贝尼奥夫带，12. 构造分区界线；缝合带名称：①额尔齐斯-佐伦-黑河缝合带②乌拉尔-南天山缝合带③印度河-雅鲁藏布缝合带④古太平洋缝合带⑤阿纽伊缝合带，⑥蒙古-鄂霍次克缝合带

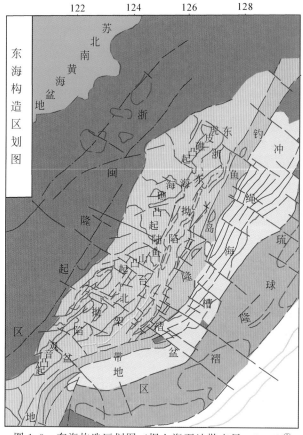

图 1.3　东海构造区划图（据上海石油勘查局，2004）①

在此阶段的早期（始新世末期—渐新世末期），盆地的断陷作用显著减弱，盆地两侧隆起速度及盆地边界断裂发展的速度也都相对减小。盆地开始向两侧隆起区域扩展，面积扩大。在渐新世末期由于受一次构造运动的影响（紫云运动），盆地再次被抬升，由于抬升幅度不大，盆地中心部位未露出水面，陆续接受沉积；而盆地两侧因抬升而遭受侵蚀与剥蚀，形成局部的不整合现象。在此时，盆地接受了浅湖相的花港组沉积，此后盆地进入了晚古近纪—中新世地质发展期，盆地完全处于拗陷发展阶段，盆地向两侧拓展，地层超覆在老的沉积地层之上。在中新世的中期（N_1^2），盆地达到了极度的扩张，处于广盆状态，盆地的面积达到了有史以来的最大范围。此时，盆地相继接受了一套河流相与滨湖相的龙井组沉积及浅湖相、沼泽相和河流相的玉泉组沉积，煤系地层广泛发育。

第三阶段（中新世晚期—中新世末期）：到中新世晚期，抬升运动开始，盆地逐渐萎缩，水域面积与沉积范围显著缩小，沉积局限在盆地的中心部位，此时，主要沉积了一套以河流相为主，部分为湖泊相与三角洲相的柳浪组。到了中新世末期，盆地经历了东海规模最大的区域构造运动，即龙井运动。这次运动主要表现为强烈的挤压褶皱与抬升，从而东海陆架盆地结束了发展历史。

---

① 邢光福等，2004，中国东部大陆边缘重大地质构造问题研究（南京地质矿产研究所，内部资料）。

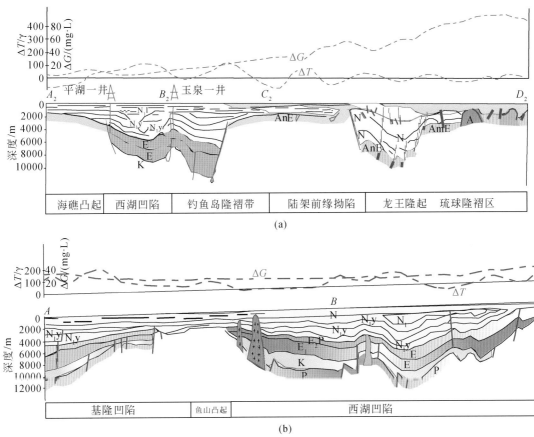

图 1.4　东海地震地质剖面图（据上海石油勘查局，2004）

(a) LJ1-D574-D556 剖面；(b) W340-DL368 剖面

进入上新世，盆地沉降作用向钓鱼岛隆褶带以东的冲绳海槽迁移，在冲绳海槽出现了新的拗陷区，东海陆架盆地上只出现稳定的披盖式沉积，此后在东海陆架盆地再没有出现较大规模的区域构造运动（表 1.1）。

表 1.1　东海新生代构造运动与邻区对比表

时代　　　地区	苏北-南黄海	东海	台湾	琉球	地震波组
第四纪（Q）				～～石流间运动～～	～～T_1^0-T_1^1～～
上新世（N_2）	～～～黄海运动～～	～冲绳海槽运动～～	～台湾运动～～	～～高千穗运动～～（第二幕）	～～～T_2^0～～
中新世（N_1）	～～凡川运动～～	～龙井运动～～	～海岸山脉运动～	～～高千穗运动～（第二幕）	～～～T_2^4～～
渐新世（E_3）	～～三垛运动～～	～紫云运动～～	～埔里运动～～		～～～T_3^0～
始新世（E_2）	～～吴堡运动～～	～玉泉运动～～			～～～T_4^0～
古新世（E_1）		～瓯江运动～～			～～～T_5^0～
晚白垩世（K_2）	～～～仪征运动～～	～基隆运动～～	～太平运动～～		～～～T_6^0～
前白垩世（MK）					

1.1.2　台湾地区地质构造

　　台湾地区新生代发生弧-陆碰撞，使现在的台湾位于欧亚板块和菲律宾海板块的交界处，是琉球岛弧和吕宋岛弧之间的转接点。菲律宾海板块从新生代早期以来，一直向西北朝着欧亚板块运动。在台湾东北方，菲律宾海板块向西北俯冲到欧亚板块之下；在台湾南方，则是欧亚板块向东南俯冲到菲律宾海板块这下。这两组倾向不同的俯冲作用产生了两列面向相反的岛弧系统，即面向东南的琉球岛弧和面向西北的吕宋岛弧。吕宋岛弧向北延伸，可顺着一系列火山岛弧，与台湾东部的海岸山脉相连。马尼拉海沟向北，可连接台湾山脉变形前缘；北吕宋海槽延伸到台湾的东南海域。此外，吕宋岛弧下方向东倾斜的俯冲带也延伸到台湾南部（图 1.5）。

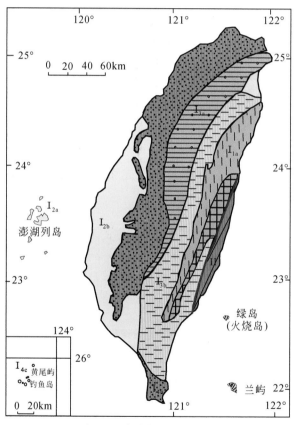

图 1.5　台湾岛地层分区图

I. 西部地层区；I_1. 中央山脉东部地层小区；I_2. 西部滨海地层小区；
I_3. 中央山脉西部地层小区；I_4. 西部山麓地层小区；II. 东部地层区

　　根据台湾受琉球岛弧和吕宋岛弧的共同影响以及板块俯冲方向，大致可划分为主体属于吕宋岛弧系统的中南部，东北部划属琉球岛弧系统。其分界以北倾俯冲板块的西界，相当于北西方向的中坜—花莲一线。

按照板块学说来划分台湾省的构造单元（表1.2），东部为台东弧盆系，属菲律宾海板块，进一步划分为海岸山脉火山弧、兰屿-绿岛（火烧岛）火山弧；其西的欧亚大陆板块部分为台湾弧盆系。

表 1.2　台湾省构造分区一览表

构造单元名称			级别	阶段划分	范围
武夷-云开-台湾造山系	台湾弧盆系	台澎拗陷带（弧后盆地）	I-1-1	新近纪—第四纪伸展减薄阶段	台湾西部海岸平原及澎湖列岛在内的台湾海峡区域
		台西前陆逆推带（前陆盆地）	I-1-2	新生代拼合造山阶段	台西山麓带中央山脉西部地区
		大南澳蛇绿混杂岩带	I-1-3	中生代晚期陆-陆碰撞造山阶段	中央山脉东坡的大南澳地区
		台东纵谷带	I-1-4	上新世—早更新世弧-陆碰撞造山阶段	台湾岛东部的花莲-台东纵谷地区
菲律宾造山系	台东弧盆系	海岸山脉火山弧（弧前盆地）	II-1-1	上新世—早更新世岛弧增生阶段	台湾岛东部海岸山脉地区
		兰屿-绿岛火山弧	II-1-2	上新世—早更新世岛弧增生阶段	兰屿-绿岛（火烧岛）

台湾地质发展和演化，历经了前新生代和新生代两大构造旋回。形成了上新世—更新世台东纵谷带和中生代晚期大南澳蛇绿混杂岩带两个不同时期的结合带。这两个结合带分别反映了两次主要的板块构造运动：一次是中生代板块构造运动，最强活动发生在中生代晚期，相当于南澳运动；另一次是新生代板块构造运动，主要表现在上新世—更新世时的大陆与岛弧碰撞，相当于蓬莱运动。台湾地质发展史大致可划分为：前新生代、古近纪、第四纪三个大的发展阶段。古近纪—新近纪是台湾地质发展的最重要阶段。在前上新世时，台湾西部和东部（海岸山脉）地区有着完全不同的地质环境、沉积岩相和地质发展史，它们分属两个大的地质构造分区。

1.1.2.1　台湾弧盆系

台湾弧盆系构造阶段划分为前古近纪、古近纪—新近纪、第四纪三个阶段。

（1）前古近纪

台湾前古近纪地层是一套巨厚的碳酸盐和复理石碎屑沉积岩，即大南澳群下部岩层，沉积物有石灰岩、页岩、粉砂岩和砂岩，是在古亚洲大陆架及大陆坡上的一套浅海到半深海沉积，碎屑物由西部的中国大陆东迁而来。同时有基性火山活动伴随发生。

后经多次变质作用，成为绿片岩、硅质片岩、黑色片岩、大理岩、角闪岩、片麻岩及混合岩等多种变质岩类，厚度大于3000m。其后是以页岩为主的泥岩、粉砂岩和砂岩沉积的大南澳群上部岩层，亦有强烈的海底基性火山活动。在这套岩层中发现有较多的基性和超基性岩块，它是和板块构造运动有关的蛇绿混杂体，为亚洲大陆边缘的一个古俯冲带。

大南澳群上部岩层大部分变质为黑色片岩，部分为绿片岩，出露厚度约2000m。

中生代早期以来，随着西太平洋俯冲带的形成和发展，太平洋板块向西俯冲于亚洲大陆板块之下，形成中生代的环西太平洋弧沟系统，亚洲东缘受到强烈的挤压，这也是中国东部滨太平洋构造域强烈活动的开始。中生代时亚洲大陆边缘与太平洋板块的汇聚，在台湾明显表现于大南澳群中，可划分出高压低温型玉里变质带以及高温低压型太鲁阁变质带。

（2）古近纪—新近纪

古近纪地层直接覆盖在大南澳群变质基底上。盆地的沉降可能是欧亚板块上中国大陆边缘发生拉张断裂作用，使台湾西部地区向下挠曲或下陷，而形成古近纪拗陷盆地。盆地中以巨厚的复理石碎屑沉积岩为主，主要有砂岩、粉砂岩、页岩、泥岩以及少量的砾岩和灰岩，局部有火山活动造成的火山碎屑岩及少量熔岩流，沉积物总厚度可达10000m以上。

最先是在台湾西部北港地区火山碎屑岩为主的古新世王功组，直接不整合覆于变质基底或下白垩统之上，它属于局部拗陷，在短暂的沉积之后又抬升露出水面。接着从始新世开始，台湾发生大规模的海侵，地壳急剧下降，经渐新世延续到中新世中期，形成毕禄山组、十八重溪组、达见组、西村组、四棱组、水长流组、澳底组、苏乐组、庐山组等巨厚的复理石碎屑沉积岩，为浅海到半深海环境，沉积物主要来自西北方，即现今的中国大陆及台湾海峡。由于海平面的升降，形成了四棱组和澳底组两个含煤碳质砂岩层，与周围的海相泥质岩层交替出现。在古近纪拗盆地沉积过程中，局部尚有火山活动，各时代地层中皆有火山岩分布。古近纪形成的沉积岩，都出露在中央山脉的山脊和西坡，在上新世—更新世的蓬莱运动中，经历区域动力变质作用，变质程度从盆地西部地区向东部逐渐加强。

在西部新近纪拗陷盆地，自渐新世、中新世、上新世延续到更新世，形成了五指山组、野柳群、瑞芳群、三峡群、锦水组、卓兰组和头嵙山组等巨厚的碎屑沉积岩，属于大陆架上的浅海、半浅海到河口三角洲沉积环境。新近纪地层的岩性以交替出现的砂岩和页岩为主，局部夹少量的石灰岩和凝灰岩，总厚度可达8000m以上。在中新世岩层沉积的同时，有火山活动造成的玄武质凝灰岩和少量熔岩流。在蓬莱运动中，东边较老盆地中的岩层被推覆到西边较新盆地的岩层之上。

（3）第四纪

菲律宾海板块与欧亚大陆板块的碰撞是台湾地区最重要的一次构造运动，约始于上新世中晚期，至更新世中期达到高潮，这次运动即为蓬莱运动，是台湾最重要也是范围最广泛的构造运动，它奠定了现今台湾岛的基本轮廓。在西部沉积盆地里，头嵙山组巨厚砾岩层的堆积，代表这个运动的开始，剧烈而广泛的地壳变动发生在此粗粒碎屑岩堆积的同时及以后，原来盆地中的沉积物都受到挤压而隆起成为山脉。

在蓬莱运动中，台湾古近纪拗陷盆地沉积的岩层普遍褶皱变质，产生一些NNE走向的开展型、紧闭型和同斜型褶皱，中间常为走向断层所分割。来自东南方的巨大推力，使岩层发生破裂，形成一系列断面东倾的叠瓦状断层。同时使岩层产生低级的区域动力变质作用。

更新世有较强烈的火山作用发生，大量的安山岩及安山质碎屑岩在台湾最北部及其东北外海中喷出，形成大屯和基隆两个主要火山群及海域中的几个火山岛。这些火山活动与菲律宾海板块向北俯冲于欧亚大陆板块的琉球岛弧之下有关，属岛弧岩浆活动，是琉球岛弧火山带向西延伸的一段。基隆火山群有台湾省最重要的金银矿，是和火山活动有关的热液作用造成的。另外澎湖列岛有大量玄武岩喷发，覆盖在新近纪—更新世沉积物之上。

蓬莱运动后，间歇性的区域上升作用、块断作用、平缓的挠曲作用及区域性的掀斜作用，都是更新世晚期到全新世构造变动的特征，显示台湾更新世以来的构造运动尚未完全停止。

1.1.2.2　台东弧盆系（海岸山脉区）

海岸山脉是中央山脉东侧的新近纪沉积盆地。海岸山脉有强烈的构造运动及地震活动，有厚层复理石或浊流沉积以及广泛的火山活动。在板块构造中，海岸山脉代表菲律宾海板块前缘的新近纪岛弧，即吕宋岛弧向北延伸的一部分。

中新世初期，大规模海底安山质熔岩流的喷发，形成海岸山脉中段的奇美岩浆杂岩。东南外海兰屿和绿岛，也是由中新世—上新世的安山岩和安山质碎屑岩组成。奇美岩浆杂岩包含有多次的喷发及侵入活动，最先喷溢出来的是细粒安山岩，接着是流纹质火山碎屑的喷发，然后是斑状安山岩的侵入和喷溢，再后是与铜矿成矿作用有关的闪长岩的侵位。在闪长岩侵位后，经短暂的间断，发生第二期火山作用，形成都峦山组凝灰岩、集块岩、斑状安山岩以及一些受强烈硅化的石英长石质岩石。在中新世晚期，局部出现浅海相的薄层石灰岩沉积在集块岩上，石灰岩体都缺少延续性而呈透镜状，厚一般仅数米（最厚50m），向两侧渐变为集块岩层。

奇美岩浆杂岩和它上覆的都峦山集块岩属菲律宾海板块在台湾东部所形成的岛弧火山岩。奇美岩浆杂岩的同位素年龄值为 $9\sim22Ma$，兰屿安山岩为 $5.76\sim13.4Ma$。

到了上新世早期，海岸山脉盆地急速下降，海水大量入侵，从上新世—更新世中期，在盆地中快速堆积一套以页岩、杂砂岩和砾岩为主的浊流沉积岩，含有火山碎屑物质及少量灰岩透镜体，即大港口组，厚度超过 3000m。上新世中期，吕宋岛弧逐渐接近亚洲陆缘，在大港口组上部碎屑沉积物中来自台湾浅变质岩区的陆源碎屑增多，暗示着岛弧与大陆在台湾东部逐渐靠近，并导致海岸山脉与欧亚大陆板块边缘的中央山脉发生碰撞，碰撞大约发生在上新世中晚期，即始于 4Ma 前。碰撞发生于吕宋弧与中国大陆边缘，台湾岛的大部分属于已褶皱的中国大陆边缘，狭窄的海岸山脉属菲律宾海板块的仰冲边缘，而台东纵谷即为上述两聚合板块在碰撞后的缝合线。距今 4Ma 以来，近代的碰撞作用不断发展，产生了现在仍在增高的高耸山系。

1.1.3　日本岛弧区地质构造

日本岛弧被认为是西太平洋研究岛弧-海沟体系最理想的地区 。日本岛弧由五部分组成：琉球岛弧、西南本州岛弧、伊豆-马里亚纳弧、东北本州岛弧和库拉岛弧，这些火山弧在四个板块（欧亚板块、北美板块、太平洋板块和菲律宾海板块）的共同作用下呈三联交汇在本州岛 [图 1.6（a）]。东北本州岛弧和库拉岛弧向东北方向倾斜，Izu-Bonin Arc

向东南方向倾斜，西南本州岛弧与琉球岛弧向西南方向倾斜。东北本州岛弧和库拉岛弧形成于太平洋板块向北美板块的俯冲作用，伊豆-马里亚纳弧是太平洋板块向菲律宾海板块俯冲的结果，西南本州岛弧与琉球岛弧则在菲律宾海板块向欧亚板块的俯冲作用下［图1.6（b）］。日本岛弧被日本最主要的丝鱼川-静冈构造线分为西南岛弧和东北岛弧。西南岛弧从丝鱼川-静冈构造线开始向南、向西分别延伸到Nankai海槽和琉球海沟，欧亚板块用海沟和海槽描绘出菲律宾海板块，此外，伊豆海沟和Nankai海槽交汇处通常认为是三联交汇点［图1.6（a）］。东北日本由于其岛弧-海沟体系的地质地貌、贝尼奥夫带、火山前缘和带状火山排列之间的完美组合，被视为典型的现代岛弧。

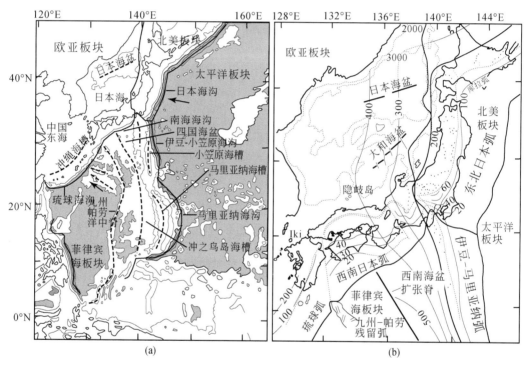

图1.6　日本弧、日本海、太平洋板块和菲律宾海板块构造图（据Kimura *et al.*，2005）

细线及数字代表太平洋和菲律宾海板块的深度

　　地质记录表明，从北海道到九州南端这个长近2000km，宽约300km的列岛是通过洋、陆沿活动陆缘的汇聚以及来自赤道低纬度地体的拼贴发展而来的。日本最老的岩石是寒武纪和奥陶纪的蛇绿岩以及与其相关的深水沉积岩，可能源自元古代超大陆的裂解事件（Maruyama *et al.*，1997）。但是，基底岩石主要由二叠纪—三叠纪俯冲增生杂岩和年轻的侏罗纪—古近纪俯冲增生楔以及高温高压变质体组成，是一个俯冲增生造山的经典模式。日本地质图展示了侏罗纪—古近纪俯冲增生楔是基底岩石最主要的部分。西南日本板块交汇地区地质柱状图很好地证明地壳从亚洲大陆边缘向大洋逐步生长的事实，这种地壳俯冲增生的同时伴随着花岗质火山-侵入岩的喷发和侵入。在日本海作为弧后盆地于中新世（15Ma B. P.）打开以前，日本曾是欧亚大陆的一部分。因此了解它的历史对于完善亚洲东部大陆边缘显生宙后期的构造演化记录是极为可贵的。

1.2　区域断裂构造

1.2.1　概　　况

中生代特提斯洋朝北向欧亚大陆俯冲消减时，中国东南部位于其东侧，与该大洋之间隔着一个大于 1000km 的扬子大陆，远离其压应力作用范围。当东亚陆缘 J_3—K_1 发生强烈岩浆活动时，印度大陆与欧亚大陆尚未接触。近 NE 向的郯（城）-庐（江）断裂是连接东西向与北东向两大构造的构造单元，原来为 EW 向构造域内部的大断裂。中生代时，古太平洋板块强烈活动、EW 向构造域被 NE 向构造域所取代时，它是 NE 向东亚陆缘带的边界断裂（Tong and Tobisch，1996；Lapierre et al.，1997），其延伸的北段称依兰-伊通断裂，向南可能与四会-吴川（赣江）断裂相连（陆志刚等，1995）。中国东南部晚中生代火山-侵入岩带，呈 NE 向展布，南东起自太平洋构造域台湾岛，北西达江南区的怀玉山和莫干山。火山岩集中分布在东南沿海和怀玉-武夷地区，而同期的花岗岩大部分出露在华夏陆块范围内。在四会-吴川（赣江）断裂以东常有同源、同时、同空间的花岗岩质火山岩-侵入杂岩出露，越过这条边界，晚中生代火山岩基本消失。

1.2.2　区域断裂主要特征

与晚中生代火山-侵入杂岩有密切成因联系的区域断裂有如下六条（图 1.7）：①台湾纵谷断裂带；②长乐-南澳断裂带；③丽水-政和-海丰断裂带；④江山-绍兴断裂带；⑤九江-常州-南通断裂带；⑥四会-吴川（赣江）断裂带。宽阔的晚中生代火山-侵入杂岩区和这些区域断裂构成了中国东南部晚中生代基本构造格架。

1.2.2.1　台湾纵谷带

走向近 SN，宽约 10km，西侧为中央山脉大南澳群变质岩，其结晶灰岩中产拟纺锤蟆类和瓦根珊瑚，时代为二叠纪，东侧为东海岸晚古近纪玄武质火山岩。大南澳西侧为台澎拗陷带，已被上古近系沉积层所覆盖。北港及澎湖钻井已经探明，新生代之下为侏罗纪—白垩纪的酸性凝灰岩，并且发现侏罗纪菊石，岩石组合和东南沿海相同，说明台湾海峡、台湾西部与东南沿海地区曾是相连的地质体，属于统一的晚中生代火山岩带。纵谷带是一个切入上地幔的断裂带，断面近直立，目前为一左旋走滑断裂，也是一个地震活动带。在地球物理上，西侧为重力负值区，东侧为重力正值区。纵谷带中有蛇绿混杂岩，超镁铁质岩-镁铁质岩呈岩块构造混杂在片岩、片麻岩、结晶灰岩和变质火山碎屑岩中。该带两侧发育有高压型和高温型变质带。其东侧为玉里高压蓝闪石片岩带，Jahn（1974）对蓝闪石片岩作 Rb-Sr 法测年，获得年龄为 79 ± 7Ma；近年台湾学者对蓝闪石和绿辉石作 $^{40}Ar/^{39}Ar$ 测年，获得 110～100Ma 年龄值；西侧为太鲁阁片岩、片麻岩夹混合岩，片麻岩中伟晶花岗岩的白云母 K-Ar 年龄为 87 ± 5Ma（Jahn，1974），表明其形成于早晚白垩世之交，是

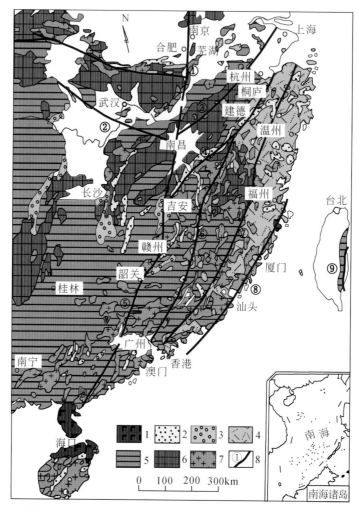

图 1.7　中国东南部地质简图（据尹家衡等，1995，经修编）

1. 新生代玄武岩；2. 白垩纪火山岩系；3. 白垩纪沉积盆地；4. 晚侏罗世—早白垩世火山岩系；5. 火山岩系基底（$\in$—J_1）；6. 前寒武纪变质基底；7. 晚中生代花岗岩；8. 断裂及编号：①郯庐断裂，②襄樊-广济断裂，③九江-常州-南通断裂带，④江山-绍兴断裂，⑤四会-吴川断裂，⑥邵武-河源断裂，⑦丽水-政和-海丰断裂带，⑧长乐-南澳断裂带，⑨台湾纵谷断裂带

晚中生代古太平洋板块俯冲带的产物。

1.2.2.2　长乐-南澳断裂带

　　该断裂位于东南沿海，呈 NE 向平行海岸线分布。在地球物理场方面，长乐-南澳断裂带表现为一个规模宏大、形状清晰的重力梯度带和莫霍面变异带，沿断裂带是一个明显的莫霍面凸起带。在沿海地区，凡强烈变质变形的岩石都只分布在长乐-南澳断裂带附近，所有岩石均沿 NE40°～50°方向呈狭窄带状展布，均已经历过可达角闪岩相的变质和石英-长石相的韧性剪切变形。在莆田和晋江，有少量超镁铁岩团块，但未发现与之配套的蛇绿岩套其他单元。并且沿断裂带有 20 多处温泉出露。在台湾海峡打开之前，闽东南与台湾

是相连一块的整体，同为早白垩世高温变质带。花岗片麻岩和片麻状花岗闪长岩是该带的代表性岩石，其同位素年龄集中分布在 $100\sim120Ma$，恰与区域上古太平洋岩石圈朝大陆俯冲时间一致，属于同一构造-岩浆期产物。

花岗岩和围岩的透入性组构完全一致：剪切面理走向 NE，朝 SE 陡倾斜；拉伸线理朝 NE 平缓倾伏，倾伏角 $10°\sim15°$；各种非同轴不对称韧性剪切组构非常发育，从韧性剪切带中心或者岩体向外，变质程度由角闪岩相逐渐变为绿片岩相；特征变质矿物从夕线石变为石榴子石、云母以及绿泥石；韧性剪切变形作用也从韧性剪切带或岩体中心向外侧不断减弱（舒良树等，2005）。运动学研究确定长乐-南澳带是一左旋走滑韧性剪切带。鉴于高温矿物和强烈韧性变形多出现在深成岩附近，远离走滑断裂及其深成岩，变质和变形逐渐减弱，至少有一部分变质变形的热源是由断裂和岩浆提供的。长乐-南澳带中心部位花岗岩中的显微组构记录了同岩浆期的一期走滑变形历史。据此，可以认为长乐-南澳带内的花岗岩是受走滑剪切热和岩浆热双重制约的，是在走滑运动过程中实现的。因此，这是一个既控制变质变形又控制岩浆活动的断裂带。该断裂带被推测发生于晚三叠纪，至白垩纪活动更为强烈，并伴有大量岩浆的侵入与喷发。

1.2.2.3　丽水-政和-海丰断裂带

该断裂呈 NE 向延伸，原为早古生代末的大型韧性剪切带，其 NW 侧为前泥盆纪基底隆起区，时代老，地壳厚，高含量的 Al_2O_3 会影响岩浆成分，导致花岗岩高铝或过铝在断裂 NW 侧武夷山地区和赣江断裂以西地区，岩浆产物以中-晚侏罗世弱过铝质花岗岩类为主，同期火山岩盆地规模小，数量少，花岗岩属 S 型，表明物质来源为大陆地壳或沉积岩。在岩背、相山等地，花岗岩和流纹岩常构成同源同时空的杂岩体。断裂 SE 侧为东南沿海区，地壳薄，为白垩纪钙碱性火山岩分布区；花岗岩类多属于 I 型，地壳化学特征指示其为活动大陆边缘背景。

1.2.2.4　江（山）-绍（兴）断裂带

该断裂呈北东走向，东起杭州湾外大陆架，大致沿浙赣铁路线向西至武夷山北坡，全长 450km。在华夏古陆新元古代末期解体之前，该带是华夏与扬子地块的碰撞缝合带，该断裂带有如下方面的特征：

(1) 沿江绍断裂带，发育了延长约 150km 的闪长质糜棱岩带。该糜棱岩带发育于 $361\sim353Ma\ B.P.$，与变形同时伴生有低绿片岩相变质作用。沿江绍断裂带发育的糜棱岩，其页理产状近于直立，而其深部产状折向东南并逐渐平缓。断裂带上盘的变质岩呈一系列紧闭同斜褶皱；而下盘的火山沉积岩系为单斜倒转或大型背斜构造，因此陈蔡群变质岩可能是沿江绍断裂带向西北逆冲推覆的主动翼。

(2) 江绍断裂带两侧的岩石组合、地质历史明显不同，直到晚三叠世，南北两侧的沉积环境和构造形态才趋于统一。江绍断裂带西北侧分布的是组成江南古岛弧的蛇绿岩套、岛弧型火山-沉积岩系前陆磨拉石建造和碰撞型花岗岩等，成矿元素以 Cu、Mo、Sn 正异常为特征；从震旦纪—泥盆纪，一直是稳定的浅海碳酸盐台地，岩浆活动微弱，没有变质作用。东南侧是中、晚元古代的角闪岩相陈蔡群区域变质岩，磁异常呈近东西向，以 Pb、

Ag、Au、Be、Nb 等正异常为特征；一直是强烈的活动区，为深水相笔石碎屑沉积岩和火山岩-火山碎屑岩组合，厚度大，普遍遭受了低绿片岩相变质作用。

（3）晚中生代岩浆活动显然已越过此边界，纵深到 NW 侧较远的地方，形成若干晚侏罗世陆相火山盆地。从晚白垩世开始，沿断裂发生拉张作用，有晚白垩世流纹岩和橄榄玄武岩产出。此断裂控制了一系列陆相断陷盆地，如信江、金华-巨州等盆地，控制着盆地的形态、规模和产状。

1.2.2.5　九江-常州-南通断裂

该断裂走向 NE，在研究区内西起九江，经安徽宣城至江苏常州、南通，向东延入黄海，是新元古代蛇绿混杂岩带和左旋走滑韧性剪切带。断裂以南分布有一系列晚侏罗世酸性火山岩盆地（如德兴、浦江-莫干山等）和晚白垩世花岗岩（如福泉山、大茅山、怀玉山、黄山等），并有大型金矿、铅锌银矿和超大型斑岩型铜矿产出。在元古代浅变质岩系中，残余几个狭长型晚侏罗世陆相沉积盆地，是与同期火山弧配套的弧后盆地。深部构造研究表明，该断裂是一个鲜明的布格重力异常带和航磁异常带，SE 侧为重力负值区，NW 侧为正值区；SE 侧为宽几十千米的高磁值区，正负磁异常频繁交替。人工地震测深表明，断裂两侧莫霍面起伏落差为 2.1km，为超岩石圈断裂。该断裂是中国东南部晚中生代火山-侵入岩带的北界。

1.2.2.6　四会-吴川（赣江）断裂

该断裂展布范围包括北段湖口、彭泽、南昌、中部清江、吉安、万安、南部赣州、龙南的广阔地带，长度大于 600km，宽 30～50km，走向 NE15°，向北可能与郯庐断裂相接，南端过龙南后的地表走势不清。地球物理上是一个显著的重力、航磁异常梯度带，该异常带可能一直延伸到广东省四会断裂附近，可能是东西向与北东向两大构造域的分隔性断裂。该断裂开始于古生代，活跃于中侏罗世—白垩纪，一直持续到新生代，在中段，它切割了途经的前古近纪所有地层，构造形迹表明该断裂在中新生代主体属于左旋走滑性质，两盘位移距离 10～40km，如瑞昌的震旦系—三叠系左行平移 30～40km。沿断裂带还有新生代橄榄玄武岩和辉绿岩分布，辉绿岩 K-Ar 年龄为 9.4Ma，表明晚新生代该断裂还在活动。

该断裂两侧的火山-侵入岩组合差异明显。其东侧晚中生代火山岩广泛分布，向大洋方向发育有同源同时空的花岗质火山-侵入杂岩，且时代变新。其西侧晚中生代火山岩缺失，但印支期花岗岩类大量分布，多为壳源 S 型花岗岩。燕山早期发育有十分典型的花岗穹隆伸展构造和变质核杂岩及大型铌钽矿床，并发育在前泥盆纪变质基底之上，而东侧迄今未见这方面报道。

1.2.3　日本的主要区域断裂

日本主要区域性断裂带或构造线自北往南依次有早池峰构造带、早川-千叶构造线、棚仓构造线、十日町-新发田线、利根川构造线、丝鱼川-静冈构造线，飞弹边缘构造带、中央构造线、御荷俦构造线、佛像构造线等。其中中央构造线、丝鱼川-静冈线、棚仓构造线等对区域构造演化起到控制作用，成为划分构造单元的主要依据（图1.8）。日本的主要构造断裂有四条。

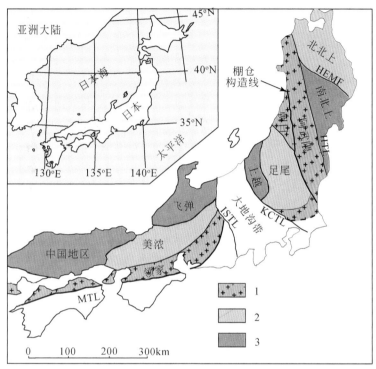

图 1.8　日本主要断裂带和构造单元（据 Takahashi *et al.*，2005）

HEMF. 东早池峰构造带；HTL. 磐谷构造线；KCTL. 早川-千叶构造线；ISTL. 丝鱼川-静冈构造线；
MTL. 中央构造线。1. 白垩纪高温高压变质带；2. 侏罗纪增生杂岩；3. 前侏罗纪地体

1.2.3.1　中央构造线

北起自赤石山地西缘，往南经过纪伊半岛北部、四国北部，直至中九州地区。中央构造线往西延伸到九州地区，被新生代火山岩所覆盖。东段被大地沟带（Fossa Magna）所切断，但有学者认为越过了丝鱼川-静冈构造线，延伸到了关东地区，还有学者认为到了关东地区中央构造线向北弯曲，继续向北延伸，从阿武隈和北上山地西侧通过。中央构造线是日本列岛上最重要的构造线之一。中央构造线的北侧为领家带、三郡带，南侧为三波川带。以此构造线为界，日本海一侧的早期花岗片麻岩冲到三波川结晶片岩之上，然后被白垩系和泉群所覆盖。它的发展过程可分为四个阶段：挤压角砾岩的形成、和泉群基底的滑动、和泉群冲到古近系石锤群之上以及和泉群冲到第四系之上。中央构造线在和泉群沉积之前（白垩纪或更早）已经开始活动，一直活动到第四纪。在晚白垩世、始新世早期和中期，大约在古新世，沿着该构造线形成了大量的向北倾斜的断层，同时使三波川变质岩广泛隆起，并在局部地区产生左行位移。在始新世后期—中新世，产生向南的冲断层，在早上新世或早更新世产生了高角度断层。到了第四纪以右旋平移运动为主，但局部地区产

生了冲断层。简言之，现在的中央构造线是由几期不同性质断裂活动所形成的，目前有些地区仍有断裂活动。中央构造线是西南日本白垩纪—古近系长英质火山岩的南部界线，也是西南日本内带和西南日本外带的边界线。

1.2.3.2   丝鱼川-静冈断裂带

起自丝鱼川，沿着姬川，经过诹访湖，沿着富士川西部，至静冈的 SN 向断裂，它把本州岛拦腰切断。它是由晚白垩世至早中新世以前形成的丝鱼川-骏东线发展而成的。以该断层为界，西部为古生界、中生界岩类，东侧为新近系厚层火山碎屑岩层，是大地沟带的西部边界线。大地沟带是日本最重要的构造单元之一。其西侧以丝鱼川-静冈线为界，东侧为火山喷出物所覆盖，所以边界不清，据推测其东界大体与关东山地的西部边界一致。大地沟带的发展过程可分为两个阶段。第一个阶段以西南日本外带基底岩为代表，其活动年代至少可以追溯到中侏罗世或更早，一直活动到古近纪期间。第二阶段是新近纪早期。大地沟带与伊豆-马里亚纳带相连，以伴生有绿色凝灰岩活动的断裂运动为主，现在仍在活动之中。大地沟带的北段以绿色凝灰岩活动为主，而南段为中生代以来的四万十运动为主，一直延续到中新世，故四万十运动的产物和绿色凝灰岩叠加在一起。东北日本和西南日本是以这条断裂为界划分的。

1.2.3.3   棚仓断裂带

该断裂带宽达 2~5km，呈 NNW-SSE 向剪切带。该剪切带切割了新近纪地层，似乎从白垩纪开始活动，使沿线的前新近纪地层发生强烈位移，在新近纪之后再次活动，使日本海一侧的厚层绿色凝灰岩重叠，太平洋一侧的稳定区发生变动。

1.2.3.4   佛像断裂带

佛像构造线又名佛像-丝川构造线，是西南日本的一级构造线。其以北为通过古生代末或中生代初的造山运动隆起的地区，自西向东依次出现的大阪间构造线、法华津构造线、立川渡-大迫逆断层和五日市-川上线都是该构造的组成部分。以此为界，秩父带的古生界或三宝山群与四万十带中生界之间呈逆冲断层接触，通常北盘是下降盘，局部会出现南盘下降。

1.3   中国东南部及邻区中新生代岩浆活动区的基底特征

1.3.1   中国东南部前侏罗纪双层基底构造

1.3.1.1   前寒武纪变质基底

出露于闽西北和浙西南地区的前寒武纪古老变质岩系被认为是华夏古陆基底。根据目前的研究结果，浙闽地区的前寒武纪变质岩系大致可以划分为上、下两套差异较明显的岩石组合，即双层基底。由于中国东南部基底岩石经历多期次动力变形运动而变得相当复杂，目前有关双层基底的划分分歧还很大，在原属下层基底的岩石中获得较新的年龄数据，因此要通过深入的研究，某些下层基底有可能会分离出较新的地质体。通常认为下层基底在福建境内为天井坪组、麻源群和桃溪岩组，在浙江境内包括八都群，可能还有陈蔡群。上层基底在福建境内为马面山群、万全群、交溪组，在浙江境内为龙泉群以及江南地区的双溪坞群等（表 1.3）。

总体来看，下层基底和上层基底之间在岩石组合、形成时代、变质作用、深熔作用和变形样式等方面存在明显差异。华夏地块下部变质单元经历了角闪岩相中高温区域变质作用、至少有四期构造变形改造和强烈的区域混合岩化作用，形成大范围出露的花岗质杂岩系。上部变质单元经历了高绿片岩相到低角闪岩相区域变质作用和至少三期褶皱变形，总体上为一套较完整的火山-沉积旋回（Liu et al.，2010）。上部与下部为构造接触关系，接触带附近显示了强烈的面理化剪切带特征。

1.3.1.2　寒武纪—志留纪地层

早古生代（ϵ—S）地层在江南地区、武夷山山脉、浙闽沿海和赣西南地区都有分布（表 1.4）。这是一套几乎由海相陆源石英、长石等碎屑构成的细碎屑岩组成，夹有硅质岩、碳酸盐岩、黄铁矿、磷矿和重晶石矿层等。泥盆系是加里东运动以后的第一个沉积盖层，中国东南部大部分地区缺失早中泥盆纪地层。

1.3.1.3　晚泥盆-中三叠世沉积岩层

该时代岩层未发生过变质作用。石炭系为灰岩、白云岩夹硅质岩，夹砂页岩，其中林地组中夹火山岩和火山碎屑岩（表 1.5），为层控硫化物矿床的矿源层；二叠系为沥青灰岩、泥灰岩、粉砂岩、长石砂岩等，中上部为含煤地层。长兴一带的二叠纪和三叠纪地层为连续沉积，已成为二叠纪—三叠纪全球界线层型剖面，即中国第二个金钉子剖面；早、中三叠世则为滨海相和潟湖相沉积的白云岩、膏溶角砾岩等，其上被晚三叠世文宾山组或焦坑组砂砾岩不整合覆盖。这层基底是最紧靠中生代火山岩系的一套沉积地层，岩层虽然没有发生明显变质作用，但褶皱和断裂很发育，反映印支期和早中侏罗世构造运动在这些地区是相当强烈的。

表 1.3　中国东南部前寒武纪地层划分表

地层区		东南地层区				
地层分区		湘桂赣分区	武夷-沿海地层分区			
地质年代		赣中、南	闽西	闽中	闽东	浙东
寒武纪	晚寒武世	水口群	东坑口组	东坑口组		
	中寒武世	高滩群	林田组	林田组		
	早寒武世	牛角河群				

续表

地层区	东南地层区					
新元古代　震旦纪	乐昌峡组	黄莲组 南岩组	马面山群	大岭岩组	稻香组	陈蔡群
新元古代　南华纪	杨家桥组	楼前组		东岩岩组	洋地组	
新元古代　青白口纪	潭头群	楼子坝群		龙北溪岩组	交溪岩群	（缺失）
中元古代	桃溪岩组、寻乌岩组	桃溪岩组	（缺失）	（缺失）	（缺失）	
古元古代	灵峰一井	天井坪组	麻源群	南山岩组/迪口组 大金山岩组	大岩山岩组 泗源岩组 张岩岩组 堑头岩组	八都群

注：阴影区表示地层缺失。

表 1.4　中国东南部早古生代地层划分表

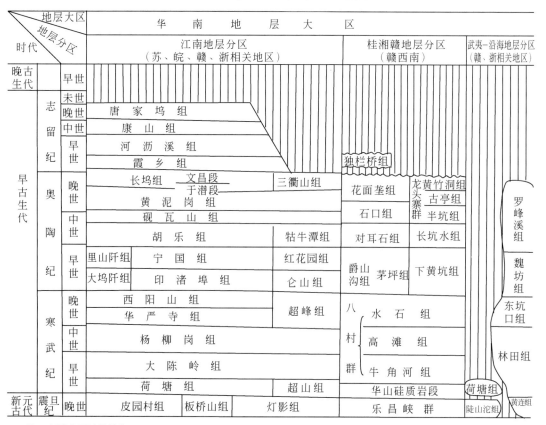

注：竖线表示地层缺失。

表 1.5 中国东南部晚古生代地层划分表

地质年代(纪)	地质年代	大别-苏鲁阳 大别山	大别-苏鲁阳 北淮阳	下扬子分区 苏中、南	下扬子分区 皖东、中	下扬子分区 赣东北	江南分区 皖南	江南分区 浙西	湘桂赣分区 赣中、南	东南地层区 闽西	武夷-沿海地层分区 闽中	武夷-沿海地层分区 闽东	武夷-沿海地层分区 浙东
三叠纪	T₃			范家塘组	范家塘组	安源群	安源群		安源群	文宾山组／大坑村组	焦坑组	文宾山组	乌灶组
三叠纪	T₂			黄马青组／周冲村组	黄马青组／周冲村组	杨家群				安仁组			
三叠纪	T₁			青龙组	青龙组	大冶群	青龙组	段坑组	嘉陵江组	溪口组			
二叠纪	P₃			大隆组／龙潭组	大隆组／龙潭组	长兴组／吴家坪组	长兴组／龙潭组	长兴组／龙潭组	大冶群／大隆组	罗屏山组／翠屏山组／童子岩组／文笔山组			
二叠纪	P₁			孤峰组／栖霞组	孤峰组／栖霞组	茅口组／栖霞组	孤峰组／栖霞组	孤峰组／栖霞组	安州组／小江边组／栖霞组	栖霞组			
石炭纪	C₂			船山组／黄龙组	船山组／黄龙组	船山组／黄龙组	船山组／黄龙组	船山组／黄龙组	船山组／黄龙组	船山组／黄龙组	船山组／黄龙组		
石炭纪	C₁		梅山群	老虎洞组／和州组／高骊山组／金陵组	老虎洞组／和州组／高骊山组／金陵组	梓山组／华山岭组／五通组	老虎洞组／和州组／高骊山组／金陵组	藕塘底组／叶家塘组／高骊山组／珠藏坞组／西湖组	大塘组／岩关组	老虎洞组／经畲组／林地组	林地组		
泥盆纪	D₃			五通组	五通组	五通组	五通组		锡矿山组／棋子桥组	桃子坑组／天瓦崬组	桃子坑组／天瓦崬组		
泥盆纪	D₂								奈田桥组／棋子桥组				
泥盆纪	D₁								跳马涧组				
Є		佛子岭岩群	潘家岭岩组／祥云寨岩组	幕府山组	幕府山组／观音台组	观音堂组／王音铺组	大陈岭组／荷塘组	大陈岭组／荷塘组	牛角河群				

注：浅阴影区表示地层缺失；深阴影区为含火山岩地层。

1.3.2　中国东南部中生代岩浆活动区基底的分区性特征

中国东南部晚中生代岩浆活动大部分是发育在前侏罗纪基底之上。不同基底使上升的岩浆加入不同的地壳物质成分，导致火山-侵入岩岩石组合与类型具有分区性特征（薛怀民等，1996；Mao et al.，1997；毛建仁等，1999），类似情况在西南日本晚中生代火山-侵入岩带中也同样存在。

1.3.2.1　江南地区基底

沿萍乡-鹰潭-江山的断裂带中出露的构造岩片分别是铁砂街岩组和田里岩组。铁砂街岩组无顶无底，田里岩组则被翁家岭组不整合覆盖。铁砂街岩组产出环境属于大洋-岛弧环境，与浙西的双溪坞群、浙南的陈蔡群相似，据其细碧岩全岩 Rb-Sr 同位素等时线年龄为 1159Ma、石英角斑岩锆石 U-Pb 年龄为 1091～1201Ma（1∶25 万上饶市幅，2002），其时代属中元古代蓟县纪；田里岩组属潮坪潟湖相，以泥坪为主，间夹有碳酸盐台地，据其上部石英片岩全岩 Rb-Sr 等时线年龄为 924Ma、下部云母石英片岩锆石 U-Pb 等时线年龄 1691Ma（余达淦等，1993），将其时代归属于中元古代。

在江绍断裂带以北，赣东北断裂带以东所属扬子亚板块的江南地区，大致由东南往北西依次分布了赣东北蛇绿岩带，低钾拉斑火山岩系，火山碎屑型复理石建造，钙碱性火山岩系，高钾火山岩系，前陆磨拉石建造、皖南伏川蛇绿岩套和碰撞型花岗岩带。火山岩是前寒武纪地层的主要成员，分布广，连续性好，一般较新鲜。在浙西北、赣东北和皖南分别称为双溪坞群、登山群和井潭组、蒲岭组。自南东往北西为浅海相低钾拉斑系列、陆相或海陆交互相钙碱系列和陆相高钾系列，爆发强度具增强趋势。三个系列的火山岩组合在空间上无严格界线。低钾拉斑系列由细碧-角斑岩组成，夹有鲕状灰岩团块，Sm-Nd 等时线年龄为 978.40Ma。钙碱系列由玄武安山岩、英安岩-流纹岩及相应的火山碎屑岩组成，年龄为 875.3～903.6Ma。高钾系列主要为火山碎屑岩以及高钾玄武岩-安山岩-英安岩-流纹岩，全岩 Rb-Sr 等时线年龄值为 817.7Ma（章邦桐等，1992）。

在浙赣皖三省交界区的前寒武系地层，含大量浅海-次浅海的碎屑沉积岩。在登山群中有厚逾千米的沉凝灰岩、粉砂岩、含火山角砾的碎屑岩，夹数十米厚的细碧-角斑岩，粒序层理发育，系复理石建造，年龄值为 1112.9±53Ma。在浙江地区，骆家门组主要由粗碎屑岩组成，底部砾岩中含有双溪坞群火山岩，花岗质砾石中结晶锆石年龄为 879Ma。其上覆的虹赤村组也由低成熟度的岩屑砂岩组成。上墅组是一套覆盖于虹赤村（或骆家门）组之上的中基性、酸性双峰式火山岩，上述三组地层构成了巨厚碎屑岩系（含火山岩）-磨拉石建造（章邦桐等，1992）。

在皖南有两条近东西向的前寒武纪碰撞型花岗岩带：一条以许村、休宁、歙县岩体为主，由大小 11 个侵入体组成，其同位素年龄为 928～963Ma（邢凤鸣等，1992）；另一条为莲花山岩体（花岗岩）和石耳山岩体（花岗斑岩-流纹斑岩），侵入岩井潭组，锆石 U-Pb 年龄为 753～766Ma（邢凤鸣等，1992）。综上所述，江南地区的基地为活动带、稳定地块和地块活化阶段形成的三层构造。

1.3.2.2　武夷山脉两侧基底

古元古代（Pt_1）地层主要分布在武夷山-浙西南隆起带，包括闽西北天井坪岩组和浙东南八都岩群等，主要岩石类型为变粒岩类、片岩类，次为片麻岩，原岩以砂泥质岩为主，夹基性、中酸性火山岩，形成于陆缘海环境，是武夷隆起带金、铅、锌矿的矿源层。八都岩群出露于浙西南遂昌、景宁一带，岩性以斜长角闪岩、片麻岩、变粒岩为主，间夹有大理岩。八都岩群斜长角闪岩的结晶锆石 SHRIMP U-Pb 法年龄为 1.85Ga。天井坪岩组仅见于福建西部个别地区，以含夕线石、铁铝榴石变粒岩为主，同位素年龄 17.9Ga（Wan et al.，2007）。

中-新元古代（Pt_{2-3}）的陈蔡岩群出露于浙东南的陈蔡—龙泉一带，为一套变质中基性火山-沉积岩。近年来的研究表明，陈蔡岩群形成时代比较复杂，同位素年龄数据既有古元古代（锆石 SHRIMP 年龄：1781±21Ma），也有新元古代（锆石 SHRIMP 年龄：838±5Ma，Li et al.，2010）。麻源岩群主要出露于闽西地区，为一套巨厚火山-沉积岩，原岩为火山碎屑沉积-中基性火山岩建造。变质沉积岩以云母片岩和石英岩为主，变质火山岩为碱性玄武岩。南山岩组年龄＜807Ma；迪口岩组黑云片麻岩形成年龄小于 800Ma（Wan et al.，2007）。马面山岩群分布在闽西北，原岩以砂泥质岩夹中酸性火山岩、火山碎屑岩为主，同位素年龄集中在 818～728Ma（Li et al.，2003；Wan et al.，2007），主要为一套中浅变质的细碧质-石英角斑岩系和沉积岩系，在上部还发现有含磷层位，是闽北重要的铅锌含矿层位，与下伏麻源群呈假整合接触。

青白口系、南华系出露广泛，地层发育齐全，变质浅、变形强、层序清楚，以碎屑岩为主夹大量的火山岩和火山碎屑岩，是赣南重要的铅锌含矿层位。该区三叠纪为滨海沼泽相沉积，早侏罗世为陆相粗碎屑岩沉积夹火山质碎屑岩。大规模晚侏罗世中酸性火山岩系发育，不整合覆盖在厚达 10km 的前侏罗纪沉积地层之上。

1.3.2.3　浙闽沿海基底

政和-大埔断裂 SE 侧的 90% 以上面积被晚中生代火山岩-侵入岩所占据。新元古代的中低级变质岩仅呈"天窗"形式零星出露于闽东的屏南县和寿宁县；岩石强烈变质风化，难以精确测年。古生代岩层仅在闽东北的福鼎南溪村见有露头，为石炭纪复理石，此区地壳厚度是研究区中最薄的。

1.3.2.4　湘赣地区基底

赣西南地区面积广阔、厚度巨大的浅变质的震旦纪—早古生代沉积岩构成中生代花岗岩的围岩和基底。相对而言，中级变质的新元古代火山碎屑岩和未变质的晚古生代—早中生代沉积岩分布局限。在地球物理场上，此区地壳厚度是研究区中最厚的。

1.3.3　台湾地层区

台湾省内以广布新生代地层为特征。以台东纵谷为界，可以分为西部和东部两大地层区（见图 1.5），有前古近系、古近系、新近系和第四系共 35 个地层单位（表 1.6），主要地层均呈 NNE 向狭长带状展布。西部地层区又可分为中央山脉东部、中央山脉西部和西部山麓（含海域）三个地层亚区。西部地层区占据了台湾省的大部分，沉积物以古新统—上新统为主，厚 10000m 以上，其中部分沉积物受到低级变质作用，含有台湾省重要的煤、石油、天然气、大理岩和石灰岩等多种矿产资源。东部地层区位于台湾省东部的海岸山脉，主要为一套晚古近纪地层，以浊流沉积岩和火山岩发育为特征。

中央山脉东侧区出露台湾岛的基底地层——大南澳杂岩，由西部的太鲁阁带和东部的玉里带组成，据化石及同位素年龄资料，其时代为二叠纪—中生代。太鲁阁带以片岩和大理岩为主，经过高绿片岩相变质作用。玉里带包括片岩、外来洋壳碎块。

中央山脉西侧区包括西部的雪山山脉和东部的脊梁山脉西侧，为始新世—早中新世浅海-半深海相沉积，其中雪山山脉以页岩为主，板岩次之；脊梁山脉西侧变质程度稍高，为板岩、千枚岩，夹灰岩透镜体，地层连续性较差，缺乏渐新世地层，局部出现少量玄武质火山岩。

西部山麓区是中渐新世—第四纪浅海相沉积砂岩和页岩，夹晚渐新世—上新世火山碎屑岩和少量熔岩。

海岸平原区出露上新世—更新世冲积层。往往与西部山麓区共同被认为属台湾造山带的隆起前陆盆地堆积。

1.3.3.1　前古近系

（1）中央山脉东部小区

中央山脉东部小区的前古近系分布在中央山脉东斜坡，呈 NNE 向带状展布，北起宜兰县乌岩角，南延至台东县太麻里溪的北岸，全长约 240km，北部宽 30km，向南逐渐减少到 10km 左右。为一套巨厚的变质混杂岩，含有来自洋壳的镁铁质-超镁铁质岩类，称为大南澳群，总厚度约 6000m。其上与始新统及中新统的一套浅变质岩地层呈不整合或断层接触。

大南澳群可划分为开南冈组、九曲组、长春组和玉里组四个地层单位。玉里组以黑色片岩（石英云母片岩、云母片岩、石墨片岩）为主，夹绿片岩（绿泥片岩、角闪石片岩等）、斑点板岩和蓝闪石片岩等，下部有含铬云母灰岩圆砾，厚约 2000m。长春组以绿片岩、黑色片岩、硅质片岩（石英岩、石英片岩、片状砂岩）为主，夹薄层大理岩、煤及石墨，厚 2000m 以上。九曲组以大理岩为主，夹绿片岩、硅质片岩，由北往南逐渐变薄，厚 1000m 以上。开南冈组分布范围较小，主要由片麻岩及混合岩组成，边缘夹少量片岩，厚度大于 800m。

（2）西部山麓小区的白垩系

白垩系主要指分布于台湾西部澎湖-北港隆起区及台湾海峡内的云林组，由灰白到灰色长石砂岩、细砂岩、粉砂岩、页岩夹灰岩、玄武岩等组成。长石砂岩是该地层的一种主要岩性，固结性好、分选性差，厚度 63～530m 不等，由北向南及由东往西变薄。白垩系在台湾海峡南部、北部的许多地区被钻孔揭示，属一套海陆交互相或滨海相碎屑岩建造，是重要的含油气地层，但其在不同地区发育程度、厚度及埋深均存在一定差异。云林组之上往往被渐新统五指山组和中新统超覆或不整合覆盖。

表 1.6　台湾地区岩石地层划分对比表

年代地层（系 / 统 / 亚统）	北港-澎湖地层小区	西部山麓	恒春半岛	雪山山脉	脊梁山脉	中央山脉东翼地层小区	台湾东部地层区
第四系 · 全新统	冲积层 $(Q_h{}^{al})$	冲积层 $(Q_h{}^{al})$	冲积层 $(Q_h{}^{al})$	冲积层 $(Q_h{}^{al})$	冲积层 $(Q_h{}^{al})$	冲积层 $(Q_h{}^{al})$	冲积层 $(Q_h{}^{al})$
第四系 · 全新统		生物堆积层 $(Q_p{}^{b})$					生物堆积层 $(Q_p{}^{b})$
第四系 · 更新统 · 上统		洪冲积层 $(Q_{p2-3}{}^{pal})$	恒春石灰岩 $(Q_{p2-3}{}^{b})$	洪冲积层 $(Q_{p2-3}{}^{pal})$	洪冲积层 $(Q_{p2-3}{}^{pal})$	洪冲积层 $(Q_{p2-3}{}^{pal})$	洪冲积层 $(Q_{p2-3}{}^{pal})$
第四系 · 更新统 · 中统		大南湾组 $(Q_{p2}{}^{d})$					米仑组 $(Q_{p2}m)$
第四系 · 更新统 · 中统							卑南山组 $(Q_{p2}b)$
第四系 · 更新统 · 下统		头科山组 $(Q_{p1-2}{}^{t})$	头科山组 $(Q_{p1-2}{}^{t})$				大口港组 $(N_2Q_{p2}d)$ 利吉组 (N_2l)
新近系 · 上新统		卓兰组 $(N_2Q_{p1}z)$	垦丁组 $(N_2Q_{p1}k)$				兰屿安山岩 $(N_2\alpha)$
新近系 · 上新统		锦水组 $(Q_{p2}j)$					
新近系 · 中新统		三峡群 (NS)	三峡群 (NS)				
新近系 · 中新统	澎湖玄武岩 $(N_2\beta)$	瑞芳群 (N_1R)	瑞芳群 (N_1R)	苏乐组 (N_1s)	庐山组 (N_1l)		都峦山组 (N_1d) 奇美安山岩 $(N_1\alpha)$
新近系 · 中新统		野柳群 (E_3N_1Y)	?	澳底组 (E_3N_1a)			
古近系 · 渐新统		五指山组 (N_3w)		水长流组 (E_3sc)			?
古近系 · 渐新统				四棱组 (E_3s)			
古近系 · 始新统				西村组 $(E_{2-3}x)$			
古近系 · 始新统				达见组 (E_2d)	毕禄山组 (E_2b)	毕禄山组 (E_2b)	
古近系 · 始新统				十八重溪组 (E_2s)			
古近系 · 古新统	王功组 (E_1w)			?		大南澳群：玉里组 $(AnRy)$ 长春组 $(AnRc)$ 九曲组 $(AnRj)$ 开南冈组 $(AnRk)$	
前古近系 · 白垩系 · 上统	花屿安山岩 $(K_2\alpha)$						
前古近系 · 白垩系 · 下统	云林组 (K_1y)						
	钻孔砂、页岩						

注：据《台湾省区域地质志》，1992。

1.3.3.2　古新统—上新统

古新统—上新统是台湾省的主要地层，它在不同地层区具有不同的岩性、岩相、含矿性和地质发展史等特征。

（1）中央山脉西部亚区

中央山脉西部亚区的古新统—上新统分布在北自台北县的三貂角，南延达屏东县恒春半岛北部的雪山山脉和脊梁山脉地区，全长 350km，宽 20～50km。为一套厚度巨大的海相碎屑岩建造，岩性主要为泥质板岩、板岩、千枚岩和变质砂岩，总厚度 8000m 以上，东侧不整合覆盖在前古近系大南澳群之上。也称之为"硬页岩和板岩带"。

古新统—上新统可划为始新统十八重溪组、达见组及层位相当的毕禄山组，西村组、四棱组、水长流组、澳底组、苏乐组及庐山组等九个岩石地层单位。毕禄山组和庐山组出露在脊梁山脉带，其他都分布在雪山山脉带，这两个带具有不同的沉积特征和岩性差别。雪山山脉带以具碳质岩层、厚层白色石英砂岩或石英岩为特征，其泥质沉积物多数变质为泥质板岩，少部分为板岩，各时代地层都是连续的滨海-浅海相沉积；而脊梁山脉带以具有泥灰质或钙质结核、砾岩层和火山碎屑岩为特征，岩石的变质程度较雪山山脉带深，大部分泥质沉积物都已变质成板岩和千枚岩，没有厚层的粗粒白色石英砂岩和碳质岩层，沉积地层具有明显的间断，属浅海-半深海相沉积。

（2）西部山麓亚区

西部山麓亚区的古新统—上新统分布在台湾省西部山麓丘陵地带、恒春半岛、澎湖列岛以及钓鱼岛等地区，其东侧被屈尺-潮州断裂和中央山脉西部的古新统—上新统浅变质岩层分开；由砂岩、粉砂岩、页岩、泥岩夹煤和玄武质火山碎屑岩等组成，总厚度达 8000m 以上。自渐新统至下更新统为连续沉积，自北向南厚度逐步增大、粒度变细、泥质成分增多；划为王功组、双吉组、五指山组、野柳群、瑞芳群、三峡群、锦水组、卓兰组及垦丁组九个岩石地层单位。

其中古新统王功组仅在澎湖-北港隆起边缘被揭示，主要为浅海相的火山碎屑岩、页岩、砂岩和少量灰岩，局部夹熔岩。始新统双吉组由火山碎屑岩、页岩、砂岩，夹基性熔岩和灰岩组成。五指山组为灰、灰白色厚层粗粒石英砂岩，夹薄层深灰色页岩和煤层，厚度 143～1200m，与下伏始新统或其他老地层呈不整合接触。

中新统分布极广泛，为一套巨厚的砂泥质沉积岩，由北往南厚度增大、粒度变细；在澎湖-北港附近，地层由东向西倾没；具有明显的三个沉积旋回，自下而上分别为野柳群、瑞芳群；三峡群，每个沉积旋回都由一套下部滨海相含煤地层和上部浅海相碎屑岩地层组成。其岩性由灰白色砂岩、砂岩-粉砂岩-页岩薄互层、碳质页岩组成，含有厚度 0.3～0.6m 的可采煤层 1～6 层；每一个海相地层厚 500～700m，主要由深灰色页岩、粉砂岩和浅青灰色细-中粒砂岩等组成。因沉积岩相的不同，野柳群分为下部滨海相含煤的木山组和上部浅海相的大寮组，瑞芳群分为下部滨海相含煤的石底组和上部浅海相的南港组，三峡群分为下部含煤的滨海相南庄组和上部浅海相桂竹林组。

上新统锦水组为一套浅海-半深海相的深灰色页岩，夹有透镜状砂岩和粉砂岩与泥岩的薄层，厚 80～400m，富含海相化石。卓兰组为一套巨厚的碎屑沉积岩，由浅海相浅青灰或浅灰色细粒砂岩、粉砂岩、泥岩和页岩互层组成，上部夹薄层砾岩，局部夹石灰岩礁透镜体，厚 1500～2500m，与下伏锦水组呈整合接触，其下部局部砂岩层具有油气潜力。分布在恒春半岛南部的垦丁组，由成层性很差的深灰色泥岩、粉砂岩组成，含许多大小不等的外来岩块，属混杂堆积-沉积建造，厚度大于 1000m。

（3）东部海岸山脉区

东部海岸山脉区指台湾东部的海岸山脉及其东南侧外海的兰屿和绿岛（火烧岛）。

海岸山脉区仅出露新近系，为一套含有较多火山物质的海相沉积地层，以火山岩、含有火山物质的沉积岩、浊流作用造成的碎屑沉积岩及缺乏层理的混杂岩为特征，总厚度 6000～7000m。划分中新统都峦山组、上新统利吉组、上新-中更新统大港口组三个地层单位。

都峦山组为一套覆盖在奇美火成杂岩上的火山喷发-沉积建造，主要由安山质集块岩及凝灰质砂岩组成，上部夹灰岩透镜体，厚度 1000～2000m。大港口组广泛分布于海岸山脉，为一套海相碎屑岩建造，由深灰色泥岩、粉砂岩、砂岩、砾岩及火山碎屑岩组成，局部夹含砾泥岩和崩塌岩块，属浊流沉积，厚度 3000～4000m。利吉组由破碎而杂乱的深灰色泥岩和外来岩块组成，缺乏清晰层理，外来岩块种类繁多，大小不一，为一套混杂堆积-沉积建造，厚度在 1061m 以上。在绿岛（火烧岛）和兰屿有晚古近纪安山岩和安山质碎屑岩分布。

1.3.3.3　第四系

第四系广泛分布在台湾西部丘陵和平原地区，在恒春半岛，若干内陆盆地和台东纵谷等地有小规模分布，在地貌上组成不同高度、不同类型的台地、阶地和平原，是各种砂矿产出的层位。

更新统大部分以台地堆积层为代表，早期沉积物大都已胶结成岩，并由砾岩、砂岩、粉砂岩、页岩或泥岩等组成，尚有少部分火山岩。更新世早期到中期的地层可划分为西部的头科山组、大南湾组以及东部的卑南湾组、米崙组四个地层单位，厚度 1000～3000m 以上。更新世晚期地层大都由未经胶结的泥、砂、砾石和石灰岩礁等组成，厚度 300m 以内，不整合覆于头科山组或其他老地层之上。

全新统广泛分布在台湾西部的滨海平原及宜兰平原、屏东平原、台北盆地、台中盆地、恒春谷地、花东纵谷等地，多以冲积平原或低阶地出现，由多种成因类型的松散砂、砾石、泥、黏土以及少量珊瑚礁等组成，与下伏地层呈假整合或不整合接触。

1.3.4　日本中新生代岩浆活动区的基底特征

以日本岛中部近南北向的丝鱼川-静冈断裂为界把日本划分为两部分，东北日本和西南日本。西侧以丝鱼川-静冈构造线为界，起自本州岛赤石山地西缘，向西南经由纪伊半岛、四国，一直延伸至九州中部的断层称为中央构造线。以此构造线为界，把西南日本和九州岛划分为内带和外带，靠近日本海一侧为内带，称为西南日本内带，靠近太平洋一侧为外带，称为西南日本外带。有的学者认为中央构造线东端一直延伸至东北日本北端，将东北日本靠近日本海一侧为东北日本内带，靠近太平洋一侧为东北日本外带。不同构造分区基底构造有差异。

1.3.4.1　西南日本内带

前新近纪地层呈带状排列，但不如外带的明显，从北到南依次为：①伴生有花岗岩的低压变质岩（飞弹带）；②高压变质岩（三郡带）；③早古生代—晚古生代末变质或弱变质的本州沉积层；④伴生花岗岩的低压变质岩（领家带）。

上述②变质岩为中古生代—晚古生代本州沉积岩带，④的变质岩为晚古生代—早中生代本州沉积岩带，古生代地层几乎都是石炭纪和二叠纪的，块状灰岩广泛分布。志留系和泥盆系分布非常局限，在许多地方出露中生代的海相-陆相地层，特别是，上三叠统不整合在三郡变质岩之上。在内带的南边，狭长的白垩纪岩层沿中央构造线的北侧，形成了一个向斜构造。在内带，白垩纪长英质火山-侵入岩呈带状广泛分布。除褶皱构造外，在古生代和中生代地层中见有低角度逆冲断层。在九州西北部有古近纪地层分布，在本州西端形成了煤田。在内带的沿海地区分布有新近纪绿色凝灰岩。在这些绿色凝灰岩中赋存着黑矿型矿床。在西南日本内带，印支（秋吉）运动发生在古生代末期—早中生代。燕山（佐川）运动发生在中生代时期。三郡和飞弹变质作用与印支（秋吉）运动有关，领家变质作用与燕山（佐川）运动有关。

1.3.4.2　西南日本外带

平行于岛弧走向呈带状分布的有前新近纪岩层，这种带状排列在九州不很明显，由北向南依次出现：①高压变质岩；②本州-四万十带被中生代浅海和大陆架相岩层所覆盖，未变质和弱变质晚古生代—早中生代地层；③四万十带未变质或弱变质晚中生代—古近纪地层。

各带均被纵向断层所切断，其中②和③的地层延伸到南部的西南诸岛上。①的高压变质岩是晚古生代本州沉积岩带。古生代地层以石炭系和二叠系为主，志留系和泥盆系分布很少，前古近纪地层遭受了强烈的褶皱和断裂。在②的地层中形成了叠瓦状构造。局部有晚中新世花岗岩小岩株侵入。九州南部有第四纪火山岩，北部在中白垩世时受到了燕山运动影响，南部发生了新近纪初的高千穗隆起运动。

1.3.4.3　东北日本外带

在东北日本南部关东山地，第四系沉积层广泛发育。但在那里观察到代表西南日本外带的前古近系。据深部钻探表明，西南日本外带延伸到关东平原下部；在西南日本外带东端的赤石山地区新近纪地层走向呈 NNE-SSW 向，到了关东山地呈 NW-SE 向。在足尾和八沟利根川东北部，古生界和中生界一般走向为 NE-SW 或近乎 SN 向，西南日本构造带向这些地区延伸。因此，东北日本南部的大地构造不同于东北日本北部，前者是西南日本外带的延伸。

阿武隈和北上山地以及东北日本其他地区，构造线走向均呈 NS 向。古生界和中生界主要分布在北上和阿武隈山地，新生界主要分布在靠日本海一侧，北上和阿武隈山地的边缘大体与森冈—白川线的重力异常陡梯度带一致。北上和阿武隈山地的古生界大部分为滨海相，北上山地古生界为志留系，阿武隈山地的古生界为泥盆系。北上山地南部的古生界（本州凹陷的陆缘部分）中含有大量灰岩，北上山地北部的古生界富含燧石和火山岩。北上和阿武隈带的中生界为海相或浅海相。古生代—早中生代地层发生了强烈褶皱，另外白垩系及含煤的古近系、新近系富含火山物质。在北上和阿武隈山地，广泛分布着早白垩世晚期的花岗岩。在北上山地南部局部地区有古生代花岗岩产出。早白垩世晚期的花岗岩侵入和大岛运动之后，北上和阿武隈山地趋于稳定。

1.3.4.4　东北日本内带

东北日本靠日本海一侧，新近纪晚期—第四纪火山岩广泛地覆盖在新近纪地层之上，其走向呈 SN 向，并产生褶皱，新近系下部产出大量长英质和镁铁质火山岩，是著名的绿色凝灰岩带的主体。著名的北鹿黑矿带就分布在东北日本内带绿色凝灰岩区内。新近系上部主要由碎屑岩组成，在新近系岩层中还赋存石油和天然气。新近系绿色凝灰岩盆地一直延伸到南部的大地沟带，该区最后一次大的地壳运动（绿色凝灰岩运动）——瑞穗褶皱发生于更新世。新近纪侵入岩出露在由上古生界—下中生界和白垩纪—古近纪花岗岩组成的基底杂岩上。

北海道西南部属于东北日本内带的延伸带，该区有古生代—中生代海相沉积和白垩纪花岗岩活动，新近系绿色凝灰岩广泛分布，并有第四纪花岗岩出露。

1.3.4.5　北海道

根据地质特征，北海道西南部归属于东北日本内带。北海道的中部，由西向东依次排列如下地层和岩石：①白垩纪—古近纪褶皱地层；②高压变质岩（神居古潭带），有超镁铁质岩伴生；③日高晚古生代—中生代未变质或弱变质岩；④与花岗岩伴生的低压变质岩；⑤前白垩纪日高未变质和弱变质岩。

在中北海道西侧，古近纪地层中赋存煤炭（石狩煤田）。在北海道中部，日高造山运动发生于晚石炭世—古近纪。前述两种变质岩的形成与此次造山运动有着密切的关系。此后，连续发生地壳运动，在西部边缘，于白垩纪—古近纪发生强烈褶皱，并一直延续到古近纪末。

北海道东部包括千岛列岛西南端，其构造走向为 NE-SW 或近 EW，该地区南部分布着根室顶部的白垩纪—古近纪底部地层，新近纪地层主要是海相沉积物，火山物质很少。北部地区属于绿色凝灰岩带的一部分，以新近纪火山物质为主。在北部还有从千岛延伸而来的第四纪火山岩分布。在渐新世地层中赋存煤炭（钏路煤田）。

1.3.4.6　其他地区

本州岛南部伊豆-马里亚纳弧古近纪火山岩发育，偶尔可见古近纪灰岩，构成了第四纪火山链。大东岛周边的海底（包括奄美、九州南部）广泛分布着古近纪浅海沉积物，局部有中新世灰岩，其基底由变质岩和晚白垩世深成岩和火山岩组成。在大东岛地区九州-巴劳海岭东部海底发现了古近纪长英质深成岩和以岩浆岩作为基底的古近纪中期—新近海相沉积物。

在日本海中部大和浅滩（海底隆起）上分布着类似于飞弹片麻岩的岩石。在日本尉边许多海区大陆坡、大陆架和深海台，分布着几千米厚的中生代、新近纪和第四纪沉积物。

1.3.5　韩国中新生代岩浆活动区的基底特征

韩国位于朝鲜半岛南部，有两条 NE 走向的构造剪切带（自北向南依次为临津江构造带和沃川构造带），有两个古老地块：京畿地块和岭南地块（图 1.9）。

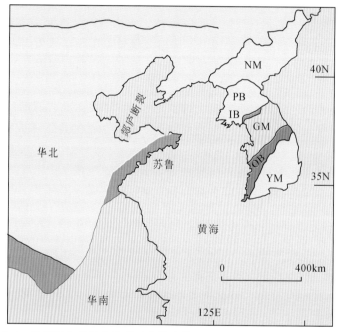

图 1.9　朝鲜半岛及其东北邻区的构造带（据 Lee *et al.*，2000，有修改）

NM. Nangrim Massif（狼林地块）；PB. Pyeongnam Basin（平壤盆地）；IB. Imjingang Belt（临津江带）；GM. Gyeonggi Massif（京畿地块）；OB. Ogcheon Belt（沃川带）；YM. Yeongnam Massif（岭南地块）

临津江构造带（Imjingang Belt，IB）是一个 NEE 走向的褶皱冲断带，长约 100km，宽约 10km，北界自海洲，经平康至高城，南界自临津江下游，经涟川至金刚山。主要由变形变质的碎屑岩和碳酸盐岩组成，如石英岩、片岩、大理岩、白云岩等。

京畿地块（Gyeonggi Massif，GM）基底主要由京畿变质杂岩组成，包括片麻岩、混合片麻岩夹片岩、石墨片岩、结晶灰岩和石英岩，同位素年龄为 2666 ± 40Ma，最老为 2925Ma。其上分别被古-中元古代的春川超群和新元古代的涟川群不整合覆盖。春川超群主要由长乐群的变质砾岩、片麻岩、片岩、局部夹石英岩和春城群的石英岩、片岩、片麻岩、结晶灰岩等组成。涟川群（主要为板岩、千枚岩、片岩）主要分布在地块北缘的临津江附近。区内有大量的侏罗纪和白垩纪花岗岩、花岗闪长岩和闪长岩。

沃川构造带（Ogcheon Belt，OB）被 NNE 走向的湖南剪切带划分成西南段（沃川带）和东北段（太白山带）。西南段主要由寒武纪—志留纪的片岩、白云岩、灰岩、石英岩、千枚岩、板岩等组成。Cluzel（1992）认为，沃川带发育一系列向 SE 向的逆冲推覆构造。东北段以灰岩为主，夹石英岩和页岩，所含寒武纪三叶虫属华北型。最近在洪城一带发现榴辉岩和类似于苏鲁造山带的岩石组合（洪城杂岩）。

岭南地块（Yeongnam Massif，YM）的前寒武纪基底主要由片麻岩夹片岩（最大同位素年龄为 2330±50Ma）及变质基性杂岩（包括变质斜长岩、变质辉长岩等）组成。地块内广泛发育侏罗纪和白垩纪花岗岩、花岗闪长岩，局部有白垩纪沉积岩。

第 2 章 中国东南部中生代侵入岩的地质地球化学特征

2.1 概 述

中国东南大陆是个非常复杂的地区，具有多阶段的中新生代构造-岩浆活动（tectono-magmatic activity），燕山早期的过铝质花岗岩和燕山晚期的火山-侵入活动最强烈，分布最广，约占岩浆岩分布面积的 70% 以上。

中生代岩浆活动主要可分为三期，即印支期、燕山早期和燕山晚期（图 2.1）。

2.1.1 印支期花岗质岩浆活动

中国东南部印支运动与中南半岛的挤压密切相关（任纪舜等，1999），以 Sibumasu 地块与印支板块-华南板块的碰撞增生为代表的印支构造运动发生在 $258 \pm 6 \sim 243 \pm 5$ Ma B. P. 间，并造成 245Ma B. P. 左右的东特提斯洋关闭（Carter et al.，2001；Lepvrier et al.，2004），使研究区内部发生了以碰撞-挤压为主的印支造山运动，同时华北板块和华南板块在印支期也完成碰撞拼合，形成中国大陆（Lan et al.，2000）。任纪舜等（1999）将其称为"陆-陆叠覆造山运动"。在秦岭-大别山地区，华北与华南板块间的碰撞-变质峰期大约在 $258 \sim 230$ Ma B. P. （Ames et al.，1993；Li et al.，1993；Sun et al.，2002），据此可推断研究区印支构造运动的主碰撞期应为 $258 \sim 243$ Ma B. P. 。

根据已发表的文献资料（Xu et al.，2003；邱检生等，2004；邓希光等，2004；张文兰等，2004；Wang et al.，2007），中国东南部印支期花岗岩同位素年龄主要集中于两个峰值：早期的 $243 \sim 233$ Ma B. P. 和晚期的 $224 \sim 204$ Ma B. P.，花岗岩分布没有明显规律，大多数零星分布，其中有构成复式岩体的，也有单独产出的，主要分布在雪峰隆起带与武夷隆起带之间（图 2.1），闽浙东部目前也有出露。Wang 等（2007）提出湖南省早印支期以强过铝质的花岗岩占绝大多数（$A/CNK > 1.1$），晚印支期为弱铝质和准铝质花岗岩（A/CNK 为 $1.0 \sim 1.10$），甚至是有含角闪石的 I 型花岗岩，目前还没有发现同时代的火山岩。

总体上来说，印支期花岗质岩浆活动没有造成大规模的金属成矿作用，但是现有资料表明某些印支期花岗岩与铀矿有着成因上的关系（华仁民等，2005）。

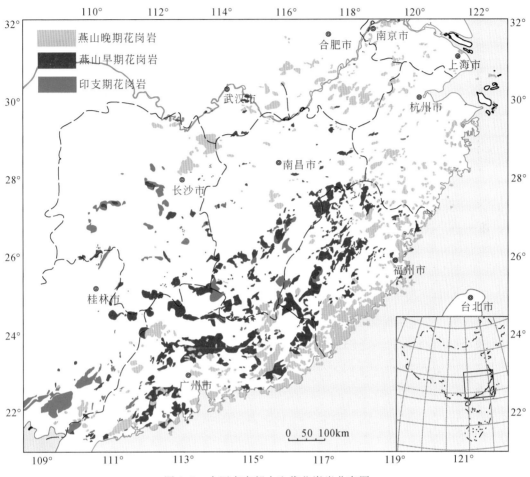

图 2.1　中国东南部中生代花岗岩分布图

2.1.2　燕山早期岩浆活动

　　燕山早期花岗质岩浆活动的最早记录是闽西南汤泉花岗闪长岩体，其单颗粒锆石 U-Pb 年龄为 186.8Ma B. P. （Mao *et al.*，2003），湖南沩山巷子口花岗岩体，其 LA-ICPMS 锆石 U-Pb 年龄为 187±4Ma（丁兴等，2005），赣南的柯树北铝质 A 型花岗岩体，其 SHRIMP 锆石 U-Pb 年龄为 189±3Ma（Li and Li，2007）。燕山早期花岗质岩浆活动的同位素年龄数据主要集中在两个阶段，即 185～170Ma B. P. 和 170～150Ma B. P. 。

2.1.2.1　燕山早期早阶段岩浆活动

　　该阶段的岩浆活动分布范围局限，规模小，主要分布在南岭中段的湘东南-赣南-闽西南地区，处于印支构造域的中间部位，大致呈近 EW 向展布，"说明存在一条 EW 向裂谷带"（王德滋、周金城，1999）；钦防-杭州结合带的赣东北和桂西南地区，大致上呈近 NE 向展布，被称之为十一杭裂谷带（Gilder *et al.*，1996；Chen *et al.*，1998）。该期岩浆活动主要有四种岩石类型：①玄武质和辉长质岩浆活动，分布在湘东南的汝城、道县、宁远、宜章等地的玄武质岩石年龄主要为 175～178Ma（赵振华等，1998）；赣南车步辉长岩体锆石 SHRIMP 年龄为 172.9±4.3Ma（Li et al.，2003）；粤东梅州永和辉长岩体的单颗粒锆石 U-Pb 年龄为 177Ma（邢光福等，2002）。②双峰式的岩浆活动，主要分布在赣南，如寻乌县的白面石和菖蒲，龙南县的临江-东坑以及闽西南永定县的潘坑等盆地，其中的基性端元（玄武岩）的年龄主要在 158Ma 至 179Ma 之间（陈培荣等，1999a，1999b）；浙江毛弄组下部英安质火山岩锆石 SHRIMP 年龄为 180±4Ma（陈荣等，2007）。③A 型花岗岩以及正长岩-花岗岩岩套，如赣南的寨背 A 型花岗岩的锆石 SHRIMP 年龄为 71.6±4.6Ma（Li et al.，2003）。④板内高钾钙碱性岩浆活动，以分布在湘东南和赣东北德兴等地的花岗闪长质小岩体为代表，如湘东南地区的水口山、宝山、江华、江永等地的花岗闪长质小岩体，它们的单颗粒锆石 U-Pb 年龄为 172～181Ma（Wang et al.，2003）；江西德兴的花岗闪长斑岩，其年龄数据集中于 170～184Ma（Hua et al.，1984；王强等，2004）。据此，我们认为中国东部燕山早期早阶段岩浆活动的动力学背景是印支期挤压造山后的"局部伸展-拉张裂解"，是特提斯构造运动的继续，此时中国东南部太平洋构造运动还没有占据主导作用。

　　该阶段成矿作用以 Cu、Pb、Zn（Au）为主，主要成矿时代为 180～170Ma B.P.。

2.1.2.2　燕山早期晚阶段岩浆活动

　　该阶段（170～150Ma B.P.）花岗岩分布范围广泛，规模巨大，单个岩体多呈近 NE 向分布，构成中国东南部燕山早期花岗岩的主体，岩石类型以黑云母二长花岗岩、钾长花岗岩为主，占所有出露花岗岩面积的 70％以上，高精度锆石 U-Pb 年龄主要集中在 155～170Ma（朱金初等，1989；李建红等，2001；Li et al.，2002；张敏等，2003；邓希光等，2004；于津海等，2005；邱检生等，2005；付建明等，2005；Li et al.，2007；赵希林等，2008）。该时期还伴有少量超酸性的二（白）云母花岗岩和钾长花岗岩等成矿岩体，如赣南天门山岩体 SHRIMP 锆石年龄为 167±5Ma（Zeng et al.，2008），张天堂岩体 SHRIMP 锆石 U-Pb 年龄为 159±7Ma（Mao et al.，2010）。

　　以往通常认为这些岩体是在挤压条件下形成的弱过铝或过铝质 S 型花岗岩类，并与钨、锡、钼和稀土等多金属矿床有着十分密切的成因联系（Xu et al.，1984；梅勇文等，1984；胡受奚等，1984；陈毓川等，1989；夏卫华等，1989；夏宏远、梁书艺，1991；陈毓川、毛景文，1995）。近年来，由于在南岭地区与此同时代还伴生有少量铝质 A 型花岗岩、正长岩、很小规模的"高镁玄武岩"（Li et al.，2004）；酸性火山岩（孔兴功等，2000）。因此，对该阶段形成的弱过铝或过铝质 S 型花岗岩类的成因类型和形成的构造背景提出了不同看法（华仁民等，2005；李献华等，2007）。

　　该阶段成矿作用以 W，Sn，Mo，Nb，Ta 和 REE 等稀有金属为主，与 S 型花岗岩有密切的成因联系，成矿时代主要集中在 153～139Ma B.P.（华仁民等，2005），花岗岩类与钨锡成矿作用之间存在约 10Ma 的时间差，通常与正常的岩浆-热液过程有关，不排除有外来幔源组分的加入促使成矿（Zeng et al.，2008）。

2.1.2.3　燕山晚期岩浆活动

中国东南部燕山晚期经历了广泛而强烈的岩浆作用，形成大面积火山-侵入岩类，总体呈北东向展布于沿海诸省，构成大陆边缘醒目的地质特征。其中火山岩分布于浙、闽、粤、皖、赣以及苏、鲁等沿海地区，面积约 14.4 万 km^2（陶奎元，1988；陆志刚等，1997；王中杰等，1999；王德滋、沈渭洲，2003）。全区性的断裂明显限制了火山岩的分布，郯城-庐江-九江-吉安-韶关-四会断裂，为火山岩分布的西界。在绍兴-江山-抚州断裂及政和-大埔断裂以东，火山岩分布更为集中，呈连续的"面型"分布，在该断裂带以西则呈火山盆地型式分布。侵入岩出露范围更大，在火山岩分布线以西的湘、桂两省仍有分布，从沿海至内陆绵延达 1000 余 km，分布面积约 20 万 km^2（陶奎元，1988；毛建仁、程启芬，1990；毛建仁，1994；Mao et al.，1997；王中杰等，1999）。总体而言，沿海地区以火山岩为主，往内陆侵入岩增多。大致可分为东南沿海区和长江中下游两个分布区。

东南沿海区分布的燕山晚期侵入岩同位素年龄主要为两个阶段：即 140～125Ma B. P. 和 125～81Ma B. P.，前者以准铝质花岗岩类为主，后者出现辉长岩和 A 型花岗岩以及准铝质花岗闪长岩类等。火山岩同位素年龄集中分布为两个阶段：即 143～125Ma B. P. 和 115～85Ma B. P.。前者以呈面型分布的英安岩-流纹岩为主，后者则以单个盆地形式出露的玄武岩-英安岩、流纹岩双峰式火山岩为主。

该阶段成矿作用在东南沿海地区为 Sn、U、Au、Cu、Pb、Zn、Ag，成矿时代集中在 110～80Ma B. P.。

本章以闽西南桂坑岩体为例重点讨论华南及其周边地区印支期花岗岩的时空分布特征和动力学背景；以在南岭山脉东段出露的四种岩石类型为例，讨论燕山早期早阶段侵入岩的地质地球化学特征及其动力学意义；以闽西南和赣南几个与钨锡成矿有关的小岩体为重点，通过与代表性岩基的对比，讨论燕山早期晚阶段花岗岩的岩浆源区和分异特征以及与钨锡成矿作用的关系等；讨论燕山晚期晚阶段镁铁质岩和伴生片麻岩的地球化学特征，探讨在碰撞构造环境下深部定位岩石的成因，进一步区分后造山和非造山花岗岩以及晚侏罗世前的花岗岩。

2.2　印支期花岗岩的地质地球化学特征
——以桂坑岩体为例

本次研究工作重点是位于闽粤赣边界的桂坑岩体，系统研究该岩体的地质学、年代学、岩石学以及微量元素和同位素地球化学。Fitches 和朱光（2006），Kim 等（2006，2008）和 Williams 等（2009）提出韩国沃川变质带可能与南华裂谷带对比连接［图 2.2（a）］，本书试图通过华南印支期的花岗岩源区与变质基底关系的研究以及华北板块和扬子地块在印支期碰撞拼合对华南地区印支运动的影响回答该问题，因此将苏鲁-韩国具代表性的印支期花岗岩作了总结对比。为总结华南印支期岩浆作用特征，大致以萍乡-郴州-合浦和邵武-河源断裂为界，将华南印支期花岗岩划分为华南内陆带、武夷-云开山脉带和东南沿海带［图 2.2（b）］。目前在东南沿海带出露的印支期花岗岩的确有限。总结对比了武夷-云开山脉带印支期富城-红山岩体和十万大山-大容山岩体；华南内陆带的湖南省两类印支期花岗岩体。位于华北地块的甲子山岩体、韩国印支期岩体以及华南富城-红山岩体和湖南省印支期花岗岩体的主量元素（％），微量元素和稀土元素（ppm）数据作为本书附表列出。

2.2.1　桂坑岩体的地质学、岩石学和年代学特征

2.2.1.1　桂坑岩体的地质学、岩石学

桂坑岩体位于江西省寻乌县和会昌县、福建省武平县以及广东省平远县交界处，是一个规模较大、岩性较复杂的花岗岩基，出露面积＞700km²。岩体呈近南北向展布，在内部或其附近有一系列后期小岩体侵入。岩体与早白垩世红层呈沉积不整合或断层接触，在岩体北部多表现为突变的侵入接触关系，接触面向外倾斜，倾角：西部22°～25°东部，50°左右。在岩体中部和南部则多属渐变过渡性质，在岩体与围岩接触处，钾长石斑晶呈扁长状，暗色矿物和钾长石斑晶长轴定向具有岩浆叶理，无明显接触变质现象。

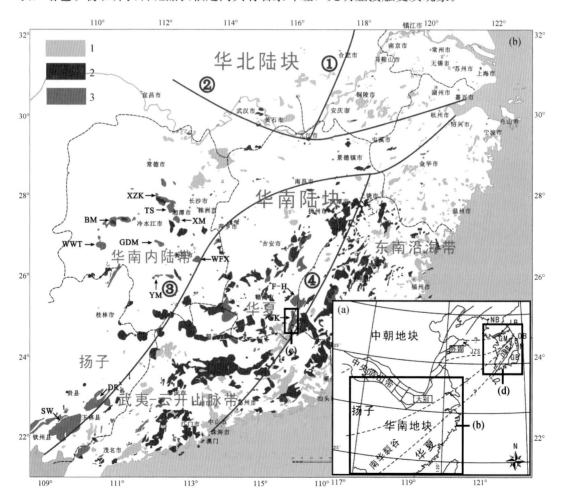

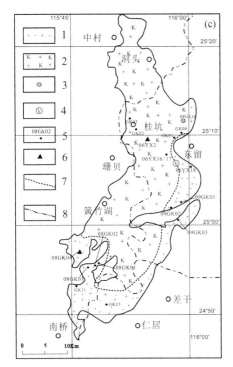
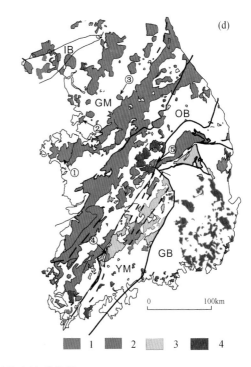

图 2.2　研究区综合地质简图

（a）显示中国东南部可能与韩国相连接的东亚构造单元简图（据 Kim *et al.*，2006）；JZS. 甲子山岩体；IB. Imjingang Belt（临津江带）；GM. Gyeonggi Massif（京畿地块）；OB. Ogcheon Belt（沃川带）；OMB. Ogcheon 变质带；TB. Taebacksan 盆地；YM. Yongnam Massif（岭南地块）；GB. Gyeongsang Basin（庆尚盆地）；HSZ. Honam 剪切带。（b）华南印支期花岗岩分布图：1. 燕山晚期花岗岩，2. 燕山早期花岗岩，3. 印支期花岗岩；①郯城-庐江断裂，②大别山南缘-舟山断裂，③绍兴-萍乡-郴州-合浦断裂，④邵武-河源断裂；GK. 桂坑岩体，FH. 富城-红山岩体，SW. 十万大山岩体，DR. 大容山岩体，WWT. 瓦屋堂岩体，BM. 白马山岩体，GDM. 关帝庙岩体，TS. 唐市岩体，XZK. 巷子口岩体，XM. 歇马岩体，WFX. 五峰仙岩体，YM. 阳明山岩体。（c）桂坑岩体地质图：1. 中细粒黑云母二长花岗岩-黑云母花岗岩（BG）；2. 似斑状中粗粒黑云母花岗岩（KBG）；3. 细粒白云母花岗岩（FMG）；4. 辉长岩；5. 采样点和样品号；6. 锆石 SHRIMP 年龄采样点（其中样号 06YX，08GK 和 09GK 为本书采样点；样号 GK 引自孙涛等，2007）；7. 岩相界线；8. 省界。（d）韩国印支期岩体位置图（据 Kim *et al.*，2011）：1. 三叠纪侵入岩，2. 中侏罗纪侵入岩，3. 晚中侏罗纪侵入岩，4. 白垩纪侵入岩；①Hongseong 岩体，②Namyang 岩体，③Yangpyeong 岩体，④Daegang 花岗岩，⑤Lan 花岗岩

　　孙涛等（2007）对桂坑岩体的主体中粗粒似斑状黑云母花岗岩锆石 LA-ICPMS 年龄定年结果表明，存在印支晚期（220±6.0Ma）和燕山早期（182.5±4.9Ma）两期岩浆活动的年龄峰值，岩体东南部的细粒黑云母花岗岩（FG）的年龄为 94.6±1.8Ma。在岩体中东部有小的辉长岩体侵入，锆石 SHRIMP 的 U-Pb 年龄为 87±2Ma（叶海敏等，2011）。

桂坑岩体主要由三种岩石类型组成 [图 2.3 (c)]，即中细粒黑云母二长花岗岩-黑云母花岗岩 (BG)、含钾长石斑晶中粗粒黑云母花岗岩 (KBG) 和晚期补充侵入体的细粒白云母花岗岩 (FMG)。前两者是桂坑岩体的主体，分别分布在岩体边部和内部，细粒白云母花岗岩主要出露在岩体东北部。BG 与 KBG 之间为侵入接触，大致与 1∶25 万区域地质调查中的峰市超单元和永定超单元相当。边部中细粒黑云母二长花岗岩由于同构造期的挤压局部具岩浆叶理构造，可见黑色岩石包体和斑晶的拉长方向与叶理方向平行 [图 2.3 (a)]。由岩体边部到内部，粒度逐渐变粗、石英含量增加、暗色矿物减少、钾长石斑晶含量增加、斑晶的粒径变大，岩体中心含有大量钾长石巨斑晶 [图 2.3 (b)]，通常为 2mm×4mm。边部黑云母二长花岗岩矿物组成与内部大致相似，岩石呈灰白色，在岩体南部边缘局部地段粒度变细，暗色矿物以黑云母为主，含少量角闪石 (1% 左右)，基质矿物具定向 [图 2.3 (c)]。似斑状中粗粒黑云母花岗岩呈浅肉红色，似斑状结构，似斑晶为钾长石 (粒径 4~6.5mm，含量约 10%)，基质为中粒花岗结构，粒径 3~5.5mm，由斜长石 (25%)、钾长石 (35%)、石英 (25%)、黑云母 (10%) 组成，其中钾长石 (微斜长石、条纹长石) 具格子双晶、卡氏双晶；斜长石呈半自形的板状，发育聚片双晶 [图 2.3 (d)]，没有韵律环带。两种主要岩石类型的副矿物组合为磁铁矿、钛铁矿、独居石、磷灰石、金红石和锆石。

图 2.3　桂坑岩体的野外和薄片显微照片

(a) 岩体边部中细粒黑云母二长花岗岩黑色岩石包体和斑晶的拉长方向与叶理方向平行 (08GK04)；
(b) 岩体中心含有大量钾长石巨斑晶 (06YX2)；(c) 边部岩石中细粒结构，斜长石斑晶和基质矿物具定向 (08GK03)；(d) 似斑状中粗粒黑云母花岗岩，斜长石发育聚片双晶 (06YX17)

2.2.1.2　U-Pb 地质年代学

本次研究所选锆石是在河北省区调所实验室完成的，样品破碎后手工淘洗分离出重砂，经磁选和电磁选后，在双目镜下挑出锆石 (大于 1000 粒)，然后与 RESE (澳大利亚国立大学地质地球科学研究所）标准锆石 TEM 用环氧树脂制靶，并进行透射光、反射光及阴极发光照相以确定锆石的形态及内部结构特征。

SHRIMP 锆石 U-Pb 测试工作是在北京离子探针中心完成的。分析时离子束斑直径为 $20\sim30\mu m$，数据处理采用 Ludwig 的 SQUID 1.0d 及 Isoplot 2.49h 程序，采用 TEMORA 标样（~417Ma，^{206}Pb/^{238}U=0.06683）进行校正。

通常认为高的 Th/U 值（＞0.4）和韵律环带被认为是岩浆成因锆石的特征，而无环带和低的 Th/U 值（＜0.1）被认为是变质成因锆石的特征（Vava et al.，1999；吴元宝等，2004）。桂坑岩体边缘相样品中细粒黑云母花岗岩（08GK-004）和主体相样品含钾长石斑晶中粗粒黑云母花岗岩（06YX-02）中锆石均为无色透明，CL 图像显示岩石中大部分锆石晶形发育良好，具有韵律环带，显示岩浆锆石的特征（图 2.4）。本次研究选取韵律环带较发育的岩浆期锆石进行测试，样品的测试数据见表 2.1，单个数据点的误差 1σ。

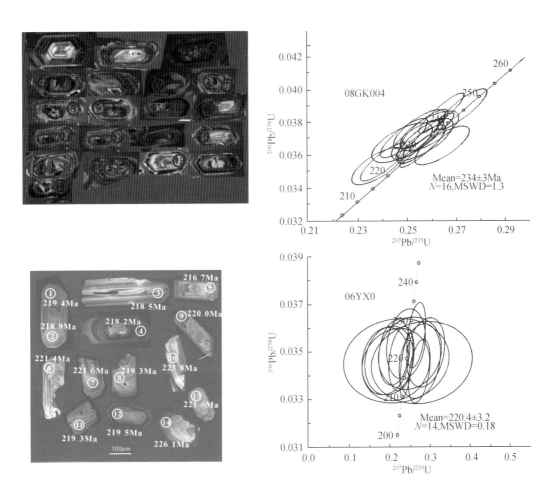

图 2.4　桂坑花岗岩锆石阴极发光图像和分析点位图及 ^{206}Pb/^{238}U 表面年龄 U-Pb 谐和图

对边缘岩石（08GK004）样品 20 粒锆石的测试结果表明，20 个测点都有谐和的 ^{206}Pb/^{238}U 和 ^{207}Pb/^{235}U 表面年龄，数据点全部落入谐和线上或者附近区域（图 2.4），除

16、19 号测试点和 18、20 号测试点 $^{206}Pb/^{238}U$ 年龄分别>250Ma 和<220Ma，稍偏离外，16 个点的 $^{206}Pb/^{238}U$ 年龄为 234±3Ma（$N=16$，MSWD=1.3），该年龄代表了岩体边缘相形成年龄，属于中生代中三叠世。主体相样品 06YX02 的 13 个锆石颗粒 14 个测点的 $^{206}Pb/^{238}U$ 年龄在误差范围内一致，数据点全部落入谐和线上或者附近区域（图 2.4），获得 $^{206}Pb/^{238}U$ 加权平均年龄为 220.4±3.2Ma（$N=14$，MSWD=0.18），该年龄代表岩体主体相形成年龄，属于中生代晚三叠世。由于锆石的结晶温度约 700°，高于全岩的固结温度，所以可将 234±3Ma 和 220.4±3.2Ma 两组年龄可作为桂坑花岗岩开始固结的年龄，总体是在中生代中晚三叠世形成，为印支运动的产物。

表 2.1　桂坑岩体 08GK004 和 06YX02 样品锆石 U-Pb 分析结果

点号	U/ppm①	Th /ppm	$^{232}Th/$ ^{238}U	comm 206 /%	206r /238	err /%	207r /235	err /%	207r /206r	err /%	^{204}corr $^{208}Pb/$ ^{232}Th /Ma	1s err	^{204}corr $^{206}Pb/$ ^{238}U /Ma	1s err
GK004-1	3027.00	635.00	0.22	0.31	0.0391	2.10	0.31	2.20	0.0581	0.60	180.00	7.00	245.30	5.10
GK004-2	1869.00	332.00	0.18	0.07	0.0386	2.10	0.27	2.30	0.0515	0.90	224.00	6.00	243.80	5.00
GK004-3	2929.00	459.00	0.16	0.39	0.0367	2.10	0.26	2.30	0.0521	0.80	215.00	9.00	232.00	4.80
GK004-4	1634.00	455.00	0.29	0.33	0.0367	2.10	0.28	2.30	0.0560	1.00	209.00	8.00	231.50	4.80
GK004-5	1912.00	309.00	0.17	0.00	0.0374	2.10	0.26	2.30	0.0509	0.90	231.00	6.00	236.60	4.90
GK004-6	1807.00	465.00	0.27	0.12	0.0378	2.10	0.28	2.30	0.0532	0.90	212.00	7.00	237.90	4.90
GK004-7	1146.00	336.00	0.30	0.32	0.0375	2.10	0.26	2.50	0.0495	1.30	240.00	9.00	237.20	5.00
GK004-8	1238.00	556.00	0.46	0.42	0.0357	2.10	0.25	2.40	0.0517	1.10	215.00	5.00	225.30	4.70
GK004-9	1321.00	360.00	0.28	0.46	0.0370	2.30	0.26	2.60	0.0517	1.20	224.00	10.00	233.90	5.30
GK004-10	2009.00	481.00	0.25	0.05	0.0365	2.10	0.27	2.30	0.0538	1.00	210.00	6.00	230.60	4.80
GK004-11	824.00	426.00	0.53	0.30	0.0369	2.20	0.27	2.60	0.0527	1.50	220.00	7.00	232.70	4.90
GK004-12	1266.00	572.00	0.47	0.10	0.0371	2.10	0.28	2.40	0.0539	1.10	219.00	5.00	234.00	4.90
GK004-13	1099.00	569.00	0.54	0.16	0.0378	2.10	0.28	2.40	0.0537	1.20	223.00	6.00	237.80	5.00
GK004-14	1253.00	493.00	0.41	0.24	0.0349	2.10	0.19	2.80	0.0387	1.80	265.00	8.00	223.90	4.70
GK004-15	2032.00	437.00	0.22	0.06	0.0367	2.10	0.23	2.40	0.0451	1.00	273.00	8.00	233.80	4.80
GK004-16	1669.00	228.00	0.14	0.10	0.0398	2.10	0.28	2.40	0.0511	1.00	244.00	7.00	251.30	5.40
GK004-17	1652.00	338.00	0.21	0.13	0.0371	2.10	0.25	2.40	0.0493	1.10	229.00	7.00	234.40	4.90
GK004-18	989.00	613.00	0.64	0.45	0.0346	2.20	0.31	2.50	0.0654	1.30	164.00	5.00	213.90	4.50
GK004-19	2425.00	572.00	0.24	1.56	0.0381	2.10	-0.12	11.10	-0.0234	11.60	1080.00	88.00	272.10	5.70
GK004-20	1664.00	606.00	0.38	0.39	0.0336	2.10	0.30	2.30	0.0638	1.00	191.00	7.00	211.90	4.40
06YX02														
06YX02-1.1	90.00	102.00	1.17	6.75	0.0346	3.40	0.22	39.90	0.0454	39.80	212.00	25.00	219.40	7.30
06YX02-1.2	120.00	159.00	1.38	3.59	0.0345	3.30	0.28	29.70	0.0589	29.50	227.00	22.00	218.90	7.10
06YX02-2.1	160.00	126.00	0.81	4.72	0.0345	2.90	0.22	25.70	0.0453	25.50	210.00	25.00	218.50	6.20
06YX02-3.1	1019.00	585.00	0.59	0.80	0.0344	2.60	0.24	4.50	0.0508	3.70	218.00	8.00	218.20	5.60

续表

点号	U/ppm[①]	Th/ppm	$^{232}Th/^{238}U$	comm 206/%	206r/238	err/%	207r/235	err/%	207r/206r	err/%	$^{204}corr$ $^{208}Pb/^{232}Th$ /Ma	1s err	$^{204}corr$ $^{206}Pb/^{238}U$ /Ma	1s err
06YX02-4.1	333.00	236.00	0.73	0.99	0.0342	2.60	0.27	6.60	0.0580	6.10	228.00	10.00	216.70	5.50
06YX02-5.1	180.00	169.00	0.97	4.01	0.0349	2.90	0.25	20.80	0.0520	20.60	224.00	19.00	221.40	6.30
06YX02-6.1	410.00	258.00	0.65	2.29	0.0350	2.60	0.21	12.20	0.0438	11.90	201.00	13.00	221.60	5.60
06YX02-7.1	253.00	193.00	0.79	3.51	0.0346	2.70	0.19	20.20	0.0396	20.00	200.00	16.00	219.30	5.80
06YX02-8.1	594.00	426.00	0.74	1.33	0.0347	2.60	0.23	9.20	0.0478	8.80	205.00	11.00	220.00	5.60
06YX02-9.1	184.00	197.00	1.11	2.70	0.0353	2.60	0.24	13.40	0.0493	13.10	223.00	12.00	223.80	6.10
06YX02-10.1	87.00	72.00	0.86	1.75	0.0346	3.00	0.27	12.50	0.0576	12.10	223.00	16.00	219.30	6.50
06YX02-11.1	240.00	185.00	0.80	3.78	0.0346	2.80	0.20	20.10	0.0416	19.90	192.00	18.00	219.50	6.00
06YX02-12.1	207.00	138.00	0.69	1.60	0.0350	2.80	0.23	10.70	0.0600	10.60	240.00	16.00	221.60	6.00
06YX02-13.1	613.00	357.00	0.60	1.40	0.0357	2.50	0.27	5.90	0.0540	5.30	225.00	11.00	226.10	5.70

①1ppm=10^{-6}，下同。

2.2.2　桂坑岩体的地球化学特征

桂坑岩体印支期五个边缘相中细粒黑云母二长花岗岩-花岗岩（BG），七个含钾长石斑晶中粗粒黑云母花岗岩（KBG）和一个晚期细粒白云母花岗岩（FMG）的主量元素（％），微量元素和稀土元素（ppm）列于表2.2，为便于对比将位于岩体南部燕山晚期细粒花岗岩的地球化学数据一并列出。

2.2.2.1　主量元素

桂坑花岗岩在全碱-硅岩石分类命名图解中 ［图 2.5（a）］，除 BG 样品有位于石英二长岩和花岗闪长岩区外，其余岩石都位于花岗岩区。SiO_2 含量变化范围较大，其中 BG 的 SiO_2 含量相对稍低（67.83％～71.36％），Al_2O_3 含量较高（13.59％～15.99％），K_2O 高于 Na_2O，K_2O/Na_2O（1.23～2.46），平均为 1.70，刚玉标准分子含量低（0.17～1.05），A/CNK 值相对较低（0.97～1.04），为准铝质到弱过铝质 ［图 2.6（a）］；KBG 的 SiO_2 含量相对稍高（70.55％～76.55％），Al_2O_3 含量较低（12.15％～14.68％），K_2O 明显高于 Na_2O，K_2O/Na_2O（1.47～3.84），平均为 2.25，与岩石中钾长石斑晶含量增加相吻合，刚玉标准分子含量相对较高（1.18～2.45），A/CNK 较高（1.07～1.26），为弱过铝质到强过铝质；FMG 主要元素成分更接近 KBG，刚玉标准分子含量相对较高（1.83），$A/CNK>1.1$ 为强过铝质花岗岩 ［图 2.6（a）］；FG 则为弱过铝质花岗岩。

岩石总碱含量较高（K_2O+Na_2O=6.9％～10.99％），在（K_2O+Na_2O）－CaO-SiO_2 图解 ［图 2.5（b）］，BG 和 KBG 的个别样品位于碱性系列 A 型花岗岩区，晚期形成的 KBG 具有钙碱性向碱钙性和碱性系列演化的趋势，燕山晚期 FG 为钙碱性型系列岩石。桂

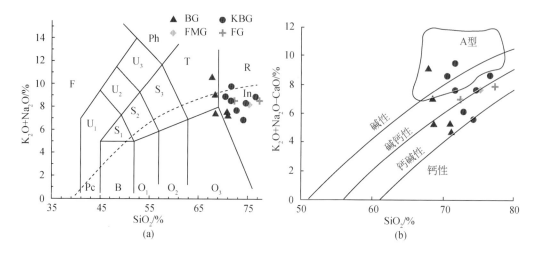

图 2.5　桂坑花岗岩的 TAS 岩石分类命名图（a）（据 Le Bas，1986）和
（K_2O+Na_2O）-CaO-SiO_2 图（b）（据 Frost *et al.*，2001）

R. 花岗岩；O_3. 花岗闪长岩；O_2. 闪长岩；O_1. 辉长闪长岩；B. 辉长岩；Pc. 橄榄岩-辉长岩；T. 石英二长岩-正长岩；S_3. 二长岩，S_2. 二长闪长岩，S_1. 二长辉长岩；Ph. 似长石正长岩；U_3. 似长二长正长岩，U_2. 似长二长闪长岩，U_1. 橄榄辉长岩；F. 似长深成岩。虚线为碱性和亚碱性岩石系列的分界线。

BG. 中细粒黑云母二长花岗岩；KBG. 含钾长石斑晶中粗粒黑云母花岗岩；FMG. 细粒白云母花岗；
FG. 细粒花岗岩

坑岩体中 BG 的 $MgO+Fe_2O_3+TiO_2$ 含量高，K_2O+Na_2O 含量较低 ［图 2.6（b）］，从 BG 经 KBG 到 FMG 随 Si_2O 增高，Al_2O_3、FeO、MgO、CaO、P_2O_5 和 TiO_2 含量降低（图 2.7），而 Na_2O 含量变化不明显，K_2O 含量增加，表明晚期有钾质组分的富集，与岩体中心相富集钾长石巨斑晶相一致。

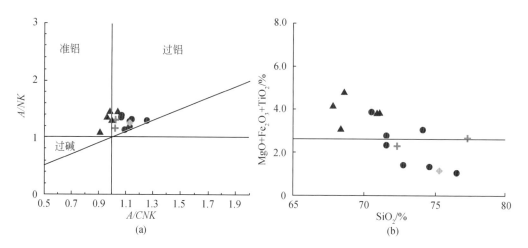

图 2.6　桂坑花岗岩的 *A/CNK-A/NK*（a）和（$MgO+Fe_2O_3+TiO_2$）-Si_2O 图（b）
图例同图 2.5

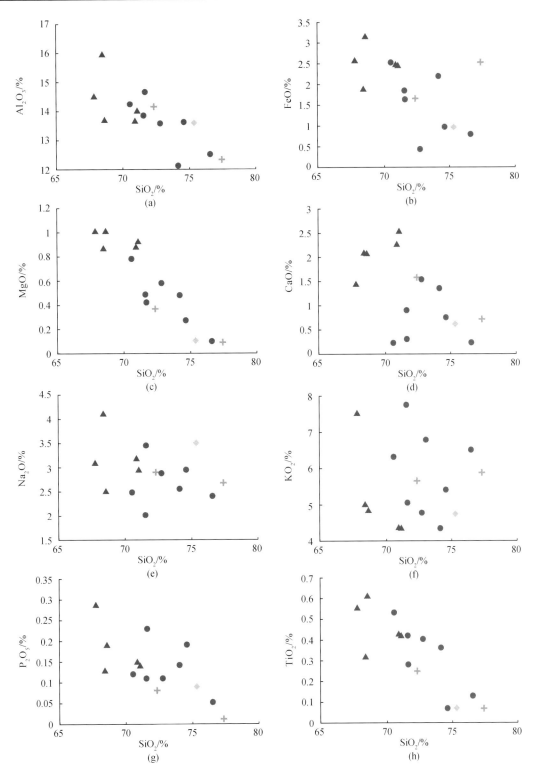

图 2.7　桂坑花岗岩 Al_2O_3（a）、FeO（b）、MgO（c）、CaO（d）、Na_2O（e）、K_2O（f）、
P_2O_5（g）和 TiO_2-SiO_2（h）（％）图解

图例同图 2.5

2.2.2.2　微量元素和稀土元素

桂坑花岗岩有较高的 Rb、Cs 含量和 Rb/Sr 值以及低的 Sr、Ba、Eu 含量，印支期三种岩石类型的微量元素原始地幔标准化蛛网型式十分相似 [图 2.8（a）～（c）]，强亏损 Ba、Nb、Sr、P 和 Ti 呈明显的"V"型谷，富集大离子亲石元素 Rb、K，放射性生热元素 Th、U 含量较高，特别是 Pb 正异常与华南沉积岩类似（Chen *et al.*，1998；Chen and Jahn，1998），显示了典型的壳源型花岗岩特征。燕山晚期 FM 微量元素原始地幔标准化蛛网型式显示出 Ta、Nd、Ti 亏损的大陆边缘型花岗岩的地球化学特征 [图 2.8（c）]。

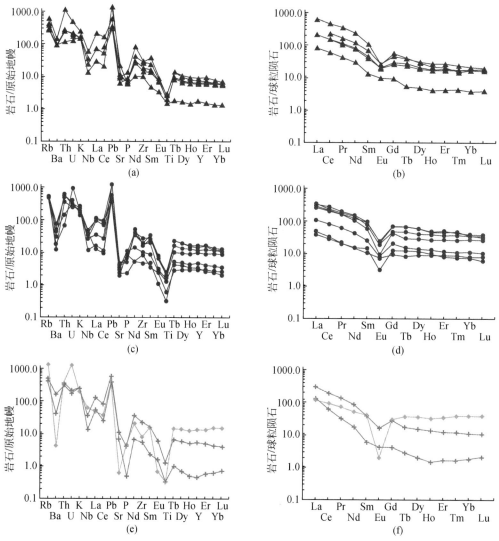

图 2.8　桂坑花岗岩微量元素原始地幔标准化蛛网图 [（a）～（c）] 和稀土元素球粒
陨石标准化模式图 [（d）～（f）]

原始地幔据 McDonough *et al.*，1992；球粒陨石据 Sun and McDonough，1989，以下均同

图例同图 2.5

桂坑岩体三种岩石类型的微量元素组成有区别，BG 具有较高的 Sr、Ba、Eu、Zr、Y、LREE 含量和过渡金属元素（Co、Sc、V），较低的 Rb、Cs、U、Th、Ta 含量，K/Rb、Zr/Hf 和 Nb/Ta 值高，而 Rb/Sr 值低，样品 08GK004 具有异常高的 Y、U、Th 和 REE 含量，而它的 Sc、Co、V 等元素含量低于同类岩石，暗示含有富 HREE、Th 和 U 的副矿物，如钍石和晶质铀矿。KBG 具有相对较高的 Rb、Cs、Ta、U、Th 含量以及低的 Sr、Ba、Eu、Zr 和过渡金属元素，特别是它们具有低的 Zr/Hf、K/Rb、Nb/Ta 和 Th/U 值和高的 Rb/Sr 值，明显区别于典型的 I 型花岗岩（Whalen *et al.*，1987），显示了较强的演化特征。FMG 的 Zr/Hf、K/Rb、Nb/Ta、Ba/Sr 和 Th/U 值低，而 Rb/Sr 值极高，微量元素地球化学特征更接近于 KBG，具有强分异演化的特征。燕山晚期 FG 的 K/Rb、Zr/Hf、Nb/Ta 值相对较高，而 Rb/Sr 值低，具有 I 型花岗岩的地球化学特征。

桂坑岩体中 BG、KBG 和 FMG 的 Zr、Ba、Eu 和 Sr 与 SiO_2 含量呈负相关性（图 2.9），与黑云母、斜长石和钾长石的分离有关，尤其是 Sr、Eu 和 CaO 含量的变化更是表明了 BG 和 KBG 本身都经历了同源岩浆的斜长石分离结晶。

桂坑岩体三种岩石类型花岗岩都是轻重稀土分异中等，其中 BG 的 REE 含量高（81～616ppm），平均为 276.8ppm，$\Sigma LREE/\Sigma HREE=8\sim15$，轻稀土元素富集，且轻稀土的分馏比重稀土明显，$Eu/Eu^*$ 值为 0.18～0.88，平均值为 0.51，为弱负异常，KBG 的 REE 含量变化范围大（47～393ppm），平均为 221.7ppm，$\Sigma LREE/\Sigma HREE=4\sim9$，重稀土元素略富集，$Eu/Eu^*$ 值为 0.18～0.73，平均值为 0.39，为中等负异常，FMG 稀土元素含量为 150.0ppm，$\Sigma LREE/\Sigma HREE=4$，重稀土元素富集，与 KBG 十分相似，但 Eu/Eu^* 值为 0.06 强负异常。桂坑花岗岩稀土元素球粒陨石标准化模式图表明尽管元素含量不同，都呈向右倾 Eu 亏损明显的"V"型分配模式［图 2.8（d）～（f）］，显示壳源型花岗岩的重要特征。KBG 的 Eu 负异常要大于 BG，重稀土元素稍富集，FMG 则呈重稀土元素富集平坦的"V"型，强负铕异常。燕山晚期 FG 明显不同于印支期岩石，为轻稀土富集型，弱的负铕异常。

2.2.2.3　Sr-Nd 同位素

桂坑岩体花岗岩的 Sr-Nd 同位素分析结果见表 2.2、表 2.3。结果显示桂坑岩体印支期三种类型花岗岩具有大致相似的同位素组成。以 234Ma 作为成岩年龄计算的 Sr-Nd 初始值和二阶段 Nd 模式年龄表明，BG 的 $^{87}Sr_i/^{86}Sr_i$ 为 0.70831～0.71326，$\varepsilon_{Nd}(t)$ 为 －10.32～－7.81，Nd 模式年龄 T_{2DM} 为 1.74～1.94Ga；以 221Ma 年龄计算的 KBG 的 $^{87}Sr_i/^{86}Sr_i$ 为 0.71234～0.72647，$\varepsilon_{Nd}(t)$ 值为 －13.1～－9.29，T_{2DM} 为 1.86～2.0Ga，晚期 FMG 的 $\varepsilon_{Nd}(t)$ 值为 －9.59，T_{2DM} 为 1.88Ga，Sr 初始值异常低，因 Rb/Sr 值太大以及 K/Rb、Zr/Hf 和 Ba/Sr 值较低表明细粒白云母花岗岩是强分异的，这种高分异花岗岩往往富集流体从而造成开放的 Rb-Sr 同位素体系，计算出的 $^{87}Sr_i/^{86}Sr_i$ 值没有意义，$\varepsilon_{Nd}(t)$ 值和 T_{2DM} 值与 KBG 十分相似，表明它们具有相同的源区。由此可见，BG 有最低的 Sr 初始值和 Nd 模式年龄，最高的 Nd 初始值，KBG 有最高的 Sr 初始值和 Nd 模式年龄，以及最低的 Nd 初始值，FMG 的同位素特征类似于 KBG（图 2.9），反映出从 BG 到 KBG 和 FMG 地壳组分在岩石中的贡献是增大的。以 95Ma 作为成岩年龄计算了燕山晚期

表 2.2　桂坑岩体主量元素（%）和微量元素与稀土元素（ppm）及 Sr-Nd 同位素地球化学成分表

序号	1	2	3	4	5	6	7	8	9	10	11	12	13	14	15
样号	08GK002	08GK003	08GK004	06YX18	GK11	06YX02	06YX16	06YX17	GK001	GK002	GK003	GK008	08GK010	08GK001	GK15
岩相	黑云母花岗岩（BG）					含钾长石斑晶黑云母花岗岩（KBG）						白云母花岗岩（FMG）		细粒花岗岩（FG）	
SiO_2	70.90	71.10	67.83	68.61	68.44	72.76	70.55	71.58	74.12	76.55	71.63	74.59	75.33	77.39	72.35
TiO_2	0.43	0.42	0.56	0.61	0.32	0.40	0.53	0.42	0.36	0.13	0.28	0.07	0.07	0.07	0.25
Al_2O_3	13.67	14.03	14.56	13.74	15.99	13.59	14.26	13.87	12.15	12.52	14.68	13.63	13.63	12.35	14.17
Fe_2O_3	2.76	2.75	2.86	3.52	2.10	0.48	2.81	2.04	2.44	0.89	1.82	1.07	1.07	2.81	1.85
FeO	—	—	—	—	—	—	—	—	—	—	—	—	—	—	—
MnO	0.06	0.07	0.09	0.07	0.06	0.06	0.06	0.05	0.05	0.02	0.06	0.03	0.08	0.11	0.04
MgO	0.88	0.93	1.01	1.01	0.87	0.58	0.78	0.48	0.48	0.10	0.42	0.27	0.10	0.09	0.37
CaO	2.28	2.54	1.46	2.09	2.09	1.53	0.23	0.31	1.35	0.24	0.91	0.75	0.62	0.69	1.59
Na_2O	3.18	2.94	3.10	2.51	4.09	2.87	2.49	2.02	2.55	2.40	3.45	2.93	3.50	2.67	2.89
K_2O	4.39	4.38	7.52	4.88	5.04	4.79	6.32	7.75	4.35	6.49	5.07	5.42	4.76	5.88	5.65
P_2O_5	0.15	0.14	0.29	0.19	0.13	0.11	0.12	0.11	0.14	0.05	0.23	0.19	0.09	0.01	0.08
LOI	1.31	0.73	0.77	2.64	0.63	0.91	1.80	1.24	0.89	0.52	1.41	1.22	0.86	0.29	0.50
总量	99.79	99.83	99.84	99.86	99.64	99.95	99.95	99.87	98.78	99.84	99.78	100.09	99.94	99.86	99.64
A/NK	1.37	1.47	1.10	1.46		1.37	1.31	1.19	1.37	1.14	1.32	1.28	1.25	1.15	1.30
A/CNK	0.97	0.99	0.92	1.04	1.00	1.07	1.26	1.13	1.07	1.10	1.15	1.13	1.13	1.03	1.03
Sc	8.63	8.21	6.38	10.50	4.19	8.53	8.89	4.94	7.13	1.22	4.58	3.94	3.65	0.48	3.65
V	50.10	54.50	41.90	*	44.50	*	*	*	31.70	6.86	25.50	11.80	2.94	4.04	22.36
Cr	4.01	14.70	15.90	7.69		2.35	5.12	4.77	*	*	*	*	1.88	2.79	*
Co	6.18	6.44	6.99	7.42	4.14	6.34	4.80	2.84	2.93	0.64	1.94	0.41	0.56	0.44	1.42
Ni	*	*	*	5.62		1.61	3.76	3.48	*	*	*	*	*	*	*

续表

序号	1	2	3	4	5	6	7	8	9	10	11	12	13	14	15
样号	08GK002	08GK003	08GK004	06YX18	GK11	06YX02	06YX16	06YX17	GK001	GK002	GK003	GK008	08GK010	08GK001	GK15
岩相	黑云母花岗岩（BG）					含斜长石斑晶黑云母花岗岩（KBG）							白云母花岗岩（FMG）	细粒花岗岩（FG）	
Ga	16.10	17.00	20.30	19.10		19.30	20.50	19.40	*	*	*	*	23.00	11.30	*
Rb	171.00	181.00	388.00	244.00	271.00	322.00	298.00	300.00	308.00	304.00	306.00	307.00	774.00	206.00	240.00
Sr	209.00	241.00	190.00	127.00	451.00	97.29	91.80	78.80	91.10	48.80	65.30	40.30	12.00	132.00	210.00
Ba	651.00	641.00	1013.00	642.00	647.00	333.00	525.00	529.00	216.00	82.30	310.00	127.00	27.10	232.00	863.00
Zr	191.00	154.00	323.00	294.00	114.00	183.00	306.00	219.00	196.00	92.40	112.00	51.70	79.00	54.00	220.00
Hf	5.52	4.56	8.50	7.96	2.89	6.12	9.29	6.92	5.46	3.07	2.84	2.09	3.88	2.05	5.21
Nb	17.50	17.20	42.00	25.00	9.13	24.30	33.90	28.30	25.80	8.30	18.60	30.30	35.46	8.30	21.10
Ta	1.67	1.73	2.56	1.40	0.77	2.54	3.17	2.86	2.89	0.96	2.45	3.04	8.56	0.85	1.62
Y	29.00	27.00	33.00	39.10	8.16	50.80	72.60	66.70	45.80	13.60	20.90	15.40	52.00	2.00	22.10
Cs	2.78	5.62	7.41	3.29	4.39	7.75	3.60	3.14	8.17	5.60	16.80	7.23	46.00	4.21	1.50
U	4.40	4.15	10.00	3.70	2.62	7.92	7.40	6.30	8.45	5.16	6.07	19.90	19.30	3.44	2.86
Th	21.00	21.60	88.10	23.00	9.72	50.30	44.70	46.70	43.20	29.90	12.30	5.67	24.20	23.30	21.20
Pb	21.80	20.90	41.10	24.20	166.00	33.10	30.70	41.60	126.00	123.00	101.00	25.10	21.70	21.10	30.90
La	50.00	50.00	147.00	71.50	19.60	75.00	61.60	77.00	65.70	11.30	24.70	8.61	27.00	30.00	69.60
Ce	94.00	91.00	280.00	141.00	35.80	142.00	123.00	138.00	125.00	19.90	48.30	17.40	55.00	38.00	113.00
Pr	10.80	9.86	32.20	15.20	3.96	16.70	15.10	17.90	14.70	1.90	5.67	1.99	6.70	2.93	12.30
Nd	38.50	35.60	111.00	55.50	14.20	64.20	55.80	55.00	48.50	6.82	19.50	7.17	23.80	7.87	39.60
Sm	7.01	6.14	16.20	10.40	2.01	11.70	13.80	14.30	8.86	1.56	3.90	2.14	6.10	0.88	5.87
Eu	1.20	1.12	1.47	1.45	0.57	1.07	1.27	1.31	0.52	0.41	0.47	0.18	0.11	0.24	0.90
Gd	6.11	5.30	11.30	9.40	1.94	9.36	13.70	14.00	8.49	1.87	4.22	2.50	5.96	0.80	5.58

续表

序号	1	2	3	4	5	6	7	8	9	10	11	12	13	14	15
样号	08GK002	08GK003	08GK004	06YX18	GK11	06YX02	06YX16	06YX17	GK001	GK002	GK003	GK008	08GK010	08GK001	GK15
岩相	黑云母花岗岩 (BG)					含钾长石斑晶黑云母花岗岩 (KBG)							白云母花岗岩 (FMG)	细粒花岗岩 (FG)	
Tb	1.01	0.87	1.50	1.43	0.20	1.69	2.42	2.51	1.09	0.30	0.56	0.45	1.32	0.10	0.63
Dy	5.28	4.79	7.13	7.66	1.22	10.20	14.60	14.70	7.22	2.19	3.48	3.02	8.69	0.48	3.87
Ho	0.99	0.96	1.22	1.48	0.23	2.13	2.66	2.51	1.50	0.50	0.71	0.55	1.73	0.08	0.75
Er	3.07	2.80	3.41	4.49	0.71	6.00	7.97	7.52	4.31	1.43	1.91	1.31	5.59	0.27	2.06
Tm	0.44	0.42	0.39	0.60	0.11	0.94	1.09	1.14	0.65	0.22	0.28	0.19	0.94	0.04	0.29
Yb	2.88	2.81	2.88	3.66	0.65	5.77	6.55	5.84	4.40	1.27	1.86	1.19	6.41	0.29	1.83
Lu	0.45	0.44	0.41	0.51	0.10	0.88	0.93	0.80	0.64	0.19	0.26	0.15	0.94	0.05	0.26
REE	222.00	212.00	616.00	253.00	81.00	348.00	306.00	393.00	292.00	50.00	116.00	47.00	150.00	82.30	257.00
$\sum$LREE/$\sum$HREE	10.00	11.00	21.00	8.00	15.00	8.00	8.00	7.00	9.00	5.00	8.00	4.00	4.00	38.00	16.00
Eu/Eu*	0.56	0.60	0.33	0.18	0.88	0.31	0.28	0.28	0.18	0.73	0.35	0.24	0.06	0.86	0.48
$^{87}Sr(t)/^{86}Sr(t)$	0.708848	0.708594	0.712959	0.71433	—	0.714857	0.712571	0.712343	—	—	0.72647	—	0.690608	0.711623	0.70973
$^{143}Nd(t)/^{144}Nd(t)$	−8.21	−7.95	−10.49	−9.80	—	−9.40	−10.20	−10.20	—	—	−13.10	—	−9.68	−6.34	−8.60
T_{DM} (Ga)	1.76	1.74	1.94	1.90	—	1.90	1.90	1.90	—	—	2.03	—	1.88	1.59	1.59

注: 06YX 样品、08GK 样品为本书数据, GK 样品引自孙涛等 (2007), GK003 样品 IC-MS 年龄在 185Ma 和 220Ma 左右形成峰值; GK15 样品 IC-MS 年龄在 95Ma 左右形成峰值 (孙涛等, 2007)。

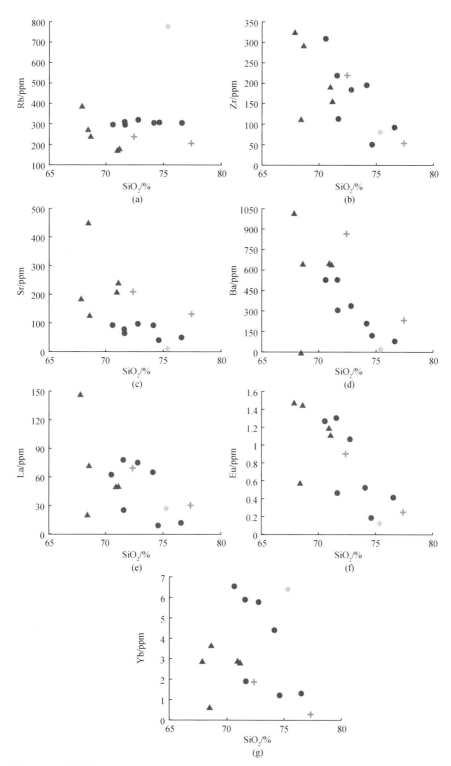

图 2.9　桂坑花岗岩 Rb-SiO₂(a)、Zr-SiO₂(b)、Sr-SiO₂(c)、Ba-SiO₂(d)、La-SiO₂(e)、Eu-SiO₂(f) 和 Yb-Si₂O(g) 含量变化图解

图例同图 2.5

表 2.3　桂坑岩体花岗岩 Sr-Nd 同位素分析结果

序号	样品号	岩石类型	年龄/Ma	Rb/10^{-6}	Sr/10^{-6}	$^{87}Rb/^{86}Sr$	$^{87}Sr/^{86}Sr$	2σ	$^{87}Sr_i/^{86}Sr_i$
1	08GK002-1	BG	234.00	190.40	192.40	2.867	0.717860	0.000013	0.708317
2	08GK003-1	BG	234.00	211.90	223.90	2.742	0.717212	0.000015	0.708086
3	08GK004-1	BG	234.00	400.40	178.80	6.498	0.733382	0.000014	0.711755
4	06YX18	BG	234.00	231.60	126.10	5.324	0.730984	0.000013	0.713263
5	06YX02	KBG	221.00	339.20	98.83	9.968	0.746046	0.000014	0.714857
6	06YX16	KBG	221.00	273.60	87.28	9.101	0.741048	0.000014	0.712571
7	06YX17	KBG	221.00	306.10	75.74	11.74	0.749073	0.000012	0.71234
8	GK03	KBG	221.00	348.70	64.59	15.75	0.767336	0.000012	0.72647
9	08GK010-1	FMG	221.00	773.70	12.90	183.60	1.267566	0.000019	0.690608
10	08GK001-1	FG	95.00	199.10	172.10	3.351	0.716147	0.000013	0.711623
11	GK15	FG	95.00	229.00	196.30	3.349	0.714227	0.000013	0.70973

序号	样品号	岩石类型	年龄/Ma	Sm/10^{-6}	Nd/10^{-6}	$^{147}Sm/^{144}Nd$	$^{143}Nd/^{144}Nd$	2σ	$\varepsilon_{Nd}(t)$	T_{2DM}
1	08GK002-1	BG	234.00	6.80	36.10	0.1140	0.512098	0.000011	−8.07	1.76
2	08GK003-1	BG	234.00	6.01	33.20	0.1097	0.512105	0.000012	−7.81	1.74
3	08GK004-1	BG	234.00	16.80	109.60	0.0926	0.511950	0.000011	−10.32	1.94
4	06YX18	BG	234.00	10.19	55.76	0.1104	0.512014	0.000013	−9.61	1.88
5	06YX02	KBG	221.00	11.24	58.07	0.1170	0.512040	0.000014	−9.29	1.86
6	06YX16	KBG	221.00	13.30	57.07	0.1409	0.512035	0.000012	−10.20	1.92
7	06YX17	KBG	221.00	14.59	65.63	0.1344	0.512026	0.000011	−10.20	1.92
8	GK03	KBG	221.00	5.157	23.960	0.1303	0.511890	0.000011	−13.10	2.00
9	08GK010-1	FMG	221.00	8.53	35.90	0.1437	0.512066	0.000014	−9.59	1.88
10	08GK001-1	FG	95.00	1.07	9.46	0.0685	0.512233	0.000011	−6.34	1.52
11	GK15	FG	95.00	7.583	47.050	0.0976	0.512135	0.000012	−8.60	1.60

注：其中 06YX，08GK 为本书数据，GK 引自孙涛等（2007）。

$T_{DM} = (1/\lambda) \ln (1 + \{ (^{143}Nd/^{144}Nd)_m - (^{143}Nd/^{144}Nd)_{DM} - [(^{147}Sm/^{144}Nd)_m - (^{147}Sm/^{144}Nd)_c] (e^{\lambda t} - 1) \} / [(^{147}Sm/^{144}Nd)_c - (^{147}Sm/^{144}Nd)_{DM}]$，采用两阶段模式进行计算（陈江峰等，1999）；下标 m 表示样品测定值，下标 c 表示大陆地壳值，下标 DM 表示亏损地幔值；衰变常数 $\lambda = 6.54 \times 10^{-12}$ a，t 为岩石结晶年龄；式中，$(^{143}Sm/^{144}Nd)_{DM} = 0.2136$，$(^{143}Nd/^{144}Nd)_{DM} = 0.513151$，$(^{147}Sm/^{144}Nd)_c = 0.118$。

FM 的 Sr、Nd 初始值和二阶段 Nd 模式年龄，其 $^{87}Sr_i/^{86}Sr_i$ 为 0.70973～0.71162，$\varepsilon_{Nd}(t)$ 值为 −6.34～−8.6，Nd 模式年龄 T_{2DM} 为 1.52～1.60Ga，与桂坑岩体印支期花岗岩相比，显然源岩中幔源组分贡献增大，致使 $\varepsilon_{Nd}(t)$ 值增高，Nd 模式年龄明显降低（图 2.10）。

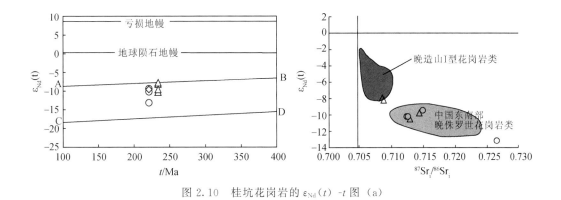

图 2.10　桂坑花岗岩的 $\varepsilon_{Nd}(t)$ -t 图（a）

和 $\varepsilon_{Nd}(t)$-$^{87}Sr_i/^{86}Sr_i$ 图（b）

南岭地区前寒武纪地壳演化域（ABCD）据南岭及邻区地区前寒武纪底层的 Nd 同位素演化线分布范围确定（孙涛等，2005，英文）；前寒武纪地层包括闽西长汀的楼子坝群、湘西地区板溪群、桂北地区四宝群、丹洲群以及粤西云开地区罗定云母片岩；我国东南沿海晚造山 I 型花岗岩区（Chen et al.，2004），中国东南部晚侏罗纪花岗岩类区（Chen and Jahan，1998）。图例同图 2.5

2.2.3　桂坑岩体的成因讨论

2.3.3.1　岩体形成条件

桂坑岩体印支期花岗岩的形成时代和化学成分关系排除了 BG 和 KBG 之间是同一岩浆分离结晶的产物。KBG 演化程度较高，晚期 FMG 是 KBG 同源岩浆演化的产物。在图 2.11（a）、（b）中这种结晶趋势很明显，Rb 与 Ba、Sr 为负相关性以及强的 Sr、Ba、P 和 Ti 负异常 [图 2.8（a）、（b）]，稀土总量随 Rb/Sr 值增加而降低以及显著的 Eu 负异常，都支持 BG 和 KBG 本身都经历了斜长石和钾长石的分离。在野外可观察到无论是从岩体边部的 BG，还是内部的 KBG 到晚期分异形成 FMG，从岩体边部向内部随岩浆分异，钾长石斑晶含量增加，出现大量巨斑晶钾长石。随分异演化，Nb 和 Zr 以及过渡金属含量降低 [图 2.11（c）、（d）]，而 Pb、Th、U 和 HREE 含量增加表明，BG 和 KBG 都存在金红石和/或钛铁矿为主的副矿物分离。

根据 Waston 和 Harrison（1983）的锆石饱和温度计和全岩的 Zr 含量，计算了桂坑岩体中印支期三种岩石类型花岗岩的结晶温度，计算结果显示 BG 的 Zr 含量较高（114～323ppm），结晶温度为 824～889℃，结晶温度随演化逐渐降低，KBG 中除 06YX16 异常高 Zr 含量外，总体都较低（51～219ppm），结晶温度为 740～855℃，同样结晶温度是随着演化逐渐降低，晚期侵入的 FMG 的 Zr 含量<79ppm，结晶温度较低，为 776℃。

2.2.3.2　源岩性质和形成的构造环境

Sylvester（1998）根据 CaO/Na$_2$O 值 0.3 为界将强过铝花岗岩源岩成分分为砂屑岩和泥质岩两类。BG 以高 CaO/Na$_2$O 值和低 Al$_2$O$_3$/TiO$_2$ 值为特征，源岩是以砂质碎屑岩为主，个别样品位于起源于玄武岩熔体与泥质岩熔体的混合线附近；KBG 和 FMG 以

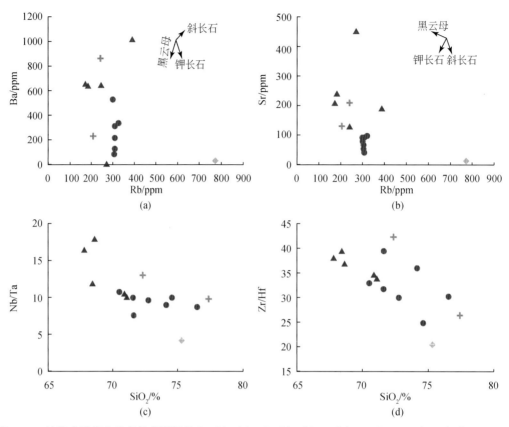

图 2.11 桂坑花岗岩的分离结晶图解的 Ba-Rb（a），Sr-Rb（b），Nb/Ta-SiO$_2$（c）和 Zr/Hf-SiO$_2$（d）

图例同图 2.5

CaO/Na$_2$O值为特征，表明它们起源于有较高泥质组分的沉积物，指示 BG 比 KBG 有较高的成岩温度，这与估算的温度值一致（分别为 824～889℃ 和 740～855℃）。所有桂坑花岗岩都有低的 Al$_2$O$_3$/TiO$_2$ 值，指示岩浆可能是在约 900℃ 的高温下部分熔融［图 2.12（a）］，这时的部分熔融程度可达 35％ 以上（Sylvester，1998），BG 具有较高的结晶温度也佐证了这一点。

BG 和 KBG 具不同的相容元素比值（Rb/Sr，Sr/Ba）和 REE 含量是与不同的熔融条件和源区中不同矿物比例有关（如斜长石、白云母、黑云母、绿帘石/黝帘石和石榴子石等）。在 Rb/Ba-Rb/Sr 图中桂坑岩体的 BG 和 KBG 都显示出一种线性关系［图 2.12（b）］，BG 显示低的 Rb/Sr 值和较高的 Sr/Ba 值，指示了源区为富云母和绿帘石/黝帘石的砂质沉积物，可能有变质玄武质岩石夹层，具有较高斜长石/泥质值的混合源；KBG 主要来源于泥质为主的陆壳沉积物。结合桂坑花岗岩的 Nd 同位素组成可以证明 BG 和 KBG 以及燕山晚期的 FG 在源区物质上的差异。

在构造环境判别图中可见，桂坑花岗岩体总体属于碰撞环境下形成的壳源型铝质花岗岩类［图 2.13（a）］，早期（234Ma B. P.）形成的 BG 更多地具有同碰撞花岗岩的地球化学特征，在野外可观察到黑云母和钾长石斑晶长轴定向显示岩浆型片理是在挤压条件下形成的。晚期 KBG 逐渐具有向后碰撞花岗岩过渡的地球化学特征［图 2.13（b）、（e）、

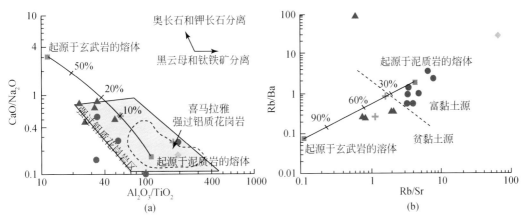

图 2.12　（a）桂坑岩体 CaO/Na_2O-Al_2O_3/TiO_2（据 Sylvester，1998）和
（b）Rb/Ba-Rb/Sr 图（据 Patino-Dounce and Harris，1998）.

图例同图 2.5

（f）]，强分异 FMG 的 Ga 含量明显增高（>23ppm），具有铝质 A 型花岗岩的地球化学特征 [图 2.13（a）、（b）、（e）、（d）]。燕山晚期 FG 则具有 Nb，Ta，Ti 亏损的大陆边缘准铝-弱铝质花岗岩的地球化学特征（图 2.13）。

2.2.4　与华南和苏鲁-韩国印支期花岗岩体的区域对比

总体来看华南印支期花岗岩都以高钾钙碱性系列的二长花岗岩-花岗岩为主（图 2.14），完全不同于苏鲁-韩国印支期花岗岩类，后者主要为碱钙性系列辉长岩-闪长岩、石英正长岩-花岗岩和碱性系列的辉长岩-石英正长岩和碱性 A 型花岗岩组合（高天山等，2004；Yang *et al.*，2005；Cho *et al.*，2008；Williams *et al.*，2009）。

2.2.4.1　与武夷-云开山脉带印支期富城-红山花岗岩体的对比

富城-红山岩体位于闽西-赣南交界处，出露面积达 450km² [图 2.2（b）]，岩体西部被称为大富足或富城岩体（229±6.8Ma），东部被称为红山岩体（226.2±2.4Ma）（锆石 LA-ICPMS，于津海等，2007）。

富城岩体主要由三种岩石单元组成，黑云母巨斑粗粒二长花岗岩（kmG）、中粒二云母花岗岩（TMG）和含红柱石细粒花岗岩（AFG），红山岩体主要为含红柱石浅色花岗岩（ALG）（于津海等，2007）。其中 kmG 含较低的 SiO_2、Rb、Nb 和较高的 Al_2O_3、Ba、Sr、Zr 和 REE 含量，岩石 A/CNK>1.10，K_2O/Na_2O>1.60；TMG 高 SiO_2、K_2O，低 CaO、P_2O_5 和富 Al，A/CNK=1.13~1.20，岩石含较高的 Rb、Nb 和低的 Ba、Sr、Zr、REE，具有相对低的 K/Rb 和 Eu/Eu* 值；AFG 除了更高的 A/CNK 值（1.22~1.36）和 Rb、Nb 含量，稍低的 Ba、Sr、Zr、REE 含量外，其他地球化学特征相似于 kmG。红山岩体含红柱石浅色花岗岩（ALG）以高的 SiO_2、K_2O 和低的 CaO、P_2O_5 为特征，A/CNK=1.11~1.35，高 F（0.23%~0.56%），属于强过铝低 P、高 F 花岗岩。

富城岩体 kmG 的 $^{87}Sr_i/^{86}Sr_i$ 为 0.7135～0.7196，$\varepsilon_{Nd}(t)$ 值为－10.2～－9.4，Nd 模式年龄 T_{2DM} 为 1.78～1.84Ga，TMG 与 kmG 有相似 Nd 同位素组成，AFG 的 $^{87}Sr_i/^{86}Sr_i$ 为更高（0.7214），$\varepsilon_{Nd}(t)$ 值为更低（－16.9），Nd 模式年龄达 2.37Ga。地球化学特征表明过铝质富城岩体的源岩都是变质沉积岩，其中 kmG 和 TMG 起源于具晚古元古代模式年龄的基底，而含红柱石细粒花岗岩（AFG）源区物质具有早古元古代平均地壳留存年龄（图 2.15）。富城岩体三种岩石类型没有一致的变化规律，是三种独立的岩浆，它们的成分差异主要受源区成分影响。含红柱石浅色花岗岩（ALG）因 Rb/Sr 值太大，计算出的 $^{87}Sr_i/^{86}Sr_i$ 没有意义，具有低的 $\varepsilon_{Nd}(t)$ 值，为－11.67～－7.85，Nd 模式年龄为 1.64～1.95Ga，显示源区主要是古老的地壳物质，以低 CaO/Na_2O 和高 Al_2O_3/TiO_2 值为特征，是由成熟度较高的泥质沉积物的高温部分熔融，在岩浆形成过程中受到了幔源组分的混染（于津海等，2007）。

桂东南大容山-十万大山花岗岩带由南而北［图 2.12（b）］，主要由浦北堇青石黑云母花岗岩岩体、旧州石榴子石堇青石黑云母花岗岩岩体和台马紫苏辉石花岗斑岩岩体组成，它们的锆石 SHRIMP 定年分别为 233±5Ma、230±4Ma 和 236±4Ma（邓希光等，2004），都是过铝质花岗岩（A/CNK＞1），$^{87}Sr_i/^{86}Sr_i$ 为 0.7215～0.7295，$\varepsilon_{Nd}(t)$ 为－13.0～－9.9，T_{2DM} 为 1.84～2.09Ga，是古老地壳物质的重熔，地幔物质基本没有参与该花岗岩带的形成（祁昌实等，2007），是印支早期碰撞挤压背景下的产物。

由此可见，富城-红山岩体的形成条件与闽粤赣三省交界的桂坑岩体基本相似，与华南印支期构造-岩浆活动的峰期一致。与大容山-十万大山花岗岩带不同的是，较早期形成的桂坑岩体边部岩石（BG）和富城岩体具有岩浆型片理或片麻理构造，更多地具有同碰撞花岗岩的地球化学特征；晚期形成的桂坑主体岩石（KBG）和红山岩体都呈块状，差别在于 KBG 的碱度较高，逐渐具有板内-后碰撞型花岗岩特征，属于碰撞后或碰撞晚期的产物［图 2.13（e）、（f）］。

2.2.4.2 与华南内陆带湖南印支期花岗岩的对比

参与华南内陆带印支期花岗岩对比的有湖南省八个岩体：瓦屋堂岩体（年龄为 234±4Ma）、关帝庙岩体（年龄为 239±3Ma）五峰仙岩体（年龄为 236±6Ma）和阳明山岩体（年龄为 237±5Ma，锆石 SHRIMP，Wang et al.，2007）；及歇马岩体（年龄为 218±3Ma）、巷子口岩体（年龄为 210.5Ma，LA-ICP-MS，Wang et al.，2007）、白马山岩体（年龄为 209.2±2.8Ma、204.4±2.8Ma，锆石 LA-ICP-MS，陈卫峰等，2007）和唐市岩体（年龄为 211±1.6Ma，215.7±1.9Ma，LA-ICP-MS，丁兴等，2005）［图 2.2（b）］，根据这些花岗岩的地质地球化学特征，大致可以分为两种岩石类型。

两种花岗岩的总碱含量都较低，为钙性-钙碱性系列岩石。它们都具有相似的 LREE 富集型模式图，Eu/Eu* 值为 0.19～0.69，强烈亏损 Ba、Sr、Nb、P 和 Ti。类型 1 花岗岩 SiO_2、K_2O、Na_2O 含量和 Rb/Sr、Rb/Ba 值较高［图 2.14（a）、（b）］，为强过铝质（A/CNK＞1.1），FeO_T、Al_2O_3、MgO、CaO、TiO_2 含量较低，$^{87}Sr_i/^{86}Sr_i$ 值较高（0.7190～0.7325），$\varepsilon_{Nd}(t)$ 值较低（－10.8～－9.2），Nd 模式年龄较高（1.74～1.98Ga），主要为起源于泥质岩石为主的壳源型花岗岩；类型 2 花岗岩的 A/CNK＝1.0～1.1，$^{87}Sr_i/^{86}Sr_i$ 值较低

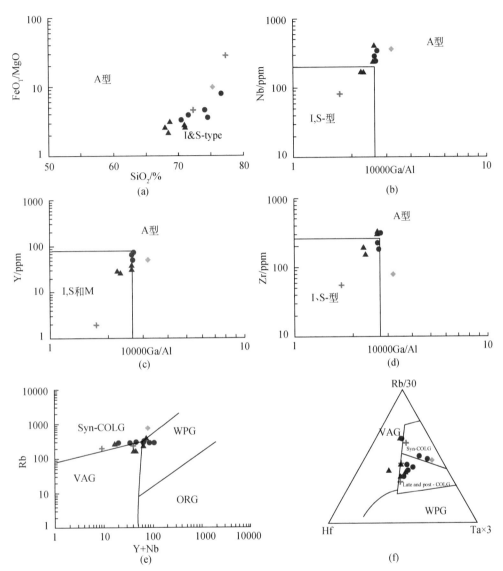

图 2.13　桂坑花岗岩体形成构造环境的 $FeO_T/MgO\text{-}SiO_2$ 图（a）（Whalen *et al.*，1987；Wang *et al.*，2004），Nb-10000Ga/Al、Y-10000Ga/Al、Zr-10000Ga/Al 图［（b）～（d）］（Whalen *et al.*，1987），Rb-（Y＋Nb）图（e）（Pearce，1996）和 Rb/30-Hf-Ta×3 判别图（f）（Harris *et al.*，1986）

图例同图 2.5

Syn-COLG. 同碰撞花岗岩；WPG. 板内花岗岩；ORG. 洋脊花岗岩；VAG. 火山弧花岗岩；Post-COLG. 后碰撞花岗岩

（0.7101～0.7170），Nd 模式年龄较低（1.46～1.76Ga，图 2.15），$\varepsilon_{Nd}(t)$ 值较高（−9.4～−6.4，图 2.15），是起源于泥质岩石和由少量新生地幔岩浆注入形成的壳幔混源型花岗岩（Wang *et al.*，2007）。

在湖南省宁远保安圩中心铺和李宅湘的碱性玄武岩 LA-ICP-MS U-Pb 年龄测得为 212.3±1.7Ma 和 205.5±3.0Ma（刘勇等，2010），表明大约在 220Ma B.P. 在湖南内陆发生过岩浆底侵事件。由于底侵岩浆的传热形成壳幔混源型花岗岩，其地球化学特征明显不同于时代上大致相当的红山岩体和桂坑岩体主体，说明这种玄武质岩浆的底侵作用在武夷-云开山脉带表现不明显。

2.2.4.3 与苏鲁-韩国印支期花岗岩的对比

选择苏鲁带胶东甲子山岩体［图 2.2（a）］以及韩国京畿地块三个中三叠世的侵入岩体和沃川带两个晚三叠世的碱性花岗岩体作为印支期构造-岩浆演化的对比研究［图 2.2（d）］。京畿地块中 Hongseong 和 Yangpyeong 岩体的锆石 SHRIMP 年龄分别为 227.3 ± 2.4Ma 和 231.1 ± 2.8Ma（Williams et $al.$，2009），Namyang 岩体的榍石 U-Pb 年龄为 227 ± 3Ma（Sagong et $al.$，2005）；沃川带 Ian 和 Daegang 岩体的锆石 SHRIMP 年龄分别为 219.3 ± 3.3Ma 和 219.6 ± 1.9Ma（Williams et $al.$，2009）。

韩国印支期花岗岩在 TAS 岩石分类命名图中［图 2.14（c）］，Hongseong 岩体大部分为花岗岩和二长岩，Namyang 岩体大部分为花岗岩，Yangpyeong 岩体大部分为石英二长岩、石英正长岩和辉长岩，辉长岩主要为角闪辉长岩和含斜长石角闪辉长岩。Ian 和 Daegang 两个碱性花岗岩体大部分为花岗岩，少量为二长岩。除 Namyang 和 Hongseong 花岗岩为亚碱性系列岩石外，其余岩石都位于碱性和亚碱性岩石系列的分界线两侧或上方，具有钙碱性系列的岩石化学特征［图 2.14（c）］。在 $K_2O + Na_2O - CaO\text{-}SiO_2$［图 2.14（d）］，Ian 碱性花岗岩体的全部和 Daegang 碱性花岗岩体的大部分都位于 A 型花岗岩区（Cho et $al.$，2008；Williams et $al.$，2009）。除 Hongseong 和 Ian 花岗岩的 Al_2O_3 含量稍高为弱铝过饱和花岗岩外，其余岩石为准铝质花岗岩。与 Namyang 和 Hongseong 花岗岩相比，沃川带中两个晚三叠世的碱性花岗岩（Ian 和 Daegang）显示出强的 Ba、Nb、Sr、P 和 Ti 负异常，10000Ga/Al 值明显偏高，而具有 A 型花岗岩的一般特征；Yangpyeong 和 Hongseong 石英正长岩-石英二长岩为 10000Ga/Al 值稍高的 A 型花岗岩。

Namyang 和 Hongseong 花岗岩的 $^{87}Sr_i/^{86}Sr_i$ 值变化范围为 $0.7100 \sim 0.7140$，$\varepsilon_{Nd}(t)$ 值为 $-13.9 \sim -10.4$，Hongseong 石英正长岩有稍低的 $^{87}Sr_i/^{86}Sr_i$ 值为 0.7091 和 $\varepsilon_{Nd}(t)$ 值（-14.1），暗示岩浆主要起源于中上地壳的基底变质岩（图 2.15），亏损地幔模式年龄（T_{DM}）表明，Namyang 和 Hongseong 花岗岩为 $1.59 \sim 1.74$Ga，源岩大部分可能是新元古代的变质基底。Yangpyeong 辉长岩的 SiO_2 含量低（$45.38\% \sim 51.66\%$），最基性的辉长岩应是该杂岩体中最早熔出的岩浆，低的 SiO_2 含量可以确定它们是幔源岩浆。辉长岩和石英正长岩-石英二长岩的 Sr-Nd 同位素十分相似，$^{87}Sr_i/^{86}Sr_i$ 值较高（$0.7133 \sim 0.7144$），而 $\varepsilon_{Nd}(t)$ 值低（$-20.3 \sim -19.3$），应是来自相同源区在经历了以结晶分异为主要的演化方式形成的，两种岩石类型具有非常近似的同位素年龄得以佐证这一结论。华北板块岩石圈地幔以 EMI 为主，华南板块岩石圈地幔以 EMII 为主，华北陆块较低的 $\varepsilon_{Nd}(t)$ 值可能反映了华北岩石圈地幔较华南岩石圈地幔具有更高的富集程度或更古老的富集交代时代（闫俊等，2003），同处于华北板块的韩国同样具有以 EMI 为主的岩石圈地幔（图 2.15）。

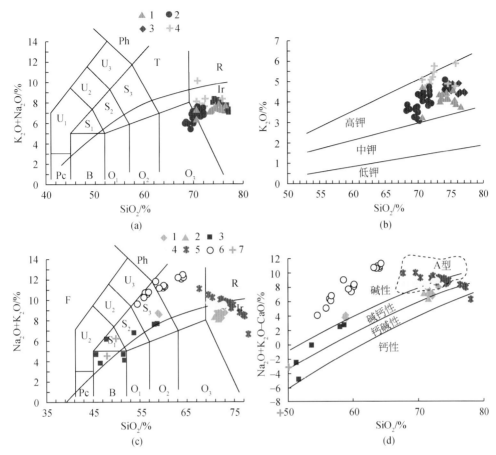

图 2.14　岩石分类命名图（据 Le Bas，1986）、K_2O-SiO_2（据 Le Maitre，1989）和
Na_2O+K_2O—CaO-SiO_2 图（据 Frost *et al.*，2001）

（a）、（b）1. 湖南省印支期类型 1 岩体，2. 湖南省印支期类型 2 岩体，3. 富城岩体，4. 红山岩体（资料来源：于津海等，2007；Wang *et al.*，2007）；（c）、（d）苏鲁-韩国印支期花岗岩体：1. Hongseong 岩体，2. Namyang 岩体，3. Yangpyeong 岩体，4. Lan 岩体，5. Daegang 岩体，6. 甲子山辉石正长岩-石英正长岩，7. 甲子山辉长岩（资料来源：高天山等，2004；Yang *et al.*，2005；Cho *et al.*，2008；Williams *et al.*，2009）。
R. 花岗岩；O_3. 花岗闪长岩，O_2. 闪长岩，O_1. 辉长闪长岩，B. 辉长岩；Pc. 橄榄岩-辉长岩，T. 石英二长岩-正长岩；S_3. 二长岩，S_2. 二长闪长岩，S_1. 二长辉长岩；Ph. 似长石正长岩；U_3. 似长二长正长岩，U_2. 似长二长闪长岩，U_1. 橄榄辉长岩；F. 似长深成岩

　　苏鲁造山带有着与韩国相类似的 A 型花岗质岩石组合，如胶东半岛甲子山石英正长岩的锆石 SHRIMP 年龄为 215±5Ma，辉石正长岩的钾长石$^{40}Ar/^{39}Ar$ 年龄为 214.4±0.3Ma，角闪石$^{40}Ar/^{39}Ar$ 年龄为 214.6±0.6Ma，辉长质岩墙的全岩$^{40}Ar/^{39}Ar$ 年龄为 200.6±0.2Ma（Yang *et al.*，2005），与韩国印支期花岗岩的 Sr 和 Nd 初始值以及 Nd 模式年龄相似（图 2.15）。Yangpyeong 辉长岩富集 LREE、Ta、Nb 和 Ti 亏损，苏鲁带上甲子山辉长岩的$^{87}Sr_i/^{86}Sr$ 为 0.70648～0.7658，$\varepsilon_{Nd}(t)$ 为 −14.4～−13.6，T_{DM} 为 −2.17～2.11Ga（高天山等，2004），前者 Sr 和 Nd 含量较低，Sr 初始值和 Nd 模式年龄较高（2.19～2.75Ga），Nd 初始值偏低，辉长岩在形成过程中有较多的下地壳物质参与，在京畿地块也曾有过存

在早元古代片麻岩的报道（Lan *et al.*，1995，Lee *et al.*，2003）。

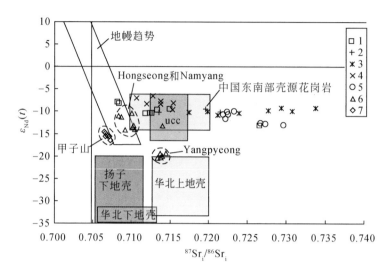

图 2.15　华南及其邻区印支期花岗岩 $\varepsilon_{Nd}(t)$-$^{87}Sr_i/^{86}Sr_i$ 图

1. 桂坑岩体；2. 富城岩体；3. 湖南类型 1 花岗岩；4. 湖南类型 2 花岗岩；5. 大容山-十万大山花岗岩；
6. 韩国印支期花岗岩类；7. 甲子山岩体。华北上、下地壳和扬子下地壳以及上陆壳（UCC）区据 Jahn *et al.*，1999；中国东南部壳源花岗岩区据洪大卫等，2002

2.2.5　构造意义

　　华南及其邻区印支期花岗岩的时代、岩石组合及其地球化学特征总结于表 2.4。根据我们从湖南-赣南-闽西南-闽东南地区两侧中生代岩浆岩精确的年龄数据统计（约 169个），初步确定印支期花岗岩同位素年龄主要集中于两个峰值：早期的 243～233Ma B.P. 和晚期的 224～204Ma B.P.。意味着华南印支期花岗岩形成于两期：早期花岗岩具有片理和片麻理构造（如桂坑岩体边部黑云母二长花岗岩、富城岩体和湖南省类型 1 花岗岩），形成于同碰撞背景；而晚期花岗岩都呈块状（如红山岩体、桂坑岩体内部和湖南省印支晚期花岗岩），是碰撞晚期或后碰撞的产物。印支早期也是华南岩浆作用最强烈的时期，除上述的桂坑岩体边缘相和富城岩体外，还有如赣南五里亭花岗岩体（～238Ma，邱检生等，2004；张文兰等，2004），粤北贵东花岗岩体（236～239Ma，徐夕生等，2003）和南岭东段龙源坝岩体（～241Ma，张敏等，2006）。

　　华南陆块印支期铝质花岗岩的形成与碰撞岩浆作用有关，两种可能会产生这种碰撞作用：洋-弧与陆碰撞和陆内碰撞。在华南早中生代没有观察到蛇绿岩套、洋盆和弧岩浆作用。华南印支期花岗岩呈面型分布的特征也与洋-弧与陆俯冲-碰撞不一致，古地磁资料证明太平洋板块向西俯冲是在约 125Ma B.P. 才开始（Engebretson *et al.*，1985）。Li 和 Li（2007）展示华南印支期花岗岩从东南向西北变年轻的趋势，它们都是钙碱性 I 型花岗岩，并认为是大洋板片向西北不断俯冲造成陆内迁移造山的结果。通过以上华南内陆带和武夷-云开山脉带印支期花岗岩时空分布和对比研究可以证明，用大洋板片俯冲模式无法解释华南印支期花岗岩的时代、岩性特征和分布规律。

表 2.4　华南印支期花岗岩岩石学、时代和地球化学特征总结

构造单元	华南内陆带		武夷-云霄带		苏鲁-韩国带	
	类型 1	类型 2	闽粤赣	大容山-十万大山	胶东	韩国
年龄/Ma	236~239	218~243	221~231	230~236	215~214	208~231
岩石类型	黑云母花岗岩	黑云母花岗岩-花岗闪长岩	二长花岗岩-二云母花岗岩-含红柱石浅色花岗岩	(石榴子石)堇青石黑云母花岗岩-紫苏花岗斑岩	辉长岩-辉石正长岩-石英正长岩	辉长岩-花岗岩-正长岩-碱性 A 型花岗岩
岩石系列	高钾钙碱性	高钾钙碱性	高钾钙碱性-碱钙性	钙碱性	碱性	钙碱性-安粗岩-碱性
A/CNK	>1.1	1.0~1.1	早期1.0~1.1,晚期>1.1	大部分岩石>1.1	~1.0	~1.0
$^{87}Sr_i/^{86}Sr_i$	0.7198~0.7307	0.7106~0.7173	0.7081~0.7214	0.7215~0.7295	0.7064~0.7072	0.7082~0.7144
$\varepsilon_{Nd}(t)$	−10.8~−9.3	−10.2~−6.9	−11.7~−7.8	−13.0~−9.9	−16.5~−14.6	−20.3~−10.4
T_{DM}/Ma	1.74~1.98	1.46~1.68	1.64~1.95	1.84~2.09	1.69~2.00	1.59~2.75
岩浆来源	泥质沉积物为主	泥质沉积物,有幔源物质参与	泥砂质沉积物为主,极少量幔源组分	泥砂质沉积物为主	富集的岩石圈地幔	中上地壳变质基底,有幔源物质参与
构造意义	碰撞挤压	岩浆底侵	早期碰撞挤压,晚期后碰撞	碰撞挤压	后碰撞伸展背景	后碰撞伸展背景

华南的印支运动与中南半岛的挤压密切相关（黄汲清等，1987；任纪舜等，1999）。沿华南大陆边缘存在俯冲和碰撞，在早二叠世—中三叠世发生陆-陆碰撞，在晚三叠世发生后碰撞塌陷（Zhong，1998）。Sibumasu 地块与印支板块-华南板块以碰撞增生为代表的印支构造运动发生在 $258\pm6\sim243\pm5$Ma B. P. 期间，并造成 245Ma B. P. 左右的东特提斯洋关闭（Carter et al.，2001；Lepvrier et al.，2004），使研究区内部发生了以碰撞-挤压为主的印支造山运动，致使地壳增厚。任纪舜等（1999）将其称为"陆-陆叠覆造山运动"。在秦岭-大别山地区，在早三叠世扬子板块向北俯冲，华北与华南板块间的碰撞-变质峰期稍晚于西南边缘，大约在 $230\sim226$Ma B. P. （Ames et al.，1993；Li et al.，1993；Rowley et al.，1997；Hacker et al.，1998；Sun et al.，2002；Zheng et al.，2003）。这两个事件可以表明华南造山和华南内部的碰撞都是发生在印支早期。

华南西南边缘的俯冲-碰撞作用与华南内部表现出的构造性质是一致的，导致华南陆块碰撞，华南陆块印支早期过铝质花岗岩的形成与扬子和华夏基底边界的陆内碰撞有关。印支晚期，华南内陆带和武夷-云开山脉带产生了不同的构造动力学条件。华南内陆带碰撞后造成岩浆底侵并提供足够热能，通过热传导引起围岩脱水形成印支晚期准铝质壳幔混源型花岗岩；在武夷-云开山脉带玄武质岩浆的底侵作用不明显，碰撞后的应力松弛，构造上开始进入了后碰撞阶段，形成具有后碰撞型的印支晚期过铝质壳源型花岗岩。

华北板块和扬子陆块的碰撞引起在大别-苏鲁和韩国的京畿地块、沃川带和岭南地块发生印支期岩浆作用。在韩国印支期岩浆活动规模较大，可以分为两期：即晚碰撞期（$231\sim225$Ma B. P. ）和抬升剥蚀的伸展期（$219\sim208$Ma B. P. ），碰撞后进入伸展垮塌构造背景，形成典型的后碰撞花岗岩组合，并出现非造山的碱性 A 型花岗岩（高天山等，2004；Yang et al.，2005；Cho et al.，2008；Williams et al.，2009），具有世界上典型的后碰撞-花岗岩区岩石组合（如喜马拉雅和海西造山带，Sylvester，1998），在韩国被称为松里运动（Songrim Orogeny，Kobayashi，1953；Lee，1987），在华南内陆带和武夷-云开山脉带印支期花岗岩缺少与伸展构造伴生的岩石组合。由此可见，Fitches 和朱光（2006），Kim 等（2006，2008）和 Williams 等（2009）提出韩国沃川带可与中国南华带相连接的设想，依据并不充分 [图 2.2（a）]，由印支期花岗岩的对比证明，两者壳幔特征有较大差别，岩石圈地幔分别以 EMI 和 EMII 为主，沃川带有更古老的富集交代时代和变质基底（图 2.15）。韩国与苏鲁带印支期岩浆活动的时代、岩石组合和源区特征都很相似，韩国南部的沃川变质带和岭南地块大致可以与扬子地块相连接。目前的问题是在韩国印支期岩浆活动规模较大，苏鲁-大别山三叠纪花岗岩类出露有限，已确定的仅为苏鲁带上胶东的甲子山岩体（高天山等，2004；Yang et al.，2005），造成这一地质现象的原因目前尚不清楚。

2.3　燕山早期早阶段岩浆岩的地质地球化学特征

中国东南部中生代火山岩浆活动强烈，以范围广、持续时间长而著称，形成大面积中生代火山岩带，构成环（滨）太平洋火成岩带的重要组成部分。火山岩浆活动具有随时间由南向北、自西向东迁移的规律，表现为纵向上粤东起始早、持续时间长（$209\sim86$Ma

B. P.），经闽东（155～78Ma B. P. ）到浙东（133～93Ma B. P.），火山岩浆活动起始晚、持续短；横向上由内陆到沿海火成岩年龄变新，火山喷发强度与规模逐渐增加；就全区而言，火山岩浆活动高峰期在晚侏罗世—早白垩世（邢光福等，2002）。

中国东南部是中国地质工作程度较高的地区，但以往的地质调查研究主要集中于晚中生代火成岩及新生代火山岩，对早中生代（三叠纪—早侏罗世）火成岩地质特征及其大地构造背景的了解还不够系统深入，只是近年来才开展了部分工作。许美辉（1992）据岩石组合、同位素年龄和化石组合等，首次提出闽西南永定藩坑组中的火山岩为早侏罗世双峰式组合，形成于陆内拉张环境，引发了学者们对东南大陆早侏罗世火成岩的关注。李清龙和巫建华（1999）对赣南-粤北地区中生代火山活动研究后提出，余田旋回菖蒲组火山岩年龄区间为 176～147.6Ma B. P.，可能形成于早-中侏罗世板内拉张环境。陈培荣等（1998，1999，2002）通过对赣南菖蒲组火山岩及寨背岩体等的研究，结合南岭花岗岩其他资料，也提出了燕山早期存在双峰式火山岩及后造山 A 型花岗岩的认识，将以往认为的东南大陆白垩纪才开始的拉张提前到了燕山早期，并认为南岭地区燕山早期岩浆岩套是典型的后造山岩石组合，形成于印支造山运动后的后造山大陆裂解地球动力学背景，是后碰撞事件结束和泛大陆开始裂解的标志，预示着一个新的造山威尔逊旋回即将来临。这一全新认识提出了一个重大的科学命题。

2.3.1　地质背景

研究区位于西太平洋活动大陆边缘南段，行政区包括了浙江、福建、江西、广东和湖南五省的主要地段。前人研究成果表明，区内存在两种古构造体制，即近 EW 走向的古亚洲-特提斯构造域和 NE 走向的西太平洋活动陆缘带（任纪舜等，1999）。前者规模大，范围广，经历了晋宁期、加里东期、印支期、燕山期等多期构造-岩浆热事件演化（Wang and Mo，1995）；后者规模略小，呈长条状展布，发育在前者基础之上，构造格局主要受古太平洋板块俯冲作用的制约（Charvet et al.，1999；周新民、李武显，2000）。区内存在三条区域断裂带：丽水-政和-大埔断裂带、萍乡-江山-绍兴断裂带和赣江断裂带。丽水-政和-大埔断裂带呈 NE 向延伸，原为早古生代的大型韧性剪切带（舒良树等，1999）；其东南侧地壳显著减薄（徐鸣洁、舒良树，2001），大范围分布钙碱性花岗质火山-侵入杂岩；其西北侧为华南加里东褶皱带（舒良树等，1997；舒良树、周新民，2002），地壳相对较厚、发育较多的晚中生代弱过铝-强过铝质花岗岩体。萍乡-江山-绍兴断裂带沿 NEE 走向延伸，不但是江南地层区与华南地层区的分界线，也是晚中生代火山堆积-断陷红盆的密集分布区（赣杭带）。赣江断裂带走向 NNE，规模大，表现为左行走滑剪切带，控制了一系列晚白垩世—古近纪的红色沉积盆地（舒良树等，2004）。

中国东南部的褶皱基底经历了从华夏地块到华南加里东褶皱构造的演化过程（舒良树，2006）。加里东运动导致了前泥盆系沉积盖层的强烈褶皱和逆冲变形、前震旦系基底强烈改造、地壳重熔和岩浆活动。加里东构造运动之后，从晚古生代至早-中三叠世，中国东南部进入了稳定的准台地相发展阶段，接受了新一轮沉积。这套稳定型沉积地层遭受了早中生代印支构造和早燕山构造运动，在中国东南部东部地区形成两个构造-沉积层

(tectono-sedimentary layer)：印支构造层和早燕山构造层。印支构造层由中泥盆世至早-中三叠世地层组成，以海相沉积为主、海陆交互相沉积次之；早燕山构造层由晚三叠世和早中侏罗世地层组成，以陆相沉积为主，在广东沿海地带残留海陆交互相沉积，局部地区夹火山岩层。印支构造层（D—T_2）大片残留在华夏地块西部地区，包括湘中、桂东、赣中、粤北等地区，在闽西南地区也有部分残留。而早燕山构造层（T_3—J_{1-2}）以残留盆地的形式分布在华夏地块东部地区，主要沿 NE 向武夷山构造带分布。浙闽沿海地带受到早白垩世火山岩的覆盖，这两个构造层的分布情况不清楚。

早燕山构造层由上三叠统和中-下侏罗统陆相地层组成，受到燕山运动强烈褶皱改造，该构造层主要残留在武夷山及其两侧地带。在中国东南部大部分地区，上三叠统以平行或微角度不整合在中生代海相地层之上；沿东南沿海地区，早白垩世火山岩不整合覆盖在早燕山构造层之上。早燕山构造层上、下两个地层界面分别代表了华南地区印支构造和早燕山构造运动面。早燕山构造层明显不同于印支构造层沉积，以湖相和山麓相沉积为主，底部为一套粗碎屑沉积岩，在粤东沿海地区还表现为局部浅海相和海陆交互相沉积，显示中三叠世印支运动之后，中国东南部全区基本上由海相沉积向陆相转变，仅在局部地区保留了海相沉积（孟繁松，1985；何开善，1986；方宗杰等，1989；陈汉宗等，2003）。晚三叠世沉积在华南分布较零星，在湖南上三叠统主要出露在湘东-湘中地区和资兴地区，以石英砂岩、粉砂岩和泥岩为主，夹煤层。在赣南，晚三叠世地层主要分布在信丰等地区，岩性为砂岩、粉砂岩及碳质泥岩，夹碳质粉砂岩及煤层，下部石英粗砂岩发育，夹砾岩和含泥岩，底部为含砾粗砂岩及砾岩。在湘东南地区，侏罗系发育较差，中-下侏罗统之间无明显界线，以长石石英砂岩、粉砂质泥岩和砂质泥岩为主。在赣中-赣南地区，下侏罗统沉积发育在由 NNE 向断裂控制的盆地之中，为灰白色、灰黄色中粗粒长石石英砂岩，含砾砂岩，黄绿、灰黄及黄褐色粉砂岩，粉砂质泥岩，泥质粉砂岩，细砂岩及泥岩等。上部一般发育紫红、灰紫色及棕紫色粉砂岩和泥岩等，常与上述黄绿色岩层构成杂色条带，底部的粗碎屑岩与下伏地层多呈不整合接触（江西省地质矿产局，1984）。中统罗坳组以中-细粒长石石英砂岩和粉砂岩为主，底部含砾，上部夹凝灰质砂岩，与上统林山组不整合接触（王彬等，2006）。在福建，上三叠统主要残留在闽西及闽北地区，分为文宾山组和焦坑组，为一套砾岩层，含砾粗砂岩，中细粒长石石英砂岩，向上变为粉砂岩和泥岩，间夹炭质页岩、煤线或煤层，与下伏地层呈角度不整合接触，夹火山岩层（福建地质矿产局，1985）。中侏罗统漳平组岩性为杂色细砂岩、石英砂岩、粉砂岩夹泥岩、长石石英砂岩、含砾砂岩，局部夹钙质结核和煤线。在广东，侏罗系主要在粤东、粤中、粤北零星出露（广东省地质矿产局，1985）。下侏罗统下部为金鸡组，以中粒长石石英砂岩、灰黑色泥质粉砂岩、粉砂质泥岩为主，顶部见类复理石韵律，为一套深湖-浅海相细碎屑岩建造；下侏罗统上部称桥源组，底部为含同生泥砾的长石石英砂岩，向上为细粒长石石英砂岩、粉砂岩、泥岩组成的韵律层，上部夹碳质页岩，为一套海退序列碎屑岩建造。中侏罗统岩石组合揭示两类不同的沉积环境：粤东区为漳平组，分布于东莞、惠阳、五华、大埔等地，以紫红色含凝灰质碎屑岩为主，为湖相沉积环境；粤北区为马梓坪群，出露于曲江马梓坪、怀集高山顶、连平麻笼嶂等地（表2.5）。

表 2.5　中国东南部燕山早期早阶段岩浆活动分布地区地层表

地质年代	湘南、湘东南		赣东北	赣南		粤北	粤东	闽西		
中侏罗世	白香带组	两江口组	漳平组	罗坰组		马梓坪群	漳平组	漳平组		
	石鼓组		水北组	菖蒲组		桥源组	嵩灵群	梨山组	象牙群	藩坑组
	茅仙岭组			余田群						下村组
早侏罗世	心田门组		多江组	龙潭坑组		金鸡组		焦坑组	文宾山组	
	良口群	唐坰组				木头冲组	艮口群			
晚三叠世		杨梅坰组	安源群	安源群		小水组		大坑村组		
		出炭坰组				红卫坑组				

注：据马丽芳，2001；竖条纹为沉积间断；阴影底纹为含火山岩地层。

2.3.2　燕山早期早阶段岩浆活动时空分布特征

总体来说，燕山早期早阶段的岩浆活动分布范围很局限，规模小，主要分布在湘南-赣南-闽西-粤北地区，沿南岭东西向构造带展布（图 2.16），少量沿江-绍断裂带西段发

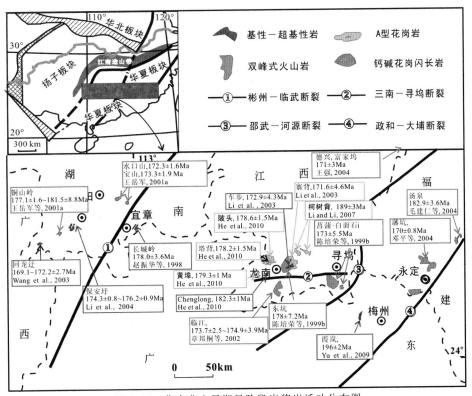

图 2.16　华南燕山早期早阶段岩浆岩活动分布图

育,处于印支构造域的中间部位。

火成岩浆活动演化序列告诉我们,中国东南部在经历了印支期岩浆活动之后,于早侏罗世早期(200～185Ma B.P.)出现了一个明显的岩浆活动沉寂期,持续时间达 15Ma,造成这一现象的原因目前尚不清楚,可能代表了华南大地构造背景由特提斯构造域向太平洋构造域的转换(舒良树、周新民,2002)。

总结该期岩浆活动大体有四种岩石类型(表 2.6):

表 2.6 燕山早期早阶段岩浆岩的时空分布表

类型	地点	岩性	年龄/Ma	测试方法	文献
①玄武质和辉长质岩	湖南保安圩	碱性玄武岩	174.3±0.8～176.2±0.9	^{40}Ar-^{39}Ar	Li et al.,2004
	湖南回龙圩	煌斑岩	169.1±2.7～172.2±2.7	K-Ar	Wang et al.,2003
	广东梅州霞岚	辉长岩	195±1	Zircon SHRIMP	Yu et al.,2009
	江西成龙	辉长岩	182.3±1	Zircon LA-ICP-MS	He et al.,2010
	湖南长城岭	玄武岩	178.0±3.6	^{40}Ar-^{39}Ar	赵振华等,1998
	江西车步	辉长岩	172.9±4.3	Zircon SHRIMP	Li et al.,2003
②双峰式火山岩	江西菖蒲-白面山	玄武岩和流纹岩	173±5.5	Rb-Sr	陈培荣等,1999b
	江西东坑	玄武岩和流纹岩	178±7.2	Rb-Sr	陈培荣等,1999b
	江西临江	玄武岩和流纹岩	173.7±2.5～174.9±3.9	Rb-Sr	章邦桐,2002
	福建藩坑	玄武岩和流纹岩	170±0.8	Zircon SHRIMP	邓平,2004
③碱性正长岩与A型花岗岩	江西陂头	A 型花岗岩	178.6±1.5	Zircon LA-ICP-MS	He et al.,2010
	江西寨背	A 型花岗岩	171.6±4.6	Zircon SHRIMP	Li et al.,2003
	江西柯树背	A 型花岗岩	189±3	Zircon SHRIMP	Li and Li,2007
	江西塔背	正长岩	178.2±1.5	Zircon La-ICP-MS	He et al.,2010
	江西黄埠	正长岩	179.3±1.0	Zircon LA-ICP-MS	He et al.,2010
④高钾钙碱性岩	湖南水口山	花岗闪长岩	172.3±1.6	Zircon U-Pb	王岳军等,2001a
	湖南宝山	花岗闪长岩	173.3±1.9	Zircon U-Pb	王岳军等,2001a
	湖南铜山岭	花岗闪长岩	177.1±1.6～181.5±8.8	Zircon U-Pb	王岳军等,2001a
	江西德兴	花岗闪长岩	171±3	Zircon SHRIMP	王强等,2004
	江西富家坞	花岗闪长岩	171±3	Zircon SHRIMP	王强等,2004
	福建汤泉	花岗闪长岩	182.9±3.6	Zircon U-Pb	毛建仁等,2004

①玄武质和辉长质岩,主要分布在湘东南的汝城、道县、宁远、宜章等地,包括长城岭玄武岩(年龄为 178±3.6Ma,赵振华等,1998)、宁远碱性玄武岩(年龄为 170～174Ma,Li et al.,2004)、回龙迁煌斑岩(年龄为 169～172Ma,Wang et al.,2003)、粤东梅州霞岚辉长岩(年龄为 196±2Ma,Yu et al.,2009)、赣南车步辉长岩体锆石 SHRIMP 年龄为 172.9±4.3Ma(Li et al.,2003)。

②双峰式火山岩,玄武岩和流纹岩几乎各占一半,主要分布在赣南,如寻乌县的菖蒲-白面石火山岩中玄武岩的年龄为 173±5.5Ma(陈培荣等,1999b),龙南县的东坑-临

江火山岩中玄武岩的年龄为 178 ±7.2Ma（陈培荣等，1999b）、173.7±2.5～174.9±3.9Ma（章邦桐等，2002）以及闽西南永定县的潘坑火山盆地中的基性端元（玄武岩）的年龄为 170±0.8Ma（邓平等，2004）。

③碱性正长岩与 A 型花岗岩，发育于赣南-粤北地区，与双峰式火山岩相毗邻如塔背正长岩（年龄为 178.2±1.5Ma，He et al.，2010）、黄埔正长岩（年龄为 179.3±1.0Ma，He et al.，2010）、粤北陂头 A 型花岗岩（年龄为 178.6±1.5Ma，He et al.，2010）、江西寨背 A 型花岗岩（年龄为 171.6±4.6Ma，Li et al.，2003）和江西柯树背 A 型花岗岩（年龄为 189±3Ma，Li and Li，2007）。已有资料显示柯树背岩体为多期次复式岩体，较为繁杂，鹰潭-安远大断裂将其分为西体（断裂以西）与东体（断裂以东），两者在时代、岩性及地球化学特征都存在较大的差异，西体前人定年为晚侏罗世，即 160～153Ma B. P.（杨永革，2001），为分异的 S 型花岗岩（陈培荣等，2000），而我们此次研究的 A 型花岗岩是东体，其地球化学特征类似寨背、陂头岩体（胡恭任等，2002），下文中所描述的岩性及地球化学特征皆为东体。

④高钾钙碱性岩，主要分布在湘东南和赣东北德兴等地，有湘东南地区的水口山（年龄为 172.3±1.6Ma，王岳军等，2001a）、宝山（年龄为 173.3±1.9Ma，王岳军等，2001a）、铜山岭东矿区江华（年龄为 178.9±1.7Ma，王岳军等，2001a）、铜山岭西矿区江永（年龄为 181.5±8.8Ma，王岳军等，2001a）、江西德兴铜厂、富家钨的花岗闪长斑岩（年龄为 171±3Ma，王强，2004）、闽西南的汤泉岩体（年龄为 182.9±3.6Ma，毛建仁等，2004）。

2.3.3　燕山早期早阶段岩浆活动的岩石学和岩相学特征

2.3.3.1　玄武质和辉长质岩

湖南宁远保安圩碱性玄武岩因风化剥蚀，火山岩原貌大多被破坏。玄武岩规模大小悬殊，一般长宽几十至几百米，大部分呈管状、破层侵入石炭-泥盆纪碳酸盐岩中。岩石类型有火山碎屑岩、火山熔岩、火山角砾岩、火山凝灰岩。岩石具斑状结构，致密块状构造。斑晶主要为单斜辉石及少量橄榄石，基质具隐晶质-间粒间隐结构，由细粒的斜长石、单斜辉石、少量橄榄石、磁铁矿及玻璃质构成。副矿物有钛铁矿、磷灰石和锆石等（陈必河，1994）。湖南宜章县长城岭玄武岩位于柿竹园钨多金属超大型矿床南部，多具辉长或次辉绿结构。其中长城岭岩群为橄榄拉斑玄武岩和拉斑玄武岩；上池塘岩群为辉长辉绿岩、橄榄拉辉煌斑岩；脚踏水岩群为橄榄拉辉煌斑岩；平和岩群为玄武岩、橄榄拉辉煌斑岩、云煌岩等（赵振华等，1998）。

粤东梅州辉长岩在梅州兴宁盆地，是规模不大的层状含铁基性超基性杂岩体，总面积约 57km²。岩体具层状基性超基性所特有的、由浅色和暗色条带相间排列的"韵律层理"。该杂岩体以辉长岩-辉绿岩为主，主要由拉长石、普通辉石、异剥辉石、少量普通角闪石和微量黑云母等组成；岩体中下部含层状单辉橄榄岩，呈深灰绿色，半自形粒状结构，局部见嵌晶包含结构，矿物组成以橄榄石为主，次为拉长石、普通辉石（含量可达 25%～

30％），并含少量角闪石、黑云母和微量金云母等；岩体最顶部出露普通辉石闪长岩；另见宽约 1m，延长大于 50m 的橄榄辉石岩岩脉和长约 300m 的透镜状蛇纹岩岩脉（邢光福等，2001，2002）。该岩体中还赋存大型钒钛磁铁矿矿床。

车步辉长岩体位于定南县车步至赤水一带，鹰潭-安远断裂西侧，出露面积约20km²，呈不规则形状分布于寨背花岗岩体中。主体岩性为中细-中粗粒辉长岩，局部分异为细粒辉长闪长岩或辉石斜长岩，且与辉长岩无明显界线。辉长岩具辉长结构，局部见辉石包裹斜长石晶体呈嵌晶结构。矿物组成为基性斜长石（55％～60％，$An=60$，半自形板柱状，粒度 0.25mm×1mm～1mm×2.5mm）、辉石（20％～30％，以单斜辉石为主，含少量斜方辉石）、角闪石（5％～10％）、少量黑云母，副矿物主要为磁铁矿、钛铁矿、磷灰石等，少量石英为填隙组分。基性斜长石常有中长石增生边（$An=29$）（Xie $et\ al.$，2005；贺振宇等，2007）。

2.3.3.2 双峰式火山岩

江西龙南县东坑-临江和寻乌县菖蒲-白面石双峰式火山岩属菖蒲组（J_1ch）火山岩系。玄武岩出露于火山-沉积地层下部，深灰色致密块状，累计出露厚度大于 700m，占全部火山岩的 70％以上，与上部流纹岩之间可存在沉积夹层，也可直接接触（邢光福等，2002）。玄武岩呈块状，致密坚硬，深灰-灰绿色，细粒或少斑状结构，基质为隐晶-细晶结构、间粒结构，气孔构造。含 10％左右的普通辉石、拉长石斑晶，拉长呈长条状，晶形完整，聚片双晶发育，气孔多被石英、绿泥石、葡萄石矿物充填，构成杏仁体，含量不一，最多可达 25％（如龙南临江地段）。不少地段玄武岩已经发生强烈的绿泥石化和碳酸盐化（邓平等，2004）。

福建永定双峰式火山岩，属象牙群藩坑组（J_1f）火山岩系，主要见于五湖、蓝地、湖雷三个火山-沉积盆地中，以五湖火山-沉积盆地出露最为齐全，可分下、中、上三段，总厚980m。上段和下段的岩性特征基本相似，均为火山岩段，为玄武岩-玄武质火山碎屑岩、流纹岩-酸性火山碎屑岩组合，夹砂岩、粉砂岩，局部见少量安山岩。基性火山岩多分布在火山岩段下部，酸性火山岩分布在上部。流纹岩常直接覆于玄武岩之上，构成双峰式火山岩；中段为粉砂岩、泥岩夹石英砂岩（邢光福等，2002；邓平等，2004）。藩坑玄武岩具有斑状结构，主要斑晶多为普通辉石，斜长石多集中在基质中，很少呈斑晶出现，基质具有间粒结构，在柱状斜长石所组成的三角形空隙内充填有微小的普通辉石、磁铁矿等。斜长石的 $An=45$，为接近拉长石成分的中长石，也有 $An>50$ 的拉长石，岩石中普通辉石约占 45％，斜长石 50％，蚀变矿物绿泥石等 2％，不透明矿物如磁铁矿或含钛磁铁矿为 3％，有时普通辉石为绿泥石等所交代（周金城等，2005）。

2.3.3.3 碱性正长岩和 A 型花岗岩

赣南地区有塔背岩体、黄埔岩体、大峰脑岩体、塘尾岩体、周屋洞岩体和狗头脑岩体等六个燕山早期以正长岩为主的侵入岩体。岩体大小不等，均呈岩株产出，出露面积总计45km²。其中，黄埔岩体位于全南县城城北至黄埔一带，呈 NW 方向展布，面积约 6km²，侵入于下石炭统煤系地层中。岩性主要为正长岩，中-中粗粒结构，主要矿物组成为正长石（70%～80%）、角闪石（约 10%）、普通辉石（约 5%），次为黑云母（5%）、少量石英呈他形充填于正长石等矿物之间，副矿物为磷灰石、磁铁矿、榍石、锆石等（贺振宇等，2007）。

柯树背岩体分布于江西信丰、安远交界部位，面积约 350km²。岩体北侧侵入于震旦系—寒武系浅变质岩（Z-$\in$）中，西侧侵入于龙州杂岩体（$\gamma\delta_4^{1-a}$ 和 $\eta\delta_4^{1-a}$），东侧被晚侏罗世火山岩（J_3）不整合覆盖，南侧侵入于加里东晚期混合岩。岩体东体为中粒黑云母钾长花岗岩，相带不清，结构均一，浅红色，中粒花岗结构，主要造岩矿物有石英、钾长石、斜长石、黑云母。钾长石为条纹长石，钠长石条纹形态复杂，有微细脉状、微脉状的分解条纹，有火焰状、舌状、树枝状、补丁状、叶片状的交代条纹，含有浑圆状石英、条板状斜长石包裹体；斜长石以钠更长石为主，双晶类型复杂，$An=25\sim30$，副矿物主要为锆石、磷灰石、黄铁矿（胡恭任等，2002）。

寨背 A 型花岗岩位于江西省定南县北部，属南岭东西向构造带东段，出露面积400 余 km²。岩体北部，被补体高全山岩体侵入，南部则侵入并包裹多处辉长岩体，四周与寒武系浅变质岩、晚加里东期混合岩、海西晚期花岗岩和侏罗纪火山岩呈侵入接触。岩性为黑云母钾长花岗岩，岩石呈肉红色，中粒花岗结构，块状构造。主要矿物成分平均为：钾长石（镜下表现为条纹长石）50%，斜长石（$An=7\sim15$）17%，石英 28%，黑云母 3%，偶见角闪石（陈培荣等，1998）。

陂头 A 型花岗岩体位于江西省龙南县城北部陂头镇一带，属南岭花岗岩带的北带，九嶷山-诸广山-仙游岩带东段的组成部分。岩体呈岩基状产出，出露面积 400 余 km²。陂头岩体的主体岩性以钾长花岗岩为主，由石英（20%～39%）、钾长石（58%～66%）、斜长石（12%～22%）、黑云母（1%）及少量锆石、磁铁矿组成。岩石呈肉红色，中粒似斑状结构，块状构造。黑云母结晶晚于长石和石英，呈填隙物充填于石英和长石之间，表明岩浆贫水。碱性花岗岩由石英（30%～33%）、钾长石（57%）、斜长石（7%）、角闪石＋钠闪石（3%～4%）、霓石（0～2%）和少量黑云母（1%左右）等矿物组成。岩石具细-中粒斑状结构或连续不等粒花岗结构。

2.3.3.4　高钾钙碱性岩

此类岩石多以湘东南和赣东北等地的偏中性石英闪长（斑、玢）岩、花岗闪长（斑）岩、闪长斑岩为主，并有少量的石英二长岩、石英斑岩。高钾花岗闪长质小岩体密集分布区段也常常是大型矿床产出地带，如铜山岭、宝山、黄沙坪、水口山、德兴铜矿等。绝大多数岩体沿断裂或层间剥离面侵入，成群产出于由上古生界盖层组成的凹陷区内，呈岩脉、岩盘、岩盖、岩瘤产出，形态不规则，单个岩体规模小，与围岩成侵入接触关系。

湘东南花岗闪长质岩石多为黑云母花岗闪长（斑）岩、黑云母花岗岩，水口山为黑云母闪长岩，未变形，斑状或不等粒自形结构、块状构造，暗色矿物多为黑云母（5%～15%），普通角闪石（3%～25%），很少见到辉石矿物；石英含量 10%～35%，斜长石多为中性长石，环带发育，含量 35%～55%，钾长石主要是微斜长石，含量变化大（5%～30%）。副矿物主要为锆石、磷灰石、榍石、褐帘石、金属矿物等（王岳军等，2001b）。湘东南地区铜山岭、宝山、水口山岩体野外和室内岩相学观察结果列于表 2.7。江西德兴铜厂和富家钨岩体岩石类型为花岗闪长斑岩，岩石具有斑状结构，斑晶主要为斜长石、角闪石、黑云母，少量钾长石和石英。基质具有微粒-细粒结构，由斜长石、角闪石、黑云母、石英和钾长石组成。副矿物为磁铁矿、磷灰石、榍石、钛铁矿和锆石等（王强等，2004）。闽西南汤泉岩体中心相为细-中粒花岗闪长岩，二长花岗岩，边缘相为中-细粒花岗闪长岩，局部相变为石英闪长岩，中-细粒花岗结构，岩浆结晶结构清楚（毛建仁等，2004）。

表 2.7 湘东南代表性的中生代花岗闪长质小岩体的岩相学特征

样品名称	桂阳宝山岩体	铜山岭江永岩体	铜山岭江华岩体	衡阳水口山岩体
岩石名称	黑云母花岗闪长斑岩	斑状黑云母花岗闪长岩	粗粒黑云母花岗闪长岩	中粗粒黑云母闪长岩
矿物组成	石英～18% 斜长石 35%～45% 钾长石 25%～30% 黑云母～5% 角闪石 5%～8%	石英～35% 斜长石 38%～45% 钾长石 11%～23% 黑云母 5%～7% 角闪石 3%～6%	石英～25% 斜长石 35%～45% 钾长石 20%～23% 黑云母～8% 角闪石 3%～5%	石英 10%～15% 斜长石 35%～45% 钾长石 5%～15% 黑云母 5%～15% 角闪石 5%～25%
副矿物	锆石、磷灰石、金属矿物	锆石、磷灰石、榍石、褐帘石、金属矿物	锆石、褐帘石、磷灰石、榍石、金属矿物	锆石、磷灰石、榍石、磁铁矿
结构构造	似斑状结构、块状构造，斜长石具环带构造，钾长石多为微斜长石	半自形等粒-不等粒镶嵌结构、块状构造，微斜长石具格子双晶，斜长石具环带结构	不等粒半自形结构，块状结构，斜长石具环带构造，钾长石多为微斜长石	斑状-似斑状结构，块状构造，斜长石具环带构造

注：引自王岳军等，2001b。

2.3.4 燕山早期早阶段岩浆岩的地球化学特征

2.3.4.1 玄武质和辉长质岩石

该阶段岩石分为两大类（表 2.8 和图 2.17），第一大类为拉斑系列，高硅（SiO_2 大多 >50%），低碱（$K_2O + Na_2O \leqslant 4\%$），例如湖南长城岭玄武岩、赣南车步辉长岩、粤东梅州辉长岩；第二大类为碱性系列（碱性玄武岩），低硅（SiO_2 大多 <50%），高碱（$K_2O + Na_2O > 4\%$），例如，宁远保安圩碱性玄武岩、回龙迁煌斑岩。

该阶段岩石稀土元素组成如表 2.9 和图 2.18 所示，这些岩石均具有轻稀土相对富集的右倾斜稀土分布模式，拉斑系列和碱性系列 [图 2.18（a）] 的稀土元素组成差异明显，碱性系列岩石稀土元素总量、轻稀土元素富集程度（$\sum REE = 176.7 \sim 229.8 ppm$；$La_N/Yb_N = 12.5 \sim 16.9$）都高于拉斑系列岩石（$\sum REE = 100 \sim 156.6 ppm$；$La_N/Yb_N = 4.6 \sim 6.0$）。Eu 异常或正或负，$Eu/Eu^* = 0.75 \sim 1.1$，在以原始地幔为标准的图解中，碱性系列玄武岩 [图 2.18（b）] 的高场强元素 Ta，Nb 比稀土元素富集，宁远保安圩碱性玄武岩 K，

表 2.8　中国东南部燕山早期早阶段四种岩石类型代表性岩石样品主量元素（%）数据表

①玄武质和辉长质岩

岩石类型														
地区	宁远保安圩			回龙迮			宜章长城岭			赣南车步岩体				
岩石定名	碱性玄武岩			煌斑岩			拉斑玄武岩			辉长岩				
样品号	XPA-1	PA-01	XTB-2	JYH-1	JYH-4	JYH-6	20YZH-2	20YZH-5	20YZH-8	DLX3	DXL10	2KGN29-1	2KGN29-4	2KGN29-5
年代/Ma B.P.	175	175	175	170	170	170	178	178	178	173	173	173	173	173
SiO_2	49.64	44.81	44.60	50.38	53.13	51.23	51.41	51.19	51.95	52.40	49.93	48.81	50.69	51.33
TiO_2	1.79	2.68	2.67	0.79	0.76	0.75	1.85	2.01	1.96	1.10	1.37	1.32	1.26	1.17
Al_2O_3	16.15	14.77	14.76	11.98	12.64	11.13	17.24	17.24	17.33	15.74	15.50	16.22	15.65	16.06
Fe_2O_3	10.82	12.65	12.53	3.22	3.44	3.44	3.32	2.80	2.97	9.77	12.07	10.22	10.30	10.22
FeO	—	—	—	3.93	3.30	4.20	6.11	7.02	6.74	—	—	—	—	—
MnO	0.19	0.19	0.19	0.13	0.17	0.18	0.14	0.11	0.13	0.22	0.27	0.14	0.14	0.15
MgO	6.62	8.23	8.17	7.91	6.73	8.30	3.95	4.21	3.94	5.74	4.98	7.58	8.16	7.55
CaO	6.63	10.18	10.28	10.83	9.56	11.63	10.13	9.68	9.40	8.61	7.83	8.28	7.84	7.77
Na_2O	3.81	3.19	3.25	2.24	2.36	1.87	2.20	1.97	2.50	2.49	2.77	2.79	2.65	2.91
K_2O	2.16	0.66	0.76	3.54	3.94	3.52	0.28	0.36	0.52	0.68	1.34	1.38	1.17	1.05
P_2O_5	0.76	0.66	0.66	0.55	0.55	0.53	0.28	0.30	0.29	0.33	0.50	0.22	0.12	0.22
LOI	—	—	—	4.02	3.01	3.00	3.00	3.00	2.24	1.95	2.40	2.30	1.32	1.34
SUM	—	—	—	99.52	99.59	99.78	99.91	99.89	99.97	99.03	98.96	99.26	99.30	99.77
文献	Li et al., 2004			Wang et al., 2003						Li et al., 2003				

续表

岩石类型	②双峰式火山岩							③A型花岗岩与碱性正长岩						
地区	福建永定灌坑				江西龙南县临江			江西全南黄埠岩体						
岩石定名	玄武岩		流纹岩		玄武岩		流纹岩	正长岩						
样品号	PKb3	PKb11	PK-C13	PK-C3	YQ28-1	YQ28	YQ9	2KGN16-12	2KGN16-3	2KGN16-5	2KGN16-7	2KGN16-9	2KGN16-10	2KGN16-11
年代/Ma B. P.	170	170	170	170	174	174	174	179	179	179	179	179	179	179
SiO_2	49.43	50.19	75.53	76.85	49.84	50.68	74.89	67.65	65.20	61.95	67.82	62.21	65.69	60.79
TiO_2	2.53	2.27	0.23	0.11	2.60	2.77	0.09	0.22	0.37	0.52	0.24	0.50	0.41	0.58
Al_2O_3	14.03	14.28	12.03	11.72	14.94	14.38	13.77	16.13	16.10	17.42	15.13	16.06	16.43	17.37
Fe_2O_3	4.91	4.55	2.27	0.51	5.05	4.62	0.56	3.27	4.79	4.96	3.41	5.57	2.98	5.02
FeO	8.38	7.09	0.39	2.67	8.98	8.33	2.61	—	—	—	—	—	—	—
MnO	0.26	0.17	0.04	0.04	0.24	0.16	0.04	0.08	0.17	0.16	0.09	0.20	0.18	0.18
MgO	7.36	6.64	0.22	0.14	5.01	4.44	0.13	0.12	0.43	0.55	0.14	0.53	0.11	0.37
CaO	8.28	8.89	0.68	0.23	7.89	9.01	0.24	0.95	1.22	1.37	0.88	1.98	0.95	1.86
Na_2O	2.64	2.72	2.75	2.01	2.46	2.56	1.73	5.62	5.37	6.05	5.42	5.51	4.64	5.65
K_2O	0.15	1.18	4.56	4.99	1.47	1.62	5.37	5.35	5.94	6.03	5.40	5.57	5.99	6.18
P_2O_5	0.30	0.29	0.03	0.03	0.26	0.47	0	0.03	0.08	0.10	0.03	0.09	0.04	0.12
LOI	1.63	1.64	1.11	0.04	1.25	1.15	0.33	0.55	0.84	1.06	0.87	1.57	1.78	1.65
SUM	99.90	99.91	99.84	99.34	99.99	100.19	99.76	99.97	100.51	100.17	99.43	99.79	99.20	99.77
文献	邓平等，2004							Li et al.，2003						

续表

③A 型花岗岩与碱性正长岩

岩石类型	江西塔背岩体			江西柯树背岩体			江西陂头岩体					江西寨背岩体		
地区	正长岩			A 型花岗岩			A 型花岗岩					A 型花岗岩		
岩石定名														
样品号	9702-1	9701-3	99-11-4	No18	No19	No23	9704-1	9704-2	9705	99-10-1	99-11-1	Z4-06	Z4-07-2	Z4-09-1
年代/Ma B.P.	178	178	178	189	189	189	178	178	178	178	178	172	172	172
SiO_2	62.40	63.51	68.75	71.18	73.60	74.98	71.06	76.28	74.87	74.17	73.10	76.20	75.74	76.47
TiO_2	0.29	0.43	0.47	0.18	0.13	0.06	0.17	0.15	0.18	0.17	0.24	0.06	0.11	0.06
Al_2O_3	18.07	17.95	13.28	13.53	13.41	12.65	13.63	11.50	11.96	12.78	12.96	12.53	12.54	12.31
Fe_2O_3	3.21	1.75	1.77	1.52	1.60	1.32	1.55	0.61	0.82	0.78	1.35	0.93	0.73	0.41
FeO	1.59	1.87	3.02	1.80	0.52	0.47	0.96	0.99	1.41	1.45	1.29	0.61	0.88	1.23
MnO	0.10	0.08	0.14	0.10	0.02	0.04	0.03	0.04	0.04	0.08	0.09	0.03	0.02	0.04
MgO	0.28	0.44	0.07	0.13	0.07	0.03	0.16	0.07	0.25	0.15	0.15	0.01	0.02	0.02
CaO	0.80	1.88	0.91	0.57	0.47	0.49	0.80	0.68	1.16	0.81	0.58	0.65	0.40	0.10
Na_2O	6.44	6.78	5.66	3.38	3.38	3.04	4.42	2.79	3.20	3.30	3.07	2.79	3.02	2.69
K_2O	5.52	3.78	5.27	4.73	4.53	5.36	5.38	5.40	4.90	5.63	5.55	5.17	5.88	5.24
P_2O_5	0.16	0.19	0.10	0.05	0.05	0.02	0.11	0.10	0.09	0.05	0.07	0.06	0.11	0.07
LOI	1.04	0.74	0.37	—	—	—	1.44	0.75	0.69	0.66	0.85	0.67	0.37	0.82
SUM	99.90	99.40	99.81	—	—	—	99.71	99.36	99.57	100.03	99.30	99.71	99.82	99.46
文献	陈培荣等,2004			胡恭任等,2002			陈培荣等,2004					陈培荣等,1998		

续表

岩石类型	③A型花岗岩岩与碱性正长岩		④高钾钙碱性岩										
地区	江西寨背岩体		福建汤泉岩体			湖南铜山岭岩体				湖南宝山岩体		湖南水口山岩体	
岩石定名	A型花岗岩		I型花岗闪长岩			I型花岗闪长岩				I型花岗闪长岩		I型花岗闪长岩	
样品号	G01	Z4-08-2	MZK2401-10-4	MZK2401-10-7	97DJ1-3-1	TSHX-1	TSHX-7	TSHD-4	TSHD-9	BSH-4	BSH-7	SHKSH-1	SHKSH-3
年代/Ma B.P.	172	172	183	183	183	180	180	180	180	173	173	172	172
SiO_2	76.74	75.42	65.01	65.41	67.26	67.18	64.78	67.20	65.42	64.46	63.28	60.26	60.00
TiO_2	0.06	0.05	0.36	0.38	0.37	0.45	0.48	0.42	0.49	0.45	0.44	0.78	0.81
Al_2O_3	12.21	12.62	16.23	16.06	15.65	15.26	15.99	14.97	15.84	14.68	15.19	17.00	17.51
Fe_2O_3	0.68	0.82	0.88	1.23	2.02	0.32	0.13	0.48	0.30	0.66	0.56	2.29	2.36
FeO	0.52	0.47	2.81	2.58	1.64	2.98	3.62	2.21	3.08	2.63	2.10	2.96	3.00
MnO	0.02	0.01	0.075	0.074	0.069	0.09	0.04	0.06	0.02	0.04	0.10	0.06	0.05
MgO	0.02	0.02	2.02	1.93	1.31	2.69	1.81	1.11	1.39	1.76	1.21	3.39	3.29
CaO	0.32	0.65	4.61	4.39	3.63	3.66	4.61	3.93	4.61	2.84	5.96	2.30	2.98
Na_2O	3.43	2.98	3.76	3.72	4.02	2.96	3.23	3.02	3.18	2.82	2.22	2.14	2.67
K_2O	5.22	5.4	2.43	2.70	2.77	4.08	3.52	4.02	4.20	4.22	4.44	3.94	3.36
P_2O_5	0.09	0.05	0.14	0.13	0.16	0.14	0.17	0.16	0.19	0.15	0.15	0.31	0.35
LOI	0.28	0.71	—	—	—	0.98	1.30	2.12	1.04	3.72	3.78	3.68	3.40
SUM	99.59	99.19	98.325	98.604	98.899	100.79	99.68	99.70	99.76	98.43	99.43	99.11	99.78
文献	陈培荣等，1998		毛建仁等，2004			王岳军等，2001b							

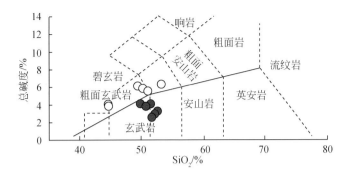

图 2.17　燕山早期早阶段玄武质和辉长质岩的硅碱图

○为宁远保安圩碱性玄武岩和回龙迂煌斑岩；●为湖南长城岭玄武岩和赣南车步辉长岩

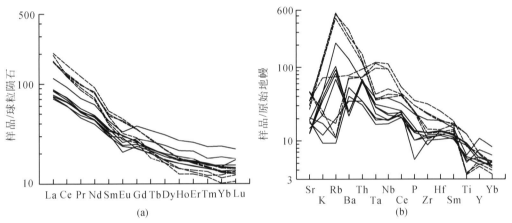

图 2.18　燕山早期早阶段玄武质和辉长质岩的稀土与微量元素配分图

虚线为碱性系列岩石，实线为拉斑系列岩石；原始地幔标准值和 OIB 的数据

引自 Sun and McDonough，1989；球粒陨石标准值引自 Taylor and McLennan，1985

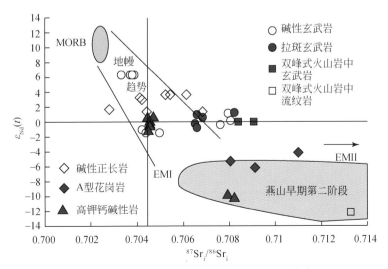

图 2.19　燕山早期早阶段岩浆岩的 Sr-Nd 同位素图

燕山早期晚阶段花岗岩成分范围据赵希林等（2011）

表 2.9 东南部燕山早期早阶段四种岩石类型代表性样品微量元素（ppm）数据表

岩石类型	①玄武质和辉长质岩					
地区	宁远保安圩			回龙迁		
岩石定名	碱性玄武岩			煌斑岩		
样品编号	XPA-1	PA-01	XTB-2	JYH-1	JYH-4	JYH-6
La	48.40	39.60	39.50	39.46	46.44	40.52
Ce	95.10	78.20	77.70	73.68	75.50	72.77
Pr	11.30	9.50	9.50	8.79	9.21	8.28
Nd	43.20	37.60	37.70	34.14	38.81	32.35
Sm	8.23	7.32	7.70	6.32	7.26	5.99
Eu	2.62	2.49	2.43	1.74	1.86	1.61
Gd	7.27	7.19	7.26	5.61	5.98	5.30
Tb	1.04	1.06	1.05	0.77	0.79	0.68
Dy	5.61	5.63	5.58	4.14	4.38	4.13
Ho	1.02	1.03	1.02	0.80	0.81	0.71
Er	2.79	2.73	2.66	2.26	2.18	2.07
Tm	0.40	0.38	0.37	0.34	0.31	0.30
Yb	2.45	2.27	2.21	1.94	2.09	1.72
Lu	0.36	0.33	0.32	0.31	0.34	0.27
ΣREE	229.79	195.33	195.00	180.30	195.96	176.70
Eu/Eu*	1.01	1.04	0.98	0.87	0.84	0.85
La_N/Yb_N	14.17	12.51	12.82	14.59	15.94	16.90
Rb	47.10	11.00	7.10	333.00	345.00	293.00
Sr	743.00	971.00	985.00	727.00	638.00	560.00
Ba	537.00	483.00	517.00	2240.00	1843.00	1646.00
U	2.45	2.01	1.99	3.39	4.14	2.98
Th	7.99	6.20	6.15	10.44	12.90	9.90
Pb	—	—	—	18.42	21.20	34.15
Y	30.50	30.20	29.80	21.93	24.77	20.26
Nb	78.90	67.30	67.00	30.73	35.98	27.59
Ta	4.78	4.64	3.95	1.50	1.75	1.47
Zr	354.00	267.00	258.00	140.00	160.00	118.00
Hf	7.83	5.90	5.63	4.08	4.36	3.70
文献	Li et al.，2004			Wang et al.，2003		

续表

岩石类型	①玄武质和辉长质岩					
地区	宜章长城岭			江西车步岩体		
岩石定名	拉斑玄武岩			辉长岩		
样品编号	20YZH-2	20YZH-5	20YZH-8	DLX3	DXL10	2KGN29-1
La	16.94	18.42	17.75	20.30	27.00	17.40
Ce	36.68	40.58	40.04	45.00	57.20	37.40
Pr	4.60	4.98	5.11	5.39	6.86	4.38
Nd	20.27	22.21	21.82	22.60	29.10	18.60
Sm	4.63	5.35	5.22	5.50	6.61	4.60
Eu	1.69	1.79	1.79	1.51	1.93	1.37
Gd	4.62	5.47	5.40	5.82	7.80	4.64
Tb	0.76	0.83	0.85	0.988	1.29	0.75
Dy	4.36	5.10	4.96	6.16	7.86	4.47
Ho	0.91	1.06	0.96	1.21	1.53	0.91
Er	2.48	2.95	2.81	3.51	4.28	2.52
Tm	0.36	0.39	0.39	0.46	0.598	0.36
Yb	2.25	2.62	2.53	3.14	4.02	2.27
Lu	0.32	0.39	0.44	0.453	0.563	0.35
ΣREE	100.87	112.14	110.07	122.041	156.641	100.02
Eu/Eu*	1.10	1.00	1.02	0.81	0.82	0.90
La_N/Yb_N	5.40	5.04	5.03	4.64	4.82	5.50
Rb	5.86	12.67	6.95	43.20	136.00	65.10
Sr	400.00	373.00	438.00	313.00	406.00	267.00
Ba	281.00	240.00	370.00	174.00	908.00	171.00
U	1.31	1.37	1.37	—	—	1.38
Th	2.62	2.94	2.94	5.60	5.46	5.79
Pb	4.64	5.11	5.02	—	—	6.97
Y	23.60	26.09	26.12	33.80	49.20	24.00
Nb	12.16	13.78	13.46	20.20	27.20	15.90
Ta	0.68	0.79	0.83	1.28	1.56	1.16
Zr	127.00	145.00	144.00	97.00	213.00	125.00
Hf	3.66	4.14	4.23	4.25	5.87	3.65
文献	Wang *et al.*，2003			Xie *et al.*，2005		Li *et al.*，2003

续表

岩石类型	①玄武质和辉长质岩		②双峰式火山岩			
地区	江西车步岩体		福建永定县藩坑			
岩石定名	辉长岩		玄武岩		流纹岩	
样品编号	2KGN29-4	2KGN29-5	PKb3	PKb11	PK-C13	PK-C3
La	20.90	20.10	42.498	24.706	27.00	18.267
Ce	44.60	42.80	67.926	59.102	70.185	51.528
Pr	5.04	4.94	13.699	7.39	8.1393	5.906
Nd	20.40	20.60	59.621	31.74	32.846	23.554
Sm	4.84	5.01	13.747	6.501	8.217	6.013
Eu	1.20	1.41	4.318	2.056	0.647	0.532
Gd	4.88	5.12	13.42	6.70	6.746	5.699
Tb	0.80	0.83	1.808	0.897	0.941	1.003
Dy	4.79	4.98	10.723	5.987	6.831	7.429
Ho	0.97	0.99	2.207	1.266	1.628	1.681
Er	2.72	2.80	5.724	3.468	4.453	4.914
Tm	0.40	0.41	0.782	0.464	0.785	0.712
Yb	2.48	2.51	4.17	2.67	4.775	4.166
Lu	0.36	0.37	0.628	0.416	0.785	0.668
ΣREE	114.38	112.87	241.271	153.363	173.9783	132.072
Eu/Eu*	0.75	0.84	0.96	0.94	0.26	0.27
La_N/Yb_N	6.04	5.74	7.31	6.64	4.06	3.15
Rb	58.70	52.50	20.69	32.269	219.71	194.46
Sr	264.00	263.00	407.24	452.15	36.456	47.389
Ba	171.00	150.00	219.24	417.38	399.83	374.57
U	1.37	1.45	0.643	0.636	4.764	3.683
Th	5.66	5.28	3.057	3.052	44.778	35.899
Pb	6.54	7.80	8.603	5.888	20.443	21.618
Y	21.70	26.90	48.157	28.461	36.133	26.594
Nb	13.60	16.60	17.122	16.484	99.277	89.272
Ta	0.96	1.18	1.204	1.045	8.921	7.983
Zr	113.00	133.00	213.86	217.63	315.37	291.66
Hf	3.23	3.80	5.366	5.315	12.644	12.231
文献	Li *et al.*，2003		邓平等，2004			

续表

岩石类型	②双峰式火山岩			③A 型花岗岩与碱性正长岩		
地区	江西龙南县临江			江西全南黄埠岩体		
岩石定名	玄武岩		流纹岩	正长岩		
样品编号	YQ28-1	YQ28	YQ9	2KGN16-1	2KGN16-3	2KGN16-5
La	18.141	28.509	37.799	54.80	41.80	23.70
Ce	40.391	70.669	103.05	109.00	82.30	51.00
Pr	4.915	8.492	10.322	11.70	8.81	6.07
Nd	20.808	36.624	36.546	43.50	33.00	24.80
Sm	4.331	7.758	8.034	9.00	6.14	5.09
Eu	1.48	2.323	0.231	1.59	2.46	2.72
Gd	4.522	7.478	6.999	7.65	4.60	4.27
Tb	0.596	0.969	1.102	1.46	0.80	0.73
Dy	3.978	6.649	7.529	7.88	4.12	3.76
Ho	0.88	1.415	1.652	1.60	0.79	0.77
Er	2.72	3.818	4.83	4.70	2.27	2.19
Tm	0.383	0.541	0.717	0.69	0.33	0.34
Yb	2.32	3.127	4.292	4.32	2.14	2.26
Lu	0.32	0.477	0.618	0.63	0.34	0.38
ΣREE	105.785	178.849	223.721	258.52	189.90	128.08
Eu/Eu*	1.01	0.92	0.09	0.57	1.36	1.74
La$_N$/Yb$_N$	5.61	6.54	6.32	9.10	14.01	7.52
Rb	30.369	86.696	370.45	126.00	97.50	80.20
Sr	96.552	168.35	29.308	48.10	48.60	46.60
Ba	228.45	312.29	107.36	826.00	1173.00	1293.00
U	0.838	1.306	10.342	3.21	1.18	0.96
Th	3.685	6.141	24.212	12.40	5.53	2.27
Pb	3.73	7.197	26.417	16.30	13.60	7.75
Y	22.709	35.274	35.441	42.60	21.00	19.30
Nb	22.441	26.858	17.154	71.80	31.90	33.70
Ta	1.139	1.51	2.985	5.04	2.07	2.06
Zr	158.07	188.59	101.63	313.00	146.00	340.00
Hf	3.781	5.153	4.24	9.65	4.54	6.96
文献	邓平等，2004			Li *et al.*，2003		

续表

岩石类型	③A 型花岗岩与碱性正长岩					
地区	江西全南黄埠岩体			江西塔背岩体		
岩石定名	正长岩			正长岩		
样品编号	2KGN16-9	2KGN16-10	2KGN16-11	9702-1	9701-3	99-11-4
La	26.50	38.50	31.80	55.70	56.50	84.70
Ce	56.30	86.10	68.30	87.70	100.00	152.00
Pr	6.63	10.00	7.89	8.77	11.60	18.00
Nd	26.60	39.90	31.80	27.60	39.50	65.80
Sm	5.45	8.63	6.34	4.32	7.03	12.30
Eu	2.69	1.81	3.07	0.84	4.06	2.56
Gd	4.61	7.67	5.06	3.61	6.36	9.66
Tb	0.78	1.41	0.85	0.52	1.03	1.30
Dy	4.00	7.79	4.31	3.05	5.75	7.14
Ho	0.79	1.57	0.83	0.58	1.18	1.29
Er	2.26	4.67	2.30	1.71	3.56	3.46
Tm	0.34	0.72	0.34	0.29	0.52	0.52
Yb	2.26	4.75	2.20	2.09	3.45	3.27
Lu	0.37	0.75	0.35	0.35	0.56	0.49
ΣREE	139.58	214.27	165.44	197.13	241.10	362.49
Eu/Eu*	1.60	0.67	1.60	0.63	1.82	0.69
La_N/Yb_N	8.41	5.81	10.37	19.12	11.75	18.58
Rb	89.10	137.00	85.30	123.00	67.90	85.90
Sr	46.10	47.60	58.00	142.00	516.00	36.80
Ba	1238.00	367.00	1394.00	706.00	1465.00	680.00
U	1.15	2.67	0.79	2.50	3.32	1.91
Th	3.43	9.70	2.84	9.80	9.83	11.50
Pb	12.70	12.90	7.60	—	—	—
Y	20.70	42.30	21.00	19.50	30.20	32.20
Nb	38.00	52.70	44.80	120.00	79.80	63.40
Ta	2.46	2.77	2.85	6.35	6.26	3.51
Zr	251.00	693.00	242.00	536.00	863.00	316.00
Hf	5.96	14.10	5.64	9.99	13.30	7.55
文献	Li et al.，2003			陈培荣等，2004		

续表

岩石类型	③A 型花岗岩与碱性正长岩					
地区	江西柯树背岩体			江西陂头岩体		
岩石定名	A 型花岗岩			A 型花岗岩		
样品编号	No18	No19	No23	9704-1	9704-2	9705
La	59.13	81.69	88.69	60.90	71.20	90.30
Ce	113.60	110.80	115.90	116.00	146.00	163.00
Pr	13.40	16.97	20.30	11.90	17.10	20.40
Nd	44.73	54.99	71.25	42.10	59.60	68.50
Sm	8.88	10.59	15.72	8.88	12.60	12.70
Eu	0.80	0.97	0.85	0.75	1.05	1.11
Gd	7.92	9.50	16.03	8.03	10.80	10.80
Tb	1.48	1.65	2.86	1.44	1.75	1.70
Dy	7.77	8.71	15.33	8.74	10.40	9.62
Ho	1.62	1.51	3.16	1.71	2.06	1.84
Er	4.53	4.45	8.45	4.90	6.00	5.14
Tm	0.68	0.65	1.20	0.74	0.82	0.74
Yb	4.35	4.09	7.38	4.62	5.72	4.45
Lu	0.65	0.60	1.07	0.69	0.80	0.63
ΣREE	269.54	307.17	368.19	271.40	345.90	390.93
Eu/Eu*	0.29	0.29	0.16	0.27	0.27	0.28
La_N/Yb_N	9.75	14.33	8.62	9.46	8.93	14.56
Rb	368.40	298.50	269.50	174.00	268.00	240.00
Sr	60.20	62.60	38.70	71.00	49.10	57.80
Ba	390.00	285.00	201.00	314.00	358.00	403.00
U	6.00	6.00	10.00	4.20	9.43	5.20
Th	18.00	25.00	36.00	24.70	34.90	29.40
Pb	20.40	22.30	27.90	—	—	—
Y	95.80	86.70	85.60	50.10	49.90	53.50
Nb	26.80	32.60	30.20	37.10	32.70	28.70
Ta	—	—	—	3.32	3.06	2.40
Zr	220.00	238.00	202.00	167.00	140.00	150.00
Hf	—	—	—	5.88	6.78	4.89
Ga	—	—	—	16.00	20.00	19.80
文献	胡恭任等，2002			陈培荣等，2004		

岩石类型	③A 型花岗岩与碱性正长岩					
地区	江西陂头岩体			江西寨背岩体		
岩石定名	A 型花岗岩			A 型花岗岩		
样品编号	99-10-1	99-11-1	Z4-06	Z4-07-2	Z4-09-1	G01
La	121.00	171.00	172.90	178.30	99.60	43.63
Ce	235.00	298.00	163.20	177.60	148.60	84.88
Pr	27.20	40.90	35.55	39.56	19.54	10.08
Nd	97.70	143.00	151.20	154.30	76.62	41.10
Sm	16.60	23.40	40.20	35.15	16.88	10.79
Eu	1.56	1.79	0.858	0.53	0.448	0.245
Gd	11.60	15.50	53.20	34.45	17.71	11.80
Tb	1.47	2.03	7.95	5.72	2.92	2.01
Dy	7.52	10.30	45.38	30.82	18.44	12.86
Ho	1.36	1.81	9.34	6.10	4.42	2.82
Er	3.68	4.74	22.18	14.55	10.40	7.47
Tm	0.49	0.65	3.09	2.13	1.38	1.17
Yb	3.20	4.30	17.38	10.99	8.59	6.90
Lu	0.47	0.63	2.53	1.58	1.26	1.02
ΣREE	528.85	718.05	724.958	691.78	426.808	236.775
Eu/Eu*	0.33	0.27	0.06	0.05	0.08	0.07
La_N/Yb_N	27.12	28.53	7.14	11.64	8.32	4.54
Rb	148.00	152.00	415.90	430.90	392.50	416.00
Sr	32.20	58.40	10.80	9.40	23.70	8.70
Ba	278.00	255.00	5.00	47.90	72.00	35.20
U	2.25	2.97	8.00	9.60	6.40	13.40
Th	30.60	38.70	52.50	47.50	50.50	38.50
Pb	—	—	—	—	—	—
Y	30.40	36.90	209.20	159.70	86.70	82.40
Nb	33.40	37.90	28.50	36.00	34.90	33.50
Ta	2.11	2.12	3.20	2.20	4.30	2.70
Zr	135.00	159.00	151.60	151.70	155.50	121.10
Hf	6.16	7.10	9.50	7.80	7.50	7.50
Ga	23.87	24.70	23.40	32.40	30.10	22.10
文献	陈培荣等，2004			陈培荣等，1998		

续表

岩石类型	④高钾钙碱性岩					
地区	湖南铜山岭岩		湖南宝山岩体		湖南水口山岩体	
岩石定名	I型花岗闪长岩		I型花岗闪长岩		I型花岗闪长岩	
样品编号	TSHD-4	TSHD-9	BSH-4	BSH-7	SHKSH-1	SHKSH-3
La	37.09	33.54	28.67	25.75	21.09	31.81
Ce	68.08	64.94	61.12	58.54	54.92	63.36
Pr	8.02	7.57	7.05	6.64	5.52	7.80
Nd	27.73	27.11	25.76	24.27	20.94	28.47
Sm	5.16	5.35	5.19	4.83	4.26	5.07
Eu	1.09	1.18	1.15	1.17	1.07	1.25
Gd	4.28	4.87	4.54	4.27	3.96	4.02
Tb	0.62	0.69	0.65	0.62	0.52	0.51
Dy	3.60	4.27	3.98	3.72	2.98	2.79
Ho	0.71	0.86	0.81	0.74	0.58	0.53
Er	2.07	2.58	2.46	2.23	1.70	1.53
Tm	0.30	0.38	0.38	0.33	0.24	0.21
Yb	2.00	2.57	2.64	2.28	1.59	1.40
Lu	0.29	0.39	0.40	0.34	0.25	0.21
ΣREE	161.04	156.30	144.80	135.73	119.62	148.96
Eu/Eu*	0.69	0.69	0.71	0.77	0.78	0.82
La$_N$/Yb$_N$	13.30	9.36	7.79	8.10	9.51	16.30
Rb	163.10	203.30	66.70	20.40	135.90	189.40
Sr	292.77	298.86	51.03	36.72	78.60	99.55
Ba	531.00	546.00	220.00	193.00	276.00	400.00
U	6.83	5.15	4.48	3.29	3.27	2.18
Th	20.25	16.31	15.37	6.21	10.45	8.49
Pb	—	—	—	—	—	—
Y	19.30	24.54	22.94	13.32	14.25	12.62
Nb	16.76	17.09	17.26	16.36	15.92	16.19
Ta	1.84	1.72	1.45	1.34	0.97	0.99
Zr	126.80	132.80	106.90	112.70	245.50	126.10
Hf	4.21	4.36	3.97	4.01	7.48	4.10
文献	王岳军等，2001b					

续表

岩石类型	③A 型花岗岩	④高钾钙碱性岩				
地区	江西寨背岩体	福建汤泉岩体			湖南铜山岭岩体	
岩石定名	A 型花岗岩	I 型花岗闪长岩			I 型花岗闪长岩	
样品编号	Z4-08-2	Z4-08-3	Z4-08-4	Z4-08-5	TSHX-1	TSHX-7
La	84.73	33.00	28.10	28.10	21.59	33.81
Ce	150.90	60.20	49.30	45.20	41.26	61.48
Pr	19.24	6.04	5.16	5.63	5.19	7.33
Nd	76.73	23.90	20.60	20.40	19.28	26.07
Sm	18.93	3.93	3.57	3.65	4.15	4.98
Eu	0.227	0.91	0.91	0.94	1.14	1.30
Gd	17.94	2.71	2.87	2.87	3.85	4.44
Tb	2.99	0.38	0.41	0.55	0.58	0.63
Dy	19.16	2.14	2.28	1.90	3.59	3.82
Ho	4.52	0.43	0.46	0.46	0.73	0.80
Er	11.03	1.02	1.13	1.12	2.18	2.38
Tm	1.51	0.16	0.18	0.22	0.32	0.35
Yb	9.94	1.00	1.16	0.99	2.19	2.34
Lu	1.46	0.15	0.17	0.18	0.33	0.34
ΣREE	419.307	135.97	116.30	112.21	106.38	150.07
Eu/Eu^*	0.04	0.81	0.84	0.86	0.86	0.83
La_N/Yb_N	6.11	23.67	17.38	20.36	7.07	10.36
Rb	469.90	62.20	71.60	52.00	195.90	135.40
Sr	9.00	517.30	689.50	426.00	316.64	316.66
Ba	28.90	613.00	652.00	625.00	720.00	658.00
U	14.20	1.65	1.90	2.36	6.80	4.25
Th	45.50	9.76	8.49	11.00	15.71	14.52
Pb						
Y	115.50	10.80	11.90	10.30	20.50	21.82
Nb	38.30	11.80	11.80	11.30	15.38	16.93
Ta	3.60	0.38	0.35	1.34	1.60	1.63
Zr	201.60	121.00	100.00	113.00	86.10	125.80
Hf	8.30	2.59	2.08	3.49	3.11	4.16
Ga	25.80	—	—	—	—	—
文献	陈培荣等，1998	毛建仁等，2004			王岳军等，2001b	

Rb 比相邻元素 Sr、Ba 亏损，反映了其形成过程中在残留地幔中金云母相的存在，拉斑系列玄武岩 [图 2.18 (b)] 的富集不相容元素，尤其是大离子亲石元素，但 Ta、Nb 具弱亏损，在蛛网图上呈低的谷。车步辉长岩 Sr、P、Ti 略亏损，反映车步辉长岩岩浆经历了较低程度的分离结晶演化。

Sr-Nd 同位素组成见表 2.10 和图 2.3.4，宁远保安圩碱性玄武岩的 Sr-Nd 同位素组成落在第Ⅰ象限，$^{87}Sr_i/^{86}Sr_i=0.7035\sim0.704$，$\varepsilon_{Nd}(t)=5.88\sim6.1$，位于原始地幔附近，显示其源区为软流圈地幔的同位素组成特征。拉斑系列玄武岩的 $^{87}Sr_i/^{86}Sr_i$ 值变化为 0.7065 $\sim$0.7082，$\varepsilon_{Nd}(t)$ 值为 $-0.82\sim1.04$，从全球平均同位素组成向 EMII 演化。回龙迁煌斑岩则介于二者之间。

2.3.4.2　双峰式火山岩

双峰式火山岩中基性端元贫碱，$Na_2O+K_2O=2.8\sim4.2$，与大陆拉斑玄武岩成分相似（表 2.8 和图 2.20）。酸性端元具有高 SiO_2（74.89%～76.85%）、Al_2O_3（11.72%～13.77%）、K_2O（4.56%～5.37%）含量，化学成分具一定幅度的变化，介于英安流纹岩-流纹岩之间。

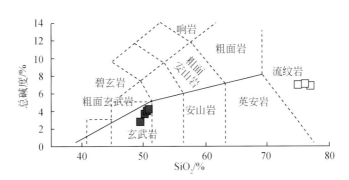

图 2.20　燕山早期早阶段双峰式火山岩的硅碱图
□流纹岩；■玄武岩

在稀土元素上（表 2.9），玄武岩稀土元素总量为 105.8～241.3ppm，流纹岩为 132.1～223.7ppm，流纹岩高于玄武岩。球粒陨石标准化配分图上 [图 2.21 (a)]，玄武岩与大陆裂谷玄武岩相似，表现为向右倾斜的轻稀土轻度富集型，流纹岩也表现为朝右倾斜的轻稀土富集型，玄武岩（$La_N/Yb_N=5.6\sim7.3$）轻重稀土分异程度略高于流纹岩（$La_N/Yb_N=3.2\sim6.3$）。流纹岩具有强烈的铕异常亏损（$Eu/Eu^*=0.09\sim0.27$），玄武岩铕异常不明显（$Eu/Eu^*=0.92\sim1.01$）。

在原始地幔标准化蛛网图上 [图 2.21 (b)]，流纹岩以明显的 Ba、Ti、P、Zr 负异常和 Rb、Th 正异常以及微弱的 Ce 正异常为特征，和 S 型花岗岩不相容元素配分样式（Condie，1989）很相似，说明闽西-赣南古老基底的地壳组分影响着盆地流纹岩的岩石成分。相比之下，闽西-赣南盆地玄武岩的不相容元素以弱亏损高场强元素 Nb、Ta，弱富集大离子亲石元素 K、Rb、Ba、Th 为特征，其蛛网图总体上呈一上凸型图，与大陆裂谷玄武岩蛛网图形态相似。

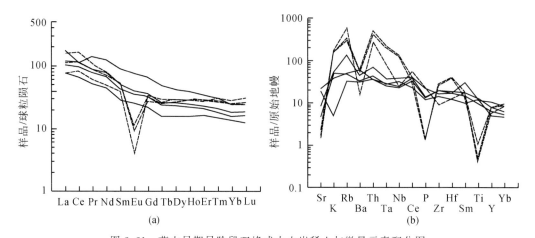

图 2.21　燕山早期早阶段双峰式火山岩稀土与微量元素配分图

虚线为流纹岩，实线为玄武岩；原始地幔标准值和 OIB 的数据

引自 Sun and McDonough，1989；球粒陨石标准值引自 Taylor and McLennan，1985

在白面石双峰式火山岩中玄武岩与流纹岩的同位素组成差别较大，在 $^{87}Sr_i/^{86}Sr_i$-$\varepsilon_{Nd}(t)$ 图中（图 2.19），玄武岩 $\varepsilon_{Nd}(t)$ 值为 $-0.15\sim-0.13$，$^{87}Sr_i/^{86}Sr_i$ 值变化在 $0.7083\sim 0.7090$，分布于地幔演化线右侧，反映出玄武岩浆被地壳物质强烈的混染。而流纹岩则显示出高的 $^{87}Sr_i/^{86}Sr_i$ 值（$0.7256\sim0.7431$）及负的 $\varepsilon_{Nd}(t)$ 值（$-11.9\sim-11.7$），属典型的地壳特征。

2.3.4.3　碱性正长岩与 A 型花岗岩

黄埔和塔背正长岩具很高的全碱含量，在硅碱图［图 2.22（a）］上投影于碱性系列。黄埔岩体具有高的 K_2O 含量（$5.35\%\sim6.38\%$），塔背岩体则具高的 Na_2O 值（$5.66\%\sim6.78\%$）。正长岩有低的 TiO_2 含量（$0.22\%\sim0.58\%$），高且多变的 Al_2O_3 含量（$15.13\%\sim17.42\%$）等特征，与橄榄粗玄岩系主量元素特征类似。在 SiO_2-K_2O 图解［图 2.22（b）］上正长岩也显示出橄榄粗玄岩系的特征。正长岩富集 LREE，呈右倾的轻稀土曲线［图 2.23（a）］，较平缓的中稀土及重稀土配分曲线，并具较高的稀土元素总量和轻重稀土比，$\sum REE=128\sim362ppm$，$La_N/Yb_N=5.5\sim18$。Eu 异常明显，或正或负，$Eu/Eu^*=0.3\sim1.8$，随 SiO_2 含量升高 Eu/Eu^* 异常由正异常变化为负异常。在微量元素蛛网图上［图 2.23（b）］，正长岩富集 Rb、Ba、K、Th 等大离子亲石元素及 Nb、Ta、Zr、Hf 等高场强元素，为原始地幔值的几倍或几十倍以上。Sr、P、Ti 等元素亏损明显，可能由于辉石、斜长石、磷灰石和 Fe-Ti 氧化物的分离结晶造成的（Almeida et al.，2002），正 Eu/Eu^* 异常可能由于斜长石的分离结晶造成，黄埔正长岩岩浆可能经历了一定程度的分离结晶作用。黄埔正长岩的同位素数据变化较大（表 2.8 和图 2.19），$\varepsilon_{Nd}(t)$ 为 $3.61\sim1.20$，$^{87}Sr_i/^{86}Sr_i$ 值变化为 $0.7028\sim0.7068$。塔背正长岩的初始锶同位素组成较低，$^{87}Sr_i/^{86}Sr_i$ 值为 $0.70412\sim0.70543$，初始钕同位素组成较高，$\varepsilon_{Nd}(t)$ 值为 $3.14\sim3.52$。

寨背、陂头和柯树背 A 型花岗岩具有高硅、钾，富碱、低钙和铁镁比值大的特点

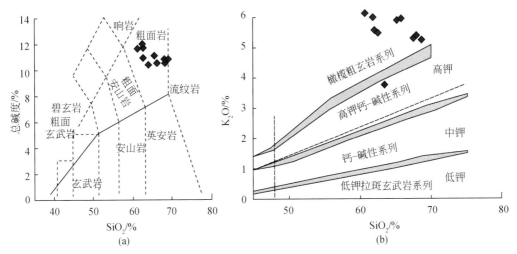

图 2.22　燕山早期早阶段正长岩的硅碱图（a）和 SiO_2-K_2O 图（b）

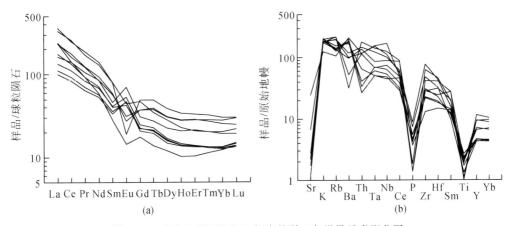

图 2.23　燕山早期早阶段正长岩的稀土与微量元素配分图

原始地幔标准值和 OIB 的数据引自 Sun and McDonough，1989；球粒陨石标准值引自 Taylor and McLennan，1985

（Eby，1990），SiO_2 含量＞71%，K_2O＝4.5%～5.9%，Na_2O＋K_2O＝7.9%～9.8%，CaO＜1.8%，FeO_T/MgO＝9.6～145，与福建魁岐钠铁闪石晶洞花岗岩（洪大卫，1987）及澳大利亚 Lachlan 褶皱带中的 Mumbulla 岩套（Whalen et al.，1987）具有很强的可比性。微量元素及稀土元素分析结果列于表 2.9。稀土元素球粒陨石标准化曲线和微量元素对原始地幔标准化分布曲线见图 2.24。从表 2.9 和图 2.24 中可见：①A 型花岗岩富含稀土元素（∑REE＝270～718ppm）。此外，La_N/Yb_N 与 S 型花岗岩相比有明显差别，前者为轻稀土富集型［图 2.24（a）］，后者为重稀土富集型。②A 型花岗岩不相容元素地球化学特征表现为明显的 Ba、Sr、P、Ti 负异常和 La、Ce、Nd、Sm、Y 正异常［图 2.24（b）］，与 I、S 型花岗岩相比，其大离子亲石元素（LILE）Rb、Th、U 较低，而高场强元素（HFSE）Nb、Zr、Y 和稀土元素较高。在（Zr＋Nb＋Ce＋Y）-FeO_T/MgO（FeO_T＝FeO＋0.8998Fe_2O_3）及（Zr＋Nb＋Ce＋Y）-10000Ga/Al 图解（图 2.25）上，A 型花岗岩与 I、S 型花岗岩有明显差别。A 型花岗岩的同位素组成与正长岩略有不同（表 2.10 和图 2.19），初始锶同位素组成相对较高，$^{87}Sr_i/^{86}Sr_i$ 值为 0.70805～0.711，初始钕同位素组成较低，$\varepsilon_{Nd}(t)$ 值为 $-6.29 \sim -4.27$，表明相对于正长岩，A 型花岗岩明显有地壳物质的卷入。

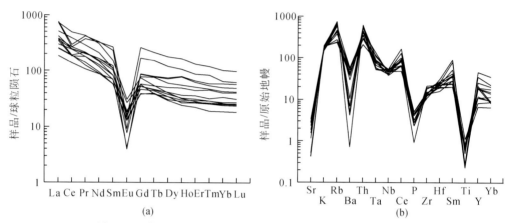

图 2.24　燕山早期早阶段 A 型花岗岩的稀土与微量元素配分图

原始地幔标准值和 OIB 的数据引自 Sun and McDonough，1989；球粒陨石标准值引自 Taylor and McLennan，1985

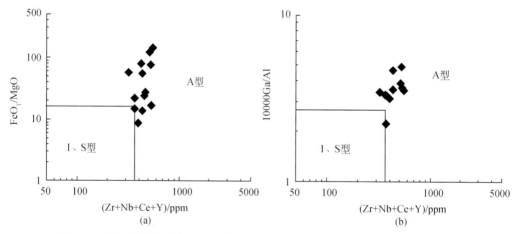

图 2.25　燕山早期早阶段 A 型花岗岩的（Zr＋Nb＋Ce＋Y）-FeO_T/MgO（a）及（Zr＋Nb＋Ce＋Y）-10000Ga/Al（b）图解（据 Whalen et al.，1987；Eby，1990）

2.3.4.4　高钾钙碱性岩

在 SiO_2-$(K_2O＋Na_2O)$ 图上高钾钙碱性岩石大部分样品落于花岗闪长岩区域，少量样品落于石英二长岩和闪长岩区域。在 SiO_2-K_2O 图上大部分样品落于高钾钙碱性系列范围，少数样品落于钾玄质系列范围（图 2.26）。

代表性样品 REE 元素总量变化为 103.9～163.9ppm，表现为陡的右倾斜型配分曲线 [图 2.27（a）]，铕亏损不明显，Eu/Eu* 变化为 0.69～0.86，La_N/Yb_N 变化为 7.1～23.7。Eu/Eu^*、La_N/Yb_N、Dy_N/Yb_N 与 SiO_2、$Mg^\#$ $\left(Mg^\# = \dfrac{Mg}{Mg＋Fe}\right)$ 之间无明显的相关关系，

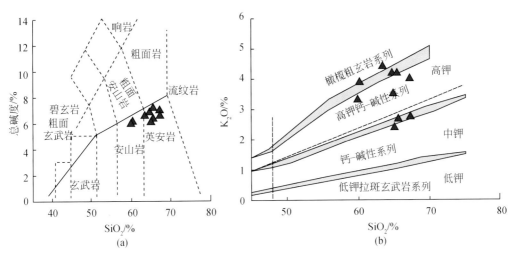

图 2.26　燕山早期早阶段高钾钙碱性花岗岩的硅碱图（a）和 SiO_2-K_2O 图（b）

高 SiO_2 与低 SiO_2 样品铕异常相似（表 2.8），这些特征表明地壳混染过程不是控制岩浆 REE 演化的主要途径，斜长石、角闪石和磷灰石分异对带内岩浆 REE 演化影响也不强。在 La-La/Sm 图解（图 2.28）中，正相关关系明显，说明岩浆形成过程主要受部分熔融作用的影响，控制岩石 REE 特征的微小差异可能主要受部分熔融作用（如深度、比例）所控制（Borg and Clynne，1999）。

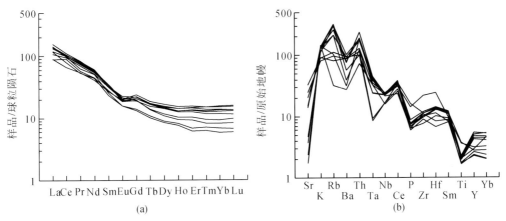

图 2.27　燕山早期早阶段高钾钙碱性花岗闪长岩的稀土与微量元素配分图

原始地幔标准值和 OIB 的数据引自 Sun and McDonough，1989；球粒陨石标准值引自 Taylor *et al.*，1985

在微量元素原始地幔标准化图解 [图 2.27（b）] 上，不同地点样品的微量元素分布型式相似。LILE 总体上明显富集，Ba、Sr 相对亏损，这可能与斜长石分离结晶作用有关。所有样品均表现出较为明显的 Nb、Ta 亏损，Nb/La= 0.50～0.75，与具岛弧特征的钾质岩石相似，而有别于桂东南钾玄质岩石的无明显 Nb、Ta 亏损特征（李献华等，1999）。水口山钾质岩石无明显 P、Ti 亏损，而铜山岭、宝山则显示出明显的 P、Ti 亏损，这表明铜山岭、宝山钾质岩石可能受到了磷灰石、钛铁矿的分离结晶作用影响。Nb、Ta、

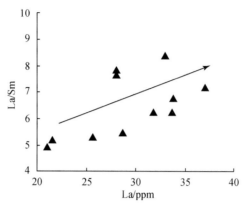

图 2.28　燕山早期早阶段高钾钙碱性花岗岩的 La-La/Sm 图解

Ti 负异常和低 Nb/La（0.50～0.75）的存在表明其不可能直接由软流圈部分熔融产生（Miller et al.，1999），其源区或受到了俯冲组分的影响，或者是源区部分熔融过程中存在残留钛酸盐矿物（Foley et al.，1992）。但同一岩带中的水口山地区岩石未出现铈负异常和 Ti 亏损，因此源区钛酸盐矿物残留的可能性不大；无明显 Eu 负异常也说明通过地壳加厚作用导致泥质岩石部分熔融或地壳重熔作用的假设难以成立。因此从目前对湘东南高钾花岗闪长质岩石的地球化学资料分析，受到俯冲组分改造或影响的岩石圈地幔组分很可能对该岩浆的形成有重要贡献。

　　Nd-Sr 同位素成分显示（图 2.19 和表 2.10），德兴花岗闪长斑岩的有较高的 $\varepsilon_{Nd}(t)$ 值（−1.14～1.8），低的 T_{DM} 值（Nd 模式年龄为 0.70～0.89Ga）和极低的 $^{87}Sr_i/^{86}Sr_i$ 值（0.7044～0.7047）。然而闽西南汤泉花岗闪长岩的 $\varepsilon_{Nd}(t)$ 值（−10.1～−9.7）较低，T_{DM}（Nd 模式年龄为 1.54～1.55Ga）和 $^{87}Sr_i/^{86}Sr_i$ 值（0.7079～0.7082）则较高，暗示在德兴花岗闪长斑岩的成因中地幔物质可能发挥了重要作用，而对于汤泉花岗闪长岩古老的地壳物质则有明显的贡献。

2.3.5　岩石成因及动力学背景

2.3.5.1　岩浆源区

（1）玄武质和辉长质岩石

碱性玄武岩的 Sr-Nd 同位素组成接近于全球最为亏损 MORB 洋中脊玄武岩的同位素组成，表明其来自高度亏损的软流圈地幔。但碱性玄武岩的同位素体系的亏损与不相容微量元素的富集存在明显不和谐：例如本区玄武岩类的 $\varepsilon_{Nd}(t)$ 值均大于 0（5.88～6.1），$f_{Sm/Nd}<0$（−0.38～−0.17）。按 Nd 同位素演化规律，如果源区 $f_{Sm/Nd}<0$ 保持较长时间演化，则在 CHUR 系统中形成的 $^{143}Nd/^{144}Nd$ 值应较低，即 $\varepsilon_{Nd}(t)$ 值应小于零，这显然与基性岩类实际情况不符（$\varepsilon_{Nd}(t)>0$），这种矛盾现象不能用地幔源区简单的演化解释；微量元素比值特征排除了地壳污染的可能，合理的解释应是其软流圈地幔经历了近期富集（交代）作用（Norry and Fitton，1983）。这种近期富集作用可能发生在地幔熔融前（支霞臣等，1992）。

表 2.10　中国东南部燕山早期早阶段四种岩石类型代表性样品同位素组成数据表

① 玄武质和辉长质岩

样品号	地区	岩石定名	$^{87}Sr_i/^{86}Sr_i$	$\varepsilon_{Nd}(t)$	文献
XPA-1	宁远保安圩	碱性玄武岩	0.7035	5.88	Li et al., 2004
PA-01	宁远保安圩	碱性玄武岩	0.7039	6.08	Li et al., 2004
XTB-2	宁远保安圩	碱性玄武岩	0.704	6.10	Li et al., 2004
JYH-1	回龙迁	煌斑岩	0.7044	-1.36	Wang et al., 2003
JYH-4	回龙迁	煌斑岩	0.7049	-1.70	Wang et al., 2003
JYH-6	回龙迁	煌斑岩	0.7043	-1.32	Wang et al., 2003
20YZH-2	宜章长城岭	拉斑玄武岩	0.708	-0.04	Wang et al., 2003
20YZH-5	宜章长城岭	拉斑玄武岩	0.7079	1.00	Wang et al., 2003
20YZH-8	宜章长城岭	拉斑玄武岩	0.7075	-0.43	Wang et al., 2003
DLX3	江西车步岩体	辉长岩	0.7066	0.97	Xie et al., 2005
DLX10	江西车步岩体	辉长岩	0.7082	1.04	Xie et al., 2005
2KGN29-1	江西车步岩体	辉长岩	0.7067	0.55	Li et al., 2003
2KGN29-4	江西车步岩体	辉长岩	0.7065	-0.27	Li et al., 2003

① / ③ A型花岗岩与碱性正长岩 / ④

样品号	岩石类型	地区	岩石定名	$^{87}Sr_i/^{86}Sr_i$	$\varepsilon_{Nd}(t)$	文献
2KGN29-5	①	江西车步	辉长岩	0.7066	-0.82	Li et al., 2003
2KGN16-1	③	江西全南黄埠岩体	正长岩	0.7044	1.24	Li et al., 2003
2KGN16-3	③	江西全南黄埠岩体	正长岩	0.7042	2.87	Li et al., 2003
2KGN16-5	③	江西全南黄埠岩体	正长岩	0.7052	3.52	Li et al., 2003
2KGN16-7	③	江西全南黄埠岩体	正长岩	0.7068	1.20	Li et al., 2003
2KGN16-1C	③	江西全南黄埠岩体	正长岩	0.7028	1.60	Li et al., 2003
2KGN16-11	③	江西全南黄埠岩体	正长岩	0.7061	3.61	Li et al., 2003
9701-3	③	江西塔背岩体	正长岩	0.7041	3.14	陈培荣等, 2004
9702-1	③	江西塔背岩体	正长岩	0.7054	3.52	陈培荣等, 2004
9704-1	③	A型花岗岩		0.70912	-6.29	陈培荣等, 2004
9705	③	A型花岗岩		0.7081	-5.35	陈培荣等, 2004
2KGN31-3	③	江西聚背岩体		0.711	-4.27	陈培荣等, 2004
01FJW-1-2	④	江西德兴		0.7045	0.11	王强等, 2004

④ 高钾钙碱性岩 / ② 双峰式火山岩

样品号	地区	岩石定名	$^{87}Sr_i/^{86}Sr_i$	$\varepsilon_{Nd}(t)$	文献
01FJW-3	江西德兴	I型花岗闪长岩	0.7047	0.59	王强等, 2004
01FJW-4	江西德兴	I型花岗闪长岩	0.7045	0.44	王强等, 2004
CK307-1	江西德兴	I型花岗闪长岩	0.7045	-0.33	王强等, 2004
CK307-4	江西德兴	I型花岗闪长岩	0.7045	-0.46	王强等, 2004
G-83-175	江西德兴	I型花岗闪长岩	0.7044	0.56	王强等, 2004
01T-16	江西德兴	I型花岗闪长岩	0.7044	-0.43	王强等, 2004
01T-17	江西德兴	I型花岗闪长岩	0.7045	-1.14	王强等, 2004
3	福建汤泉岩体	I型花岗闪长岩	0.7077	-9.70	毛建仁等, 2004
4	福建汤泉岩体	I型花岗闪长岩	0.7079	-9.70	毛建仁等, 2004
5	福建汤泉岩体	I型花岗闪长岩	0.7082	-10.10	毛建仁等, 2004
64011	白面石双峰式火山岩	玄武岩	0.7091	-0.13	孔兴功等, 2000
64003-2	白面石双峰式火山岩	玄武岩	0.7083	-0.15	孔兴功等, 2000
64003-1	白面石双峰式火山岩	流纹岩	0.7256	-11.70	孔兴功等, 2000
64006	白面石双峰式火山岩	流纹岩	0.7132	-11.90	孔兴功等, 2000

在碱性橄榄玄武岩的地幔岩包体中观察到角闪石化，尖晶石二辉橄榄岩中有角闪石交代、包裹单斜辉石成港湾状（赵振华等，1998），是地幔交代作用的标志。

拉斑质玄武岩的轻重稀土比、不相容元素含量和 $\varepsilon_{Nd}(t)$ 值均较碱性玄武岩低（图 2.19），这可能暗示其是岩石圈地幔源区高程度部分熔融的产物，含有相对较少的软流圈来源组分，并经历了程度不同的地幔交代作用。

（2）双峰式火山岩

构成东南沿海中生代火山岩带主体的晚侏罗世火山岩以英安质和流纹质岩石占绝对优势（陶奎元等，1998），有少量（约 4%）安山岩，但没有玄武岩；而在赣南地区，所谓晚侏罗世的菖蒲组火山岩以玄武岩为主（约占 70%），与流纹岩构成双峰式火山岩系，这显然与沿海地区不可类比。

在微量元素 Zr/Y-Zr 和（Y+Nb）-Rb 判别图上（图 2.29），燕山早期早阶段双峰式火山岩组合中的基性端员玄武岩全部投在板内玄武岩区，酸性端员流纹岩则具有后碰撞花岗岩和板内花岗岩的地球化学特征。据此，可以推断闽西-赣南盆地带的玄武岩-流纹岩是一种后碰撞造山的火山岩岩石组合，是大陆地壳拉张裂陷产物。由于双峰式火山岩有其特殊的构造地质意义，通常双峰式火山岩的形成与地壳拉张有关，被作为克拉通裂解或造山带伸展的标志。由 Sr-Nd 同位素特征（图 2.19），可以勾画出华南燕山早期早阶段双峰式火山岩的成因模式，由弱亏损地幔部分熔融形成的玄武岩浆上升，受到地壳成分强烈混染的同时，玄武岩浆作为热源，使得地壳物质发生重熔，与玄武岩浆一起喷发出来，形成双峰式火山岩。

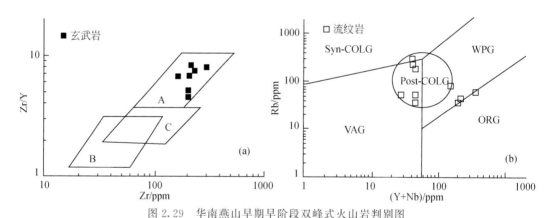

图 2.29　华南燕山早期早阶段双峰式火山岩判别图

（a）A. 板内玄武岩，B. 火山弧玄武岩，C. MORB；（b）：Syn-COLG. 同碰撞花岗岩，WPG. 板内花岗岩，ORG. 洋脊花岗岩，VAG. 火山弧花岗岩，Post-COLG. 后碰撞花岗岩

（3）碱性正长岩与 A 型花岗岩

碱性正长岩高度富钾，且具有类似橄榄安粗岩系的主量元素地球化学特征。玄武质岩浆通过斜方辉石为主的分离结晶作用可以使岩浆高度富钾，形成橄榄安粗质岩浆（Meen，1987）。但是正长岩 K_2O 含量随 SiO_2 含量的增高呈略有降低的演化趋势［图 2.22（b）］，碱性正长岩高度富钾并非玄武质岩浆分离结晶作用造成的。实验岩石学（Conceicão and Green，2004）研究表明：含微量金云母和韭闪石的交代岩石圈地幔二辉橄榄岩，在

<1.5GPa的条件下，发生减压和脱水熔融可以产生原始的橄榄安粗质岩浆。碱性正长岩岩浆的成因可能与之类似，其高且变化范围小的 K_2O 含量（4.5%～5.9%）说明其地幔源区应存在富钾的矿物相，并最可能是金云母和韭闪石。伸展构造造成的软流圈上涌，软流圈来源熔体（流体）对岩石圈地幔的交代作用使碱性正长岩的岩石圈地幔源区富集了不相容元素及金云母和韭闪石等富钾的矿物相，其减压脱水熔融产生了碱性正长岩母岩浆。

现在愈来愈多的人倾向于把 A 型花岗岩分成非造山和后造山两类（Eby，1990；Bonin，1990；洪大卫等，1995），并分别命名为 A1 型、A2 型或 AA 型、PA 型。两类 A 型花岗岩有不同的物质来源及大地构造背景：第一类（A1），岩浆物质来源类似洋岛玄武岩，但在大陆裂谷或在板内岩浆作用期间侵入；第二类（A2），岩浆直接起源于经历了陆-陆碰撞或岛弧岩浆作用的陆壳或板下地壳。陂头与寨背岩体在图 2.30 中落入 A2 或 PA 区，与世界上典型的 A2 型花岗岩（澳大利亚 Mumbulla 岩体，加拿大纽芬兰的 Topsails 杂岩）及我国 PA 型花岗岩（内蒙古中部，福建沿海）具有一致的地球化学特点。由于 A 型花岗岩是造山作用结束的标志，而且与同时代的其他三种岩石组合共生，因此，可以认为赣南地区在燕山早期的中侏罗世时即进入造山后的演化阶段，岩石圈发生伸展作用，处于拉张状态。

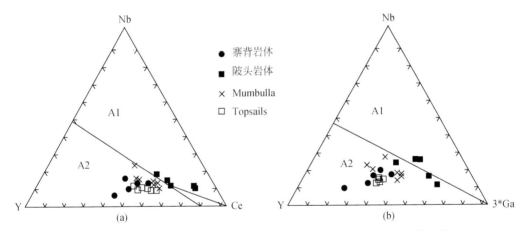

图 2.30　燕山早期早阶段 A 型花岗岩判别图解（据 Eby，1990；范春方、陈培荣，2000）

A1. 非造山 A 型花岗岩；A2. 后造山 A 型花岗岩

（4）高钾钙碱性岩

研究认为，花岗闪长岩可能是地幔岩石熔融后经分异结晶而成，或底侵玄武岩浆演化而成，或地壳岩石的深熔作用而成，或混染源区熔融作用而成（Thompson，1996；Wang et al.，2003）。湘东南和德兴花岗闪长质岩石高 SiO_2，低 MgO，具明显的 Nb、Ta 负异常，高不相容元素，说明其岩浆不可能源于软流圈地幔派生产物，也不可能直接源自富集岩石圈地幔。湘南地区下地壳麻粒岩 $\varepsilon_{Nd}(t)=-6.0$～-5.8（孔华等，2000），且实验岩石学研究表明麻粒岩相下地壳深熔而成的岩浆具弱铝质或弱过铝质特征，并常具正的 Eu 异常、负的 Th/U 异常和低 K_2O，高 Na_2O（>4.3%）的特征（Sen and Dunn，1994；Rapp and Watson，1995），这与湘东南花岗闪长质小岩体所表现的主微量元素地球化学特征有异。燕山早期早阶段高钾钙碱性花岗闪长岩在 La_N/Yb_N-Yb_N 图解（图 2.31）上落于斜长角闪岩和10％石榴子石角闪岩熔融曲线之间（Defant et al.，1990），暗示这些小岩体的岩浆源区不可能单独由麻粒岩相下地壳深熔而成，但不能完全排除麻粒岩相物质参与源区深熔作用。湘东南与德兴花岗闪长斑岩的同位素成分含有较多的地幔组分，Sr-Nd同位素在原始地幔附近，而汤泉岩体有更加富集的Sr-Nd同位素组成（图2.19）。因此，燕山早期早阶段花岗闪长斑岩可解释为底侵玄武岩＋麻粒岩相下地壳物质部分熔融而成。显然，湘东南与德兴花岗闪长斑岩具有较多的地幔组分，而闽东南汤泉岩体则有更多的下地壳组分。

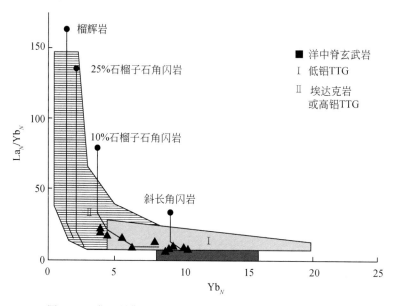

图2.31　燕山早期早阶段花岗闪长斑岩的Yb_N-La_N/Yb_N图

2.3.5.2　动力学背景

在早-中侏罗世（190～170Ma B. P.），中国东南部大地构造过程发生了重要的变化，出现了以①玄武质和辉长质岩；②双峰式火山岩；③A型花岗岩与碱性正长岩；④高钾钙碱性岩为特征的火成岩浆活动，主要沿南岭东西向构造带分布，指示近南北向伸展作用。这一时期岩浆岩Sr-Nd同位素特征也不同于燕山早期晚阶段以壳源物质为主的岩浆活动（图2.19），相对于第二阶段异常富集的Sr-Nd同位素特征，这一时期的Sr-Nd同位素较亏损，显然有大量软流圈和岩石圈地幔物质的加入。对于这些燕山早期早-中侏罗世玄武岩形成的构造环境已有很多人进行了研究，大多数学者认为，碱性玄武岩、拉斑玄武岩及辉长岩属板内玄武岩（许美辉，1992；赵振华等，1998；陈培荣等，1999a，2002；孔兴功等，2000；李清龙、巫建华，1999；邢光福等，2001；邓平等，2004；章邦桐等，2004）。在闽南、赣南，中侏罗世盆地中的玄武岩与流纹岩伴生，被称为"双峰式火山岩"，这些盆地被称为"地堑式裂谷盆地"（舒良树等，2004）。在赣南这一时期A型花岗岩的确认，更加体现出该地区构造环境的伸展、裂解特性（陈培荣等，1998，2004；Li and Li，2007）。舒良树等（2004）认为，从福建永定经江西寻乌、龙南、全南到广东的始兴，存在一条 EW 向延伸、长约 250km，宽 60～80km 的 "陆内裂谷带"，并发现在早-中侏罗世沉积地层中发育大量的同沉积生长断层，断层走向近 EW，断面呈犁形控制了早期下侏罗统沉积，指示了早-中侏罗世近 SN 向伸展构造作用。因此，无论岩浆活动、还是盆地同沉积构造，均指示这个时期华南东部地区处于近南北向的伸展构造背景之下，而强烈的伸展作用主要沿南岭东西向构造带发育。对这期伸展构造-热事件的成因和深部构造动力学背景，则存在不同的认识。陈培荣等（2004）将南岭地区早侏罗世 A 型花岗岩看作后造山花岗岩。许多作者认为这是岩石圈的局部 "伸展-裂解" 和地幔物质上涌的结果（Xie et al.，2005；Li and Li，2007；贺振宇等，2007），是陆内裂谷作用的表现。另外一些作者（汪洋，2003）根据湘南地区早中侏罗世花岗闪长岩岩石化学特征，认为这些镁质的钙碱质、碱钙质花岗岩类是与大洋板块俯冲作用相关的岩浆弧有关，而非伸展环境，可能代表了燕山运动早期伊泽奈崎板块向华南之下俯冲的起始时间。

具体而言，华南中生代存在两个性质差异较大的岩浆岩带的基本地质事实已受到大多数学者的认可：一是浙闽粤沿海活动大陆边缘型岩浆岩带；二是湘赣粤交界陆内裂谷型岩浆岩带。而争议的焦点是这两个不同性质的岩浆岩带之间的关系，是同一构造体制下的不同阶段，或是有因果关系的两种构造体制，或是完全没有关系的两种构造体制在空间上的叠加。显然，深刻认识这种伸展构造-热事件的深部构造动力学背景，需要更多的岩石学、构造地质学资料和证据。基于双峰式火山活动呈东西向展布，主体受南岭东西向构造带的控制，笔者推测，这期构造-岩浆活动是继华南印支期陆内挤压变形之后，岩石圈发生伸展和陆内裂谷作用的产物，与大洋板块俯冲作用没有直接的成因联系。

2.4　燕山早期晚阶段侵入岩的地质地球化学特征

燕山早期晚阶段花岗岩（170～150Ma B. P.）主要出露于华南内陆，即赣、湘、粤和桂东北、闽西、浙西少部分地区（图 2.32），整体上呈 NE 向展布，延展近千千米，出露范围较广。

根据现有资料分析，燕山早期晚阶段花岗岩具有以下区域性地质特征：

1）具有两种不同的分布格局

该阶段花岗岩在华南具有两种不同的分布形态，一种是在武夷山褶皱带两侧呈 NE 向展布，另一种在华南内陆的南岭山脉地区以东西向分布为主。在分布面积上，北东向花岗岩分布更为广泛。在赣南和粤北河源地区不同构造取向的燕山早期花岗岩出现交切和重叠，表明该地区处于 EW 向构造域和 NE 向构造域的转折部位，这类岩体的代表是广东的新丰江花岗岩和龙川罗浮花岗岩，二者均具有双方向性，是燕山早期岩浆活动的特点（Sewell et al.，2000；孙涛等，2003）。它既不同于印支期的面式分布，也不同于燕山晚期单一的 NE 向分布，由此显示出从印支期特提斯构造域转换为燕山期太平洋构造域早期阶段的特点。

2）多分布于华南内陆，在沿海地区分布局限

该阶段花岗岩的分布比燕山晚期花岗岩的分布更偏内陆一侧［图 2.32（a）］，占华南所有花岗岩出露面积的 70% 以上，高精度锆石 U-Pb 年龄主要集中在 155～170Ma，比较

有代表性的岩体包括花山–姑婆山、骑田岭、武平、佛冈–新丰江、九峰、大东山、白石岗、金鸡岭、司前–隘子和紫金山岩体、才溪岩体、九曲、天门山、张天堂等岩体（孙涛等，2003；张敏等，2003；付建明等，2005；柏道远等，2005；邱检生等，2005；朱金初等，2006；凌洪飞等，2006；李献华等，2007；赵希林等，2007；赵希林等，2008；Zeng et al.，2008）。

3）地球化学特征上以 S 型花岗岩为主

该阶段花岗岩岩石类型以黑云母二长花岗岩和黑云母花岗岩为主，伴有少量超酸性钾长花岗岩、二云母花岗岩和少量偏中性的花岗闪长岩等。地球化学数据显示，岩石以富硅、铝，贫镁、钙为特征，具有较高的 $^{87}Sr_i/^{86}Sr_i$ 和较低的 $\varepsilon_{Nd}(t)$ 值，显示典型的 S 型花岗岩特点，晚期高分异的某些岩株显示出铝质 A 型花岗岩的地球化学特征（如张天堂岩体等）。

4）较少有同时期火山岩相伴生

相对于燕山早期晚阶段大面积分布的侵入岩，该时期火山岩出露范围较局限。目前有与此时代相当的火山岩年龄数据报道，但尚缺少能够标出与上下层位确切关系的地质体。

5）与钨锡成矿作用关系密切

该阶段广泛出露的 S 型花岗岩与成矿作用关系密切，尤其是晚期高分异的小岩株形成以钨、锡、钼等为主的有色金属矿床，其成矿时代主要集中在 153～139Ma B. P.，与花岗岩的成岩时代普遍存在约 10Ma 的时间差（华仁民等，2003；Zeng et al.，2008）。

本次研究以位于赣南的九曲、天门山和张天堂岩体以及闽西南的紫金山岩体为主要研究对象 ［图 2.32（a）］，通过系统的地质学、年代学、元素地球化学和同位素地球化学的研究工作，并与同时代的佛冈岩体、白石岗岩体、大东山岩体和武平岩体岩基作对比，探讨燕山早期晚阶段花岗岩的岩浆源区和分异特征、形成的构造背景以及与钨锡成矿作用关系等问题。

2.4.1 侵入岩的地质学和岩石学特征

张天堂岩体位于上犹县城南约 9km 处，岩体呈北西方向延伸的圆形岩株状，面积 9km²。岩体的四周为寒武系地层 ［图 2.32（b）、（c）］，接触面向外倾斜，北陡南缓，岩体的原生和次生构造显示倾向 NW 时，倾角 70°，倾向南时，倾角 60°～75°。岩体的流线和流面构造显示为向 WN 方向的流动。岩体使泥盆系跳马涧组遭受蚀变，与变质砂岩接触形成角岩、斑点状板岩，围岩蚀变带宽度变化较大。岩体相带不发育，主体为中细粒黑云母花岗岩，边缘相为约 5m 宽的细粒黑云母花岗岩；中细粒黑云母花岗岩呈浅灰色，微带弱红色，中细粒斑状结构，块状构造，斑晶含量约 8%，其中钾长石约 5%，石英 3%；基质主要由钾长石（～35%）、斜长石（30%）、石英（～25%）、黑云母（～5%）和白云母（1%）组成。副矿物主要为锆石、独居石、锡石、钛铁矿、磁铁矿、石榴子石和磷灰石。

天门山岩体与张天堂岩体同处于上犹县附近，［图 2.32（b）、（c）］，面积约为 15km²，

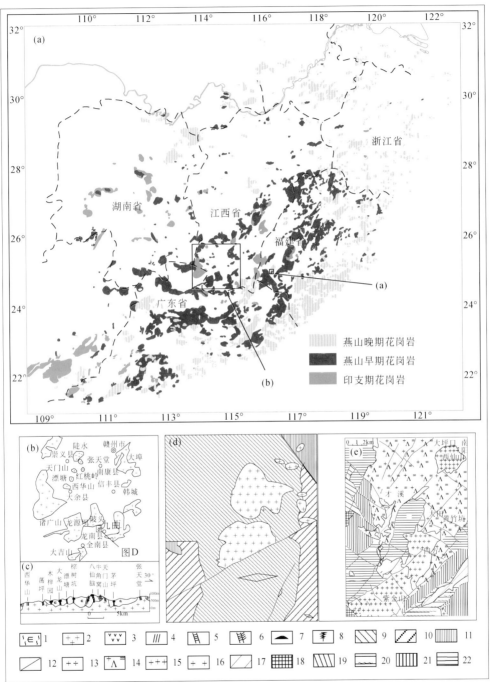

图 2.32　代表性岩体分布位置图及岩体地质简图

（a）华南中生代花岗岩体分布图；（b）赣南花岗岩体分布图；（c）控矿岩体分布图；（d）九曲岩体地质简图；（e）紫
金山岩体地质简图。1. 寒武系变砂岩；2. 花岗岩；3. 安山岩；4. 石英大脉型矿床；5. 石英细脉型矿床；6. 破碎蚀
变带型矿床；7. 云英岩化岩体型矿床；8. 隐伏矿体上的矿化标志；9. 震旦系上部第二岩组；10. 震旦系上部第一岩
组；11. 泥盆系上统三门滩组下段；12. 断裂；13. 花岗闪长岩；14. 二长花岗岩；15. 细粒花岗岩；16. 黑云母花岗
岩；17. 第四系冲积层；18. 下白垩统石帽山群杂砂岩；19. 下二叠统文宾山组杂砂岩；20. 下石炭统林地组石英砂岩；
21. 泥盆系上统粉砂岩；22. 震旦系变质岩系

呈东西长，南北短的纺锤状复式岩体产出。天门山岩体侵入寒武纪浅变质砂岩地层中，在野外可见清晰的接触界线，接触面外倾，倾角一般为 60°左右。岩体自变质作用显著，常见有钠长石化、云英岩化和白云母化。围绕岩体边缘热变质带发育，带宽一般为数百至千余米，主要为角岩化。岩体的主体岩性为灰白，浅肉红色中-细粒似斑状黑云母花岗岩，从核部到外围存在一定相变，粒度从中粗粒到细粒，晚期有少量花岗斑岩呈岩墙、岩脉形式产出。主体中细粒黑云母主要矿物成分：石英（～30％）、钾长石（～30％）、斜长石（～25％）、黑云母（～5％）、白云母（1％）。副矿物有：锆石、独居石、锡石、石榴子石、褐帘石、磷灰石、钛铁矿。

九曲岩体位于赣南龙南县附近，出露面积约 1km^2 [图 2.32（d）]。呈两个小岩株形式出露于地表，地表不连续，资料显示其地下为相连的两个小岩株，南部小岩株被北东向断裂切割，断裂南东侧未见岩体分布。岩体围岩为下二叠统文宾山组杂砂岩，岩体相带不发育，岩体单一，岩性为中粒二云母花岗岩，呈灰白色，中粒结构，块状构造，主要矿物成分为石英（～35％）、钾长石（～35％）、斜长石（～10％）、黑云母（～5％）、白云母（～5％）。副矿物有：锆石、独居石、石榴子石、褐帘石、磷灰石。

紫金山岩体位于福建省上杭县附近 [图 2.32（e）]，呈 NE 走向的透镜状，出露面积约 18km^2。岩体主要岩性为碎裂似斑状中粗粒花岗岩、中细粒花岗岩和细粒花岗岩。碎裂似斑状中粗粒花岗岩大致以 NE 向延长的长圆状岩株分布于紫金山岩体的南部，前人将其称为迳美岩体，出露面积 8km^2，岩石呈浅肉红色、灰白色，碎裂构造，中粒花岗结构，主要由钾长石（～45％）、斜长石（～20％）、石英（～25％）、黑云母（～5％）等组成，矿物粒径一般为 3～5mm；中细粒花岗岩呈 NE 向延长的岩株，分布于紫金山岩体的中部，前人将其称为五龙寺岩体，面积约 7km^2，是紫金山花岗岩的主体，也是紫金山铜金矿田大多数矿床的赋矿围岩，矿物组成主要为微斜长石（～35％）、斜长石（～25％）、石英（～25％）、白云母（～5％）、黑云母（～5％）等矿物组成；细粒花岗岩仅见于西北部，呈 NE 向的月牙形，前人将其称为金龙桥岩体，出露面积仅 2.6km^2，为紫金山铜矿的主要容矿围岩，主要矿物成分为钾长石（～40％）、石英（～30％）、斜长石（～20％）、黑云母（～5％）。副矿物为石榴子石、绿帘石、黝帘石、锆石等。紫金山花岗岩围岩蚀变十分强烈，出露的各类岩石均已遭受强烈的热液蚀变作用，原岩的矿物成分、化学成分和结构、构造均发生重大变化，除原生石英外，其他造岩矿物几乎被蚀变矿物所替代。

2.4.2 侵入岩的同位素年代学和冷却速率

2.4.2.1 SHRIMP 锆石 U-Pb 定年

四个代表性岩体的锆石 SHRIMP 同位素分析数据列于表 2.11。

通常认为高的 Th/U 值（＞0.4）和韵律环带被认为是岩浆成因锆石的特征，而无环带和低的 Th/U 值（＜0.1）被认为是变质成因锆石的特征（Vava et al.，1999；吴元宝、郑永飞，2004）。因为锆石是花岗岩中最先结晶的矿物之一，其封闭温度与花岗质岩石固结温度接近（750～900℃），可以代表岩体的形成年龄。

表 2.11　四个代表性岩体锆石 SHRIMP 同位素分析数据

Spot	U/ ppm	Th/ ppm	Th/U	f_{206} # /%	$^{206}Pb^*/^{238}U$ /s (±1)	$^{207}Pb^*/^{235}U$ /s (±1)	$^{207}Pb^*/^{206}Pb^*$ /s (±1)	$^{206}Pb/^{238}U$ /Ma (±1)	$^{207}Pb/^{206}Pb$ /Ma (±1)
张天堂岩体 (04GN-01)									
1	150	96	0.67	0.87	0.0248　4.9	0.0248　4.9	0.0626　9.6	158.1　±7.7	693　±210
2	252	111	0.46	1.47	0.0252　4.5	0.0252　4.5	0.0478　15	160.6　±7.1	88　±360
3	367	151	0.43	5.04	0.0266　4.4	0.0266　4.4	0.055　20	169.5　±7.4	411　±450
4	1199	432	0.37	0.66	0.0284　4.2	0.0284　4.2	0.0515　3.9	180.3　±7.4	264　±91
5	286	155	0.56	2.13	0.0253　4.3	0.0253　4.3	0.0413　16	161.1　±6.9	−266　±410
6	279	136	0.51	12.03	0.0232　4.7	0.0232　4.7	0.068　25	148.0　±6.9	872　±520
7	213	134	0.65	0.82	0.0234　4.4	0.0234　4.4	0.0524　5.7	149.2　±6.5	301　±130
8	418	149	0.37	0.83	0.0275　4.2	0.0275　4.2	0.0465　5.1	174.9　±7.3	24　±120
9	114	85	0.77	1.43	0.0227　6.4	0.0227　6.4	0.0587　15	144.8　±9.1	556　±330
10	268	172	0.66	1.95	0.0251　4.3	0.0251　4.3	0.0387　14	160.1　±6.8	−437　±360
11	363	152	0.43	0.26	0.0822　6.8	0.0822　6.8	0.0570　2.3	509　±34	493　±51
12	168	56	0.34	3.63	0.0248　4.6	0.0248　4.6	0.043　27	158.2　±7.2	−180　±670
天门山岩体 (04GN-03)									
1	776	299	0.40	0.54	0.0265　4.1	0.1707　5.3	0.0468　3.3	168.4　±6.9	39　±80
2	402	198	0.51	0.98	0.0261　4.6	0.178　11	0.0495　9.6	166.2　±7.5	169　±220
3	275	118	0.44	6.84	0.0255　4.9	0.157　42	0.044　42	162.5　±8.0	−80　±1000
4	1006	488	0.50	0.41	0.0292　4.1	0.195　5.6	0.0484　3.8	185.3　±7.5	121　±90
5	312	136	0.45	2.12	0.0258　4.3	0.164　16	0.0463　15	164.0　±7.0	11　±370
6	353	186	0.54	1.98	0.0266　4.3	0.162　13	0.0443　12	169.3　±7.1	−95　±300
7	149	68	0.47	4.08	0.0252　4.9	0.116　47	0.033　47	160.5　±7.7	−840　±1300
8	364	206	0.58	2.91	0.0242　4.3	0.142　20	0.0427　19	154.1　±6.6	−185　±490
9	512	221	0.45	3.89	0.0257　4.3	0.181　15	0.0510　14	163.7　±6.9	239　±330
10	279	155	0.57	1.23	0.0263　4.3	0.191　8.2	0.0526　7.1	167.5　±7.0	313　±160
11	740	279	0.39	1.29	0.0290　4.2	0.204　8.6	0.0511　7.5	184.4　±7.7	243　±170
12	389	143	0.38	0.89	0.0255　4.2	0.182　9.0	0.0516　8.0	162.6　±6.8	268　±180
13	417	189	0.47	1.38	0.0260　4.2	0.182　8.5	0.0509　7.4	165.2　±6.9	236　±170
14	656	214	0.34	0.57	0.0263　4.2	0.172　6.4	0.0474　4.8	167.5　±7.0	71　±110
九曲岩体 (04GN-04)									
1	1002	426	0.44	0.77	0.0261　4.3	0.178　8.4	0.0495　7.3	165.9　±7.0	173　±170
2	161	95	0.61	28.12	0.0342　8.1	0.97　24	0.206　22	174　±13	2,867　±360
3	657	234	0.37	1.67	0.0266　4.2	0.193　11	0.0525　10.0	168.6　±7.0	308　±230
4	340	130	0.39	3.92	0.0308　5.3	0.280　24	0.066　23	191.3　±9.8	804　±480

Spot	U/ ppm	Th/ ppm	Th/U	f_{206}# /%	$^{206}Pb^*/^{238}U$ /s (±1)		$^{207}Pb^*/^{235}U$ /s (±1)		$^{207}Pb^*/^{206}Pb^*$ /s (±1)		$^{206}Pb/^{238}U$ /Ma (±1)		$^{207}Pb/^{206}Pb$ /Ma (±1)	

九曲岩体 (04GN-04)

Spot	U/ppm	Th/ppm	Th/U	f_{206}/%	$^{206}Pb^*/^{238}U$	±1	$^{207}Pb^*/^{235}U$	±1	$^{207}Pb^*/^{206}Pb^*$	±1	$^{206}Pb/^{238}U$/Ma	±1	$^{207}Pb/^{206}Pb$/Ma	±1
5	570	198	0.36	4.68	0.0280	4.4	0.263	15	0.0681	14	173.7	±7.4	870	±290
6	118	83	0.73	12.90	0.0247	6.4	0.32	37	0.094	36	148.2	±7.4	1,511	±680
7	80	59	0.76	5.03	0.0228	6.4	—	—	—	—	149.8	±7.6	−2,240	±6200
8	267	88	0.34	3.90	0.0289	4.6	0.176	25	0.044	25	185.1	±8.1	−112	±620
9	261	125	0.50	6.10	0.0272	4.8	0.117	50	0.031	49	176.9	±7.8	−1,040	±1500
10	308	147	0.49	0.47	0.0252	4.4	0.162	8.9	0.0467	7.8	160.7	±7.0	33	±190
11	177	77	0.45	33.03	0.0329	8.8	0.36	85	0.079	85	199	±13	1,160	±1700
12	210	125	0.61	4.11	0.0248	4.7	0.084	46	0.024	46	162.3	±7.4	−1,830	±1600

紫金山岩体 (05SH3-06)

Spot	U/ppm	Th/ppm	Th/U	f_{206}/%	$^{206}Pb^*/^{238}U$	±1	$^{207}Pb^*/^{235}U$	±1	$^{207}Pb^*/^{206}Pb^*$	±1	$^{206}Pb/^{238}U$/Ma	±1	$^{207}Pb/^{206}Pb$/Ma	±1
1	481	149	0.32	75.5	0.1826	4.1	2.110	4.3	0.0838	1.3	1,081	±41	1,289	±26
2	253	64	0.26	33.8	0.1529	4.2	1.439	4.5	0.0682	1.8	917	±35	876	±37
3	2457	1682	0.71	54.2	0.0256	4.3	0.1797	4.8	0.0509	2.3	163.1	±6.9	235	±53
4	802	514	0.66	17.6	0.0256	4.4	0.183	10	0.0520	9.1	162.7	±7.0	285	±210
5	1562	520	0.34	37.5	0.0279	4.1	0.1837	4.8	0.0477	2.5	177.5	±7.2	86	±59
6	1326	385	0.30	32.1	0.0282	4.1	0.1910	4.7	0.0492	2.3	179.1	±7.2	156	±53
7	307	503	1.69	6.77	0.0253	4.4	0.178	12	0.0509	11	161.2	±7.0	235	±260
8	306	294	0.99	7.41	0.0279	4.4	0.186	14	0.0483	14	177.2	±7.6	116	±320
9	381	158	0.43	8.32	0.0252	4.5	0.179	8.0	0.0513	6.6	160.7	±7.2	256	±150
10	300	222	0.76	6.80	0.0261	4.4	0.155	17	0.0430	16	166.2	±7.2	170	±400
11	593	701	1.22	13.7	0.0267	4.2	0.170	7.8	0.0462	6.6	170.0	±7.1	10	±160
12	1483	796	0.55	34.8	0.0273	4.1	0.1919	5.0	0.0509	2.8	173.9	±7.1	237	±65
13	3379	790	0.24	78.1	0.0268	4.1	0.1880	5.0	0.0509	2.8	170.4	±6.9	236	±65
14	1306	1235	0.98	28.1	0.0250	4.2	0.173	6.6	0.0501	5.1	159.2	±6.6	201	±120
15	544	235	0.45	12.8	0.0273	5.8	0.199	7.1	0.0529	4.1	173.6	±10.0	326	±92
16	466	306	0.68	7.08	0.01757	4.4	0.107	11	0.0441	9.9	112.3	±4.9	106	±240
17	844	457	0.56	14.1	0.01935	4.2	0.1260	5.6	0.0472	3.7	123.6	±5.1	61	±89
18	773	488	0.65	12.9	0.01901	4.4	0.130	11	0.0497	10	121.4	±5.3	181	±230

　　张天堂岩体04GN-01样品中的锆石为无色透明，CL图像显示岩石中大部分锆石晶形发育良好，具有韵律环带，显示岩浆锆石的特征［图2.33（a）］。选取韵律环带较发育的岩浆期锆石进行测试，样品的测试数据见表2.11，单个数据点的误差1σ。对12粒锆石的测试结果表明，测试点11.1为磨圆状的老锆石核，无明显的韵律环带，其$^{206}Pb/^{238}U$年龄为509±34Ma，代表了残留锆石的年龄［图2.34（a）］，10个测点（除了4和11两个测

点外）有谐和的 ^{206}Pb/^{238}U 和 ^{207}Pb/^{235}U 表面年龄，数据点全部落入谐和线上或者附近区域 [图 2.34（a）]，其 ^{206}Pb/^{238}U 年龄为 159 ± 7Ma（$N=10$，MSWD=1.6）。

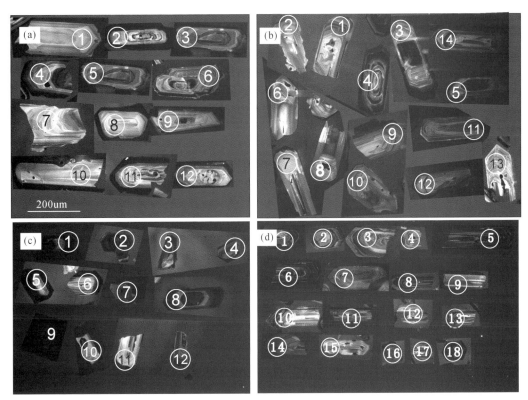

图 2.33　四个代表性岩体中锆石的 CL 图解（图中编号为表中的点号）
(a) 张天堂岩体；(b) 天门山岩体；(c) 九曲岩体；(d) 紫金山岩体

天门山岩体中的锆石，无色，透明度好，自形-半自形结构，粒径 $60\sim200\mu m$，长宽比比值较大，一般为 $2\sim4$，长柱状，具有特征的岩浆振荡环带 [图 2.33（b）]。GN03-4.1 和 GN03-11.1 最后定年结果有所偏离（185Ma，184Ma），反观其阴极发光下锆石形态，相对其他点位颜色偏暗，与初始 U 含量偏高有关。天门山岩体 14 个 ^{206}Pb/^{238}U 测点有谐和的 ^{206}Pb/^{238}U 和 ^{207}Pb/^{235}U 表面年龄，数据点全部落入谐和线上或者附近区域，为 167 ± 5Ma [图 2.34（b）]。

九曲岩体中的锆石呈淡黄色，透明度一般，多呈细小的半自形状，粒径 $60\sim180\mu m$，长宽比比值较大，一般为 $2\sim4$，以长柱状为主，可见特征的岩浆振荡环带 [图 2.33（c）]。九曲岩体 12 个 ^{206}Pb/^{238}U 测点的 Th/U 值变化范围比较小，介于 $0.34\sim0.76$，平均为 0.50，12 个测点有谐和的 ^{206}Pb/^{238}U 和 ^{207}Pb/^{235}U 表面年龄，数据点全部落入谐和线上或者附近区域，为 169 ± 8Ma [图 2.33（c）]。

紫金山岩体样品中的锆石为无色透明，CL 图像显示锆石分为三种形态 [图 2.33（d）]：第一种锆石晶形发育、具有核-边双层结构，核部的锆石呈磨圆状，这类锆石为继承性锆石，本次研究对这种形态的锆石测试了其核部年龄；第二种锆石晶形发育良好，但是呈不完整形态，长宽比较大，介于 3：1 和 5：1 之间，有不清晰的生长环带或者无生长环带，呈现岩浆锆石的特征；第三种晶形发育良好，有清晰的生长环带，长宽比为 2：1～3：1，这些锆石受后期岩浆热液作用的影响，边缘部分有再生重结晶现象，对这种锆石测试其核部和边缘部分。紫金山岩体 18 粒锆石测点年龄数据可以分为三个年龄段，继承性锆石的 Th/U 值比较小，为 0.26～0.32，年龄为 1000Ma 左右；第二种锆石（包括第三种锆石的核部）的 Th/U 值变化范围比较大，介于 0.24 和 1.69 之间，平均为 0.72，13 个测点有谐和的 $^{206}Pb/^{238}U$ 和 $^{207}Pb/^{235}U$ 表面年龄，数据点全部落入谐和线上或者附近区域［图 2.34（d）］，采用 $^{206}Pb/^{238}U$ 年龄平均，获得的年龄为 168±4Ma（N＝13，MSWD＝0.97），应该是岩体的结晶年龄。第三种锆石边缘部分 Th/U 值介于前两者之间，平均为 0.69，其年龄为 119±15Ma，代表了后期岩浆热事件的影响，属于晚中生代早白垩世。

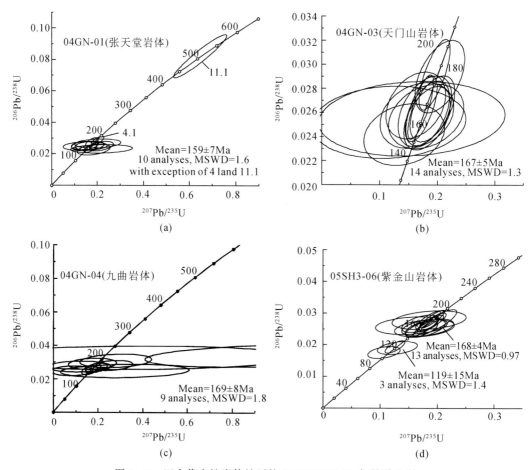

图 2.34　四个代表性岩体锆石的 SHRIMP U-Pb 年龄谐和图

由上述四个岩体的 SHRIMP 锆石 U-Pb 定年结果可见，它们都是形成于中侏罗世，相当于我们所称的燕山早期晚阶段的产物（170～150Ma B.P.）。

2.4.2.2　Ar-Ar 定年

张天堂岩体、天门山岩体和九曲岩体中黑云母、白云母和钾长石 Ar-Ar 测试结果见表 2.12。

表 2.12　三个代表性岩体中的单矿物的 $^{40}Ar/^{39}Ar$ 法测试结果

T /℃	$^{40}Ar_m/$ $^{39}Ar_m$	$^{36}Ar_m/$ $^{39}Ar_m$	$^{37}Ar_m/$ $^{39}Ar_m$	$^{38}Ar_m/$ $^{39}Ar_m$	F	^{39}Ar	Cum^{39}Ar /%	年龄/Ma	±1σ
张天堂岩体									
黑云母									
400	67.4027	0.2165	0.4232	0.0791	3.4561	20.85	0.07	71	25.00
500	29.1473	0.0914	0.2386	0.0339	2.1512	96.58	0.39	44.4	8.50
600	23.1114	0.0615	0.0822	0.0266	4.9444	340.86	1.50	100.5	4.80
700	13.8131	0.0232	0.0131	0.0174	6.9443	1756.07	7.27	139.6	3.00
760	9.2615	0.0051	0.0054	0.0157	7.7421	5185.62	24.29	155.0	2.00
820	8.0060	0.0013	0.0034	0.0133	7.6068	6588.14	45.92	152.4	1.80
880	7.9248	0.0009	0.0044	0.0141	7.6576	4308.46	60.06	153.4	1.60
940	8.0158	0.0013	0.0115	0.0136	7.6242	2027.45	66.72	152.7	1.60
1000	8.1842	0.0018	0.0178	0.0136	7.6452	1729.39	72.40	153.1	2.10
1060	8.0728	0.0016	0.0114	0.0134	7.6065	4125.04	85.94	152.4	1.70
1120	8.1108	0.0016	0.0373	0.0133	7.6496	3942.84	98.88	153.2	1.60
1200	8.2983	0.0024	0.7200	0.0155	7.6446	207.96	99.57	153.1	1.80
1300	8.4652	0.0030	0.6764	0.0178	7.6339	106.95	99.92	152.9	1.90
1400	10.8371	0.0107	0.7067	0.0294	7.7222	25.18	100.00	154.6	2.90
Sample mass =62.75mg, J-value=0.011588, Total age=151.4Ma									
钾长石									
600	15.6819	0.0068	0.0113	0.0166	13.6740	749.72	1.81	265.9	3.30
700	7.6476	0.0021	0.0112	0.0130	7.0328	1951.79	6.62	141.6	1.60
800	7.4707	0.0020	0.0136	0.0132	6.8689	1639.38	10.63	138.4	1.90
900	6.9777	0.0014	0.0123	0.0131	6.5690	1479.06	14.26	132.6	1.40
980	6.5128	0.0007	0.0131	0.0128	6.3013	1519.67	17.98	127.4	1.30
1040	6.6323	0.0009	0.0142	0.0130	6.3504	1268.25	21.09	128.3	1.30
1170	7.2162	0.0022	0.0084	0.0136	6.5746	2531.95	27.29	132.7	2.10
1200	7.3510	0.0022	0.0068	0.0129	6.7038	3905.05	36.86	135.2	1.90
1230	7.2848	0.0021	0.0090	0.0132	6.6482	1750.61	41.15	134.1	1.60
1260	7.4229	0.0023	0.0035	0.0131	6.7276	4701.41	52.67	135.7	1.70
1290	7.4760	0.0021	0.0021	0.0131	6.8364	5893.53	67.10	137.8	1.80
1320	7.4287	0.0021	0.0021	0.0129	6.8046	6724.12	83.58	137.2	1.80

续表

T /℃	$^{40}Ar_m/^{39}Ar_m$	$^{36}Ar_m/^{39}Ar_m$	$^{37}Ar_m/^{39}Ar_m$	$^{38}Ar_m/^{39}Ar_m$	F	^{39}Ar	Cum^{39}Ar /%	年龄/Ma	$\pm1\sigma$
钾长石									
1380	7.5263	0.0025	0.0032	0.0130	6.7743	4821.61	95.39	136.6	1.60
1450	9.7148	0.0099	0.0065	0.0135	6.7961	1881.52	100.00	137.0	2.10

Sample mass =60.00mg，J-value=0.011611，Total age=138.2Ma

天门山岩体

黑云母

T /℃	$^{40}Ar_m/^{39}Ar_m$	$^{36}Ar_m/^{39}Ar_m$	$^{37}Ar_m/^{39}Ar_m$	$^{38}Ar_m/^{39}Ar_m$	F	^{39}Ar	Cum^{39}Ar /%	年龄/Ma	$\pm1\sigma$
400	31.3490	0.0885	0.1628	0.0434	5.2096	105.69	0.39	110.7	5.70
500	20.2128	0.0592	0.1742	0.0294	2.7255	354.79	1.71	58.8	4.50
600	19.8388	0.0450	0.0612	0.0236	6.5421	534.70	3.69	137.9	4.10
700	13.4595	0.0200	0.0218	0.0180	7.6208	787.45	6.61	159.7	2.30
780	9.8273	0.0066	0.0061	0.0169	7.8695	1984.20	13.97	164.7	2.30
860	8.3147	0.0013	0.0077	0.0160	7.9149	7296.64	41.03	165.6	1.60
920	8.2001	0.0012	0.0056	0.0154	7.8347	3562.29	54.24	164.0	2.10
980	8.4998	0.0015	0.0127	0.0167	8.0572	1899.43	61.29	168.4	1.70
1040	8.3761	0.0012	0.0115	0.0154	8.0269	4556.81	78.19	167.8	2.00
1100	8.1959	0.0011	0.0152	0.0143	7.8544	5071.40	97.00	164.4	2.00
1150	8.6215	0.0026	0.2084	0.0151	7.8788	678.76	99.51	164.9	1.70
1250	11.5139	0.0126	0.8794	0.0198	7.8425	85.17	99.83	164.2	3.30
1400	14.5467	0.0227	0.2927	0.0403	7.8575	45.82	100.00	164.5	3.60

Sample mass =60.00mg，J-value=0.012147，Total age=163.3Ma

白云母

T /℃	$^{40}Ar_m/^{39}Ar_m$	$^{36}Ar_m/^{39}Ar_m$	$^{37}Ar_m/^{39}Ar_m$	$^{38}Ar_m/^{39}Ar_m$	F	^{39}Ar	Cum^{39}Ar /%	年龄/Ma	$\pm1\sigma$
400	32.4490	0.0892	0.2093	0.0477	6.0896	34.04	0.1	127.8	8.60
500	20.6227	0.0485	0.0270	0.0306	6.2990	83.28	0.34	132.0	12.00
600	14.8724	0.0259	0.0399	0.0199	7.2054	154.99	0.78	150.3	5.50
700	14.4390	0.0231	0.0149	0.0189	7.5949	513.00	2.25	158.1	5.10
780	14.6380	0.0239	0.0135	0.0173	7.5798	1135.99	5.51	157.8	2.00
840	11.0404	0.0117	0.0092	0.0148	7.5726	1355.71	9.39	157.6	2.10
900	8.8612	0.0043	0.0061	0.0134	7.5899	2853.54	17.57	158.0	1.70
960	8.2364	0.0019	0.0023	0.0129	7.6595	5858.75	34.36	159.4	1.70
1000	8.2012	0.0016	0.0038	0.0129	7.7125	3978.71	45.76	160.4	1.80
1060	8.1769	0.0015	0.0035	0.0128	7.7246	5522.06	61.59	160.7	2.30
1120	8.2154	0.0015	0.0009	0.0133	7.7562	9012.94	87.41	161.3	1.60
1180	8.2163	0.0015	0.0014	0.0148	7.7697	3379.35	97.10	161.6	1.60
1260	8.5257	0.0029	0.0168	0.0134	7.6794	791.30	99.37	159.8	1.60
1400	9.4133	0.0056	0.0352	0.0124	7.7498	220.95	100.00	161.2	3.40

Sample mass =61.55mg，J-value=0.12059E-01，Total age=160.1Ma

续表

T/℃	$^{40}Ar_m/^{39}Ar_m$	$^{36}Ar_m/^{39}Ar_m$	$^{37}Ar_m/^{39}Ar_m$	$^{38}Ar_m/^{39}Ar_m$	F	^{39}Ar	Cum^{39}Ar/%	年龄/Ma	$\pm1\sigma$
钾长石									
500	28.0375	0.0521	0.0738	0.0245	12.646	67.24	0.18	260.6	6.50
600	10.7426	0.0176	0.0357	0.0186	5.5510	354.41	1.11	119.1	4.20
680	6.8288	0.0073	0.0113	0.0139	4.6750	678.88	2.89	100.8	1.20
730	5.7560	0.0041	0.0109	0.0138	4.5385	674.13	4.66	97.9	1.20
800	6.8806	0.0057	0.0086	0.0139	5.1921	677.86	6.44	111.6	1.30
870	6.0156	0.0036	0.0089	0.0111	4.9567	984.61	9.03	106.7	1.20
940	5.5088	0.0027	0.0099	0.0131	4.7146	861.06	11.29	101.6	1.80
1010	5.8674	0.0042	0.0171	0.0136	4.6248	1071.53	14.11	99.7	1.00
1080	5.9314	0.0045	0.0143	0.0134	4.5905	1197.92	17.26	99.0	1.40
1150	5.8420	0.0040	0.0087	0.0137	4.6549	3030.22	25.22	100.4	1.10
1200	5.5704	0.0030	0.0080	0.0133	4.6812	4718.35	37.61	100.9	1.00
1240	5.7014	0.0032	0.0040	0.0136	4.7582	3338.70	46.38	102.5	1.10
1300	5.5725	0.0026	0.0021	0.0132	4.8118	8948.08	69.89	103.7	1.10
1350	5.3369	0.0023	0.0010	0.0128	4.6571	10220.5	96.75	100.4	1.20
1400	5.9472	0.0046	0.0088	0.0139	4.5979	998.61	99.37	99.2	1.10
1450	9.2305	0.0156	0.0473	0.0174	4.6277	239.86	100.00	99.8	2.30

Sample mass =60.00mg，J-value=0.012291，Total age=102.1Ma

T/℃	$^{40}Ar_m/^{39}Ar_m$	$^{36}Ar_m/^{39}Ar_m$	$^{37}Ar_m/^{39}Ar_m$	$^{38}Ar_m/^{39}Ar_m$	F	^{39}Ar	Cum^{39}Ar/%	年龄/Ma	$\pm1\sigma$
九曲岩体									
白云母									
400	40.9128	0.1226	0.2462	0.0512	4.7044	30.20	0.1	104	60.00
500	31.0735	0.0876	0.1203	0.0319	5.1934	43.26	0.24	115	14.00
600	26.5067	0.0764	0.2195	0.0350	3.9549	15.84	0.29	88	20.00
700	14.9188	0.0262	0.0247	0.0174	7.1726	178.49	0.87	156.4	3.30
800	12.4601	0.0160	0.0171	0.0159	7.7344	353.08	2.03	168.0	2.60
880	9.6604	0.0059	0.0031	0.0132	7.9127	1796.55	7.89	171.7	1.90
930	8.5275	0.0024	0.0024	0.0122	7.8264	2265.05	15.29	170.0	1.70
980	8.4291	0.0021	0.0013	0.0122	7.8052	4142.88	28.82	169.5	1.90
1030	8.4779	0.0024	0.0020	0.0133	7.7776	5234.10	45.91	168.9	1.70
1080	8.3153	0.0014	0.0009	0.0130	7.8864	14586.90	93.54	171.2	1.70
1150	8.2370	0.0013	0.0050	0.0136	7.8595	1097.14	97.12	170.6	1.70
1230	8.2211	0.0014	0.0142	0.0134	7.8003	579.90	99.01	169.4	2.00
1310	8.3646	0.0024	0.0229	0.0140	7.6470	223.05	99.74	166.2	2.00
1400	11.8437	0.0159	0.0672	0.0175	7.1432	79.81	100.00	155.7	3.20

Sample mass =60.00mg，J-value=0.012623，Total age=170.1Ma

续表

T /℃	$^{40}Ar_m/^{39}Ar_m$	$^{36}Ar_m/^{39}Ar_m$	$^{37}Ar_m/^{39}Ar_m$	$^{38}Ar_m/^{39}Ar_m$	F	^{39}Ar	$Cum^{39}Ar$ /%	年龄/Ma	$\pm 1\sigma$
钾长石									
500	28.0375	0.0521	0.0738	0.0245	12.6467	67.24	0.18	260.6	6.50
600	10.7426	0.0176	0.0357	0.0186	5.5510	354.41	1.11	119.1	4.20
680	6.8288	0.0073	0.0113	0.0139	4.6750	678.88	2.89	100.8	1.20
730	5.7560	0.0041	0.0109	0.0138	4.5385	674.13	4.66	97.9	1.20
800	6.8806	0.0057	0.0086	0.0139	5.1921	677.86	6.44	111.6	1.30
870	6.0156	0.0036	0.0089	0.0111	4.9567	984.61	9.03	106.7	1.20
940	5.5088	0.0027	0.0099	0.0131	4.7146	861.06	11.29	101.6	1.80
1010	5.8674	0.0042	0.0171	0.0136	4.6248	1071.53	14.11	99.7	1.00
1080	5.9314	0.0045	0.0143	0.0134	4.5905	1197.92	17.26	99.0	1.40
1150	5.8420	0.0040	0.0087	0.0137	4.6549	3030.22	25.22	100.4	1.10
1200	5.5704	0.0030	0.0080	0.0133	4.6812	4718.35	37.61	100.9	1.00
1240	5.7014	0.0032	0.0040	0.0136	4.7582	3338.70	46.38	102.5	1.10
1300	5.5725	0.0026	0.0021	0.0132	4.8118	8948.08	69.89	103.7	1.10
1350	5.3369	0.0023	0.0010	0.0128	4.6571	10220.52	96.75	100.4	1.20
1400	5.9472	0.0046	0.0088	0.0139	4.5979	998.61	99.37	99.2	1.10
1450	9.2305	0.0156	0.0473	0.0174	4.6277	239.86	100.00	99.8	2.30

Sample mass＝60.00mg，J-value＝0.012291，Total age＝102.1Ma

注：表中 Cum^{39}/Ar％表示在每一加热阶段中所释放出之 ^{39}Ar 的比例；Total age是利用所有加热过程放射源氩气及经中子照射产生的 ^{39}Ar 的综合所计算的年龄。

张天堂岩体黑云母和钾长石得到的坪年龄分别为 153.2 ± 1.1Ma 和 135.8 ± 1.2Ma，反等时线年龄分别为 152.5 ± 1.7Ma 和 135.4 ± 2.7Ma；天门山岩体黑云母，白云母和钾长石分别得到的坪年龄为 165.7 ± 1.3Ma，159.8 ± 1.1Ma 和 143.5 ± 1.4Ma，等时线年龄分别为 166.2 ± 2.1Ma，160.6 ± 1.8Ma 和 143.7 ± 2.2Ma；九曲花岗岩中白云母和钾长石得到的坪年龄分别为 169.7 ± 1.2Ma 和 100.8 ± 0.76Ma，等时线年龄分别为 170.5 ± 2.1Ma 和 103.6 ± 3.2Ma（图2.35），测试过程中矿物的坪年龄所得时间平稳，波动极小，表明样品基本未受后期热扰动影响，初始 $^{40}Ar/^{39}Ar$ 都接近大气氩比值（295.5），说明测年起始点无继存 ^{40}Ar、^{39}Ar 的影响，中间释放的 ^{39}Ar 含量均较高，所以坪年龄是有效、可靠的。反等时线年龄值与坪年龄值吻合程度极高，表明测试结果完全可以代表岩体中各矿物的同位素封闭年龄。

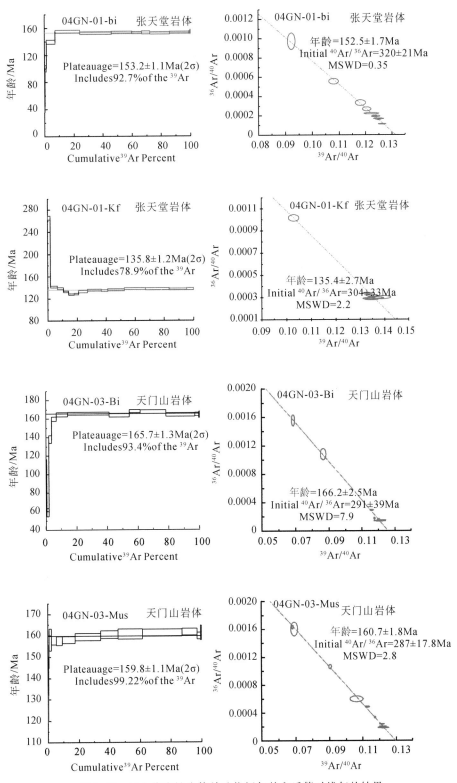

图 2.35　三个代表性岩体单矿物坪年龄和反等时线年龄结果

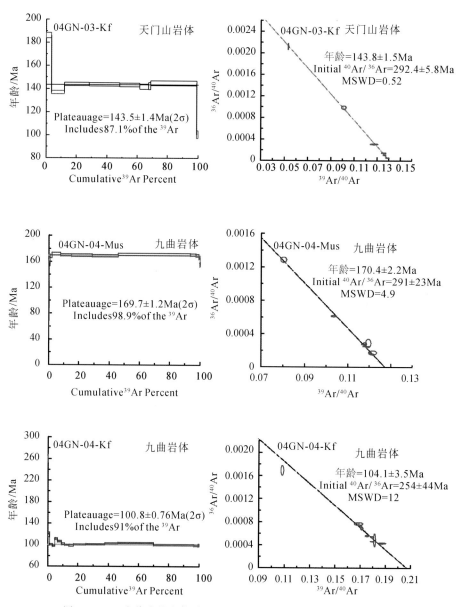

图2.35　三个代表性岩体单矿物坪年龄和反等时线年龄结果（续）

2.4.2.3　岩体热演化史

用张天堂、天门山和九曲三个代表性岩体的同位素地质年龄及前人所得的锆石、白云母、黑云母和钾长石的同位素体系封闭温度，我们模拟了三个岩体的冷却曲线（图2.36）。其中张天堂岩体的锆石年龄我们取丰成友等（2007）所得的156.9±1.7Ma和本研究所获得的159±7Ma的平均值，用于模拟岩体冷却曲线采用的锆石年龄为158Ma。

张天堂岩体从158Ma B. P. 到152Ma B. P.，750℃时锆石封闭开始，到350℃时黑云母封闭，冷却速度为（750～350）℃/（158～152）Ma=66.67℃/Ma，从350℃时黑云母封闭到150℃时钾长石封闭，冷却速度为（350～150）℃/（152.5～135.8）Ma=11.97℃/Ma；天门山岩体从750℃时锆石封闭开始，到350℃时黑云母封闭，冷却速度为（750～350）℃/（167～165）Ma=200℃/Ma，从350℃时黑云母封闭到150℃时钾长石封闭，冷却速度为（350～150）℃/（165～144）Ma=9.5℃/Ma；九曲岩体在早阶段（约169Ma B.P.）经历了快速冷却的过程，其冷却为近垂直于年龄轴的直线，表明在岩体结晶的早期阶段其冷却速率极大（这可能与九曲岩体相对较小有关，由于侵位的早期阶段岩浆与围岩温度梯度相差较大，岩体较小的情况下会迅速冷却结晶），从400℃时白云母封闭到150℃时钾长石封闭，冷却速度为（400～150）℃/（169.7～100.8）Ma=3.63℃/Ma。因此，三个岩体均具有随时间变新冷却速率降低的二阶段冷却过程，岩体形成的早期阶段岩浆快速冷却结晶，这可能与岩体刚刚侵位，向围岩传递热量较快有关，晚阶段由于岩体与围岩的温差较小，冷却速率逐渐变慢。

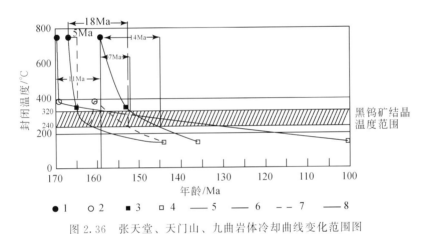

图 2.36　张天堂、天门山、九曲岩体冷却曲线变化范围图

1. 锆石结晶温度；2. 白云母结晶温度；3. 黑云母结晶温度；4. 钾长石结晶温度；5. 九曲岩体冷却曲线；
6. 天门山岩体冷却曲线；7. 天门山岩体白云母结晶的异常线；8. 张天堂岩体的冷却曲线

同时，用本书的岩体冷却曲线，结合钨矿物独立产出的黑钨矿结晶温度范围（320～240℃），推测张天堂岩体成岩与钨矿成矿存在7～14Ma的时间差，九曲岩体和天门山岩体的时间差分别为11～39Ma和5～18Ma，这同曾庆涛等、毛建仁等得出的结论相一致（Zeng *et al*.，2008；Mao *et al*.，2010）。

2.4.3　侵入岩的地球化学特征

四个岩体的主量元素、微量元素和稀土元素地球化学数据列于表2.13。

2.4.3.1　主量元素

张天堂岩体、天门山岩体和九曲岩体样品总体特点是高硅富碱，铝、钾含量高，铁、镁、钛、磷含量低。SiO_2含量变化范围较小，在 TAS 分类命名图上投影于花岗岩区域

［图 2.37（a）］，在 Q-A-P 岩浆岩分类命名图中岩石全部位于花岗岩区［图 2.37（b）］；普遍出现刚玉分子（C 值一般大于 1），DI 较高（多大于 90），反映岩体经历了高程度分异演化作用；K_2O 含量高，在 SiO_2-K_2O 图解中，投影于高钾钙碱性系列岩石区域［图 2.37（c）］；其 A/CNK 变化范围较小（大部分大于 1.05），在 A/NK-A/CNK 图解［图 2.37（d）］上所有样品的投影点都位于过铝质岩石区域。

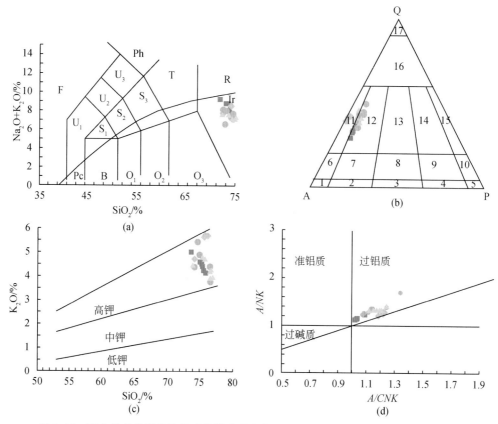

图 2.37 四个代表性岩体的地球化学分类命名图［(a)、(b)］和判别图［(c)、(d)］

(a) R. 花岗岩；O_3. 花岗闪长岩；O_2. 闪长岩；O_1. 辉长闪长岩；B. 辉长岩；Pc. 橄榄岩-辉长岩；T. 石英二长岩-正长岩；S_3. 二长岩；S_2. 二长闪长岩；S_1. 二长辉长岩；Ph. 似长石正长岩；U_3. 似长二长正长岩；U_2. 似长二长闪长岩；U_1. 橄榄辉长岩；F. 似长深成岩。

(b) 1. 碱长正长岩；2. 正长岩；3. 二长岩；4. 二长闪长岩/二长辉长岩；5. 闪长岩、辉长岩、斜长岩；6. 石英碱长正长岩；7. 石英正长岩；8. 石英二长岩；9. 石英二长闪长岩；10. 石英闪长岩、石英辉长岩、石英斜长岩；11. 碱长花岗岩；12. 花岗岩；13. 二长花岗岩；14. 花岗闪长岩；15. 英云闪长岩；16. 富石英花岗岩类；17. 硅英岩

紫金山岩体在主量元素特征上同上述三者略有不同，在 Q-A-P 岩浆岩分类命名图中投影于碱长花岗岩区域［图 2.37（b）］，与赣南三个岩株相比，在同等 SiO_2 含量情况下，紫金山花岗岩富 MgO、K_2O，贫 CaO、Na_2O（图 2.38）。

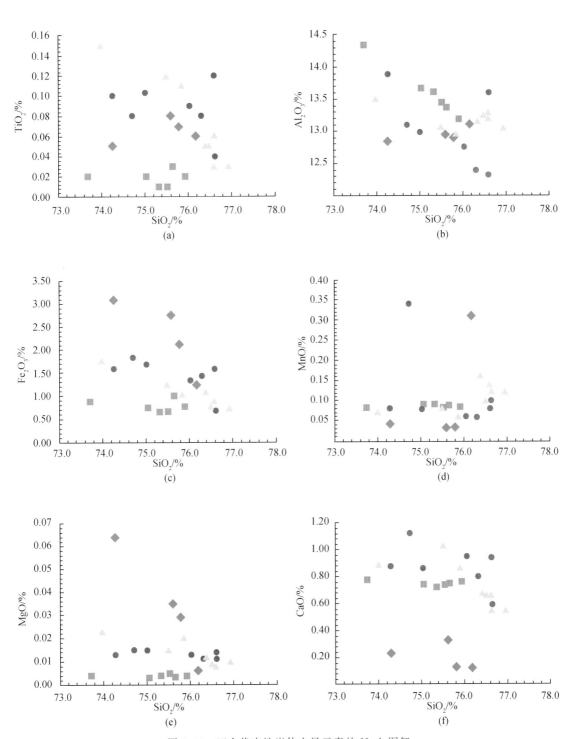

图 2.38　四个代表性岩体主量元素的 Hark 图解

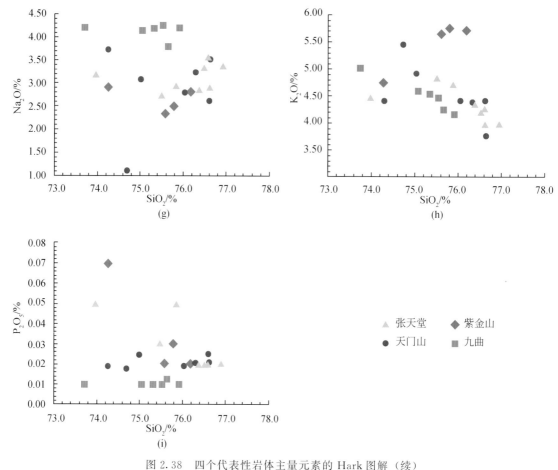

图 2.38　四个代表性岩体主量元素的 Hark 图解（续）

2.4.3.2　稀土元素

　　稀土元素特征上，与紫金山岩体相比较，赣南张天堂、天门山和九曲三个岩体的 ΣREE 较高（112.26～139.82ppm），LREE/HREE 值低（0.95～3.34），La_N/Yb_N 值低（0.48～2.49），属于重稀土富集型；强 Eu 负异常（平均值分别为 0.11，0.23，0.04），张天堂岩体和天门山岩体反映稀土分馏程度的稀土元素配分模式呈基本趋于水平的"V"型（图 2.39），九曲岩体重稀土强烈富集，反映稀土分馏程度的稀土元素配分模式呈略向左倾的"V"型（图 2.39），表明岩浆经历了有流体参与强分异演化作用。

　　与紫金山岩体的 ΣREE 值较小，LREE/HREE 值低，La_N/Yb_N 值低，属于轻稀土富集型（补数值），且轻重稀土内部分馏明显；中等 Eu 负异常（平均值为 0.43），反映稀土分馏程度的稀土元素配分模式呈向右倾的"V"型（图 2.39）。

2.4.3.3　微量元素

　　微量元素总体特征上，四个岩体都富集 K、Rb、La、Ce、Yb、Y、Pb，贫 Sr、Ba、Ti、P。在微量元素蛛网图中，Sr、Ba、Nb、Ti、P 呈明显的"V"型谷（图 2.39），为典

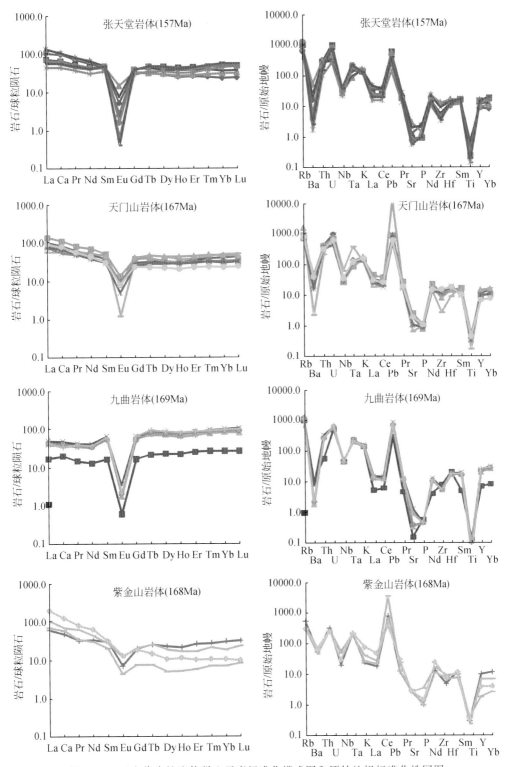

图 2.39 四个代表性岩体稀土元素标准化模式图和原始地幔标准化蛛网图

型的低 Ba、Sr，高 Y 花岗岩，V、Cr、Co 和 Ni 基性场元素强烈亏损，充分显示岩体为壳源花岗岩，Zr、Ti、Nb、Ta 亏损而具有大陆边缘碰撞带花岗岩的地球化学特征（Pearce et al.，1984）。

赣南三个岩体的 U，Th 含量显著偏高，可归属为壳源高热花岗岩（Kinnaird et al.，1985）。Rb、Th、U、Nd、Sm、Hf 值呈峰，Ba、Sr、P、Ti 值呈谷，反映了高分异花岗岩的微量元素特征。

K/Rb 值通常用来示踪岩浆演化的特征及流体参与程度（Irber，1999），岩浆岩的 K/Rb 平均值为 230，大多数地壳岩石的比值在 150～350（Taylor and McLennan，1985）。岩浆作用过程中在流体参与下，或矿物在含水流体相中生长（Shearer et al.，1985），可使 K/Rb 值小于 100（Taylor and McLennan，1985）。赣南张天堂、天门山和九曲三个岩体的 K/Rb 平均值分别为 60.37、66.45 和 50.79，均小于 100，说明岩体在演化过程中有挥发分流体参与下经历了强的分异作用和自蚀变作用。闽西南紫金山岩体的 K/Rb 平均值为 231.5，挥发分流体参与分异的特征不明显。与实际情况符合，与紫金山岩体相比，赣南张天堂、天门山和九曲三个与钨锡成矿关系密切的岩体它们的 Rb 含量高，而 Sr 和 Ba 含量极低，表明经历了长石的分离和富钠流体富集的分异作用，因此 Rb/Sr 和 Rb/Ba 值通常是紫金山岩体的几倍至近十倍，尤其是分异作用最强的九曲岩体可达 50～60 倍。

四个代表性岩体的地球化学特征总结于表 2.13。

表 2.13　四个代表性岩体地球化学指标平均值

均值	张天堂	天门山	九曲	紫金山
$SiO_2/\%$	76.02	75.64	75.18	75.45
$K_2O/\%$	4.34	4.53	4.50	5.46
$Na_2O/\%$	3.11	2.88	4.14	2.65
K_2O/Na_2O	1.41	1.91	1.09	2.09
A/CNK	1.18	1.16	1.04	1.22
DI	94.87	93.67	95.30	95.81
C（刚玉分子）	有			
TAS 图解	花岗岩区域			
$K_2O\text{-}SiO_2$ 图	高钾钙碱性			
$A/NK\text{-}A/CNK$	过铝质			
ΣREE	139.81	133.17	112.26	116.38
$\Sigma LREE/\Sigma HREE$	2.94	3.34	0.95	8.73
La_N/Yb_N	2.17	2.49	0.48	8.50
La_N/Sm_N	1.79	2.29	0.78	3.83
Gd_N/Yb_N	0.88	0.87	0.62	1.11
Eu^*	0.11	0.23	0.04	0.43
稀土元素配分图解	水平的"V"型		稍向左倾的"V"型	右倾的"V"型

续表

均值	张天堂	天门山	九曲	紫金山
微量元素特征	富集 K、Rb、La、Ce、Yb、Y，贫 Sr、Ba、Ti、P、Eu			富 K、Rb、Th，贫 Sr、Ba、Ti、P、Zr、Gd
K/Rb	43.6～92.4（60.37）	45.1～78.6（66.45）	50.7～54.7（50.79）	152.4～277.0（231.5）
Rb/Sr	8.3～61.2（35.97）	8.8～48.1（20.05）	33.2～831.9（198.77）	3.1～5.9（3.84）
Rb/Ba	1.4～59.3（29.77）	1.5～40.2（10.39）	4.1～65.6（36.74）	0.4～0.9（0.57）
$^{87}Sr_i/^{86}Sr_i$	0.715524	0.711106	0.710462	0.709553
$\varepsilon_{Nd}(t)$	-10.31	-9.24	-9.36	-8.68
T_{2DM}	1.88	1.80	1.81	1.76
岩石成因类型	壳源 S 型花岗岩			

2.4.3.4　Sr-Nd 同位素

四个代表性岩体的 Rb-Sr、Sm-Nd 同位素组成见表 2.14。它们的 $^{87}Sr_i/^{86}Sr_i$ 值均较高（多大于 0.710），紫金山岩体相对偏低；以 SHRIMP 年龄计算的 $\varepsilon_{Nd}(t)$ 值较低（介于 -10.90 和 -6.88 之间），由于个别样品具高的 Rb/Sr 值，使年龄对 $^{87}Sr_i/^{86}Sr_i$ 值的校正十分敏感，使得个别样品的测试结果无意义，在此不计入统计结果；计算的二阶段 Nd 模式年龄（T_{2DM}）较高（介于 1.76Ga 和 1.81Ga 之间）。

表 2.14　四个代表性岩体花岗岩的 Rb-Sr、Sm-Nd 同位素组成

序号	样品号	年龄/Ma	w（Rb）/ppm	w（Sr）/ppm	$^{87}Rb/^{86}Sr$	$^{87}Sr/^{86}Sr$	$^{87}Sr_i/^{86}Sr_i$
1	04GN-01	159	549.6	42.27	33.81	0.79354 ± 0.00002	0.717118
2	06GN-10	159	542.4	62.90	25.10	0.770664 ± 0.000014	0.713929
3	06GN-12	159	817.0	5.677	458.1	1.730987 ± 0.000015	0.695520
4	06GN-14	159	946.7	9.648	302.7	1.383793 ± 0.000015	0.699585
5	04GN-03	167	526.5	32.43	47.29	0.81437 ± 0.00005	0.702093
6	04GN-03-1	167	532	51.65	29.91	0.78045 ± 0.00002	0.709437
7	06GN-5	167	800.2	7.532	329.8	1.452588 ± 0.000015	0.669572
8	06GN-7	167	519.2	55.97	27.02	0.776926 ± 0.000051	0.712775
9	08JQ001-1	169	711.6	34.8	60.060	0.846748 ± 0.000014	0.702443
10	08JQ001-2	169	711.6	34.8	60.06	0.846748 ± 0.000014	0.702443
11	08JQ001-3	169	640.4	24.5	76.95	0.886608 ± 0.000014	0.701722
12	08JQ001-4	169	746.3	10.2	221.4	1.165343 ± 0.000015	0.633389
13	08JQ001-5	169	744.6	21.9	100.4	0.929361 ± 0.000015	0.688132
14	04GN-04	169	—	—	2.189	0.71513 ± 0.00003	0.710462
15	05SH3-06	168	64.12	72.85	2.54	0.71698 ± 0.00003	0.710913
16	05SH3-07	168	0.9974	3.321	2.54	0.71426 ± 0.00010	0.708193

续表

序号	样品号	年龄/Ma	w(Sm)/ppm	w(Nd)/ppm	$^{147}Sm/^{144}Nd$	$^{143}Nd/^{144}Nd$	$\varepsilon_{Nd}(t)$	T_{2DM}
1	04GN-01	159	9.265	37.16	0.1509	0.512034±0.000010	−10.86	1.92
2	06GN-10	159	6.302	28.12	0.1355	0.512105±0.000014	−9.16	1.79
3	06GN-12	159	5.921	14.38	0.2489	0.512134±0.000012	−10.90	1.93
4	06GN-14	159	7.257	21.30	0.2060	0.512119±0.000011	−10.32	1.88
5	04GN-03	167	5.838	22.93	0.154	0.512119±0.000009	−9.22	1.80
6	04GN-03-1	167	5.53	24.98	0.1339	0.512094±0.000009	−9.28	1.81
7	06GN-5	167	7.837	20.80	0.2278	0.512181±0.000013	−9.58	1.83
8	06GN-7	167	6.977	30.05	0.1403	0.512121±0.000013	−8.89	1.77
9	08JQ001-1	169	13.9	26.6	0.3158	0.512256±0.000013	−10.03	1.87
10	08JQ001-2	169	9.85	19.5	0.3055	0.512271±0.000011	−9.51	1.83
11	08JQ001-3	169	8.39	15.2	0.3346	0.512284±0.000012	−9.88	1.85
12	08JQ001-4	169	8.44	16.5	0.3095	0.512265±0.000010	−9.71	1.84
13	08JQ001-5	169	9.82	16.6	0.3574	0.512297±0.000012	−10.12	1.87
14	04GN-04	169	—	—	0.113	0.512193±0.000008	−6.88	1.62
15	05SH3-06	168	0.1442	0.55	0.1586	0.512117±0.000029	−9.35	1.81
16	05SH3-07	168	2.499	12.36	0.1223	0.512146±0.000009	−8.01	1.71

注：1～4为张天堂岩体；5～8为天门山岩体；9～14为九曲岩体；15～16为紫金山岩体。

2.4.4　岩浆分异作用及其含矿性分析

2.4.4.1　岩浆分异作用

为了重点讨论赣南三个小岩体与深部岩基分异演化的关系，我们选取邻区同时代的佛冈岩体、白石岗岩体、大东山岩体、武平岩体四个岩基作对比研究。

佛冈岩体位处赣粤交界处，出露面积约6000km²，岩石类型为中粗粒斑状黑云母花岗岩、中粒黑云母二长花岗岩和含角闪石的花岗闪长岩，局部为中细粒黑云母二长花岗岩。陈小明等（2002）采用全岩-矿物Rb-Sr等时线方法，获得佛冈黑云母花岗岩主体的形成年龄为167.5±7.5Ma；包志伟和赵振华（2003）采用全岩Rb-Sr等时线方法获得佛冈黑云母花岗岩主体的形成年龄为158±17Ma。因此，佛冈黑云母花岗岩主体的形成年龄为160Ma左右。

白石岗岩体位于广东省河源附近，出露面积约440km²。岩体岩性较均一，相带分异不明显，主体岩性为中粗粒黑云母花岗岩，仅在局部与围岩接触处粒度有变细的现象，同时围岩有不同程度的热变质，岩体中缺乏或很少含岩石包体，有时还出现少量次生白云母（孙涛等，2002）。邱检生等（2005）对白石岗岩体进行锆石LA-ICP-MS定年结果显示其

形成年龄为 $157.8 \pm 2.3 Ma$。

大东山岩体位于广东省和湖南省的交界处，出露面积约 $2250 km^2$，岩性主要为弱过铝质黑云母花岗岩，是两阶段岩浆侵入活动形成的大岩基（广东省区域地质志，1982），早期侵入体（主体）占岩体总出露面积的85%以上。陈培荣等（2005）对大东山岩体主体进行了单颗粒锆石 U-Pb 定年，获得了 $155.9 \pm 1.1 Ma$ 的年龄，代表了岩体的形成年龄。

武平岩体出露于闽西南与粤东北交界地区，出露面积达 $1650 km^2$。武平花岗岩可分为两类：黑云母花岗岩和含石榴子石花岗岩。于津海等（2005）利用 LA-ICPMS 锆石 U-Pb 定年法测得黑云母花岗岩的形成年龄为 161.4Ma。

四个代表性岩基除白石岗岩体岩性较简单外，其他三个岩基岩性复杂，均为多期次岩浆作用的产物，其主体的形成年龄介于 $150 \sim 170 Ma$，为燕山早期晚阶段岩浆作用的产物。

佛冈岩体、白石岗岩体、大东山岩体和武平岩体的地球化学数据表见附表-1。

佛冈岩体（主体花岗岩）、白石岗岩体、大东山岩体（包括主体和补体）、武平岩体（包括主体和补体）在主量元素特征上是硅含量高，总碱含量高，铝、钾含量高，铁、镁、钛、磷含量低。SiO_2 含量变化范围较小，在 TAS 分类命名图上投影于花岗岩区域［图 2.40（a）］，在 Q-A-P 岩浆岩分类命名图中岩石多位于花岗岩区，武平岩体和大东山岩体补体落入碱长花岗岩区域［图 2.40（b）］；DI 较低（多介于 $80 \sim 85$），反映岩体经历了一定程度的分异演化作用；在 SiO_2-K_2O 图解中，投影于高钾钙碱性系列岩石区域［图 2.40（c）］；其 A/CNK 多大于 1（部分大于 1.05），在 A/NK-A/CNK 图解［图 2.40（d）］所有样品的投影点都位于过铝质岩石区域。

佛冈岩体二长花岗岩和花岗闪长岩在主量元素特征上略有不同，在 TAS 分类命名图上和 Q-A-P 岩浆岩分类命名图中均投影于花岗闪长岩区域［图 2.40（b）］，其 A/CNK 值较小，属于高钾钙碱性准铝质-弱过铝质岩石。

稀土元素特征上，佛冈岩体、白石岗岩体、武平岩体（主体）和大东山岩体（主体）均具有相似的特征，相对于晚期补体而言具有较高的 ΣREE 含量，LREE/HREE 值高，La_N/Yb_N 值高，属于轻稀土富集型；具有弱的 Eu 负异常，反映稀土分馏程度的稀土元素配分模式呈向右倾的"V"型（图 2.41），与紫金山花岗岩相类似。

武平岩体（补体）和大东山岩体（补体）的 ΣREE 值较小，LREE/HREE 值低，La_N/Yb_N 值低，属于重稀土富集型，且轻重稀土内部分馏不明显，具有强的 Eu 负异常，反映稀土分馏程度的稀土元素配分模式呈水平的"V"型（图 2.41）。

微量元素特征上，晚期形成的岩体补体比主体更富集 K、Rb、La、Ce、Yb、Y、Th、U、Ta、Nd、Sm、Hf，贫 Sr、Ba、V、Cr、Co、Ni、Ti、P、Eu，反映岩体补体为高分异花岗岩特征。

同位素特征上，四个大岩基无论是主体还是补体，其同位素特征同前面所论述的小岩株无明显差别。综上所述，佛冈岩体、白石岗岩体、武平岩体和大东山岩体主体的地球化学特征同紫金山岩体相类似，而武平岩体和大东山岩体的补体在地球化学特征上同九曲岩体、张天堂岩体、天门山岩体十分相似（表 2.15）。

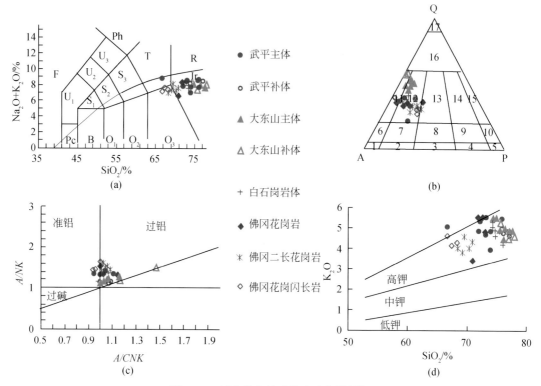

图 2.40　四个代表性岩基地球化学图解

(a)：R. 花岗岩；O_3. 花岗闪长岩，O_2. 闪长岩，O_1. 辉长闪长岩；B. 辉长岩；Pc. 橄榄岩-辉长岩；T. 石英二长岩-正长岩；S_3. 二长岩，S_2. 二长闪长岩，S_1. 二长辉长岩；Ph. 似长石正长岩；U_3. 似长二长正长岩，U_2. 似长二长闪长岩，U_1. 橄榄辉长岩；F. 似长深成岩。

(b)（据 Streckeisen，1976）1. 碱长正长岩；2. 正长岩；3. 二长岩；4. 二长闪长岩/二长辉长岩；5. 闪长岩、辉长岩、斜长岩；6. 石英碱长正长岩；7. 石英正长岩；8. 石英二长岩；9. 石英二长闪长岩；10. 石英闪长岩、石英辉长岩、石英斜长岩；11. 碱长花岗岩；12. 花岗岩；13. 二长花岗岩；14. 花岗闪长岩；15. 英云闪长岩；16. 富石英花岗岩类；17. 硅英岩

表 2.15　赣南三个岩体和紫金山岩体与四个岩基及其补体地球化学特征对比表

均值	张天堂、天门山、九曲岩体和武平、大东山补体	紫金山岩体和四个岩基的主体
SiO_2/%	75.93	73.28
K_2O/%	4.52	4.83
Na_2O/%	3.32	3.04
K_2O/Na_2O	1.28	1.57
A/CNK	1.14	1.04
DI	95.15	89.59
C（刚玉分子）	1.60	0.79
QAP 图解	花岗岩	碱长花岗岩、碱长花岗岩-花岗岩

均值	张天堂、天门山、九曲岩体和 武平、大东山补体	紫金山岩体和四个岩基的主体
TAS 图解	花岗岩区域	花岗闪长岩-花岗岩区域
K_2O-SiO_2 图	高钾钙碱性系列岩石	
A/NK-A/CNK 图解	过铝质	过铝质-弱过铝质
ΣREE	118.12	206.57
$\Sigma LREE/\Sigma HREE$	2.22	8.57
La_N/Yb_N	1.56	8.87
Eu^*	0.12	0.32
稀土元素配分图解	近水平的 "V" 型	向右倾的 "V" 型
微量元素特征	K/Rb 值<100，Rb/Sr 和 Sr/Ba 值高	K/Rb 值>100，Rb/Sr 和 Sr/Ba 值低
岩体分异和定位特征	有流体参与的强分异高位侵入	弱分异深部定位

注：表中数据引自赵希林等，2012。

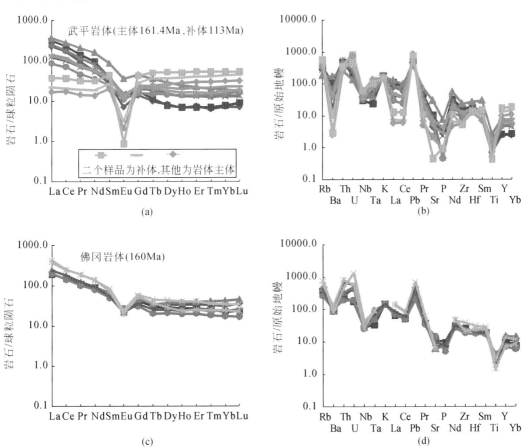

图 2.41　四个岩基花岗岩的稀土元素和微量元素标准化图解

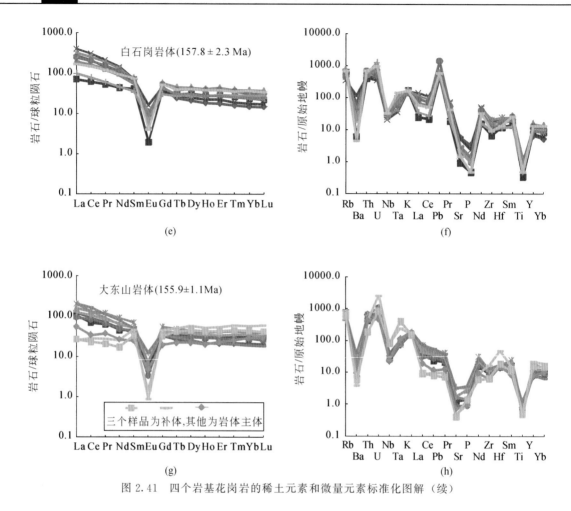

图 2.41　四个岩基花岗岩的稀土元素和微量元素标准化图解（续）

2.4.4.2　与钨锡成矿作用的含矿性分析

燕山早期晚阶段花岗质岩浆作用与钨锡钼等多金属成矿作用关系密切，本书将讨论赣南张天堂、天门山和九曲岩体的含矿性，并与赣南地区大吉山和漂塘典型钨矿床作对比研究。

赣南地区钨矿成矿条件优越，已知许多著名的钨矿床与燕山早期晚阶段花岗质岩浆作用关系密切，与成矿作用有关的花岗质岩体的形成时代多介于 175～150Ma B.P.，如大吉山钨矿岩体成岩时代为 151.7±1.6Ma B.P.，漂塘钨矿岩体成岩时代为 161.8±1Ma B.P.（据华仁民等，2005）。

与赣南著名含钨花岗岩的大吉山岩体和漂塘岩体相比、张天堂、天门山岩体和九曲岩体的主量元素上与它们非常相似（表 2.4.3），尤其是分异作用最强的九曲岩体具高的 SiO_2 含量（>75%）、富碱（K_2O+Na_2O 大于 7%）和过铝质（A/CNK 平均为 1.04）；与含钨花岗岩具有相似的稀土配分模式，且具有强烈的 Eu 负异常；大吉山、漂塘、张天堂和天门山岩体有很高的 Rb（401.67～1487.55ppm），Cs（20～82ppm），Nb（15～81ppm），Ta（3～151ppm）和低的 REE 含量，而九曲岩体中 Rb、Cs、Nb、Ta 含量分别为 737.93ppm、56.36ppm、32.57ppm、8.75ppm；同时，含钨矿花岗岩的钼含量一般都大于 2ppm（Keith *et al.*，1993），九曲岩体中的钼含量平均值为 11.2ppm。由此可见，目前已在张天堂和天门山岩体附近发现并勘探获得了中型钨矿床，九曲岩体在地质地球化学特征上与前述含钨花岗岩相似，在其附近形成中型钨矿的潜力很大。

因此，根据前人资料（华仁民等，2003；赵蕾等，2006）和赣南张天堂、天门山和九曲岩体的资料，可见含钨花岗岩有如下地质地球化学特征：成矿岩体多为高位侵入体，岩石类型以黑云母花岗岩-二云母花岗岩-白云母花岗岩为主，蚀变以云英岩化为主，钠长石化次之或缺失，钨矿体主要分布于花岗岩体外接触带上，岩浆活动期次数相对较少，岩石组合简单（李逸群，1991）。成矿岩体通常富硅（SiO_2 一般都在 72％以上）、富碱（K_2O + Na_2O 大于 7％）、铝过饱和（A/CNK 值大于 1.0）、高演化程度（DI 大于 90）等；富集大离子亲石元素及高场强元素；稀土元素配分显示接近于水平的"V"型，具有强烈的 Eu 负异常等。

赣南张天堂、天门山和九曲岩体岩石样品的 SiO_2＞75％，SiO_2/TiO_2 值较大（平均值为 2232），Na_2O + K_2O TiO_2 大于 242，SiO_2 MgO + CaO 均值大于 88，与漂塘花岗岩和木梓园花岗岩的一些特征相吻合［图 2.42（a）、（b）］。含锡花岗岩基本的特征是锡含量大于 15ppm（陈骏，2000），而张天堂、天门山岩体和九曲岩体的锡含量平均值均大于 43.46ppm，最高可达 79.153ppm。含锡花岗岩与锡矿成因密切相关，例如世界重要的锡

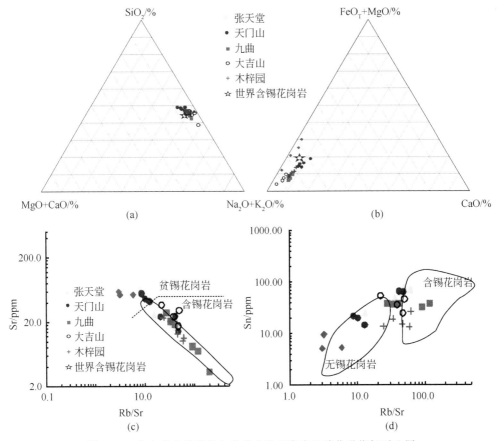

图 2.42　几个代表性岩体与世界含锡花岗岩地球化学指标对比图

矿马来西亚的 Bujang Melaka 岩体中的含锡花岗岩（约 27ppm）（Schwartz，1989），中国华南锡成矿区（包括广西、广东、湖南、江西等地）花岗岩中的平均锡含量约 32ppm（陈骏，2000）。尽管含锡花岗岩的稀土总量变化很大，但它们普遍具有轻重稀土分异弱和铕亏损强烈的特征（蔡宏渊，1995），张天堂、天门山和九曲岩体花岗岩的 La_N/Yb_N 平均为 1.79；Eu^* 变化于 0.01～0.38，平均 0.13，相似于含锡花岗岩；同时在 Sr- Rb/Sr 及 Sn- Rb/Sr 对比图上［图 2.42（c）、（d）］，除九曲和天门岩体几个样品的锡含量稍低外，其余几个代表性岩体的投影与含锡花岗岩区域相近，这些特征表明与张天堂、天门山和九曲花岗岩体有成因联系的钨矿床往往会伴生有锡矿床。

2.4.5 岩浆源区和构造环境

2.4.5.1 岩浆源区

同时代的武平（主体）、大东山（主体）、佛冈和白石岗等大岩基均具有较高的 CaO/Na_2O 值及较低的 Al_2O_3/TiO_2 值，在 Al_2O_3/TiO_2- CaO/Na_2O 图上投影于富砂屑质岩区［图 2.43（b）］，成岩过程中有少量幔源组分加入，而它们的补体岩石由于岩浆分异作用致使岩石富 Na_2O 贫 CaO，在 Al_2O_3/TiO_2 值变化不大的情况下，CaO/Na_2O 值增加，大部分投影位于富泥质源区。由此可见张天堂、天门山和九曲三个小岩株的特点类似于补体岩石，岩浆分异演化导致 CaO/Na_2O 增加而位于富泥质源区［图 2.43（a）］，据此可以推断，张天堂、天门山和九曲三个小岩株的源岩是泥砂质变质沉积岩。

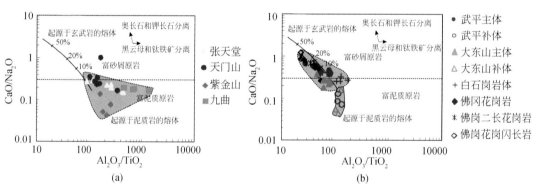

图 2.43 四个小岩株 Al_2O_3/TiO_2- CaO/Na_2O 图解（a）和四个大岩基 Al_2O_3/TiO_2- CaO/Na_2O 图解（b）（据 Sylvester，1998）

赣南张天堂、天门山和九曲三个岩体的 $^{87}Sr_i/^{86}Sr_i$ 值变化在 0.709437～0.717118，平均为 0.712744；$\varepsilon_{Nd}(t)$ 为 －10.86～－6.88，平均为 －9.60，T_{2DM} 为 1.62～1.93 Ga，平均为 1.83Ga，与澳大利亚东南部 Lachlan 褶皱带 S 型花岗岩（$\varepsilon_{Nd}(t)$＝－9.8～－6.1）（McCulloch and Chanppell，1982）相比，具有类似的 Sr-Nd 同位素组成，表明它们的源区为较老的壳源物质部分熔融形成。三个岩体所有样品的投影点在 $\varepsilon_{Nd}(t)$-$^{87}Sr_i/^{86}Sr_i$ 图解中［图 2.43（a）］均落在华南 S 型花岗岩区（凌洪飞等，2005），显示它们为壳源成因的花岗岩。在 $\varepsilon_{Nd}(t)$-年龄图解上［图 2.44（b）］都位于南岭及其邻区前寒武纪基底演化域

中部，具有古老的 Nd 模式年龄，T_{2DM} 较高，表明该花岗岩可能是前寒武纪（早元古代）中等成熟度的基底岩石部分熔融形成的，这与岩体的过铝属性和 Ti 的亏损所表征的岩浆壳源性质相一致。谢窦克等（1996）曾报道了兴国—会昌一带变质板岩和绿片岩的 Sm-Nd 模式年龄为 1.64～1.79Ga，这一年龄与张天堂、天门山和九曲岩体的二阶段模式年龄大致与其相当。凌洪飞等（2006）报道了广东省 12 个弱过铝质花岗岩体的 $\varepsilon_{Nd}(t)$ 值（$-12.3～-8.1$，平均 -9.7）和 Nd 模式年龄（1.56～1.94Ga，平均为 1.74Ga），认为主要是成熟度不同程度低于强过铝质花岗岩源区的陆壳变质岩部分熔融形成的。张天堂岩体、天门山岩体和九曲岩体 $\varepsilon_{Nd}(t)$ 值、Nd 模式年龄与广东省燕山期弱过铝质花岗岩 $\varepsilon_{Nd}(t)$ 值和 Nd 模式年龄（T_{DM}）相当，且主量元素和微量元素显示出过铝壳源型花岗岩特征。丰成友等（2007）测得与张天堂岩体有密切成因联系的摇篮寨钨矿中辉钼矿的 Re 含量变化于 $29.67 \times 10^{-9}～78.95 \times 10^{-9}$，认为成矿物质主要来自地壳，因此，从物质来源上讲，张天堂岩体、天门山岩体和九曲岩体与区内广泛分布的燕山早期晚阶段花岗岩差别不大，可能是由时代相当于元古代中等成熟度的陆壳富泥砂质变质沉积岩部分熔融形成的，但是岩浆演化过程中经历了有流体参与的高程度的分异作用，是岩浆演化到晚期阶段的产物。

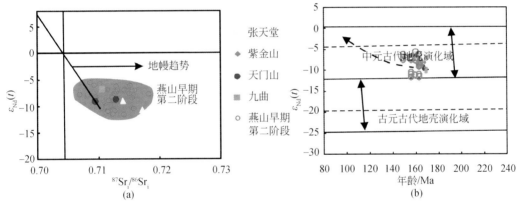

图 2.44　花岗岩 $\varepsilon_{Nd}(t)$-$^{87}Sr_i/^{86}Sr_i$ 图解（a）和花岗岩 $\varepsilon_{Nd}(t)$-年龄图解（b）

图中华南 S 型区和元古代基底演化域据凌洪飞等，1999

紫金山岩体在微量元素及稀土元素特征上类似于同时代形成的大岩基，但是，其仍具有一定的特殊性，紫金山岩体具有较低的 CaO 含量，其 CaO/Na$_2$O 值低，在 Al$_2$O$_3$/TiO$_2$-CaO/Na$_2$O 图上投影于富泥质岩区［图 2.43（a）］。紫金山岩体 Sr，Rb 的含量与华南典型的壳源花岗岩较为接近，Sr 元素的含量为 52～59ppm（华南典型的壳源型花岗岩为 15～161ppm），Rb 的含量为 167～311ppm（华南典型壳源花岗岩为 327ppm）；紫金山花岗岩的 $^{87}Sr_i/^{86}Sr_i$ 值为 0.708192～0.710912，$\varepsilon_{Nd}(t)$ 值为 $-10.16～-9.6$，T_{2DM} 为 1.61～1.72Ga，表现为 S 型花岗岩的特征（南京大学地球科学系，2000）；紫金山岩体两个样品在 $\varepsilon_{Nd}(t)$-$^{87}Sr_i/^{86}Sr_i$ 图上［图 2.44（a）］，投影于地幔延长线上，在 $\varepsilon_{Nd}(t)$-年龄图解上投影于中元古代地壳演化域内［图 2.44（a）］；在 CMF-AMF 图上紫金山黑云母花岗岩落入变泥质岩部分熔融区（凌洪飞等，1999；Alther et al.，2000）。据此，结合紫金山黑云母花岗岩的地球化学特征、同位素特征以及区域地质特征，推测紫金山花岗岩可能是由中元古代泥质变质沉积岩部分熔融所形成的。

2.4.5.2　构造环境

花岗岩类的形成明显受到地球动力学环境的制约。研究区的花岗岩在地球化学上都富钾，属于高钾钙碱性系列的岩石。Roberts 等（1993）认为，高钾钙碱性系列岩石的岩浆源区通常与先期的俯冲作用有关，它们主要形成于同碰撞岩石圈加厚之后的伸展垮塌向非造山板内的过渡阶段；Barbarin（1999）认为高钾钙碱性系列花岗岩指示的是一种构造体制的变化而不是一个特定的地球动力学背景，它既可以产生在将碰撞事件的主峰期分开的张弛阶段，也可以产生在从挤压体制转变为拉张体制的过程中。

在 Pearce 等（1984）提出的花岗岩构造环境判别图上，研究区张天堂、天门山、九曲岩体的岩石样品投影于板内花岗岩和板内花岗岩-同碰撞花岗岩区域，而紫金山岩体相对贫 Nb 则投影于火山弧/同碰撞花岗岩区域（图 2.45）。不过，应该注意到花岗质熔体的形成及其地球化学特征主要取决于它们的源区性质而非取决于它们的大地构造环境（Picher，1997；Morris and Hooper，2002）。虽然后者可能在诱发源区部分熔融方面提供必要的动力机制/或热源而出现构造事件与花岗质岩浆作用之间的时空耦合，但往往会导致对构造环境的误判（Petford et al.，1996）。因此，对构造环境的判别应从更大的范围和时间演化考虑（肖庆辉等，2002）。

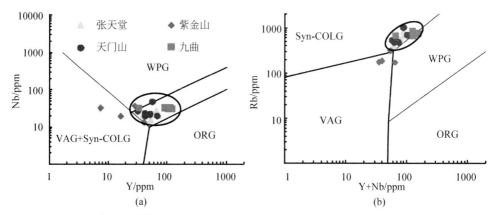

图 2.45　四个代表性岩体 Y-Nb 和 Y+Nb-Rb 构造环境判别图（据 Pearce et al.，1984）

Syn-COLG. 同碰撞花岗岩；WPG. 板内花岗岩；ORG. 洋脊花岗岩；

VAG. 火山弧花岗岩；Post-COLG. 后碰撞花岗岩

以往通常认为这些燕山早期晚阶段花岗岩体是在挤压条件下形成的准铝质或过铝质壳源 S 型花岗岩类，并与钨、锡、钼等多金属和稀土矿床有着十分密切的成因联系（Xu et al.，1984；胡受溪等，1984；梅永文等，1984；陈毓川等，1989；夏卫华等，1989；夏宏远等，1989；陈毓川、毛景文，1995；Mao et al.，2010）。近年来，由于在南岭地区与此同时代还伴生有少量铝质 A 型花岗岩，如粤北南昆山 SHRIMP 锆石 U-Pb 年龄为 158Ma（Li and Li，2007）和西山铝质 A 型花岗岩 SHRIMP 锆石 U-Pb 年龄为 156Ma（付建明等，2004）；赣南全南县正长岩 SHRIMP 锆石 U-Pb 年龄为 164.6±2.8Ma 和湘南道县地区很小规模的"高镁玄武岩"（Li et al.，2004）；酸性火山岩，如赣南寻乌白面石菖蒲组流纹岩 Rb-Sr 等时线年龄为 165.1±7.07Ma（孔兴功等，2000），赣南寻乌留车鸡笼嶂组流纹岩锆石 SHRIP 年龄为 161±3.5Ma[①]。因此，对该阶段形成的准铝质或过铝质 S 型花岗岩类的成因型和形成的构造背景提出了不同看法：燕山中期南岭地区岩石圈全面拉张-减薄，地幔上涌-玄武质岩浆底侵引发大规模陆壳重熔花岗岩的生成（华仁民等，2005）；该时期黑云母二长花岗岩和黑云母钾长花岗岩属于分异 I 型花岗岩，时空上与小规模 A 型花岗岩、酸性、基性火山-侵入岩以及碱性岩密切共生，构成典型的板内非造山型火成岩组合，反映该时期南岭及邻区大陆岩石圈以伸展背景为主（李献华等，2007）。

我们认为这些小规模 A 型花岗岩、酸性和基性火山-侵入岩以及碱性岩的幔源岩浆活动与华南广泛分布的壳源 S 型花岗岩类从体积上来讲微不足道，但是意义较大，表明在南岭中段的湘东南-赣南-闽西南地区出现了局部近东西向的伸展-拉张构造环境，推测赣南张天堂、天门山和九曲三个岩体是在这种伸展构造背景下经历了流体参与的强分异作用所形成。同时也应注意到该阶段中国东南部燕山运动的挤压也达到了高峰，岩体快速隆升，遭到风化剥蚀，中国东南部大片地区鲜有中侏罗统（175～161Ma B.P.）地层保留（表2.16）。在闽北地区存在普遍而强烈的逆掩推覆构造，加里东期岭兜岩体（SHRIMP 锆石 U-Pb 年龄为 399±5.0Ma 本书）作为逆掩推覆体在其之下钻探到煤系地层（李绪华等，2007，未发表的煤炭勘探剖面资料），在闽北隆起区的东部外侧出现一系列近 NE 向分布的变质。飞来体和边缘出现一系列断续的弧形推覆构造，老变质岩推覆于上古生界上三叠统、中-下侏罗统地层之上而被晚侏罗世南园组不整合覆盖。在隆起区的腹地出现一系列的构造窗，说明在东南沿海晚侏罗世大规模火山喷发前即中侏罗世前后发生过一次规模巨大的远距离推覆事件（李绪华、冯宗帜，2007），古太平洋板块向中国东南大陆的挤压已开始显现。在该阶段，整体上中国东南部大部分地区已处于东亚活动大陆边缘构造体制，正是由于 180～145Ma B.P.，古太平洋板块朝东亚陆缘的 NW 向碰撞挤压（Engebretson et al.，1985），使得东亚陆缘中的断裂和花岗岩多成 NE 向展布，同时也可能造成东西向南岭造山带的局部伸展。

表 2.16　东南地区晚三叠世—中侏罗世地层系统表

地质年代	苏皖（沿江带）		浙东	浙西	赣东北	赣南			闽西			闽东
中侏罗世	象山群	北象山组（或罗岭组）	渔山尖组		漳平组	罗坩组			漳平组			漳平组
						余田群	鸡笼嶂组		梨山组	象牙群	藩坑组	梨山组
早侏罗世		钟山组	毛弄组	马涧组	水北组		菖蒲组				下村组	
			王沙溪组	王沙溪组	多江组		龙潭坑组					
晚三叠世	范家塘组		乌灶组		安源群	安源群			焦坑组	文宾山组		文宾山组
										大坑村组		
	黄马青组											

注：加灰色底纹者为含火山岩地层。

---

① 陈荣、邢光福、杨祝良等，2006，赣南地区中生代流纹质火山岩同位素年龄及其地质意义，2006 年全国岩石学与地球动力学研讨会论文摘要，117～118。

表 2.17　四个代表性岩体花岗岩主量（%）和微量元素（pm）地球化学分析数据

序号	1	2	3	4	5	6	7	8	9	10	11	12	13	14	15
样品号	04GN-01	06GN-2	06GN-10	06GN-11	06Gn-12	06Gn-14	06Gn-20	06Gn-21	06GN-5	06GN-6	06GN-7	06GN-8	06GN-9	04GN-03	04GN-03-1
SiO_2	73.97	76.48	75.48	75.84	76.91	76.36	76.59	76.58	76.61	76.03	76.59	74.70	74.26	76.30	75.00
TiO_2	0.15	0.05	0.12	0.11	0.03	0.05	0.06	0.03	0.04	0.09	0.12	0.08	0.10	0.08	0.10
Al_2O_3	13.50	13.25	13.08	12.97	13.05	13.16	13.19	13.30	13.61	12.76	12.34	13.10	13.88	12.40	12.99
Fe_2O_3	1.77	0.74	1.24	1.03	0.72	1.07	0.88	0.73	0.69	1.33	1.59	1.83	1.60	1.43	1.70
MnO	0.07	0.10	0.08	0.06	0.12	0.16	0.12	0.14	0.10	0.06	0.08	0.34	0.08	0.06	0.08
MgO	0.23	0.09	0.15	0.20	0.10	0.12	0.12	0.08	0.11	0.13	0.14	0.15	0.13	0.11	0.15
CaO	0.89	0.66	1.03	0.86	0.55	0.67	0.66	0.55	0.59	0.95	0.94	1.12	0.88	0.80	0.86
Na_2O	3.20	3.33	2.75	2.95	3.37	2.84	2.90	3.55	3.52	2.81	2.64	1.10	3.72	3.25	3.09
K_2O	4.47	4.19	4.83	4.71	3.96	4.34	4.27	3.97	3.76	4.40	4.41	5.44	4.40	4.37	4.91
P_2O_5	0.05	0.02	0.03	0.05	0.02	0.02	0.02	0.02	0.02	0.02	0.03	0.02	0.02	0.02	0.02
LOI	1.33	0.99	0.99	1.03	1.04	1.22	1.07	0.96	0.98	1.50	1.18	2.15	0.97	0.99	0.76
SUM	99.63	99.90	99.78	99.81	99.87	100.01	99.88	99.91	100.03	99.96	99.91	99.89	99.91	99.81	99.67
K_2O/Na_2O	1.40	1.26	1.76	1.60	1.18	1.53	1.47	1.12	1.07	1.57	1.67	4.95	1.18	1.34	1.59
A/CNK	1.15	1.18	1.13	1.13	1.20	1.24	1.25	1.19	1.24	1.15	1.14	1.35	1.11	1.07	1.09
DI	93.12	95.65	93.12	94.18	96.19	95.12	95.40	96.22	96.02	93.47	93.22	91.72	93.55	94.21	93.51
C	1.93	2.11	1.54	1.60	2.29	2.65	2.68	2.23	2.75	1.72	1.59	3.48	1.46	0.92	1.09
Sc	2.67	3.70	5.41	5.10	4.14	3.89	3.93	3.71	6.42	3.50	4.21	3.05	2.81	1.89	2.44
Cr	1.33	0.57	2.01	0.66	0.39	<	0.67	0.36	1.18	0.88	0.06	0.24	0.62	3.31	6.60
Co	4.83	4.28	3.41	1.87	2.17	1.78	2.02	0.73	1.14	1.74	1.93	1.49	2.27	15.45	2.53
Ni	5.50	1.24	1.88	1.82	1.15	0.70	0.97	0.88	0.37	1.41	2.54	4.31	1.92	15.84	39.21
Ga	18.09	20.88	17.98	19.77	21.10	21.73	20.33	21.73	23.34	16.94	16.16	15.37	18.49	16.21	15.30
Rb	401.67	660.82	519.73	540.92	692.10	827.17	705.40	697.17	680.36	467.08	481.55	1001.70	534.05	497.70	518.84

续表

序号	1	2	3	4	5	6	7	8	9	10	11	12	13	14	15
样品号	04GN-01	06GN-2	06GN-10	06GN-11	06Gn-12	06Gn-14	06Gn-20	06Gn-21	06GN-5	06GN-6	06GN-7	06GN-8	06GN-9	04GN-03	04GN-03-1
Sr	25.63	18.36	62.92	41.10	11.31	16.78	16.40	11.40	14.16	45.44	54.96	24.10	41.54	23.93	42.60
Y	39.42	65.30	41.40	58.45	53.17	65.20	71.80	66.07	57.14	52.31	43.35	69.39	42.89	46.77	32.44
Zr	126.43	60.24	143.24	99.71	36.88	48.18	46.04	38.54	32.17	116.22	133.25	92.84	162.73	138.00	175.64
Nb	21.75	25.77	19.09	21.68	15.48	23.96	20.53	26.68	46.49	21.71	19.41	19.53	23.18	21.44	26.38
Cs	30.89	30.53	30.29	35.16	29.05	38.65	43.47	31.29	33.76	19.59	20.43	48.07	33.63	27.57	26.26
Ba	114.25	31.52	359.31	156.96	11.68	26.84	36.70	17.88	16.92	228.04	324.52	143.70	243.96	116.33	292.46
Hf	4.58	3.79	5.14	4.22	3.22	3.25	3.17	3.52	2.88	4.95	4.72	4.44	6.04	5.60	5.74
Ta	6.07	7.47	3.46	3.87	7.29	9.27	7.73	9.31	16.06	5.66	3.64	5.43	4.78	4.98	5.16
Pb	33.69	42.90	41.19	33.71	9.95	33.40	17.51	29.34	39.77	51.88	61.13	891.98	36.63	66.87	43.59
Th	27.19	24.47	26.18	23.86	8.63	17.21	20.33	13.04	19.19	35.71	35.00	30.08	26.01	31.15	27.45
U	7.19	21.33	9.78	6.59	5.71	17.79	16.43	15.81	23.29	20.24	15.05	15.99	9.15	9.41	13.16
Cu		8.82	1.40	13.24	31.40	21.49	19.64	4.60	1.18	49.82	8.41	88.52	6.42		
Zn		58.44	34.70	153.20	107.58	201.26	99.63	75.16	40.76	30.80	58.96	1045.40	27.69		
Mo		1.58	0.64	1.00	0.14	0.54	0.28	0.18	0.20	0.60	103.39	0.92	0.32		
Sn		47.43	20.82	24.50	70.94	79.15	60.74	69.34	63.04	19.50	21.68	65.10	14.40		
K	37108.00	34783.00	40096.00	39100.00	32874.00	36028.00	35447.00	32957.00	31214.00	36527.00	36610.00	45160.00	36527.00	36307.00	40791.00
Ti	899.00	300.00	719.00	659.00	180.00	300.00	360.00	180.00	240.00	539.00	719.00	480.00	599.00	479.00	613.00
P	218.00	87.00	131.00	218.00	87.00	87.00	87.00	87.00	92.00	83.00	109.00	79.00	83.00	90.00	108.00
K/Rb	92.38	52.64	77.15	72.28	47.50	43.56	50.25	47.27	45.88	78.20	76.02	45.08	68.40	72.95	78.62
Zr/Hf	27.62	15.89	27.88	23.62	11.46	14.83	14.50	10.95	11.15	23.48	28.21	20.90	26.95	24.63	30.57
Rb/Sr	15.67	35.99	8.26	13.16	61.19	49.29	43.0	61.16	48.05	10.28	8.76	41.56	12.86	20.78	12.17
Rb/Ba	3.52	20.96	1.44	3.44	59.26	30.82	79.79	38.99	40.21	2.05	1.48	6.97	2.19	18.05	1.77

续表

序号	1	2	3	4	5	6	7	8	9	10	11	12	13	14	15
样品号	04GN-01	06GN-2	06GN-10	06GN-11	06GN-12	06Gn-14	06Gn-20	06Gn-21	06GN-5	06GN-6	06GN-7	06GN-8	06GN-9	04GN-03	04GN-03-1
La	24.80	17.50	32.31	31.80	10.66	16.25	15.01	13.48	13.43	23.91	32.21	19.98	17.18	18.34	22.00
Ce	60.92	41.14	67.22	65.91	27.62	39.06	34.47	34.85	35.28	50.40	68.01	45.60	32.53	40.67	48.26
Pr	6.75	5.09	7.83	7.54	3.63	4.87	4.31	4.66	4.74	5.73	7.76	5.55	4.63	4.56	5.35
Nd	27.08	21.26	31.76	30.40	14.45	20.84	19.13	19.74	20.01	23.73	32.44	24.90	19.53	17.77	20.47
Sm	7.08	7.03	7.19	7.64	5.38	7.43	6.91	7.50	8.12	5.62	7.63	6.93	4.79	4.44	4.62
Eu	0.30	0.16	0.85	0.44	0.04	0.09	0.17	0.02	0.07	0.55	0.79	0.47	0.56	0.28	0.46
Gd	6.88	7.89	6.89	8.43	5.92	8.25	7.67	8.07	7.96	6.19	7.75	8.39	5.67	5.10	4.82
Tb	1.24	1.79	1.16	1.62	1.34	1.80	1.81	1.81	1.75	1.21	1.48	1.73	1.07	1.05	0.86
Dy	7.52	12.12	7.63	10.15	9.01	11.41	12.14	11.74	11.04	8.37	8.39	11.18	7.15	7.31	5.68
Ho	1.45	2.54	1.55	2.15	1.84	2.30	2.46	2.35	2.09	1.78	1.77	2.46	1.66	1.57	1.17
Er	4.41	7.62	4.71	6.60	5.57	6.84	7.55	7.40	6.32	5.79	5.27	7.44	5.00	4.99	3.79
Tm	0.65	1.21	0.78	1.01	1.02	1.19	1.23	1.33	1.16	1.01	0.83	1.24	0.85	0.83	0.60
Yb	3.99	8.84	5.37	6.29	7.57	8.50	8.71	9.79	8.54	6.99	5.26	7.94	5.71	5.12	3.93
Lu	0.62	1.25	0.81	0.97	1.22	1.24	1.29	1.44	1.30	1.10	0.82	1.18	0.87	0.81	0.61
ΣREE	153.68	135.43	176.06	180.94	95.25	130.06	122.86	124.16	121.81	142.38	180.41	144.99	107.20	112.82	122.61
LREE	126.93	92.17	147.15	143.72	61.78	88.54	80.01	80.24	81.65	109.94	148.84	103.43	79.22	86.05	101.15
HREE	26.75	43.26	28.91	37.22	33.47	41.52	42.85	43.92	40.16	32.44	31.57	41.56	27.98	26.77	21.45
LREE/HREE	4.74	2.13	5.09	3.86	1.85	2.13	1.87	1.83	2.03	3.39	4.71	2.49	2.83	3.21	4.72
La_N/Yb_N	4.19	1.33	4.06	3.41	0.95	1.29	1.16	0.93	1.06	2.31	4.13	1.70	2.03	2.41	3.78
La_N/Sm_N	2.20	1.57	2.83	2.62	1.25	1.38	1.37	1.13	1.04	2.68	2.66	1.81	2.26	2.60	3.00
Gd_N/Yb_N	1.39	0.72	1.04	1.08	0.63	0.78	0.71	0.67	0.75	0.71	1.19	0.85	0.80	0.80	0.99
Eu^*	0.13	0.07	0.37	0.17	0.02	0.04	0.07	0.01	0.03	0.29	0.31	0.19	0.33	0.18	0.30

续表

序号	16	17	18	19	20	21	22	23	24	25
样品号	04GN-04	08JQ-001-1	08JQ-001-2	08JQ-001-3	08JQ-001-4	08JQ-001-5	Zj72	Zj292	Zj731	Zj794
SiO_2	75.63	75.04	73.71	75.90	75.51	75.31	76.17	74.26	75.58	75.77
TiO_2	0.03	0.02	0.02	0.02	0.01	0.01	0.06	0.05	0.08	0.07
Al_2O_3	13.37	13.67	14.34	13.19	13.46	13.61	13.10	12.84	12.95	12.90
Fe_2O_3	1.00	0.75	0.89	0.78	0.67	0.66	1.25	3.09	2.76	2.13
MnO	0.09	0.09	0.08	0.08	0.08	0.09	0.31	0.04	0.03	0.03
MgO	0.03	0.03	0.04	0.04	0.05	0.04	0.06	0.64	0.35	0.29
CaO	0.75	0.74	0.78	0.76	0.74	0.72	0.12	0.23	0.33	0.13
Na_2O	3.80	4.15	4.21	4.21	4.26	4.20	2.81	2.94	2.35	2.50
K_2O	4.24	4.59	5.02	4.17	4.46	4.54	5.71	4.74	5.66	5.74
P_2O_5	0.01	0.01	0.01	0.01	0.01	0.01	0.02	0.07	0.02	0.03
LOI	1.03	0.79	0.89	0.81	0.70	0.80	0.90	0.80	0.79	0.69
SUM	99.99	99.88	99.99	99.97	99.95	99.99	100.46	99.43	100.79	100.16
K_2O/Na_2O	1.12	1.11	1.19	0.99	1.05	1.08	2.03	1.61	2.41	2.30
A/CNK	1.10	1.04	1.04	1.03	1.02	1.04	1.19	1.24	1.22	1.22
DI	95.08	95.39	95.04	95.25	95.45	95.57	97.71	94.32	94.71	96.51
C	1.22	0.56	0.59	0.40	0.30	0.51	2.14	2.65	2.40	2.42
Sc	0.55	2.96	4.65	3.85	4.09	4.39	9.70	8.00	9.00	9.10
Cr	3.05	14.24	3.83	0.86	1.56	1.70	<1	3.00	3.10	5.10
Co	1.18	0.44	0.22	0.13	0.19	0.17	<4	4.00	7.10	7.40
Ni	17.17									
Ga	19.61	22.54	25.19	23.19	23.10	24.37				
Rb	664.54	831.97	761.77	675.05	750.93	743.30	311.00	167.00	180.00	172.00

续表

序号	16	17	18	19	20	21	22	23	24	25
样品号	04GN-04	08JQ-001-1	08JQ-001-2	08JQ-001-3	08JQ-001-4	08JQ-001-5	Zj72	Zj292	Zj731	Zj794
Sr	3.33	7.10	27.83	20.32	8.30	18.44	53.00	52.00	59.00	53.00
Y	32.98	91.69	113.53	92.99	105.23	122.51	41.58	29.00	7.56	16.45
Zr	90.58	59.79	69.68	64.37	60.71	59.92	50.00	96.00	71.00	75.00
Nb	32.67	33.14	33.95	33.43	31.40	30.81	13.00	36.00	32.00	19.00
Cs	57.54	66.26	62.11	54.12	50.61	47.52	—	—	—	—
Ba	72.78	12.69	54.73	14.76	15.95	16.86	344.00	294.00	450.00	410.00
Hf	6.45	5.21	5.69	5.90	5.58	5.52	—	—	—	—
Ta	9.36	8.21	7.90	8.11	9.91	8.98	—	—	—	—
Pb	21.02	55.04	62.52	48.60	50.03	60.19	50.00	42.00	217.80	23.70
Th	4.93	23.40	29.09	24.04	22.78	21.33	24.20	20.00	19.00	19.00
U	11.00	12.28	13.06	11.58	13.10	14.76	—	—	—	—
Cu		2.04	2.64	2.07	0.82	1.34	5.10	24.00	120.00	134.00
Zn		101.07	38.64	24.77	26.06	28.48	55.50	15.00	33.20	20.60
Mo		2.06	0.40	0.19	0.75	0.31	—	0.34	2.90	1.20
Sn		37.74	37.46	36.46	32.48	38.04	5.30	9.40	5.10	9.60
K	35185.00	38104.00	41673.00	34617.00	37025.00	37689.00	47402.00	39349.00	46986.00	47651.00
Ti	178.00	120.00	120.00	120.00	60.00	60.00	360.00	300.00	480.00	420.00
P	55.00	44.00	44.00	44.00	44.00	44.00	87.00	305.00	87.00	131.00
K/Rb	52.95	45.80	54.71	51.28	49.31	50.70	152.42	235.62	261.04	277.04
Zr/Hf	14.05	11.47	12.25	10.90	10.88	10.85				
Rb/Sr	199.39	831.9	27.37	33.22	90.47	40.31	5.87	3.21	3.05	3.24
Rb/Ba	4.12	65.56	13.92	45.74	47.08	44.09	0.90	0.56	0.40	0.42

续表

序号	16	17	18	19	20	21	22	23	24	25
样品号	04GN-04	08JQ-001-1	08JQ-001-2	08JQ-001-3	08JQ-001-4	08JQ-001-5	ZJ72	ZJ292	ZJ731	ZJ794
La	3.71	9.51	10.73	8.52	9.53	9.40	14.67	25.34	16.54	46.60
Ce	11.19	24.08	27.01	20.85	22.53	19.16	29.31	43.52	35.82	76.48
Pr	1.29	3.43	3.68	3.04	3.31	3.36	3.05	5.93	3.23	7.68
Nd	5.59	16.15	17.72	14.27	14.71	15.49	15.43	20.34	14.05	29.92
Sm	2.32	8.02	9.09	7.55	7.47	8.45	4.66	4.10	3.10	4.82
Eu	0.03	0.09	0.19	0.10	0.11	0.11	0.41	0.71	0.25	0.76
Gd	3.17	10.53	12.43	10.20	9.95	12.08	3.99	4.28	1.54	3.80
Tb	0.74	2.65	2.95	2.48	2.83	3.21	0.94	0.96	0.28	0.55
Dy	5.34	16.92	19.50	16.31	17.50	20.42	5.75	4.82	1.29	2.73
Ho	1.17	3.53	4.01	3.28	3.88	4.20	1.22	0.97	0.29	0.65
Er	3.91	11.55	12.92	10.55	12.56	13.34	4.37	2.79	0.94	1.70
Tm	0.63	1.83	2.22	1.86	1.97	2.15	0.70	0.55	0.18	0.27
Yb	4.17	12.92	15.74	13.77	13.98	14.96	5.20	3.18	1.19	1.81
Lu	0.62	1.88	2.47	2.08	2.07	2.34	0.81	0.60	0.21	0.25
ΣREE	43.88	123.11	140.67	114.83	122.41	128.68	90.51	118.09	78.91	178.02
LREE	24.12	61.30	68.42	54.32	57.66	55.98	67.53	99.94	72.99	166.26
HREE	19.76	61.81	72.25	60.52	64.75	72.70	22.98	18.15	5.92	11.76
LREE/HREE	1.22	0.99	0.95	0.90	0.89	0.77	2.94	5.51	12.33	14.14
La_N/Yb_N	0.60	0.50	0.46	0.42	0.46	0.42	1.90	5.37	9.37	17.36
La_N/Sm_N	1.01	0.75	0.74	0.71	0.80	0.70	1.98	3.89	3.36	6.08
Gd_N/Yb_N	0.61	0.66	0.64	0.60	0.57	0.65	0.62	1.09	1.04	1.69
Eu*	0.04	0.03	0.05	0.03	0.04	0.03	0.29	0.52	0.35	0.54

注：序号 1～8 为张天堂岩体；9～15 为天门山岩体；16～21 为九曲岭岩体；22～25 为紫金山岩体。

飞来体和边缘出现一系列断续的弧形推覆构造,老变质岩推覆于上古生界上三叠统、中-下侏罗统之上而被晚侏罗世南园组不整合覆盖。在隆起区的腹地出现一系列的构造窗,说明在东南沿海晚侏罗世大规模火山喷发前即中侏罗世前后发生过一次规模巨大的远距离推覆事件(李绪华、冯宗帜,2007),古太平洋板块向中国东南大陆的挤压已开始显现。在该阶段,整体上中国东南部大部分地区已处于东亚活动大陆边缘构造体制,正是由于180~145Ma B.P. 间,古太平洋板块朝东亚陆缘的 NW 向碰撞挤压(Engebretson et al.,1985),使得东亚大陆边缘的断裂和花岗岩多成 NE 向展布,同时也可能造成东西向南岭造山带的局部伸展。

2.5　燕山晚期晚阶段火山-侵入岩的地质地球化学特征

自侏罗纪以来燕山造山运动勾画了目前的地质形态,燕山早期花岗岩(晚侏罗世)主要产在华夏内陆,而燕山晚期花岗岩-火山岩(早白垩世)主要出露在东南沿海地区。大致可分为东南沿海和长江中下游两个分布区,近年来的大量同位素精准定年研究表明,在长江中下游地区受深大断裂控制的岩浆活动在 123Ma B.P. 已经结束(闫俊等,2003;薛怀民等,2010),而东南沿海地区受古太平洋板块俯冲影响的岩浆活动可能才刚开始。

如果说燕山早期中国东南部主要处在印支造山运动后的伸展环境,太平洋构造体系的影响开始显现的话,那么燕山晚期中国东部已开始受库拉板块向欧亚大陆北北西向俯冲的太平洋构造体系影响,尤其是燕山晚期(约 125Ma B.P.),由于受到古太平洋板块俯冲的影响,岩浆作用归因于板块汇聚速率的变化(Northrup et al.,1995),燕山晚期岩浆作用基本上局限在北东-南西走向的东南沿海岩浆带,其西部以政和-大浦断裂为界为华夏内陆带,东部以长乐-南澳断裂为界为长乐-南澳变质带(图 2.46)。燕山晚期岩石组合主要为浅成钙碱性 I 型花岗岩类,从花岗闪长岩到碱长花岗岩,随后为 A 型花岗岩和玄武-流纹双峰式火山岩(毛建仁、程启芬,1990,1999;Chen et al.,2000)。东南沿海区分布的燕山晚期火山侵入岩同位素年龄主要分为两个阶段:即 140~125Ma B.P. 和 125~81Ma B.P.,前者以呈面型分布的准铝高钾钙碱性英安岩-流纹岩和花岗岩类为主,后者又可以进一步细分为同造山阶段(125~110Ma B.P.),中钾深成高铝辉长岩、片麻状过铝质英云闪长岩-奥长花岗岩-花岗闪长岩组合(TTG);造山后阶段(110~99Ma B.P.),高钾 I 型浅成花岗岩类;非造山阶段(94~81Ma B.P.),以单个盆地形式出露的低钛双峰式玄武岩-英安岩、流纹岩、A 型晶洞花岗岩和基性岩脉群(Chen et al.,2004)。

鉴于燕山晚期早阶段(140~125Ma B.P.)以呈面型分布的准铝高钾钙碱性英安岩-流纹岩和花岗岩类也有较多论述和研究(陆志刚等,1997;王中杰等,1999;李文达等,1998;毛建仁等,1999;王德滋等,2002)本次研究重点阐述燕山晚期晚阶段岩浆活动的地质地球化学特征。尽管韧性剪切带的构造特征和动力学特征已有了详细的研究(Tong and Tobisch,1996;Wang and Lu,2000)。但是在岩浆作用与同期发生的韧性变形作用和糜棱岩化作用环境下,镁铁质和片麻质岩石的共生关系研究甚少。同时,该时期在韩国和西南日本等地也存在韧性剪切运动对先存岩石造成明显的糜棱岩化作用。因此,镁铁质岩和伴生片麻岩的地球化学、Sr-Nd 同位素特征研究,有助于揭示在碰撞构造环境下深部定位岩石的成因，进一步用以区分后造山期 I 型花岗岩类、非造山期 A 型花岗岩（Chen *et al.*，2000）以及华南晚侏罗世前的花岗岩（Chen and Jahn，1998）。加强中国东南部与日本和韩国等韧性剪切运动使先前岩石变形的对比研究，有助于解析中国东南部大陆边缘构造演化过程。

2.5.1　镁铁质岩石的地质特征和侵位时间

在长乐-南澳变质带有未变形的花岗岩类侵入，但仍以韧性变形作用和绿片岩-角闪岩相变质作用为特征的剪切带，导致以前存在和同时形成的火成岩发育强的片理和片麻理（Tong and Tobish，1996）。对于朝向俯冲带构造隆升事实，长乐-南澳变质带被认为是东南沿海岩浆岩带的变质核杂岩体，或者代表了燕山晚期同造山的产物（Chen *et al.*，2000）。根据这些变质岩的 $^{40}Ar/^{39}Ar$ 矿物年龄数据，从冷却速率估算出该变质核杂岩体在 130～110Ma B. P. 期间在不同地区的区域剥蚀速率为 1.3～0.8km/Ma（Chen *et al.*，2002）。

2.5.1.1　镁铁质岩石地质学

在长乐-南澳变质带，镁铁质侵入岩零星分布于马祖岛向南至东山一带，包括列华山、岱前山、青岚山、桃花山和东岳等地（图 2.46，表 2.17），这些镁铁质侵入体多与花岗质片麻岩（如英云闪长岩、奥长花岗岩和花岗闪长岩）和混合岩伴生。其接触关系相当复杂，青岚山露头为糜棱岩化韧性剪切带，表明是构造接触，岱前山的镁铁质岩为明显的堆晶层构造，以冷凝辉长岩为底部渐变成中粒辉长岩或闪长岩。在列华山，镁铁质岩主要呈岩株或岩墙产出或作为包体产在花岗闪长岩主岩中（Wang *et al.*，2002）。在东南沿海岩浆岩带，辉长岩（如宽山和上房）是在大体积 I 型花岗质杂岩体之前形成的（Pitcher，1997）。

2.5.1.2　镁铁质岩石侵位和变质作用时间

为了确定热事件的时间，给出锆石 U-Pb 和角闪石、黑云母 $^{40}Ar/^{39}Ar$ 年龄（表2.17）。角闪石和黑云母的封闭时间分别为 550±20℃ 和 300±30℃（Rollinson，1993），在一个侵入岩体中两个矿物年龄相似，表明经历了快速冷却，因此，可代表该热事件的时间，而镁铁质岩石仅根据角闪石年龄确定，缺少黑云母测年样品。从镁铁质岩中分离出的角闪石 $^{40}Ar/^{39}Ar$ 坪谱年龄，岱前山堆晶岩为 125.1±2.3Ma 和上房辉长岩为 105.2±1.9Ma，该结果与先前测得的长乐-南澳变质带辉长岩年龄数据（表 2.17）基本一致，表明基性岩浆通常在 130～110Ma B. P. 期间侵位（Chen *et al.*，2000），同时也测得平潭辉长石锆石 U-Pb 年龄为 115.2±1.2Ma，伴生片麻岩的角闪石和黑云母 $^{40}Ar/^{39}Ar$ 年龄分别为 114.8±1.3Ma 和 115.0±1.4Ma（表 2.5.2），这说明它们几乎同时经历了同期造山的岩浆活动和变质作用。长乐-南澳变质带中片麻岩和混合岩一些成对的角闪石和黑云母 $^{40}Ar/^{39}Ar$ 年龄差异很小（表 2.17）。莆田和高山的片麻岩基本上可确定形成年龄分别为 115Ma 和 110Ma。结合惠安附近两个片麻状花岗闪长岩的锆石 U-Pb 年龄（～130Ma，Li

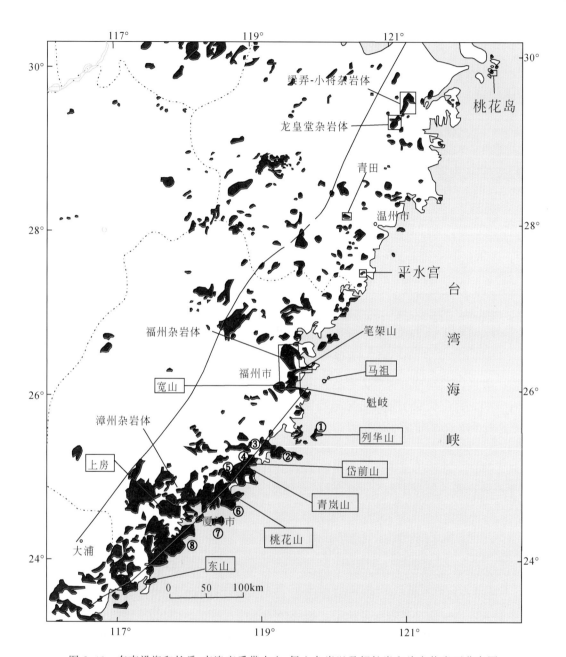

图 2.46　东南沿海和长乐-南澳变质带火山-侵入杂岩以及辉长岩和片麻状岩石分布图
图中方框代表辉长岩；数字代表片麻状岩石：①平潭；②高山；③莆田；④惠安；
⑤泉州；⑥晋江；⑦金门；⑧龙海。图中插入的方框为 A 型花岗岩

et al.，2003）与东山的年龄数据（121Ma，Tong and Tobisch，1996），可以得出结论，片麻岩的形成时间与镁铁质岩的侵入是同时的。莆田混合岩中角闪石^{40}Ar/^{39}Ar 年龄为 108.6±2.7Ma（Chen et al.，2002）与惠安糜棱岩中角闪石^{40}Ar/^{39}Ar 年龄（109.2±2.2Ma，Wang and Lu，2000）相似，其他混合岩的角闪石和黑云母^{40}Ar/^{39}Ar 年龄则较为

年轻；惠安为～102Ma，龙海为～92Ma，因此，混合岩化作用和糜棱岩化作用一定与晚阶段浅成侵入体的接触变质带有关。

表 2.17　中国东南部燕山晚期辉长质岩和伴生的片麻岩产地和同位素年龄表

序号	样品号	产地	岩相	规模/km²	年龄/Ma	方法	文献来源
前造山							
	km83	金门	片麻岩	20	139.4±0.4	U-Pb（Zr）	Yui *et al.*，1996
同造山							
	Fj920826	岱前山	角闪辉长岩	3.5	125.1±2.3	^{40}Ar/^{39}Ar（Hb）	Chen *et al.*，2004
	TSF01	上房	辉长岩	1	105.2±1.9	^{40}Ar/^{39}Ar（Hb）	Chen *et al.*，2004
	FJ9047	列华山	角闪辉长岩		131.2±0.6	^{40}Ar/^{39}Ar（Hb）	Yang *et al.*，1997
	ZK302-60	桃花山	石英辉长岩	4	106.5±0.2	U-Pb（Zr）	Xu *et al.*1999
	Pin4-5	平潭	角闪辉长岩	<10	115.2±0.2	U-Pb（Zr）	Dong *et al.*，1997
	FJ9501	平潭	片麻岩		114.8±1.3	^{40}Ar/^{39}Ar（Hb）	Yang *et al.*，1997
					115.0±1.4	^{40}Ar/^{39}Ar（Bi）	
	Pu1-4	惠安	片麻岩	1.5	131.0±0.5	U-Pb（Zr）	Li *et al.*，2003
	Pu2-1	惠安	片麻岩		129.9±0.8	U-Pb（Zr）	Li *et al.*，2003
	DS-25	东山	片麻岩		121.5±2.8	U-Pb（Zr）	Tong Tobisch，1996
	FJ05	高山	片麻岩		109.6±2.6	^{40}Ar/^{39}Ar（Hb）	Chen *et al.*，2002
					105.3±2.1	^{40}Ar/^{39}Ar（Bi）	
	FJ07	莆田	混合岩		108.6±2.7	^{40}Ar/^{39}Ar（Hb）	Chen *et al.*，2002
					106.7±2.6	^{40}Ar/^{39}Ar（Bi）	
	D58-7	惠安	糜棱岩		109.2±2.2	^{40}Ar/^{39}Ar（Hb）	
晚造山							
	km10-3	金门	花岗岩	1	100.9±0.5	U-Pb（Mn）	Yui *et al.*，1996
	km3	金门	片麻岩	20	100.2±0.9	^{40}Ar/^{39}Ar（Hb）	
					97.4±0.9	^{40}Ar/^{39}Ar（Bi）	
	FJ08	惠安	混合岩		102.4±2.5	^{40}Ar/^{39}Ar（Hb）	Chen *et al.*，2002
					101.4±2.5	^{40}Ar/^{39}Ar（Bi）	
	FJ17	龙海	混合岩		91.6±1.9	^{40}Ar/^{39}Ar（Hb）	Chen *et al.*，2002
					86.9±1.8	^{40}Ar/^{39}Ar（Bi）	

注：Hb 为角闪石；Qz 为石英；Zr 为锆石；Bi 为黑云母；Mn 为独居石。

2.5.2　矿物学和地球化学特征

2.5.2.1　矿物成分和地质测压结果

镁铁质岩通常由斜长石、角闪石、辉石和尖晶石组成，在一些样品中还具有少量橄榄石、黑云母和石英，高钙斜长石产在堆晶岩中，例如在列华山 $An=97\sim85$，岱千山 $An=92\sim86$ 和桃花山 $An=88\sim74$；贫钙斜长石（$An_{48\sim34}$）也可产在列华山其他辉长岩中，表明曾经历了强烈的结晶分异作用，宽山（$An_{93\sim83}$）的辉长岩具有堆晶结构。但上房（$An_{67\sim82}$）辉长岩没有明显的堆晶结构。

橄榄石仅产在宽山（$Fo_{79\sim77}$）和列华山（Fo_{68}）的镁铁质岩石中。除了在东岳仅发现有单斜辉石外，斜方辉石和单斜辉石在镁铁质岩中都有产出。斜方辉石类主要为紫苏辉石（宽山 $En=81\sim80$，其他地区 $En=72\sim65$）；而单斜辉石主要为透辉石（$Wo_{42}En_{43}Fs_{15}\sim Wo_{48}En_{40}Fs_{12}$）和少量普通辉石（宽山 $Wo_{30}En_{53}Fs_{17}$）。角闪石为钙量不同的钙质角闪石，有高 Al_{IV} 含量（$1.4\sim1.9$）的角闪石，其（$Na+K$）$_A\geqslant0.5$，而那些具有低 Al_{IV} 含量（$0.8\sim1.3$）的角闪石，其（$Na+K$）$_A<0.5$，分别相当于韭闪石质和浅闪石质角闪石。在列华山、桃花山和上房一些镁铁质岩石中发现有棕色云母。列华山的金云母 [Fe^{+2}/（$Mg+Fe^{+2}$）] 或者 $Fe'=17.4$，其他两个地区的黑云母 $Fe'=31.8\sim38.7$。磁铁矿含有 Cr_2O_3（$2.8\%\sim13.6\%$）和 Al_2O_3（$2.8\%\sim4.3\%$），它们交代了高价铁离子。根据 Powell 和 Powell（1977）的方法，上房辉石中共生磁铁矿和出溶钛铁矿给出平衡温度为 $465\sim430℃$，是亚固相线氧化作用的标志。

片麻状岩石多为灰色，主要由石英、榍石、钾长石、斜长石、黑云母和角闪石组成。在某些地方（如金门）钾长石为粉色并与白云母伴生，石英呈蠕虫状被包裹在斜长石中或与钾长石共生，斜长石和钾长含量因岩石类型而不同：英云闪长岩为 $An_{36\sim33}$、$Or_{91\sim99}$，奥长花岗岩为 An_{20}、$Or_{92\sim89}$，花岗闪长岩为 $An_{40\sim28}$、$Or_{96\sim90}$（Lan et al.，1997）。黑云母分为两组，英云闪长岩和奥长花岗岩为 $Fe'=51\sim57$，花岗闪长岩为 $Fe'=69\sim76$。钙质角闪石在片麻岩中普遍存在并与镁铁质岩具有相似的变化趋势，明显不同于东南沿海岩浆岩带主要火成杂岩体的花岗岩类中获得的角闪石。

花岗岩中角闪石的铝含量可作为压力计，但限制在石英、斜长石、钾长石，黑云母、榍石和 Fe-Ti 氧化物组合中（Hammerstrom and Zem，1986），使用 Schmidt（1992）地压计，测出一些样品的压力条件因岩石类型和构造单元不同而各异。长乐-南澳变质带角闪石以高铝含量为特征，平潭、高山和晋江花岗质片麻岩形成时压力为 $6.2\sim7.2$kb[①]，而惠安和莆田混合岩形成压力较低，约为 3.3kb，另外，东南沿海岩浆岩带火成杂岩体中深成岩体形成时估算压力更低，为 $0.6\sim2.1$kb。

---

① 1b=100kPa，下同。

2.5.2.2　主量元素、微量元素和 Sr，Nd 同位素

镁铁质岩石 SiO_2 含量变化范围较宽（$SiO_2 = 37.4\% \sim 53.7\%$），而与其伴生的片麻岩 SiO_2 含量变化范围较小（$SiO_2 = 60.7\% \sim 71.0\%$），与该地区其他晚中生代高钾岩系火成岩相比，它们属于中钾钙碱性系列（图 2.47），只有少量的长英质片麻岩属于高钾

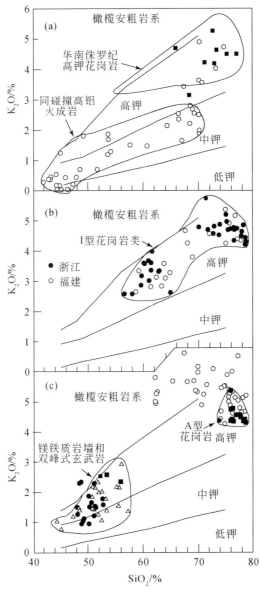

图 2.47　中国东南部前造山（a）、晚造山（b）和非造山（c）岩浆岩的 $K_2O\text{-}SiO_2$ 图

分布在侏罗纪高钾花岗岩区的变形岩石（a）是燕山早期岩浆作用的衍生产物，钙碱性岩石系列亚类划分界限据 Le Maitre，1989。图例：（a）实心方形为前造山 >130 Ma B. P. 花岗质片麻岩，空心圆为辉长岩和伴生的片麻状岩石；（b）、（c）实心圆为双峰式玄武岩，空心三角为基性岩墙，实心方形为 A 型花岗岩，空心圆为双峰式流纹岩。资料来源 Chen *et al.*，2004

钙碱性系列，这些长英质片麻岩可能代表了先前存在的花岗岩类，并经历了热变质作用。镁铁质岩的 Al_2O_3 含量高和镁含量低（$Al_2O_3 = 15\% \sim 26\%$，$MgO = 6\% \sim 8\%$），属于强分异的高铝辉长岩类（HAG_s）和堆晶岩。为了揭示 HAG_s 和伴生片麻岩的关系，计算出 CIPW 标准成分在 An-Ab-Or 图中显示（图 2.48），片麻岩属于过铝质英云闪长岩-奥长花岗岩-花岗闪长岩组合（TTG），它们可能来源于 Wolf 和 Wyllie（1994）定义的高铝玄武岩。

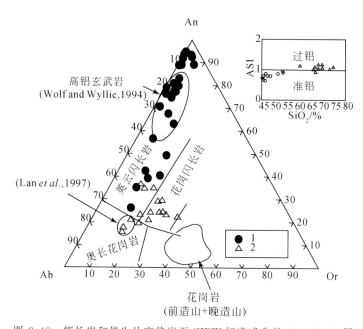

图 2.48 辉长岩和伴生片麻状岩石 CIPW 标准成分的 An-Ab-Or 图

1. 辉长岩；2. 片麻岩。为了比较，图中标出了前造山变形样品和晚造山未变形样品。当在右上角的 ASI-SiO₂ 图显示为铝饱和岩石时，片麻状岩石为英云闪长岩-奥长花岗岩-花岗闪长岩组合（TTG）

TTG 原始地幔标准化的多元素分配型式表明，在燕山晚期，甚至早燕山期造山运动时不同类型的花岗岩类出现不同的型式（图略）。从同造山阶段到非造山阶段 Ta、Nb 亏损程度系统降低，而 Ba、Sr、P、Eu 和 Ti 亏损程度系统增强，这表明与俯冲作用对钙碱性岩浆作用的影响较小，更多的是受到地壳组分的影响。前造山阶段岩石具有中等的 Ba、Nd、Sr、P 和 Ti 亏损，可与燕山晚期晚造山阶段岩石相比较。同样随时间推移 Sr/Y 值降低，前造山阶段岩石的 Sr/Y 值绝大部分与非造山阶段岩石相一致。

辉长质岩石和伴生的片麻质岩石经年龄校正的 Sr-Nd 同位素比值示于图 2.49。$\varepsilon_{Nd}(t)$ 值位于 $-4.4 \sim -1.3$ 范围内，辉长岩 $^{87}Sr_i / ^{86}Sr_i$ 通常为 0.706，伴生片麻质岩石具有类似的比值（$\varepsilon_{Nd}(t) = -4.9 \sim -2.3$），$^{87}Sr_i / ^{86}Sr_i = 0.705 \sim 0.707$，它们分布范围较小，与镁铁质岩墙的数值有叠复，这些辉长岩和 TTG 比在东南沿海岩浆岩带产出的较年轻的浅成侵入岩和火山岩以及华夏内陆晚侏罗世花岗岩更亏损。因此，Sr-Nd 同位素数据表明，辉长岩和片麻岩类极可能源自一个共同源区，明显不同于早期和晚期热事件的产物。

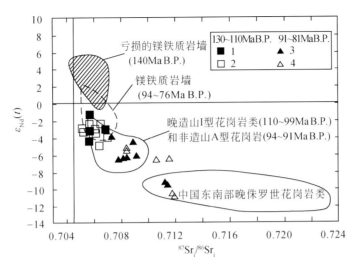

图 2.49　东南沿海岩浆岩带辉长岩和片麻状岩石的 $\varepsilon_{Nd}(t)$-$^{87}Sr_i/^{86}Sr_i$ 图

1. 辉长岩；2. 英云闪长岩-奥长花岗岩-花岗闪长岩；3. 玄武岩；4. 流纹岩。为了比较，将岩浆岩带
内晚白垩世浅成 I 型花岗岩类、A 型花岗岩和双峰式火山岩也在图中标出，资料据 Chen $et\ al.$，2000。
140Ma B. P. 和 94～76Ma B. P. 基性岩墙和晚侏罗世花岗岩类被用于限定地幔和地壳组成。
资料分别据 Li and McCulloh，1998；Chen $et\ al.$，2000；Chen and Jahn，1998

2.5.3　镁铁质岩石和片麻岩成因以及造山阶段的构造演化

2.5.3.1　辉长质和片麻质岩石的岩浆分异作用

根据稀土元素（REE）球粒陨石标准化模式图（图略），镁铁质岩石可分为两种类型，即辉长岩和堆晶岩，后者以 Eu 正异常为特征，包括宽山（KuSO1）底部辉长岩。一些辉长岩具有不同程度的结晶分离作用而变得更分异，从而具有较高的 REE 丰度。尽管多数镁铁质岩石显示出轻稀土富集型（LREE），但岱前山样品（如 FJ920826）亏损轻稀土，其全岩成分 Ti 和 P 含量高，Si、Ni 和 Cr 含量低，反映了长石对强分异型堆晶岩的影响较小。对于片麻岩类来讲，显示出与辉长质岩石相似的 REE 类型，只有大量长石的结晶分离作用才能解释样品正、负 Eu 异常的差异。

平潭岛辉长岩和伴生片麻岩类的 REE 模式图。这些岩石显示出 LREE 轻度略富集的平行曲线，岩石的 SiO_2 含量集中为 51.7%～60.7%，较基性岩石（如 FJ9406，$SiO_2=46.5\%$）REE 丰度较低，具有 Eu 正异常，而较分异岩石（如 FJ9401，$SiO_2=68.5\%$）REE 丰度较高，为 Eu 负异常。这种现象可以解释为岩浆来自同一源区经不同程度的部分熔融，随后又经历了较大程度的结晶分异作用，高的和低的 SiO_2 含量分别代表了分异岩石（FJ9401）和堆晶岩（FJ9406）。因此，上述情况可以证明一个地点的基性岩浆侵入可形成较大成分范围岩石组合。在莆田地区，辉长质和花岗质岩浆的大面积混合作用与地质年代学制约条件不一致（Xu $et\ al.$，1999），具有中性成分的长英质岩石可能来源于辉长岩并在岩浆分异期间经历了少量同化作用而形成的（Griffin $et\ al.$，2002）。

2.5.3.2　岩石地球化学和同位素特征

在燕山晚期造山期间，三个阶段岩石的地球化学和同位素特征明显不同。总体而言，早期辉长岩和伴生片麻状岩石以低 K，高 Al 和 Sr/Y，较亏损 Sr-Nd 同位素组分为特征，它们可分别归属于 HAGs 和 TTG。晚阶段岩石更富钾，甚至达到橄榄玄粗岩系，Ba、Sr、P、Eu、Ti 含量低和 Sr/Y 值低，Sr-Nd 同位素组分较富集。HAGs 和 TTG 的地球化学和同位素特征明显不同于广泛分布于华南早燕山期花岗岩类（如前造山岩石，图 2.47、图 2.49）。

为了评价俯冲作用对基性岩石源区的影响，用岩石成因的指标元素比值（如 Th/Nb 和 Zr/Nb 值）将华夏古陆内晚侏罗世镁铁质岩墙（140Ma B. P.）、晚白垩世基性岩（94～76Ma B. P.）与 HAGs 进行比较（图 2.50）。晚侏罗世和晚白垩世样品均来源于大陆岩石圈地幔（Li and Mccnlloch，1998；Chen *et al.*，2000），因此两者很难区分，而 HAGs 比这些岩石具有明显低的 Th 和 Zr，但与俯冲有关的指示元素 Nb 含量变化并不大，暗示 HAGs 不是在交代地幔楔或大陆岩石圈地幔中形成。用在角闪岩源区中是相容元素的角闪石和斜长石的 Th 和 Zr 分配系数（Rollinson，1993）计算可得出，化学成分类似于 140Ma B. P. 镁铁质岩墙的角闪质基性岩简单批式熔融能够形成 Th 和 Zr 含量低的岩浆（图 2.50）。

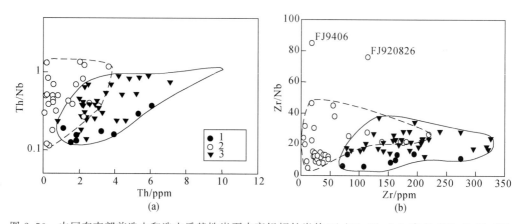

图 2.50　中国东南部前造山和造山后基性岩石中高铝辉长岩的 Th/Nb-Th（a）和 Zr/Nb-Zr 图（b）。
少量堆晶岩高的 Zr/Nb 值表明样品中 Zr 含量高。1. 镁铁质岩墙（140Ma B. P.）；
2. 高铝辉长岩（130～110Ma B. P.）；3. 基性岩石（94～76Ma B. P.）

尽管长乐-南澳变质带中 TTG 也显示出弧岩浆特征（Ta-Nb-Ti 亏损），但高 Sr/Y 值是在厚地壳环境中形成的 TTG 的主要特征（如在安第斯，Atheron and Petford，1993）。事实上，晚侏罗世岩石圈已受到古俯冲作用的影响，其产物就是中国东南部 140Ma B. P. 的镁铁质岩墙（Li and McCulloch，1998）。与中国东南大陆边缘早期和晚期火成岩有关的 HAGs 和 TTG 独特的地球化学特征表明，燕山晚期岩浆作用的开始或是同造山岩浆作用的开始就与挤压剪切作用期间岩石圈不断增厚相伴随（Brown and Solar，1999）。

2.5.3.3　各造山阶段形成的岩浆

同造山阶段形成的岩浆比较复杂，其片麻岩可以包括地幔熔融的侵入体、部分熔融的镁铁质残余、镁铁质岩浆和围岩间的混合作用，在剪切带韧性变形引起的交代变质作用和深部地壳的深熔作用（Pitcher，1997）。最近研究揭示来自下地壳玄武质岩浆底侵的转化热对花岗质岩浆的形成起到了重要作用（Bonin et al.，1998；Petford et al.，2000）。由于在长乐-南澳变质带中，基性侵入体是在温度＞900℃，深度为 18～24km 处定位（Huppert and Sparks，1988），这些侵入体将引起相邻地壳物质部分熔融形成长英质岩石，或引发热变质作用，或促使围岩就地熔融形成混合岩，但基本上规模都不大。

在长乐-南澳变质带中出露高铝辉长岩（HAG）和片麻状英云闪长岩、奥长花岗岩和花岗闪长岩（TTG）具有重要意义。依据时间顺序，这些岩石是在燕山晚期造山期间大规模长英质岩浆作用之前形成的，并主要沿走滑断裂产出。在地球化学成分上，它们具有较高的 Sr/Y 值而不同于普通的弧岩浆，但没有一个样品的含量高达埃达克岩那样（Martin，1999）。在北美 Klamath 和秘鲁安第斯 Cordillera Blanca 中也发现同造山的高铝辉长岩和英云闪长岩、奥长花岗岩（Acherton and Petford，1993）。这些岩石都具有在造山运动早期弧岩浆向富钠演化的趋势，是典型的远离俯冲带的科迪勒拉（Cordilera）造山特征。

高 Al 和弧岩浆富 Na 趋势的形成具有两种截然不同的过程，一种是残余相中有石榴子石的基性岩在高压条件下部分融熔而形成的（Johnson et al.，1997），另一种是在石榴子石角闪岩和榴辉岩条件下俯冲板块部分熔融形成的（Drummond et al.，1996）。在长乐-南澳变质带中，同造山期 HAG 和 TTG 代表了角闪岩的部分熔融，由于角闪石脱水，TTG 的形成温度为 650～800℃，压力为 3～5kb。根据 Wolf 和 Wyllie（1994）的实验，HAG 是相同源岩在温度为 900℃，压力为 5～10kb 时，高程度部分熔融形成的。当石榴子石作为角闪岩残余，熔体具有较高的 Sr/Y 值，这是由于有 Y 和 HREE 在石榴子石中滞留；而俯冲板片熔融需要强剪切应力条件，这就是为什么在俯冲早期或近火山前缘背景下有较多的类埃达克岩产出的原因。

这种模式要求下地壳先前存的基性残余作为熔融源区，华南地区广泛分布的晚侏罗世高钾钙碱性花岗岩类是在与伸展盆地共轭的大陆裂谷环境下形成的（Li，2000）。这种构造环境促使地幔上涌降压熔融，造成大量基性岩浆在下地壳基底定位，并引发地壳熔融形成伸展型花岗质岩浆（Bonin et al.，1998）。据此可推断，在燕山晚期造山运动前，就已有大面积基性岩浆在华夏古陆地壳中定位。在同造山碰撞期间，由于地壳增厚部分基性岩层变质为角闪岩。增厚地壳存在的直接证据是在麒麟地区（图 2.46）发现被晚古近纪玄武岩筒捕获的辉长质麻粒岩捕房体。这些捕房体的 Sm-Nd 等时线年龄为 112±18Ma（徐夕生等，1999）；估算辉长质麻粒岩捕房体可能在异常高压（15～17kb）的条件下平衡（Xu et al.，1999）。

在后造山期，岩石多为高钾钙碱性 I 型浅成侵入体，组成了东南沿海岩浆岩带的主要火成杂岩体。在该阶段岩浆作用持续时间约 12Ma，广泛分布的火成杂岩体被认为与岩石圈伸展和玄武质岩浆底侵作用有关（Chen et al.，2000）。随后，近地表 A 型花岗岩侵位以及 A 型和 I 型流纹岩与玄武岩交替互层喷发表明岩浆作用范围进一步扩大。总之，I 型和 A 型岩浆的生成不仅与干的源区有关，而且也受到不同地区岩石圈扩张程度的控制

(Chen *et al*.，2000)。

2.5.3.4　构造演化

为了解释阶段性火成岩的地球化学和同位素特征，提出了中国东南部构造演化模式。晚侏罗世，在华夏陆块以产出高钾钙碱性花岗岩类为主，伸展扩张环境造成玄武岩底侵定位 (Li，2000)。由于板块汇聚造成岩石圈增厚和下沉，使先存的底侵玄武岩变质为角闪岩。辉长岩和 TTG 岩体规模小，表明这些岩石是在典型的挤压环境下形成 (Vineresse，1995)。下地壳角闪岩在含水矿物脱水条件下部分熔融最初发生燕山晚期高铝岩浆作用，深部剪切带中角闪岩的部分熔融有利于高 Sr/Y 值岩石的形成。由于受板块俯冲的影响，在该阶段形成的 HAG 和 TTG 沿主要剪切带变质变形为片麻岩。岩石圈增厚的结果会导致岩石圈根拆离和拆沉 (Gvirtzman and Nur，1999)，也可造成岩石圈伸展和基性岩浆新的底侵 (Tuner *et al*.，1992)。这些底侵岩浆的热传导可引起中-下地壳部分熔融形成 I 型岩浆。I 型和 A 型花岗岩同位素特征的相似性可以证明它们来自同一源区。被玄武质底侵作用加热形成 I 型岩浆，萃取后的残留体经干的部分熔融是 A 型岩浆形成的主要机制。

燕山晚期岩浆演化的最后阶段被认为是由于岩石圈扩张程度增强导致 A 型岩浆和共生的玄武质熔体区域侵位和喷发，形成晶洞花岗岩、镁铁质岩墙和双峰式火山岩。I 型岩浆能同时形成是与岩石圈较小程度的伸展有关，当玄武质岩浆不再发生底侵作用时，整个燕山晚期岩浆作用也就停止了。

由此可见，中国东南部燕山晚期岩浆作用阐述为由俯冲引发的造山运动中岩浆演化旋回提供了一个很好的模式。角闪石地质测压和年代测定揭示了岩浆作用可分为早期的深成侵入作用和晚期的浅成侵入作用，反映了燕山晚期造山过程中由挤压到扩张的构造演化。挤压构造背景下 (130~110Ma B. P.)，岩浆作用形成 HAG 和 TTG 系列，岩浆沿韧性剪切带侵入到深部基底，使先前存在的火成岩热变质形成混合岩。高铝岩石在地球化学特征方面是 Sr/Y 值高、K_2O 含量低，类似于深部角闪岩脱水熔融的岩浆，后形成的长英质岩石 Sr 和 Nd 同位素组分更亏损，表明它们是起源于下地壳先前存在的基性岩层。

伸展构造初期 (110~99Ma B. P.)，岩石以高钾钙碱性 I 型花岗岩类为主，在经历短暂的间歇后，晶洞 A 型花岗岩 (94~91Ma B. P.) 和双峰式火山岩 (91~81Ma B. P.) 成为岩浆作用的主体，这些岩石中 Sr-Nd 同位素组分的普遍相似性表明，作为玄武质底侵作用的产物，长英质麻粒岩经历了从湿到干的递进熔融，相应地代表了 I 型和 A 型岩浆的形成。同时代镁铁质岩墙 (94~76Ma B. P.) 的普遍存在是玄武质底侵作用的证据，但它们在地球化学成分和同位素组成上已不同于 HAG，主要起源于岩石圈地幔。

可以用岩石圈拆离和拆沉作用来解释在岩石圈扩张背景下，燕山晚期岩浆作用在地球化学成分和同位素组成以及热负荷方面的变化。早白垩世古太平洋板块俯冲作用导致地壳增厚，促使在早燕山期 (侏罗纪) 伸展构造环境下侵位于下地壳的玄武质岩层变质成角闪岩。地壳增厚的结果是岩石圈产生拆离和拆沉，地幔上涌带来更多的热量通过玄武质底侵促使地壳物质发生广泛熔融，因此，形成的岩浆比在伸展构造环境有更浅部的侵位，直到岩石圈扩张变弱，造山岩浆作用停止。

第3章 中国东南部中新生代火山岩地质地球化学特征

3.1 中生代火山岩地质特征

中国东南大陆边缘中生代岩浆岩带沿海岸线呈 NE 向展布达 1100 余 km^2，其特点是构造岩浆活动规模大，持续时间长，从三叠纪延续到白垩纪。三叠纪火成岩零星出露于闽、粤、赣等省，包括闽西北和闽西南的焦坑组和文宾山组、粤东北的艮口群、赣中的安源组等，大多为海陆交互相的拉斑系列中性-中基性熔岩类及伴生的侵入岩类，且多缺乏近年来测定的高精度年代学数据，部分原划为晚三叠世的火山岩的时代可能属早侏罗世，加之仅零星出露，不作为本项目研究的重点。根据前人研究资料（陆志刚等，1997；陶奎元等，1998），并结合近年来最新研究成果，根据岩石组合、区域不整合面、时代、地层对比、矿床类型等将区域中生代火山活动划分为四期，对应地划分四个火山活动旋回（四套中生代火山岩系）（表 3.1）。

3.1.1 火山活动旋回特征和年代学格架

3.1.1.1 第Ⅰ火山活动旋回——早侏罗世（200～175Ma B. P.）

早侏罗世是中国东南部中生代早期较为强烈而集中的构造岩浆活动期，火成岩大致沿南岭纬向构造带呈 EW 向分布，分布局限于南岭东段，在赣南龙南、全南、定南、寻乌、安远，粤东北梅州兴宁与大埔，以及闽西南永定县等地均有分布，呈规模不等的若干火山盆地出露，个别呈层状基性超基性岩体产出；包括菖蒲组、藩坑组、嵩灵组、毛弄组，它们的形成时代主要集中于 200～175Ma B. P.，属早侏罗世，少量延续到中侏罗世初；属板内（裂谷）岩浆岩组合，其中火山岩以板内型拉斑玄武岩-流纹岩双峰式组合为特征，玄武岩厚度远大于流纹岩，与晚中生代双峰式火山岩组合以流纹质火山岩为主明显不同；侵入岩则出现层状基性—超基性岩体、钾长花岗岩、后造山 A 型花岗岩及过铝质花岗岩等，如赣南程龙地区花岗岩和辉长岩、寨背地区共生的 A 型花岗岩和车步辉长岩双峰式侵入岩组合等，详见 2.3。

3.1.1.2 第Ⅱ火山活动旋回——中-晚侏罗世（162～150Ma B. P.）

单一的中酸性火山岩，零星分布于闽东北、闽西南、赣南，形成于总体挤压局部拉张的构造环境。

表 3.1　华东地区岩石地层对比及构造事件序列表

火山旋回	地质年代	华北地区 — 皖北(及苏北)	大别山	北淮阳	苏中、南	皖中	皖南	赣东北	皖南(江南)	浙西北	赣中、南	闽西	闽中	闽东	浙东	粤东
IV	白垩纪 晚 99.6Ma B.P.	张桥组	张桥组／戚家桥组	邱庄组／新庄组（王氏群）	泰州组 赤山组	泰州组 赤山组	赤山组	圭峰群	小岩组 齐云山组	衢县组（衢江群）／金华组／中戴组（桐乡组）	圭峰群	赤石组 沙县组／均口组	石牛山组 石帽山群	石牛山组 寨下组	天台群 小雄组	叶塘组 南雄群 优胜组
	早 145Ma B.P.	青山群	下符桥组 晓天组	青山群	浦口组 娘娘山组／姑山组	浦口组 娘娘山组／姑山组	浦口组 娘娘山组／姑山组	赣州群 火把山群	徽州组 岩塘组	横山组 寿昌组 黄尖组 劳村组（建德群）	赣州群 火把山群	白牙山组 吉山组／坂头组	黄坑组	黄坑组 南园群	永康群 磨石山群	合水组 官草湖组
III	侏罗纪 晚 161.2Ma B.P.	莱阳群	白大畈组 毛坦厂组 凤凰台组／三尖铺组	莱阳群	大王山组 龙王山组 西横山组	大王山组 龙王山组 西横山组	西横山组	武夷群	石岭组 炳丘组	—	武夷群	兜岭群？	南园群	南园群（小溪组／赤水组三、四段／鹅宅组／长林组）	九里坪组 茶湾组 西山头组 高坞组 大爽组	高基坪群
II	中 175.6Ma B.P.			周公山组	北象山组	罗岭组	漳平组		洪琴组	渔浦洞组	罗坳组	漳平组 潘坑组／下村组	漳平组	南园组（社口剖面）（160～152Ma B.P.）	毛弄组	漳平组 桥源组
I	早 199.6Ma B.P.			防虎山组 园筒山组	钟山组	钟山组	水北组／多江组		月潭组	马涧组／王沙溪组	菖蒲组／龙潭坑组	犁山组	犁山组	犁山组	王沙溪组	金鸡组／嵩灵组

地层区（二级）：华北地区；扬子地区（下扬子分区、江南分区、湘桂赣分区）；东南地区（武夷-沿海地层分区）
地层分区（三级）：徐淮分区、大别山分区、下扬子分区、江南分区、湘桂赣分区、武夷-沿海地层分区

3.1.1.3　第Ⅲ火山活动旋回——早白垩世早期（143～117Ma B.P.）

分布最广、爆发强度最大、成矿最强烈，原下火山岩系，遍布全区，以双峰式火山活动开始，主体为酸性-中酸性火山岩，形成于143～117Ma B.P. 的拉张背景。

中国东南部燕山晚期（白垩纪）的岩浆活动产物主要分布在浙闽粤沿海地带，构成一个400km宽，2000km长的NE向火山-侵入杂岩带（Zhou *et al.*，2006；Chen *et al.*，2008），总体呈NE向分布于浙、闽、赣诸省，并向南一直延入广东。在余姚-丽水-政和及大埔-莲花山断裂以东呈连续的片状分布，几乎覆盖了全部基底，由强烈的、多中心、多期次岩浆活动产物互相叠置形成，是一套中酸性-酸性占绝对优势的高钾钙碱性火成岩组合，与下伏基底地层普遍存在区域性不整合（相当于燕山运动第Ⅰ幕的兰江运动）。其中，火山岩出露广泛，面积几乎是侵入岩的两倍，且厚度巨大，具有阶段性和旋回性，根据火山岩地质特征及火山地层之间的区域性不整合（相当于燕山运动第Ⅱ幕的闽浙运动），晚中生代火山地层可以划分为上、下两个火山岩系（陶奎元，1988，陶奎元等，1998；陆志刚等，1997；王中杰等，1999）。上、下两个岩系分别对应于第Ⅲ、Ⅳ两个火山活动旋回，之间普遍存在区域性不整合面（Zhou *et al.*，2006；陈荣等，2007）。其中下火山岩系分布更为广泛，浙江境内称磨石山群（浙东）和建德群（浙西），福建境内称南园组，广东境内称高基坪群。

3.1.1.4　第Ⅳ火山活动旋回——早白垩世晚期 K_{1-2}

火山活动整体较弱，局部强烈——雁荡山，原下火山岩系，以玄武岩-流纹岩双峰式组合及红层沉积为特征，常发育在早白垩世晚期断陷沉积盆地中，形成于117～85Ma B.P. 的拉张背景。

上火山岩系呈微角度不整合上覆于下火山岩系之上，以玄武岩-流纹岩双峰式组合及红层沉积为特征，常发育在早白垩世晚期断陷沉积盆地中，是区域拉张背景下的产物。在温州-镇海断裂带以东沿海地区，红盆极少发育，代之为与红层沉积同期或略晚期形成的巨厚的中酸性-偏碱性的火山岩，如浙东三门、临海、雁荡山及闽东德化石牛山等地，与之相对应的侵入岩，则是浙闽沿海一线的A型花岗岩带（晶洞花岗岩）。

与上、下火山岩系相对应的侵入岩，分别为高钾钙碱性-中酸性侵入杂岩和高钾钙碱性基性-酸性侵入杂岩，同时期的火山-侵入岩具有相同的岩浆源区（广东省地质矿产局，1985；陆志刚等，1997；李兼海等，1998）。

3.1.2　浙江中生代火山活动旋回特征

区内晚中生代火山岩属浙江省最为发育，研究程度亦最高，故以浙江为例来说明岩系-火山旋回-岩石地层（组）的对应关系。浙江中生代火山-沉积地层习惯上以绍兴-江山断裂为界，划分为浙东和浙西两个小区。本地区中生代火山活动缺失第Ⅱ旋回。

3.1.2.1 第 I 火山活动旋回

浙东南早中生代地层出露零星，新近确认的毛弄组火山岩提供了第 I 火山活动旋回的信息（陈荣等，2007）。

毛弄组为一套为含火山碎屑岩的陆相含煤沉积地层。以松阳毛弄煤矿区剖面较具代表性。该剖面可分为下、中、上三段：下段（0 层）为火山碎屑岩夹砂岩和煤层，其中火山岩累计厚度约 400m（不见底），接近本剖面总厚度的一半；中段（1～2 层）以砂砾岩、砂岩为主，夹碳质页岩、凝灰岩，并夹煤三层，见有植物化石；上段（3～6 层）以黄色含砾粗砂岩、砂砾岩及灰色纸状页岩为主，夹煤三层，含瓣鳃类及植物化石。最近陈荣等（2006）测得下部火山岩的 SHRIMP 锆石 U-Pb 年龄为 180Ma，结合其上部生物群组合面貌，将其定为早—中侏罗世，并认为可以和花桥组（枫坪组）及闽东梨山组对比（作者等的未刊资料）。结合普陀山石英闪长玢岩、东海陆架明月峰 1 井片麻状花岗闪长岩的同位素年龄值（167.2～171.3Ma），我们将这一旋回火山活动的时限定为早-中侏罗世，及 180～167Ma B.P. 左右。这三个地方的岩石皆为英安质（$SiO_2 = 64\%$），因此推断这一期岩浆活动以中酸性火山喷发和岩浆侵入为主。

赣南、闽西南与毛弄组时代相当，可同归为第 I 火山活动旋回的地层分别为菖蒲组和藩坑组。

3.1.2.2 第 III 火山活动旋回

第 III 火山活动旋回在浙东称磨石山群，浙西称建德群（表 3.1），系一套巨厚的火山岩夹沉积岩系地层，浙东、浙西可很好对比。如建德群下部劳村组和磨石山群下部大爽组，皆以空落相、火山碎屑流相、溢流相火山岩夹较多的沉积岩为特征，底部往往具较厚的沉积层，代表区域晚中生代火山活动初始至渐强阶段的产物；浙西黄尖组相当于浙东的高坞组和西山头组，以巨厚的火山碎屑流相或侵出相火山岩等为主，沉积夹层较少，代表区域火山活动高潮期产物；浙西寿昌组与浙东的茶湾组-九里坪组相当，均以沉积岩为主，间夹少量熔岩或火山碎屑岩，至上部则以熔岩为主，反映区域火山活动间歇并局部喷发的特征。据此，将下火山岩系划分为两个旋回：劳村-黄尖组（或大爽-高坞-西山头组）划分为 III₁ 火山亚旋回，寿昌组（或茶湾-九里坪组）划为 III₂ 火山亚旋回（邢光福等，2006）。

区域上大致与浙江劳村-黄尖期火山旋回相对应的岩石地层为：闽西南园-下渡组、闽东长林-赤水组、赣东北打鼓顶-鹅湖岭组火山岩、苏皖沿江带龙王山（部分大王山组）组火山岩等。

浙东下火山岩系称磨石山群，该群为一套巨厚的火山岩夹沉积岩系地层，自下而上分为五个组：

大爽组：以空落相、火山碎屑流相、溢流相火山岩夹较多的沉积岩为特征，底部往往具较厚的沉积层，且直接不整合在前中生代基底之上；

高坞组：整体上岩性单一，常为巨厚层状火山碎屑流相或侵出相（碎斑熔岩）火山岩；

西山头组：与大爽组类似；

茶湾组：常常为细粒火山碎屑沉积岩（沉凝灰岩），局部见熔岩；

九里坪组：岩性单一，常为流纹岩，局部有火山碎屑岩。

以上大爽组、高坞组和西山头组构成第 III$_1$ 亚旋回，同位素年龄值范围为 122～137Ma；茶湾组—九里坪组构成第 III$_2$ 亚旋回，同位素年龄值为 115～121Ma。各旋回都是以沉积-爆发相开始，以溢流相或侵出相结束，III$_1$ 和 III$_2$ 亚旋回又整体构成一个火山活动从初始到强盛再到衰退期的完整序列，故将其归为同一个岩系。下火山岩系对应的古生物群为建德生物群，在区域上亦具对比性。

3.1.2.3　第IV火山活动旋回

第 IV 火山活动旋回由早白垩世晚期—晚白垩世形成的河湖相沉积夹火山岩（基性-酸性双峰式）组成，主体为永康群-天台群（两群并列对比），分别以永康盆地和天台盆地为代表，浙西则为以金衢盆地为代表的衢江群组成。其中永康群自下而上分为馆头组、朝川组和方岩组，兹介绍如下：

馆头组：以杂色河湖相沉积为主，夹较多火山岩，火山岩往往构成玄武岩-流纹质火山岩双峰式组合，发育在断陷盆地中，构成盆地的底部地层，其下部常不整合于下火山岩系之上。

朝川组：为一套以滨湖-河湖相紫红色沉积碎屑岩为主，夹少量火山岩的红色岩系，是浙东红盆沉积的主体，厚度可达 2000 余 m。

馆头组与朝川组连续过渡，如永康盆地、丽水老竹盆地、新昌盆地和宁波盆地等，以永康盆地馆头村-朝川村剖面、新昌盆地镜岭剖面为典型。

方岩组：是一套灰紫、紫红色厚层块状砂砾岩和砾岩夹薄层粉砂岩或粉砂质泥岩，局部地方还夹火山岩，常构成"丹霞地貌"。方岩组往往与下伏的朝川组连续过渡，但在温州-镇海断裂以东地区几乎不发育，相当的层位为小雄组火山岩。

小雄组：系俞云文、翁祖山（1995）新建，相当于闽东的石牛山组（冯宗帜等，1991）。为一套偏碱性的火山熔岩、碎屑岩及次火山岩组合，大致相当于方岩组的中上部层位，与沿海一线最晚期侵位的 A 型花岗岩可大致可对比。

上述地层中，馆头组和朝川组火山岩构成一个火山旋回，即第 IV$_1$ 火山亚旋回，火山岩同位素年龄范围为 95～115Ma；小雄组火山岩构成第 IV$_2$ 火山亚旋回，相应的同位素年龄范围为 82～94Ma。第 IV$_1$，IV$_2$ 火山亚旋回构成上火山岩系，对应的生物群为永康生物群（浙西为衢江生物群）。上火山岩系普遍与下火山岩系之间以微角度不整合接触，表明白垩纪中期左右存在一区域构造事件，即"闽浙运动"，顾知微（2005）解释为相对浙西主体上升，浙东南的不均衡沉陷活动。

3.2　中生代火山岩的地球化学特征

中国东南部四套中生代火山岩系的地球化学特征可作一简要总结。

3.2.1　第 I 火山活动旋回（早侏罗世，200～175Ma B. P.）

在 TAS 图解 ［图 3.1（a）］ 中，中酸性岩样品主要落入流纹岩区内，少数落入粗面岩、英安岩-安山岩区，基性岩少数为碱性系列，多数为亚碱性系列。在 AFM 图解 ［图 3.1（b）］ 中，亚碱性系列酸性岩都落入钙碱性系列，基性岩基本上为拉斑系列。在原始地幔标准化的微量元素 "蛛网图"（图 3.2）上，酸性岩一致表现出大离子亲石元素（LILE）Cs、Rb、K 相对富集，Ba、Sr、Ti、P、Nb-Ta 等相对亏损。拉斑玄武岩 Nb、Ta、Ba、Sr、Zr、Hf 亏损，为轻稀土富集的缓倾斜的右倾式曲线。碱性玄武岩表现 Nb、Ta 富集，Zr、Hf 无异常。从稀土元素配分图来看（图 3.2），江西全南、龙南、定南、寻乌，福建永定、上杭及广东梅州等地的早侏罗世中基性火山-侵入岩，具有一致的稀土配分模式，配分曲线总体为右倾，显示弱的 Ce 负异常，显示（或不显）弱的 Eu 正异常，稀土元素总量较高，轻重稀土分馏明显。指示它们经历了分异演化或部分熔融成因。同一地点或同一剖面上的基性岩和中性岩，配分曲线亦一致，表明两者同源。除个别特殊样品外，各地样品的配分曲线几乎可以重叠，显示它们不仅属于同一期火山喷发产物，而且具有相似的岩浆来源及成因演化。

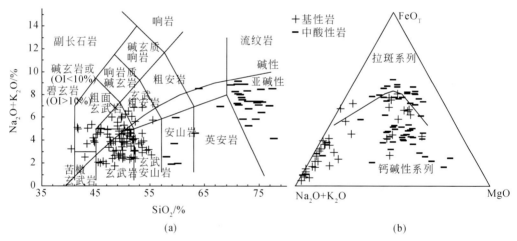

图 3.1　第 I 活动旋回火山岩的 TAS 图解（a）（Le Bas *et al.*，1986）
和（Na_2O+K_2O）-FeO_T-MgO 图解（b）（Irvine and Baragar，1971）

3.2.2　第 II 火山活动旋回（中-晚侏罗世，162～150Ma B. P.）

岩石 SiO_2 和 MgO 分别为 56.3%～76.7% 和 0.73%～3.47%，且具有较高的 Al_2O_3 含量（16.7%～19.0%）。在 TAS 图解 ［图 3.3（a）］ 中，大多数样品均落入流纹岩和安山岩区域，少数落入英安岩、粗面岩和粗安岩区域，都为亚碱性系列，在 SiO_2-K_2O 图解 ［图 3.3（b）］ 中，样品大多数落入高钾钙碱性钙碱性区，少数落入钾玄岩区。Al_2O_3 含量高，总体为强过铝质。

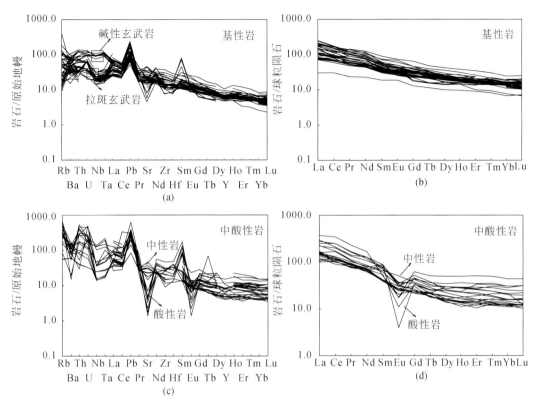

图 3.2　第 I 活动旋回火山岩的微量元素原始地幔标准化蛛网
图和球粒陨石标准化稀土元素配分图

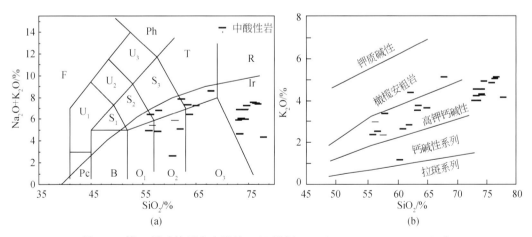

图 3.3　第 II 活动旋回火山岩的 TAS 图解（a）（Le Bas *et al.*，1986）和
K$_2$O-SiO$_2$ 图解（b）（Irvine and Baragar，1971）

R. 花岗岩；O$_3$. 花岗闪长岩；O$_2$. 闪长岩；O$_1$. 辉长闪长岩；B. 辉长岩；Pc. 橄榄岩-辉长岩；T. 石英二长岩
-正长岩；S$_3$. 二长岩；S$_2$. 二长闪长岩；S$_1$. 二长辉长岩；Ph. 似长石正长岩；U$_3$. 似长二长正长岩；U$_2$. 似长
二长闪长岩；U$_1$. 橄榄辉长岩；F. 似长深成岩

在原始地幔标准化蛛网图（图 3.4）中，所有的样品显示出大离子亲石元素富集、高场强元素亏损，具有明显的 Nb、Ta 和 Ti 的亏损，Eu 无异常或者不明显，明显不同于 MORB、OIB 和板内玄武岩。与 MORB、OIB 和 CFB 相比，三种岩石具有非常低的 Nb/La 和高的 Ba/La 值。在 Ba/La-Nb/La 图解中，与造山带的安山岩一致。另外，所有的样品具有与岛弧火山岩相似的高 Ba/Nb、La/Nb 值。

在球粒陨石标准化稀土分配模式图（图 3.4）上，所有样品的稀土配分型式总体一致，显示 LREE 相对富集，HREE 相对亏损，为轻稀土富集的缓倾斜的右倾式曲线。显示出相同的轻稀土富集（La/Sm＝2.87～4.75）的配分模式，具有中等 Eu 负异常（Eu/Eu＊＝0.66～0.83）。

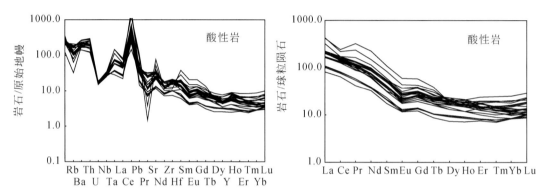

图 3.4　第 II 活动旋回火山岩的微量元素原始地幔标准化蛛网
图和球粒陨石标准化稀土元素配分图

3.2.3　第 III 火山活动旋回（早白垩世早期，143～117Ma B. P.）

在 TAS 图解［图 3.5（a）］中，酸性岩大多数样品均落入流纹岩区域，少数落入英安岩、粗面岩、安山岩和粗安岩区域，都为亚碱性系列，在 AFM 图解［图 3.5（b）］中，样品大多数落入高钾钙碱性区，少数落入钾玄岩区。Al$_2$O$_3$ 含量高，总体为强过铝质；基性岩样品落入玄武岩和粗面玄武岩区域，多数为碱性系列。亚碱性系列样品落入钙碱性区。

在原始地幔标准化蛛网图（图 3.6）中，酸性岩所有的样品显示出大离子亲石元素富集、高场强元素亏损，具有明显的 Nb、Ta 和 Ti 亏损和 Th、U 的富集，基性岩也表现为 Nb、Ta 轻微负异常。

在球粒陨石标准化分配模式图（图 3.6）上，酸性岩所有样品的稀土配分型式总体一致，显示 LREE 相对富集，HREE 相对亏损，为轻稀土富集的缓倾斜的右倾式曲线，铕异常明显。基性岩所有样品的稀土配分型式总体一致，显示 LREE 相对富集，HREE 相对亏损，为轻稀土富集的缓倾斜的右倾式曲线，铕异常不明显。

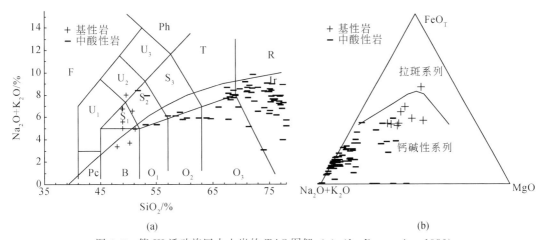

图 3.5 第 III 活动旋回火山岩的 TAS 图解 (a)(Le Bas *et al.*, 1986)

和(Na₂O+K₂O)-FeO_T-MgO 图解 (b)(Irvine and Baragar，1971)

R. 花岗岩；O₃. 花岗闪长岩；O₂. 闪长岩；O₁. 辉长闪长岩；B. 辉长岩；Pc. 橄榄岩-辉长岩；T. 石英二长岩-
正长岩；S₃. 二长岩；S₂. 二长闪长岩；S₁. 二长辉长岩；Ph. 似长石正长岩；U₃. 似长二长正长岩；U₂. 似长二
长闪长岩；U₁. 橄榄辉长岩；F. 似长深成岩

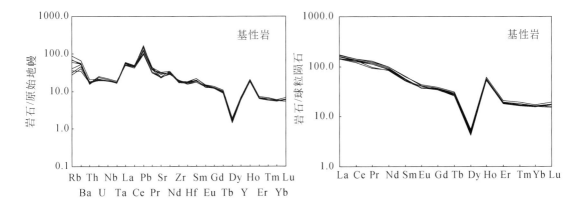

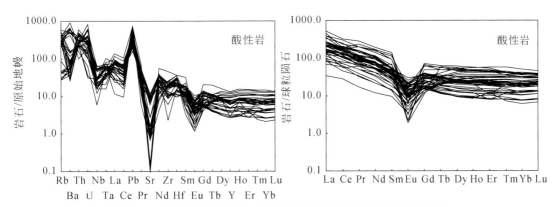

图 3.6 第 III 活动旋回火山岩的微量元素原始地幔标准化蛛网图

和球粒陨石标准化稀土元素配分图

3.2.4　第Ⅳ火山活动旋回（早白垩世晚期，117～85Ma B. P.）

在 TAS 图解［图 3.7（a）］中，酸性岩大多数样品均落入流纹岩区域，少数落入英安岩、安山岩和粗安岩区域，都为亚碱性系列，在 AFM 图解［图 3.7（b）］中，样品大多数落入高钾钙碱性钙碱性区，少数落入钾玄岩区，Al_2O_3 含量高，总体为强过铝质；基性岩样品落入玄武岩、粗面玄武岩、玄武粗安岩、玄武安山岩区域，多数为碱性系列。

在原始地幔标准化蛛网图中（图 3.8），酸性岩所有的样品显示出大离子亲石元素富集和 Nb、Ta、Ti 的亏损，基性岩基本上与酸性岩一致。

在球粒陨石标准化分配模式图（图 3.8）上，酸性岩所有样品的稀土配分型式总体一致，显示 LREE 相对富集，HREE 相对亏损，为轻稀土富集的缓倾斜的右倾式曲线，铕异常轻微。基性岩所有样品的稀土配分型式总体一致，显示 LREE 相对富集，HREE 相对亏损，为轻稀土富集的缓倾斜的右倾式曲线，铕异常不明显。

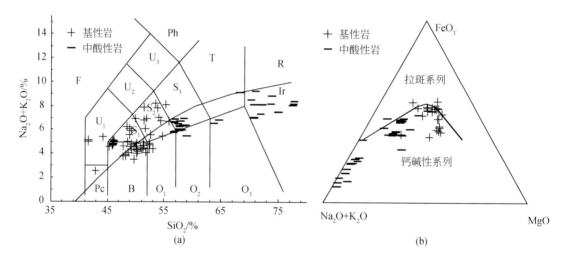

图 3.7　第Ⅳ活动旋回火山岩的 TAS 图解（a）（Le Bas *et al.*，1986）和

（Na_2O+K_2O）-FeO_T-MgO 图解（b）（Irvine and Baragar，1971）

R. 花岗岩；O_3. 花岗闪长岩；O_2. 闪长岩；O_1. 辉长闪长岩；B. 辉长岩；Pc. 橄榄岩-辉长岩；T. 石英二长岩-正长岩；S_3. 二长岩；S_2. 二长闪长岩；S_1. 二长辉长岩；Ph. 似长石正长岩；U_3. 似长二长正长岩；U_2. 似长二长闪长岩；U_1. 橄榄辉长岩；F. 似长深成岩

总体而言，浙闽沿海白垩纪火山-侵入杂岩均具有相似的稀土元素特征，如富集轻稀土元素，轻、重稀土分异明显，配分曲线总体右倾等；并具有一定的变化规律：表现为稀土元素总量（ΣREE）随岩石酸性程度增加而相应增高，基性程度高的辉长岩 ΣREE 为51.9～55.8ppm，玄武岩、安山岩 ΣREE 略高，但普遍地小于流纹岩、英安岩及相应的火山碎屑岩，如玄武岩类的 ΣREE 大都在 90～200ppm，中酸性-酸性火山岩大都在 150～250ppm，但不同地层组之间岩性相同或相似的火山岩之稀土总量没有明显的差别，表明随着岩浆的演化，稀土元素日趋富集。

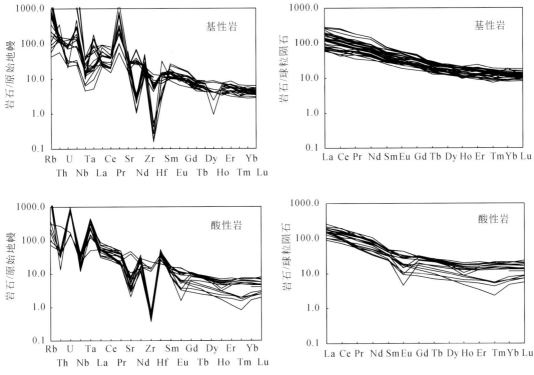

图 3.8　第 IV 活动旋回火山岩的微量元素原始地幔标准化蛛网图和球粒陨石标准化稀土元素配分图

　　稀土元素经球粒陨石标准化的配分图直观地反映了上述特征（图 3.9），下火山岩系的酸性岩具明显的 Eu 亏损形态，而上火山岩系中与玄武岩伴生的流纹质火山岩 Eu 亏损不明显，配分型式与玄武岩一致，表明幔源基性岩浆对中酸性岩浆稀土元素组成的影响。此外，酸性程度较高的岩石，轻稀土分馏更强，重稀土分馏却降低，且重稀土总量明显增加，指示中酸性岩浆来源于地壳部分熔融，同时暗示偏中性岩石可能有较多的幔源组分加入。

3.2.5　Sr-Nd 同位素特征

　　将第 III 和第 IV 活动旋回火山岩的 Sr-Nd 同位素数据综合于表 3.2，显示研究区火山-侵入岩总体显示"富集的" Sr，Nd 同位素组成特征，各样品间的变化范围较大，且下火山岩系（及相应的侵入岩）与上火山岩系（及相应侵入岩）之间存在系统差异。其中下火山岩系酸性岩类 $^{87}Sr_i/^{86}Sr_i$ 变化范围为 0.7084～0.7105（平均 0.7095），明显高于上火山岩系酸性岩类（0.7057～0.7090，平均 0.7076）；下火山岩系基性岩类 $^{87}Sr_i/^{86}Sr_i$ 变化范围为 0.7062～0.7106（平均为 0.7088），同样高于上火山岩系基性岩类（0.7055～0.7099，平均 0.7072），这反映上、下火山岩系岩石的源区成分明显有别，壳幔作用随时

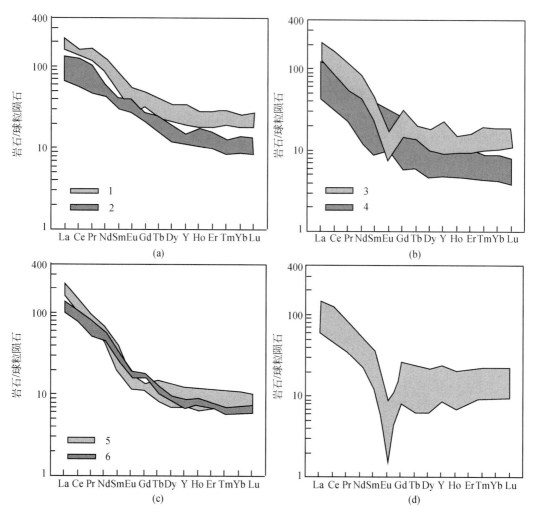

图 3.9 浙闽沿海代表性火山-侵入杂岩的稀土元素配分图

（a）上火山岩系；（b）下火山岩系；（c）中酸性侵入岩；（d）酸性侵入岩（钾长花岗岩）。其中，1、3. 酸性火
山岩；2、4. 基性火山-侵入岩；5. 二长花岗岩；6. 石英闪长岩、闪长岩。曲线范围据陈荣，2001；Xing *et al.*，
2004 和邢光福等，2004① 综合，原始数据及图件备索

间增强，酸性岩中的幔源组分增加，基性岩类的地幔源区趋于更富集，或酸性与基性岩浆
之间的混合程度增强。

Nd 同位素组成大体表现出与 Sr 同位素组成较为一致的变化规律，即 $^{143}Nd_i/^{144}Nd_i$ 值
普遍较低，且变化范围较宽，最低为 0.511941（流纹质熔结凝灰岩），最高达 0.512271
（石英闪长岩）；$\varepsilon_{Nd}(t)$ 值均为负值，变化范围也较大（−10.5～−3.54）。同样，上、下
火山岩系之间 $\varepsilon_{Nd}(t)$ 值也存在系统差异，其中下火山岩系酸性 $\varepsilon_{Nd}(t)$ 值为−10.5～
−7.18（平均−8.7），基性岩为−9.3～−4.7（平均−7.5），而上火山岩系酸性岩相应值

---

① 邢光福等，2004，1∶25 万嵊县幅区域地质调查报告。

为 $-7.3\sim-2.54$（平均 -6.1），基性岩为 $-8.04\sim-0.49$（平均 -5.08）。上述 Nd 同位素特征同样反映，壳幔作用随时间增强，上火山岩系物质组成中幔源组分呈增加趋势。在 $^{143}Nd_i/^{144}Nd_i$-$^{87}Sr_i/^{86}Sr_i$ 相关图（图 3.10）上，研究区白垩纪火山-侵入杂岩投影点均落入第四象限中下部，并大致显示平行于 X 轴的趋势，其中下火山岩系样品投影点的分布范围更靠近右下方，反映其幔源组分所占比例低于上火山岩系。

表 3.2　浙闽沿海白垩纪火山-侵入岩 Sr-Nd 同位素组成特征

岩系	岩石类型	$^{87}Sr_i/^{86}Sr_i$	$\varepsilon_{Nd}(t)$
上火山岩系 （及相应侵入岩）	玄武岩/辉长岩	$0.7055\sim0.7099$	$-8.04\sim-0.49$
	流纹岩/花岗岩	$0.7057\sim0.7090$	$-7.3\sim-2.54$
下火山岩系 （及相应侵入岩）	玄武岩/辉长岩	$0.7062\sim0.7106$	$-9.3\sim-4.7$
	流纹岩/花岗岩	$0.7084\sim0.7105$	$-10.5\sim-7.18$

注：据已发表资料综合，主要参考文献：陈江峰等，1992，1998；俞云文等，1993，2001；王德滋等，1994；Lapierre，1997；陈荣等，1999；杨祝良等，1999；周金城等，2005。

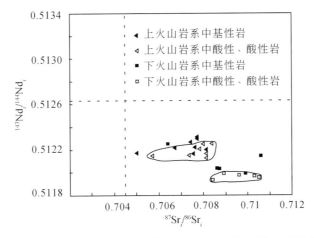

图 3.10　浙闽沿海白垩纪火山岩 $^{143}Nd_i/^{144}Nd_i$-$^{87}Sr_i/^{86}Sr_i$ 相关图
数据来源同表 3.2

3.3　中新生代玄武质岩石的地质特征

3.3.1　中新生代玄武质岩石的时空分布特征

3.3.1.1　东南大陆

东南大陆中新生代岩浆活动大致经历了三个阶段［图 3.11（a）］：初期（中侏罗世早期）、高潮期（早白垩世）、末期（中新世至更新世）。中侏罗世早期，约 200Ma B.P. 之后，岩浆活动开始在内陆地区发生，随时间的推移，这一岩浆活动的规模逐渐增大，岩浆岩的产出量越来越多，并在早白垩世期间（140～97Ma B. P.）于浙闽沿海一带达到岩浆活动的高潮，此后，岩浆活动的规模逐渐减小，在东南沿海一带于中新世—更新世期间（23～1.6Ma B. P.）较集中地产出小规模玄武岩类之后，东南大陆的岩浆活动趋于平静。

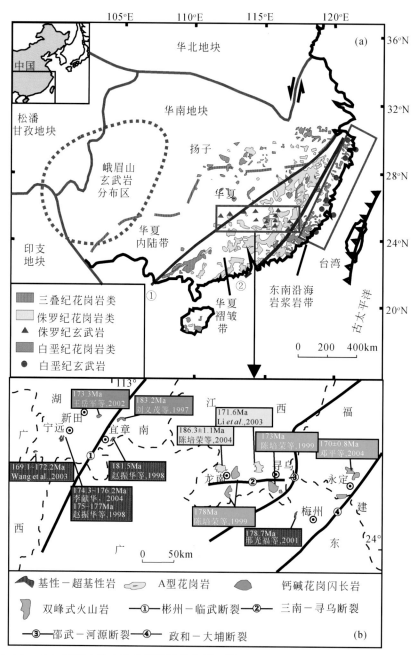

图 3.11　（a）东南大陆中生代岩浆岩分布图（据 Zhou *et al.*，2006；Li and Li，2007；Chen *et al.*，2008；经修编）和（b）东南大陆燕山早期（180～170Ma B. P.）岩浆岩活动分布图

在东南大陆中新生代岩浆活动在这三个关键性时期（侏罗纪早期、白垩纪和中新世—

更新世）均有玄武质岩浆活动。

（1）侏罗纪早期

玄武质岩石在东南大陆产出较少，且其分布地点主要在内陆的湘、赣两省及粤、闽两省的内陆地区，此外，该时期还有较多玄武质侵入岩和岩脉形成，它们也分布在上述地区，但其产出年龄一般要比玄武岩稍晚。值得注意的是，在早—中侏罗世（$180 \sim 170$Ma B.P.），有较多玄武质岩石集中产出，并在湘南、赣南、闽西南等多处地点均有分布［图3.11（b）］。实际上，在同一时期，东南大陆内陆除产出一定数量的玄武质岩石外，还形成了不少分布于赣南及闽西南地区的双峰式火山岩、正长岩、A 型花岗岩和高钾钙碱性花岗闪长岩类，这四类岩石共同构成了中侏罗世早期呈近 EW 向分布的火山-侵入岩带。在随后的 $170 \sim 140$Ma B.P.，中侏罗世晚期及晚侏罗世，东南大陆产出的玄武质岩石仍集中在内陆地区，但数量明显减少，且分布地点无明显规律。其中，发生于约 169 和 168Ma B.P. 的玄武质岩浆活动似可视为中侏罗世早期基性岩浆活动的延续，之后的玄武质岩浆活动主要集中在 $150 \sim 140$Ma B.P.，且多为侵入活动。与这一时期本区微弱、零星的玄武质岩浆活动形成鲜明对比的是，中酸性及酸性岩浆在同时期发生了较大规模喷出、侵入活动，它们多沿 NE-NNE 向发生，并基本上集中产出在赣江断裂和政和-大埔断裂之间，在东南沿海地区则不见明显的发育（毛建仁，1994；尹家衡、黄光昭，1997；Zhou and Li，2000）。

（2）白垩纪

在早白垩世期间（$140 \sim 97$Ma B.P.），玄武质岩石在东南沿海及内陆的多处地点均有产出。其中，在 $140 \sim 120$Ma B.P.，仍有不少玄武质岩浆活动发生在内陆地区，例如，赣西北上高玄武岩（137Ma B.P.，彭头平等，2004）和湘东弱蕉溪岭煌斑岩脉（136.6Ma B.P.，贾大成等，2002）等。而在约 $120 \sim 97$Ma B.P.，玄武质岩浆活动已多发生在沿海地区，并主要集中在浙、闽两省［图3.11（a）］。同时可看出，在早白垩世，沿海一带出露喷出岩明显多于侵入岩，而内陆地区则相反。至晚白垩世，玄武质岩浆的活动特征再次发生明显改变，其中，在沿海地区已基本无玄武质岩石产出，而内陆地区的赣、湘等省的多处地点仍有玄武质岩浆活动，除形成玄武岩外，还形成了不少岩脉。此外，与前一时期相比，晚白垩世时期的中国东南大陆玄武质岩浆活动趋于衰弱，这与岩浆活动的总体趋势相符合。晚白垩世的玄武质岩浆活动集中在约 $95 \sim 80$Ma B.P. 的时期内，自 80Ma B.P. 至白垩世结束（约 65Ma B.P.），东南大陆没有代表性的玄武岩或基性侵入岩产出，而同时期酸性岩的产出也逐渐减少并最终在新生代消失（胡受奚、赵乙英，1994）。

（3）中新世—更新世

早期（中新世之前）东南大陆仍不断有玄武岩类生成，但数量稀少（胡受奚、赵乙英，1994）。广西平南地区的玄武岩是这一时期最早的玄武岩，年龄约为 50Ma，至中新世之前，玄武岩浆的活动较少且分散（孔华等，2000）。而自 20Ma B.P.（中新世）至更新世期间，浙、闽、粤等沿海地区开始新一轮较频繁的玄武质岩浆活动，均在 NE-NNE 向断裂处或其附近喷出，没有岩浆侵入活动（刘若新等，1992；邓晋福等，1993；胡受奚、赵乙英，1994；毛建仁，1994）。全新世玄武质岩浆活动迁移至雷琼地区和台湾。由于东南大陆新生代时期的岩浆活动基本均为玄武质岩浆活动，意味着自晚中生代以来发生的漫长岩浆活动在该时期最终消失。

3.3.1.2　台湾地区

Juan 等（1986）曾就台湾各地所产出的主要玄武岩类，依据其主量、微量元素之特征分为三类，并各自受到不同构造域的控制：①东部的玻璃质和相关的玄武岩，属于洋壳部分，包括整个海岸山脉、绿岛、兰屿与及小兰屿；②西部的碱性和拉斑质玄武岩，产生于大陆岩石圈之下，由西南向东北可分成三大区域，即澎湖群岛、关西-竹东和角板山地区以及公馆附近地区；③北部的高铝、碱长石质和白榴质玄武岩，源自俯冲带的地幔楔，分布在大屯火山群、基隆火山群、观音山、草岭山和东北群岛（如彭佳屿、棉花屿、黄尾屿和龟山岛）。因此从地球化学的观点，台湾的玄武岩可分成东部、西部及北部三大火成岩省（图 3.12）。

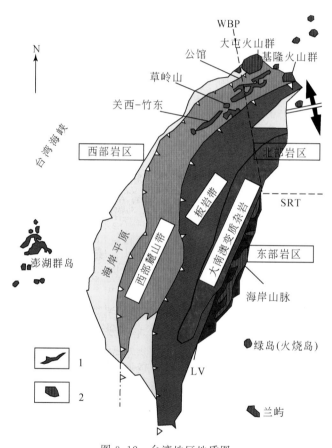

图 3.12　台湾地区地质图
1. 板内玄武岩；2. 与岛弧相关的火成岩

综合已有的定年结果显示，西部澎湖群岛的花屿曾受到强烈热水交换作用的岩石年代最老（65～56Ma B. P.），而其他西部岩区主要的喷发时代为中新世（23～9Ma B. P.），特别是集中在 23～20Ma B. P. 及 10～9Ma B. P. 两个高峰期。北部岩区安山岩的喷发限于上新世后期至更新世（2.8～0.1Ma B. P.），相较之下东部岩区安山岩火山作用持续时间较长，自中新世到更新世都有记录（25～0.2Ma B. P.）。

3.3.2　中新生代玄武质岩石的岩石学特征

中国东南大陆中、新生代玄武岩类在不同阶段的岩性、出露规模及伴生岩类等地质学特征也有显著差异。其中，中侏罗世早期产出含丰富深源包体的碱性玄武岩和不含包体的拉斑玄武岩（赵振华等，1998；Wang et al.，2003）。同时，流纹岩类也有产出，并和同时期的部分玄武岩构成双峰式火山岩组合（许美辉，1992；陈培荣等，1999）；在该时期所产出的全部岩浆岩中，基性岩的产出比例较高，而酸性岩的产出不占明显优势（陶奎元等，1998；陈培荣等，2002）；随后，由中侏罗世晚期至早白垩世结束，东南大陆岩浆活动均以大量、广泛的酸性岩浆活动为主，而基性岩浆活动很少。这一阶段产出的各种岩浆岩属拉斑和钙碱性系列（毛建仁等，1994；谢家莹等，1996；Zhou et al.，2000），其中的玄武岩均不含包体，并基本与大量酸性岩类伴生，构成了富有特色的、具低产出比例的双峰式火山-侵入岩组合（俞云文等，1993；邢光福等，1993；Xu et al.，1999），同时，在浙、闽沿海少数地点可见基性岩类与中性及酸性岩类共生，则构成含中性岩火山岩组合（或称复合岩流，王德滋等，1994；周金城等，1994；薛怀民等，2001）。至新生代，东南大陆岩浆活动不再产出花岗岩类及流纹岩类，而基本为碱性玄武岩或拉斑质玄武岩，其中，在碱性玄武岩中可见丰富的幔源包体，而在拉斑玄武岩中则难以见到各种包体，上述特征以沿海一带中新世—更新世所产出的玄武岩最为典型（刘若新等，1992；陈道公、张剑波，1992；胡受奚、赵乙英，1994）。

台湾北部主要的岩性为辉石和角闪石安山岩，并有少量岛弧玄武质岩如高铝玄武岩、碱长质玄武岩和白榴质玄武岩。台湾东部的海岸山脉大部分由安山质岩石构成，是为都銮山层。海岸山脉以南的绿岛、兰屿及小兰屿等岛屿其岩性与都銮山层相似，但是岩石喷发的时代则年轻许多。除安山岩以外，海岸山脉的利吉层中夹有许多大小不一的各类火成岩块，包括超基性岩、辉长岩、辉绿岩、斜长花岗岩、粗粒玄武岩和枕状玻璃质玄武岩，组合成所谓的蛇绿岩套，故称为东台湾蛇绿岩系（ETO，Liou et al.，1976）。台湾西部的岩石各类主要分成碱性玄武岩和拉斑玄武岩，前者可再细分为似碧玄岩、碱性橄榄岩和方沸石煌斑岩。此外澎湖群岛和关西-竹东的碱性玄武岩经常发现挟有高压伟晶岩、下地壳和上地幔的捕虏体。

3.4　中新生代玄武质岩石的地球化学和源区特征

3.4.1　中新生代玄武质岩石的地球化学特征

玄武质岩石根据地球化学性质大体可分为三大岩石系列：碱性玄武岩系列、拉斑玄武岩系列和钙碱性玄武岩系列。在全碱- SiO_2（TAS）图［图 3.13（a）］上，新生代玄武岩和早侏罗世湘南宁远地区玄武岩投影点落在碱性玄武岩范围内，东南大陆内陆华夏内陆与褶皱带的玄武岩大部分集中在亚碱性玄武岩范围内，东南沿海白垩纪玄武岩跨骑到碱性与亚碱性之间。考虑到 K、Na 等较活泼的碱金属元素在蚀变过程中可能会对岩石产生的影响，我们选择一些在蚀变过程中不活泼的元素（Ti、Zr、Y、Nb）做进一步的判别。在（Zr×10000）/TiO_2- Nb/Y 判别图 [图 3.13（b）] 上，碱性与亚碱性样品有了明显的区分。运用AFM 图解 [图 3.13（c）]，我们对亚碱性的岩石进行进一步的分析，又可分为拉斑系列和钙碱性系列。综合中、新生代玄武质岩石的时空分布特征 [图 3.13（a）]，可以找到如下规律：①早侏罗世（190~170Ma B. P. 左右）华夏内陆带湘南宁远地区玄武岩属于碱性系列；②东南沿海白垩纪玄武岩（120~90Ma B. P. 左右）则属于钙碱性玄武岩系列；③位于华夏内陆与褶皱带，在时代与空间上介于前两个系列之间，并与两者有重叠的大多数中生代玄武岩（170~100Ma B. P.）属于板内拉斑质溢流玄武岩系列；④新生代玄武岩也属于碱性岩系列。但同时我们也注意到一个反常现象，闽西油心地辉长岩、江西会昌玄武岩和湖南道县玄武岩虽然位于内陆华夏带，却具有类似钙碱性玄武岩的主量元素特征 [图 3.13（c）]。

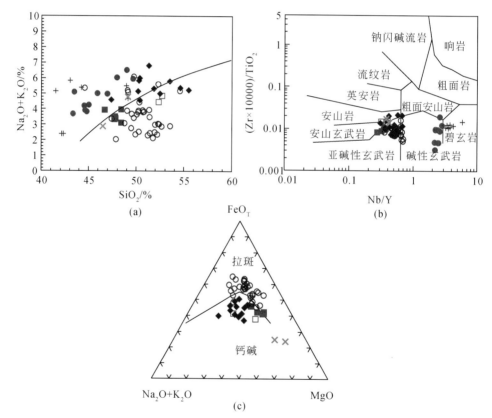

图 3.13　东南大陆中、新生代基性岩（脉）SiO_2-（Na_2O+K_2O）图（a）
及 Nb/Y-（Zr×10000/TiO_2）图解（b）和（Na_2O+K_2O）-FeO_T-MgO 图（c）

●早侏罗世碱性玄武岩；○内陆地区侏罗-白垩纪拉斑玄武岩；◆沿海地区钙碱性玄武岩；
＋新生代碱性玄武岩；■闽西油心地辉长岩；□赣南会昌玄武岩；×湖南道县玄武岩

3.4.1.1　早侏罗世碱性玄武岩类的地球化学特征

碱性玄武岩的时代集中在早侏罗世（190～170Ma B. P. 左右），主要分布范围在东南大陆腹地的华夏内陆带湘南宁远地区［图 3.11（b）］，但在赣中也有零星出露，例如，吉安安塘玄武岩（168Ma B. P.，Li *et al.*，2004）。中生代碱性玄武岩明显具有低 Si、Al，高 Ti、Mg 的特点（图 3.14）。SiO_2 的含量小于 50%；Al_2O_3 的含量在 15% 左右；TiO_2 和 MgO 含量总体较高，TiO_2 绝大多数样品在 2.5% 左右，MgO 大约为 10%。大多数玄武岩的 K_2O 含量小于 Na_2O 的含量，K_2O/Na_2O 值的平均值为 0.57，因此为钠质碱性玄武岩。

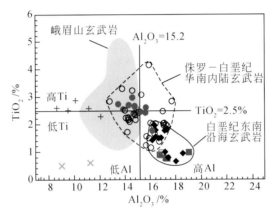

图 3.14　东南大陆中、新生代玄武质岩石 Al_2O_3-TiO_2 图（据 Chen *et al.*，2008，经修编）
●早侏罗世碱性玄武岩；○内陆地区侏罗-白垩纪拉斑玄武岩；◆沿海地区钙碱性玄武岩；
+新生代碱性玄武岩；■闽西油心地辉长岩；□赣南会昌玄武岩；×湖南道县玄武岩

早侏罗世碱性玄武岩样品的微量元素蛛网图及稀土配分曲线与 OIB 相类似［图 3.15（a）、（b）］。在稀土元素配分图中，早侏罗世碱性玄武岩的稀土总量（$\sum$REE＝173.7～268.1 ppm）、轻重稀土的分馏程度（La_N/Yb_N＝11.1～14.8）及铕异常（Eu/Eu^*＝1.01～1.05）等数值较为集中，与 OIB 的数值（$\sum$REE＝178.2ppm；La_N/Yb_N＝11.6；Eu/Eu^*＝1.01）非常接近；在微量元素蛛网图中，早侏罗世碱性玄武岩的大离子亲石元素（LILE）和高场强元素（HFSE）相对 OIB 明显富集，其中 Ba、Th、Nb、Ta 等元素呈现隆起特征，个别样品的 Rb、K 元素亏损。

早侏罗世碱性玄武岩的 Sr-Nd 同位素组成差别不大，其中，它们的 $^{87}Sr_i/^{86}Sr_i$ 值介于 0.70352～0.70402，$\varepsilon_{Nd}(t)$ 值均大于 1，介于 4.64～5.05 之间。在 $\varepsilon_{Nd}(t)$-$^{87}Sr_i/^{86}Sr_i$ 图解中（图 3.16），位于第一象限最接近 MORB，与富集地幔 EMI 和 EMII 端元均相距较远，同时，样品均较为集中，没有向某一个端元组分演化的趋势。

3.4.1.2　白垩纪钙碱性玄武岩的地球化学特征

钙碱性玄武岩形成时代为白垩纪（125～90Ma B. P. 左右），主要分布在浙闽粤沿海地区呈 NNE-SSW 向展布［见图 3.11（a）］。钙碱性玄武岩明显具有低 Si、Al，高 Ti、Mg

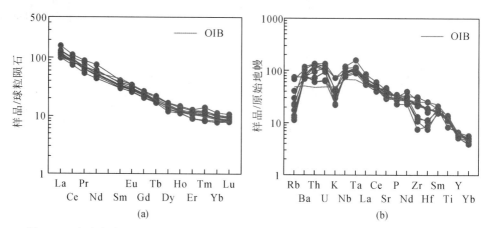

图 3.15　东南大陆早侏罗世碱性玄武岩的稀土元素配分图（a）和微量元素蛛网图（b）
原始地幔标准值和 OIB 的数据引自 Sun and McDonough，1989，
球粒陨石标准值引自 Taylor and McLennan，1985

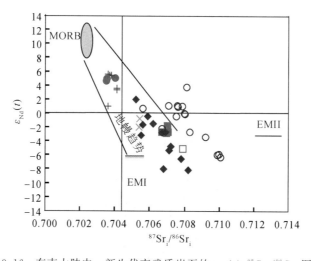

图 3.16　东南大陆中、新生代玄武质岩石的 $\varepsilon_{Nd}(t)$-$^{87}Sr_i/^{86}Sr_i$ 图解
地幔端元的分布区域据 Zindler and Hart，1986。●早侏罗世碱性玄武岩；○内陆地区侏罗-白垩纪拉斑玄武
岩；◆沿海地区钙碱性玄武岩；＋新生代碱性玄武岩；■闽西油心地辉长岩；□赣南会昌玄武岩；×湖南道
县玄武岩

的特点。SiO_2 的含量大多数大于 50%；Al_2O_3 的含量＞16%；绝大多数样品的 TiO_2 含量
＜2.0%，MgO＜7%，与早侏罗世碱性玄武岩区别明显。东南沿海钙碱性玄武岩大多有
较高的 Na_2O+K_2O（＞3.8%），富钠（Na_2O＞3%）。这些主量元素特征反映俯冲流体的
参与。在高氧逸度条件下，磁铁矿早期结晶和分离作用会造成钙碱性分异趋势，特别是在
含水量高的情况下（Berndt et al.，2005），因此东南沿海岩浆岩带高 Al，低 Ti 的特征反
映了相对高的 H_2O 环境，这可能是由于板块俯冲所引起的。

东南沿海钙碱性玄武岩的稀土模式类似于碱性玄武岩，为轻稀土富集的右倾模式
（$\sum REE=93.4\sim296.8ppm$，$La_N/Yb_N=6.1\sim19.7$），但稀土总量大多低于碱性玄武岩并

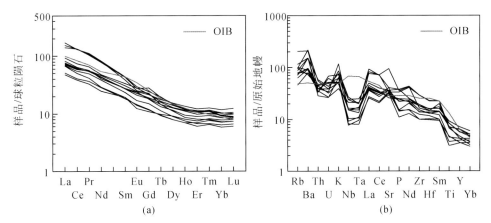

图 3.17　东南大陆白垩纪钙碱性玄武岩的稀土元素配分图 (a) 和微量元素蛛网图 (b)

原始地幔标准值和 OIB 的数据引自 Sun and McDonough, 1989, 球粒陨石标准值引自 Taylor and McLennan, 1985

有铕亏损 ($Eu/Eu^* = 0.78 \sim 1.06$) [见图 3.17 (a)]。微量元素主要以 Nb、Ta、Ti 亏损为特征，类似于岛弧玄武岩，与 OIB 区别明显，表明岩浆生成与俯冲作用有关 [见图 3.17 (b)]。

东南沿海钙碱性玄武岩有较大的 Sr-Nd 同位素组成变化，其中，$^{87}Sr_i/^{86}Sr_i$ 值介于 $0.7052 \sim 0.7082$，$\varepsilon_{Nd}(t)$ 值均大于 1，介于 $-8.1 \sim 2.0$。在 $\varepsilon_{Nd}(t)$-$^{87}Sr_i/^{86}Sr_i$ 图解 (图 3.16) 中，主要位于第四象限最接近 MORB，靠近富集地幔 EMI，并且样品沿地幔趋势线演化。

3.4.1.3　侏罗-白垩纪拉斑玄武岩的地球化学特征

拉斑玄武岩主要位于华夏内陆带和华夏褶皱带的广大地区，分布较广，数量较多，时代上从早侏罗世到白垩纪 ($180 \sim 90$Ma B.P.)，在时、空上与早侏罗世的碱性玄武岩和白垩纪的钙碱性玄武岩两类岩石有重叠。正如中生代拉斑玄武岩在时代、空间上有很宽的范围一样，其主量、微量元素和同位素比值同样也有很大的变化范围 [图 3.13 (a)、图 3.16、图 3.18]，可能暗示拉斑玄武岩岩石成因复杂性或是地幔源区的不均一性。

SiO_2 的含量在 $44.6\% \sim 54.6\%$；Al_2O_3 的含量在 $9\% \sim 19\%$；TiO_2 含量在 $0.5\% \sim 3.4\%$；MgO 的含量在 $2.8\% \sim 16.2\%$。较之碱性玄武岩，拉斑玄武岩的稀土总量和轻重稀土的分馏程度明显低于碱性玄武岩 ($\sum REE = 76.7 \sim 284.4$ppm，$La_N/Yb_N = 3.5 \sim 21.7$，图 3.18)，大离子亲石元素 (LILE) 的富集程度也明显降低，Nb、Ta、Ti 等部分高场强元素 (HFSE) 强烈或弱亏损 [图 3.18 (b)]。

拉斑玄武岩 Sr-Nd 同位素组成范围很宽，比碱性玄武岩有更高的 $^{87}Sr_i/^{86}Sr_i$ 值 ($0.7054 \sim 0.7101$) 和更低的 $\varepsilon_{Nd}(t)$ 值 ($-6.3 \sim 3.7$)，具有强烈的不均一性。在 $\varepsilon_{Nd}(t)$-$^{87}Sr_i/^{86}Sr_i$ 图解 (图 3.16) 中，与同样具富集特征的钙碱性玄武岩相比，拉斑玄武岩明显偏离地幔趋势线，介于富集地幔 EMI 和 EMII 之间。

3.4.1.4　油心地辉长岩、会昌玄武岩和道县玄武岩的地球化学特征

我们注意到在中生代拉斑玄武岩当中，有一个侵入岩和两个火山岩（闽西南油心地辉

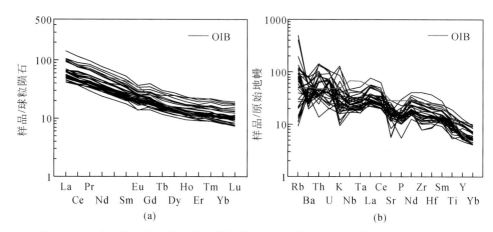

图 3.18 东南大陆中生代拉斑玄武岩的稀土元素配分图 (a) 和微量元素蛛网图 (b)

原始地幔标准值和 OIB 的数据引自 Sun and McDonough, 1989, 球粒陨石标准值引自 Taylor and McLennan, 1985

长岩、江西会昌玄武岩和湖南道县玄武岩) 较为特殊，位于东南大陆内陆但却具某些东南沿海钙碱性玄武岩类的特征，它们的同位素组成更是类似钙碱性玄武岩，在地幔趋势线内分布。

油心地辉长岩岩石岩形成年龄为 $87 \pm 2Ma$ (叶海敏等，2011)，具低 SiO_2 (47.63%～48.36%) 和 TiO_2 (0.77%～0.91%) 含量，高 Al_2O_3 (16.74%～17.36%)，MgO (8.35%～9.33%) 含量 (图 3.13)。稀土元素总量较低，$\sum REE = 76.71～86.9ppm$。富集不相容元素 Rb、Ba、K、Th、U，相对亏损 Nb、Ta、Ti (图 3.19)。所有全岩地球化学数据显示为大陆边缘弧特征，类似闽东南晚中生代的钙碱性玄武岩类，但辉长岩组成矿物不平衡，结构和成分特征指示其岩石成因并非如此简单。辉长岩的主要组成矿物为单斜辉石和斜长石，根据两种矿物的环带类型和成分变化，岩浆演化可分为三个阶段：早期，中等 $Mg^{\#}$ 值，低 Ti、Na

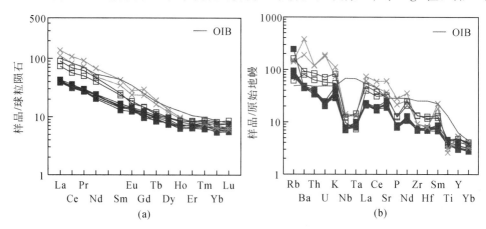

图 3.19 闽西南油心地辉长岩、江西会昌玄武岩和湖南道县
玄武岩的稀土元素配分图 (a) 和微量元素蛛网图 (b)

■闽西南油心地辉长岩；□赣南会昌玄武岩；×湖南道县玄武岩原始地幔标准值和 OIB 的
数据引自 Sun and McDonough, 1989, 球粒陨石标准值引自 Taylor and McLennan, 1985

含量，辉石（$Mg^\#\approx70\sim74$，$TiO_2<0.3\%$，$Na_2O<0.3\%$）和 $\sim An_{70}$ 的斜长石；中期，高 $Mg^\#$ 值、中等 Ti、Na 含量，辉石（$Mg^\#\approx74\sim80$，$TiO_2\approx0.3\%\sim0.8\%$，$Na_2O\approx0.3\%\sim0.5\%$）和 $\sim An_{80}$ 的斜长石；晚期，低 $Mg^\#$ 值、高 Ti，Na 含量，辉石（$Mg^\#\approx63\sim70$，$TiO_2>1.7\%$、$Na_2O>2\%$）和 $An_{60\sim10}$ 的斜长石。具反环带结构的早、中期矿物均代表了钙碱性高 $Mg^\#$ 值和高 Ca 含量的岩浆，形成时温度和水压等物理条件有变化；晚期矿物成分变化范围大，指示有高温中性偏碱性岩浆的注入和混合，在已有晶体上快速结晶的低 $Mg^\#$ 值偏碱性矿物。因此我们认为辉长岩是开放体系下钙碱性岩浆与碱性岩浆混合作用的产物（叶海敏等，2011）。

会昌玄武岩位于华夏褶皱带，形成年龄为 $108.4\pm0.4Ma$（Chen *et al.*，2008）。具有高铝、低钛（$Al_2O_3\sim17\%$；$TiO_2=0.9\%\sim1.0\%$）的特征，与东南沿海岩浆岩带玄武质岩有同样的 Nb，Ta，Ti 亏损，但是会昌玄武岩缺少 Th 和 U 亏损 [图 3.19（b）] 而明显不同于东南沿海钙碱性玄武岩 [图 3.19（b）]，可能受远离俯冲带的俯冲板块沉积为主的流体影响（Turner and Hawkesworth，1997）。

道县玄武岩位于东南大陆腹地的华夏内陆带，形成年龄 $\sim150Ma$（Li *et al.*，2004）。虽然该岩石空间上远离东南沿海，时代上也早东南沿海 20Ma 多，但类似油心地辉长岩和会昌玄武岩，它也有着矛盾的全岩地球化学特征。主量上，一方面它高镁、低铝（$MgO=\sim16.16\%$；$Al_2O_3=9.03\%\sim11.27\%$），另一方面又低钛（$TiO_2<1\%$），因此在 Al_2O_3-TiO_2 图上它的投影点与其他玄武岩截然不同。稀土微量方面，它亏损 Nb，Ta，Ti（图 3.19），与东南沿海岩浆岩带玄武质岩类似，但是同时它相对 OIB 富集大离子亲石元素，又不同于东南沿海钙碱性玄武岩 [图 3.17（b）]。

3.4.1.5　新生代碱性玄武岩的地球化学特征

新生代碱性玄武岩的产出时代在 $20\sim0.38Ma$ B. P. 的中新世—更新世期间，基本发生在沿海地区。主量元素特征类似于早侏罗世碱性玄武岩，具有低 Si、Al，高 Ti、Mg 的特点 [图 3.13（a）]。新生代碱性玄武岩的稀土与微量元素数值范围相对较大，轻重稀土的分馏程度（$La_N/Yb_N=25.9\sim39.7$）略高于 OIB，$Eu/Eu^*=0.93\sim0.99$ 略低于 OIB，重稀土含量相对于 OIB 和中生代玄武岩明显要低，反映其源区有石榴子石残余。微量元素蛛网图 [图 3.20（b）] 与典型的 OIB 十分相似，其中 Nb、Ta 明显富集，大离子亲石元素的富集则不很明显，所有样品在图中的投影均呈现隆起的特征。

新生代玄武岩的 Sr-Nd 同位素数据列于附表。由于它们的产出时代较新，因此未对它们的同位素含量进行时间校正。它们的 $^{87}Sr_i/^{86}Sr_i$ 值介于 0.7036 和 0.7041 之间，$\varepsilon_{Nd}(t)$ 值介于 1.03 和 5.56 之间。在 $\varepsilon_{Nd}(t)$-$^{87}Sr_i/^{86}Sr_i$ 图解中（图 3.16），位于第一象限，与早侏罗世碱性玄武岩 Sr-Nd 同位素组成基本相同。

3.4.2　中新生代玄武质岩石的源区特征及构造环境

对于东南大陆中生代玄武岩，约自 20 世纪 80 年代起开始了较为持续且逐渐深入的研究。其中，形成浙闽沿海玄武岩的白垩纪是岩浆活动较为集中的一段时期，早期的研究对

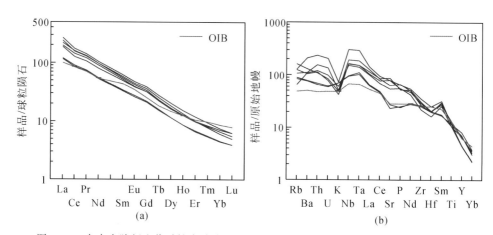

图 3.20　东南大陆新生代碱性玄武岩的稀土元素配分图（a）和微量元素蛛网图（b）

原始地幔标准值和 OIB 的数据引自 Sun and McDonough，1989，球粒陨石标准值引自 Taylor and McLennan，1985

于玄武岩起源的认识并不一致。部分学者认为它们起源于壳幔过渡带（许美辉，1992；俞云文等，1993；毛建仁等，1994），有的学者则认为它们起源于亏损地幔但受到了地壳物质的明显混染或与酸性岩浆发生了较高程度的混合（黄萱等，1986；徐步台等，1990；冯宗帜等，1991），还有的研究者则认为它们起源于富集地幔（Xing *et al.*，1999；杨祝良等，1999）。随着研究资料的积累及对岩浆活动认识的深入，人们对本区玄武质岩浆的成因及其对地壳所发生的作用又有了新的认识。

近几年先后有湖南的宁远地区、赣中地区发现中生代具 OIB 型地幔型的碱性玄武岩的报道，认为是东南大陆软流圈上涌和岩石圈伸展的证据（李献华等，1997；赵振华等，1998；Li，2000；Li *et al.*，2004；Wang *et al.*，2003）。此次，我们全面收集了中-新生代玄武质岩石的数据，以期对中、新生代玄武质岩石的岩石成因有更多的认识。

中-新生代碱性玄武岩比拉斑玄武岩（不包括油心地辉长岩、会昌玄武岩和道县玄武岩）具有较高的不相容微量元素富集，如 Ba、Th、U、Nb、Ta、Sr 和 LREE，类似于典型的大洋岛屿玄武岩（OIB）。另一方面，东南沿海岩浆岩带玄武质岩以 Nb、Ta、Ti 弱亏损为特征，类似于岛弧玄武岩（IAB），表明岩浆生成与俯冲作用有关。值得一提的是油心地辉长岩、会昌玄武岩和道县玄武岩具有与东南沿海岩浆岩带玄武质岩同样的 Nb、Ta、Ti 亏损，这些玄武岩可能受远离俯冲带的俯冲板块沉积为主的流体影响（Turner and Hawkesworth，1997）。因此，东南大陆具有岛弧特征的中生代玄武质岩石并非是 108Ma B. P. 时在华夏褶皱带中部首次出露（Chen *et al.*，2008），而是可追溯到 ~150Ma B. P. 的华夏内陆带，并且在 150~100Ma B. P. 期间在东南大陆内陆连续出露。

根据 Os、Pb 和 Nb 同位素组成，峨眉山玄武岩来自地幔柱，类似于 OIB 来源，是与大陆岩石圈地幔的混合地幔部分熔融形成（Xu *et al.*，2007）。因此，Chen 等（2008）把峨眉山玄武岩作为 OIB 软流圈地幔与大陆岩石圈地幔间的一种混合趋势，利用敏感微量元素 La/Nb 值与 Nd 同位素值的图解，来解释这些玄武岩的地幔来源。峨眉山玄武岩的混合趋势几乎与美国西部盆岭省玄武岩两端元混合趋势一样。美国西部盆岭省玄武岩通过两种组分，即 OIB 软流圈和岩石圈地幔混合而成，这是根据好的相关性［包括 $\varepsilon_{Nd}(t)$ 和 La/

Nb 和 $\varepsilon_{Nd}(t)$ 和 $^{87}Sr_i/^{86}Sr_i$] 推断的 (Depaolo and Daley, 2000)。此次我们也运用这个图解重新投点,进行再观察再解答 (图 3.21)。中-新生代碱性玄武岩投影在 OIB 软流圈 (盆岭省玄武岩) 范围内,中-新生代碱性玄武岩地球化学性质有着惊人的相似性,反映它们有着类似或相近的源区性质。然而有趣的是,新生代碱性玄武岩在空间上远离华夏内陆带,与东南沿海钙碱性玄武岩相伴。粤北铁镁质岩墙多呈群状接近 OIB 软流圈端元部分;一些具有高 La/Nb 值,Zr、Hf 亏损的玄武岩可解释为流体交代或地壳混合作用所致 (Li and Mchcull,1998)。华夏褶皱带大部分拉斑玄武岩 (除会昌外) 都位于 OIB 软流圈与岩石圈地幔混合趋势中。据此可推断,中新生代碱性玄武岩和部分粤北铁镁质岩墙是 OIB 型软流圈地幔直接的熔融产物,较少或没有东南大陆岩石圈地幔的参与;而大部分拉斑玄武岩是 OIB 型软流圈地幔与东南大陆岩石圈的混合产物。

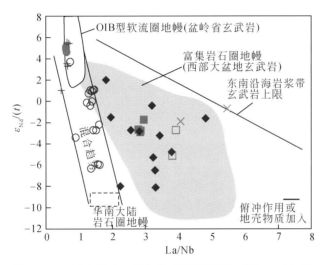

图 3.21　东南大陆中、新生代玄武质岩石 La/Nb-$\varepsilon_{Nd}(t)$ 图
●早侏罗世碱性玄武岩;○内陆地区侏罗-白垩纪拉斑玄武岩;◆沿海地区钙碱性玄武岩;
＋新生代碱性玄武岩;■闽西油心地辉长岩;□赣南会昌玄武岩;×湖南道县玄武岩

另一方面,东南沿海钙碱性玄武岩有较高的 La/Nd 值 [La/Nb=1.6,$\varepsilon_{Nd}(t)=-6$],这些值明显偏离软流圈和岩石圈地幔混合区,其分布覆盖整个地区,类似于西部大盆地玄武岩 (图 3.21)。整体的不均匀性即可解释为地壳混染作用所致,也可解释为俯冲组分的加入引起的,如美国西部大盆地玄武岩,是来自软流圈地幔岩浆 (美国盆岭省玄武岩) 与富集流体的岩石圈地幔岩浆混合所形成的 (这种流体是由俯冲板块排出的,Fitton et al.,1991) 或者与俯冲远洋-浊积沉积物混合的产物 (Beard and Johnson,1997)。东南沿海钙碱性玄武岩可以解释为软流圈地幔岩浆与俯冲沉积特混合的基性岩浆的派生物。而油心地辉长岩、会昌玄武岩、道县玄武岩和部分粤北铁镁质岩墙这些位于东南大陆内陆,但却具有钙碱性玄武岩特征的岩石同样可以认为是受到俯冲流体的交代作用。

简而言之,与来自软流圈地幔的美国西部盆岭省玄武岩样品相当的碱性玄武岩集中在两个时间段,～180Ma B. P. 和新生代,地域上是从西向东迁移;东南沿海钙碱性岩浆岩 (125～90Ma B. P.) 形成于经历过俯冲作用影响的源区,反映了俯冲体系在东南大陆影响的高峰期；广阔而地球化学特征多变的中生代拉斑玄武岩（180～90Ma B. P.），是 OIB 软流圈地幔与东南大陆岩石圈地幔或俯冲沉积物的混合产物，暗示了俯冲体系对东南大陆玄武岩的影响可能至少始于～150Ma B. P.，并且深入在东南大陆腹地。因此，我们认为中、新生代玄武岩形成在软流圈地幔上涌与俯冲体系的双重影响下，且两者在时间与地域上有重叠。

关于东南大陆构造研究，我国的地质学者首先是将视线投到东南沿海岩浆带，注意到晚中生代（J—K）钙碱性岩浆岩的分布规律，即从东南大陆腹地向沿海，岩浆岩逐渐变年轻，并且岩石中地幔组分逐渐增多（Jahn，1974；Jahn et al.，1990；黄萱等，1986；Charvet et al.，1994；Lapierre et al.，1997；Chen and Jahn，1998；Zhou and Li，2000），这些钙碱性岩浆岩分布规律和特征被认为是与古太平洋板块向欧亚大陆板块的俯冲有关。但是，闽浙沿海晚白垩世 A 型花岗岩类或碱性侵入岩的出现，暗示这种俯冲作用可能在晚白垩世停止（周询若、吴克隆，1994）。Xu 等（1999）认为闽浙沿海岩浆岩形成于古太平洋板块俯冲所导致的弧后伸展环境。Li（2000）则根据东南大陆早、晚白垩世 A 型花岗岩类或碱性侵入岩以及板内基性岩脉的出现，认为东南大陆大面积的白垩纪火成岩的形成与岩石圈伸展有关。随后，地质学家们又注意到东南大陆一些早侏罗世 A 型花岗岩类或碱性侵入岩、板内或 OIB 型玄武质岩石以及双峰式火山岩，使得一些研究者认为东南大陆在侏罗纪处于一个与古太平洋板块俯冲无关的岩石圈伸展或碰撞后伸展的动力背景中（Zhao et al.，1998，2000；陈培荣等，1999a；邢光福等，2001；Chen et al.，2002；Li et al.，2003，2004；Wang et al.，2003）。于是乎，大陆边缘与陆内伸展这两种似乎矛盾但又并存的二级构造背景将地质学者们基本分为两派，既支持或不支持古太平洋板块俯冲，而支持古太平洋板块俯冲的一派对于俯冲的起始时间也存在较大争议。近几年为调和这两个基本事实，学者们又提出多种模式，例如，Gilder 等（1996）提出了一个与古太平洋板块俯冲所导致的扭张作用（transtension）有关的"走滑＋同期裂解"模式来解释东南大陆晚中生代的构造演化，该模式很好地解释了东南大陆 NNE 向剪切带或断裂带、伸展性沉积盆地与岩浆侵位之间的关系，并首次提出了东南大陆腹地一个构造薄弱带—"十一杭裂谷带"的存在；Zhou 等（2006）认为三叠纪花岗岩的形成受到古特提斯俯冲体系的影响，早侏罗世玄武质和正长质岩石以及 A 型花岗岩的形成产生，标志着古太平洋构造域的开始；Li 和 Li（2007）的模式把华夏地块三叠纪花岗岩至白垩纪所有花岗岩类的形成都与古太平洋俯冲联系起来，把晚侏罗世花岗岩类形成归因于"板块塌陷作用"所致，是平板俯冲消减作用后撤的结果；而 Chen 等（2008）认为东南大陆侏罗纪花岗岩是造山后（印支）岩浆作用的产物，古太平洋板块俯冲造山始于～140Ma B. P.，结束于～90Ma B. P.，经历了 50Ma 独立和完整的岩浆旋回。

我们的研究已经显示，玄武质岩石的时空分布、岩石成因似乎用单一挤压（如大洋板块俯冲）或伸展（如岩石圈、碰撞后伸展或裂谷）模式很难解释清楚。东南大陆晚中生代的动力学背景可能是多板块汇聚和深部物质（软流圈）上涌两种动力作用的叠加，软流圈上涌是否与峨眉山地幔柱有关（Chen et al.，2008）仍有待更多的证据支持。多种形式的岩浆混合作用（如基性与酸性岩浆的混合，基性与基性岩浆的混合，钙碱性岩浆的混合等）对东南大陆岩浆岩的形成起到关键作用。

3.4.3　台湾地区玄武质岩石的地球化学特征及源区特征

台湾造山带形成于吕宋岛弧与亚洲板块的碰撞（Chai，1972；Bowin *et al.*，1978；Ho，1986；Teng，1990）。这次碰撞是琉球-台湾-吕宋地区自晚新生代以来地质动力演化史上最主要的事件。因此，台湾地区的玄武质火山岩以晚新生代岩石为主，形成于各种构造背景：板内玄武岩、岛弧安山岩、蛇绿岩和碰撞后伸展的高钾岩石。

台湾火成岩被分为三大区：西区、东区和北区，分别代表不同的构造背景（图3.12）。地震地层学和6km深钻（Sun，1985）揭示台湾海峡、台湾西部存在众多古近纪地堑和半地堑，反映中国东南部沿海和台湾海峡自晚白垩世开始处于裂解环境（Taylor and Hayes，1980；Ru and Piggot，1986）。台湾海峡的裂解始于始新世，普遍认为与南中国海的扩张有关，并导致台湾西部板内玄武岩的阶段性侵入（Chung *et al.*，1995）及在渐新世早期发生沉降作用形成的地堑（Teng，1990）。台湾造山带位于菲律宾板块与亚洲板块之间（图3.4.10）。台湾东部的纵谷断裂带被认为是构造缝合带，缝合带以东，海岸山脉代表吕宋岛弧的北部增生端，包括岛弧火山岩和沉积系列，后者由同碰撞构造沉积岩覆盖在碰撞前吕宋岛弧-马尼拉海沟系列岩石组成（Teng，1987）。缝合带以西，出露变质岩和有变形的东南大陆边缘的沉积岩。中央山脉的大南澳变质杂岩体被认为是抬升、去顶的大陆基底。Slate岩层和西部麓山带均由古近纪沉积系列组成，代表上覆沉积盖层（Chai，1972；Ho，1986；Teng，1990）。再往西，未变形的新生代沉积系列覆盖在海岸平原和台湾海峡之上（Sun，1985）。

菲律宾海板块在琉球海沟俯冲到亚洲板块之下和在马尼拉海沟跨过南中国海板块之上（图3.22）。菲律宾海板块运动变化是在5Ma B.P.（Seno and Maruyama，1984），可能是与台湾的弧陆碰撞有关，导致菲律宾海板块俯冲边界西向迁移（Suppe，1984）。结果，随

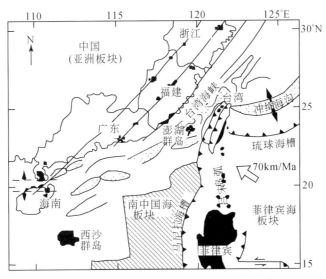

图 3.22　中国东南沿海及台湾地区构造图

着不断的后弧扩展（例如，冲绳岛海槽的扩张）琉球海沟向南伸展到台湾东北部。台湾东北部在后 3Ma B. P. 从碰撞环境转变为琉球俯冲体系（Suppe，1984；Teng et al.，1992）。因此，台湾不仅是吕宋岛和亚洲大陆的碰撞区，而且是在琉球和吕宋俯冲体系之间的转换区。

3.4.3.1　西部岩区

西部岩区主要由板内玄武岩组成，始于早古近纪，在中新世最为活跃（Zhou and Chen，1981）。早古近纪火山岩广泛分布在台湾海峡的沉积岩层中（Sun，1985；Sun and Hsu，1991）。晚新生代玄武岩以熔岩流和碎屑岩形式分别出露在福建、澎湖、台湾西北部等地。总体上，那些玄武岩显示出地球化学和同位素组成的时空变化，反映了大陆裂解的动力背景下岩石圈地幔与软流圈地幔相互作用（Chung et al.，1994）。

澎湖列岛由 63 个玄武岩小岛组成，总面积大约 120km^2。玄武质火山作用从 16Ma B. P. 持续到 8Ma B. P.，大多属于拉斑系列，具有典型的洋岛玄武岩（OIB）微量元素配分模式，与中国东南沿海周围的新生代玄武岩相类似。同样，澎湖列岛碱性玄武岩和拉斑玄武岩的同位素组成也非常相似，暗示它们源自相对均一的地幔源区，但有着不同的熔融程度（图 3.24，Chung et al.，1994）。

台湾西北部，玄武岩呈透镜体分布在西部麓山带的晚古近纪沉积系列中（图 3.12），代表台湾的逆冲带（Suppe，1981；Dahlen et al.，1984），是在弧陆碰撞中向西北运移 200km、挤压到现在位置（Suppe，1981，1984；Teng，1990）。这一地区的玄武岩可以分为两个阶段：公馆地区（23～20Ma B. P.）和关西-竹东地区（13～9Ma B. P.）（Chung et al.，1995）。公馆地区火山岩主要由碱性玄武岩组成，而关西-竹东地区岩性变化较大，包括碧玄岩、碱性玄武岩、过渡性玄武岩和拉斑玄武岩（Chen and Chung，1985）。所有玄武岩展示了连贯的 OIB 型地球化学特征，但有着变化的同位素组成（图 3.23）。早中新世公馆玄武岩有着单一的 Sr-Nd 同位素比例，相似于澎湖玄武岩的同位素组成，而关西-竹东地区玄武岩则显示了完全不同的同位素特征，相对于 OIB 有着高 $^{87}Sr_i/^{86}Sr_i$ 值，低 $^{143}Nd/^{144}Nd$ 值同位素特征，具有 EMI 型地幔源区特征。

Chung 等（1994，1995）提出中新世在台湾海峡发生了软流圈上涌、岩石圈减薄的大陆裂谷模式。我们认为这个模式比较能够解释中新生代东南大陆及相邻地区的火山作用。根据这个模式，一方面，同位素组成均一的公馆玄武岩（23～20Ma B. P.）能够被解释为对流的软流圈物质减压熔融的产物；另一方面，对于地球化学和同位素组成不均一的关西-竹东玄武岩（13～9Ma B. P.），它们代表了受到混染的软流圈熔体。

3.4.3.2　东部岩区

东部岩区位于纵谷断裂带的东边，主要由海岸山脉、绿岛（火烧岛）、兰屿等岛弧火山岩组成，形成于 16Ma B. P. 至晚第四纪，组成了吕宋岛弧的北部中枢。岩石类型为拉斑或高钾钙碱性系列的安山质火山碎屑岩（Yang，1992）。除了东台湾蛇绿岩套，这个地区的所有火山岩显示高场强元素（HFSE，例如，Ta、Nb、Ti）亏损，不均一的同位素特征（$\varepsilon_{Nd}(t) = -7\sim10$），指示岛弧成因。此外，这些岛弧火山岩的地球化学和同位素组成展现出一定的规律性，随着$^{143}Nd/^{144}Nd$值的降低，碱度和$^{87}Sr_i/^{86}Sr_i$值的升高（Defant *et al.*，1990；Yang，1992，图 3.24）。绿岛的部分火山岩有着最高 Sr 和最低 Nd 同位素比值，在图 2.12 中位于地幔–沉积物混合曲线的下方，它们富集大离子亲石元素（LILE，如 Ba、Th、U）和轻稀土元素（LREE，如 La、Ce，图 3.23），这样的地球化学和同位素特征指示着另一个地幔端元的加入。

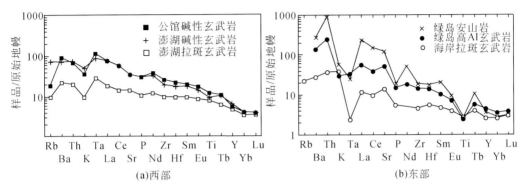

图 3.23　台湾东、西部岩区微量元素蛛网图

原始地幔标准值引自 Sun and McDonough，1989

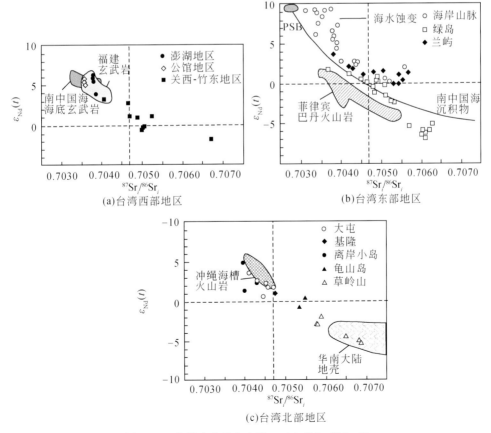

图 3.24　台湾玄武质火山岩 $\varepsilon_{Nd}(t)$-$^{87}Sr_i/^{86}Sr_i$ 图

这种地球化学和同位素组成的规律性可能是由于源区有大陆沉积物的卷入。东部火山岩的 Sr-Nd-O 同位素系统暗示岩浆源区经历了西部菲律宾海亏损地幔与南中国海俯冲沉积物不同程度的混合（Chen $et\,al.$，1990；Yang，1992）。对于绿岛和菲律宾北部的巴丹小岛不同非常的 Sr-Nd 同位素排列（图 3.24），Chen 等（1990）曾认为是由于 EMI 型地幔端元的加入，然而这种地幔类型在现代岛弧环境中从来没有发现。基于 Pb 同位素证据，McDermott 等（1993）完全否定了这种观点，并提出俯冲带流体交代作用造成源区的富集。

东台湾蛇绿岩主要由玻基玄武岩、辉绿岩、辉长岩和蛇纹石化橄榄岩组成，位于海岸山脉西边的一个晚古近纪混合物（Liou $et\,al.$，1977），是东部岩区外来岩套。自 1972 年 Shih 首次提出那些岩石的洋壳特征并定名为"台湾海岸山脉蛇绿岩"之后，开展了大量的岩石学、地球化学和同位素研究。东台湾蛇绿岩的地球化学和同位素特征类似 MORB（洋中脊玄武岩），例如，其中的玻基玄武岩的蛛网图（图 3.23）和 Nd 同位素（$\varepsilon_{Nd} \approx 9 \sim 13$；Jahn，1986），支持蛇绿岩的洋中脊或边缘盆地成因。结合当时的动力学背景，普遍认为东台湾蛇绿岩是起源于南中国海的洋中脊地区，当南中国海板块向菲律宾海板块下部俯冲过程中，岩石被卷入马尼拉海沟-吕宋岛弧系统作为混合物的外来部分，并最终定位在现在的位置（Suppe，1981）。东台湾蛇绿岩提供了大量的来自中国南部软流圈的地球化学和同位素的信息，有助于我们了解这个地区的新生代大陆裂解、地幔动力学和板内火山作用之间的关系（Chung and Sun，1992；Tu $et\,al.$，1992；Chung $et\,al.$，1994，1995）。

3.4.3.3　北部岩区

北部火山岩主要位于台湾的最北端（图 3.12），与东、西部岩区相比，北部火山作用相对较新且短暂（2.8～0.2Ma B.P.），由大屯火山岩、基隆火山岩和离岸小岛组成，此外在最西端还有一个独立的、富镁、富钾质的火山穹窿——草岭山。大屯和基隆火山岩的岩性是以安山岩为主的钙碱性系列，而大多数离岸小岛和草岭山更具基性、主要由玄武岩和玄武质安山岩组成。在 $K_2O\text{-}SiO_2$ 图中（图略），北部火山岩从低钾系列到钙碱性再到橄榄粗玄岩系列，除棉花屿之外，几乎所有火山岩显示大离子亲石元素（LILE）富集、高场强元素（HFSE；Nb、Ta、Ti）亏损的类岛弧的地球化学特征（图 3.25）。基性岩石随空间变化展现出一定的地球化学变化：从东北端的彭佳屿到西南端的草岭山，K_2O 越来越高，大离子亲石元素（LILE，如 Cs、Rb、Ba、Th 和 Ce）和轻稀土元素（LREE，La 和 Ce）越来越富集，大致与现在琉球海沟的西南端相平行。北部火山岩的 Sr-Nd 同位素比值（$^{87}Sr_i/^{86}Sr_i \approx 0.70376 \sim 0.70551$；$^{143}Nd/^{144}Nd \approx 0.51259 \sim 0.51301$）暗示着，软流圈地幔和交代的岩石圈地幔参与了玄武岩浆的形成，并分别由 2.6Ma B.P. 的棉花屿高镁玄武质安山岩和 0.2Ma B.P. 草岭山高镁钾玄岩所代表。草岭山钾玄岩被解释为近期受到交代的含金云母的斜方辉橄岩地幔低程度熔融产物（Wang $et\,al$，1999）。北部火山岩 Sr-Nd 同位素系统以及微量元素特征（图 3.24、图 3.25）反映交代作用是由于地幔楔的脱水作用和俯冲沉积物所造成。

台湾北部火山岩这种独特的地球化学特征的时空变化可解释为不同地区的地幔源区部分熔融程度、亏损的软流圈地幔与交代岩石圈地幔混合比例的不同（Wang $et\,al$，1999；

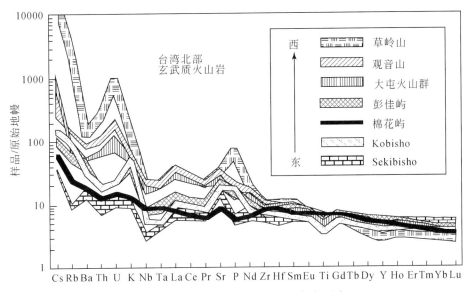

图 3.25 台湾北部火山岩微量元素蛛网图

原始地幔标准值和 OIB 的数据引自 Sun and McDonough，1989

Wang et al，2004），是与北部火山岩的构造演化密切相关。台湾北部火山岩曾认为是琉球火山弧的最西端（e.g.，Chen，1990；Teng，1996），而 1997 年陈正宏首次对这种观点提出质疑，认为岩浆形成在伸展背景而不是俯冲环境。Wang 等（1999）提出地球物理学和地质学证据支持了这一观点。最新的年代学和以上的地球化学特征并结合当时的构造背景表明，北部火山岩可能形成于晚上新世的北部造山带造山垮塌的后伸展环境，由于中新世冲绳海槽的扩张作用（Sibuet et al.，1995）所导致，终止于台湾的弧-陆碰撞。

本书对中国东南大陆及台湾地区中-新生代玄武岩展开了主量和微量元素、同位素及年代学的综合研究，并对不同类型玄武岩的成因及其岩浆的作用机制进行了对比，得出了以下主要认识：

（1）根据微量元素和同位素特征，东南大陆中、新生代玄武岩可以分为三种类型：OIB 型碱性玄武岩、EMII 型高 Ti 玄武岩、EMI 型低 Ti 玄武岩，OIB 型碱性玄武岩为软流圈物质上涌的产物，EMI 型低 Ti 玄武岩可能反映了源区有大量地壳物质的卷入，而 EMII 型高 Ti 玄武岩则介于两者之间，可能是在岩浆形成后受到混染。此次研究不同于以往以时代和区域构造为主线的玄武岩研究，而是根据地球化学特征划分玄武岩类型，希望能借此反演出不同类型玄武岩在时代与区域上的特征，然而，现有数据表明三种类型的玄武岩并没明显的分布规律，其在时代与区域上相互重叠。

（2）台湾地区可分三大岩区：西部板内玄武岩，中国南海扩张造成大陆裂解的产物（图 3.26）；东部岛弧玄武岩代表了菲律宾海板块向亚洲板块俯冲造山的产物；东北部大多为类岛弧的钾玄岩，可能形成于晚上新世的北部造山带垮塌的后伸展环境。总而言之，台湾不仅是吕宋岛和亚洲大陆的碰撞区，而且是在琉球和吕宋俯冲体系之间的转换区。

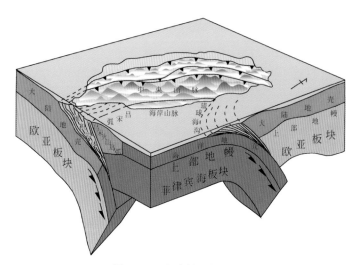

图 3.26 台湾构造模式图

第4章 日本中新生代侵入岩的地质地球化学特征

4.1 概 述

日本从晚古生代到现代都有火山-侵入活动，且火山-侵入活动主要集中在中-新生代。日本晚中生代的花岗质侵入活动占总花岗岩出露面积的60%以上，并与流纹岩组成火山-侵入岩带（图4.1）。尤其在西南日本内带，晚中生代—新生代岩浆-构造活动强烈，从早白垩世—渐新世发生了强烈的英安质-流纹质岩浆活动，并在晚白垩世时达到顶峰，在西南日本内带，广泛分布的是晚中生代花岗岩类。到中新世时，日本列岛发生强烈火山作用，并伴有区域沉降；中新世后期，火山活动变弱，区域抬升。从更新世到现代，火山活动主要是陆上中心式喷发（Arakawa and Takahashi，1989；Arakawa，1990；Arakawa and Shinmura，1995；Kamei，2002；Osamu，2002；Uto et al.，2004；Miura and Wata，2007；Sonehara and Harayamo，2007）。

本次研究统计的文献资料（1980～2009年）结果表明，西南日本内带中新生代花岗岩类的年龄主要集中在三个主要阶段，分别为印支期-燕山早期（250～240Ma B. P. 和200～190Ma B. P.）、燕山晚期（125～60Ma B. P.）和喜马拉雅期（约15Ma B. P.）（图4.2）。燕山晚期岩浆活动可以分为早、晚两个阶段，如果考虑到东北日本白垩纪岩浆活动的特殊性，可以分为三个同位素年龄组。

早阶段（125～90Ma B. P.）：进一步分为两个同位素年龄组：即125～100Ma B. P. 和110～90Ma B. P.，前一年龄组的花岗岩类主要分布在东北日本的北上地区（Tsuchiya and Kanisawa，1994；Masumi et al.，2004；Tsuchiya et al.，2007）；后一年龄组的花岗岩类主要分布在中部日本八沟山地区（Hiroaki et al.，2000）和西南日本的九州岛地区（Kamei，2002，2004；Kamei et al.，2009），岩石类型以英云闪长岩-花岗闪长岩和花岗岩为主，伴生有同时代的中基性岩类。

晚阶段（90～60Ma B. P.）：主要分布在西南日本内带的领家带、山阳带、九州等地区（Osamu，1995，2002；Kutsukake，2002；Kamei，2002；Tsuboi，2005）和山阴带的阿武隈地区（Hisao Tanaka，1999；Kamei and Takagi，2003）。该阶段花岗岩类约占日本花岗岩类分布面积的40%，岩石类型以英云闪长岩-花岗闪长岩-黑云母花岗岩组合为主，伴生有同时代的中基性辉长岩、辉绿岩和闪长岩等，镁铁质岩石呈小岩株、岩墙、堆晶岩或包体存在，为钙碱性岩石系列的钙质辉长岩，如橄榄角闪苏长岩等。约60Ma B. P. 在西南日本内带领家带部分地区和山阴带近日本海部分地区以及日本中部地区分布有岩石类型以二云母花岗岩-白云母花岗岩为主的过铝质岩体（Arakawa and Takahashi，1989），代表了岩浆活动的结束。

　　本章以岩浆活动事件为主线，选择不同地区的代表性岩体讨论它们的地质地球化学特征。

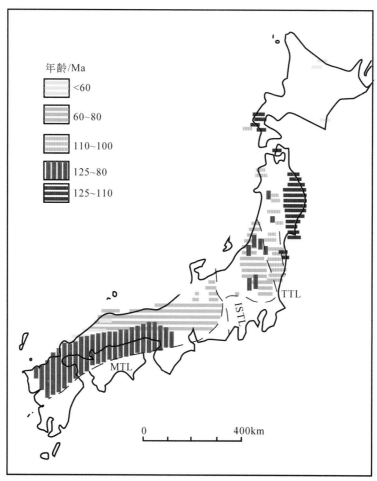

图 4.1　日本花岗岩类年代分布图

MTL. 中央构造线；ISTL. 丝鱼川-静冈构造线；TTL. 棚仓构造线

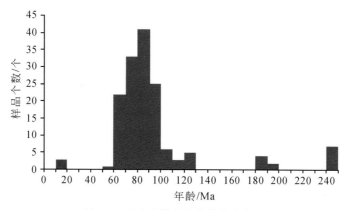

图 4.2　日本花岗岩年龄分布直方图

4.2 印支期-燕山早期侵入岩的地质地球化学特征

4.2.1 地质概况和岩石学特征

日本晚三叠世—早侏罗世岩浆活动发生在西南日本内带最北侧的飞弹带（Hida belt），该带位于西南日本最北部、围绕能登半岛弧形分布有约1400km²的变质基底，对不同地区泥质片麻岩和角闪岩的各种同位素测年获得1900Ma B. P.、1100Ma B. P.、600Ma B. P.、400Ma B. P.、240Ma B. P.五个年龄事件。该地区发育了日本中生代岩浆岩中最老的地质体"船津花岗岩"（"Funatsu granites"，Isomi and Nozawa，1957），该地区未发现同时代的火山岩。Nozawa（1975）、Yanai等（1985）及 Takahashi等（2010）认为这些花岗岩可以同韩国半岛同时代的花岗岩对比（图4.3）。

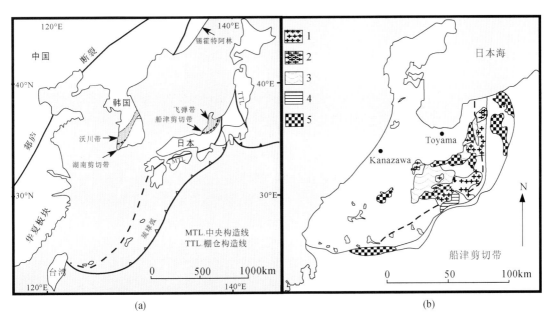

图4.3 日本地质构造图（a）（据毛建仁等，2009）和日本飞弹带地质图（b）（据 Takahashi *et al.*，2010）

1. 船津黑云母花岗岩；2. 片麻状花岗岩（Augen 片麻状花岗岩）；3. Hida 变质岩；
4. Unazuki 变质岩；5. Hida 边缘带变质岩

飞弹带位于日本中部靠近日本海一侧，主要由三个构造单元组成：飞弹花岗岩区、飞弹变质岩区和 Unazuki 变质岩带组成［图4.3（a）］。在日本海打开以前（15Ma B. P.），飞弹带被认为是锡霍特-阿林的一个组成部分，花岗质岩浆活动发生在 Unazuki 带和飞弹边缘构造带形成之后（Arakawa，1990a，1990b；Arakawa and Shimura，1995；Arakawa *et al.*，2000；Wu *et al.*，2007）。

飞弹带变质岩由形成于大陆边缘或裂谷环境的角闪岩相-麻粒岩相的正片麻岩、副片麻岩、角闪岩和大理岩等组成。前人研究认为，飞弹变质岩可能遭受三次变质作用：

330Ma B. P. 麻粒岩相的低压-高温型区域变质作用；230Ma B. P. 角闪岩相中压-中温型区域变质作用；180Ma B. P. 船津花岗岩侵入时形成的接触变质作用，并提出发生在 230Ma B. P. 的变质作用可能与华南-华北的碰撞相联系（Arakawa，1990a；Arakawa and Shinmura，1995；Arakawa et al.，2000）。

Unazuki 变质岩的源岩是一套由晚古生代（石炭纪）的铝铁质沉积岩、灰岩和酸性火山岩组成，在晚二叠世时遭受了中压-中温型变质作用（Arakawa，1990a）。

飞弹带花岗岩出露在飞弹片麻岩区和 Unazuki 带。前人在研究工作中将飞弹带花岗质岩石统称为船津花岗岩（Funatsu），并按岩石的变形强度细分为强变形的片麻状花岗岩（石英闪长岩，英云闪长岩及角闪-黑云花岗闪长岩，如 Hodatsusan 岩体、Shokawa 岩体、Yatsuo 岩体和 Nagarehayama 岩体等）和未变形的花岗岩（花岗闪长岩和黑云母花岗岩，如 Utsubo 岩体、Hirose 岩体、Shimonomoto 岩体等），它们被统称为前白垩纪花岗岩类。Arakawa（1988，1990a，1990b），Arakawa 和 Shinmura（1995）根据岩体的野外地质关系、元素地球化学和同位素特征将飞弹带印支期准铝质花岗岩体分成两种类型；即类型 1 岩体，位于飞弹带东南部靠太平洋一侧，岩体具有内酸外基的正常分带性，岩体没有变形特征，也不存在片麻岩捕房体；类型 2 岩体，位于飞弹带西北部靠日本海侧，岩体具有内基外酸的反分带性，并具有埃达克岩的地球化学特征，岩体边部的岩石大都已遭受动力变质具有强的糜棱岩化，形成 Augen 片麻状花岗岩或花岗片麻岩。最近，毛建仁等（2009）根据在 Tateyama 地区飞弹带花岗岩的野外地质关系将飞弹带花岗岩分为年轻的和老的两类花岗岩，分别命名为船津花岗岩和 Augen 片麻状花岗岩 [图 4.3（b）]，并分别相当于 Arakawa 和 Shinmura（1995）命名的类型 1 和类型 2 花岗岩体。我们将强变形的飞弹带花岗岩称为片麻状花岗岩，而将未变形的飞弹带花岗岩称为黑云母花岗岩，两种类型侵入岩的特征见表 4.1。

4.2.2　同位素地质年代学

前人研究结果显示，早期强变形的片麻状花岗岩（老的飞弹带片麻状花岗岩或者称类型 2 花岗岩）主要岩石类型为石英闪长岩，英云闪长岩及角闪-黑云花岗闪长岩，并与中基性岩相伴生。前人所测得片麻状花岗岩的同位素年龄主要集中于 250～240Ma B. P. [锆石 CHIME（电子探针 Th-U-全 Pb 化学等时线法）年龄为 259±7Ma B. P. 、245±4Ma B. P. ；SHRIMP 锆石 U-Pb 年龄为 250.2±2Ma B. P. 、240±2Ma B. P. ，Takahashi et al.，2010]。

晚期未变形的黑云母花岗岩（年轻的船津花岗岩或者称类型 1 花岗岩）岩石类型为英云闪长岩、花岗闪长岩和花岗岩，并伴生有中基性岩。前人所测得晚期未变形黑云母花岗岩同位素年龄集中在 195～180Ma B. P. 之间，如 Shibata 等（1988）用全岩 Rb-Sr 法测得船津花岗岩（Utsubo 岩体）的年龄为 182.5±6.8Ma B. P. ；Arakawa（1988）测得 Utsubon 岩体的年龄为 183.2±9.8Ma B. P. ；Arakawa（1990）用全岩 Rb-Sr 法测得 Kegachidake 侵入体年龄为 185.8±7.5Ma B. P. 。

表 4.1　两种类型侵入岩地质特征表

	晚期黑云母花岗岩（类型 1 或年轻花岗岩）	早期片麻状花岗岩（类型 2 或老花岗岩）
岩相	外基内酸	外酸内基
片麻岩包体	无	有
$^{87}Sr_i/^{86}Sr_i$	变化范围小，介于 0.7044 和 0.7054 之间	变化范围大
$\varepsilon_{Nd}(t)$	变化范围小，介于 −0.8 和 0.5 之间	变化范围大，介于 −10.3 和 0.7 之间
$\delta^{18}O$	低，平均为 7.9‰	高，平均为 10.5‰
片麻理	无	有
岩石系列	磁铁矿系列	钛铁矿系列
岩石类型	花岗闪长岩、英云闪长岩	花岗闪长岩

本次研究对飞弹带两种类型的花岗岩进行了重新采样，对三件片麻状花岗岩及一件黑云母花岗岩样品进行了精确的 SHRIMP 锆石 U-Pb 同位素测年工作，所采样品位置见 ［图 4.3 （b）］，选择四件新鲜，均匀无蚀变、无污染的样品为测试对象，样品岩石学特征列于表 4.2，四件样品的 SHRIMP U-Pb 测试结果列于表 4.3。

表 4.2　样品岩石学特征

	07HI-1	07HI-2	07HI-3	07HI-4
岩性	片麻状花岗岩	黑云母花岗岩	片麻状花岗岩	片麻状花岗岩
结构构造	片麻状构造	块状构造	片麻状构造	片麻状构造
矿物组成	Q＋Pl＋Bi	Q＋Pl＋Bi	Q＋Pl＋Bi	Q＋Pl＋Bi
变质变形	矿物有压扁拉长	—	矿物有压扁拉长	矿物有压扁拉长
其他	类型 2	类型 1	类型 2	类型 2

表 4.3　飞弹带花岗质岩石 SHRIMP 锆石 U-Pb 年龄数据

点	U/ppm	Th/ppm	Th/U	f206# /%	$^{206}Pb^*/^{238}U$ /Ma (±1)	$^{207}Pb^*/^{235}U$ /Ma (±1)	$^{207}Pb^*/^{206}Pb^*$ /Ma (±1)	$^{206}Pb/^{238}U$ /Ma (±1)
07HI-1								
1.10	722.00	283.00	0.40	0.40	0.03908　1.70	0.2670　5.40	0.0496　5.10	247.10　±4.10
2.10	905.00	410.00	0.47	0.43	0.03934　1.70	0.2837　2.90	0.0523　2.30	248.70　±4.10
3.10	833.00	383.00	0.47	0.69	0.03874　1.70	0.2701　3.50	0.0506　3.10	245.00　±4.10
4.10	675.00	422.00	0.65	0.41	0.03889　1.80	0.2740　6.60	0.0512　6.30	246.00　±4.20
5.10	523.00	203.00	0.40	1.16	0.03897　1.80	0.2430　5.30	0.0453　5.00	246.40　±4.20
6.10	778.00	361.00	0.48	0.65	0.03843　2.20	0.2860　6.90	0.0540　6.50	243.10　±5.20
7.10	980.00	490.00	0.52	0.43	0.03802　1.70	0.2790　3.50	0.0532　4.00	240.60　±4.00
8.10	929.00	534.00	0.59	0.30	0.03800　1.70	0.2676　2.50	0.0511　1.80	240.40　±3.90
9.10	599.00	254.00	0.44	0.94	0.03948　1.80	0.2910　9.10	0.0535　9.00	249.60　±4.40
10.10	855.00	628.00	0.76	0.67	0.03936　1.70	0.2767　3.40	0.0510　3.00	248.90　±4.10
11.10	745.00	341.00	0.47	0.57	0.03769　2.20	0.2650　5.70	0.0509　5.20	238.50　±5.10
12.10	1554.00	900.00	0.60	0.21	0.03915　1.60	0.2847　3.10	0.0527　2.60	247.60　±4.00

续表

点	U/ppm	Th/ppm	Th/U	$f206^{\#}$ /%	$^{206}Pb^*/^{238}U$ /Ma (±1)		$^{207}Pb^*/^{235}U$ /Ma (±1)		$^{207}Pb^*/^{206}Pb^*$ /Ma (±1)		$^{206}Pb/^{238}U$ /Ma (±1)	
07HI-2												
1.10	595.00	341.00	0.59	3.60	0.03766	1.80	0.228	11.00	0.0439	11.00	240.20	±4.10
2.10	732.00	178.00	0.25	0.75	0.03750	3.40	0.256	6.00	0.0495	4.90	237.70	±8.00
3.10	479.00	250.00	0.54	1.29	0.03717	1.50	0.257	7.50	0.0501	7.30	235.40	±3.40
4.10	173.00	72.00	0.43	6.06	0.03088	2.50	0.132	49.00	0.0310	49.00	200.40	±3.90
5.10	172.00	74.00	0.45	4.62	0.03112	2.30	0.157	32.00	0.0370	32.00	200.70	±3.70
6.10	126.00	98.00	0.80	4.96	0.03137	2.10	0.255	23.00	0.0590	23.00	196.80	±5.00
7.10	197.00	69.00	0.36	2.63	0.03068	3.10	0.202	19.00	0.0478	19.00	195.20	±5.70
8.10	145.00	65.00	0.47	3.67	0.03135	2.20	0.238	17.00	0.0551	17.00	197.60	±4.20
9.10	149.00	64.00	0.44	13.66	0.02680	9.70	—	—	—	—	175.00	±7.40
10.10	326.00	295.00	0.93	2.66	0.02881	1.70	0.171	17.00	0.0431	17.00	184.50	±2.80
11.10	162.00	73.00	0.46	3.72	0.02996	2.40	0.176	29.00	0.0430	29.00	191.90	±4.70
12.10	206.00	97.00	0.49	2.93	0.03133	2.00	0.191	18.00	0.0443	18.00	200.20	±3.90
13.10	276.00	130.00	0.48	2.41	0.03113	1.90	0.211	17.00	0.0491	17.00	197.70	±3.80
14.10	412.00	204.00	0.51	1.20	0.04300	3.50	0.291	8.00	0.0490	7.20	272.50	±9.40
15.10	1423.00	156.00	0.11	0.78	0.03896	1.30	0.2645	3.50	0.0492	3.30	246.90	±3.10
07HI-3												
1.10	1346.00	707.00	0.54	1.43	0.03781	2.10	0.241	7.50	0.0462	7.10	239.30	±5.00
2.10	985.00	611.00	0.64	0.41	0.04540	6.90	0.325	8.80	0.0519	5.50	286.00	±19.00
2.20	316.00	154.00	0.50	1.61	0.03385	2.30	0.244	10.00	0.0524	9.80	214.60	±4.90
4.10	227.00	117.00	0.53	2.21	0.03347	2.60	0.206	17.00	0.0447	16.00	212.30	±5.50
4.20	676.00	219.00	0.34	0.84	0.03718	1.80	0.254	6.80	0.0496	6.50	235.30	±4.20
3.10	225.00	107.00	0.49	2.58	0.03690	2.90	0.196	27.00	0.0390	27.00	233.80	±6.70
3.20	1002.00	714.00	0.74	0.42	0.04390	6.30	0.302	7.20	0.0498	3.60	277.00	±17.00
5.10	231.00	122.00	0.54	1.47	0.03896	2.00	0.309	11.00	0.0576	11.00	246.40	±4.80
5.20	432.00	299.00	0.72	0.59	0.04199	1.80	0.307	6.10	0.0531	5.80	265.10	±4.70
6.10	1509.00	905.00	0.62	0.45	0.05250	1.90	0.317	10.00	0.0439	9.90	329.90	±6.30
7.10	720.00	428.00	0.61	1.63	0.03990	3.10	0.291	6.60	0.0528	5.80	252.50	±7.70
8.10	1073.00	614.00	0.59	0.79	0.03899	1.70	0.273	5.00	0.0508	4.70	246.60	±4.10
9.10	283.00	111.00	0.41	2.68	0.03793	2.00	0.287	13.00	0.0548	13.00	240.00	±4.70
9.20	2319.00	123.00	0.05	0.39	0.04320	8.90	0.286	9.30	0.0480	2.70	273.00	±24.00
10.10	515.00	211.00	0.42	1.61	0.03597	1.80	0.249	9.20	0.0502	9.00	227.80	±4.00
10.20	1207.00	731.00	0.63	0.55	0.03983	1.70	0.2791	3.10	0.0508	2.60	251.80	±4.20
11.10	878.00	514.00	0.60	0.55	0.04450	2.40	0.316	5.80	0.0515	5.30	280.70	±6.50
12.10	550.00	176.00	0.33	1.62	0.04290	6.90	0.262	12.00	0.0444	9.70	271.00	±18.00
12.20	1204.00	735.00	0.63	0.32	0.03610	5.40	0.282	6.50	0.0567	3.70	229.00	±12.00
13.10	1145.00	688.00	0.62	0.55	0.04360	5.50	0.306	6.40	0.0509	3.40	275.00	±15.00
13.20	639.00	162.00	0.26	1.18	0.04308	1.80	0.298	5.10	0.0502	4.70	271.90	±4.80

续表

点	U/ppm	Th/ppm	Th/U	$f206^{\neq}$ /%	$^{206}Pb^*/^{238}U$ /Ma (±1)	$^{207}Pb^*/^{235}U$ /Ma (±1)	$^{207}Pb^*/^{206}Pb^*$ /Ma (±1)	$^{206}Pb/^{238}U$ /Ma (±1)
07HI-4								
1.10	274.00	116.00	0.44	0.55	0.03916 1.40	0.2860 6.50	0.0529 6.40	247.60 ±3.40
2.10	518.00	88.00	0.18	0.13	0.03875 1.30	0.2822 2.40	0.0528 2.10	245.10 ±3.10
3.10	78.00	39.00	0.52	0.72	0.03742 2.20	0.3060 14.00	0.0592 14.00	236.80 ±5.20
4.10	587.00	150.00	0.26	0.22	0.03930 1.30	0.2797 3.50	0.0516 3.20	248.50 ±3.10
5.10	317.00	90.00	0.29	0.19	0.03563 1.40	0.2580 3.60	0.0525 3.30	225.70 ±3.10
6.10	479.00	49.00	0.10	1.32	0.03780 1.50	0.2730 6.40	0.0523 3.60	239.20 ±3.60
7.10	392.00	205.00	0.54	0.72	0.04380 4.20	0.3560 6.70	0.0590 5.30	276.00 ±11.00
8.10	166.00	84.00	0.53	2.38	0.04029 1.70	0.2750 16.00	0.0495 16.00	254.60 ±4.20
9.10	567.00	103.00	0.19	1.18	0.04071 1.40	0.2660 5.30	0.0474 5.10	257.20 ±3.50
10.10	93.00	25.00	0.27	4.76	0.03880 2.80	0.3000 33.00	0.0560 33.00	245.40 ±6.90
11.10	739.00	67.00	0.09	0.99	0.04341 1.30	0.2860 4.50	0.0477 4.30	273.90 ±3.50
12.10	298.00	145.00	0.50	1.64	0.04066 1.70	0.2790 16.00	0.0498 16.00	256.90 ±4.30
13.10	370.00	60.00	0.17	0.98	0.05440 1.40	0.4760 3.50	0.0635 7.70	341.60 ±6.60
14.10	1752.00	135.00	0.08	0.23	0.04809 1.20	0.3487 2.60	0.0526 2.20	302.80 ±3.70

07HI-1 样品中锆石为无色透明，CL 图像显示岩石中锆石晶形发育良好［图 4.4 (a)］，长宽比介于 1.5∶1～3∶1，具有韵律环带，本次研究选取晶形良好，韵律环带较发育的锆石进行测试。前人研究结果表明，锆石的 $\omega(Th)/\omega(U)$ 值能反映锆石的岩浆成因或者变质成因，一般认为 $\omega(Th)/\omega(U)$ 大于 0.1 的锆石为岩浆型锆石，样品中 12 个测点的 $\omega(Th)/\omega(U)$ 均大于 0.1，介于 0.4 和 0.76 之间，平均为 0.52 (表 4.3)，显示了岩浆型锆石的特征，单个数据点的误差 1σ。对 12 粒锆石的测试结果表明，12 个测点有谐和的 $^{206}Pb/^{238}U$ 和 $^{207}Pb/^{235}U$ 表面年龄，数据点全部落入谐和线上或者附近区域［图 4.4 (b)］。采用 $^{206}Pb/^{238}U$ 年龄平均为 245±2Ma B.P. ($N=12$，MSWD=0.72)，这一年龄应代表了岩石的结晶年龄，属于早-中三叠世。

07HI-2 样品中锆石为无色透明，CL 图像显示岩石中锆石有两种［图 4.5 (c)］，一种晶形发育良好，长宽比介于 1.5∶1 和 2.5∶1 之间，具有韵律环带，$\omega(Th)/\omega(U)$ 介于 0.36～0.93 (表 4.3)，单个数据点的误差 1‰，显示了岩浆型锆石的特征；另一种锆石晶形发育良好，并具有核-边双层结构，可能为继承性锆石。对岩浆期 10 粒锆石的测试结果表明，九个测点有谐和的 $^{206}Pb/^{238}U$ 和 $^{207}Pb/^{235}U$ 表面年龄，数据点全部落入谐和线上［图 4.4 (d)］。采用 $^{206}Pb/^{238}U$ 年龄平均为 197±3Ma B.P. ($N=9$，MSWD=0.71)，这一年龄应代表了岩石的结晶年龄，属于早侏罗世，07HI-2.9.1 点的年龄偏离谐和线，未作统计；对五粒继承性锆石的测试结果显示，四个测点的 U，Th 含量均高于岩浆期锆石，可能是岩浆形成过程中热扰动造成的，四个测点的 $^{206}Pb/^{238}U$ 平均年龄为 241±4Ma B.P. ($N=4$，MSWD=2.31)，属于中三叠世，07HI-2.14.1 点的年龄为 276±9.4Ma B.P.，误差较大，没列入统计范围。

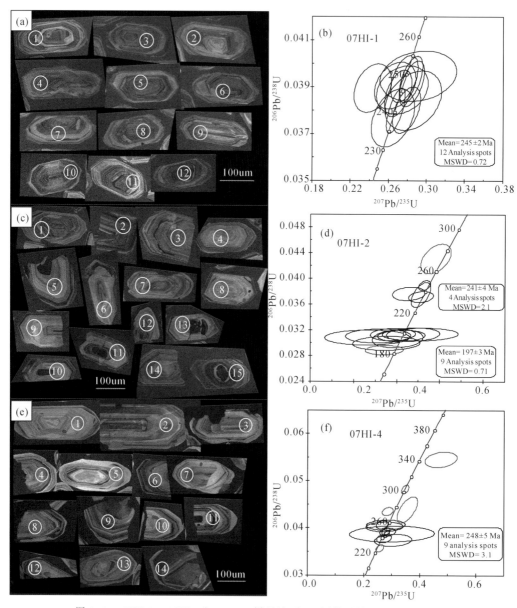

图 4.4　07HI-1、07HI-2 和 07HI-4 样品锆石 CL 图像及锆石 U-Pb 年龄图

07HI-4 样品中锆石为无色透明，CL 图像显示岩石中锆石具两种形态［图 4.4（e）］，第一类锆石晶形发育良好，长宽比介于 2∶1 和 3.5∶1 之间，具有韵律环带；第二类锆石无固定形态，大多没有完整的晶形，根据几个锆石的形态推测其长宽比较小，且韵律环带不清晰。对第一种形态的 10 粒锆石的测试结果表明，$\omega(Th)/\omega(U)$ 介于 $0.1\sim0.5$（表 4.3），单个数据点的误差 1‰，为岩浆型锆石。其中九个测点有谐和的 $^{206}Pb/^{238}U$ 和 $^{207}Pb/^{235}U$ 表面年龄，数据点全部落入谐和线上或者附近区域［图 4.4（f）］。采用 $^{206}Pb/^{238}U$ 年龄平均为 $248\pm5Ma$ B. P.（$N=9$，MSWD=3.1），这一年龄应代表了岩石的

结晶年龄，属于早三叠世。第二类锆石由于数量较少，只测试了四个测点，四个测点的年龄分布不均匀，无法得出谐和的 $^{206}Pb/^{238}U$ 和 $^{207}Pb/^{235}U$ 表面年龄，其中四个测点中最大的年龄为 341.6±6.6Ma B. P.，可能为继承性锆石。

07HI-3 样品中锆石为无色透明，CL 图像显示岩石中锆石晶形发育，具有核–边结构，内核晶形完好，无磨圆，可见清晰的环边结构，且核部测点 $\omega(Th)/\omega(U)$ 平均为 0.54，推测其可能是岩浆期的锆石，而锆石再生加大边可能是后期岩浆作用或者热液作用下所形成的（这些测点的 Th、U 含量明显高于其他测点，CL 图像上显示边部较亮）。本次研究对这种锆石的核、边均作了测试，样品的测试数据列于表 4.3，单个数据点的误差 1%。对 13 粒锆石的 21 个测点的测试结果显示该样品中锆石年龄较为复杂，有四个年龄组（图 4.6）：第一组 $^{206}Pb/^{238}U$ 年龄为 329.9±6.3Ma B. P.（07HI-3.6.1）；第二组八个测点平均的 $^{206}Pb/^{238}U$ 年龄为 271.7Ma B. P.（$N=8$，MSWD=0.66）（07HI-3.2.1、3.2、5.2、9.2、11.1、12.1、13.1、13.2）；第三组八个测点平均的 $^{206}Pb/^{238}U$ 年龄为 243.3Ma B. P.（$N=8$，MSWD=1.9）（07HI-3.1.1、3.1、4.2、5.1、7.1、8.1、9.1、10.2）；第四组四个测点平均的 $^{206}Pb/^{238}U$ 年龄为 220Ma B. P.（$N=4$，MSWD=2.5）(07HI-3.2.2、4.1、10.1、12.2)。以下将讨论各组热事件年龄的构造意义。

因此，测试结果表明片麻状花岗岩的锆石 SHRIMP U-Pb 年龄分别为 245±2 Ma B. P.（$N=12$，MSWD=0.72）和 248±5Ma B. P.（$N=9$，MSWD=3.1）；结合 Takahashi 等（2010）的 SHRIMP 锆石 U-Pb 年龄 250.2±2Ma B. P.、240±2Ma B. P.，可以认为片麻状花岗岩的形成时间为 240~250Ma B. P. 的早三叠世。黑云母花岗岩（未变形的船津花岗岩）的 SHRIMP 锆石 U-Pb 年龄为 197±3Ma B. P.（$N=9$，MSWD=0.71），Takahashi（2009）测得船津花岗岩的 SHRIMP 锆石 U-Pb 年龄为 191±3Ma B. P.，可见船津花岗岩形成时代为 200~190Ma B. P. 的早侏罗世。

4.2.3　地球化学特征

地球化学研究主要是在收集前人资料（Arakawa，1990a，1990b，1995）基础上进行的，本次研究对 4 件样品做了地球化学测试，样品的主量元素（%）以及稀土元素和微量元素（ppm）的地球化学成分见表 4.4 和表 4.5。

4.2.3.1　主量元素

片麻状花岗岩在地球化学上以富硅、铝、钙为特征，其 SiO_2 含量介于 64.06% 和 75.05% 之间，平均为 69.50%；Na_2O 含量较高，介于 3.37%~5.04%，且具有较低的 K_2O/Na_2O，其 K_2O/Na_2O 值大多小于 1（样品 07HI-4、Hd18、SN-02 除外），K_2O/Na_2O 值介于 0.24~0.91，平均为 0.67；在 TAS 图解上片麻状花岗岩落入花岗闪长岩及花岗岩区域 [图 4.5（a）]，表现为亚碱性系列岩石的特征；同时，依据岩石的 CIPW 标准矿物组成，应用 Le Maitre（1989）法对标准矿物 Ab 进行分配：A=Or*T，P=An*T，T=（Or+ An+Ab)/(Or+An)，T 为分配系数，应用 QAP 图解进行分类，QAP 图解中 [图 4.5（b）]，片麻状花岗岩投影于钾长花岗岩-花岗岩-二长花岗岩-花岗闪长岩区域；

DI 为 69.10~94.27，平均为 82.93，反映岩体经历了较高程度的分异演化作用；在 SiO_2-K_2O 图上除样品 ON1230 外 ［图 4.5 (c)］，其他样品均落入高钾钙碱性区域；A/CNK 值较低，介于 0.90 和 1.12 之间，平均为 1.02 ［图 4.5 (d)］，为弱过铝质花岗岩类。

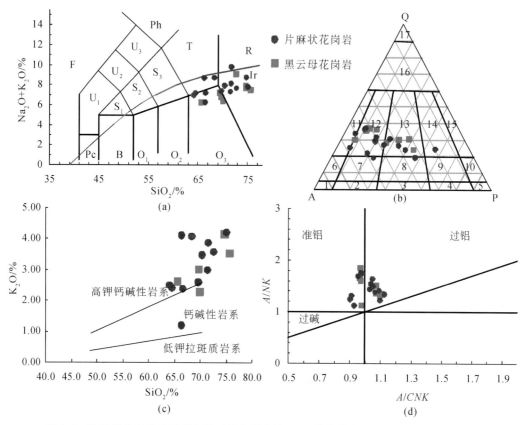

图 4.5 飞弹带片麻状花岗岩和黑云母花岗岩的 TAS 分类命名图 (a)、QAP 分类命名
图 (b) SiO_2-K_2O 图 (c) 和 A/CNK-A/NK (d)

(a) R. 花岗岩；O_3. 花岗闪长岩，O_2. 闪长岩，O_1. 辉长闪长岩；B. 辉长岩；Pc. 橄榄岩-辉长岩；T. 石英二长岩-正长岩；S_3. 二长岩，S_2. 二长闪长岩，S_1. 二长辉长岩；Ph. 似长石正长岩；U_3. 似长二长正长岩，U_2. 似长二长闪长岩，U_1. 橄榄辉长岩；F. 似长深成岩。

(b) 1. 碱长正长岩；2. 正长岩；3. 二长岩；4. 二长闪长岩/二长辉长岩；5. 闪长岩、辉长岩、斜长岩；6. 石英碱长正长岩；7. 石英正长岩；8. 石英二长岩；9. 石英二长闪长岩；10. 石英闪长岩、石英辉长岩、石英斜长岩；11. 碱长花岗岩；12. 花岗岩；13. 二长花岗岩；14. 花岗闪长岩；15. 英云闪长岩；16. 富石英花岗岩类；17. 硅英岩

黑云母花岗岩在地球化学上以富硅、铝、镁、铁为特征，其 SiO_2 含量为 65.57%~75.59%，平均为 71.51%；Na_2O 含量较高，介于 3.34% 和 4.18% 之间，平均为 3.79%；其 FeO_T 含量介于 1.39 和 4.68 之间，平均为 2.69 (UB09 除外)；在 TAS 图解上黑云母花岗岩落入花岗闪长岩及花岗岩区域 ［图 4.5 (a)］，表现为亚碱性系列岩石的特征；在 QAP 图解 ［图 4.5 (b)］ 中，片麻状花岗岩投影于花岗岩-二长花岗岩区域；DI 介于 67.34 和 92.38 之间，平均为 83.25，反映了岩体经历了较高程度的分异演化作用；在

表 4.4　飞弹带花岗岩类主量元素（%）地球化学数据表

样品号	07HI-1	07HI-3	07HI-4	Hd03	Hd18	ON1234	ON1230	SN102	TG02	TG05	SN01	SN02
序号	1	2	3	4	5	6	7	8	9	10	11	12
岩石类型						片麻状花岗岩						
SiO_2	66.30	68.34	71.69	64.56	74.62	64.06	66.37	69.63	70.38	72.60	71.49	75.05
TiO_2	0.45	0.40	0.24	0.65	0.18	0.55	0.60	0.35	0.40	0.29	0.29	0.17
Al_2O_3	15.51	14.88	14.17	17.59	13.90	17.44	16.92	16.40	15.93	15.13	15.49	13.99
Fe_2O_3	1.24	0.79	0.45	3.27	1.17	3.70	3.51	0.93	0.81	0.66	1.734	1.27
FeO	1.73	1.69	0.83	0.58	0.21	0.65	0.62	1.68	1.45	1.19	0.31	0.22
MnO	0.05	0.04	0.02	0.06	0.02	0.07	0.08	0.05	0.03	0.02	0.04	0.03
MgO	0.96	0.82	0.33	1.39	0.32	2.11	1.36	0.58	0.56	0.49	0.45	0.24
CaO	2.77	2.37	1.33	4.38	0.70	4.28	4.25	2.78	2.39	1.75	1.87	1.02
Na_2O	4.56	4.70	3.89	4.73	3.37	4.42	5.04	4.84	4.44	4.16	4.26	3.67
K_2O	4.10	4.07	5.88	2.39	5.38	2.48	1.19	2.59	3.47	3.57	3.86	4.20
P_2O_5	0.15	0.13	0.06	0.20	0.03	0.14	0.17	0.12	0.10	0.08	0.09	0.04
SUM	97.82	98.23	98.89	99.80	99.90	99.90	100.11	99.95	99.96	99.94	99.88	99.90
K_2O/Na_2O	0.90	0.87	1.51	0.51	1.60	0.56	0.24	0.54	0.78	0.86	0.91	1.14
A/CNK	0.91	0.90	0.93	0.96	1.10	0.98	0.98	1.04	1.03	1.09	1.06	1.12

样品号	YT22	YT29	Hs04	UB10	UB11	UB12	UB06	UB08	UB09	07HI-2		
序号	13	14	15	16	17	18	19	20	21	22		
岩石类型					黑云母花岗岩							
SiO_2	71.36	66.56	69.43	69.70	74.48	74.71	65.57	69.89	75.59	72.67		
TiO_2	0.31	0.67	0.40	0.38	0.19	0.20	0.50	0.44	0.10	0.19		
Al_2O_3	15.62	17.36	15.23	15.17	13.99	14.04	16.32	15.09	13.95	13.22		
Fe_2O_3	1.87	2.9155	0.561	2.652	0.55	1.292	1.73	1.22	0.35	0.68		
FeO	0.33	0.5145	3.179	0.468	1.00	0.228	3.12	2.21	0.64	0.78		
MnO	0.04	0.06	0.09	0.07	0.04	0.04	0.10	0.07	0.02	0.03		
MgO	0.48	1.00	1.37	1.07	0.33	0.33	1.80	0.97	0.26	0.43		
CaO	2.39	3.27	2.22	3.37	1.12	1.30	4.40	3.54	1.53	0.99		
Na_2O	4.38	4.86	4.18	3.81	3.76	3.56	3.62	4.07	3.94	3.34		
K_2O	2.99	2.37	3.02	3.01	4.14	4.13	2.61	2.27	3.52	5.73		
P_2O_5	0.07	0.24	0.13	0.12	0.04	0.05	0.16	0.17	0.03	0.057		
SUM	99.84	99.82	99.81	99.82	99.64	99.88	99.93	99.94	99.93	98.12		
K_2O/Na_2O	0.68	0.49	0.72	0.79	1.10	1.16	0.72	0.56	0.89	1.72		
A/CNK	1.06	1.05	1.07	0.97	1.10	1.11	0.97	0.97	1.07	0.98		

数据来源：1、2、3、22 为本次研究测试；4、5、13、14、15 引自 Arakawa and Shinmura，1995；6～12、16～21 引自 Arakawa，1990a，1990b。

表 4.5　飞弹带花岗岩类微量和稀土元素（ppm）数据表

样品号	07Hi-1	07Hi-3	07Hi-4	SN01	SN02	07Hi-2	UB10	UB12
序号	1	2	3	4	5	6	7	8
岩石类型		片麻状花岗岩				黑云母花岗岩		
Sc	3.263	2.842	0.512	2.80	1.20	1.168	4.60	2.40
Ti	2611.90	2356.20	1374.80	—	—	1097.70	—	—
V	29.35	30.81	11.16	16.00	9.00	8.641	44.00	11.00
Cr	0.641	0.16	0.808	66.00	67.00	0.167	60.00	60.00
Mn	408.10	318.80	154.60	—	—	237.10	—	—
Co	4.164	5.578	1.271	—	—	1.348	—	—
Ni	0.871	0.926	0.287	16.00	15.00	0.017	18.00	13.00
Cu	2.732	6.852	5.591	6.00	3.00	1.656	3.00	7.00
Zn	60.11	36.86	17.95	57.00	32.00	64.72	55.00	41.00
Ga	19.38	16.62	16.08	—	—	11.12	—	—
Ge	1.198	0.992	1.022	—	—	0.91	—	—
Rb	74.76	54.49	103.80	107.00	116.00	103.40	66.90	142.00
Sr	678.00	555.00	631.70	548.00	336.00	257.80	470.00	248.00
Y	12.38	9.753	2.405	12.00	10.00	4.887	13.00	12.00
Zr	155.90	107.70	74.13	140.00	144.00	119.30	127.00	160.00
Nb	8.519	5.164	3.801	9.00	10.00	2.202	6.00	9.00
Cs	2.797	1.264	1.113	—	—	2.898	—	—
Ba	905.80	913.40	1121.90	935.00	1057.00	983.40	868.00	900.00
La	55.81	44.36	24.59	41.10	31.00	34.23	42.00	30.20
Ce	93.96	72.65	41.46	73.00	55.00	55.47	74.00	56.00
Pr	10.12	7.723	4.427	—	—	5.598	—	—
Nd	31.21	24.13	13.25	28.07	19.12	16.28	28.08	19.74
Sm	4.451	3.453	1.586	4.14	3.27	1.965	3.82	3.23
Eu	0.937	0.843	0.811	0.96	0.77	0.485	1.07	0.78
Gd	3.526	2.821	1.092	2.30	2.50	1.437	2.40	2.50
Tb	0.418	0.333	0.091	0.40	0.40	0.144	0.40	0.40
Dy	2.120	1.806	0.432	2.00	2.00	0.714	1.70	1.90
Ho	0.400	0.336	0.078	—	—	0.149	—	—
Er	1.058	0.859	0.181	—	—	0.454	—	—
Tm	0.163	0.117	0.028	—	—	0.075	—	—
Yb	1.124	0.754	0.194	1.02	0.67	0.572	1.15	0.94
Lu	0.188	0.116	0.033	0.17	0.11	0.108	0.19	0.19
Hf	3.921	2.848	2.094	—	—	2.868	—	—
Ta	0.856	0.211	0.166	—	—	0.114	—	—
Pb	19.38	13.74	19.76	—	—	16.60	—	—
Th	20.79	9.609	4.63	10.70	7.10	10.06	7.60	11.00
U	3.554	0.777	0.40	2.00	1.70	1.092	1.30	1.30

注：1～3，6 为本书测试；4，5，7，8 引自 Arakawa，1990a，1990b。

SiO_2-K_2O 图上，除样品 UB08 外，其他样品均落入高钾钙碱性区域 [图 4.5（c）]；A/CNK 值较低，介于 0.97 和 1.11 之间，平均为 1.03 [图 4.5（d）]，为弱过铝质花岗岩类。

在 Hark 图解（图 4.6）中，两种类型花岗岩 SiO_2 与各主量元素之间表现出一定的相关趋势。片麻状花岗岩随着 SiO_2 含量的增加，TiO_2、Al_2O_3、FeO_T、MgO、CaO、Na_2O、P_2O_5 含量减少，呈负相关关系，而 K_2O 增加，而 Na_2O 变化趋势不明显；而黑云母花岗岩随着 SiO_2 含量的增加，TiO_2、Al_2O_3、FeO_T、MgO、CaO、P_2O_5 含量减少，呈负相关关系。而 K_2O、Na_2O 含量增加，呈正相关关系。同黑云母花岗岩相比较，在相同的 SiO_2 含量条件下，片麻状花岗岩具有较高的 Al_2O_3、Na_2O 含量及较低的 FeO_T、MgO、CaO、P_2O_5 含量。

4.2.3.2　微量元素和稀土元素

片麻状花岗岩在微量元素地球化学特征上，大离子亲石元素 Rb，放射性生热元素 Th、U、Pb 含量较高。总体富集 Rb-Th、Zr-Hf、U-Pb 等元素，贫 Nb-Ta、Ti 等元素。在原始地幔标准化图解（图 4.7）中，显示明显的 Rb-Th、Pb 正异常，Nb-Ta、Ti 负异常，曲线总体呈平坦型。

黑云母花岗岩在微量元素地球化学特征上，总体富集 Pb-Hf，亏损 Nb-Ta、Ti 等元素。在原始地幔标准化图解（图 4.7）中，显示明显的 Pb-Hf 正异常，Nb-Ta、Ti 负异常，曲线总体呈平坦型。

片麻状花岗岩的 ΣREE 含量较低，为 88.253～250.485ppm，平均为 144.408ppm；其 $\Sigma LREE/\Sigma HREE$ 值为 21.44～40.45，平均为 28.74，La_N/Yb_N 值介于 31.82 和 79.86 之间，平均为 46.66，二者均偏高，表明飞弹带片麻状花岗岩石的稀土配分模式属轻稀土富集重稀土亏损型；LREE 与 HREE 内部分异明显，La_N/Sm_N 值介于 8.09～11.25，平均为 9.41，而 Gd_N/Yb_N 值介于 2.08 和 4.66 之间，平均为 3.11；在球粒陨石标准化的稀土元素配分图上，稀土元素配分显示向右倾的平坦型（图 4.7），Eu 异常不明显，Eu/Eu^* 值平均为 1.08。

与片麻状花岗岩相比较，黑云母花岗岩的 ΣREE 含量较低，为 117.68ppm；其 $\Sigma LREE/\Sigma HREE$ 值为 27.44；球粒陨石标准化的稀土元素配分图上，稀土元素配分显示向右倾的平坦型（图 4.7），Eu 具有弱的负异常，Eu/Eu^* 值为 0.88。

4.2.3.3　Sr-Nd 同位素

两种花岗岩的 Rb-Sr、Sm-Nd 同位素分析结果列于表 4.6。

片麻状花岗岩的 $^{87}Sr_i/^{86}Sr_i$ 为 0.70643～0.71053，平均为 0.707391；$\varepsilon_{Nd}(t)$ 值较低，为 -10.17～-2.03，平均为 -5.02；T_{2DM} 为 1.26～1.70，反映其源区物质主要为中-新元古代从亏损地幔增生的地壳物质。相对于片麻状花岗岩（图 4.8），黑云母花岗岩的 $^{87}Sr_i/^{86}Sr_i$ 较低，介于 0.70438 和 0.70616 之间，平均为 0.704933，$\varepsilon_{Nd}(t)$ 值较高，介于 -0.84 和 5.53 之间，平均为 1.79；T_{2DM} 为 0.56～0.95，黑云母花岗岩具有较低的锶初始值，较高的钕值，表明其源于地壳成熟度较低的年轻地壳，其源岩是显生宙亏损地幔增生的地壳物质，岩石中有较多的幔源组分。

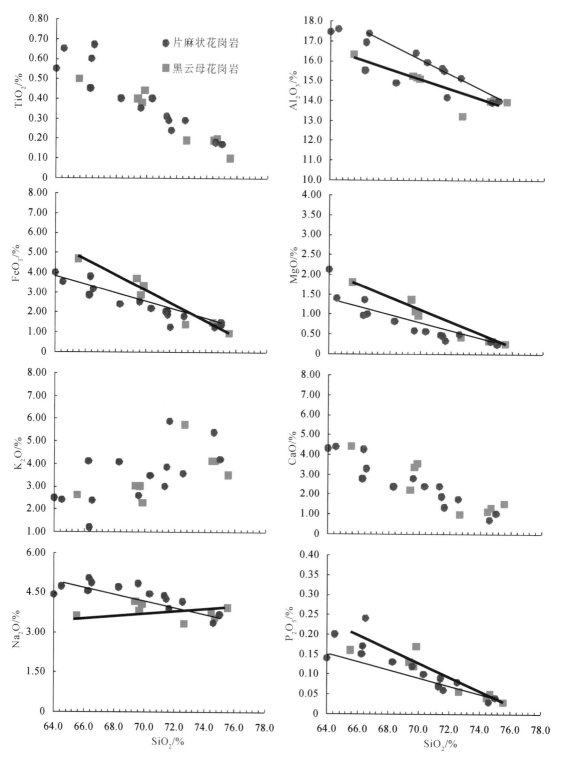

图 4.6　飞弹带片麻状花岗岩和黑云母花岗岩的主量元素变化图解

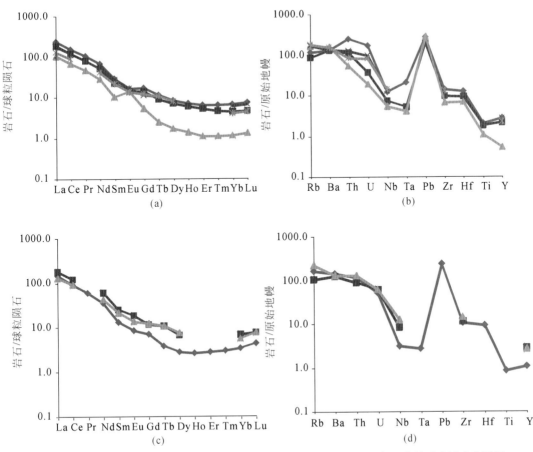

图 4.7　片麻状花岗岩（a）、（b）和黑云母花岗岩（c）、（d）稀土元素及微量元素标准化图解

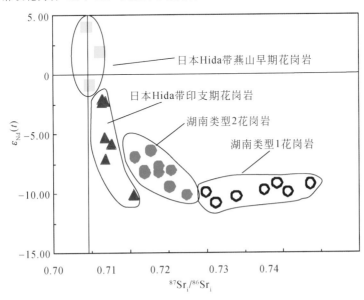

图 4.8　飞弹带印支期花岗岩的 $^{87}Sr_i/^{86}Sr_i$-$\varepsilon_{Nd}(t)$ 对比图解

湖南省印支期花岗岩资料据 Wang *et al.*, 2007

表 4.6 飞弹带花岗岩类 Rb-Sr 和 Sm-Nd 同位素组成数据表

序号	样品号	年龄/Ma	Rb/ppm	Sr/ppm	$^{87}Rb/^{86}Sr$	$^{87}Sr/^{86}Sr$	$^{87}Sr_i/^{86}Sr_i$
1	07Hi-1	245.00	74.76	678.00	0.31903	0.707937±0.000006	0.70682
2	07Hi-3	243.00	54.49	555.00	0.28406	0.707891±0.000004	0.70691
3	07Hi-4	248.00	103.80	631.70	0.47549	0.709355±0.000005	0.70768
4	Hd03	245.00	47.80	777.10	0.1781	0.70695±0.00003	0.70648
5	Hd13	245.00	34.10	1011.10	0.0976	0.70668±0.00002	0.70643
6	Hd18	245.00	172.60	205.60	2.432	0.71695±0.00003	0.71053
7	YT06	245.00	30.4.00	580.00	0.152	0.70729±0.00002	0.70689
8	07Hi-2	197.00	103.40	257.80	1.16064	0.709416±0.000007	0.70616
9	km02	190.00	46.10	904.10	0.1467	0.70478±0.00001	0.70438
10	km05	190.00	42.60	660.00	0.1869	0.70494±0.00003	0.70443
11	Ok01	190.00	46.90	370.00	0.367	0.70575±0.00001	0.70476

序号	样品号	年龄/Ma	Sm/ppm	Nd/ppm	$^{147}Sm/^{144}Nd$	$^{143}Nd/^{144}Nd$	$\varepsilon_{Nd}(t)$	T_{2DM}/Ga
1	07Hi-1	245.00	4.451	31.21	0.0862	0.512188±0.000006	−5.33	1.56
2	07Hi-3	243.00	3.453	24.13	0.0865	0.512095±0.000005	−7.17	1.70
3	07Hi-4	248.00	1.586	13.25	0.0724	0.512137±0.000005	−5.84	1.60
4	Hd03	245.00	7.411	47.47	0.0944	0.512402±0.000009	−2.03	1.26
5	Hd13	245.00	5.250	29.04	0.1393	0.512443±0.000008	−2.36	1.29
6	Hd18	245.00	2.720	13.50	0.1152	0.512012±0.000000	−10.17	1.90
7	YT06	245.00	4.668	19.49	0.1448	0.512459±0.000006	−2.26	1.29
8	07Hi-2	197.00	1.965	16.28	0.0730	0.512578±0.000006	1.95	0.95
9	km02	190.00	5.455	24.04	0.1372	0.512772±0.000007	4.08	0.56
10	km05	190.00	4.510	21.50	0.1268	0.512833±0.000006	5.53	0.40
11	Ok01	190.00	2.787	13.13	0.1283	0.512510±0.0000013	−0.84	0.58

注：07Hi-1，2，3，4 为本研究测试；其余引自 Arakawa，1995；1，7 为片麻状花岗岩，8～11 为黑云母花岗岩。

4.2.4 讨 论

4.2.4.1 两种类型花岗岩的岩浆源区和演化

Arakawa（1990a，1990b）认为飞弹带两种不同类型花岗岩的同位素及地球化学差异是由于其不同的岩浆源区和岩浆演化机制，尤其是地壳组分对母源铁镁质岩浆的贡献不同而造成的。

片麻状花岗岩 SiO_2 含量相对较高，有较高的 K_2O，Na_2O 值，为准铝质-弱过铝质；富集 Rb-Th、Zr-Hf、U-Pb、贫 Nb-Ta、Ti；ΣREE 含量较低，稀土配分模式属轻稀土富集，重稀土亏损型；$^{87}Sr_i/^{86}Sr_i$ 变化范围较大，且相对较高，具有较低的 $\varepsilon_{Nd}(t)$，T_{2DM} 为 1.26～1.70，可能是镁铁质母岩浆与中元古代基底地壳起源的长英质岩浆混合形成的，混合后经历一系列的分离结晶作用。

黑云母花岗岩具有与片麻状花岗岩相似的主量、微量和稀土元素地球化学特征；且相对于片麻状花岗岩，黑云母花岗岩具有较低的 Rb、Sr、Ba、Zr 及 ΣREE 含量和较高的 Y、Nb 含量；$^{87}Sr_i/^{86}Sr_i$ 变化范围较小，且相对较低，可能是由上地幔起源于的镁铁质岩浆与显生宙增生地壳物质混合经分离结晶作用而形成的。

4.2.4.2 两种类型花岗岩形成的构造环境

关于飞弹带的古构造位置，存在以下几种观点：①同华北板块相联系——飞弹带位于华北板块的东部边缘，后来成为华南-华北缝合带的东向延伸部分（Arakawa et al.，2000）；②同中亚造山带相联系——飞弹带是中亚火山岩带东部边缘的延伸部分（Arakawa et al.，2000；Chang，2006）；③同韩国半岛相联系——根据飞弹带和沃川带的动力变形等特征，提出飞弹带可以和沃川带相连接（Takahashi et al.，2010；唐贤君等，2010）。近年来，Fitches 和 Zhu（2006），Kim（2006，2008）和 Williams 等，（2009）提出韩国沃川变质带可能与南华裂谷带可对比连接。因此，飞弹带构造位置的确定引起地质学家的广泛关注。

在 Pearce 等（1984）提出的花岗岩构造环境判别图上，研究区两种类型的岩石样品均投影于火山弧花岗岩区域或者同碰撞花岗岩区域，且具埃达克岩的地球化学特征（图 4.9）。

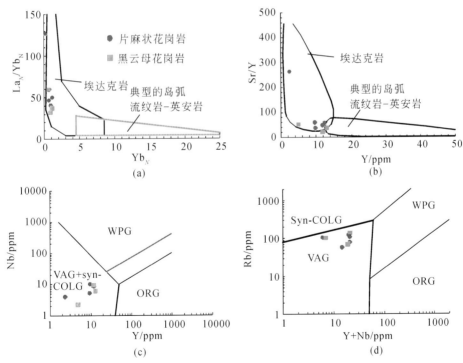

图 4.9 飞弹带印支期-燕山早期花岗岩构造环境判别图解

Syn-COLG. 同碰撞花岗岩；WPG. 板内花岗岩；ORG. 洋脊花岗岩；

VAG. 火山弧花岗岩；Post-COLG. 后碰撞花岗岩

4.2.4.3 由 SHRIMP 锆石 U-Pb 年龄记录的飞弹带的构造事件

片麻状花岗岩（07HI-3）锆石 SHRIMP 的四组年龄记录了飞弹带所经历的四期主要的热构造事件。第一期热构造事件发生在约 330Ma B. P. 左右（329.9±6.3Ma B. P.），记录了区域性高温变质作用，本次变质作用形成了飞弹变质岩，包括钙碱性片麻岩、长英质片麻岩、泥质片麻岩和角闪岩；第二期热构造事件发生在 271.7Ma B. P.，代表了 Augen 花岗岩的侵入引起变质岩重结晶的时间；第三期热构造事件发生在 243.3Ma B. P.，代表了区域性的韧性剪切运动，再次促使变质岩重结晶，并使 Augen 花岗岩强烈糜棱岩化形成 Augen 片麻状花岗岩或花岗片麻岩的时间；第四期热构造事件发生在 220～200Ma B. P. 期间（221.9±3.4～206.6±4.5Ma B. P.），则代表了船津花岗岩侵入引起岩石热接触变质的时间。飞弹变质岩经受了高温高压（中古生代），中温中压（晚古生代）和船津花岗岩（约 190Ma B. P.）侵入的接触变质作用（侏罗纪），同时，飞弹带至少经历了两期糜棱岩化作用（船津花岗岩侵入前和侵入后）。

4.3 燕山晚期早阶段侵入岩的地质地球化学特征

我们重点选择了东北日本的北上地区和西南日本的九州岛地区讨论该阶段代表性岩体的地质地球化学特征。

4.3.1 东北日本北上地区

东北日本早白垩世岩浆活动主要集中分布于棚仓构造线东北侧的北上地区、阿武隈地区，在北海道的西南地区也有零星出露。白垩纪火成岩的基底岩石由北上带、阿武隈山和西南北海道侏罗纪增生杂岩体以及由微陆块拼合的南北上带组成（Maruyama and Seno，1986；Ichikawa *et al.*，1990；Otsuki，1992），这些侏罗纪杂岩体是在白垩纪岩浆活动以前由大洋板块俯冲拼贴而形成的。我们重点选取北上地区白垩纪侵入岩开展了野外地质调查和研究。

北上山脉位于东北日本本州岛地区靠近太平洋一侧，白垩纪是欧亚大陆边缘的一个组成部分（Segawa and Oshima，1975;），太平洋板块向西俯冲产生了一系列大型的 NNW-SSE 向的断层，并导致了大量侵入岩的形成（Kanisawa and Katada，1988；Tsuchiya and kanisawa，1994），北上地区现今的地壳厚度约为 27～36km（Otofuji *et al.*，1985；Zhao *et al.*，1990）。

北上地区古生代—中生代地层均有出露，以东 Hayachine 边界断层（Hayachine eastern boundary fault）为界，两侧出露的岩石组合有所不同。南部出露的岩石主要为浅海相的沉积岩、古生代超镁铁质-镁铁质岩及高压-高温型变质岩等（Kanisawa，1964）；北部出露的岩石主要为中生代沉积岩。白垩纪侵入岩在北上地区大面积发育，出露面积约占北上地区的四分之一（Katada *et al.*，1974），并侵入于白垩纪火山岩地层中。岩性主要为花岗闪长岩、英云闪长岩以及少量辉长岩，具 I 型磁铁矿系列特征（Ishihara，1977；

Takahashi et al.，1980），其 Sr、Nd、S、O 同位素特征接近于地幔（Matsuhisa，1972；Sasaki and Ishihara，1979；Shibata and Ishihara，1979；Matsuhisa *et al.*，1982；Terakado and Nakamura，1984；Maruyama *et al.*，1993）。

东北日本北上地区早白垩世岩浆活动可分为两个阶段：早期阶段的岩墙及晚期阶段的火山-侵入岩（Tsuchiya *et al.*，2005）。北上地区白垩纪岩浆活动是 Izanagi 板块沿东亚大陆边缘向西俯冲作用的产物，据统计花岗质岩浆活动相对集中的年龄峰值为 120～117Ma B. P.（Tsuchiya *et al.*，2007），Mikoshiba（2002）报道了该地区 Senmaya 岩体角闪石 K-Ar 年龄为 105±5Ma B. P. 、108±5Ma B. P. 。Tsuchiya（1994）将北上地区白垩纪花岗岩分为两种类型：① 小型的镁铁质-长英质侵入体；② 较大的长英质侵入体。我们重点讨论较大的长英质侵入体地质地球化学特征及其成因和动力学意义。

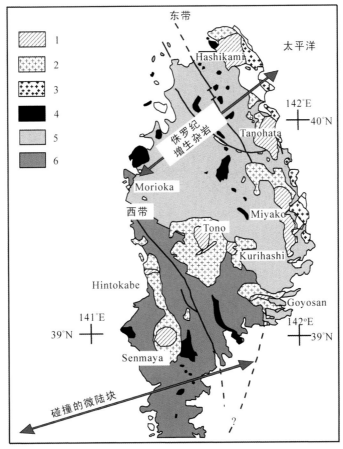

图 4.10　北上地区区域地质简图早白垩世埃达克质环状岩体（据 Tsuchiya *et al.*，2007）

1. 中心相；2. 边缘相；早白垩世岩体；3. 钙碱性花岗岩；4. 钙碱性-橄榄安粗岩系辉长岩；前白垩纪：

5. 北上带北部；6. 北上带南部

4.3.1.1　地质学和岩石学

Tsuchiya 和 Kanisawa（1994）根据岩石地球化学特征，特别是 Sr 含量将北上地区较大的长英质侵入体细分为三种类型：高 Sr 型、低 Sr 型、过渡型。地球化学特征显示高 Sr 型和过渡型的岩石具有典型的埃达克岩地球化学特征（高的 Na_2O/K_2O、Sr/Y、La/Yb 值，低的 Y 和重稀土含量）。同时高 Sr 型和过渡型岩石出现于岩体的中心相，多为长英质，边缘相岩石显示了介于埃达克质及非埃达克岩石之间的地球化学特征。基于上述特征，我们将这些岩体统称为"埃达克质带状侵入体"。北上山脉"埃达克质带状侵入体"可以分为两个带（图 4.10）：从北北上带的东部到南北上带的东部为东部带（主要岩体有 Hashikami、Tanohata、Miyako、Kinkasan 等），南北上带的内部为西部带（主要岩体有 Tono、Senmahya、Hitokabe 等）。Ishikari-Kitakam 正磁异常带可能是由东部带的"埃达克质带状侵入体"引起的（Finn，1994；Tsuchiya and Kanisawa，1994）。

在北上地区东带，埃达克质侵入体呈 NW 向展布，中心相岩石多出露于岩体的南部；北上地区西带，埃达克质侵入体呈 SN 向展布，中心相岩石多出露于岩体的中部，且多与小型的角闪花岗闪长斑岩-黑云角闪花岗闪长斑岩相伴生，这些小型的侵入体地球化学上具有埃达克质岩石特征，与长英质侵入体的中心相岩石类似。中心相埃达克质岩石属于 Ishihara（1977）所划分的磁铁矿系列岩石，Miyako 和 Tanohata 侵入体的边缘相岩石含有大量泥岩捕虏体，属于 Ishihara（1977）所划分的钛铁矿系列花岗质岩石。

通过接触变质带的变质岩估算了这些埃达克质侵入体形成时的压力，Tanohata 侵入体形成时的压力为 200～300MPa（Okuyama-Kusunose，1999），Tono 侵入体为 200～300MPa（Okuyama-Kusunose，1994），Senmaya 侵入体低于 100MPa（Okuyama-Kusunose et al.，2003）。这些压力同用角闪石 Al 温压计计算的 Kinkasan 侵入体为 300MPa 的压力相一致（Endo et al.，1999）。

北上山脉埃达克质带状侵入体的特征见表 4.7，侵入体具有内酸外基的成分分带，边缘相岩石颜色较深，常见铁镁质包体，而中心相岩石较酸性，颜色较浅，不含或者很少见铁镁质包体。中心相岩石多侵入于边缘相中，二者在野外呈渐变接触或突变接触关系，中心相岩石具有典型的埃达克岩的特征，而边缘相岩石地球化学特征介于埃达克岩和非埃达克岩之间。

表 4.7　几个代表性岩体岩石学特征表

岩体名称	边缘相	中心相	文献
Hashikami	黑云角闪石花岗闪长岩-英云闪长岩	黑云角闪石英云闪长岩-花岗闪长岩	Kato and Iwazawa，1981
Tanohata	细粒含黑云母角闪石石英闪长岩-英云闪长岩、黑云角闪英云闪长岩-花岗闪长岩	粗粒黑云母角闪石英云闪长岩-花岗闪长岩、角闪石黑云母花岗闪长岩、黑云母花岗闪长岩	Hayashi，1986；Hayashi et al，1990
Miyako	黑云角闪英云闪长岩、黑云角闪花岗闪长岩、似斑状含角闪石花岗岩	粗粒黑云母角闪石英云闪长岩-花岗闪长岩	Nishioka，1997
Kinkasan	黑云角闪英云闪长岩、黑云角闪花岗闪长岩	角闪黑云花岗闪长岩、黑云母花岗闪长岩	Takizawa，1987；Endo et al，1999

续表

岩体名称	边缘相	中心相	文献
Tono	黑云角闪花岗闪长岩、辉石黑云母角闪石英云闪长岩-石英闪长岩、少量的辉长岩	黑云角闪花岗闪长岩、黑云角闪英云闪长岩-花岗闪长岩、少量的辉长岩	Kanisawa *et al.*，1986；Kanisawa，1990
Hitokabe	角闪黑云花岗闪长岩、少量的细粒角闪辉长岩	角闪黑云花岗闪长岩、少量细粒角闪花岗闪长岩	Kanisawa，1969
Senmaya	黑云角闪石英闪长岩、黑云角闪英云闪长岩、石英闪长岩	黑云角闪石英闪长岩、黑云角闪英云闪长岩-花岗闪长岩	Mikoshiba，2002

4.3.1.2　地球化学特征

北上地区较大的长英质侵入体的主量元素、稀土元素和微量元素地球化学数据见表4.8～表4.10。

（1）主量元素

东带岩石和西带岩石具有大致相似的主量元素地球化学特征。11个边缘相岩石总的特点是硅含量低，镁、铝、钙含量高，钾、钠、铁、钛、磷含量低。SiO_2含量变化范围较大，为 $56.65\%\sim69.37\%$，平均为 61.80%；CaO 含量高，介于 2.87% 和 7.71% 之间，平均值为 5.76%，钠钾含量较低，显示了钙碱性系列岩石的特征；在 TAS 分类图解中投影于辉长闪长岩-闪长岩-花岗闪长岩区域；在 SiO_2-K_2O 图解中，投影于中钾钙碱性系列岩石区域 [图 4.11（b）]；其 A/CNK 变化范围介于 0.84 和 1.05 之间，其平均值为 0.92，为准铝质岩石。

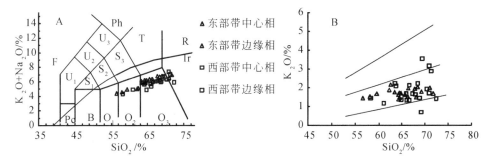

图 4.11　东北日本北上地区长英质侵入体 TAS 分类命名图和岩石 K_2O-SiO_2 图

R. 花岗岩；O_3. 花岗闪长岩，O_2. 闪长岩，O_1. 辉长闪长岩；B. 辉长岩；Pc. 橄榄岩-辉长岩；T. 石英二长岩-正长岩；S_3. 二长岩，S_2. 二长闪长岩，S_1. 二长辉长岩；Ph. 似长石正长岩；U_3. 似长二长正长岩，U_2. 似长二长闪长岩，U_1. 橄榄辉长岩；F. 似长深成岩

相对而言，中心相岩石更加偏酸性，32个中心相岩石总体特点是硅含量高，总碱含量高，铝、钠、钙含量高，铁、镁、钾、钛、磷含量低。SiO_2含量变化范围较大，介于 $63.49\%\sim72.37\%$，平均为 67.66%；Na_2O 含量高，介于 3.93% 和 5.98% 之间，平均值为 4.54%，显示了钙碱性系列岩石的特征；在 TAS 分类图解中投影于花岗闪长岩-花岗岩区域；在 SiO_2-K_2O 图解中，中心相岩石投影于中钾钙碱性系列岩石区域 [图 4.11（b）]；其 A/CNK 变化范围介于 0.90 和 1.13 之间，其平均值为 0.97，为准铝质岩石。

在哈克图解（图4.12）上，中心相岩石和边缘相岩石具有相似的地球化学趋势，随着 SiO_2 含量的增加，TiO_2、Al_2O_3、FeO_T、CaO、MnO、MgO、P_2O_5 含量逐渐减少，而 Na_2O、K_2O 含量逐渐增加。表明岩浆结晶过程中有富铝矿物、铁镁矿物、磷灰石、含钛矿物等矿物的结晶。在 SiO_2 含量相同的条件下，中心相岩石 Al_2O_3、Na_2O 含量更高，而 MgO、K_2O 含量偏低。同时，中心相岩石具有更高的 Sr 含量及更低的 Yb、Y 含量，其地球化学特征明显同埃达克质岩石相一致，而不同于边缘相岩石。

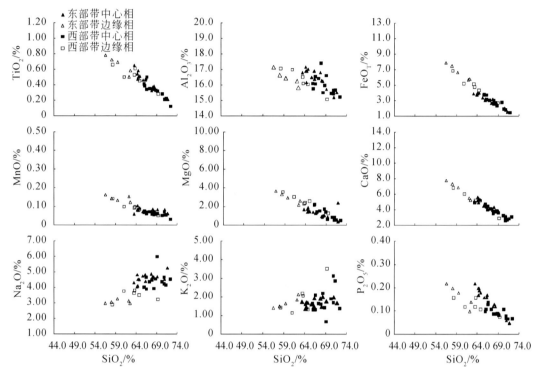

图4.12 东北日本北上地区长英质侵入体主量元素 Hark 图解

（2）稀土元素和微量元素

边缘相岩石的 ΣREE 含量较低（55.36～109.89ppm），平均为 80.69ppm，其 $\Sigma LREE/\Sigma HREE$ 变化范围较小，为 4.52～12.92，平均为 6.62；LREE 内部分异明显，La_N/Sm_N 值为 1.52～7.31，平均为 3.09。在球粒陨石标准化的稀土元素配分图上（图4.13），边缘相岩石稀土配分模式为右倾型，$Eu/Eu*$ 介于 0.83～1.07，平均为 0.91，具有弱的负异常。

边缘相岩石富集 Rb（31～91ppm）、Sr（262～608ppm）、Ba（245～591ppm）等元素，亏损 Nb（3.43～12.81ppm）、Ta（0.24～1.7ppm），相对于中心相岩石，边缘相花岗岩具有较高的重稀土元素和相容元素含量。

中心相岩石的 ΣREE 含量较低（44.297～104.69ppm），平均为 81.12ppm，其 $\Sigma LREE/\Sigma HREE$ 变化范围较大，为 51.29～21.23，平均为 13.32，为轻稀土富集型，LREE 内部分异明显，La_N/Sm_N 值介于 2.31 和 6.89 之间，平均为 4.78。在球粒陨石标准化的稀土元素配分图上，中心相埃达克质岩石稀土配分模式为右倾型，Eu 异常不明显。东带与西带比较，东

带岩石的 ΣREE 含量（平均为 96.54ppm）高于西带 ΣREE 含量（平均为 64.41ppm）。

中心相岩石富集 Rb（28～80ppm）、Sr（432～989ppm）、Ba（177～1011ppm）等元素，亏损 Nb（2.2～7.6ppm）、Ta（0.19～0.69ppm），在原始地幔标准化图解中，显示了同太古代 TTG 岩系微量元素特征相类似的微量元素地球化学特征（图 4.13）。

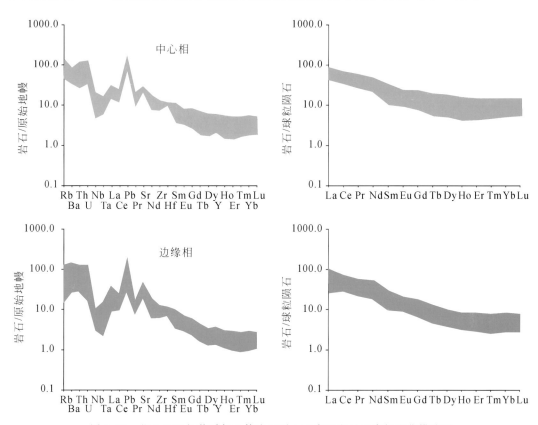

图 4.13　北上地区长英质侵入体岩石稀土元素和微量元素标准化模式图

表 4.8　环带状侵入体不同相带岩石的地球化学特征对比

岩相	中心相	边缘相	埃达克岩
SiO$_2$	67.66%	61.80%	＞56%
Al$_2$O$_3$	15.21%～17.42%，平均为 16.24%	15.09%～17.16%，平均为 16.38%	＞15%
MgO	0.34%～2.34%，平均为 1.22%	1.24%～3.62%，平均为 2.68%	一般＜3%
Na$_2$O	3.9%～5.98%，平均为 4.54%	2.88%～3.8%，平均为 3.28%	＞4%，且 Na$_2$O＞K$_2$O
K$_2$O	0.68%～3.15%，平均为 1.72%	1.15%～3.53%，平均为 1.84%	大概 1%～2%
K$_2$O/Na$_2$O	0.17～0.53，平均为 0.37	0.40～0.93，平均为 0.55	一般＜0.42
Y	6～17ppm，平均为 9.82ppm	9～26ppm，平均为 19.3ppm	＜18ppm
Yb	0.48～1.43ppm，平均为 0.77ppm	0.87～2.47ppm，平均为 1.8ppm	＜1.8 ppm
Sr	61～989ppm，平均为 670ppm	262～608ppm，平均为 426ppm	＞400 ppm

（3）Sr-Nd 同位素

用 120Ma B.P. 计算的北上地区埃达克质带状侵入体岩石的 Sr-Nd 同位素数据见表 4.10。中心相岩石的 Sr 和 Nd 初始值分别为 0.70350～0.70454 和 0.51272～0.51254，与共生的边缘相花岗岩（Sr 和 Nd 同位素初始值分别为 0.70372～0.70467 和 0.51268～0.51252）相比，中心相岩石的 Sr 和 Nd 初始值变化范围较大。这些同位素数据与 Tanohata 侵入体，（Endo *et al*.，1999）Hashikami 侵入体（Fujimaki *et al*.，1992），Miyako、Tono 和 Senmaya 侵入体（Maruyama *et al*.，1993）所测得的 Sr-Nd 同位素值大致相同。

北上地区埃达克质岩体的 ε_{Nd} 和 ε_{Sr} 变化见图 4.14，与巴拿马（Panama）（Defant *et al*.，1991，1992）、南美南部的 Cook Island 和 Cerro Pampa（Futa and Sern，1988；Kay *et al*.，1993；Stern and Kilian，1996）以及 Mt. St. Helens（Halliday *et al*.，1983）相比较可见，北上地区埃达克质花岗岩具有较高的放射性成因 Sr 和较低的放射性成因 Nd 含量；另一方面，北上地区埃达克质花岗岩相对于南美安第斯山脉和澳大利亚火山带的花岗岩具有相对较低的放射性成因 Sr 和较高的放射性成因 Nd 含量。与边缘相花岗岩相比，中心相埃达克质花岗岩 ε_{Nd} 和 ε_{Sr} 变化范围较大。此外，西带比东带岩石具有更高的 ε_{Nd} 值。

4.3.1.3 讨论

北上地区白垩纪地体是由两个地质构造单元组成：东带侏罗纪增生杂岩体和西带微陆块碰撞拼合体。北上地区长英质侵入岩的地球化学特征表明其不可能是由更基性的镁铁质岩浆经分离结晶作用所形成，其可能的形成方式有两种：①高压条件下由铁镁质岩石（榴辉岩）在基本保持固态的条件下通过部分熔融所形成的；②由俯冲洋壳的直接熔融所形成的。研究结果表明，白垩纪时北上地区的地壳厚度约为 30～35km，与现今北上地区的地壳厚度相当（Zhao *et al*.，1990），而在这种地壳厚度条件下是不可能维持榴辉岩的固相状态。因此，北上地区长英质侵入岩的形成可能与俯冲洋壳的部分熔融有关。

北上地区岩体边缘相岩石同具埃达克质的中心相岩石在哈克图解中显示一定的相关性，在 Y-Sr/Y 图解［图 4.15（a）］中，单个岩体从边缘相至中心相显示出一定的演化趋势，在地球化学上的这种连续性表明二者有一定的成因联系。与中心相岩石相比，边缘相岩石具有较低的 Sr/Y 值、轻重稀土分馏不明显、弱铕负异常，可能是俯冲板片熔融产生的熔浆与地幔橄榄岩和下地壳角闪岩石相互作用所形成的。

研究表明，岛弧火山岩和花岗岩通常是由消减板片的脱水作用导致上覆地幔楔发生部分熔融及其演化的产物，包括岩浆的分离结晶作用、岩浆混合作用和地壳深熔作用等。埃达克岩与上述火山岩和花岗岩不同，埃达克岩不是地幔楔部分熔融的产物，而是消减板片直接部分熔融形成的。在 Y-Sr/Y 图解中，中心相岩石投影于埃达克质岩石区域［图 4.15（a）］，其地球化学特征与太古代 TTG 岩系和埃达克岩石（Drummond and Defant，1990；Peacock *et al*.，1994；Martin，1995）以及板片熔融实验结果相似（Rapp *et al*.，1991；Winther and Newton，1991；Sen and Dunn，1994；Rapp and Watson，1995），表明是俯冲洋片直接部分熔融的结果。

北上地区东带和西带的中心相岩石在微量元素和同位素特征上表现出一定的差异性。在同样 Y 含量的条件下，东带岩石比西带岩石具有更高的 Sr/Y 值，西带岩石具有更高的 Sr 含量，更低的 ε_{Nd}。这一差异性是地幔橄榄岩的混染作用的结果。东带和西带具有不同的壳-幔构造，东带是由增生杂岩体组成，而西带是由微陆块拼合而成的，因此，西带中心相岩浆在上升过程中与地幔楔橄榄岩有较少的混染作用，而东带中心相岩浆在上升过程中没有或者很少同地幔橄榄岩混染。

北山地区白垩纪侵入体在微量元素构造判别图中都位于火山弧-同碰撞造山构造环境，可能与古太平洋板块向欧亚大陆俯冲碰撞有关 ［图 4.15（b）、（c）］。

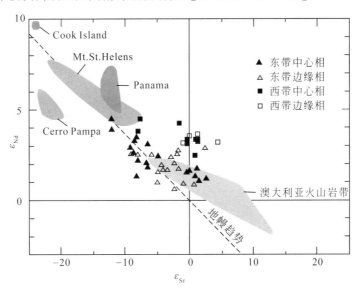

图 4.14　北上地区埃达克质侵入体的 ε_{Nd}-ε_{Sr} 图

澳大利亚、Cook Island、Cerro Pampa、Panama、Mt. St. Helens 数据据 Halliday *et al.*，1983；

Defant *et al.*，1992；Shimoda *et al.*，1988

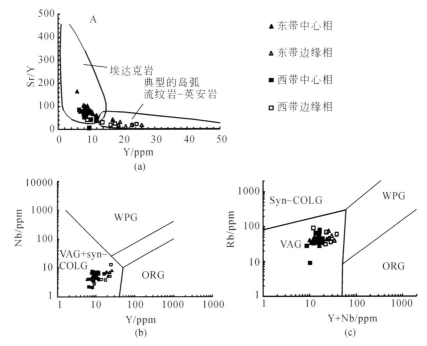

图 4.15　北上地区埃达克质侵入体的 Sr/Y-Y 判别图解（a）

以及 Nb-Y 和 Rb-(Y+Yb) 构造环境判别图解（b）、（c）

Syn-COLG. 同碰撞花岗岩；WPG. 板内花岗岩；ORG. 洋脊花岗岩；VAG. 火山弧花岗岩；Post-COLG. 后碰撞花岗岩

表 4.9 北上地区长英质侵入体主量元素（%）和微量元素（ppm）地球化学成分表

序号	1	2	3	4	5	6	7	8	9	10	11	12	13	14	15
相带	C	C	C	M	C	C	C	M	C	C	C	C	C	C	M
岩带	E	E	E	E	E	E	E	E	E	E	E	E	E	E	E
SiO_2	64.34	64.54	71.75	58.12	64.28	64.86	68.13	56.65	63.49	64.49	65.71	66.31	66.41	68.42	62.54
TiO_2	0.48	0.51	0.22	0.73	0.55	0.52	0.38	0.79	0.66	0.59	0.47	0.47	0.49	0.39	0.59
Al_2O_3	16.90	16.90	15.51	16.65	17.16	17.02	16.29	17.16	16.80	16.17	16.50	16.91	16.38	16.25	15.84
FeO_T	3.69	3.84	1.52	7.47	3.78	3.96	3.12	7.88	3.84	3.96	3.31	2.98	3.16	2.54	5.75
MnO	0.10	0.077	0.059	0.14	0.079	0.088	0.082	0.16	0.057	0.077	0.07	0.068	0.067	0.055	0.12
MgO	1.34	1.50	0.34	3.29	1.66	1.42	0.96	3.62	1.65	1.83	1.34	1.22	1.31	1.00	2.58
CaO	5.14	5.39	2.83	7.26	5.56	5.23	4.27	7.71	4.99	4.87	4.43	4.31	4.39	3.69	5.23
Na_2O	4.81	4.51	5.25	3.02	4.03	4.49	4.67	2.95	4.29	4.08	4.72	4.80	4.38	4.66	2.95
K_2O	1.37	1.44	1.67	1.50	1.60	1.69	1.48	1.42	1.74	1.70	1.61	1.51	1.95	2.01	2.13
P_2O_5	0.17	0.19	0.049	0.20	0.20	0.18	0.13	0.22	0.22	0.20	0.16	0.16	0.17	0.12	0.14
LOI	1.28	0.79	0.70	1.33	0.98	0.65	0.84	1.47	1.33	1.05	0.94	0.95	0.91	0.72	1.42
总量	99.62	99.69	99.90	99.71	99.88	100.11	100.35	100.03	99.07	99.02	99.26	99.69	99.62	99.86	99.29
V	79.00	86.00	23.00	203.00	96.00	81.00	59.00	155.00	94.00	81.00	67.00	60.00	64.00	47.00	133.00
Cr	3.00	3.00	3.00	19.00	8.00	12.00	9.00	17.00	4.00	0	6.00	3.00	0	1.00	13.00
Co	9.00	5.00	0.00	17.00	10.00	11.00	9.00	19.00	—	—	7.00	—	—	3.00	—
Ni	2.00	4.00	2.00	10.00	5.00	5.00	4.00	10.00	9.00	8.00	3.00	6.00	7.00	3.00	9.00
Ga	21.00	19.80	18.40	17.40	20.60	20.90	19.50	19.50	21.70	19.30	21.00	22.50	19.60	21.00	16.00
Pb	3.50	5.40	3.20	5.80	5.30	7.00	5.70	6.10	4.20	5.30	6.20	5.30	6.90	7.10	5.10
Rb	28.00	43.00	39.00	40.00	40.00	38.00	34.00	46.00	40.00	38.00	37.00	40.00	50.00	43.00	74.00
Sr	724.00	710.00	620.00	469.00	797.00	854.00	713.00	608.00	939.00	802.00	831.00	989.00	834.00	806.00	364.00
Ba	447.00	500.00	632.00	460.00	457.00	723.00	510.00	388.00	471.00	368.00	539.00	517.00	432.00	665.00	479.00
Th	2.50	3.70	3.40	3.60	6.30	5.50	4.10	3.10	4.30	6.20	3.70	3.90	9.50	4.10	3.60
Y	12.00	17.00	12.00	26.10	10.40	8.50	11.00	19.30	9.20	10.60	10.00	6.00	8.00	9.70	18.80
Zr	70.00	66.00	115.00	138.00	114.00	110.00	124.00	105.00	117.00	101.00	80.00	138.00	100.00	103.00	106.00
Nb	4.30	6.40	7.30	8.10	5.80	5.30	7.50	7.20	5.30	5.30	5.30	4.00	4.70	5.30	7.10
Ce	26.00	31.00	27.00	38.00	43.00	31.00	37.00	41.00	—	—	36.00	—	—	35.00	—
Sc	12.00	17.00	9.00	29.00	15.00	14.00	11.00	28.00	13.00	13.00	11.00	11.00	11.00	9.00	20.00

续表

序号	16	17	18	19	20	21	22	23	24	25	26	27	28	29
相带	C	C	C	M	C	C	C	C	C	M	M	C	M	C
岩带	W	W	W	W	W	W	W	W	W	W	W	W	W	W
SiO_2	67.90	70.86	71.28	63.69	66.55	67.29	68.42	70.86	72.37	58.28	69.37	66.58	63.50	65.92
TiO_2	0.35	0.22	0.23	0.62	0.35	0.36	0.35	0.22	0.13	0.67	0.29	0.51	0.54	0.42
Al_2O_3	17.42	15.46	15.69	16.11	16.56	16.44	15.52	15.68	15.24	17.08	15.09	16.09	16.53	16.11
FeO_T	2.63	1.92	1.81	4.76	3.14	3.05	2.97	1.89	1.44	6.86	2.69	3.71	5.14	3.72
MnO	0.058	0.052	0.054	0.096	0.06	0.07	0.07	0.07	0.03	0.14	0.05	0.067	0.091	0.067
MgO	0.83	0.53	0.54	2.37	1.36	1.50	1.69	0.80	0.48	3.52	1.24	1.38	2.29	2.14
CaO	3.49	2.58	2.70	5.21	4.41	4.11	3.78	3.01	3.05	6.79	2.87	3.95	4.91	4.51
Na_2O	4.48	4.23	4.16	3.80	4.66	4.37	3.93	4.66	4.53	2.88	3.22	3.90	3.64	4.01
K_2O	1.63	3.15	2.87	2.08	1.32	1.66	2.21	1.70	1.39	1.43	3.53	2.11	2.20	1.67
P_2O_5	0.09	0.071	0.069	0.16	0.13	0.11	0.09	0.08	0.07	0.16	0.076	0.14	0.12	0.1
LOI	1.39	0.52	0.55	0.82	1.37	0.96	1.08	0.87	0.99	1.86	1.29	1.21	1.10	1.20
总量	100.27	99.59	99.95	99.716	99.91	99.92	100.11	99.84	99.72	99.67	99.716	99.647	100.061	99.867
V	51.00	18.00	30.00	110.00	57.00	59.00	63.00	30.00	21.00	167.00	54.00	52.00	94.00	78.00
Cr	6.00	7.00	4.00	39.00	13.00	17.00	30.00	4.00	11.00	46.00	16.00	14.00	21.00	41.00
Co	7.00	3.00	1.00	15.00	5.00	5.00	6.00	1.00	17.00	5.00	5.00	10.00	9.00
Ni	2.00	2.00	2.00	16.00	11.00	11.00	16.00	6.00	6.00	16.00	11.00	10.00	12.00	20.00
Ga	22.90	19.60	20.10	18.70	19.30	19.30	16.70	18.20	17.00	17.70	14.90	19.00	17.40	17.50
Pb	9.10	13.30	13.10	11.30	5.80	7.20	9.90	8.90	7.80	5.60	12.40	6.30	7.80	5.40
Rb	45.00	80.00	68.00	61.00	34.00	42.00	65.00	43.00	28.00	36.00	91.00	57.00	69.00	44.00
Sr	838.00	675.00	644.00	564.00	710.00	61.00	483.00	532.00	551.00	419.00	373.00	432.00	316.00	437.00
Ba	504.00	1011.00	599.00	399.00	349.00	13.00	394.00	451.00	364.00	269.00	591.00	423.00	367.00	365.00
Th	6.80	3.80	4.90	4.80	2.70	4.70	4.70	3.60	4.10	3.70	10.70	6.40	4.50	3.20
Y	8.80	9.50	9.00	24.40	8.70	9.70	8.70	7.90	6.50	23.00	9.10	8.10	16.30	10.20
Zr	130.00	91.00	109.00	120.00	104.00	98.00	92.00	74.00	88.00	115.00	112.00	138.00	115.00	111.00
Nb	6.70	6.80	7.30	13.10	3.50	5.20	4.70	6.50	2.20	5.10	2.80	7.60	6.30	4.40
Ce	40.00	23.00	31.00	38.00	—	—	—	—	—	—	—	—	—	—
Sc	10.00	88.00	8.00	20.00	11.00	32.00	10.00	8.00	7.00	24.00	9.00	13.00	19.00	14.00

续表

序号	30	31	32	33	34	35	36	37	38	39	40	41	42	43
相带	C	C	C	M	M	C	M	M	C	C	C	C	C	C
岩带	W	W	W	W	W	W	E	E	E	E	E	E	E	E
SiO$_2$	66.03	68.79	70.34	61.04	64.8	69.15	59.54	62.24	64.34	71.75	69.26	71.02	65.71	67.83
TiO$_2$	0.40	0.34	0.29	0.51	0.46	0.33	0.70	0.51	0.48	0.22	0.33	0.22	0.47	0.33
Al$_2$O$_3$	15.78	15.99	15.47	17.01	16.06	16.63	16.44	16.25	16.90	15.51	15.73	15.21	16.50	16.81
FeO$_T$	3.82	2.71	2.78	5.21	4.35	2.35	6.60	5.66	3.69	1.52	2.46	1.98	3.31	2.61
MnO	0.074	0.057	0.05	0.097	0.082	0.06	0.13	0.15	0.10	0.06	0.08	0.08	0.07	0.07
MgO	2.18	1.37	0.82	3.02	2.55	0.63	2.91	2.16	1.34	2.34	0.83	0.57	1.34	0.91
CaO	4.71	3.81	3.22	6.02	5.14	3.57	6.80	5.45	5.14	2.83	3.72	3.10	4.43	3.89
Na$_2$O	4.03	4.55	4.38	3.76	3.51	5.98	3.23	3.10	4.81	5.25	4.68	4.52	4.72	4.85
K$_2$O	1.32	1.44	1.92	1.15	1.35	0.68	1.65	1.85	1.37	1.67	1.77	1.98	1.61	1.92
P$_2$O$_5$	0.11	0.092	0.11	0.12	0.11	0.084	0.18	0.10	0.17	0.05	0.09	0.06	0.16	0.12
LOI	1.04	1.41	0.31	1.43	1.48	0.62	1.55	1.55	1.28	0.70	0.83	0.57	0.94	0.68
总量	99.494	100.559	99.69	99.367	99.892	100.084	99.73	99.00	99.62	99.90	99.78	99.31	99.26	99.39
V	79.00	49.00	34.00	125.00	102.00	42.00	164.00	115.00	79.00	23.00	40.00	25.00	67.00	48.00
Cr	35.00	18.00	18.00	37.00	51.00	4.00	3.00	6.20	3.00	3.20	6.30	6.30	5.70	5.00
Co	9.00	5.00	1.00	13.00	12.00	3.00	23.00	0.00	12.00	0.00	3.50	2.10	7.40	5.00
Ni	18.00	11.00	8.00	19.00	21.00	0.00	5.00	1.20	2.20	2.40	0.90	0.90	3.30	2.20
Ga	16.70	17.60	18.60	17.40	17.10	21.90	18.00	15.00	21.00	17.00	18.00	17.00	21.00	20.00
Pb	4.60	6.00	7.60	4.70	5.30	2.00	7.70	7.20	3.50	3.20	8.20	6.60	6.20	6.40
Rb	34.00	35.00	45.00	31.00	39.00	9.00	54.00	46.00	28.00	39.00	41.00	45.00	37.00	43.00
Sr	443.00	540.00	501.00	444.00	421.00	632.00	447.00	262.00	724.00	620.00	605.00	700.00	831.00	844.00
Ba	274.00	345.00	374.00	245.00	290.00	177.00	363.00	462.00	447.00	632.00	541.00	829.00	539.00	553.00
Th	2.40	3.30	5.80	2.00	2.60	2.30	7.80	4.50	2.50	3.40	5.80	2.40	3.70	3.70
Y	11.90	6.90	11.80	17.70	13.70	8.10	23.00	21.00	12.00	12.00	12.00	9.90	10.00	8.20
Zr	108.00	102.00	144.00	121.00	119.00	92.00	102.00	81.00	70.00	115.00	108.00	96.00	80.00	98.00
Nb	3.90	4.10	6.80	3.80	4.00	2.10	7.00	5.20	4.30	7.30	6.20	6.10	5.30	3.70
Ce	—	—	—	—	—	18.00	35.00	26.00	26.00	27.00	38.00	12.00	36.00	27.00
Sc	15.00	10.00	8.00	21.00	17.00	9.00	—	—	—	—	—	—	—	—

表 4.10　北上地区长英质侵入体稀土元素（ppm）地球化学成分表

序号	1	2	3	4	5	6	7	8	9	10	11	12	13	14	15	16
相带	C	C	C	M	C	C	C	M	C	C	C	C	C	C	M	C
岩带	E	E	E	E	E	E	E	E	E	E	E	E	E	E	E	W
点号	HS33	HS21	HS09	HS52	TA03	TA31	TA05	TA46	SK539	SK305	MY19	SK371	SK496	MY11	SK509	KS114
Li	11.27	7.09	9.61	33.75	13.44	21.84	14.63	21.15	n.a.	n.a.	33.89	n.a.	n.a.	22.30	n.a.	33.41
Be	1.22	n.a.	n.a.	1.15	n.a.	1.34	1.36	1.31	n.a.	n.a.	n.a.	n.a.	n.a.	1.61	n.a.	2.40
Y	8.50	13.23	8.90	23.08	7.89	7.00	8.68	20.69	n.a.	n.a.	5.77	n.a.	n.a.	5.96	n.a.	7.12
Zr	88.76	74.03	104.50	116.80	83.66	85.00	100.51	104.91	n.a.	n.a.	78.70	n.a.	n.a.	93.06	n.a.	108.91
Hf	2.39	2.32	2.94	3.04	2.51	2.34	2.78	2.65	2.60	2.90	2.50	2.90	2.80	3.04	3.10	3.16
Nb	5.80	6.62	8.87	7.07	5.62	4.06	7.01	6.32	n.a.	n.a.	5.82	n.a.	n.a.	5.29	n.a.	7.95
Ta	0.34	0.61	0.45	0.48	0.37	0.19	0.47	0.44	0.68	0.59	0.36	0.37	0.69	0.47	0.66	0.47
Th	2.81	3.87	2.64	4.80	5.30	4.58	3.80	2.17	4.36	6.08	3.65	4.47	11.20	4.46	4.06	7.66
U	0.88	0.77	0.60	1.39	1.18	0.78	0.94	0.63	1.33	1.83	1.09	1.72	2.80	1.18	1.55	1.55
La	15.15	18.15	21.62	17.10	18.13	20.31	17.64	21.29	24.30	24.30	19.15	24.30	25.90	20.49	11.70	18.95
Ce	31.49	39.58	36.64	37.56	31.73	33.82	35.29	42.48	45.20	44.20	34.39	37.20	42.20	39.44	24.60	34.30
Pr	3.58	5.71	4.06	4.87	3.88	3.78	4.01	5.56	4.79	4.40	3.78	3.32	3.87	4.28	2.89	4.03
Nd	13.52	25.12	14.99	20.88	16.16	14.08	14.75	21.96	18.70	16.80	14.63	11.90	14.00	14.71	12.70	14.43
Sm	2.49	4.54	2.32	4.65	2.90	2.55	2.59	4.45	3.67	3.34	2.45	2.22	2.53	2.24	3.24	2.60
Eu	0.74	1.19	0.66	1.26	0.93	0.87	0.83	1.27	1.02	0.992	0.73	0.775	0.817	0.68	0.918	0.71
Gd	2.03	3.68	2.07	4.67	2.21	2.50	2.24	3.93	2.32	2.08	1.83	1.29	1.48	2.14	2.72	1.76
Tb	0.28	0.48	0.25	0.72	0.28	0.26	0.29	0.63	0.32	0.32	0.21	0.20	0.23	0.25	0.49	0.24
Dy	1.49	2.54	1.58	4.45	1.52	1.36	1.57	3.38	1.58	1.66	1.18	0.99	1.21	1.14	3.02	1.27
Ho	0.29	0.49	0.31	0.87	0.27	0.24	0.31	0.58	0.27	0.30	0.20	0.18	0.21	0.20	0.63	0.25
Er	0.83	1.39	0.94	2.40	0.79	0.69	0.89	1.84	0.72	0.83	0.53	0.47	0.61	0.60	1.85	0.70
Tm	0.12	0.20	0.15	0.37	0.12	0.10	0.11	0.29	0.098	0.125	0.075	0.069	0.089	0.06	0.286	0.10
Yb	0.86	1.43	1.16	2.47	0.79	0.65	0.91	1.94	0.66	0.84	0.65	0.48	0.65	0.53	1.95	0.67
Lu	0.13	0.19	0.20	0.36	0.12	0.10	0.17	0.29	0.104	0.127	0.089	0.076	0.101	0.10	0.295	0.10
ΣREE	73.00	104.69	86.95	102.63	79.83	81.31	81.60	109.89	103.75	100.31	79.89	83.47	93.90	86.86	67.29	80.11
ΣLREE	66.97	94.29	80.29	86.32	73.73	75.41	75.11	97.01	97.68	94.03	75.13	79.72	89.32	81.84	56.05	75.02
ΣHREE	6.03	10.40	6.66	16.31	6.10	5.90	6.49	12.88	6.07	6.28	4.76	3.76	4.58	5.02	11.24	5.09
LREE/HREE	11.11	9.07	12.06	5.29	12.09	12.78	11.57	7.53	16.09	14.97	15.77	21.23	19.50	16.30	4.99	14.74
Eu*	1.01	0.89	0.92	0.83	1.12	1.05	1.05	0.93	1.07	1.15	1.05	1.40	1.29	0.95	0.95	1.01
$^{87}Rb/^{86}Sr$	0.112	0.175	0.182	0.247	0.145	0.129	0.138	0.144	0.13	0.145	—	0.124	0.18	—	0.604	—
$^{87}Sr/^{86}Sr$	0.7037	0.7038	0.70409	0.70436	0.70396	0.70397	0.70399	0.70456	0.70412	0.70415	—	0.70422	0.70421	—	0.70508	—
$^{147}Sm/^{144}Nd$	0.111	0.109	0.0936	0.136	0.109	0.109	0.106	0.123	0.102	0.105	—	0.0959	0.0971	—	0.138	—
$^{143}Nd/^{144}Nd$	0.51277	0.5128	0.51274	0.51272	0.51273	0.51271	0.51274	0.51261	0.51266	0.51267	—	0.51268	0.51272	—	0.51269	—
SrI	0.70351	0.7035	0.70378	0.70394	0.70371	0.70375	0.70376	0.70419	0.7039	0.7039	—	0.704	0.7039	—	0.70405	—
NdI	0.51269	0.51272	0.51266	0.51262	0.51264	0.51262	0.51265	0.51252	0.51258	0.51259	—	0.51261	0.51264	—	0.51258	—
εSr	−12.0	−12.2	−8.25	−5.94	−9.14	−8.68	−8.49	−2.39	−6.53	−6.50	—	−5.01	−6.43	—	−4.32	—
εNd	3.92	4.48	3.43	2.54	3.01	2.62	3.26	0.61	1.82	2.03	—	2.38	3.11	—	1.93	—

序号	17	18	19	20	21	22	23	24	25	26	27	28	29	30	31	32
相带	C	C	M	C	C	C	C	M	M	C	C	C	C	M	M	
岩带	W	W	W	W	W	W	W	W	W	W	W	W	W	W	W	W
点号	KS32	KS91	KS74	TN85	TN06	TN56	TN29	TN33	TN129	SM17	SM64	SM27	SM24	SM31	SM53	KAK8
Li	25.83	36.96	41.59	22.58	31.25	23.04	n. a.	20.19	75	23.06	n. a.	21.95	n. a.	17.04	20.79	8.57
Be	n. a.	1.58	1.48	1.13	1.13	1.12	n. a.	0.92	0.83	0.94	n. a.	0.99	n. a.	0.82	0.87	0.86
Y	6.41	5.79	18.33	7.13	7.31	6.36	n. a.	19.19	6.60	8.43	n. a.	5.66	n. a.	16.35	11.17	4.96
Zr	81.91	93.25	114.04	86.00	76.36	84.52	n. a.	95.49	95.66	113.46	n. a.	94.03	n. a.	127.21	119.96	111.88
Hf	2.68	2.65	3.44	2.24	2.18	2.46	2.10	2.72	2.95	3.06	2.70	2.62	3.30	3.23	2.94	2.87
Nb	6.31	7.44	12.81	4.34	5.24	4.81	n. a.	4.45	3.82	4.21	n. a.	3.69	n. a.	3.43	4.11	1.50
Ta	0.48	0.50	1.70	0.31	0.44	0.29	0.21	0.40	0.34	0.33	0.37	0.26	0.63	0.24	0.30	0.09
Th	3.86	4.63	4.80	2.37	3.95	5.60	3.97	3.23	10.46	3.46	3.07	2.89	5.16	2.51	3.11	0.58
U	1.18	0.73	2.62	0.83	1.23	1.56	0.55	0.74	1.73	0.58	1.23	0.97	1.55	1.04	0.70	0.35
La	10.38	15.98	11.95	13.04	20.82	18.95	21.30	13.40	17.89	14.62	13.30	15.63	24.90	9.70	10.17	6.25
Ce	17.41	30.99	30.57	24.23	39.39	33.26	36.20	28.17	33.29	27.93	25.50	29.47	41.20	22.02	21.11	17.19
Pr	2.10	3.30	4.51	2.89	4.19	3.29	3.43	3.37	2.98	3.05	2.64	3.10	4.32	2.82	2.60	2.06
Nd	8.16	11.45	20.54	11.07	14.74	10.88	13.20	14.31	9.54	11.26	11.20	11.08	16.40	12.18	10.52	8.56
Sm	1.51	1.86	4.93	2.13	2.40	1.78	2.17	3.39	1.54	2.04	2.51	1.84	3.39	2.87	2.24	1.78
Eu	0.51	0.53	1.33	0.71	0.65	0.54	0.597	0.98	0.54	0.69	0.762	0.67	0.993	0.80	0.72	0.60
Gd	1.20	1.35	4.22	1.90	2.20	1.63	1.43	3.63	1.55	1.99	2.05	1.78	2.54	2.98	2.31	1.37
Tb	0.17	0.18	0.65	0.24	0.27	0.21	0.20	0.60	0.20	0.28	0.31	0.22	0.34	0.49	0.36	0.17
Dy	1.02	0.99	3.72	1.38	1.55	1.22	1.09	3.69	1.27	1.63	1.88	1.13	1.96	3.04	2.09	0.93
Ho	0.21	0.20	0.70	0.25	0.27	0.23	0.19	0.73	0.24	0.32	0.37	0.21	0.35	0.61	0.43	0.18
Er	0.65	0.58	1.87	0.67	0.72	0.63	0.53	2.05	0.70	0.86	1.06	0.56	0.97	1.67	1.15	0.49
Tm	0.087	0.09	0.29	0.10	0.11	0.10	0.082	0.33	0.12	0.13	0.162	0.08	0.144	0.27	0.19	0.07
Yb	0.77	0.65	1.92	0.65	0.74	0.70	0.55	2.09	0.87	0.91	1.08	0.59	0.95	1.81	1.27	0.54
Lu	0.12	0.10	0.28	0.10	0.11	0.11	0.081	0.32	0.14	0.14	0.165	0.09	0.135	0.28	0.20	0.08
ΣREE	44.30	68.25	87.48	59.36	88.16	73.53	81.05	77.06	70.87	65.85	62.99	66.45	98.59	61.54	55.36	40.27
ΣLREE	40.07	64.11	73.83	54.07	82.19	68.70	76.90	63.62	65.78	59.59	55.91	61.79	91.20	50.39	47.36	36.44
ΣHREE	4.23	4.14	13.65	5.29	5.97	4.83	4.15	13.44	5.09	6.26	7.08	4.66	7.39	11.15	8.00	3.83
LREE/HREE	9.48	15.49	5.41	10.22	13.77	14.22	18.52	4.73	12.92	9.52	7.90	13.26	12.34	4.52	5.92	9.51
Eu*	1.16	1.02	0.89	1.08	0.86	0.97	1.04	0.85	1.07	1.05	1.03	1.13	1.03	0.84	0.97	1.17
$^{87}Rb/^{86}Sr$	0.343	0.305	0.313	0.139	0.184	0.389	—	0.249	0.706	0.291	—	0.187	—	0.202	0.268	0.041
$^{87}Sr/^{86}Sr$	0.70505	0.70495	0.70476	0.70469	0.70473	0.70499	—	0.70509	0.7055	0.70491	—	0.70464	—	0.70468	0.70487	0.70387
$^{147}Sm/^{144}Nd$	0.112	0.0992	0.1453	0.1162	0.0985	0.0989	—	0.1428	0.0974	0.1095	—	0.1004	—	0.1425	0.1287	0.1257
$^{143}Nd/^{144}Nd$	0.51263	0.51266	0.51274	0.51274	0.51269	0.51273	—	0.51276	0.51272	0.51275	—	0.51273	—	0.51278	0.51278	0.51278
SrI	0.70446	0.70443	0.70423	0.70445	0.70442	0.70433	—	0.70467	0.70429	0.70441	—	0.70432	—	0.70434	0.70442	0.7038
NdI	0.51254	0.51258	0.51262	0.51265	0.51261	0.51266	—	0.51265	0.51265	0.51267	—	0.51265	—	0.51267	0.51268	0.51268
ε_{Sr}	1.47	1.01	−1.84	1.30	0.86	−0.38	—	4.43	−0.93	0.73	—	−0.59	—	−0.30	0.85	−7.97
ε_{Nd}	1.10	1.81	2.68	3.22	2.50	3.31	—	3.21	3.16	3.50	—	3.25	—	3.62	3.73	3.80

注：ε_{Sr} 及 ε_{Nd} 用 120Ma 计算，CHUR 参数分别为：$^{87}Sr/^{86}Sr = 0.7045$，$^{87}Rb/^{86}Sr = 0.0827$，$^{143}Nd/^{144}Nd = 0.512638$，$^{147}Sm/^{144}Nd = 0.1966$。

4.3.2　西南日本九州地区

西南日本九州地区钙碱性花岗质侵入岩广泛发育，主要集中分布于九州地区的北部及中部，其中北部分布较广，而在中部由于新生代火山岩覆盖仅有少量出露（Sasada，1987），在南部仅零星出露于 Usuki-Yatsushiro 构造线附近（图 4.16）。

4.3.2.1　岩体地质学和岩石学

花岗质侵入岩根据它们的矿物组合特征分为两种类型：英云闪长岩-花岗闪长岩（Kamei *et al.*，2000；Atsushi，2004）和花岗岩（Karakida，1985；Owada *et al.*，1999；Kamei，2002）。根据岩石学和野外侵入关系可以确定为两期：较早形成的英云闪长岩-花岗闪长岩和年轻的花岗岩（图 4.16），围岩分别为中低压变质岩、二叠纪增生杂岩和同时代的火山岩。

英云闪长岩-花岗闪长岩和花岗岩的矿物组合有明显的差别，前者富含角闪石，后者含白云母、石榴子石等富铝矿物而不含角闪石。在九州地区北部，花岗岩侵入于英云-花岗闪长岩中（karakida，1985；Owada *et al.*，1999；Kamei，2002）。同时，在九州地区中-北部出露有埃达克质的 Shiraishino 侵入体和高镁闪长岩，同位素年龄为 98.7±4.9Ma（Kamei，2004；Kamei *et al.*，2004；Yuhara and Uto，2007）。

同位素年代学资料显示，花岗质岩石的侵位年龄多集中于 125.0Ma，此时期火山活动具有从南向北的迁移性（Osanai *et al.*，1993；Kamei *et al.*，1997；Owada *et al.*，1999）。较新的年龄数据报道显示，花岗质岩石的形成年龄主要集中于 125~110Ma B. P.，如 Shiraishino 花岗闪长岩全岩 Rb-Sr 同位素年龄为 121±14Ma B. P.（Kamei *et al.*，1997）；Manzaka 英云闪长岩 SHRIMP 锆石 U-Pb 年龄为 111.7±1.8Ma B. P.（Sakashima *et al.*，1999）。

英云闪长岩-花岗闪长岩呈中细粒结构，主要矿物组成为斜长石、石英、黑云母、绿色角闪石和少量钾长石；副矿物为铁镁闪石、磷灰石、不透明矿物、榍石、锆石、金红石、褐帘石和绿帘石等。英云-花岗闪长岩有弱的糜棱岩化，镜下可观察到黑云母、角闪石和斜长石呈定向展布。斜长石和角闪石多呈自形-半自形晶，斜长石正环带发育；黑云母和钾长石呈半自形-他形晶；斜长石和角闪石略有定向而区别于花岗岩。

花岗岩主要矿物组成为：斜长石、石英、钾长石、黑云母和白云母；副矿物有石榴子石、磷灰石、不透明矿物、锆石和金红石等。斜长石呈自形-半自形晶，环带构造发育；石英多呈他形粒状，波状消光；钾长石条纹构造发育，多包含有黑云母、斜长石和石英等嵌晶；黑云母、白云母和石榴子石多呈半自形-他形晶。

4.3.2.2　地球化学特征

九州地区英云闪长岩-花岗闪长岩和花岗岩的主量元素（%）以及稀土和微量元素（ppm）地球化学数据分别列于表 4.11~表 4.14。

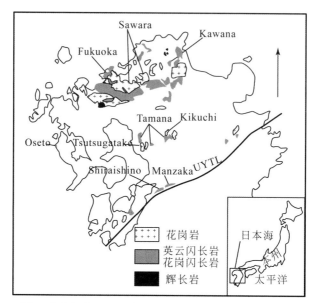

图 4.16　西南日本九州岛地区花岗质岩石分布图（据 Kamei，2002，有修改）
UYTL. Usuki-Yatsushiro 构造线

（1）主量元素

英云闪长岩-花岗闪长岩总体富碱，Al、Fe、Mg、CaO 含量高。在 TAS 侵入岩分类图解中投影于花岗闪长岩-花岗岩区域 [图 4.17（a）]，在 QAP 图解中投影于二长花岗岩-花岗闪长岩区域 [图 4.17（b）]。31 个样品的 SiO_2 含量较低，变化范围为 62.77%～72.22%，平均为 66.72%；DI 介于 63.23 和 84.89 之间，平均为 72.88，反映岩体经历了一定程度的分异作用；相对花岗岩而言，总碱含量低，K_2O+Na_2O 含量介于 4.83% 和 6.81% 之间，平均为 6.09%，岩石富钠，其 K_2O/Na_2O 值较低，为 0.32～1.51，平均值为 0.78，里特曼指数为 1.06～1.95，平均为 1.57，为钙碱性系列岩石，在 SiO_2-K_2O 图解 [图 4.17（c）] 中，显示为中钾-高钾钙碱性系列岩石；其 A/CNK 变化范围为 0.90～1.15，平均为 1.03，为准铝-弱过铝质岩石 [图 4.17（d）]。

花岗岩总体富硅、富碱，Al、K、P 含量高，Fe、Mg、Ca、Ti 含量低。在 TAS 侵入岩分类图解中大多投影于花岗岩区，在 QAP 图解中投影于花岗岩-二长花岗岩区 [图 4.17（a）、（b）]。21 个样品的 SiO_2 含量较高，变化范围为 68.39%～75.27%，平均为 73.15%；DI 介于 83.17 和 94.86 之间，平均为 89.67，反映岩体经历了较高程度的分异作用；岩石富碱，K_2O+Na_2O 含量介于 6.00%～7.52%，平均为 6.90%，其 K_2O/Na_2O 值较低，介于 0.53 和 1.43 之间，平均值为 0.95，里特曼指数为 1.16～1.91，平均为 1.59，为钙碱性系列岩石，在 SiO_2-K_2O 图解中，显示为中钾-高钾钙碱性系列岩石 [图 4.17（c）]；其 A/CNK 变化范围 1.05～1.27，平均为 1.15，为弱过铝-强过铝质岩石 [图 4.17（d）]。

在 Hark 图解中，SiO_2 与 FeO、MgO 等主量元素呈明显的负线性相关，从英云-花岗闪长岩-花岗岩显示了从铁镁质至长英质成分的变化趋势（图 4.18）。

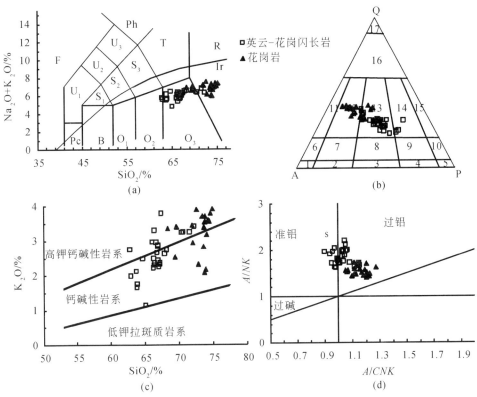

图 4.17　九州地区英云-花岗闪长岩和花岗岩的 TAS 和 QAP 分类命名图
以及 SiO$_2$-K$_2$O 和 A/CNK-A/NK 图解

R. 花岗岩；O$_3$. 花岗闪长岩，O$_2$. 闪长岩，O$_1$. 辉长闪长岩；B. 辉长岩；Pc. 橄榄岩-辉长岩；T. 石
英二长岩-正长岩；S$_3$. 二长岩，S$_2$. 二长闪长岩，S$_1$. 二长辉长岩；Ph. 似长石正长岩；U$_3$. 似长二长
正长岩，U$_2$. 似长二长闪长岩，U$_1$. 橄榄辉长岩；F. 似长深成岩

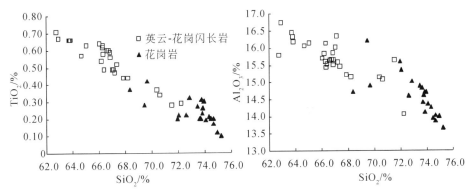

图 4.18　九州地区英云-花岗闪长岩和花岗岩的主量元素与微量元素哈克图解

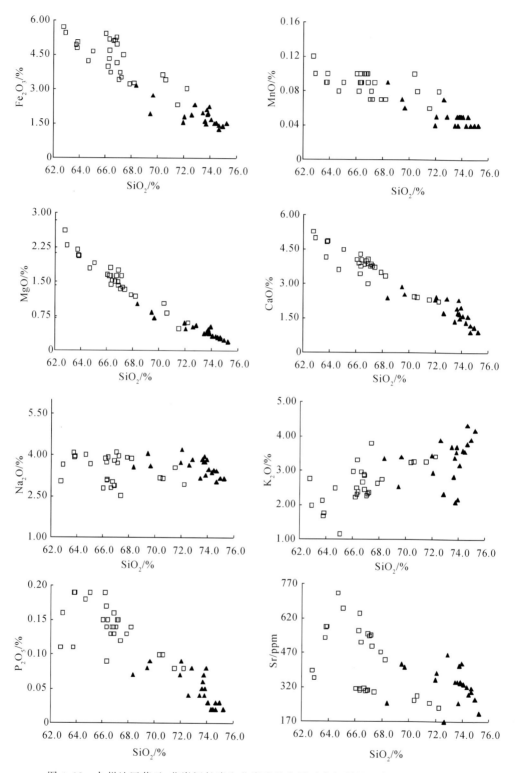

图 4.18　九州地区英云-花岗闪长岩和花岗岩的主量元素与微量元素哈克图解（续）

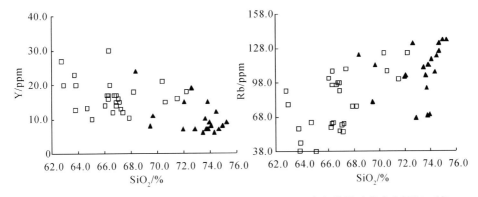

图 4.18　九州地区英云-花岗闪长岩和花岗岩的主量元素与微量元素哈克图解（续）

（2）稀土元素和微量元素

英云-花岗闪长岩稀土元素含量较低，REE 总量为 82.2～183.49ppm，平均为 111.01ppm，LREE 含量为 69.71～167.45ppm，平均为 100.56ppm；HREE 含量为 6.2～16.04ppm，平均为 10.45ppm；反映轻重稀土分馏程度的 LREE/HREE 值较大，为 5.58～17.52，平均为 10.15，表明英云-花岗闪长岩稀土配分模式为轻稀土富集、重稀土亏损型；反映轻稀土内部分馏程度的 La_N/Sm_N 为 2.9～6.89，平均为 4.40，轻稀土内部分分馏作用明显。Eu 异常不明显，Eu/Eu* 为 0.47～1.15，平均为 0.90。在球粒陨石标准化稀土元素配分模式图显示为右倾平滑型［图 4.19（a）］。

英云-花岗闪长岩富集大离子亲石元素，特别是 K、Rb 和放射性生热元素 Th、U、Zr、Hf；亏损 Nb-Ta、P、Ti 等元素。在原始地幔标准化图解中，具有明显的 Rb、Th-U、K、Pb 正异常，Nb-Ta、P、Ti 负异常［图 4.19（b）］。

与英云-花岗闪长岩相比，九州地区花岗岩的稀土含量更低，REE 总量变化范围为 58.33～123.83ppm，平均为 89.77ppm；LREE 含量为 52.69～116.89ppm，平均为 83.21ppm；HREE 含量为 5.64～7.6ppm，平均为 6.56ppm；反映轻重稀土分馏程度的 LREE/HREE 值较大，为 9.34～16.84，平均为 12.51，表明花岗岩为轻稀土富集、重稀土亏损型；反映轻稀土内部分馏程度的 La_N/Sm_N 为 3.54～5.24，平均为 4.47，轻稀土内部分馏作用明显。Eu 无明显异常，Eu* 为 0.66～1.13，平均为 0.91。球粒陨石标准化稀土元素配分模式呈右倾平滑型［图 4.19（c）］。

花岗岩富集大离子亲石元素，特别是 K、Rb、Zr、Hf；亏损 Nb-Ta、P、Ti 等元素。在原始地幔标准化图解中，具有明显的 Rb、K、Pb 正异常，Nb-Ta、P、Ti 负异常［图 4.19（d）］。

九州花岗岩的 SiO_2 含量为 68.39%～75.27%，平均为 73.15%；Al_2O_3 含量为 13.65%～16.21%，平均为 14.60%；Na_2O 含量为 3.04%～4.19%，平均为 3.58%；MgO 含量为 0.2%～1.01%，平均为 0.45%；Sr 含量较高，为 170～462ppm，平均为 331ppm；Y 含量为 6～24ppm，平均为 9.96ppm；Yb 含量为 0.61～0.78ppm，平均为 0.70ppm，在 Sr/Y-Y 图上投影于埃达克质岩石区，显示了埃达克质岩石的地球化学特征（图 4.20）。

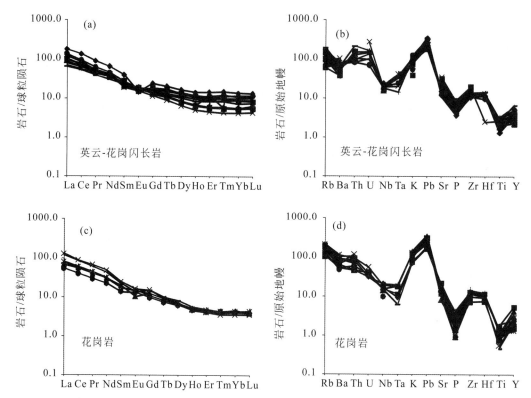

图 4.19　九州地区英云-花岗闪长岩和花岗岩的球粒陨石标准化稀土元素配分
模式图（a）、（c）和原始地幔标准化微量元素蛛网图（b）、（d）

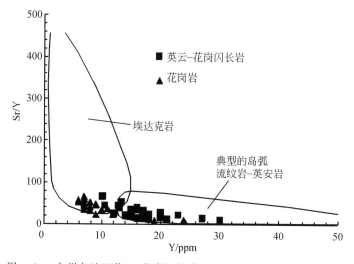

图 4.20　九州岛地区英云-花岗闪长岩和花岗岩的 Sr/Y-Y 判别图解

4.3.2.3　岩石成因

九州地区花岗岩的 Sr 同位素研究结果显示（Osanai et al.，1993；Kamei et al.，1997；Owada et al.，1999），它们的 $^{87}Sr_i/^{86}Sr_i$ 值较低（0.7052～0.7059），并认为这种低的锶初始值与其围岩没有成因上的联系（Osanai et al.，1993；Kamei et al.，1997；Owada et al.，1999），英云-花岗闪长岩具有与花岗岩相类似的 $^{87}Sr_i/^{86}Sr_i$ 值（0.7050～0.7056）。九州地区埃达克质花岗岩的形成可能有以下三种方式：①由英云闪长质岩浆通过分离结晶作用而形成；②由加厚的地壳（英云闪长岩-花岗闪长岩）部分熔融而成；③由俯冲洋壳部分熔融所形成。

前已述及，花岗岩和英云闪长岩-花岗闪长岩在矿物组成上差异较大，花岗岩主要矿物组成为斜长石、石英、钾长石、黑云母、白云母和少量石榴子石，英云闪长岩-花岗闪长岩主要矿物组成为斜长石、石英、黑云母和角闪石。因此，九州地区花岗岩不可能由英云-花岗闪长质岩浆通过分离结晶作用所形成。

Atherton 和 Petford（1993）指出，埃达克质岩浆可以由加厚的地壳部分熔融而形成，这种熔融通常发生在压力大于 1.6GPa 的条件下（深度大于 48km）。九州地区现今地壳厚厚约为 30km（Mitsunami，1992）。因此，在白垩纪时不可能由加厚的地壳（英云闪长岩-花岗闪长岩）部分熔融而形成埃达克质花岗岩。

许多研究者认为早白垩世时库拉-太平洋板块向西南日本迁移（Uyeda and Miyashiro，1974；Kinoshita and Ito，1986；Nakajima et al.，1990；Kinoshita，1995；Maruyama et al.，1997），洋脊在 105.4Ma B. P. 时到达现在九州岛所在的位置（Kinoshita，2001）。埃达克质岩浆可以由年轻的俯冲洋壳部分熔融形成（Defant and Dummond，1990；Martin，1999），据此，可以推断九州地区花岗岩可能是由年轻的俯冲洋壳部分熔融而形成的。

Kiji 等（2000）报道了在山阳带存在有板片熔融而形成的小型埃达克质侵入体，这些小型侵入体的形成要早于同时代的花岗岩。由此可见，西南日本白垩纪侵入作用是以板片熔融形成小型埃达克质侵入体开始的，之后由下地壳深熔作用而形成大面积的花岗质岩石；九州地区白垩纪侵入作用很可能类似于东北日本的北上地区，早期形成的英云-花岗闪长质岩石受到镁铁质下地壳的混染，之后由俯冲洋壳部分熔融而形成的埃达克质花岗岩没有或很少受到下地壳的混染。

表 4.11　九州地区英云-花岗闪长岩主量元素（%）和微量元素（ppm）地球化学成分表

序号	1	2	3	4	5	6	7	8	9	10	11	12	13	14	15	16
岩体						Shiraishino								Kawara	Oseto	Itoshima
SiO_2	63.87	65.06	67.05	64.69	68.20	63.81	66.42	67.23	67.15	66.90	66.30	67.87	66.23	62.77	63.74	62.93
TiO_2	0.66	0.63	0.49	0.57	0.44	0.66	0.49	0.47	0.49	0.56	0.62	0.44	0.54	0.71	0.66	0.67
Al_2O_3	16.19	16.15	16.02	16.07	15.16	16.33	15.54	15.59	16.35	15.51	15.61	15.22	15.84	15.8	16.45	16.75
Fe_2O_3	5.05	4.66	3.42	4.24	3.28	4.79	3.74	3.52	3.74	4.16	4.33	3.24	3.99	5.71	4.94	5.46
MnO	0.10	0.09	0.07	0.08	0.07	0.09	0.09	0.07	0.08	0.09	0.09	0.07	0.08	0.12	0.09	0.10
MgO	2.06	1.91	1.35	1.79	1.19	2.08	1.53	1.38	1.63	1.75	1.81	1.22	1.63	2.62	2.20	2.29
CaO	4.86	4.49	3.76	3.62	3.35	4.83	4.04	3.78	3.86	3.01	3.44	3.50	3.90	5.28	4.16	5.00
Na_2O	3.96	3.67	4.10	4.02	3.87	3.92	3.92	3.97	3.71	3.80	3.73	3.91	3.88	3.04	4.08	3.65
K_2O	1.76	1.16	2.27	2.49	2.75	1.67	2.38	2.37	2.33	2.45	2.50	2.64	2.23	2.76	2.13	1.99
P_2O_5	0.19	0.19	0.14	0.18	0.14	0.19	0.15	0.15	0.15	0.16	0.17	0.13	0.19	0.11	0.11	0.16
LOI	1.64	1.78	0.97	1.65	0.68	1.09	0.98	0.83	1.18	1.49	1.17	1.70	—			—
A/CNK	0.94	1.04	1.00	1.01	0.98	0.96	0.95	0.98	1.05	1.08	1.03	0.97	1.00	0.90	0.99	0.97
K_2O+Na_2O	5.72	4.83	6.37	6.51	6.62	5.59	6.30	6.34	6.04	6.25	6.23	6.55	6.11	5.80	6.21	5.64
K_2O/Na_2O	0.44	0.32	0.55	0.62	0.71	0.43	0.61	0.60	0.63	0.64	0.67	0.68	0.57	0.91	0.52	0.55
σ	1.57	1.06	1.69	1.95	1.74	1.50	1.69	1.66	1.51	1.63	1.67	1.73	1.61	1.70	1.86	1.60
Ba	422.00	261.00	315.00	709.00	480.00	515.00	248.00	571.00	312.00	416.00	456.00	587.00	363.00	563.00	519.00	365.00
Cr	5.00	17.00	—	10.00	—	51.00	6.00	9.00	17.00	4.00	5.00	—	8.00	35.00	16.00	21.00
Ga	—															
Nb	17.00	12.00	11.00	14.00	11.00	12.70	12.00	13.30	11.00	11.00	13.00	12.20	11.00	11.00	12.00	11.00
Ni	5.00	5.00	5.00	11.00	6.00	5.00	8.00	7.00	7.00	5.00	7.00	4.00	6.00	9.00	11.00	11.00
Pb	—															
Rb	45.30	38.00	61.00	63.20	77.40	38.40	63.00	62.00	55.00	56.00	62.30	77.40	59.00	91.00	58.00	79.00
Sc	—															
Sr	584.00	664.00	544.00	730.00	439.00	582.00	517.00	499.00	547.00	553.00	643.00	473.00	566.00	392.00	536.00	360.00
V	96.00	87.00	69.00	84.00	39.00	93.00	69.00	70.00	66.00	67.00	88.00	59.00	71.00	121.00	93.00	116.00
Y	20.00	10.00	16.00	13.30	18.00	12.70	20.00	13.00	15.00	17.00	16.00	10.40	17.00	27.00	23.00	20.00
Zn	99.00	44.00	68.00	78.00	73.00	88.00	78.00	67.00	62.00	80.00	92.00	60.00	75.00	59.00	78.00	83.00
Zr	181.00	218.00	168.00	201.00	176.00	170.00	162.00	169.00	169.00	162.00	187.00	159.00	173.00	136.00	147.00	115.00
Hf	—	—	—	0.77												
Ta	—	—	—	0.83												
U	—	—	—	5.83												

续表

序号	17	18	19	20	21	22	23	24	25	26	27	28
岩体						Tamana						
SiO_2	66.34	66.06	66.64	66.76	66.9	66.88	66.33	67.39	70.61	72.22	70.38	71.53
TiO_2	0.58	0.64	0.60	0.60	0.56	0.59	0.63	0.52	0.34	0.29	0.37	0.28
Al_2O_3	15.44	15.71	15.64	15.67	15.66	15.86	16.14	15.46	15.09	14.07	15.15	15.64
Fe_2O_3	4.70	5.43	5.12	5.14	4.97	5.26	5.19	4.50	3.42	3.04	3.65	2.33
MnO	0.09	0.10	0.10	0.10	0.09	0.10	0.10	0.09	0.08	0.08	0.10	0.06
MgO	1.44	1.66	1.51	1.63	1.42	1.50	1.63	1.33	0.82	0.61	1.03	0.48
CaO	3.76	4.06	3.86	3.99	4.08	3.88	4.29	3.73	2.43	2.24	2.46	2.32
Na_2O	3.11	2.79	2.81	3.03	2.89	2.90	3.08	2.52	3.16	2.94	3.18	3.55
K_2O	3.31	2.98	2.97	2.67	2.86	2.89	2.31	3.80	3.26	3.42	3.25	3.26
P_2O_5	0.09	0.15	0.13	0.14	0.13	0.14	0.14	0.12	0.10	0.08	0.10	0.08
LOI	—	0.78	0.92	0.76	0.75	0.86	0.83	0.81	0.99	0.58	1.23	0.77
A/CNK	0.99	1.03	1.05	1.04	1.03	1.06	1.05	1.03	1.15	1.12	1.15	1.15
K_2O+Na_2O	6.42	5.77	5.78	5.70	5.75	5.79	5.39	6.32	6.42	6.36	6.43	6.81
K_2O/Na_2O	1.06	1.07	1.06	0.88	0.99	1.00	0.75	1.51	1.03	1.16	1.02	0.92
σ	1.77	1.44	1.41	1.37	1.38	1.40	1.25	1.64	1.49	1.38	1.51	1.63
Ba	457.00	465.00	497.00	362.00	429.00	399.00	353.00	521.00	540.00	459.00	446.00	432.00
Cr	6.00	9.00	10.00	20.00	20.00	17.00	19.00	10.00	7.00	12.00	8.00	15.00
Ga	—	19.00	19.00	19.00	18.00	19.00	18.00	15.00	18.00	18.00	17.00	20.00
Nb	14.00	15.00	14.00	14.00	14.00	15.00	15.00	13.00	13.00	13.00	13.00	15.00
Ni	6.00	5.00	5.00	5.00	3.00	4.00	5.00	4.00	4.00	4.00	5.00	3.00
Pb	—	16.00	18.00	13.00	16.00	19.00	14.00	23.00	22.00	24.00	19.00	25.00
Rb	108.00	102.00	96.00	98.00	91.00	98.00	96.00	110.00	108.00	124.00	124.00	101.00
Sc	—	12.00	9.00	9.00	10.00	11.00	10.00	8.00	6.00	6.00	6.00	3.00
Sr	307.00	314.00	316.00	304.00	307.00	307.00	314.00	299.00	282.00	232.00	264.00	252.00
Th	—	10.00	10.00	13.00	11.00	9.00	13.00	7.00	7.00	8.00	18.00	11.00
V	62.00	70.00	69.00	78.00	64.00	72.00	75.00	61.00	31.00	23.00	38.00	24.00
Y	30.00	14.00	12.00	17.00	14.00	15.00	17.00	12.00	15.00	18.00	21.00	16.00
Zr	117.00	136.00	131.00	136.00	142.00	147.00	138.00	121.00	141.00	126.00	154.00	135.00
Hf	—	—	—	—	—	4.07	4.00	3.00	3.71	3.48	4.40	3.60
Ta	—	—	—	—	—	0.98	1.70	1.00	0.59	1.31	1.40	1.50
U	—	—	—	—	—	2.10	3.26	1.48	2.11	2.83	3.41	3.10

注：1～12 引自 Atsushi，2004；13～17 引自 Atsushi，2002；18～28 引自 Atsushi，2009。

表 4.12　英云-花岗闪长岩稀土元素（ppm）地球化学成分表

序号	1	2	3	4	5	6	7	8	9	10	11
岩体	Shiraishino				Tamana						
La	23.90	23.30	28.10	30.30	16.78	31.90	18.80	20.54	15.37	41.50	22.90
Ce	44.70	42.60	51.10	52.00	34.22	56.30	38.50	42.04	32.24	80.70	46.80
Pr	4.50	4.22	4.99	4.77	4.17	5.83	4.23	4.46	3.66	8.35	5.13
Nd	18.20	17.10	19.30	17.80	16.68	20.80	16.00	16.51	14.21	30.10	19.20
Sm	3.37	3.06	3.26	2.84	3.73	4.02	3.46	3.36	3.38	5.97	4.16
Eu	1.09	1.06	0.98	0.89	1.07	1.02	1.06	1.02	0.85	0.83	0.87
Gd	2.81	2.61	2.69	2.30	3.53	3.64	2.99	3.23	3.37	4.86	3.79
Tb	0.42	0.39	0.40	0.33	0.55	0.59	0.46	0.48	0.58	0.76	0.63
Dy	2.10	2.00	1.96	1.62	3.27	3.14	2.58	2.90	3.47	4.19	3.31
Ho	0.38	0.36	0.36	0.28	0.60	0.61	0.48	0.54	0.66	0.80	0.62
Er	1.00	0.95	1.94	0.74	1.57	1.88	1.38	1.44	1.84	2.39	1.77
Tm	0.15	0.14	0.14	0.11	0.25	0.31	0.21	0.22	0.29	0.38	0.25
Yb	0.96	0.90	0.96	0.71	1.66	1.87	1.26	1.51	1.98	2.32	1.47
Lu	0.16	0.14	0.15	0.11	0.26	0.29	0.19	0.23	0.30	0.34	0.21
ΣREE	103.74	98.83	116.33	114.80	88.34	132.20	91.60	98.48	82.20	183.49	111.11
LREE	95.76	91.34	107.73	108.60	76.65	119.87	82.05	87.93	69.71	167.45	99.06
HREE	7.98	7.49	8.60	6.20	11.69	12.33	9.55	10.55	12.49	16.04	12.05
LREE/HREE	12.00	12.19	12.53	17.52	6.56	9.72	8.59	8.33	5.58	10.44	8.22
La_N/Sm_N	4.58	4.92	5.56	6.89	2.90	5.12	3.51	3.95	2.94	4.49	3.55
Eu^*	1.08	1.15	1.01	1.06	0.90	0.82	1.01	0.95	0.77	0.47	0.67

注：1～4 引自 Atsushi，2004；5～11 引自 Atsushi，2009。

表 4.13　花岗岩主量元素（%）和微量元素（ppm）地球化学成分表

序号	1	2	3	4	5	6	7	8	9	10
岩体	Kikuchi		Swara		Fukuoka		Tsutsugatake			
SiO_2	68.39	72.64	73.73	72.07	69.48	71.99	69.69	73.84	73.65	74.69
TiO_2	0.37	0.22	0.20	0.22	0.28	0.20	0.42	0.23	0.20	0.17
Al_2O_3	14.71	14.59	14.40	15.35	16.21	15.60	14.90	14.69	14.82	14.02
FeO_T	3.17	1.88	1.48	1.80	1.93	1.56	2.73	1.90	1.61	1.26
MnO	0.09	0.07	0.04	0.05	0.07	0.04	0.06	0.05	0.05	0.04
MgO	1.01	0.51	0.42	0.47	0.83	0.60	0.71	0.41	0.38	0.30
CaO	2.37	1.71	1.71	2.41	2.85	2.28	2.52	1.68	1.90	1.18
Na_2O	3.55	3.63	3.74	4.19	4.05	3.72	3.60	3.74	3.84	3.43
K_2O	3.35	3.89	3.38	2.94	2.53	3.44	3.40	3.54	2.83	3.79
P_2O_5	0.07	0.04	0.06	0.09	0.08	0.07	0.09	0.04	0.05	0.03
LOI	1.23	—	—	—	—	—	0.90	—	0.54	0.69
A/CNK	1.07	1.10	1.11	1.06	1.11	1.12	1.05	1.13	1.15	1.18
K_2O+Na_2O	6.90	7.52	7.12	7.13	6.58	7.16	7.00	7.28	6.67	7.22
K_2O/Na_2O	0.94	1.07	0.90	0.70	0.62	0.92	0.94	0.95	0.74	1.10
σ	1.88	1.91	1.65	1.75	1.64	1.77	1.84	1.72	1.45	1.64

续表

序号	1	2	3	4	5	6	7	8	9	10
岩体	Kikuchi		Swara		Fukuoka		Tsutsugatake			
Ba	445.00	444.00	412.00	765.00	337.00	627.00	560.00	619.00	488.00	512.00
Cr	5.00	2.00	11.00	8.00	11.00	9.00	—	—	9.00	8.00
Ga	—	—	—	—	—	—	—	—	20.00	19.00
Nb	11.00	10.00	7.00	14.00	7.00	9.00	9.00	11.00	15.00	11.00
Ni	10.00	9.00	—	12.00	4.00	3.00	8.00	9.00	3.00	3.00
Pb	—	—	—	—	—	—	—	—	20.00	22.00
Rb	122.00	132.00	93.00	104.00	81.00	103.00	113.00	113.00	104.00	125.00
Sc	—	—	—	—	—	—	—	—	5.00	3.00
Sr	250.00	170.00	252.00	382.00	420.00	353.00	407.00	340.00	343.00	301.00
Th	—	—	—	—	—	—	—	—	8.00	8.00
V	37.00	23.00	12.00	26.00	46.00	31.00	28.00	18.00	9.00	6.00
Y	24.00	19.00	7.00	15.00	8.00	7.00	11.00	15.00	10.00	7.00
Zn	117.00	66.00	52.00	68.00	44.00	41.00	60.00	54.00	—	—
Zr	116.00	110.00	112.00	140.00	87.00	87.00	125.00	107.00	102.00	82.00
Hf	—	—	—	—	—	—	—	—	—	2.31
Ta	—	—	—	—	—	—	—	—	—	0.74

序号	11	12	13	14	15	16	17	18	19	20	21
岩体	Tsutsugatake										
SiO_2	74.69	74.36	73.48	74.50	73.88	75.27	73.97	73.79	72.88	74.11	74.97
TiO_2	0.20	0.21	0.27	0.20	0.26	0.10	0.30	0.31	0.32	0.19	0.12
Al_2O_3	13.86	14.25	14.88	13.93	14.11	13.65	14.70	14.61	15.01	14.35	13.99
FeO_T	1.43	1.51	1.97	1.53	1.95	1.52	2.24	2.11	2.33	1.67	1.39
MnO	0.04	0.04	0.04	0.05	0.05	0.04	0.05	0.05	0.05	0.05	0.04
MgO	0.26	0.31	0.37	0.29	0.37	0.20	0.52	0.46	0.55	0.32	0.23
CaO	0.90	1.30	1.36	1.56	1.48	0.90	1.96	2.28	2.34	1.59	1.08
Na_2O	3.04	3.37	3.16	3.45	3.27	3.15	3.83	3.94	3.83	3.48	3.16
K_2O	4.34	3.59	3.70	3.56	3.70	4.18	2.17	2.09	2.32	3.17	3.91
P_2O_5	0.02	0.02	0.04	0.02	0.05	0.02	0.08	0.07	0.08	0.03	0.03
LOI	0.66	0.80	1.25	0.75	0.60	0.57	0.70	1.14	0.51	0.64	0.69
A/CNK	1.22	1.21	1.27	1.13	1.17	1.20	1.20	1.13	1.15	1.19	1.23
K_2O+Na_2O	7.38	6.96	6.86	7.01	6.97	7.33	6.00	6.03	6.15	6.65	7.07
K_2O/Na_2O	1.43	1.07	1.17	1.03	1.13	1.33	0.57	0.53	0.61	0.91	1.24
σ	1.72	1.54	1.54	1.56	1.57	1.66	1.16	1.18	1.27	1.42	1.56
Ba	558.00	481.00	639.00	481.00	656.00	727.00	372.00	376.00	436.00	626.00	789.00
Cr	4.00	9.00	12.00	6.00	9.00	5.00	9.00	2.00	7.00	7.00	3.00
Ga	19.00	19.00	22.00	20.00	21.00	20.00	20.00	19.00	19.00	20.00	19.00
Nb	12.00	12.00	15.00	13.00	14.00	14.00	11.00	12.00	11.00	15.00	14.00
Ni	2.00	2.00	4.00	3.00	2.00	3.00	2.00	3.00	3.00	2.00	8.00
Pb	25.00	18.00	19.00	17.00	20.00	22.00	13.00	12.00	12.00	16.00	21.00

续表

序号	11	12	13	14	15	16	17	18	19	20	21
岩体						Tsutsugatake					
Rb	132.00	107.00	111.00	121.00	113.00	135.00	70.00	69.00	67.00	118.00	135.00
Sc	5.00	4.00	3.00	5.00	4.00	4.00	6.00	4.00	5.00	4.00	4.00
Sr	316.00	322.00	343.00	290.00	344.00	207.00	425.00	415.00	462.00	334.00	269.00
Th	7.00	10.00	7.00	8.00	6.00	9.00	5.00	4.00	4.00	6.00	8.00
V	8.00	12.00	18.00	15.00	14.00	5.00	23.00	22.00	22.00	2.00	5.00
Y	7.00	6.00	6.00	12.00	7.00	9.00	9.00	7.00	7.00	8.00	8.00
Zn	—	—	—	—	—	—	—	—	—	—	—
Zr	119.00	110.00	159.00	130.00	167.00	95.00	138.00	132.00	144.00	118.00	109.00
Hf	—	—	3.72	—	—	—	3.31	3.06	3.57	—	2.90
Ta	—	—	0.80	—	—	—	0.25	0.38	0.46	—	0.73
U	—	—	0.66	—	—	—	0.75	0.66	0.87	—	1.18

资料来源：1～8 引自 Atsushi，2002；9～21 引自 Atsushi，2009。

表 4.14 花岗岩稀土元素（ppm）成分表

序号	1	2	3	4	5	6
岩体			Tsutsugatake			
La	16.35	30.11	18.77	12.75	17.55	27.66
Ce	34.05	53.46	35.85	24.15	34.41	51.32
Pr	3.71	6.29	4.12	2.74	3.74	5.59
Nd	13.87	22.39	14.42	10.24	13.85	19.64
Sm	2.98	3.72	2.70	2.07	2.60	3.41
Eu	0.59	0.92	0.83	0.74	0.87	0.78
Gd	2.53	3.07	2.53	1.95	2.20	3.07
Tb	0.33	0.34	0.33	0.27	0.30	0.37
Dy	1.75	1.80	1.73	1.56	1.67	2.05
Ho	0.28	0.26	0.28	0.26	0.29	0.31
Er	0.70	0.68	0.77	0.70	0.73	0.81
Tm	0.11	0.09	0.11	0.11	0.10	0.11
Yb	0.72	0.61	0.72	0.69	0.69	0.78
Lu	0.10	0.09	0.11	0.10	0.10	0.10
ΣREE	78.07	123.83	83.27	58.33	79.10	116.00
LREE	71.55	116.89	76.69	52.69	73.02	108.40
HREE	6.52	6.94	6.58	5.64	6.08	7.60
LREE/HREE	10.97	16.84	11.66	9.34	12.01	14.26
La_N/Sm_N	3.54	5.23	4.49	3.98	4.36	5.24
Eu^*	0.66	0.83	0.97	1.13	1.11	0.74

资料来源：引自 Atsushi，2009。

4.4　燕山晚期晚阶段侵入岩的地质地球化学特征

西南日本以中央构造线为界，近日本海一侧为西南日本内带，近太平洋一侧为西南日本外带。西南日本内带由西往东主要由九州地区、中国地区和京畿地区构成。白垩纪时随着库拉-太平洋板块向欧亚大陆板块的俯冲，西南日本内带火山-侵入作用强烈，发育白垩纪-古近纪侵入岩和同时代火山岩（Iizumi *et al.*，1985；Kinoshita，1995），火山岩以流纹岩、安山岩和碎斑熔岩为主，侵入岩以花岗质岩石为主（伴生小规模的辉长质-闪长质岩体），这些花岗岩是环太平洋花岗岩带的一个组成部分。西南日本外带则以侏罗纪—古近纪沉积岩为主（Yasutaka，1988；Arakawa，1990；Osamu，1995）。

领家带及山阳带花岗岩质岩浆作用主要发生在 100～70Ma B. P.，西南日本内带领家带发生动力变形的时代约在 90～87Ma B. P.。较早期形成的领家带花岗岩（100～87Ma B. P.）均发生了变形（如 Kamihara 英云闪长岩体，独居石年龄为 94Ma，Yuhara *et al.*，2000；Shirotori 花岗岩体角闪石 K-Ar 年龄为 93.4Ma，Yuhara *at al*，2000），岩石多呈片麻状构造，长英质矿物已经发生变形和重结晶，并与角闪岩相变质岩（原岩为沉积岩）和同时代的火山岩相伴生，较晚形成的花岗岩（87～70Ma B. P.），未发生变形，（如 Mitsuhashi 石英闪长岩-花岗闪长岩体和 Aji 岩体，其角闪石 K-Ar 年龄为 83.4±1.1Ma，Yuhara *et al.*，2003）；山阳带花岗质岩石多呈块状，无变质岩相伴生。山阴带花岗质岩浆作用主要发生在 70Ma B. P. 以后。

4.4.1　西南日本内带侵入岩的区域性特征

Murakami（1974）根据地质年代学、岩相学和相关矿床的地质资料，将西南日本内带广泛分布的花岗岩由南往北分成三个与中央构造线近似平行的花岗岩带，即领家带（Ryoke belt）、山阳带（Sanyo belt）和山阴带（Sanin belt）（图 4.21）。Ishihara（1977）对这三个花岗岩带不透明矿物进行对比研究后提出领家带和山阳带花岗岩属于钛铁矿系列花岗岩并与钨钼矿化有关，山阴带花岗岩属于磁铁矿系列花岗岩，与矿化关系不密切，三个花岗岩带花岗岩在主量元素上 Fe_2O_3/FeO 显示区域性变化，山阴带花岗岩的 Fe_2O_3/FeO 值要高于领家带和山阳带花岗岩（Nakamua，1990；Abe，1998；Yuhara，2000；Iizumi，2000）。

4.4.1.1　辉长质-闪长质岩石概况

Iizumi 等（2000）将西南日本辉长质-闪长质岩石由南而北分为南带、过渡带和北带（图 4.22）。辉长质-闪长质岩石或以岩枝和岩脉状侵入于白垩世火山岩以及前白垩世沉积岩和变质岩中，或以块状捕房体存在于花岗岩中，直径从几米至几千米不等。野外接触关系显示辉长质-闪长质岩石稍早于花岗岩形成。这些辉长质-闪长质岩石以中细粒角闪辉长岩和角闪黑云闪长岩为主，如 Kurogoro 和 Amago 岩体分别呈岩枝状侵入于白垩纪安山岩和流纹质火山碎屑岩中，前者主要为二辉辉长岩、二辉角闪闪长岩，次为花岗闪长岩及花岗岩；后者主要岩石类型为二辉角闪闪长岩。山阳带辉长岩-闪长岩不透明矿物仅有钛铁矿，山阴带辉长岩-闪长岩不透明矿物有钛铁矿和磁铁矿，表明山阳带岩石在相对较低的氧化条件下结晶形成的。

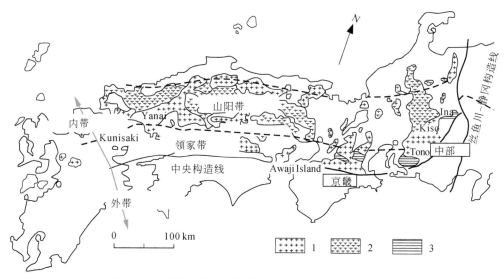

图 4.21　西南日本早白垩世-始新世火山-侵入岩分布图

1. 花岗岩；2. 火山岩；3. 领家变质岩

西南日本内带辉长岩-闪长岩的同位素年龄报道较多，山阴带中部 Yubara-South 石英辉长岩全岩 Rb-Sr 等时线年龄为 85.2±1.7Ma（Sudo *et al.*，1988），山阴带西部 Omishima 英云闪长岩全岩 Rb-Sr 等时线年龄为 82.9±1.5Ma（Imaoka *et al.*，1993）；山阳带西部 Kurogoro 和 Amago 闪长岩体的全岩 Rb-Sr 等时线年龄分别为 100.6±9.1Ma（Sr 初始值为 0.70502±0.00024）和 86.7±6.8Ma（Sr 初始值为 0.70575±0.00011，Iizumi *et al.*，2000）。

辉长岩-闪长岩的采样位置见图 4.22，它们的地球化学成分见表 4.15、表 4.16。

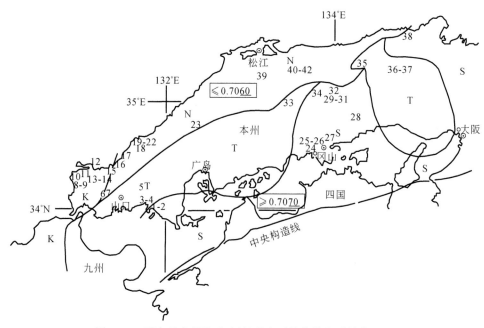

图 4.22　西南日本辉长质-闪长质岩石的分带和采样位置图

S. 南带；T. 过渡带；N. 北带。图中数字为样品编号辉长质-闪长质岩石的 SiO_2 含量较低，多集中在 $48\%\sim67\%$，大部分样品 SiO_2 含量低于 65%。在 TAS 图解中投影于花岗闪长岩、闪长岩和辉长岩区［图 4.23（a）］，在 QAP 图上，投影于石英二长闪长岩、花岗闪长岩和二长花岗岩区［图 4.23（b）］。在 SiO_2-K_2O 图上，样品大部分为中钾钙碱性系列［图 4.23（c）］；在 SiO_2-FeO_T/MgO 图上，低 SiO_2 含量岩石（小于 55%）为拉斑系列岩石，高 SiO_2 含量岩石（大于 55%）则为钙碱性系列［图 4.23（d）］。

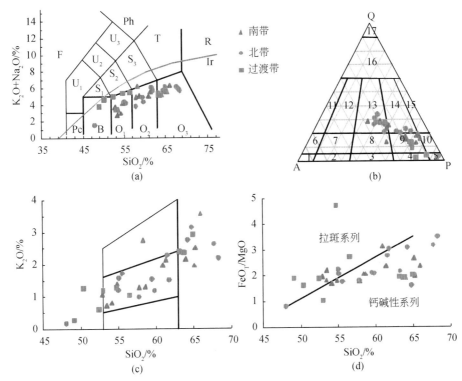

图 4.23　辉长质-闪长质岩石的 TAS 和 QAP 分类图解（a）、（b）以及 SiO_2-.K_2O 和 SiO_2-FeO_T/MgO 图解（c）、（d）

（a）R. 花岗岩；O_3. 花岗闪长岩，O_2. 闪长岩，O_1. 辉长闪长岩；B. 辉长岩；Pc. 橄榄岩-辉长岩；T. 石英二长岩-正长岩；S_3. 二长岩，S_2. 二长闪长岩，S_1. 二长辉长岩；Ph. 似长石正长岩；U_3. 似长二长正长岩，U_2. 似长二长闪长岩，U_1. 橄榄正长岩；F. 似长深成岩。

（b）1. 碱长正长岩；2. 正长岩；3. 二长岩；4. 二长闪长岩/二长辉长岩；5. 闪长岩、辉长岩、斜长岩；6. 石英碱长正长岩；7. 石英正长岩；8. 石英二长岩；9. 石英二长闪长岩；10. 石英闪长岩、石英辉长岩、石英斜长岩；11. 碱长花岗岩；12. 花岗岩；13. 二长花岗岩；14. 花岗闪长岩；15. 英云闪长岩；16. 富石英花岗岩类；17. 硅英岩

在 N-MORB 标准化蛛网图上，三个岩带具有相似的微量元素特征，SiO_2 含量高的岩石相对富集大离子亲石元素（LILE）如 K、Rb、Ba 和 Th，亏损高强场元素（HFSE），其岩石地球化学特征更类似于岛弧岩浆岩。

在球粒陨石标准化稀土元素配分图解中，三个岩带的岩石具有相似的稀土元素配分模式。所有样品显示轻微的 LREE 富集，具有弱的 Eu 负异常，表明在岩浆作用过程中可能经历了斜长石的分离结晶作用或者在岩浆源区有斜长石的残留。各个岩带富 SiO_2 的样品比低 SiO_2 的岩石具有更高的 LREE（图 4.24）。

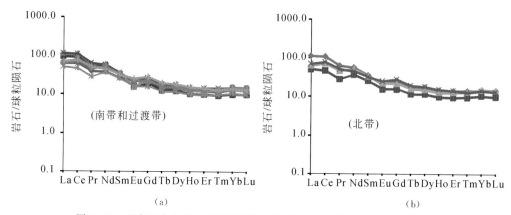

图 4.24　西南日本内带中基性岩石的球粒陨石标准化稀土元素配分图解

　　南带岩石具有较高的 Sr 初始值（$0.7063 \sim 0.7076$）和较低的 ε_{Nd} 值（$-5.3 \sim -2.5$），不同于 N-MORB 及 OIB（洋岛玄武岩），而类似于 IAB（岛弧玄武岩）和 CFB（大陆溢流玄武岩）。Sr-Nd 同位素组成与西南日本内带领家带白垩纪花岗岩中的辉长岩相似（Sr 初始值为 $0.7066 \sim 0.7077$，Nd 初始值为 $0.51211 \sim 0.51225$）。

　　相反，北带岩石除了西部的两件样品 Sr 初始值为 0.7065 和 0.7066 外，其余样品具有较低的 Sr 初始值（一般 < 0.7060）和较高的 ε_{Nd} 值（$-0.8 \sim 3.3$）。七件过渡带样品同位素值介于北带和南带之间。尽管各个带内辉长岩-闪长岩相对于花岗岩具有较低的 Sr 初始值和较高的 ε_{Nd} 值，同区域上广泛分布的花岗岩质岩石的同位素特征相一致（图 4.25）。

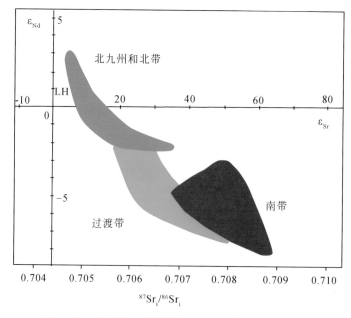

图 4.25　西南日本内带辉长岩-闪长岩同位素特征图

4.4.1.2 辉长质-闪长质岩石的 Sr-Nd 同位素比值的变化

如上所述，西南日本白垩纪—古近纪辉长岩-闪长岩的 Sr-Nd 同位素比值显示区域性变化。南带岩石 Sr 初始值变化不大，同 SiO_2 含量对应关系不明显。相反，北带岩石 Sr 初始值变化范围较大，且随着 SiO_2 含量的增加而增加。这暗示了北带辉长岩-闪长岩的同位素变化可能归因于西南日本内带广泛分布的前白垩纪沉积岩和变质岩的混染作用。Shibata 和 Nishimura（1989），Kagami 等（1992）报道了前白垩纪沉积岩、变质碎屑岩和泥岩的 Sr 同位素数据。这些岩石 Sr 含量变化较大，为 40～381ppm，以 90Ma 计算的 Sr 初始值为 0.7080～0.7215。假如北带的原始岩浆成分 SiO_2 含量为 52%，Sr 含量为 350ppm，Sr 初始值为 0.7048，与 SiO_2 含量为 70%，Sr 含量为 200ppm，Sr 初始值为 0.715 的混合岩浆发生约 20% 的混合作用，混合后所得到的岩浆 Sr 初始值远大于 0.7060；即使同 Sr 含量为 150ppm 的岩浆混合发生小于 20% 的混染，Sr 初始值变化范围就可以类似于北带的变化范围。这表明北带同位素特征的变化可以用西南日本内带上地壳沉积岩和变质岩的混染作用来解释。

然而，初始岩浆具有较高的 Sr 初始值（SiO_2 含量为 50%，Sr 含量为 350ppm，Sr 初始值为 0.707，甚至更高）的情况下也很难用混染作用来解释南带的 Sr 初始值变化。如混染岩浆 Sr 含量为 150ppm 或者 200ppm，Sr 初始值为 0.720，需要大于 20% 的混染岩浆来提高混合后岩浆中的 Sr 初始值。

4.4.1.3 辉长质-闪长质岩石的岩浆源区

俯冲带岩浆作用的研究表明板块熔融在钙碱性安山岩，英安岩和中性侵入岩的形成过程中起了重要作用。西南日本内带辉长质-闪长质岩石同俯冲板片熔融形成的岩石在地球化学上有明显的区别。与太古代高铝 TTG 岩系和现代埃达克质岩石相比，除了北带的二辉角闪辉长岩外，西南日本内带辉长质-闪长质岩石 Sr 含量较低（199～645ppm）。有较高的 Y、HREE 含量，较低的 La/Yb（5.8～13.3）和 Zr/Sm 值（15.9～33.5），在 Sr/Y 图（图 4.26）上，三个带的辉长质-闪长质岩石均位于岛弧区。另外，北带的 Sr-Nd 同位素比值不同于 MORB，即使考虑到了深海沉积岩的影响，仍然不能解释这种同位素组成上的变化。因此，西南日本内带辉长岩-闪长岩不可能起源于俯冲板片的直接部分熔融。很多学者指出西南日本内带白垩纪大面积岩浆作用是由洋脊俯冲引起的（Uyeda et al.，1974；Kiminami et al.，1993；Kinoshita，1995a），认为晚白垩世时库拉-太平洋板块同西南日本碰撞，并俯冲到西南日本之下引发了大陆边缘强烈的岩浆作用，晚白垩世西南日本内带辉长质-闪长质岩浆活动是由俯冲岩石圈地幔的部分熔融而形成。

西南日本领家带白垩纪花岗岩带内的辉长岩具有较高的 Sr 初始值和较低的 Nd 初始比值，这种同位素组成上的特征同南带辉长岩-闪长岩组成相似。据此 Kagami 等（1995）提出这些辉绿岩和辉长岩起源于大陆岩石圈地幔的部分熔融，这表明在白垩纪岩浆作用开始之前，在南带就有高 Sr，低 Nd 同位素比值的上地幔物质存在。另一证据是，新生代火山岩中存在地幔尖晶石二辉橄榄岩捕房体，Kagami 等（1992）提出北带地壳的 Sr 同位素比值变化于 0.7048～0.7056，ε_{Nd} 值变化于 -3.2～3。同时，这些地幔起源的基性捕房体与

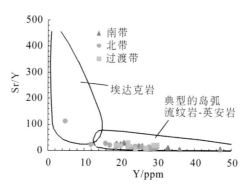

图 4.26　辉长质-闪长质岩石 Y-Sr/Y 判别图

北带大多数辉长岩-闪长岩具有相似的 Sr-Nd 同位素比值。由此可见，白垩纪时西南日本上地幔同位素是不均一的，从南带经过渡带到北带，地幔同位素从富集逐渐变为相对亏损。南带和北带同位素比值的区域性变化反映它们岩浆源区（可能是下地壳或者上地幔）化学成分的不均一（Kagami et al.，1992），是在白垩纪或者白垩纪前，由微陆块或者岛弧俯冲到西南日本内带陆壳之下造成的，而过渡带同位素特征的不同是由下地壳和上地幔以不同的比例混合而形成的。

在微量元素岩石构造环境判别图上，辉长质-闪长质岩石与花岗质岩石一样都位于汇聚板块的岛弧-同碰撞区。在汇聚板块边缘大面积长英质岩浆作用的形成与铁镁质-中性岩浆密切相关（Dias and Leterrier，1994；Tepper，1996）。西南日本内带白垩纪酸性火山-侵入岩分布广泛，并伴生有小规模的辉长岩-闪长岩侵入体，各岩带间花岗质岩石同辉长质岩石的同位素组成相似，这些酸性侵入岩的同位素区域性变化很可能与小规模辉长岩-闪长岩侵入体有关。这种同位素的区域性变化是同加厚的地壳（特别是上地壳）有关，原始岩浆同上地壳物质不同程度的混染造成了这种同位素组成的区域性变化（Shibata and Ishihara，1979）。由此可见，辉长岩-闪长岩和花岗岩具有相似的同位素特征的区域性变化，与它们下伏的大陆岩石圈地幔和地壳的不均一性密切相关，火山-侵入岩是"就地取材"的产物。

在西南日本，有些地区存在高镁安山岩（Imaoka and Murakami，1979；Yamada et al.，1979；Suzuki and Shiraki，1980；Imaoka et al.，1989，1993；Kimura and Kiji，1993；Matsumoto et al.，1994）。西南日本西部高镁安山岩角闪石 K-Ar 年龄为 $105 \pm 3Ma$ 和 $107 \pm 3Ma$（Imaoka et al.，1993）；Kyoto 北部约 20km 处高镁安山岩角闪石 K-Ar 年龄为 $108 \pm 5Ma$（Kimura and Kiji，1993）；西南日本西部火山岩（包括高镁安山岩）的全岩 Rb-Sr 等时线年龄为 $84 \pm 13Ma$（Matsumoto et al.，1994）。Imaoka 等（1989）研究了高镁安山岩及其与白垩纪火山岩的地质关系后指出，西南日本高镁安山岩形成于白垩纪-古近纪大规模岩浆作用的早期阶段，这些高镁安山岩的年龄同西南日本辉长岩-闪长岩的年龄接近。晚白垩世时，库拉-太平洋板块与西南日本陆块碰撞挤压，并俯冲到西南日本之下，存在高温高压含水熔融的条件，正是由于这种俯冲板片的部分熔融导致在西南日本西部形成白垩纪高镁安山岩。山阳带和过渡带内高镁安山岩的 Sr 初始值为 0.7074 ± 0.0006（Matsumoto et al.，1994）；西南日本山阴带北部高镁安山岩的 Sr 初始值为 $0.7046 \sim 0.7055$（Terakado and Nakamura 1984；Iizumi et al.，2000）。

表 4.15　辉长质-闪长质岩石主量元素（%）和微量元素（ppm）地球化学成分表

样品号	1	2	24	25	26	27	28	29	30	31	32	33
岩带						南部带						
SiO_2	53.72	52.60	63.48	64.92	66.15	58.20	60.49	60.23	53.59	52.64	65.08	57.52
TiO_2	1.05	1.24	0.63	0.54	0.67	0.84	0.93	1.08	1.20	1.35	0.82	0.85
Al_2O_3	17.76	17.44	15.72	15.40	15.23	18.29	15.50	15.60	16.98	18.60	16.22	17.67
Fe_2O_3	9.17	10.03	5.66	5.36	5.20	6.62	8.57	7.12	9.09	9.30	5.13	7.24
MnO	0.17	0.18	0.10	0.10	0.10	0.10	0.15	0.12	0.14	0.29	0.14	0.15
MgO	4.89	4.91	2.65	2.43	1.98	2.86	2.46	2.71	4.55	3.79	1.74	3.13
CaO	9.12	9.10	5.60	5.06	4.49	6.48	5.86	5.38	7.83	8.76	4.72	6.29
Na_2O	2.20	1.98	2.98	2.98	2.70	3.46	3.07	3.33	2.74	2.65	3.84	3.66
K_2O	0.80	0.72	2.13	2.49	3.59	2.73	1.95	2.08	1.36	0.71	1.97	1.27
P_2O_5	0.19	0.26	0.13	0.12	0.16	0.15	0.20	0.35	0.22	0.25	0.21	0.24
总量	99.07	98.46	99.08	99.40	100.30	99.73	99.18	98.00	97.70	98.34	99.87	98.02
Rb	29	25	73	94	183	122	66	82	46	34	51	41
Sr	309	315	301	268	217	315	277	384	462	457	386	491
Ba	171	130	419	450	420	545	392	412	275	182	376	276
Co	36	38	17	18	14	9	21	20	34	30	14	22
Cr	87	71	35	23	9	25	16	27	64	34	0	15
Cu	20	21	7	6	16	0	13	20	42	90	12	13
Nb	7	8	9	10	9	13	8	11	7	10	12	9
Ni	9	8	9	10	6	11	0	8	20	0	0	0
V	176	181	79	79	59	62	81	125	261	256	71	145
Y	23	23	24	29	28	47	36	33	26	25	33	20
Zn	92	95	65	65	81	97	89	86	88	137	105	86
Zr	94	89	166	161	166	273	178	211	132	84	213	150
SrI	0.7071	0.7069	0.7075	0.7074	0.7064	0.7073	0.7067	0.7063	0.7066	0.7076	0.7066	0.7060
$\varepsilon_{Nd}(t)$	−2.8	−2.5	−4	−3.9	−3	−4.4	−3.6	−5.3	−2.9	−4.1	−3.2	−3.4

样品号	34	38	8	9	10	11	15	16	17	18	20	21
岩带	南部带						北部带					
SiO_2	53.43	57.17	55.36	55.49	61.87	60.71	53.74	63.46	61.69	66.97	58.34	58.82
TiO_2	1.48	0.91	1.04	0.78	0.67	0.81	0.99	0.60	0.87	0.42	0.84	0.80
Al_2O_3	19.20	17.51	17.75	21.95	15.95	16.68	18.60	15.47	16.92	15.39	17.08	17.20
Fe_2O_3	9.59	7.66	8.79	5.83	6.27	7.05	8.31	4.86	6.84	4.62	7.16	7.09
MnO	0.19	0.13	0.15	0.11	0.11	0.14	0.13	0.08	0.22	0.07	0.12	0.12
MgO	4.40	3.88	4.50	2.52	2.59	2.28	3.35	2.72	2.04	1.19	3.07	3.08
CaO	8.79	6.67	7.51	9.33	4.93	4.57	7.98	4.49	5.25	3.53	6.35	6.72
Na_2O	2.66	3.57	2.49	2.78	2.92	3.79	3.07	2.88	4.12	3.55	3.33	3.11
K_2O	1.08	1.27	1.71	1.58	2.34	2.24	1.19	3.07	1.52	2.13	1.50	1.18
P_2O_5	0.13	0.04	0.19	0.17	0.13	0.17	0.19	0.19	0.21	0.10	0.16	0.17
总量	100.95	98.81	99.49	100.54	97.78	98.44	97.55	97.82	99.68	97.97	97.95	98.29
Rb	60	46	118	49	79	63	36	119	129	31	43	37
Sr	525	632	292	425	313	336	360	328	324	399	395	432
Ba	191	266	208	210	372	485	228	474	275	473	308	280

续表

样品号	34	38	8	9	10	11	15	16	17	18	20	21
岩带	南部带		北部带									
Co	30	23	30	27	18	18	31	15	17	15	22	23
Cr	39	9	11	8	14	0	9	56	0	0	7	7
Cu	0	0	229	32	15	10	19	11	0	6	11	19
Nb	11	5	9	8	9	10	7	13	12	10	9	9
Ni	9	5	8	0	5	6	6	19	0	0	4	5
V	166	172	205	148	98	101	155	74	65	39	139	130
Y	19	21	28	16	19	30	28	19	29	22	24	26
Zn	118	66	95	77	68	86	88	42	93	55	41	88
Zr	93	186	101	78	112	165	117	136	162	155	127	115
SrI	0.7072	0.7064	0.7056	0.706	0.7058	0.7059	0.7051	0.7054	0.7047	0.7065	0.7055	0.7053
$\varepsilon_{Nd}(t)$	−4.1	−2.8	0.1	−0.8	0	−0.5	1.5	−0.5	1.5	−0.5	−0.5	−0.1

样品号	22	39	40	41	42	3	4	5	35	36	37
岩带	北部带						过渡带				
SiO_2	57.21	50.21	52.12	56.63	48.21	64.05	62.25	54.72	51.43	63.34	63.57
TiO_2	0.75	1.09	1.20	1.16	1.31	0.76	0.84	1.09	0.90	0.68	0.67
Al_2O_3	17.51	18.90	19.10	17.94	19.68	15.31	15.77	19.97	15.85	15.64	15.79
Fe_2O_3	7.73	9.90	8.60	8.59	10.20	5.45	6.10	8.54	8.72	5.94	5.83
MnO	0.13	0.17	0.15	0.18	0.19	0.10	0.11	0.13	0.23	0.10	0.10
MgO	3.87	5.50	4.09	2.84	4.77	2.40	2.78	1.62	7.54	2.80	2.73
CaO	7.82	9.05	8.93	6.75	9.93	4.71	5.37	8.39	8.89	5.60	5.53
Na_2O	2.76	3.32	4.30	4.41	3.45	2.73	2.70	4.10	2.19	2.76	2.81
K_2O	0.99	1.26	0.61	1.05	0.27	2.88	2.34	1.28	1.15	2.34	2.36
P_2O_5	0.13	0.24	0.22	0.51	0.18	0.14	0.15	0.05	0.16	0.13	0.13
总量	98.90	99.64	99.32	100.06	98.19	98.53	98.41	99.89	97.06	99.33	99.52
Rb	68	41	3.34	17.8	1.79	129	98	32	75	93	91
Sr	334	608	645	576	909	199	225	427	392	341	348
Ba	398	215	241	305	0	401	420	197	241	401	390
Co	26	37	0	0	0	15	18	27	38	21	18
Cr	19	36	20	9	0	47	43	0	400	10.2	14
Cu	34	24	0	0	0	12	25	126	7	13	12
Nb	7	8	0	2	0	12	12	10	6	8	6
Ni	5	22	18	6	0	10	10	0	90	6	8
V	186	208	290	212	0	61	80	54	216	128	120
Y	17	30	22	29	0	24	27	20	19	22.6	22
Zn	76	89	0	0	0	71	75	78	323	67	71
Zr	71	70	131	148	0	162	167	100	90	129	142
SrI	0.7053	0.7049	0.7046	0.7048	0.7048	0.7070	0.7071	0.7065	0.7055	0.7064	0.7065
$\varepsilon_{Nd}(t)$	0.8	0.8	2.7	2.3	2.3	−3.8	−3.9	−2.1	−1.1	−3.8	−4.1

资料来源：据 Iizumi *et al.*，2000；表中 Sr 和 Nd 初始值按 86Ma 计算。

表 4.16　辉长质-闪长质岩石的稀土元素（ppm）地球化学成分表

样品号	1	24	25	15	22	39	41	4	35
La	14.90	22.90	27.70	15.50	21.90	15.10	16.70	27.10	12.10
Ce	39.00	55.70	67.20	39.50	55.70	44.50	47.10	67.50	28.60
Pr	3.71	4.76	5.69	3.82	4.93	4.52	4.88	6.12	2.72
Nd	18.00	25.10	27.80	21.60	24.40	24.20	20.80	26.50	17.50
Sm	4.04	4.96	5.34	4.33	4.47	5.16	5.00	5.45	3.94
Eu	1.32	0.91	0.90	1.17	0.96	1.29	1.46	1.22	0.91
Gd	4.04	3.92	4.62	4.19	4.36	4.52	5.72	5.35	3.23
Tb	0.56	0.48	0.60	0.55	0.58	0.60	0.73	0.69	0.44
Dy	3.64	3.14	3.90	3.63	3.80	3.95	4.65	4.46	2.97
Ho	0.71	0.58	0.71	0.73	0.71	0.74	0.87	0.83	0.56
Er	2.01	1.65	2.03	2.02	1.98	2.18	2.41	2.39	1.59
Tm	0.30	0.24	0.33	0.30	0.31	0.34	0.33	0.36	0.25
Yb	2.27	1.72	2.30	2.21	2.24	2.59	2.43	2.55	1.79
Lu	0.33	0.25	0.32	0.32	0.32	0.38	0.34	0.36	0.25

资料来源：据 Iizumi *et al.*，2000。

4.4.1.4　花岗质岩石概况

西南日本内带白垩纪代表性岩体的地质特征总结于表 4.17。由表可见，通常早期形成的岩体（＞87Ma B.P.）斜长石、角闪石和黑云母矿物具定向排列形成片理或片麻理，岩体多遭受糜棱岩化，并具片麻状构造。晚期形成的岩体则多为典型的花岗结构，不具片理、片麻理，呈块状构造。

表 4.17　西南日本内带代表性花岗岩体地质特征表

岩体名称	地质特征	主要岩石类型	结构构造	同位素年龄（Ma B.P.）
Kamihara	叶理发育，侵入于领家变质岩中	角闪黑云英云闪长岩、角闪黑云石英闪长岩	中粒花岗结构、片麻状构造	94Ma B.P.（CHINME）独居石
Kiyosaki	岩石相带发育，呈不连续的小岩株侵入于领家变质岩中	主体相：含角闪石辉石黑云花岗闪长岩、英云闪长岩、角闪黑云花岗；闪长边缘相：二云母花岗岩、黑云母花岗岩	中粒花岗结构、片麻状构造、花岗斑状构造中粒花岗结构、块状构造	87Ma B.P.（CHINME）独居石

续表

岩体名称	地质特征	主要岩石类型	结构构造	同位素年龄（Ma B. P.）
Tenryukyo	中粗粒花岗斑岩、片麻状花岗岩、野外出露面积 8km×12km	黑云母花岗岩、花岗闪长岩、角闪黑云花岗闪长岩、石榴子石黑云母花岗岩	粗粒花岗结构、片麻状构造、花岗斑状构造	89Ma B. P.（CHINME）独居石
Hatsuse	与铁镁质岩石相伴生	角闪黑云花岗闪长岩、黑云母花岗岩、角闪黑云石英闪长岩	粗粒花岗结构、片麻状构造	—
Joryu	5km×15km	角闪黑云英云闪长岩	花岗结构、片麻状构造	97Ma B. P.（U-Pb）
Kimigano	岩石普遍糜棱岩化	黑云母花岗闪长岩、角闪黑云花岗闪长岩	中粒花岗结构、片麻状构造	93Ma B. P.（U-Pb）
Mitsuhashi	岩石呈中粗粒，边缘相中细粒	主体相：角闪黑云英云闪长岩、花岗闪长岩、黑云英云闪长岩、辉石角闪黑云石英闪长岩、石榴子石角闪黑云石英闪长岩；边缘相：含白云母石榴子石黑云母花岗岩、花岗闪长岩	粗粒花岗结构、中粒花岗结构、块状构造	84Ma B. P.（CHINME）独居石
Koya	4km×3km	黑云母花岗闪长岩、花岗岩	花岗结构、斑状结构	—
Yagyu	16km×14km	黑云母花岗岩、角闪石黑云母花岗闪长岩、黑云英云闪长岩角闪石辉石石英闪长岩	粗粒花岗结构	75Ma B. P.（Rb-Sr）
Fukawa	1km×2km	二云母花岗岩	细粒花岗结构	—
Shimotakao	5km×1km	黑云母花岗岩	花岗结构、斑状结构	—
MIsugi	20km×7km	角闪石黑云母英云闪长岩	粗粒花岗结构	—
Yunohara	6km×1.5km	黑云母花岗岩、角闪石闪长岩、角闪黑云花岗闪长岩	花岗结构、斑状结构	—

西南日本内带花岗岩带具有两个明显的时空分布特征：

（1）西南日本内带花岗岩带同位素地质年龄表现出明显的由西向东逐渐变年轻的趋势（图 4.27）。领家带和山阳带最年轻花岗岩类的 Rb-Sr 全岩等时线年龄从西到东不断降低。大部分年龄集中在 100～60Ma B. P. 。领家带和山阳花岗岩类的 Rb-Sr 全岩-矿物等时线年龄和 K-Ar 黑云母年龄同样往东变年轻（图 4.28）。在同一地区领家带花岗岩中矿物形成年龄底限往往早于山阳带花岗岩类。这暗示领家带花岗岩类冷却的时间早于山阳花岗岩类。而且，最年轻全岩等时线年龄和矿物年龄之间的差距往东逐渐变大。由此可以推断，领家带东部变质带中的火成活动最后活动和抬升（或冷却）的时间间隔比领家带西部的要长。有些研究者认为其岩石形成年龄不是往东迁移的，而是往东火成活动的持续时间较长，因此，越往东岩石形成时代变的越年轻（Kinoshita and Ito，1986；Nakajima，1994）。

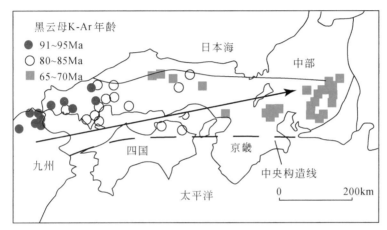

图 4.27　西南日本内带花岗岩年代变化趋势图（据 Terakado and Nohda，1993）

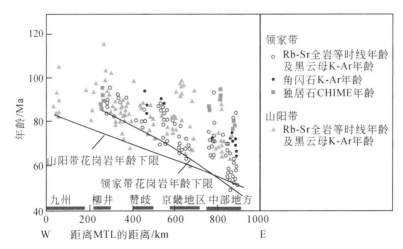

图 4.28　西南日本内带花岗岩同位素地质年代变化趋势图（据 Nakajima，1994）

（2）西南日本内带花岗岩带的同位素组成呈区域性变化（图 4.29）。Kagami 等（1992）根据 Sr、Nd、O 同位素特征将西南日本内带白垩纪花岗岩分为北带、过渡带和南带（北九州岛带）。在地理位置上，南带、北带和过渡带与领家带、山阳带、山阴带并不是严格相同的。这些花岗岩岩石类型以英云闪长岩-花岗闪长岩-黑云母花岗岩组合为主，并与辉长岩、辉绿岩、闪长岩等相伴生，形成双峰式侵入岩组合。

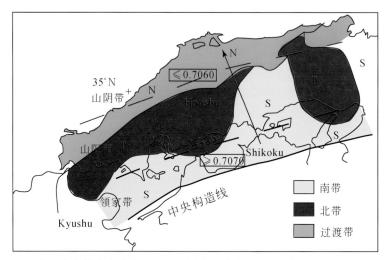

图 4.29　西南日本内带花岗质岩石 Sr-Nd 同位素分布特征图（据 Kagami *et al.*，1992）

N. 北带；T. 过渡带；S. 南带

西南日本内带花岗质岩石在主量元素和微量元素化学成分没有显示系统的区域性变化，Sr-Nd 同位素组成上显示区域性变化。北带花岗岩具有低的 Sr 初始值（0.7047～0.7066）和高的 ε_{Nd} 值（−2.2～3）；而南带花岗岩具有较高的 Sr 初始值（＞0.707）和低的 ε_{Nd} 值（−8.0～−3.0）；过渡带大部分花岗岩的 Sr 值初始和 ε_{Nd} 值介于北带和南带花岗岩之间。这种 Sr-Nd 同位素变化特征与前述的辉长岩-闪长岩的变化在区域上是一致的，受到岩石圈地幔和上覆地壳不均一的双重控制。

4.4.2　西南日本领家带代表性岩体

西南日本内带燕山晚期岩浆活动具有由西往东逐渐变新的迁移性特征，并在 90～87Ma B. P. 发生强烈的动力变形事件，左行走滑碰撞挤压运动使先存岩石变质变形和糜棱岩化，形成韧性剪切带。据此，我们以 90～87Ma B. P. 的构造变形为界，将火山-侵入活动分为下、上两个火山岩系和早、晚两个阶段（图 4.30）。我们重点选择了领家带赞岐、京畿和中部地区三个辉长岩体（Awashima、Ikoma 和 Tukude）、京畿地区土桥闪长岩体以及分别位于京畿和中部地区的庵治和稻川岩体（Aji 和 Inagawa）讨论西南日本白垩纪岩浆活动的迁移性、物质来源及其与构造环境的关系等，这些岩体的位置见图 4.31。

4.4.2.1　岩体地质学和岩石学特征

角闪辉长岩主要矿物组成以斜长石（钙长石常见）和铁镁质矿物为主，二者含量相当，可见少量不透明氧化物。其中斜长石呈自形晶，具有韵律环带（环带细密）；角闪石常呈细晶状分布于自形-半自形的斜长石之间，也可以较大嵌晶（～0.1cm）出现；辉石

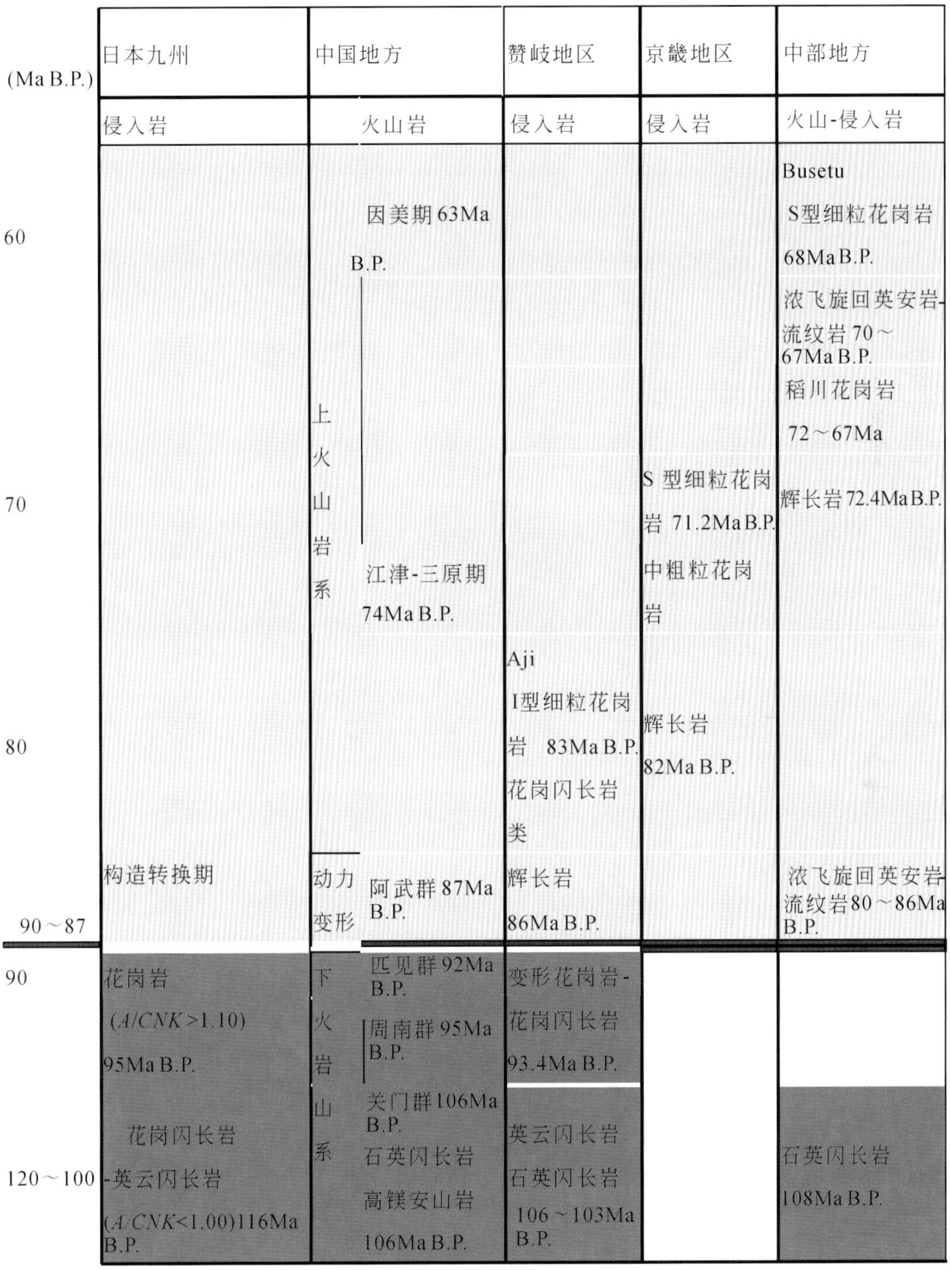

(Ma B.P.)	日本九州	中国地方	赞岐地区	京畿地区	中部地方
	侵入岩	火山岩	侵入岩	侵入岩	火山-侵入岩
60		因美期 63Ma B.P.			Busetu S型细粒花岗岩 68Ma B.P. 浓飞旋回英安岩-流纹岩 70～67Ma B.P. 稻川花岗岩 72～67Ma
70		上火山岩系 江津-三原期 74Ma B.P.		S型细粒花岗岩 71.2Ma B.P. 中粗粒花岗岩	辉长岩 72.4Ma B.P.
80			Aji I型细粒花岗岩 83Ma B.P. 花岗闪长岩类	辉长岩 82Ma B.P.	
90～87	构造转换期	动力变形 阿武群 87Ma B.P.	辉长岩 86Ma B.P.		浓飞旋回英安岩-流纹岩 80～86Ma B.P.
90	花岗岩 (A/CNK>1.10) 95Ma B.P.	下火山岩系 匹见群 92Ma B.P. 周南群 95Ma B.P. 关门群 106Ma B.P.	变形花岗岩-花岗闪长岩 93.4Ma B.P.		
120～100	花岗闪长岩-英云闪长岩 (A/CNK<1.00) 116Ma B.P.	石英闪长岩 高镁安山岩 106Ma B.P.	英云闪长岩 石英闪长岩 106～103Ma B.P.		石英闪长岩 108Ma B.P.

图 4.30　西南日本白垩纪岩浆活动时代划分对比图

类矿物常以单斜辉石和斜方辉石为主，呈细小粒状出现在角闪石嵌晶中；橄榄石很少，仅以包裹体形式存在于角闪石中。

Nakajima 等（2004）对这些辉长岩作了 SHRIMP 锆石 U-Pb 年龄测定，赞岐地区（Sanuki）Awashima 粗粒角闪石辉长岩为 86.0±1.2Ma，京畿地区 Ikoma 粗粒层状辉长岩和钙长石辉长岩分别为 82.0±0.9Ma、83.2±1.3Ma；中国地方 Tukude 粗粒角闪石辉

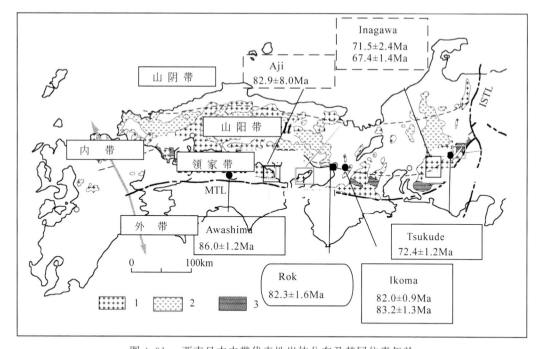

图4.31 西南日本内带代表性岩体分布及其同位素年龄
1. 花岗岩；2. 火山岩；3. 领家带变质岩；MTL. 中央构造线；ISTL. 丝鱼川–静冈构造线

长岩为72.4±1.2Ma（图4.31）。由此可见，辉长岩的形成年龄与花岗岩的年龄变化趋势相一致，由西往东年龄逐渐变年轻。

土桥石英闪长岩位于六甲山中部近山顶处，在中粗粒和细粒花岗岩中以捕房体形式出现，尤以中央部位最为发育。主要矿物为斜长石（40%～55%）、石英（15%）、黑云母（10%～15%）、钾长石（15%～25%）和角闪石（5%～10%），副矿物为锆石、钛铁矿、磁铁矿、褐帘石和榍石；细粒等粒状结构，块状构造。

本次研究获得的土桥闪长岩（Rok）角闪石和黑云母Ar-Ar测试数据见表4.18，频谱图和反等时线图年龄为82.3±1.6Ma（图4.32）。

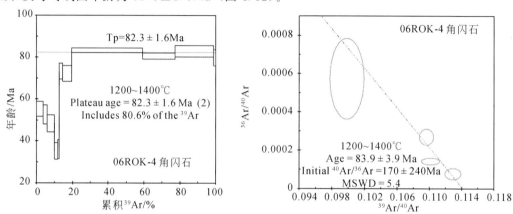

图4.32 土桥闪长岩角闪石Ar-Ar频谱图和反等时线图

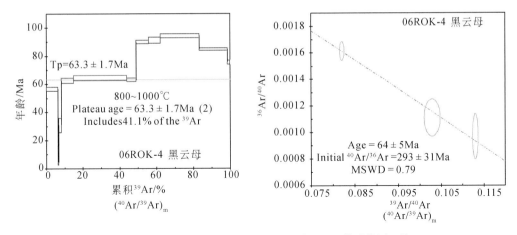

图 4.32　土桥闪长岩角闪石 Ar-Ar 频谱图和反等时线图（续）

表 4.18　土桥闪长岩（06ROK-4）角闪石和黑云母 Ar-Ar 测定结果

T/℃	$(^{40}Ar/^{38}Ar)_m$	$(^{36}Ar/^{39}Ar)_m$	$(^{37}Ar/^{39}Ar)_m$	$(^{38}Ar/^{39}Ar)_m$	$^{40}Ar/\%$	F	$^{39}Ar/10^{-14}mol$	累积$^{39}Ar/\%$	年龄/Ma	$\pm 1\sigma/Ma$
角闪石										
500	12.3162	0.0225	0.5710	0.0521	46.36	5.7118	81.34	3.55	55.20	3.60
600	13.8676	0.0287	0.8492	0.0237	39.21	5.4408	52.99	5.86	52.60	4.50
700	9.8474	0.0165	0.4764	0.0592	50.81	5.0054	95.53	10.02	48.40	4.10
800	12.4050	0.0301	1.5501	0.0674	29.15	3.6206	36.12	11.60	35.20	3.90
900	18.7887	0.0517	2.7021	0.0674	19.73	3.7145	21.30	12.53	36.10	4.50
1000	14.1334	0.0233	4.9604	0.0290	53.73	7.6250	40.01	14.27	73.30	3.80
1100	10.3890	0.0132	13.2243	0.0478	71.55	7.5138	118.30	19.43	72.20	3.80
1200	8.9727	0.0049	15.1199	0.0458	95.77	8.6988	909.02	59.07	83.30	1.10
1300	8.9876	0.0069	18.7324	0.0385	91.99	8.3943	417.06	77.25	80.50	1.50
1350	8.7117	0.0056	20.5834	0.0395	97.71	8.6559	491.54	98.68	82.90	2.70
1400	9.9168	0.0088	12.8159	0.0408	83.03	8.3197	30.16	100.00	79.80	3.80
黑云母										
500	10.2044	0.0153	0.2462	0.0458	55.95	5.7103	211.40	6.19	56.60	1.40
600	15.5113	0.0512	0.8553	0.0807	2.86	0.4442	19.84	6.78	4.50	1.70
700	10.9193	0.0266	0.4696	0.0484	28.33	3.0950	44.56	8.08	30.90	5.10
800	8.8505	0.0086	0.3026	0.0263	71.36	6.3169	234.11	14.94	62.60	1.90
900	9.7210	0.0109	0.2568	0.0322	67.15	6.5288	991.51	44.00	64.60	1.90
1000	12.1843	0.0198	0.3446	0.0266	52.24	6.3674	177.80	49.21	63.10	1.20
1100	10.4580	0.0044	0.2686	0.0204	87.64	9.1670	231.11	55.98	90.10	1.20
1200	10.7153	0.0049	0.3486	0.0209	86.71	9.2942	212.15	62.19	91.30	2.10
1300	10.2501	0.0022	0.3633	0.0184	93.87	9.6243	720.08	83.29	94.50	1.50
1400	9.0758	0.0017	0.7293	0.0182	94.91	8.6190	517.52	98.46	84.83	0.92
1450	9.4566	0.0063	0.7714	0.0212	80.81	7.6469	52.57	100.00	75.50	1.50

注：表中下标 m 代表样品中测定的同位素比值。W = 50.00mg；J = 0.005586；Total age = 76.0Ma；F $= {}^{40}Ar^*/{}^{39}Ar$。

庵治（Aji）岩体出露于奈良（Yashima）和庵治半岛（Aji Peninsulas），主要岩石类型为中细粒黑云母花岗闪长岩和花岗岩，侵入于志度（Shido）花岗岩中。庵治花岗岩分为无角闪石相和含角闪石相，前者又细分为细粒和中粒岩相，粒度最细的花岗岩类出露于岩体的边缘部分［图4.33（a）］。赞岐地区庵治花岗岩体 Rb-Sr 全岩等时线年龄和七件矿物 K-Ar 年龄分别为 8.0±82.9Ma 和 79.4～80.4Ma（Yuhara et al.，2003）。

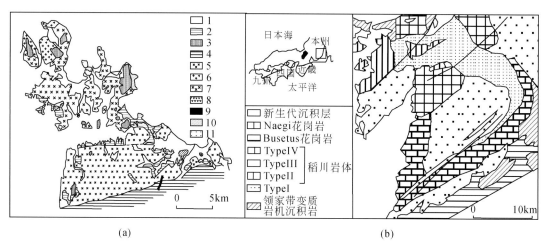

(a)   (b)

图 4.33   庵治岩体（a）和稻川岩体（b）地质图（分别据 Yuhara et al.，2003 和 Tsuboi，2005）
1. 冲积层；2. 洪积层；3. 中新统；4. Izumi 群；5. Shirotori 花岗岩；6. 庵治花岗岩；7. Shido 花岗岩；8. 闪长岩；
9. 辉长岩；10. 变质岩；11. 变质流纹凝灰岩

Rb-Sr 全岩等时线年龄（8.0±82.9Ma）被认为是庵治 Aji 花岗岩的侵位年龄。Shirotori 花岗岩的角闪石 K-Ar 年龄为 93.4Ma（Yuhara et al.，2000）；Shido 花岗岩角闪石 K-Ar 年龄为 82.3～86.8Ma（Yuhara et al.，2000）。据此，可推断赞岐地区侵入作用发生在 100～80Ma B.P.，100～80Ma B.P. 也是西南日本内带领家带花岗质岩浆作用的重要时期。较早形成的领家带花岗岩（100～87Ma B.P.）如 Shirotori 花岗岩均发生了变形，而较晚形成的花岗岩（87～80Ma B.P.）未发生变形。庵治细粒花岗岩代表了赞岐地区侵入作用晚阶段的产物，岩体在侵位后经历了快速的冷却过程。

庵治花岗岩无角闪石相和含角闪石相在地球化学组成上无差别，前者是岩体的边缘相。岩石主要矿物为斜长石、石英、钾长石、黑云母（角闪石），副矿物组成为褐帘石、磷灰石、锆石、榍石和不透明矿物。细粒相岩石斜长石呈自形-半自形晶，粒径约1.5mm，中粒相半自形-他形的角闪石粒径约 2mm。

稻川岩体出露于领家变质岩带的东部［图 4.33（b）］，其围岩主要为领家变质岩带的泥岩、砂屑片麻岩、硅质片岩、片麻岩和晚白垩世熔结凝灰岩和浓飞（Nohi）流纹岩中。浓飞流纹岩现今的厚度约为 4.8～6.5km（Koido，1991），其最底层的锆石 CHIME 年龄为 85±5Ma（Suzuki et al.，1998）；岩体的北部被 Naegi 花岗岩侵入［独居石年龄为 67.2±3.2Ma（Suzuki et al.，1994），SHRIMP 年龄为 71.3±1.6Ma（Nakajima and Imaoka，1995）］。

根据结构构造及矿物组成，稻川岩体岩石大致可分为四种岩石单元（Nakai，1970，1976）：

①中细粒角闪黑云英云闪长岩-花岗闪长岩-二长花岗岩单元，可见不规则的铁镁质包体，大小 3～16cm 不等；②粗粒似斑状角闪黑云母花岗闪长岩-二长花岗岩单元，具铁镁质包体，且包体具定向排列构造；③粗粒角闪黑云母花岗闪长岩-二长花岗岩单元；④粗粒含角闪石黑云母二长花岗岩单元，出露于研究区的中部。野外接触关系表明从①～④年龄逐渐变新。岩石主要组成矿物为：斜长石、石英、钾长石、黑云母和角闪石，副矿物组成为：锆石、磷灰石、榍石和不透明矿物。

稻川岩体②和③岩石单元的 Rb-Sr 全岩-矿物等时线年龄分别为 71.5±2.4Ma 和 67.4±1.4Ma（Tsuboi，2005）。由此可见，在领家带不同地区燕山晚期晚阶段侵入活动都是从辉长岩-闪长岩开始，经花岗闪长岩-花岗岩，到代表岩浆作用晚期阶段的细粒花岗岩的结束，组成了同造山挤压条件下的完整岩浆活动旋回（见图 4.30）。

4.4.2.2　地球化学特征

Awashima，Ikoma，Tukude 辉长岩和土桥石英闪长岩以及稻川和庵治花岗岩的主量元素（%）、稀土和微量元素（ppm）地球化学数据列于表 4.19 和表 4.20。

（1）主量元素

辉长岩类的 SiO_2 变化范围为 40.8%～50.81%，平均为 45.87%；全碱含量较低，含量介于 0.68%～2.91%，平均为 1.37%；K_2O/Na_2O 值低，介于 0.05～0.30，平均为 0.19；在 TAS 图中辉长岩类投影于辉长岩、橄榄岩-辉长岩区，土桥石英闪长岩为闪长岩区［图 4.34（a）］。

庵治花岗岩总体富硅、富碱，SiO_2 含量变化范围较小，为 68.5%～72.22%，平均为 71.07%；Na_2O 含量大于 K_2O 含量，Na_2O/K_2O 值介于 0.82 和 21.67 之间，平均为 4.15。花岗岩主要投影于花岗岩和花岗闪长岩交界区［图 4.34（a）、（b）］；DI 介于 77.94～86.09，平均为 82.72，反映了岩体经历了较高程度的分异演化作用，为岩浆作用晚期阶段的产物；岩体总体为中钾钙碱性系列［图 4.34（c）］，中细粒花岗岩的 A/CNK 变化范围为 1.02～1.08，平均为 1.05，为准铝-弱过铝质 I 型花岗岩［图 4.34（d）］。

稻川花岗岩 SiO_2 含量连续变化，介于 64.8% 和 77.7% 之间，平均为 70.68%；投影于花岗闪长岩-花岗岩区（图 4.34）；DI 指数为 69.55～97.05，平均为 82.26，反映岩体经历了分异演化作用；为高钾钙碱性系列岩石［图 4.34（c）］，其 A/CNK 值介于 1.00 和 1.16 之间，大多数集中于 1.00～1.10，平均为 1.06，为过铝质岩石［图 4.34（d）］。

（2）微量元素

辉长岩和闪长岩样品的稀土元素配分曲线和微量元素蛛网图解如图 4.35。辉长岩的稀土元素总量为 9.51～12.79ppm，轻重稀土比值为 1.58～4.08，具 Eu 正异常（1.85～2.16）。在微量元素蛛网图上，辉长岩富集不相容元素，尤其是大离子亲石元素，但 Nb、Ta 具弱亏损，Sr、P、Ti 略亏损，反映辉长岩岩浆经历了较低程度的分离结晶演化。

庵治花岗岩无角闪石相和含角闪石岩相在地球化学组成上无差别，因此，这二者起源于同一岩浆，无角闪石岩相是岩体的边缘相。庵治花岗岩微量元素同 SiO_2 含量具相关性（图 4.35），随着 SiO_2 含量增加、Ba 含量增加，而 V、Y、Zr 含量减少，Sr、Nb、Rb、Zn 等元素含量变化不明显。

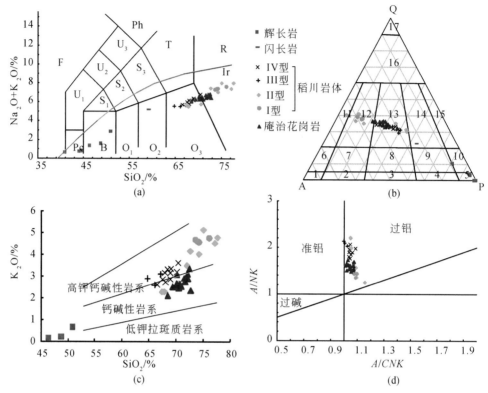

图 4.34 领家带代表性岩体的 TAS 分类命名图（a）、QAP 图（b）及 SiO_2-K_2O 图（c）和 A/CNK-A/NK 图（d）

(a) R. 花岗岩；O_3. 花岗闪长岩，O_2. 闪长岩，O_1. 辉长闪长岩，B. 辉长岩；Pc. 橄榄岩-辉长岩；T. 石英二长岩-正长岩，S_3. 二长岩；S_2. 二长闪长岩，S_1. 二长辉长岩；Ph. 似长石正长岩；U_3. 似长二长正长岩，U_2. 似长二长闪长岩，U_1. 橄榄辉长岩；F. 似长深成岩。

(b) 1. 碱长正长岩；2. 正长岩；3. 二长岩；4. 二长闪长岩-二长辉长岩；5. 闪长岩、辉长岩、斜长岩；6. 石英碱长正长岩；7. 石英正长岩；8. 石英二长岩；9. 石英二长闪长岩；10. 石英闪长岩、石英辉长岩、石英斜长岩；11. 碱长花岗岩；12. 花岗岩；13. 二长花岗岩；14. 花岗闪长岩；15. 英云闪长岩；16. 富石英花岗岩类；17. 硅英岩。

稻川花岗岩 SiO_2 含量与 Sr、Ba、Zr 含量呈负相关关系，与 Rb、Y、Nb 含量呈正相关关系，富大离子亲石元素 Ba、Nd、Sm 和放射性生热元素如 Th、Pb 等；贫 Ti、P、Nb-Ta、Zr-Hf，具有形成于岛弧-活动大陆边缘钙碱性系列岩石的地球化学特征。

4.4.2.3 岩浆活动的迁移性

在领家带由西往东，从赞岐 Awashima 辉长岩经京畿 Ikoma 辉长岩至中部地区 Tukude 辉长岩，岩石 Sr 初始值从 0.70726，经 0.70725～0.70813（平均为 0.70761）变化至 0.70951，表明随着时代的变新，辉长岩的 $^{87}Sr_i/^{86}Sr_i$ 初始值有逐渐增高的趋势，与花岗岩的变化趋势一致。

庵治花岗岩是弱过铝质花岗岩，具有与领家带花岗岩相似的地球化学特征（Yuhara，1994；Takahashi，1995）。在 SiO_2-A/CNK 图 [图 4.36（a）] 上，随着岩石 SiO_2 含量的增加，A/CNK 值增加。庵治花岗岩和淡路（Awaji）岛细粒花岗岩的 A/CNK 普遍都是

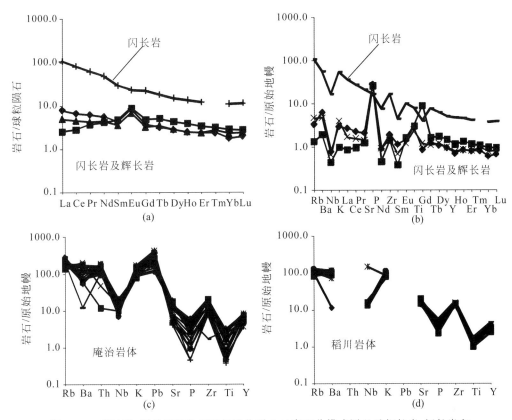

图 4.35　辉长岩-闪长岩球粒陨石标准化稀土元素配分模式图以及辉长岩-闪长岩和
花岗岩类原始地幔标准化微量元素蛛网图

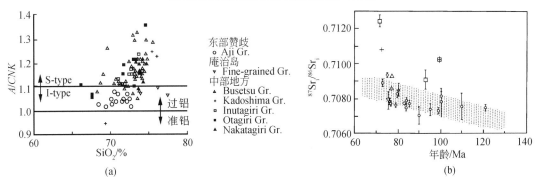

图 4.36　西南日本领家带花岗岩 A/CNK-SiO_2 图和 Sr 初始值随年龄变化图

(a) 据 Kamei, 2002; (b) 据 Yuhara et al., 2003

<1.1 的 I 型花岗岩，明显不同于中部地区的细粒花岗岩，如 Busetsu、Kadoshima 和 Otagiri 花岗岩体的 A/CNK 普遍都是>1.1 的 S 型花岗岩。庵治花岗岩的 Sr 初始值 (0.70773) 与淡路岛细粒花岗岩相似 (0.70799, Yuhara et al., 1998) 相似，但都低于中部地方的 Busetsu 花岗岩 (0.7096~0.7108, Shibata and Ishihara, 1979) 和 Otagiri 花岗岩 (0.70910~0.71243, Yuhara, 1994)。在 $^{87}Sr_i$/$^{86}Sr_i$-年龄图 [图 4.36 (b)] 上，庵治花岗岩、Shirotori 和 Shido 花岗岩均投影于领家带细粒花岗岩区域。同时，领家带细粒

花岗岩的$^{87}Sr_i/^{86}Sr_i$总体上随着时间的变新而逐渐增加，暗示了源区物质 Sr 同位素的变化。赞岐地区细粒花岗岩（庵治花岗岩和细粒花岗岩）形成年龄要早于中部地方的 Busetsu、Kadoshima 和 Otagiri 花岗岩体。领家带细粒花岗岩可能是由 Sr-Nd 同位素均一的下地壳部分熔融而形成的，中部地方的 Busetsu、Kadoshima 和 Otagiri 花岗岩的 Sr 初始值明显高于其他地区细粒花岗岩类，具有不同的 ε_{Nd} 和 ε_{Sr} 值，可能起源于不同的岩浆源区。较高的 Sr 同位素和较低的 Nd 同位素比值暗示了在岩浆形成过程中地壳的贡献较大，细粒花岗岩的 Sr 初始值和 Nd 同位素比值的不同暗示了地壳组分贡献的比例不同。Yahara 等（2000）认为领家带中部地方存在前寒武纪地壳岩石。

4.4.2.4　岩浆源区和成因

领家带辉长岩-闪长岩是大陆岩石圈地幔部分熔融形成的原始岩浆经历一定程度的分离结晶作用所形成的。这种玄武质岩浆在下地壳的底侵作用促使中下地壳基底部分熔融形成花岗质岩浆，为大面积火山-侵入活动从热和物质两方面提供了基础，稻川岩体的成因支持这一结论。

通常，花岗岩中磷灰石的同位素组成可代表原始岩浆的同位素组成，较早形成的 I、II 型花岗岩的线性趋势可以用较高 Sr 初始值岩浆（＞0.7107）和较低 Sr 初始值岩浆（＜0.7093）混合作用来解释。稻川岩体中早期形成的花岗岩一个显著的特征是赋存有闪长质包体，花岗岩中的闪长质包体与花岗质岩浆和玄武质岩浆的混合作用密切相关（Didier and Barbarin，1991；Barbarin and Didier，1992）。稻川岩体中闪长质包体的 Rb/Sr 值约为 0.49，以 70Ma B.P. 计算 Sr 初始值 0.70952，在稻川花岗岩中磷灰石$^{87}Sr_i/^{86}Sr_i$值与全岩 Rb/Sr 值投影图（图 4.37）中，位于低 Sr 初始值花岗岩演化趋势线上，其低的 SiO_2 含量

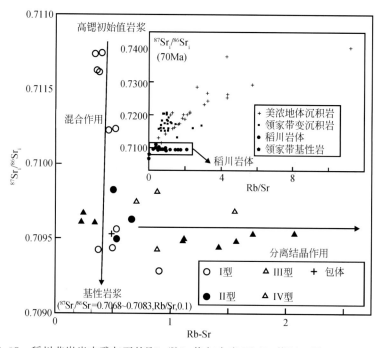

图 4.37　稻川花岗岩中磷灰石的$^{87}Sr/^{86}Sr$值与全岩 Rb/Sr 值图（据 Tsuboi，2005）

和高的 FeO 含量，可代表低 Sr 初始值端元。稻川岩体中晚期花岗岩是在岩浆混合作用已经完成后形成的（Tsuboi，2005），此时整个岩浆体系接近于封闭体系，Sr 同位素已经均一化，因此，后期形成的花岗岩锶同位素已经处于稳定阶段。

表 4.19　Awashima、Ikoma、Tukude 辉长岩和-闪长岩主量元素（%）微量元素（ppm）地球化学成分表

	IKO-2	IKO-4	IKO-5	99120203	00021402	01012103	Rok-4
岩体	Ikoma			Tukude	Ikoma	Awashima	土桥
岩石类型	辉长岩						石英闪长岩
SiO_2	44.56	40.80	44.00	50.81	46.31	48.71	59.19
TiO_2	0.19	1.96	0.26	1.08	0.85	0.25	0.88
Al_2O_3	24.63	19.44	22.51	17.86	18.78	24.71	15.82
Fe_2O_3	5.37	13.76	7.05	10.37	10.69	4.73	9.62
MnO	—	—	—	0.17	0.19	0.08	—
MgO	8.15	9.56	9.45	6.33	8.53	5.14	2.37
CaO	15.42	13.53	14.61	10.36	13.24	14.69	5.31
Na_2O	0.74	0.65	0.65	2.23	1.22	1.41	3.59
K_2O	0.09	0.03	0.12	0.68	0.17	0.23	1.64
P_2O_5	0.02	0.01	0.02	0.12	0.03	0.05	0.17
LOI	0.65	—	1.20	—	—	—	—
Zr	12.92	4.29	7.69	84.00	15.00	19.00	49.99
K	747.00	249.00	996.00	5645.00	1411.00	1909.00	13614.00
Ti	1139.00	11748.00	1558.00	6474.00	5095.00	1498.00	5275.00
P	87.30	43.60	87.30	524.00	131.00	218.00	742.00
Y	3.23	5.28	3.59	27.00	11.00	6.00	22.08
Sr	598.16	549.94	519.56	351.00	511.00	442.00	350.48
Rb	2.14	0.85	2.98	17.00	<1.00	6.00	68.21
Ba	44.37	13.55	33.11	192.00	65.00	71.00	398.52
Zn	32.67	69.13	41.31	107.00	80.00	38.00	—
Cu	4.23	11.97	4.00	26.00	11.00	10.00	—
Ni	10.22	12.31	9.04	15.00	15.00	18.00	—
Cr	231.01	103.92	87.52	61.00	87.00	156.00	—
Nb	0.56	0.31	0.47	7.00	2.00	4.00	11.95
La	1.87	0.60	1.16	—	—	—	25.19
Ce	4.09	1.72	2.77	—	—	—	49.59
Pr	0.59	0.35	0.40	—	—	—	5.85
Nd	2.59	1.93	2.04	—	—	—	22.57
Sm	0.64	0.72	0.54	—	—	—	4.47
Eu	0.49	0.51	0.39	—	—	—	1.34
Gd	0.75	0.99	0.66	—	—	—	4.59
Tb	0.12	0.19	0.13	—	—	—	0.67
Dy	0.71	1.09	0.72	—	—	—	3.78
Ho	0.14	0.22	0.14	—	—	—	0.76
Er	0.39	0.56	0.39	—	—	—	1.99
Tm	0.06	0.08	0.07	—	—	—	—
Yb	0.30	0.48	0.39	—	—	—	1.85

续表

	IKO-2	IKO-4	IKO-5	99120203	00021402	01012103	Rok-4
岩体		Ikoma		Tukude	Ikoma	Awashima	土桥
岩石类型			辉长岩				石英闪长岩
Lu	0.05	0.07	0.06	—	—	—	0.29
ΣREE	12.79	9.51	9.86	—	—	—	122.94
ΣELREE	10.27	5.83	7.30	—	—	—	109.01
ΣEHREE	2.52	3.68	2.56	—	—	—	13.93
LREE/HREE	4.08	1.58	2.85	—	—	—	7.83
$^{87}Sr_i/^{86}Sr_i$	0.70813	0.70756	0.70725	0.70951	0.70751	0.70726	—
数据来源	本书			Takashi *et al.*，2004			本书

表 4.20 稻川和庵治花岗岩主量元素（%）微量元素（ppm）地球化学成分表

序号	1	2	3	4	5	6	7	8	9	10	11
样品号	INA2	INA3	4092	INB3	INB4	INB5	INB6	INC1	INC2	INC3	INC4
岩石单元	I	I	I	II	II	II	II	II	II	II	II
SiO_2	67.20	64.80	66.10	69.10	68.10	69.00	70.20	67.60	68.00	66.60	68.50
TiO_2	0.59	0.62	0.69	0.51	0.62	0.49	0.40	0.59	0.59	0.65	0.54
Al_2O_3	15.30	16.00	15.90	15.70	16.00	16.20	15.50	16.00	15.70	16.30	16.00
FeO	4.60	4.83	5.05	3.65	4.51	4.02	3.13	4.31	4.29	4.68	3.90
MnO	0.09	0.09	0.09	0.06	0.07	0.07	0.05	0.07	0.08	0.08	0.06
MgO	1.79	2.02	1.61	0.98	1.20	1.02	0.75	1.17	1.15	1.28	1.04
CaO	4.07	4.69	4.51	3.51	4.03	3.88	3.32	3.93	3.55	4.21	3.63
Na_2O	2.54	2.65	2.92	2.99	3.05	3.32	3.25	3.12	2.99	3.09	2.76
K_2O	3.11	2.90	2.59	3.35	2.72	2.86	3.20	2.85	3.15	2.62	3.31
P_2O_5	0.09	0.10	0.13	0.10	0.13	0.10	0.08	0.12	0.12	0.13	0.11
LOI	0.70	0.73	0.56	0.33	0.50	0.44	0.68	0.47	0.56	0.95	0.67
A/CNK	1.02	1.00	1.01	1.05	1.05	1.04	1.04	1.04	1.06	1.05	1.09
K	25818.00	24074.00	21501.00	27810.00	22580.00	23742.00	26565.00	23659.00	26150.00	21750.00	27478.00
Ti	3536.00	3716.00	4136.00	3057.00	3716.00	2937.00	2398.00	3536.00	3536.00	3896.00	3237.00
P	393.00	436.00	567.00	436.00	567.00	436.00	349.00	524.00	524.00	567.00	480.00
Cr	32.00	18.00	6.00	—	1.00					—	16.00
Co	11.00	11.00	10.00	7.00	8.00	8.00	7.00	9.00	9.00	10.00	9.00
Ni	8.00	5.00	14.00	17.00	10.00	13.00	6.00	6.00	6.00	4.00	8.00
Zn	63.00	64.00	74.00	65.00	70.00	62.00	54.00	68.00	68.00	70.00	64.00
Pb	18.00	19.00	19.00	16.00	9.00	19.00	14.00	9.00	10.00	8.00	13.00
Rb	146.00	127.00	130.00	104.00	105.00	105.00	114.00	125.00	138.00	109.00	116.00
Sr	223.00	244.00	264.00	316.00	303.00	292.00	236.00	279.00	271.00	302.00	299.00
Ba	459.00	418.00	443.00	1420.00	1081.00	882.00	821.00	763.00	85.00	1040.00	1290.00
Th	15.00	1.00	11.00	4.00	13.00	8.00	15.00	8.00	9.00	8.00	8.00
Y	26.00	28.00	34.00	32.00	37.00	24.00	21.00	37.00	37.00	32.00	32.00
Zr	134.00	118.00	180.00	204.00	230.00	218.00	196.00	19.00	194.00	221.00	203.00
Nb	8.00	7.00	11.00	10.00	15.00	8.00	7.00	13.00	12.00	13.00	12.00
$^{87}Sr_i/^{86}Sr_i$	—	—	—	0.710532	—	—	—	—	—	—	—

续表

序号	12	13	14	15	16	17	18	19	20	21
样品号	IND1	INE4	INA4	INB1	INB2	INE1	INE2	INE3	4091	4093
岩石单元	II	II	III	III	III	III	III	III	III	III
SiO_2	69.00	70.50	75.10	77.20	77.70	72.70	72.10	74.30	67.50	67.90
TiO_2	0.37	0.34	0.12	0.1	0.08	0.18	0.26	0.17	0.36	0.36
Al_2O_3	15.60	15.00	14.00	13.20	13.20	14.30	14.60	13.50	17.60	17.30
FeO	2.96	2.91	1.28	1.09	0.94	1.91	2.47	1.65	2.88	2.92
MnO	0.05	0.07	0.03	0.04	0.03	0.05	0.08	0.05	0.04	0.04
MgO	0.71	0.86	0.16	0.23	0.18	0.39	0.54	0.37	0.62	0.67
CaO	3.50	2.70	1.41	1.31	0.49	1.83	2.27	1.61	4.83	4.79
Na_2O	3.20	3.15	2.87	2.89	3.23	3.30	3.33	3.02	3.35	3.22
K_2O	3.15	3.62	5.16	4.55	4.81	4.18	3.51	4.05	2.29	2.31
P_2O_5	0.07	0.07	0.02	0.02	0.01	0.04	0.05	0.03	0.06	0.06
LOI	0.51	0.56	0.34	0.54	0.071	0.61	0.49	0.58	0.67	0.39
A/CNK	1.04	1.07	1.09	1.09	1.16	1.08	1.09	1.10	1.05	1.05
K	26150.00	30051.00	42836.00	37772.00	39930.00	34700.00	29138.00	33621.00	19010.00	19176.00
Ti	2218.00	2038.00	719.00	599.00	480.00	1079.00	1558.00	1019.00	2158.00	2158.00
P	305.00	305.00	87.30	87.30	43.60	175.00	218.00	131.00	262.00	262.00
Cr	—	3.00	—	—	—	—	—	—	18.00	9.00
Co	6.00	7.00	4.00	4.00	4.00	3.00	5.00	4.00	6.00	7.00
Ni	6.00	8.00	14.00	8.00	12.00	12.00	9.00	12.00	14.00	13.00
Zn	48.00	47.00	31.00	26.00	24.00	38.00	58.00	36.00	47.00	43.00
Pb	19.00	21.00	30.00	19.00	24.00	26.00	21.00	23.00	18.00	13.00
Rb	138.00	151.00	146.00	162.00	174.00	186.00	175.00	176.00	89.00	86.00
Sr	263.00	171.00	135.00	97.00	86.00	134.00	161.00	115.00	377.00	389.00
Ba	988.00	502.00	644.00	502.00	372.00	495.00	551.00	445.00	1148.00	1171.00
Th	15.00	8.00	16.00	9.00	14.00	11.00	16.00	11.00	13.00	10.00
Y	25.00	33.00	16.00	20.00	21.00	36.00	38.00	31.00	24.00	24.00
Zr	189.00	132.00	108.00	89.00	83.00	115.00	148.00	113.00	227.00	222.00
Nb	9.00	9.00	7.00	5.00	5.00	7.00	11.00	8.00	7.00	7.00
$^{87}Sr_i/^{86}Sr_i$	0.709122	—	—	—	—	—	—	—	0.709512	—

序号	22	23	24	25	26	27	28	29	30	31
样品号	4094	INA5	INA6	INF2	INF3	SR-02	SR-03	SR-04	SR-05	SR-06
岩石单元	III	IV	IV	IV	IV	MF	MF	FF	MF	FF
SiO_2	70.60	73.60	76.10	74.20	74.00	70.55	71.72	70.75	70.16	71.55
TiO_2	0.30	0.19	0.14	0.09	0.10	0.37	0.29	0.31	0.34	0.24
Al_2O_3	16.00	13.60	13.40	13.90	13.90	15.26	14.36	15.02	15.11	14.29
FeO	2.46	1.67	1.34	1.14	1.19	2.65	2.21	3.02	2.39	2.29
MnO	0.04	0.04	0.03	0.03	0.03	0.06	0.05	0.05	0.06	0.06
MgO	0.49	0.38	0.24	0.18	0.18	0.81	0.55	0.65	0.67	0.42
CaO	3.94	1.77	1.34	1.66	1.74	2.86	2.55	2.80	2.77	2.50
Na_2O	3.10	2.65	2.88	2.87	2.78	3.83	3.70	3.90	3.93	3.80
K_2O	2.69	4.69	4.78	4.59	4.62	2.48	2.77	2.66	2.69	2.94
P_2O_5	0.05	0.03	0.02	0.01	0.01	0.10	0.08	0.08	0.10	0.07
LOI	0.61	0.48	0.40	0.35	0.39	—	—	—	—	—
A/CNK	1.05	1.07	1.09	1.09	1.09	1.08	1.05	1.04	1.05	1.02
K	22331.00	38934.00	39681.00	38104.00	38353.00	20588.00	22995.00	22082.00	22331.00	24406.00
Ti	1798.00	1139.00	839.00	539.00	599.00	2218.00	1738.00	1858.00	2038.00	1439.00
P	218.00	131.00	87.30	43.60	43.60	436.00	349.00	349.00	436.00	305.00
Cr	—	3.00	—	—	—	6.00	6.00	7.00	6.00	5.00
Co	6.00	3.00	6.00	5.00	3.00	—	—	—	—	—
Ni	7.00	17.00	19.00	7.00	10.00	8.00	7.00	8.00	7.00	7.00
Zn	45.00	31.00	27.00	28.00	25.00	60.00	59.00	62.00	70.00	61.00
Pb	17.00	26.00	27.00	23.00	20.00	—	—	—	—	—
Rb	112.00	133.00	148.00	141.00	125.00	55.50	64.50	59.60	71.10	63.20
Sr	330.00	154.00	98.00	163.00	181.00	404.00	340.00	426.00	369.00	360.00
Ba	1215.00	817.00	399.00	788.00	982.00	686.00	79.00	746.00	626.00	799.00
Th	14.00	15.00	15.00	15.00	15.00	—	—	—	—	—
Y	27.00	25.00	26.00	22.00	19.00	15.00	17.00	12.00	15.00	14.00
Zr	222.00	125.00	120.00	107.00	116.00	170.00	164.00	160.00	169.00	175.00
Nb	8.00	7.00	8.00	6.00	5.00	8.40	11.30	9.70	9.60	11.30
$^{87}Sr_i/^{86}Sr_i$	—	—	—	—	—	0.707712	0.707754	0.707433	0.707793	0.707722

续表

序号	32	33	34	35	36	37	38	39	40	41
样品号	SR-07	SR-08	SR-09	SR-10	SR-44	SR-43	SR-42	SR-41	SR-49	SR-48
岩石单元	MF	FF	MF	Hb	MF	MF	FF	FF	MF	MF
SiO_2	72.18	72.53	72.20	70.21	68.50	70.22	72.74	72.22	69.41	71.04
TiO_2	0.26	0.23	0.25	0.35	0.38	0.36	0.21	0.25	0.38	0.30
Al_2O_3	14.26	14.01	14.29	14.45	15.37	14.55	14.41	14.15	14.84	14.34
FeO	2.03	1.90	2.02	2.68	3.02	2.45	1.74	2.32	2.56	2.30
MnO	0.05	0.05	0.05	0.06	0.07	0.05	0.04	0.05	0.06	0.05
MgO	0.54	0.45	0.47	0.83	0.79	0.64	0.41	0.47	0.74	0.71
CaO	2.20	2.14	2.18	2.94	3.35	2.83	2.41	2.43	3.09	2.46
Na_2O	3.58	3.49	3.65	3.39	3.97	3.72	4.10	3.67	3.75	3.74
K_2O	3.12	3.38	3.14	3.11	2.13	2.59	2.36	2.92	2.54	2.55
P_2O_5	0.08	0.06	0.07	0.08	0.12	0.11	0.05	0.06	0.10	0.09
LOI	—	—	—	—	—	—	—	—	—	—
A/CNK	1.07	1.05	1.07	1.01	1.03	1.03	1.05	1.04	1.02	1.07
K	25901.00	28059.00	26067.00	25818.00	17682.00	21501.00	19592.00	24240.00	21086.00	21169.00
Ti	1558.00	1379.00	1498.00	2098.00	2278.00	2158.00	1259.00	1498.00	2278.00	1798.00
P	349.00	262.00	305.00	349.00	524.00	480.00	218.00	262.00	436.00	393.00
Cr	6.00	7.00	5.00	11.00	7.00	6.00	5.00	7.00	10.00	6.00
Co	—	—	—	—	—	—	—	—	—	—
Ni	8.00	7.00	7.00	7.00	4.00	4.00			4.00	—
Zn	56.00	60.00	58.00	78.00	62.00	49.00	60.00	61.00	60.00	
Pb	—	—	—	—	—	—	—	—	—	—
Rb	78.40	83.50	77.70	85.80	72.60	68.00	53.00	73.00	65.00	67.00
Sr	324.00	302.00	317.00	285.00	371.00	364.00	350.00	308.00	362.00	316.00
Ba	832.00	823.00	737.00	606.00	547.00	641.00	739.00	830.00	603.00	496.00
Th	—	—	—	—	—	—	—	—	—	—
Y	16.00	16.00	17.00	17.00	21.00	17.00	11.00	16.00	17.00	16.00
Zr	152.00	159.00	149.00	137.00	192.00	168.00	149.00	155.00	167.00	167.00
Nb	10.10	10.50	11.00	9.30	13.10	10.00	9.60	11.50	9.20	105.00
$^{87}Sr_i/^{86}Sr_i$	0.707736	0.707707	0.707736	0.707635	0.707657	—	—	—	—	—

注：1~26 为稻川岩体（据 Tsuboi，2005）；27~41 为庵治岩体；FF. 细粒花岗岩；MF. 中粒花岗岩；Hb. 含角闪石中粒花岗岩（据 Yuhara et al.，2003）。

4.5　喜马拉雅期花岗岩的地质地球化学特征

低钾花岗闪长岩-英云闪闪长岩-英安岩在岛弧环境中广泛存在。中中新世时由于地幔上涌导致日本列岛同亚洲大陆分离形成日本海（Otofuji *et al.*，1985；Tatsumi *et al.*，1989；Tamaki，1995）。伴随着边缘海的形成，在日本海地区发生了强烈的玄武安山质岩浆活动（Cousens and Allan，1992；Pouclet *et al.*，1995），而在西南日本则发生了花岗质岩浆活动（Nakada and Takahasshi，1979）。例如在西南日本最内侧的美津岛（Tsushima）和冲绳岛（Shimojima）均出露有该时期的花岗质岩石，本书重点讨论在美津岛出露的花岗岩。

4.5.1　花岗岩的地质学和岩石学特征

美津岛位于朝鲜半岛和九州岛之间，是西南日本内带的最内侧部分（图 4.38）。该地区主要出露早始新世-早中新世 Taishu 群沉积岩（Takahashi，1969；Nakajo and Funakawa，1996；Sakai and Yuasa，1998）和中新世火成岩。Taishu 群沉积岩主要由厚层状的泥岩及砂岩组成，可能形成于浅海相的三角洲环境，厚度约 5400m（Takahashi，1969；Okada and Fujiyama，1970；Nakajo and Maejima，1998）。中新世火成岩主要由黑云母花岗岩、石英斑岩和少量辉绿岩组成。

美津岛花岗岩出露于冲绳岛南侧，主要由灰白色花岗岩和淡色花岗岩组成，其中灰白色花岗岩中含有暗色包体。本区花岗岩的形成年龄多集于 13～19Ma（Karakida，1987；Ikemi *et al.*，2001），属于中中新世。

灰白色花岗岩通常为似斑状花岗闪长岩，主要矿物组成同淡色花岗岩差别不大，在副矿物上稍有差别，副矿物主要为磷灰石、锆石、磁铁矿等。斑晶约 2.5mm 左右，主要成分为呈侵蚀状的石英、环带状斜长石及微条纹长石，少量黑云母及碱性长石。基质粒径约 0.2～1mm。

淡色花岗岩类主要为中细粒黑云母二长花岗岩和花岗闪长岩。呈细粒等粒结构（粒径约 0.5～1.5mm），个别呈中细粒等粒结构（粒径约 2～5 mm），主要矿物组成为石英、微斜长石、斜长石、少量黑云母。副矿物组成为 电气石、独居石、榍石和不透明矿物。晶洞构造发育，主要为自形的角闪石、电气石、榍石和石英，是结晶作用晚期阶段的产物。

4.5.2　地球化学特征

美津岛 13 个灰白色花岗岩和五个淡色花岗岩的主量元素（％）以及稀土和微量元素（ppm）地球化学数据列于表 4.21。

4.5.2.1　主量元素

灰白色花岗岩 SiO_2 含量为 65％～75％，平均为 70.06％；Na_2O 含量较高，为 2.32％～

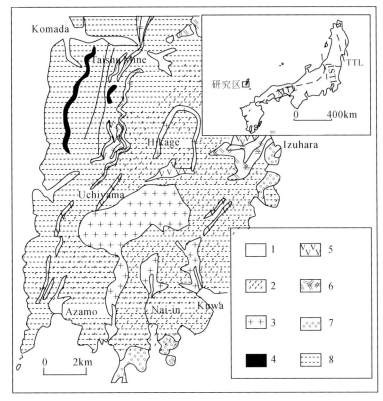

图 4.38　美津岛地区区域地质简图（据 Shin，2009）

花岗岩：1. 冲积层；2. 热接触带；3. 美津岛花岗岩（16Ma B. P.）；岩墙：4. 闪长岩；5. 石英斑岩（19～
14Ma B. P.）；6. 英安岩（18.7～16.9Ma B. P.）；Tashu 群：7. 砂岩和含砾砂岩；8. 泥岩、泥岩和砂岩互层

4.8％，平均为 3.11％；具有较低的 K_2O/Na_2O 值（0.44～1.92）；灰白色花岗岩大多位于花岗闪长岩区［图 4.39（a）］，个别落入花岗岩区，属于亚碱性系列岩石；同时，依据岩石的 CIPW 标准矿物组成，应用 Le Maitre（1989）法对标准矿物 Ab 进行分配：A＝Or ＊ T，P＝An ＊ T，T＝（Or＋An＋Ab）/（Or＋An），T 为分配系数，应用 QAP 图解进行分类，灰白色花岗岩位于二长花岗岩区［图 4.39（b）］，DI 指数为 71.97～89.84，平均为 80.77，反映岩体经历了分异演化作用；在 K_2O-SiO_2 图上落入高钾钙碱性岩石区域［图 4.39（c）］；A/CNK 值较低，且变化范围较大，介于 0.88 和 1.24 之间，平均为 1.08，为准铝-弱过铝质岩石［图 4.39（d）］。

淡色花岗岩的 SiO_2 含量稍高，为 74％～77％，平均为 75.55％；Na_2O 含量较高，为 2.62％～3.34％，平均为 2.89％；相对于灰白色花岗岩，淡色花岗岩的 K_2O/Na_2O 值较高（1.19～2.26）；淡色花岗岩样品为花岗岩［图 4.39（a）、（b）］，属于亚碱性系列岩石；DI 指数为 88.56～94.95，平均为 92.14，反映岩体是较高分异作用的产物；K_2O-SiO_2 图上位于中钾-高钾钙碱性岩石区域［图 4.39（c）］；A/CNK 值低，介于 0.99～1.09，平均为 1.05，为弱过铝质岩石［图 4.39（d）］。

在 Hark 图解中，灰白色花岗岩和浅色花岗岩的 SiO_2 与氧化物含量表现出很好的相关性。随着 SiO$_2$含量的增加，Al$_2$O$_3$、Fe$_2$O$_3$、TiO$_2$、CaO、MgO、MnO、P$_2$O$_5$、Na$_2$O 含量减少，而 K$_2$O 含量具有明显增加的趋势（图 4.40）。这种成分上的相关性与西南日本中中新世花岗岩一致（Aramaki *et al.*，1972；Anma *et al.*，1998）。

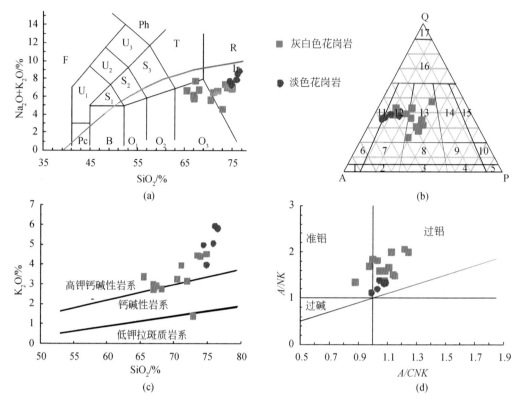

图 4.39　美津岛灰白色花岗岩和淡色花岗岩 TAS 分类命名图（a）、QAP 图（b）、SiO$_2$-K$_2$O
图（c）和 A/CNK-A/NK 图（d）

（a）R. 花岗岩；O$_3$. 花岗闪长岩；O$_2$. 闪长岩；O$_1$. 辉长闪长岩；B. 辉长岩；Pc. 橄榄岩-辉长岩；T. 石英二长岩-正长岩；S$_3$. 二长岩，S$_2$. 二长闪长岩，S$_1$. 二长辉长岩；Ph. 似长石正长岩；U$_3$. 似长二长正长岩，U$_2$. 似长二长闪长岩，U$_1$. 橄榄辉长岩；F. 似长深成岩。

（b）1. 碱长正长岩；2. 正长岩；3. 二长岩；4. 二长闪长岩/二长辉长岩；5. 闪长岩、辉长岩、斜长岩；6. 石英碱长正长岩；7. 石英正长岩；8. 石英二长岩；9. 石英二长闪长岩；10. 石英闪长岩、石英辉长岩、石英斜长岩；11. 碱长花岗岩；12. 花岗岩；13. 二长花岗岩；14. 花岗闪长岩；15. 英云闪长岩；16. 富石英花岗岩类；17. 硅英岩。

4.5.2.2　稀土元素和微量元素

　　总体来看，美津岛灰白色花岗岩和淡色花岗岩的稀土元素配分模式和微量元素蛛网图的型式都十分近似（图 4.41），反映为同源岩浆分异演化的特征。灰白色花岗岩的球粒陨石标准化稀土元素配分模式显示稍向右倾。相对来说，其稀土元素含量变化范围较大，铕正负异常均有。灰白花岗岩 Ba 含量（334～881ppm，平均为 645ppm）同西南日本外带中中新世花岗岩类（220～750ppm）相似，而 Pb 含量（3.76～14.1ppm，平均为 7.91ppm）

低于西南日本外带中中新世花岗岩类（22～25ppm）。在原始地幔标准化图解中，灰白色花岗岩微量元素蛛网图表现出明显的 Nb-Ta、Sr、P、Ti 负异常和大离子亲石元素（K、Ba、Th、U 等）正异常，具有活动大陆边缘钙碱性系列岩石的特征。

淡色花岗岩的球粒陨石标准化稀土元素配分模式显示稍向右倾（图 4.41），具有弱的铕负异常。淡色花岗岩中 U-1d 和 U-1e 两个样的 REE 含量较高，而样品 H-2c 和 U-7REE 含量较低，推测在淡色花岗岩形成过程中岩浆可能经历了 REE 元素的分离结晶作用。同时，轻稀土分馏程度相对高（图 4.41）。淡色花岗岩 Ba 含量（850～940ppm）较高，高于中中新世西南日本外带花岗岩类（220～750ppm），而 Pb 含量（7～11ppm）低于西南日本外带中中新世花岗岩类（22.25ppm）。Ba、Sc、Zr、Sr 与 SiO$_2$ 呈负相关关系，而 Th 含量与 SiO$_2$ 呈正相关关系。在原始地幔标准化图解中，淡色花岗岩的微量元素蛛网图表现出明显的 Nb-Ta、Sr、P、Ti 负异常，大离子亲石元素（K、Ba、Th、U 等）正异常，具有钙碱性系列岩石的特征，同西南日本外带中中新世花岗岩具有相似性。

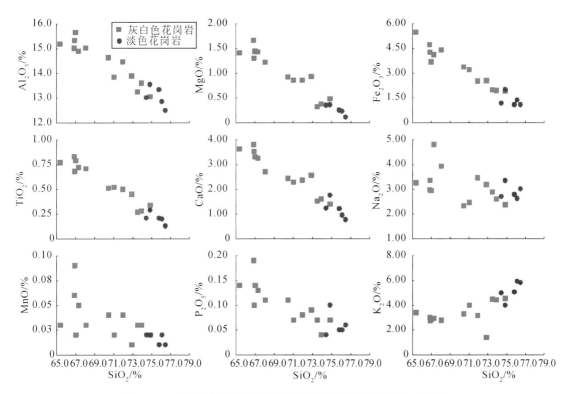

图 4.40　美津岛灰白色花岗岩和淡色花岗岩主量元素 Hark 图解

4.5.2.3　Sr-Nd 同位素

灰白色花岗岩和淡色花岗岩的 Sr 初始值和 ε_{Nd} 相近，分别为 0.7061～0.7089，−6.17～−3.75 和 0.7065～0.7085，−7.7～−4.35。在 Sr 初始值-Mg$^{\#}$ 图上两者显示出演化趋势，表明是 Sr 初始值均一的同源的长英质岩浆经分离结晶作用而形成的。

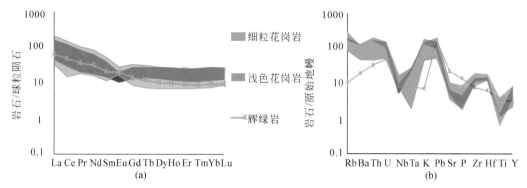

图 4.41 美津岛灰白色花岗岩和淡色花岗岩稀土元素和微量元素标准化图解

表 4.21 美津花岗岩主量元素（％）以及稀土和微量元素（ppm）地球化学成分表

序号	1	2	3	4	5	6	7	8	9
样品号	Aza-5	H-3c	N-2	N-4b	N-4c	K-1c	U-1a	U-1c	U-4b
岩石类型					灰白色花岗岩				
SiO_2	67.38	66.91	67.07	65.45	71.10	72.92	70.51	72.00	68.13
TiO_2	0.72	0.83	0.79	0.77	0.52	0.45	0.51	0.50	0.71
Al_2O_3	14.89	15.01	15.65	15.18	13.84	13.89	14.63	14.46	15.02
Fe_2O_3	4.11	4.72	3.67	5.48	3.20	2.54	3.36	2.51	4.39
MnO	0.05	0.06	0.02	0.03	0.02	0.01	0.04	0.04	0.03
MgO	1.43	1.66	1.44	1.41	0.86	0.93	0.92	0.86	1.22
CaO	3.25	3.80	3.31	3.63	2.28	2.56	2.43	2.36	2.70
Na_2O	4.80	2.97	2.93	3.25	2.46	3.18	2.32	3.45	3.93
K_2O	2.93	3.01	2.82	3.38	3.97	1.39	3.27	3.16	2.77
P_2O_5	0.13	0.19	0.14	0.14	0.07	0.09	0.11	0.08	0.11
LOI	0.49	0.65	0.49	0.49	0.32	0.49	0.49	0.51	0.49
总量	100.20	99.81	98.33	99.21	98.64	98.45	98.59	99.93	99.50
Ba	714.00	619.00	638.00	648.00	743.00	334.00	615.00	645.00	441.00
Rb	81.80	147.00	112.00	139.00	104.00	56.00	178.00	154.00	159.00
Sr	210.00	230.00	215.00	220.00	107.00	174.00	143.00	138.00	154.00
Cs	2.50	8.07	3.94	5.68	2.94	0.87	11.70	6.94	9.19
Ta	0.78	0.66	1.00	0.88	0.66	0.87	1.10	1.18	1.03
Nb	7.88	7.87	9.94	8.86	5.76	6.79	11.00	11.60	12.20
Hf	4.73	5.51	5.74	5.55	5.25	5.41	5.08	5.22	4.95
Zr	175.00	227.00	220.00	216.00	200.00	195.00	186.00	183.00	195.00
Y	32.80	20.40	16.00	22.40	10.30	21.80	32.20	39.40	38.40
Th	9.12	3.95	10.30	9.35	9.52	12.30	11.70	12.80	10.70
U	2.04	1.10	2.66	2.43	2.30	2.48	2.72	2.82	2.35
Sc	14.80	13.50	15.90	16.30	11.20	10.50	12.10	12.50	13.30
Pb	7.87	7.49	5.85	5.40	3.76	6.67	10.20	9.41	5.10
La	15.80	17.40	10.70	49.90	8.27	43.30	27.50	43.70	43.90
Ce	36.60	34.30	20.70	9.02	14.60	86.00	52.80	81.80	88.20
Pr	5.00	3.92	2.50	9.15	1.74	9.61	5.81	8.77	9.71

续表

序号	1	2	3	4	5	6	7	8	9
样品号	Aza-5	H-3c	N-2	N-4b	N-4c	K-1c	U-1a	U-1c	U-4b
岩石类型					灰白色花岗岩				
Nd	23.60	17.00	11.40	33.50	7.52	38.30	23.60	34.50	38.20
Sm	6.19	3.87	2.60	5.66	1.73	7.68	5.01	6.75	7.62
Eu	1.37	1.40	1.17	1.45	1.07	1.27	1.13	1.12	1.18
Gd	5.51	3.64	2.60	4.37	1.77	5.78	4.69	5.91	6.68
Tb	0.96	0.59	0.42	0.69	0.27	0.81	0.83	1.03	1.10
Dy	5.93	3.68	2.58	4.08	1.75	4.33	5.47	6.50	6.68
Ho	1.26	0.77	0.56	0.84	0.39	0.83	1.17	1.46	1.42
Er	3.45	2.09	1.55	2.37	1.13	2.25	3.39	4.07	3.88
Tm	0.52	0.33	0.25	0.36	0.18	0.34	0.51	0.62	0.56
Yb	3.60	2.29	1.69	2.67	1.24	2.48	3.79	4.64	4.00
Lu	0.52	0.35	0.28	0.38	0.22	0.36	0.55	0.66	0.56
A/CNK	0.88	1.00	1.13	0.97	1.11	1.22	1.24	1.08	1.05
K	24323.00	24987.00	23410.00	28059.00	32957.00	11539.00	27146.00	26233.00	22995.00
Ti	4316.00	4975.00	4735.00	4615.00	3117.00	2697.00	3057.00	2997.00	4256.00
P	567.00	829.00	611.00	611.00	305.00	393.00	480.00	349.00	480.00
Ar	2.49	1.93	1.87	2.09	2.33	1.77	1.97	2.29	2.22
Eu*	0.72	1.14	1.38	0.89	1.87	0.58	0.71	0.54	0.51
ΣREE	110.31	91.63	59.00	124.44	41.88	203.34	136.25	201.53	213.69
ΣLREE	88.56	77.89	49.07	108.68	34.93	186.16	115.85	176.64	188.81
ΣHREE	21.75	13.74	9.93	15.76	6.95	17.18	20.40	24.89	24.88
ΣLREE/ΣHREE	4.07	5.67	4.94	6.90	5.03	10.84	5.68	7.10	7.59
La_N/Sm_N	1.61	2.83	2.59	5.55	3.01	3.55	3.45	4.07	3.62
$^{87}Sr_i/^{86}Sr_i$	0.707139	0.706695	0.706768	0.706281	0.706306	0.70887	0.70701	0.706941	0.706979
ε_{Nd}	−3.85	−4.35	−4.30	−3.95	−3.75	−4.87	−6.17	−5.69	−5.52
SiO_2	74.88	73.54	73.95	66.96	74.86	75.83	74.44	76.12	76.48
TiO_2	0.34	0.27	0.28	0.68	0.29	0.21	0.21	0.20	0.13
Al_2O_3	13.05	13.25	13.60	15.32	13.55	13.34	13.01	12.85	12.49
Fe_2O_3	1.91	1.99	1.94	4.26	2.01	1.08	1.18	1.37	1.08
MnO	0.02	0.03	0.03	0.09	0.02	0.01	0.02	0.02	0.01
MgO	0.48	0.32	0.37	1.30	0.36	0.25	0.35	0.23	0.11
CaO	1.39	1.52	1.60	3.52	1.75	1.22	1.23	0.95	0.77
Na_2O	2.37	2.88	2.59	3.35	3.34	2.78	2.70	2.62	3.01
K_2O	4.54	4.46	4.40	2.71	3.98	5.05	4.98	5.93	5.81
P_2O_5	0.07	0.07	0.04	0.10	0.10	0.05	0.04	0.05	0.06
LOI	0.49	0.65	0.65	0.81	0.65	0.39	0.32	0.49	0.32
总量	99.54	98.98	99.45	99.10	100.91	100.21	98.48	100.83	100.27

续表

序号	10	11	12	13	14	15	16	17	18
样品号	U-6b	U-8b	U-8c	U-9	H-2c	U-1d	U-1e	U-4c	U-7
岩石类型		灰白色花岗岩					淡色花岗岩		
Ba	751.00	881.00	770.00	646.00	892.00	939.00	885.00	914.00	850.00
Rb	104.00	130.00	136.00	152.00	105.00	127.00	126.00	111.00	109.00
Sr	121.00	128.00	114.00	216.00	140.00	96.10	96.60	114.00	72.50
Cs	2.17	4.73	4.94	10.80	3.32	3.34	3.96	1.58	1.54
Ta	0.80	0.90	0.08	0.70	0.93	1.03	1.03	0.85	1.13
Nb	5.63	6.35	7.03	8.55	7.16	7.15	6.73	3.36	6.92
Hf	5.22	4.08	4.34	5.73	4.70	4.28	3.87	4.20	3.60
Zr	172.00	131.00	136.00	226.00	157.00	119.00	113.00	124.00	95.00
Y	22.00	19.90	22.50	22.90	23.00	39.40	39.40	16.60	22.00
Th	12.90	14.30	14.80	10.20	14.30	16.90	15.80	18.00	16.70
U	1.96	3.22	3.25	1.38	3.42	2.40	2.10	2.49	3.01
Sc	8.53	7.68	8.16	12.90	8.71	7.98	7.86	5.95	6.42
Pb	8.99	10.90	14.10	7.08	6.95	11.30	10.80	7.59	9.52
La	28.80	26.90	21.00	36.20	9.88	33.80	36.60	39.00	10.10
Ce	52.60	50.80	38.90	67.30	16.70	63.50	70.40	74.70	18.00
Pr	5.91	5.39	4.21	7.10	1.82	6.96	7.65	8.03	2.06
Nd	23.20	21.10	16.70	28.00	7.78	26.90	30.60	30.70	8.28
Sm	4.63	4.17	3.67	5.32	2.08	5.78	6.28	5.42	2.38
Eu	1.06	0.92	0.97	1.61	1.07	0.83	0.85	0.81	0.56
Gd	3.97	3.51	3.47	4.14	2.41	5.25	5.71	3.86	2.62
Tb	0.64	0.57	0.60	0.69	0.49	0.98	1.02	0.57	0.55
Dy	3.94	3.45	3.70	4.16	3.41	6.67	6.53	3.13	3.68
Ho	0.80	0.72	0.81	0.86	0.81	1.44	1.43	0.62	0.82
Er	2.35	2.01	2.34	2.28	2.45	4.41	4.14	1.72	2.37
Tm	0.35	0.31	0.35	0.35	0.38	0.63	0.63	0.26	0.35
Yb	2.33	2.16	2.46	2.47	2.84	4.53	4.48	1.89	2.77
Lu	0.37	0.31	0.37	0.39	0.41	0.65	0.64	0.30	0.39
A/CNK	1.15	1.07	1.14	1.03	1.04	1.09	1.08	1.03	0.99
K	37689.00	37025.00	36527.00	22497.00	33040.00	41923.00	41341.00	49228.00	48232.00
Ti	2038.00	1618.00	1678.00	4076.00	1738.00	1259.00	1259.00	1199.00	779.00
P	305.00	305.00	175.00	436.00	436.00	218.00	175.00	218.00	262.00
Ar	2.84	2.98	2.70	1.95	2.83	3.33	3.34	4.26	4.97
Eu*	0.76	0.74	0.83	1.05	1.46	0.46	0.43	0.54	0.69
ΣREE	130.95	122.32	99.55	160.87	52.53	162.33	176.96	171.01	54.93

续表

序号	10	11	12	13	14	15	16	17	18
样品号	U-6b	U-8b	U-8c	U-9	H-2c	U-1d	U-1e	U-4c	U-7
岩石类型		灰白色花岗岩				淡色花岗岩			
ΣLREE	116.20	109.28	85.45	145.53	39.33	137.77	152.38	158.66	41.38
ΣHREE	14.75	13.04	14.10	15.34	13.20	24.56	24.58	12.35	13.55
ΣLREE/ΣHREE	7.88	8.38	6.06	9.49	2.98	5.61	6.20	12.85	3.05
La_N/Sm_N	3.91	4.06	3.60	4.28	2.99	3.68	3.67	4.53	2.67
$^{87}Sr_i/^{86}Sr_i$	0.707263	0.706593	0.706541	0.706278	0.706505	0.706941	0.706558	0.706875	0.708493
ε_{Nd}	-4.81	-5.54	-5.74	-4.88	-5.05	-5.52	-5.62	-4.35	-7.70

资料来源：据 Shin, 2009。

4.5.3 岩石成因

美津岛灰白色花岗岩和淡色花岗岩的主量元素呈线性相关，两者组成了一个连续的地球化学演化趋势；同时，两者的稀土元素、微量元素和同位素均表现出相似性，据此，可以推断美津岛灰白色花岗岩和淡色花岗岩是同源岩浆不同演化阶段形成的产物。

灰白色花岗岩含有一定量的斜长石和石英斑晶，由于灰白色花岗岩中含有大量角闪石，因此，它比淡色花岗岩更偏基性，角闪石可能是母源岩浆在高温阶段分离结晶的产物。灰白色花岗岩中的角闪石、斜长石和石英斑晶可能是岩浆堆晶作用形成的；而淡色花岗岩形成于岩浆作用的晚期阶段，因此更加富硅，富钾，贫铁镁。淡色花岗岩较高的 K_2O/Na_2O 值和 Rb/Sr 值表明源区富 K、Rb 并含有一定量的黑云母。Shin 等（2009）认为美津岛灰白色花岗岩和淡色花岗岩的母源岩浆可能是在 EMI 型铁镁质岩浆底侵作用下，导致区内基底变质岩部分熔融所形成的。

第5章 日本中新生代火山岩的地质地球化学特征

5.1 日本中生代火山地质概述

日本中生代火山岩空间上主要分布在西南日本地区（包括中国地区和日本中部），少量分布在东北日本东部（北上山地）。东北日本的火山岩年龄为 93～121Ma，西南日本中生代火山岩年龄为 67～106Ma，指示后者比前者形成时代要晚，大规模火山活动时代集中在晚白垩世早期（100～80Ma B. P.）（图5.1）。

毛建仁等（2009）将日本中-新生代岩浆活动也归属为印支期、燕山期和喜马拉雅期，实际上与我国东南部的造山运动时代并不完全对应。日本燕山晚期火山活动可以分为早、晚两个阶段，如果考虑到东北日本白垩纪岩浆活动的特殊性，可以分为三个同位素年龄组，即早阶段的 90～125Ma，进一步分为两个同位素年龄组：100～125Ma，岩石类型以钙碱性系列高镁安山岩-英安岩-流纹岩为主，以及埃达克质流纹岩，主要分布在东北日本北上地区；90～110Ma，岩石类型以钙碱性系列高镁安山岩-流纹岩为主，以及埃达克质英云闪长岩-花岗岩，主要分布在西南日本九州地区和中国地区，岩石普遍遭受动力变形；晚阶段：60～90Ma，岩石类型以钙碱性系列流纹岩-花岗岩为主，主要分布在西南日本近畿地区、中部地方等，其中以浓飞（Nohi）流纹岩最为著名。

与我国东南沿海火山活动相比，其差别在于安山岩所占火山岩的比例较大，大规模火山-侵入活动开始在东北日本北上地区、西南日本九州地区、中国地区和中部地区形成与俯冲洋壳部分熔融有关的早阶段高镁安山岩和埃达克质岩石。

5.1.1 西南日本燕山晚期火山旋回和时空分布

西南日本燕山晚期火山岩主要分布在西南日本内带的中国地区、京畿地区和中部地区（图5.2），大部分集中在山阳带上，从地层上一般可分为早、晚两个喷发阶段，分别为早白垩世中-晚期（110～90Ma B. P.）和晚白垩世（90～60Ma B. P.），其特点是早阶段火山-侵入岩普遍遭受动力变形，形成糜棱岩化或片麻状岩石。白垩纪岩浆活动有沿着中央构造线向东及向北逐渐变年轻的趋势。在地球化学方面表现出随着时间的推移，岩性逐渐以安山岩为主转变为以流纹岩为主，K_2O/Na_2O 值和 LREE 等呈逐渐减小的趋势，且具有较少地壳混染的特征。岩石类型为钙碱性系列安山岩-流纹岩，以熔岩和火山碎屑岩为主，夹有砂岩、页岩和砾岩，其中出现了与板块俯冲相关的高镁安山岩和埃达克岩，在成因上可能与库拉-太平洋板块向欧亚大陆的俯冲有关。

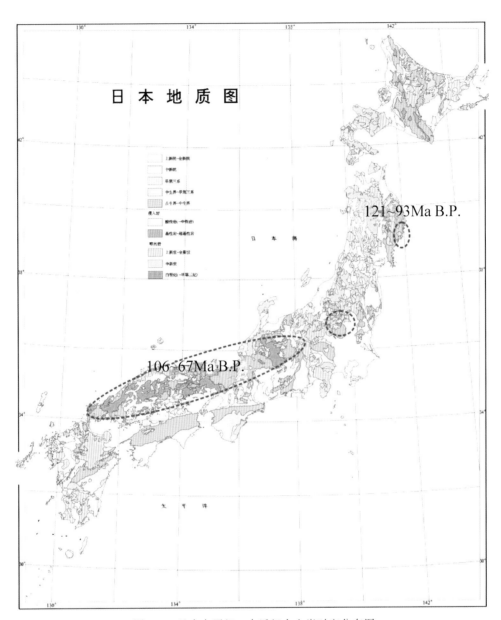

图 5.1 日本白垩纪—古近纪火山岩时空分布图

5.1.1.1 早阶段火山旋回 (110～90Ma B. P.)

火山活动主要从山阳带南部开始, 该阶段形成的火山岩以中国地区的关门群较为典型, 关门火山岩群分布在西南日本港口城市下关一带, 主要由安山岩和偏酸性的英安岩组成, 该群火山岩以不整合面可以分为上下两组, 先期喷发的一组为秋田火山岩, 后期喷发的一组为下关火山岩, 后者的体积达到 $3500km^3$ (Ichikawa et al., 1968)。下关火山岩其角闪石的 K-Ar 年龄为 $105.2～106.7Ma$, 岩石地球化学特征表明, 下关火山岩富含 Ba,

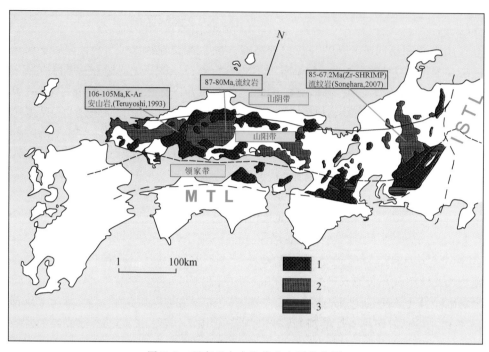

图 5.2　西南日本中生代火山岩分布图

1. 花岗岩；2. 火山岩；3. 变质岩。MTL. 中央构造线；ISTL. 丝鱼川-静冈构造线

Rb 和 K 等大离子亲石元素，而贫 Zr，Ti 等高场强元素，类似于岛弧或大陆边缘的火山岩，本区在白垩纪中期库拉洋脊的俯冲消亡作用，可以认为西南日本早白垩世晚期火山岩大面积喷发，与库拉洋脊俯冲后巨大的浮力有关（Imaoka *et al.*，1993）。

随时间推移，西南日本火山活动逐步由南向北迁移，进入晚白垩世早期，火山作用强烈，在山阳带广泛发育了酸性火山岩，形成了 NEE-SWW 向的火山群（猪木幸男，1987），该阶段出露在中国地区的火山岩为周南群和匹见群（表 5.1），主要为安山岩-流纹岩的喷发。这代表着晚白垩世早期库拉-太平洋板块向东北亚大陆边缘的俯冲作用加剧，形成一系列白垩纪-古近纪增生杂岩，同时发生大规模酸性火山活动。

表 5.1　日本中国地区早阶段火山岩地层、岩石类型和形成时间

中国地区火山岩	分布区域	主要岩石类型	年代学	备注
周南群	脊梁山地以南	安山岩-英安岩	95～85Ma B.P.	Murakami，1985
匹见群	脊梁山地中部	流纹英安岩-流纹岩	87Ma B.P.	Murakami，1985
阿武群	脊梁山地北部	流纹岩	92～84Ma B.P.	Murakami，1985

5.1.1.2　晚阶段火山旋回（90～60Ma B.P.）

晚白垩世中期日本中部地区首次出现了大面积以流纹岩为主的火山喷发，发育有中国地区的阿武群、江津-三原群和中部地区的浓飞流纹岩，其中以浓飞流纹岩最具代表性，

浓飞流纹岩体积估计达到 $5000 \sim 7000 km^3$（Sonehara，2007）。Yamada 和 Koido（2005）将浓飞的火山活动主要划分为六个阶段，活动时间从 85Ma B. P. 一直持续到 67.2Ma B. P.，其中第三和第四阶段火山作用达到高峰。浓飞流纹岩经 MELTS 计算后发现与一般消减带形成的 I 型酸性岩浆相比，其原始岩浆含水量较少，成分为高钾钙碱性 I 型钛铁矿系列，缺少镁铁质成分，同期花岗岩和流纹岩在岩石化学成分上的高度相似性表明两者为同源岩浆系列。浓飞六个阶段火山岩在主量元素成分和同位素成分上具有高度相似性，而在微量元素方面的差别，是由于不同的地理位置地壳组成的差异所造成的，而该区岩浆成分并没有随时间推移而变化，也意味着随时间推移成岩的构造环境没有发生改变。我国东南沿海与其形成鲜明对照，随时间推移岩石类型、主量元素、微量元素和同位素成分发生较大差异，岩石中幔源组分不断增加，预示伸展作用不断增强。

5.1.2　日本燕山晚期火山旋回划分对比

表 5.2 归纳了日本白垩纪—古近纪火山岩地层划分对比以及精确岩浆热事件序列或火山旋回对比。其中东北日本地区仅零星出露，形成时间较早，集中在 $121 \sim 117$Ma B. P. 期间，Matsuhashi 地区出露的高镁安山岩形成时代在 40Ma B. P. 左右。西南日本中国地区白垩纪—古近纪火山旋回序列比较完整，从下至上发育有关门群安山岩、周南群流纹岩、匹见群流纹岩、阿武群流纹岩和江津-三原群流纹岩，时间跨度相对较大，为 $106 \sim 74$Ma B. P.，古近纪发育有因美期流纹岩、高山期流纹岩、田万川期流纹岩，时间跨度相对较大（$63 \sim 25$Ma B. P.）。日本中部浓飞地区流纹岩主要集中在 $87 \sim 67$Ma B. P. 。

表 5.2　日本白垩纪—古近纪火山岩地层划分对比表

造山运动期	阶段	年代/Ma B. P.	东北日本北上地区	西南日本中国地区	西南日本中部地区
喜马拉雅期		$35 \sim 25$		田万川期 流纹岩	
		40	Matsuhashi 地区：高镁安山岩		
燕山晚期	晚阶段	50		高山期 流纹岩	
		63		因美期 流纹岩	
		$70 \sim 67$			浓飞 3～6 旋回流纹岩
		$75 \sim 74$		江津-三原期 流纹岩	
		$87 \sim 80$		阿武群：流纹岩	浓飞 1～2 旋回流纹岩
		$90 \sim 87$Ma B. P.		动力变形	
	早阶段	$92 \sim 84$		匹见群：流纹岩	
		$95 \sim 85$		周南群：流纹岩	
		$106 \sim 105$		关门群：安山岩	
		121	Gongen 等地区：高镁安山岩		

5.2 日本燕山晚期早阶段火山岩的地质地球化学特征

5.2.1 东北日本北上地区火山岩的地质地球化学特征

东北日本早白垩世火山岩主要沿棚仓断裂一带分布，集中在北上带、阿武隈带和北海道西南部等地。其基底岩层由侏罗纪北上带等地的增生体拼贴而成（Maruyama and Seno，1986；Ichikawa *et al.*，1990；Otsuki，1992）。这些增生体是在白垩纪岩浆活动之前由于洋壳俯冲而形成的。

5.2.1.1 火山岩地质和岩相学特征

早期侵入岩墙主要分布在北北上带的南部和南北上带的东部（Tsuchiya *et al.*，1999b），这些岩墙可以分为七种类型。另外，有些研究表明（Tsuchiya *et al.*，1999b）其中一些典型的高 Sr 安山岩和高镁安山岩非常相近。其中高镁安山岩岩墙主要以小型的岩墙群（厚度一般小于 5m，极少数达到 70m）出露在 Ubaishi、Gongen、Shizugawa、Numazu 和 Oshika 一带，主要侵入到了二叠系—下白垩统的沉积岩层中（Tsuchiya *et al.*，1999b）。

高镁安山岩主要都由无斑隐晶质安山岩、橄榄安山岩、橄榄石-单斜辉石安山岩和单斜辉石-橄榄石安山岩组成。Gongen 地区的高镁安山岩岩墙主体为无斑隐晶质安山岩（厚度为 70m）。这些无斑隐晶质安山岩包含了少量超基性暗色包体并且处在早侏罗世的 Hosoura 地层和中-晚侏罗世的 Arato 地层中。这些无斑隐晶质安山岩本身又被单斜辉石-橄榄石安山岩（厚 6m）、钙碱性玄武岩和橄榄粗玄岩（厚度小于 2m）所穿插。特别是在单斜辉石-橄榄石安山岩中含有大块的（直径超过 60cm）超基性暗色包体和一些单斜辉石、斜方辉石和橄榄石的捕虏晶。

Gongen 地区无斑隐晶质安山岩中斑晶的间隙中很难见到蚀变过的橄榄石和单斜辉石斑晶。基质主要由斜长石，粒状单斜辉石和次生绿泥石组成。另外在橄榄石中可见粒状含铬尖晶石。Gongen 地区单斜辉石-橄榄石安山岩含有单斜辉石斑晶以及在基质中可见蚀变的橄榄石。单斜辉石呈半自形-自形，而蚀变橄榄石呈他形，其中的捕虏晶也呈他形。捕虏晶主要为他形的橄榄石、单斜辉石和斜方辉石等，在橄榄石中可见粒状含铬尖晶石（最大直径为 0.05mm）。单斜辉石-橄榄石安山岩的基质结构为填间结构。

Numazu 和 Oshika 两地的高镁安山岩则主要为角闪安山岩，其斑晶主要为角闪石，长一般小于 1.2mm，$Al_2O_3 = 10.6\% \sim 13.9\%$，$100Mg/(Mg+Fe) = 66.1 \sim 80.7$，基质主要由环带状斜长石、次生绿泥石和石英组成。这些岩石在结构和颗粒大小上变化范围较大，典型特征为堆晶结构。捕虏晶中的橄榄石和单斜辉石后期蚀变较强，单斜辉石、含铬尖晶石和角闪石还很新鲜。

5.2.1.2 地球化学特征

北上山地火山岩的主量元素和 15 个微量元素的地球化学数据见表 5.3。

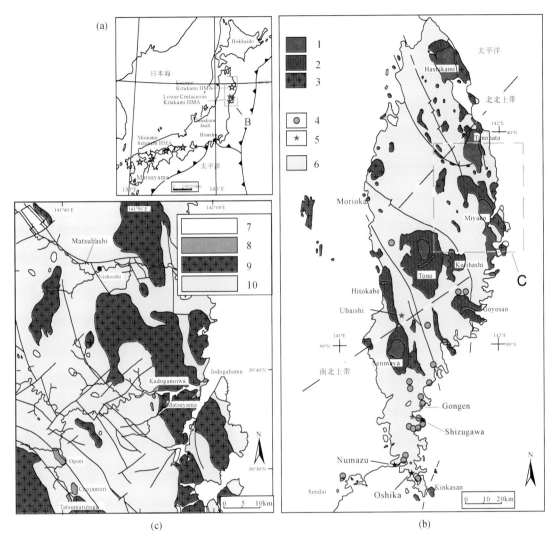

图 5.3　（a）图中早白垩世高镁安山岩分布以实星表示，始新世高镁安山岩分布以虚星表示；（b）图为
早白垩世深成岩和埃达克岩；（c）图为北上山地早白垩世-古近纪火成岩（据 Tsuchiya *et al.*，2005）

1. 中心相埃达克质花岗岩；2. 边缘相埃达克质花岗岩；3. 钙碱性粗玄岩；4. 高锶安山岩；5. 高镁安山岩；

6. 前白垩纪地层；7. 新生代地层；8. 净土流纹岩（始新世）；9. 晚白垩世侵入岩；10. 前白垩纪地层

　　从地球化学特征来看，高镁安山岩具有高 Ni 和高 Cr 的特征，并且 MgO/FeO_T 也比较高。将挥发性组成剔除后重新进行 100% 标准化计算，岩石的 SiO_2 含量在 52.6% ~ 62.1%，由于 Mg 的含量较高，因此有些样品可定名为玄武安山岩。

　　高镁安山岩主要位于高 Sr/Y 和低 Y 区（图 5.4），与埃达克质岩类似。与北北上带埃达克质花岗岩球粒陨石标准化的对比图（图 5.5）可见，高镁安山岩有着比较明显的 LREE/HREE 分馏作用。高镁安山岩和埃达克质花岗岩微量元素 N-MORB 标准化的对比图（图 5.6）可以发现，高镁安山岩除了在 Mg、Cr 和 Ni 的含量上比北北上带的埃达克质花岗岩富集外，其他微量元素特征都比较相近。高镁安山岩的这种地球化学特征表明，它们与 Bajaites（Rogers *et al.*，1985）、埃达克质岩（Kepezhinskas *et al.*，1996）和原始埃达克质岩（Yogodzinski and Kelemen，1998）有着相同的特征。

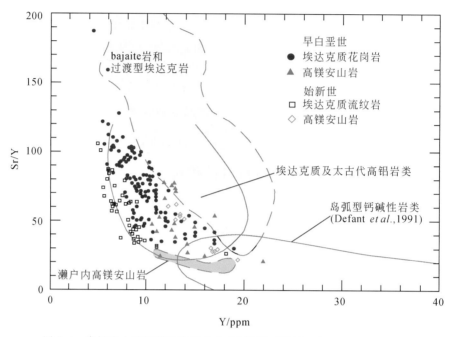

图 5.4　高镁安山岩和埃达克岩的 Sr/Y-Y 图（据 Tsuchiya et al.，2005）

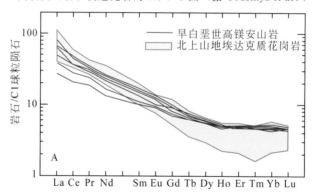

图 5.5　高镁安山岩球粒陨石标准化稀土元素配分图（据 Tsuchiya et al.，2005）

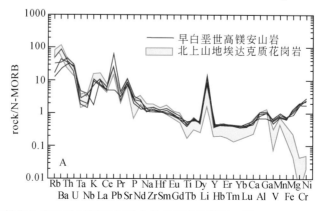

图 5.6　高镁安山岩经 N-MORB 标准化微量元素蛛网图（据 Tsuchiya et al.，2005）

5.2.1.3　Sr-Nd 同位素

北上山地高镁安山岩及相关岩石的 Sr-Nd 同位素成分列于表 5.4。

表 5.3　北上山地火山岩主量元素（％）和稀土微量元素（ppm）地球化学特征

样号	KT 656	KT 694	KT 694N	KT 732	KT 686	KT 733H	YK 024	YK 050	YK 100	YK 071	YK 152	YK 160	NM 11	S1 33-1	UB 161	SF 353F
SiO_2	54.25	55.08	55.11	53.27	50.58	50.13	51.79	56.27	51.96	52.45	52.07	52.79	51.23	52.08	54.55	52.73
TiO_2	0.50	0.51	0.51	0.56	0.65	0.62	0.65	0.52	0.60	0.62	0.66	0.61	0.69	0.58	0.72	1.06
Al_2O_3	14.14	14.08	13.99	15.81	11.38	11.37	14.46	13.83	15.46	14.53	14.94	14.29	14.14	13.38	15.75	16.06
FeO^*	5.90	5.68	5.84	7.38	6.56	7.04	6.42	5.77	6.89	6.93	6.51	6.80	7.49	8.13	6.46	8.12
MnO	0.10	0.10	0.10	0.09	0.13	0.12	0.10	0.07	0.10	0.10	0.10	0.11	0.13	0.16	0.16	0.10
MgO	10.13	9.38	9.38	9.04	14.61	15.01	10.06	6.66	8.89	9.66	9.82	9.84	10.04	11.35	6.58	4.77
CaO	5.41	5.55	5.56	1.59	7.36	6.10	6.69	6.51	5.48	6.02	4.96	6.21	7.50	9.60	6.90	7.80
Na_2O	3.86	3.99	3.92	4.38	3.10	2.21	3.46	1.88	3.49	3.14	3.62	2.76	3.01	2.13	3.62	3.73
K_2O	0.88	1.15	1.13	0.55	0.23	0.95	0.70	0.49	1.10	0.44	2.16	0.39	1.38	1.50	1.12	1.38
P_2O_5	0.16	0.15	0.15	0.17	0.19	0.19	0.18	0.13	0.14	0.17	0.18	0.16	0.18	0.12	0.23	0.24
LOI	4.11	3.85	3.95	6.59	4.83	5.82	5.16	7.43	5.23	6.07	4.99	6.11	3.97	1.30	3.57	3.84
总量	99.44	99.52	99.64	99.43	99.62	99.56	99.67	99.56	99.34	100.13	100.01	100.06	99.76	100.33	99.66	99.84
V	146.00	148.00	138.00	179.00	168.00	156.00	189.00	152.00	182.00	188.00	183.00	188.00	188.00	203.00	176.00	158.00
Cr	532.00	503.00	479.00	722.00	767.00	733.00	543.00	610.00	570.00	557.00	537.00	581.00	547.00	613.00	469.00	513.00
Co	34.00	31.00	30.00	15.00	39.00	42.00	—	—	38.00	38.00	—	38.00	—	—	28.00	31.00
Ni	286.00	276.00	267.00	235.00	322.00	422.00	225.00	217.00	242.00	241.00	240.00	242.00	229.00	258.00	178.00	264.00
Ga	15.90	16.00	15.40	21.60	11.00	12.40	16.60	14.30	17.00	15.90	16.50	15.30	16.00	16.10	17.20	17.10
Pb	—	—	—	—	—	—	—	—	—	—	—	—	—	—	—	—
Rb	26.00	29.00	28.00	20.00	7.00	28.00	18.00	18.00	27.00	9.00	51.00	9.00	47.00	59.00	27.00	29.00
Sr	788.00	495.00	467.00	469.00	549.00	283.00	963.00	600.00	982.00	960.00	926.00	926.00	682.00	396.00	793.00	512.00
Ba	468.00	351.00	326.00	154.00	113.00	416.00	218.00	137.00	396.00	274.00	622.00	264.00	358.00	158.00	468.00	179.00
Th	—	—	—	—	—	—	—	—	—	—	—	—	—	5.60	3.90	—
Y	12.00	13.00	11.10	14.20	12.70	11.50	12.90	11.40	12.80	12.70	13.10	11.90	15.00	16.00	13.10	17.30
Zr	94.00	94.00	95.00	105.00	95.00	87.00	115.00	86.00	104.00	104.00	116.00	98.00	84.00	67.00	114.00	158.00
Nb	6.60	7.20	7.10	9.10	9.10	9.40	4.60	5.50	3.40	5.00	4.30	5.10	8.00	6.00	9.80	11.30
Ce	—	—	—	—	—	—	—	—	—	—	—	—	—	31.00	25.00	—
Sc	18.00	16.00	18.00	20.00	23.00	18.00	26.00	22.00	22.00	25.00	20.00	25.00	26.00	34.00	29.00	25.00

续表

样号	SF 353C	SF 358	SF 363	SF 364	SF 393	SF 245	SF 258	SF 259	SF 261	SF 264	SF 342	SF 374	HAC 2H	HAC 10H	KOA 2H
SiO_2	52.94	53.12	52.52	52.73	53.95	58.85	54.61	58.84	56.43	58.87	57.93	71.53	56.56	57.24	49.80
TiO_2	1.06	1.03	1.00	1.01	0.85	0.74	0.77	0.78	0.72	0.77	0.78	0.19	0.65	0.67	0.69
Al_2O_3	16.01	15.35	15.07	15.26	14.94	17.70	17.49	18.69	16.89	18.70	18.05	14.95	13.71	13.82	12.10
FeO^*	7.92	7.08	7.47	7.24	6.91	4.87	3.55	5.96	3.93	5.97	4.08	1.30	7.11	7.07	7.76
MnO	0.09	0.11	0.12	0.12	0.11	0.11	0.06	0.10	0.09	0.10	0.05	0.03	0.13	0.12	0.14
MgO	5.44	8.96	9.87	6.89	9.84	1.30	2.58	0.88	2.09	0.87	1.87	1.43	10.51	9.69	9.85
CaO	7.66	7.31	7.45	7.76	7.05	5.75	7.90	5.28	7.32	5.28	6.04	2.31	6.05	5.94	8.82
Na_2O	3.70	3.62	3.49	3.54	3.54	3.87	3.78	3.87	3.66	3.85	4.00	4.36	2.19	1.89	2.25
K_2O	1.40	1.34	1.26	1.27	1.08	1.32	1.27	1.32	1.25	1.32	1.38	1.18	1.55	1.58	1.40
P_2O_5	0.25	0.26	0.23	0.23	0.18	0.23	0.23	0.24	0.22	0.24	0.24	0.06	0.12	0.12	0.16
LOI	3.40	1.69	2.00	3.33	1.57	5.33	7.10	4.27	6.94	4.20	4.99	2.67	1.32	1.21	6.63
总量	99.85	99.86	100.48	99.39	100.02	100.07	99.34	100.23	99.54	100.17	99.41	99.99	99.34	99.34	99.61
V	162.00	152.00	151.00	155.00	143.00	146.00	146.00	165.00	132.00	167.00	150.00	20.00	157.00	144.00	199.00
Cr	521.00	478.00	490.00	530.00	508.00	216.00	224.00	233.00	214.00	237.00	505.00	15.00	805.00	708.00	728.00
Co	32.00	36.00	39.00	38.00	37.00	16.00	31.00	21.00	36.00	21.00	16.00	0.00	—	36.00	40.00
Ni	271.00	251.00	277.00	299.00	285.00	121.00	180.00	157.00	190.00	159.00	123.00	9.00	307.00	292.00	229.00
Ga	17.30	16.00	15.60	16.90	16.10	21.20	21.60	22.70	20.70	22.70	22.40	17.10	16.90	16.20	15.30
Pb	—	—	—	—	—	8.00	7.00	7.00	10.00	6.00	—	—	—	—	—
Rb	29.00	29.00	29.00	28.00	20.00	29.00	27.00	30.00	27.00	30.00	32.00	27.00	61.00	64.00	34.00
Sr	507.00	504.00	475.00	477.00	426.00	720.00	744.00	715.00	671.00	717.00	811.00	492.00	223.00	230.00	362.00
Ba	180.00	189.00	175.00	191.00	213.00	262.00	253.00	265.00	246.00	259.00	276.00	307.00	292.00	289.00	337.00
Th	—	—	—	—	—	6.20	6.60	5.80	5.40	6.60	—	—	—	—	—
Y	16.70	16.70	16.80	17.00	19.40	13.40	12.30	13.90	13.10	13.50	13.10	6.40	16.30	16.60	15
Zr	157.00	149.00	145.00	144.00	165.00	167.00	169.00	176.00	163.00	174.00	170.00	103.00	108.00	113.00	88.00
Nb	10.90	10.90	9.90	10.70	8.10	6.60	6.30	6.50	6.60	6.50	3.70	2.50	6.90	7.00	5.20
Ce	—	—	—	—	—	49.00	50.00	43.00	40.00	43.00	—	—	—	—	—
Sc	24.00	25.00	23.00	26.00	24.00	—	—	—	—	—	23.00	6.00	26.00	29.00	27.00

资料来源：据 Tsuchiya. et al.，2005。

表 5.4 北上山地高镁安山岩及相关岩石的 Sr-Nd 同位素成分表

样号	$^{87}Rb/^{86}Sr$	$^{87}Sr/^{86}Sr$	$^{147}Sm/^{144}Nd$	$^{143}Nd/^{144}Nd$	$^{87}Sr/^{86}Sr^0$	$^{143}Nd/^{144}Nd^0$	ε_{Sr}	ε_{Nd}
KT694	0.169468	0.705566	0.112166	0.512712	0.705277	0.512624	13.06	2.70
KT686	0.036883	0.705698	0.118945	0.512766	0.705635	0.512673	18.15	3.65
SF393	0.135783	0.703870	0.128608	0.512858	0.703793	0.512824	−9.36	4.60
SF342	0.114122	0.704230	0.112644	0.512855	0.704165	0.512826	−4.08	4.62
SF374	0.158719	0.704009	0.124417	0.512839	0.703919	0.512806	−7.57	4.20

资料来源：据 Tsuchiya et al.，2005。

采用 120Ma B. P. 计算了高镁安山岩 Sr-Nd 初始值，在北上山地高镁安山岩及相关岩石的 ε_{Nd}-ε_{Sr} 图（图 5.7）中可见，高镁安山岩的 Sr 初始值比始新世高镁安山岩高，早白垩世中超基性暗色包体 ε_{Sr} 值则较小且与始新世高镁安山岩较为接近。其中三个源自超基性暗色包体中单斜辉石样品比较接近超基性暗色包体的全岩和始新世的高镁安山岩投影位置，但是早白垩世高镁安山岩和始新世高镁安山岩的 ε_{Nd} 值上却相差不大，暗示着早白垩世高镁安山岩 ε_{Sr} 是经受了后期蚀变改造而增加的。同样，有轻微蚀变的无斑隐晶质安山岩相对于未蚀变的橄榄安山岩具有高的 ε_{Sr} 值和相同的 ε_{Nd}，表明后期蚀变导致了 ε_{Sr} 值的增加。

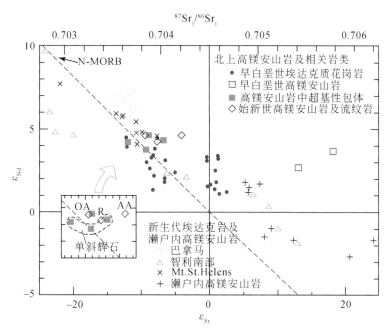

图 5.7　北上山地高镁安山岩与相关岩石的 ε_{Nd}-ε_{Sr} 图（据 Tsuchiya et al.，2005）
小图为超基性暗色包体中的单斜辉石数据。OA. 始新世高镁安山岩和流纹岩；
AA. 无斑隐晶质安山岩；R. 角闪流纹岩

5.2.1.4　岩浆源区和成因

北上山地埃达克质花岗岩的地球化学特征与现代的埃达克岩（Drummond and Defant，1990；Peacock et al.，1994；Martin，1995）和实验模拟的板块熔融体（Rapp et al.，1991；Winther and Newton，1991；Sen and Dunn，1994；Rapp and Watson，1995）比较相似。Tsuchiya 和 Kanisawa（1994）认为埃达克质花岗岩的来源可能与洋壳的部分熔融有关，在地球化学特征上与洋壳熔融程度达到 11% 的熔浆非常相似。因此，北上山地埃达克质花岗岩很有可能是由俯冲洋壳的部分熔融形成的。在北上山地一带广泛分布埃达克质花岗岩，因此可以推断在北上山地一带早白垩世俯冲板片的熔融比较普遍。

北上山地高镁安山岩与高 La/Yb 和 Sr 含量，低 Y 和 HREE 含量的埃达克岩有相似的地球化学特征，只是在 Cr、Ni 和 Mg 含量上有所不同。这种特征可以与 Bajaites 作类比（Rogers et al.，1985；Kepezhinskas et al.，1996；Yogodzinski and Kelemen，1998），而

Bajaites 的岩浆活动被认为是板片熔融并与上覆地幔楔反应而成的（Rogers and Saunders，1989；Stern and Kilian，1996；Yogodzinski and Kelemen，1998）。

利用主量元素质量平衡计算对高镁安山岩数据处理可得到板片熔融与地幔反应的模型。最初熔体的化学成分受到了来源于 Tanohata 深成岩中埃达克质花岗岩的混染，并且将这种混染过的地幔看作原始岩浆（Sun and McDonough，1989）。计算后的结果显示早白垩世高镁安山岩可以得到如下等式：125％的高镁安山岩熔体＝100％埃达克质熔体＋125％原始地幔－93％斜方辉石－6％橄榄石－2％角闪石。利用几个微量元素质量平衡计算主要结果见图 5.8，演化岩浆的微量元素含量是利用 DePaolo（1981）的同化-分异结晶模型计算出来的，通过上述的结果可以计算出矿物与熔体之间的比例。其中 F（熔体比例），r（矿物分离）和 Ma B. P. /Mm_0（最初熔体）的值分别为 1.251、1.250 和 1.254。通过计算发现，除了 Cr 和 Ni 外，高镁安山岩的其他微量元素含量与 Gill（1981）和 Rollinson（1993）计算的非常吻合（图 5.8），可以认为高镁安山岩岩浆是板片熔融与地幔橄榄岩反应所形成的。特别要指出的是，早白垩世高镁安山岩的 Cr 和 Ni 含量与计算的结果都非常不一致。Kelemen 等（1993）指出板片熔融与地幔的反应会使得不相容元素含量降低，使得元素从原始岩浆中的分馏作用减弱。然而，Kelemen 等（1993）认为 Ma B. P. /Mm_0 值的变化幅度应该不大，不会达到 1～3 这么大的范围，反应后熔体的微量元素应该与原始的板块熔体相似。一些不相容元素之间的比值（如 Sr/Nd）是不会受到原始熔体的结晶分异或同化混染等影响的，事实也证明，高镁安山岩中超基性暗色包体的 Sr-Nd 同位素含量也都在埃达克质花岗岩的范围之内，与上述的结论是吻合的。

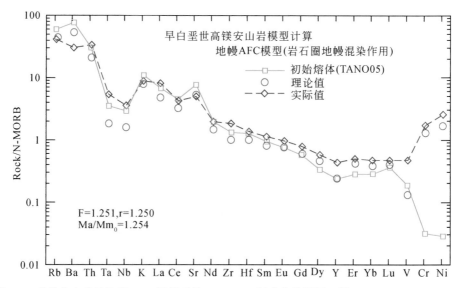

图 5.8   高镁安山岩经地幔 AFC 计算后的 N-MORB 标准化蛛网图（据 Tsuchiya et al.，2005）

在安山岩岩墙中，占主要地位的为高 Sr 安山岩，这些安山岩和高镁安山岩在除了 Cr、Ni 和 Mg 以外，其他地球化学特征都较为类似。这种地球化学特征暗示了高 Sr 安山质岩浆可能是埃达克质岩石的熔融产物且与地幔楔有关（Tsuchiya et al.，1999b）。因此基于已有的安山岩岩墙的地球化学数据以及东北日本其他白垩纪岩浆岩的年龄与地球化学数据，可以认为在东北日本洋脊俯冲发生于 120Ma B.P.，洋脊俯冲以及其后年轻岩石圈的俯冲作用造就了具有不同地球化学特征的岩墙群（Tsuchiya *et al.*，1999b）。总的来说，北上山地高镁安山岩岩浆的地球化学特征是由于源于板片熔融的埃达克质岩浆与上覆的地幔橄榄岩发生反应所造成的。

5.2.2　西南日本中国地区火山岩的地质地球化学特征

西南日本中国地区燕山晚期火山岩可以分为关门群、周南群、匹见群和阿武群，呈流纹质-花岗质火山-侵入岩产出（图 5.9）。火山岩年龄数据显示关门群火山岩喷发时间较早（106～105Ma B.P.），而周南群、匹见群和阿武群则喷发时间相对较晚（95～84Ma B.P.）。

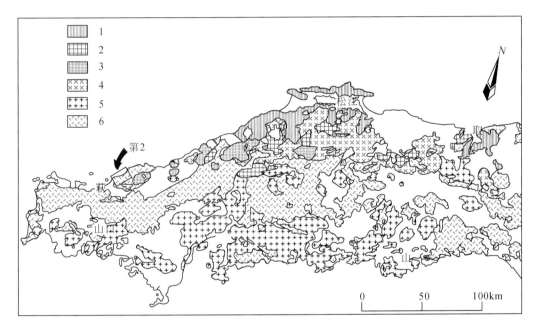

图 5.9　西南日本中国地区白垩纪—古近纪火成岩类分布图（Yuge *et al.*，1998）

1. 新近纪火成岩类；2. 古近纪侵入岩类；3. 古近纪火山岩类；4. 因美花岗岩；5. 广岛花岗岩；6. 白垩纪火山岩

5.2.2.1　关门群火山岩的地质地球化学特征

关门群火山岩主要分布在九州北部经关门海峡至中国地区，不整合在侏罗纪-早白垩世的丰西（Toyonishi）层之上，并且被闪长岩和花岗岩侵入（图 5.10）。关门群火山岩根据不整合面可分为两个亚群，分别是下部的秋田火山岩亚群和上部的下关火山岩亚群（Hase，1958）。秋田火山岩亚群主要由长英质凝灰岩或凝灰质沉积岩组成，而下关火山岩亚群则主要由安山质-英安质熔岩和火山碎屑岩以及少量的流纹英安质-流纹熔岩和火山碎屑岩组成。且下关火山岩亚群从下至上可进一步分成四组，分别为南伊豆町组，北广岛组，Sujigahama 组和福冈组（Hase，1958）。

关门群火山岩中安山岩的角闪石 K-Ar 年龄为 105.2±3.3Ma，英安岩中的角闪石

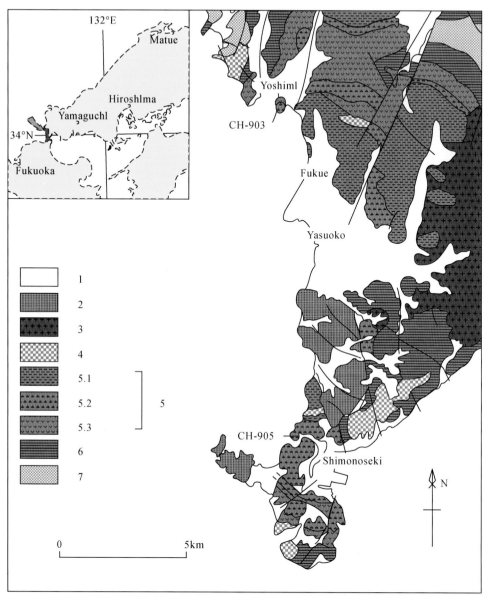

图 5.10　关门地区地质概要图（据 Imaoka *et al.*，1993）

1. 第四纪沉积物；2. Hatabu 和 Yamaga 层；3. 花岗岩；4. 闪长岩；5. 下关火山岩亚群，5.1. 福冈和 Suijigahama 组，
5.2. 北广岛组，5.3. 南伊豆町组；6. 秋田火山岩亚群；7. 丰西群（侏罗系—白垩系）

K-Ar年龄为 106.7 ± 3.3Ma（Imaoka *et al.*，1993），被测定的岩石取自下关火山岩的底部，表明白垩纪火山作用可能在阿尔必阶之前就开始了。

关门群中的安山质熔岩（CH-905）手标本上呈灰色条纹状，镜下观察为斑状结构和玻晶交织结构，斑晶主要由斜长石（$An=68\sim54$）、辉石、角闪石和磁铁矿组成，基质主要由斜长石（$An=55\sim38$）、辉石、磁铁矿和钛铁矿组成。斜长石斑晶自形，最大可达 0.7mm。普通辉石斑晶呈半自形短柱状，最大可达 0.8mm。辉石中 Mg$^{\#}$ 指数为 $0.80\sim$ 0.78，且从环带的中间到边部有下降的趋势。角闪石斑晶呈针状自形，长度为 $0.5\sim$

3.0mm，可见暗色边缘。角闪石的 $Mg^{\#}$ 比值比辉石小，为 0.65～0.64，可能和角闪石在辉石之后结晶有关。磁铁矿斑晶呈半自形-他形状，大小约 0.2mm，内部含有薄层状钛铁矿（Imaoka et al.，1982）。

英安质熔结凝灰岩（CH-903）手标本呈深灰色。主要矿物有斜长石和角闪石及少量石英。斜长石晶形良好，大小约 2.5mm。角闪石呈针状自形，长度最大可达 1.8mm，边缘有暗色的反应边。角闪石的 $Mg^{\#}$ 指数为 0.63～0.65，角闪石的地球化学特征和安山岩中的角闪石很类似，并且颗粒之间的差别非常小，因此，角闪石不是外来晶屑，应该是自生斑晶。

主量元素和微量元素地球化学特征显示，安山岩和英安岩中的 SiO_2 与 FeO^*/MgO 值的关系和剪切带中的钙碱性岩石相似。通过原始地幔标准化后，这两种岩石富含不相容元素（图 5.11），图中可以显示出关门火山岩富含大离子亲石元素（Ba、Rb、K）而贫高场强元素（Nb、Ti），类似于与大陆边缘或岛弧的火山岩特征。

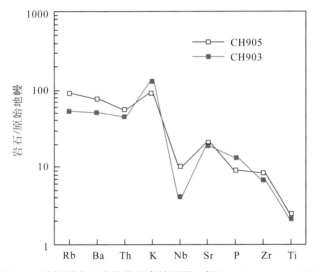

图 5.11　关门群火山岩微量元素蛛网图（据 Imaoka et al.，1993）

5.2.2.2　阿武群火山岩的地球化学特征

阿武群火山岩主要分布在中国地区西部脊梁山地的山阴带，以流纹质-流纹英安质的熔结凝灰岩为主，并有花岗岩的侵入，是一套火山-侵入杂岩（图 5.12）。阿武群在山口县西北部主要分布在青海累层和熊野岳累层之中，而在山口县中央地区主要分布在条目累层、舞谷累层之中。阿武群火山岩主要分为两层，下部为木与谷层，主要由流纹质凝灰岩和凝灰质砂岩组成，最大层厚可达 400m，上部为三岳层，主要由流纹质熔岩和凝灰岩组成，厚度最大可达 1100m。

阿武流纹质熔岩的手标本呈淡灰色-淡绿色，流纹构造显著发育。镜下观察斑晶主要为石英、斜长石，其他矿物有黑云母、不透明矿物和少量钾长石和角闪石，斜长石一般呈自形，石英多为溶蚀状，基质为隐晶质-微晶质结构，可见球粒构造。

阿武火山岩主量元素与微量元素分析结果如表 5.5 所示，流纹质熔岩的 SiO_2 含量主要为 74.1%～80.4%，DI 值处于 84.6 和 94.7 之间（图 5.13），而花岗岩类的 SiO_2 主要为 73.1%～78.4%，DI 值处于 84.6 和 94.7 之间。流纹质熔岩的 TiO_2、Al_2O_3、FeO_T、MgO、CaO、P_2O_5 与 DI 值呈负相关关系，而 K_2O 与 DI 值则表现出正相关关系（图 5.13）。流纹岩中 Cr、Y 有若干特别高的值出现（图 5.14），其中 Cr 含量偏低，数据均在 10ppm 以下。流纹岩和花岗岩的 V、Ga、Sr、Zr 呈递减趋势，而 Rb 则呈递增趋势。一般认为，K_2O 的增加和 Al_2O_3、CaO 和 Sr 的减少应与斜长石的结晶有较大的关系，而 TiO_2、FeO_T、MgO、V 和 Zn 的减少与暗色矿物的结晶有关，从图中也可以发现阿武流纹岩和花岗岩有着较大的相似性。

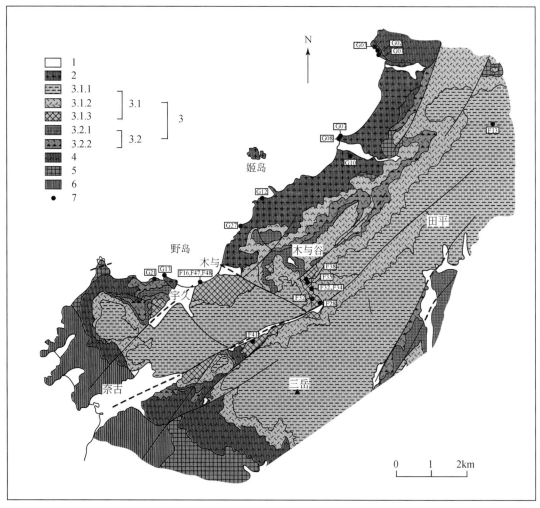

图 5.12　山口县阿武区域地质图（据 Yuge *et al*.，1998）

1. 第四纪沉积；2. 黑云母花岗岩；3. 阿武群火山岩；3.1. 三岳流纹岩层；3.1.1. 流纹质熔结凝灰岩，3.1.2. 流纹质凝灰岩，3.1.3. 流纹质熔岩；3.2. 木与谷层；3.2.1. 凝灰质砂岩＼页岩＼砾岩，3.2.2. 流纹质凝灰岩；4. 金井安山岩层；5. 周南层群（田床山累层）；6. 关门层群；7. 采样点

阿武流纹岩 Rb-Sr 与 Sm-Nd 同位素成分特征表明，$\varepsilon_{Sr}(t)$ 为 14.9～22.3，而且 Nd 初

始值为 0.1～0.5（表 5.6），与同期花岗岩的同位素成分特征相近。

表 5.5 阿武群火山岩主量元素（%）和微量元素（ppm）地球化学数据表

样号	F38	F33	F32	F34	F28	F13	F35	F41	F47	F48	F16
SiO_2	73.05	75.24	75.62	75.69	76.83	76.52	77.78	76.66	77.36	76.79	78.38
TiO_2	0.18	0.12	0.09	0.11	0.09	0.06	0.09	0.06	0.05	0.05	0.05
Al_2O_3	14.47	12.83	13.29	13.37	12.67	12.46	12.25	12.65	11.99	12.56	11.35
Fe_2O_3	0.63	1.51	0.27	0.26	0.54	0.29	0.96	0.35	0.53	0.55	0.58
FeO	1.44	0.83	0.85	0.83	0.81	0.78	0.43	0.42	0.49	0.50	0.45
MnO	0.07	0.05	0.04	0.04	0.04	0.03	0.03	0.04	0.05	0.04	0.03
MgO	0.32	0.17	0.15	0.25	0.10	0.09	0.10	0.08	0.08	0.09	0.08
CaO	1.92	1.57	1.10	0.76	0.97	0.62	0.58	0.15	0.47	0.52	0.36
Na_2O	2.46	3.04	3.83	3.70	3.28	3.51	3.50	2.58	3.35	3.42	3.47
K_2O	3.85	3.30	3.71	0.56	3.98	4.08	3.53	5.22	4.46	4.75	4.17
H_2O^+	1.02	1.07	0.49	0.99	0.50	1.16	0.78	1.00	0.43	0.39	0.37
H_2O^-	0.24	0.26	0.08	0.12	0.06	0.04	0.02	0.20	0.22	0.04	0.02
P_2O_5	0.04	0.03	0.02	0.03	0.02	0.01	0.01	0.02	0.02	0.02	0.02
总量	99.69	100.02	99.54	99.72	99.90	99.65	100.07	99.43	99.50	99.71	99.33
V	12.10	9.10	7.60	6.30	9.90	8.10	9.80	11.40	7.80	8.80	7.00
Cr	4.90	4.30	5.00	4.60	3.30	4.30	4.00	5.50	4.30	5.30	5.00
Ni	4.90	1.60	3.40	3.50	3.10	3.80	1.90	3.50	3.40	3.00	2.70
Cu	4.50	2.30	2.30	5.90	10.80	1.40	1.30	6.40	2.30	1.50	3.70
Zn	51.40	29.20	40.20	38.10	37.80	17.10	35.10	16.90	25.00	23.70	31.20
Ga	18.00	18.40	16.30	15.60	15.00	16.60	15.00	17.40	13.00	14.10	12.40
Rb	157.00	157.00	140.00	145.00	144.00	153.00	142.00	208.00	157.00	172.00	149.00
Sr	173.00	137.00	94.00	91.00	86.00	63.00	71.00	58.00	57.00	60.00	53.00
Y	27.70	45.30	23.90	22.50	24.00	24.50	27.20	37.50	31.10	26.80	30.80
Zr	171.00	144.00	108.00	106.00	103.00	97.70	99.90	95.20	81.00	78.30	80.90
Nb	7.20	7.90	6.20	4.00	4.70	5.20	4.60	7.90	5.40	6.10	7.20
Ba	726.00	753.00	538.00	509.00	608.00	673.00	641.00	655.00	693.00	701.00	640.00

资料来源：据 Yuge *et al.*，1998。

表 5.6 阿武流纹岩 Rb-Sr 与 Sm-Nd 同位素数据

样号	Rb	Sr	$^{87}Rb/^{86}Sr$	$^{87}Sr/^{86}Sr$	$\varepsilon_{Sr}(t)$ (85Ma B.P.)	Nd	Sm	$^{147}Sm/^{144}Nd$	$^{143}Nd/^{144}Nd$	$\varepsilon_{Nd}(t)$ (85Ma B.P.)
F32	140.00	94.00	4.30	0.710762 (14)	16.50	53.00	3.78	0.043	0.512567 (17)	0.30
F34	145.00	91.00	4.62	0.711096 (14)	15.80	25.00	3.66	0.089	0.512581 (09)	0.10
F28	144.00	86.00	4.86	0.711523 (18)	17.80	—	—	—	—	—
F35	142.00	71.00	5.82	0.712602 (09)	16.20	22.80	3.51	0.093	0.512606 (08)	0.50
F13	153.00	63.00	7.03	0.714150 (10)	17.90	—	—	—	—	—
F47	157.00	57.00	7.93	0.715122 (15)	16.20	27.90	4.96	0.108	0.512619 (08)	0.60
F16	149.00	53.00	8.13	0.715267 (14)	14.90	23.00	4.15	0.109	0.512609 (14)	0.40
F48	172.00	60.00	8.33	0.715670 (10)	17.20	—	—	—	—	—
F41	208.00	58.00	10.40	0.718497 (08)	22.30	20.00	4.06	0.124	0.512618 (17)	0.40

资料来源：据 Yuge *et al.*，1998。

花岗岩类的 Ba 和 Sr 具有正相关关系（图 5.15），而 Rb 和 Sr 则具有负相关性关系。

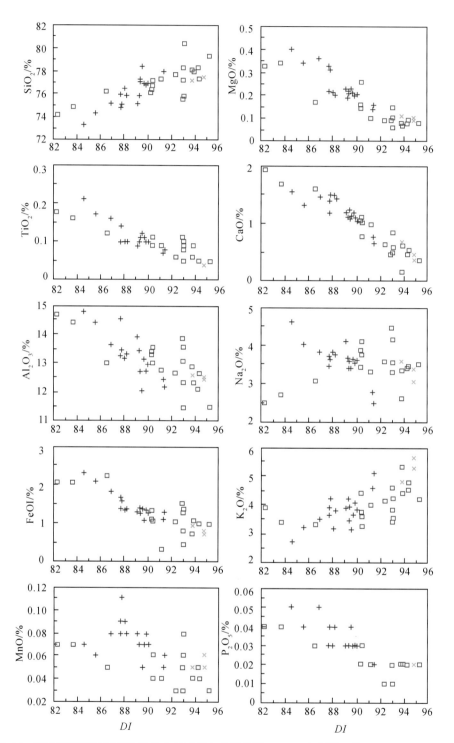

图 5.13　阿武群流纹岩和花岗岩的主量元素与分异指数（DI）变化图（据 Yuge *et al.*，1998）

□流纹岩样品；＋花岗岩样品；×细晶岩样品

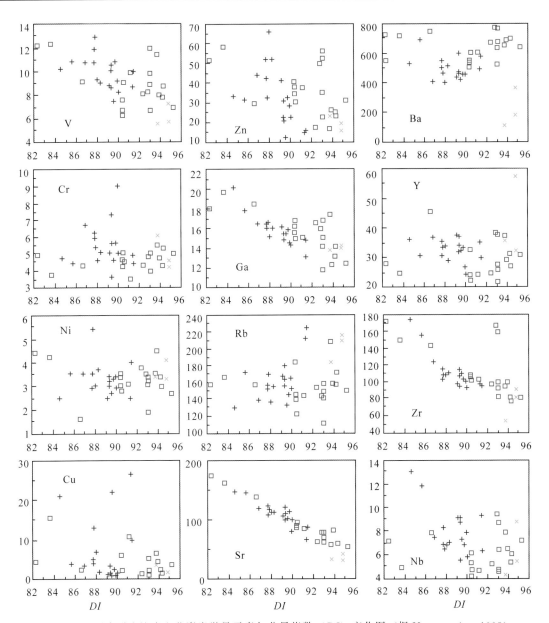

图 5.14　阿武群流纹岩和花岗岩微量元素与分异指数（DI）变化图（据 Yuge et al.，1998）

图例同图 5.13

结合图 5.13 和图 5.14 的变化可以认为在阿武流纹岩和花岗岩的形成过程中，斜长石结晶作用都比较明显。

阿武流纹质熔岩的 Rb-Sr 同位素年龄为 86.8±2.8Ma，Sr 初始值为 0.70544±0.00024，花岗岩类年龄为 85.0±3.1Ma，Sr 初始值为 0.70526±0.00023，流纹质熔岩和花岗岩的等时线年龄为 87.0±3.1Ma，Sr 初始值为 0.70526±0.00025（1998）。阿武流纹岩和花岗岩的 ε_{Nd} 初始值分别为 0.1~0.6 和 −0.2~0.6，变化幅度较小，两者相近。

Imaoka 等（1993）曾总结过西南日本中国地区和四国地区的白垩纪-古近纪火成岩类

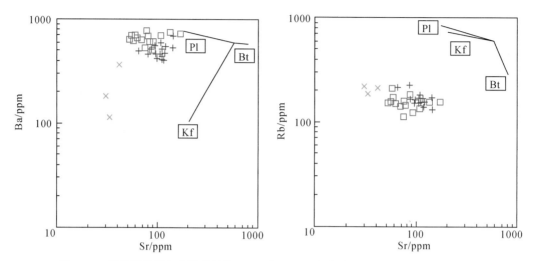

图 5.15　阿武流纹岩和花岗岩类的 Ba-Sr 和 Rb-Sr 变化图（据 Yuge *et al.*，1998）。

花岗岩使用的分配系数：Ba 为 100～900ppm，Sr 为 30～200ppm 和 Rb 为 100～200ppm

（Hanson，1978）。图例同图 5.13

的同位素年龄数据，其中在阿武层群中青海累层火山岩的裂变径迹（FT）年龄为 93.8±2.2Ma、94.7±2.4Ma 和 91.8±3.3Ma（上田董、西村进，1982）。篠母累层的 FT 年龄为 92.1±6.3Ma（村上，1985），Rb-Sr 全岩年代为 112±4Ma（Seki，1978）。福贺累层的流纹岩质熔结凝灰岩的 FT 年龄为 84.5±5.7Ma（村上、允英，1985），白云母 K-Ar 年代为 84Ma（柴田贤、神谷雅晴，1974）。

　　阿武群流纹质熔岩和同期侵入的花岗岩类有着相近的主量元素和微量元素（Ba 除外）特征，显示出是由相同组分的变化形成的。花岗岩类的 Ba 偏低可能和斜长石的结晶有关。阿武流纹质熔岩和花岗岩类在 $\varepsilon_{Sr}(t)$ - $\varepsilon_{Nd}(t)$ 图（图 5.16）中均落在同一个区域，综合两者的全

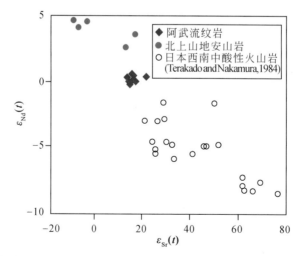

图 5.16　阿武群流纹岩和花岗岩 $\varepsilon_{Sr}(\tau)$ - $\varepsilon_{Nd}(\tau)$ 初始值关系图（据 Yuge et al.，1998）

岩地球化学数据及 Sr-Nd 同位素数据可以认为，阿武地区流纹岩和花岗岩是由同源岩浆经过火山-深成作用后形成的。

由此可见：①关门群安山岩和英安岩微量元素特征显示与大陆边缘或岛弧的火山岩特征非常相似，且其形成年龄为 106Ma B. P.。地球化学特征指示其为形成于大陆活动边缘的钙碱性火山岩，并被解释为是密度较小的洋脊俯冲所造成的。②阿武群流纹质熔岩和同期侵入的花岗岩类都形成于 87～85Ma B. P.，地球化学特征显示它们具有相近的主量元素和微量元素特征，且较低的 Sr 初始值，表明阿武地区的流纹质熔岩和花岗岩是由同源母岩浆经岩浆演化而分别以不同方式产出的。

5.3　日本燕山晚期晚阶段火山岩的地质地球化学特征

该阶段火山喷发主要发生在日本中部地区，以浓飞流纹岩最为典型。浓飞流纹岩是日本中部白垩纪最大的熔结凝灰岩，并发育有同期的花岗斑岩（Yamada 和 Koido，2005；图 5.17）。在 20 个世纪 60 年代之前，浓飞流纹岩一直被认为是"石英斑岩"，直到 60 年代才被定名为凝灰岩，并对此进行了成矿系列的研究（Yamada et al.，1977）。浓飞流纹岩的地层学（Yamada et al.，2005）、岩体规模（Koido，1991；Koido and Yamada，2005）以及火山岩与花岗岩的关系（Koido et al.，2005；Yamada and Akahane，2005）等已经有了比较明确的结论，浓飞流纹岩（Suzuki et al.，1998；Shirahase，2005）和花岗岩（Suzuki and Adachi，1998）的同位素年龄和地球化学特征等都有过报道（Sonehara et al.，2005）。浓飞流纹岩及其花岗斑岩是亚洲东部白垩纪酸性岩浆岩中最为详细的研究之一。

5.3.1　岩相学特征和年代学

浓飞流纹岩的分布面积大约有 $3500km^2$，平均厚度为 1500～2000m，总的喷出体积估计有 5000～$7000km^3$。主要组成为英安质-流纹质灰流凝灰岩席（AFC），还有英安质-流纹质熔岩（DL 和 RL）、流纹英安质侵入体（RDI）和河流-湖泊相的火山碎屑沉积岩（VS）。

根据火山活动期次和具有指示意义的火山沉积地层可将浓飞火山岩分为六个阶段，分别为浓飞-1 至浓飞-6。每一个火山旋回都含有一层或多层灰流凝灰岩席（图 5.18）。除了浓飞-6 喷发作用较小外，其他几个阶段的火山活动都是先从含少量河湖相火山碎屑沉积岩到大面积的凝灰岩流喷发，最后则表现为岩体周边有英安质熔岩（浓飞-1）或流纹英安岩的溢出（浓飞-2 和-4），其中在浓飞-3 中，流纹质熔岩比河湖相火山碎屑沉积岩形成早。熔岩或侵入岩大概只占浓飞流纹岩体积的 1％不到。

浓飞流纹质灰流凝灰岩富含斑晶，斑晶含量达 30％～45％，斑晶的主要成分为石英、长石和少量镁铁质矿物。灰流凝灰岩（ash-flow tuff）主要有石英、碱性长石（$Or_{67～69}$）和斜长石（$An_{37～68}$）及少量镁铁质矿物和 Fe-Ti 氧化物，还有少量褐帘石、锆石和磷灰石。随着 SiO_2 含量增加，斜长石/（石英＋碱性长石）的比值也逐渐增大。大部分镁铁质矿物被后期热液交代蚀变成绿泥石或者次生矿物。其中早期形成的镁铁质矿物自形程度较高，如黑云母

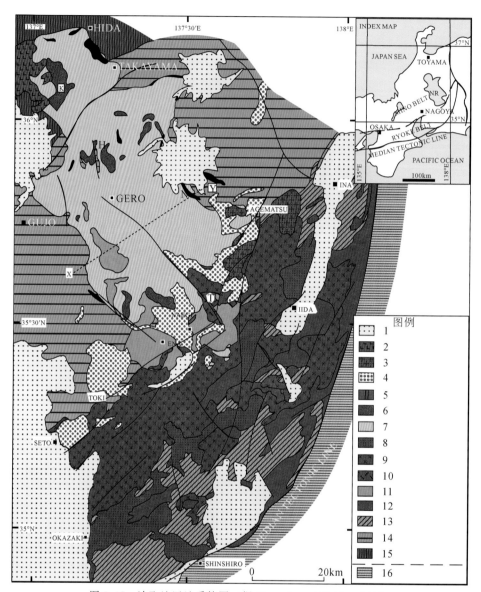

图 5.17　浓飞地区地质简图（据 Yamada and Koido，2005；

Yamada and Akahane，2005；Koido et al.，2005）

1. 新近系和第四系；2. 庄川火山－侵入岩；3. 木曾驹花岗岩；4. 内基－上松花岗岩；5. 花岗斑岩；6. 花岗斑岩-1；
7. 浓飞-3 至浓飞-6；8. 晚期六甲花岗岩（除稻川花岗岩）；9. 稻川花岗岩；10. 花岗斑岩-2；11. 浓飞-1 和浓飞-2；
12. 早期六甲花岗岩；13. 六甲变质岩；14. 美浓带侏罗纪增生杂岩；15. 侏罗纪花岗岩和古生代沉积岩－变质岩；
16. 外带的白垩纪－侏罗纪地层。其中 X-Y 剖面图表示在图 5.19 中

$(Mg^{\#}=26\sim30)$、角闪石 $(Mg^{\#}=24\sim42)$、普通辉石 $(Wo_{40\sim42}，En_{18\sim26}，Fs_{32\sim41})$、少量易变辉石 $(Wo_{9\sim10}，En_{35\sim25}，Fs_{57\sim65})$、斜方辉石 $(En_{22\sim47})$ 和少量橄榄石 $(Fa_{89\sim91})$。

　　浓飞流纹岩和花岗岩有着相似的热事件史，选择在高温条件下同位素平衡体系以及稳定矿物的精确年龄数据来讨论岩浆喷出或者侵入的时序（图 5.18），这些年龄数据有 SHRIMP 锆石 U-Pb 年龄（Nakajima，1996），EPMA 独居石、CHIME 锆石和褐帘石 U-Th- Pb 等时线

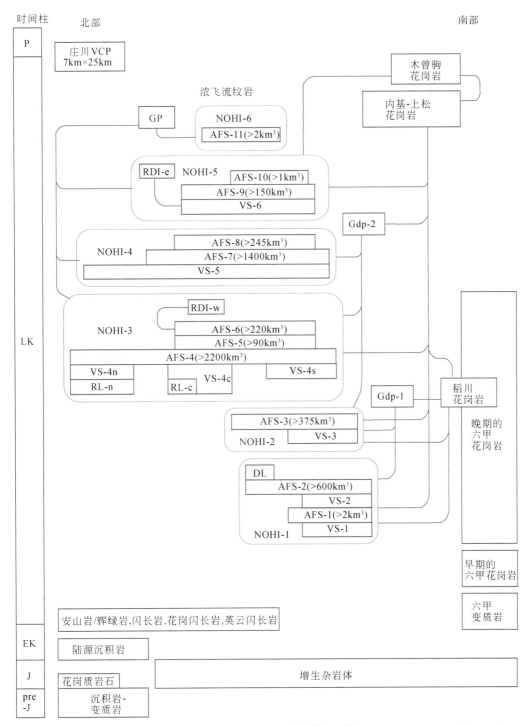

图 5.18 浓飞流纹岩层（据 Yamada *et al.*，2005）与花岗岩（据 Koido *et al.*，2005；Yamada and Akahane，2005）形成先后关系图（据 Sonehara *et al.*，2007）

J. 侏罗系；EK. 下白垩统；LK. 上白垩统；P. 下古近系；AFS. 熔结凝灰岩；VS. 火山碎屑沉积岩；RL. 流纹质熔岩；DL. 英安质熔岩；RDI. 流纹英安岩；Gp. 花岗斑岩；Gdp. 花岗闪长斑岩；VPC. 火山-侵入杂岩。

圆括弧内数据为熔结凝灰岩席的体积，图中展示了庄川火山-侵入杂岩（Tanase *et al.*，2005）

年龄（Suzuki *et al.*，1994，1998；Suzuki and Adachi，1998）以及两个全岩 Rb-Sr 等时线年龄（Shirahase，2005）。

　　根据 AFS-2 和稻川花岗岩的 CHIME 年龄可知浓飞-1 和浓飞-2 的年龄为 80～90Ma，浓飞-3 至-5 的年龄为 65～80Ma，Yamada 和 Koido（2005）基于地层的大规模剥蚀事件和同位素年龄将浓飞流纹岩划分为两个期次，分别是浓飞-1 至-2 和浓飞-3 至浓飞-6。Yamada and Akahane（2005）同样基于侵入关系和年龄将花岗岩分为两期，并且划分出两组火山-侵入岩组合：第一组合是浓飞-1 至浓飞-2，Gdp-1 和稻川花岗岩；第二组合是浓飞-3 至浓飞-6，Gdp-2，Gp，内基-上松花岗岩和 Kisokoma 花岗岩。

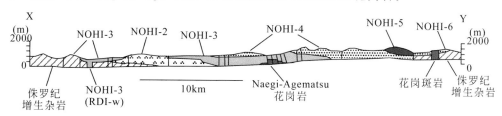

图 5.19　在图 5.17 中的 *X-Y* 地质剖面（据 Yamada，2005；Sonehara *et al.*，2007）

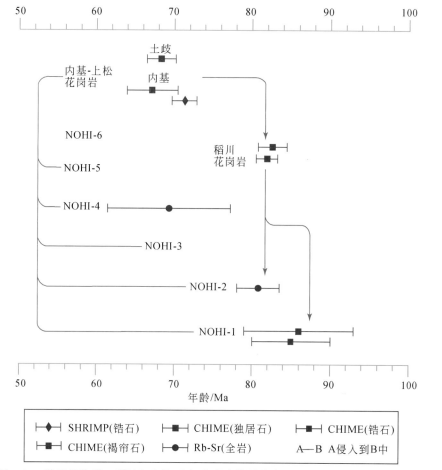

图 5.20　浓飞流纹岩、稻川和内基-上松花岗岩的同位素年龄（Sonehara *et al.*，2007）

5.3.2 地球化学特征

浓飞流纹岩和花岗岩的主量元素和微量元素地球化学数据见表 5.7。

浓飞流纹岩绝大多数样品都位于亚碱性区的上部 [图 5.21 (a)]，其中灰流凝灰岩位于流纹英安岩和流纹岩区 [图 5.21 (a)]。在浓飞流纹岩中 SiO_2 含量最低的岩石为 AFS-2 中的英安质熔岩和英安质玻璃体 (图 5.21)。浓飞流纹岩、花岗斑岩和内基-上松花岗岩都位于高钾钙碱性区 [图 5.21 (b)] 并具有很高的 FeO_T/MgO 值 [图 5.21 (c)]，与镁铁质矿物中富铁成分有关，铝饱和指数（A.S.I）大部分在 1.1 以下，表明浓飞流纹岩和花岗岩都为 I 型花岗岩或火山岩。

表 5.7 浓飞流纹岩地球化学数据

阶段	NOHI-1	NOHI-1	NOHI-2	NOHI-3	NOHI-3	NOHI-3	NOHI-3	NOHI-4	NOHI-4	NOHI-5	NOHI-6
岩相	AFS-2	DL	AFS-3	AFS-4	AFS-5	AFS-6	RDI-w	AFS-7	AFS-8	AFS-9	AFS-11
样品数	$n=11$	$n=3$	$n=3$	$n=34$	$n=7$	$n=5$	$n=1$	$n=8$	$n=5$	$n=13$	$n=2$
SiO_2/%	75.20	66.40	74.70	72.50	75.20	72.50	69.40	75.40	77.70	74.80	72.60
TiO_2/%	0.19	0.68	0.23	0.30	0.16	0.30	0.46	0.22	0.12	0.19	0.27
Al_2O_3/%	13.30	15.90	13.60	14.30	13.50	14.50	15.50	13.20	12.30	13.70	14.70
FeO_T/%	1.67	4.99	2.00	2.39	1.60	2.49	3.49	2.02	1.17	1.68	2.45
MnO/%	0.03	0.08	0.04	0.05	0.03	0.03	0.06	0.04	0.02	0.04	0.06
MgO/%	0.30	1.06	0.33	0.51	0.26	0.52	0.73	0.23	0.12	0.30	0.38
CaO/%	1.48	3.59	2.02	2.45	1.40	2.26	3.66	1.79	0.99	2.09	1.89
Na_2O/%	3.22	3.37	3.10	3.32	3.36	3.37	3.13	2.81	2.67	3.10	3.42
K_2O/%	4.56	3.71	3.99	4.04	4.52	3.99	3.45	4.32	4.83	4.08	4.21
P_2O_5/%	0.04	0.18	0.05	0.07	0.03	0.07	0.11	0.04	0.02	0.03	0.06
Rb/ppm	199.00	150.00	140.00	136.00	236.00	144.00	130.00	134.00	180.00	139.00	108.00
Sr/ppm	112.00	246.00	179.00	208.00	106.00	216.00	273.00	176.00	70.00	179.00	201.00
Y/ppm	52.00	28.00	28.00	29.00	50.00	31.00	25.00	26.00	37.00	29.00	24.00
Zr/ppm	144.00	340.00	181.00	188.00	139.00	198.00	288.00	219.00	139.00	166.00	206.00
Nb/ppm	11.00	13.00	8.70	10.00	11.00	11.00	11.00	10.00	9.50	8.30	6.90
Ba/ppm	497.00	759.00	868.00	795.00	369.00	794.00	1015.00	1086.00	552.00	890.00	1587.00
La/ppm	40.00	40.00	38.00	41.00	31.00	40.00	35.00	48.00	47.00	47.00	54.00
Ce/ppm	77.00	81.00	76.00	81.00	66.00	79.00	71.00	94.00	83.00	82.00	102.00
Pr/ppm	8.90	8.50	8.00	8.50	7.40	8.40	7.30	10.00	10.00	10.00	11.00
Nd/ppm	33.00	32.00	30.00	31.00	28.00	30.00	27.00	34.00	37.00	34.00	37.00
Sm/ppm	7.50	6.20	6.00	6.00	6.70	5.90	5.00	5.90	7.40	6.40	6.30
Eu/ppm	0.60	1.00	0.70	0.80	0.50	0.90	1.10	1.00	0.80	0.90	1.10
Gd/ppm	7.70	5.90	6.00	5.70	6.70	5.70	5.10	5.60	7.30	6.20	5.90
Tb/ppm	1.40	0.90	0.90	0.90	1.20	0.80	0.70	0.80	1.10	1.00	0.80

续表

阶段	NOHI-1	NOHI-1	NOHI-2	NOHI-3	NOHI-3	NOHI-3	NOHI-3	NOHI-4	NOHI-4	NOHI-5	NOHI-6
岩相	AFS-2	DL	AFS-3	AFS-4	AFS-5	AFS-6	RDI-w	AFS-7	AFS-8	AFS-9	AFS-11
样品数	$n=11$	$n=3$	$n=3$	$n=34$	$n=7$	$n=5$	$n=1$	$n=8$	$n=5$	$n=13$	$n=2$
Dy/ppm	7.90	4.70	5.20	4.80	7.50	4.90	3.80	4.00	5.90	5.20	4.00
Ho/ppm	1.60	0.90	1.00	1.00	1.60	1.00	0.80	0.80	1.20	1.10	0.80
Er/ppm	5.00	2.80	3.10	2.90	4.80	2.90	2.30	2.40	3.40	3.20	2.40
Tm/ppm	0.70	0.40	0.40	0.40	0.80	0.40	0.30	0.40	0.50	0.50	0.30
Yb/ppm	4.60	2.60	3.00	2.80	4.90	2.80	2.30	2.30	3.00	2.90	2.10
Lu/ppm	0.70	0.40	0.40	0.40	0.70	0.40	0.30	0.40	0.50	0.50	0.30
Th/ppm	23.00	12.00	17.00	15.00	26.00	14.00	10.00	13.00	15.00	15.00	12.00
U/ppm	5.10	2.20	3.00	2.70	5.70	2.80	1.60	2.30	2.20	2.50	1.70
Eu/Eu*	0.25	0.52	0.36	0.44	0.21	0.45	0.66	0.51	0.33	0.41	0.53
La_N/Yb_N	6.00	10.20	8.50	10.20	4.30	9.80	10.90	14.50	10.60	11.10	17.60

资料来源：据 Ishihara and Wu，2001；Sonehara et al.，2005；Sonehara and Harayama，2006。

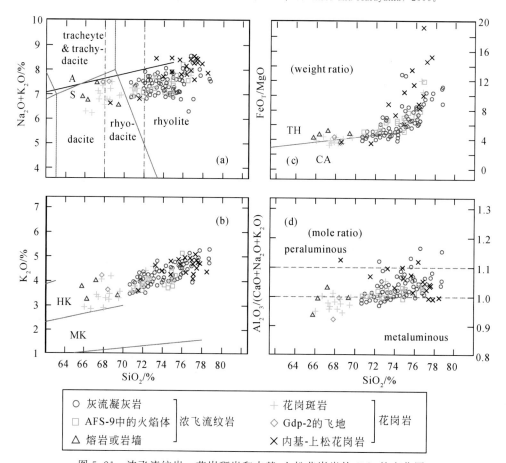

图 5.21　浓飞流纹岩、花岗斑岩和内基-上松花岗岩的 SiO₂ 的变化图

(a) 经 Maitre et al.，1989 改进的 TAS 图，虚线划分出了流纹英安质部分，黑线为碱性与亚碱性分界线；(b) 据 Peccerillo and Taylor，1976 的高 K 和中 K 钙碱性系列界线；(c) 拉斑玄武岩和钙碱性玄武岩系列界线图；(d) 铝饱和指数与 SiO₂ 关系图。所有的数据都经过无水处理至 100% 后计算。数据来源：据 Sonehara et al.，2005；Sonehara and Harayama，2006（以及未出版的数据）；Ishihara and Wu，2001

第一类灰流凝灰岩富含 SiO_2（75%～78%），而第三类灰流凝灰岩从流纹英安岩到流纹岩都有（凝灰岩 SiO_2：71%～76%，玻璃体 SiO_2：68%～77%），但是 AFS-2 中的玻璃体例外，其 SiO_2 为 64%。第二类灰流凝灰岩的 SiO_2 含量则处在第一类和第三类之间。熔岩类中有流纹岩（RL：78% SiO_2）和英安岩（DL：66%～67% SiO_2）。

浓飞流纹岩的成分变化可分为两组，一组是岩性变化范围较大（浓飞-1，浓飞-3 和浓飞-5），另一组则是成分相对单一的（浓飞-2，浓飞-4 和浓飞-6）。浓飞-1 流纹岩为早期含少量晶屑的灰流凝灰岩层（AFS-1），含英安质玻璃体的灰流凝灰岩层（AFS-2）和英安质熔岩（DL）。浓飞-3 是早期无斑隐晶质流纹质熔岩（RL），流纹英安质到流纹质灰流凝灰岩层（AFS-4 到 AFS-6）和最后溢流的流纹质熔岩（RDI-w）。而浓飞-2（AFS-3）和浓飞-4（AFS-7 和 AFS-8）则为成分单一的流纹质灰流凝灰岩层。

除了浓飞-2 和浓飞-6 由于样品过少，其他各个期次的火山岩都有独特的微量元素特征。其中以浓飞-4 最为典型，显示出低的 Rb-SiO_2 值，高 Zr-TiO_2 值和高 La_N/Yb_N（Eu/Eu*）值的特征（图 5.22）。浓飞-3 和浓飞-1 虽然很相似，但在 Rb/SiO_2 的值上有微小差别，浓飞-5 显示位于浓飞-1 或浓飞-3 与浓飞-4 之间（图 5.22）。

浓飞流纹岩和花岗岩的地质学和年代学特征显示，两者有着密切的时空关系（图 5.18 和图 5.20），具有相似的岩石学特征，都是高钾钙碱性 I 型、不含基性岩石的英安质–流纹质钛铁矿系列岩石（图 5.21）。地质学、年代学以及岩石学特征表明浓飞流纹岩、花岗斑岩和内基–上松花岗岩为同一个系列的酸性岩浆事件中形成，花岗岩是侵入作用的产物，岩浆活动年龄在 65～90Ma（图 5.20）。

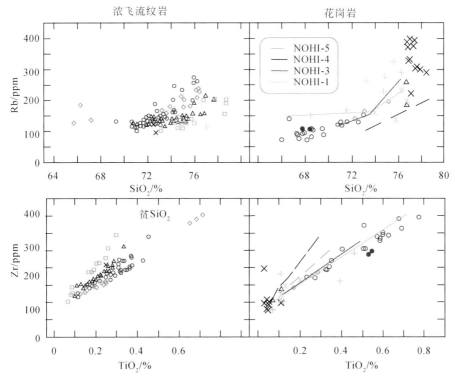

图 5.22 浓飞流纹岩、花岗斑岩和内基–上松花岗岩的地球化学对比图（据 Sonehara *et al.*，2007）

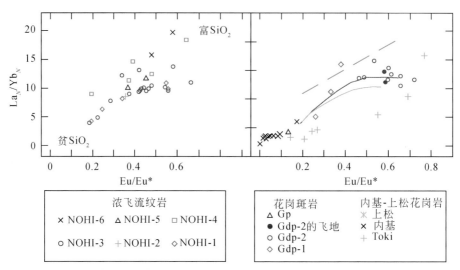

图 5.22 浓飞流纹岩、花岗斑岩和内基-上松花岗岩的地球化学对比图（据 Sonehara *et al.*，2007）（续）

左图为浓飞流纹岩的变化，右图为花岗斑岩和内基-上松花岗岩沿浓飞-1，浓飞-3，浓飞-4和浓飞-5趋势线的变化图。

数据来源：据 Sonehara *et al.*，2005；Sonehara and Harayama，2006（未出版的数据）；Ishihara and Wu，2001

尽管每个喷发阶段所形成的浓飞流纹岩的岩石学特征是一致的，但是各阶段内微量元素的变化趋势还是各有特征（图 5.22）。通过比较每一个阶段火山岩和花岗岩的微小区别可以发现，它们之间的差异与岩浆所处的地理位置有关，而与时间关系不大。例如，Gdp-2花岗斑岩是被认为是紧接着浓飞-4之后侵入的（图 5.18），但是 Gdp-2 的元素投图和浓飞-4却没有在一起，而是与浓飞-3 的趋势线相近，且延长线指向了基性组分（图 5.22）。内基-上松花岗岩中的内基侵入岩的元素投图也与浓飞-3 趋势线相近且延伸方向为酸性组分（图 5.22）。Gdp-2 在整个流纹岩区域里普遍产出，与浓飞-3 的分布较相似，内基侵入岩的分布也和浓飞-3 较相似（图 5.19）。这种关系表明微量元素的变化与岩浆所处的地理位置有关，而与时间推移关系不大。在同一个地区中的浓飞-5、东南地区的 Gp 和上松侵入岩（见图 5.17 的 Nigorigawa）之间的地球化学关系也可证明这种与所处地理位置变化的关系。这种在同一个地区地球化学特征的相似性表明，在不同地区上地壳组成有所差异，并且这种差异在于来自深部的原始岩浆混染了后仍然被保留了下来。

5.4 日本新生代火山岩的地质地球化学特征

5.4.1 地质背景和新生代火山岩时空分布

5.4.1.1 地质背景

日本岛弧是西太平洋众多岛弧中具有最长地质历史的岛弧之一（图 5.23），最老的岩石是寒武纪和奥陶纪的蛇绿岩以及与其相关的深水沉积岩，可能源自元古代超大陆的裂解事件（Maruyama *et al.*，1997）。但是，基底岩石主要是由中中新世日本海打开之前、年轻的侏罗纪—古近纪增生楔组成（Taira *et al.*，1989）。西南日本板块交汇地区地质柱状图（图 5.24）很好地证明地壳从亚洲大陆边缘向大洋逐步生长的事实，这种地壳的增生同时伴随着花岗质岩石的侵入。

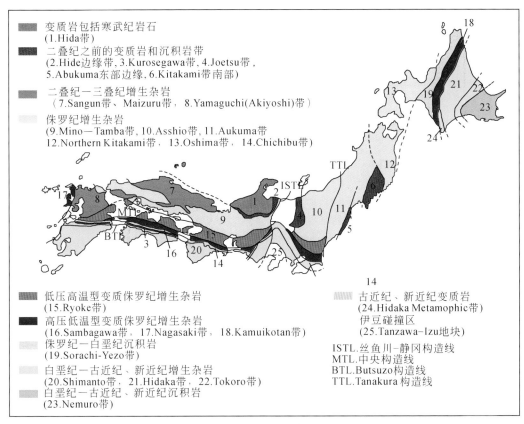

图 5.23　日本地质背景图（据 Saito，1992）

5.4.1.2　新生代构造演化

渐新世早期主要有六个构造事件（Kano *et al.*，1991）：

（1）古小笠原弧的裂解和四国盆地的扩张（25～15Ma B. P.）；

（2）古本州大陆弧的裂解和日本海盆的扩张（22～15Ma B. P.）；

（3）西南本州近海沟广泛的岩浆活动（17～12Ma B. P.）；

（4）15Ma B. P. 菲律宾海板块开始俯冲和伊豆-小笠原弧与本州碰撞；

（5）菲律宾海板块俯冲的主要阶段开始在 8 Ma B. P.；

（6）6Ma B. P. 库拉弧前带与 Hidaka 的碰撞和 Hidaka 造山带的形成。

古小笠原弧的裂解始于～25Ma B. P.，伴随着海底扩张的主要阶段。海底扩张发生在九州-帕劳洋中脊（残余弧）与伊豆-小笠原弧之间的四国盆地。欧亚大陆东北边缘的裂解始于～22Ma B. P.，伴随着两个弧后盆地（日本海盆与鄂霍次克海盆）的发展（Tamaki *et al.*，1992）。到 15Ma B. P. 日本海的洋底基本形成（Jolivet *et al.*，1994；Otofuji，1996），同时在东北本州的西边缘产生一系列南北向的地垒和地堑结构（Yamaji，1990）。

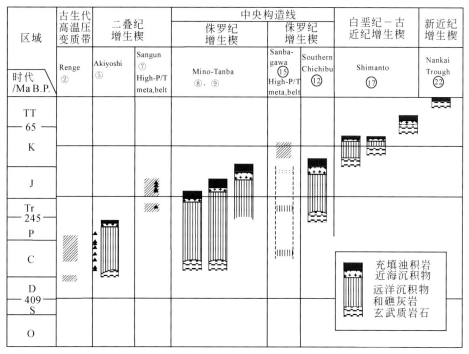

图 5.24　西南日本大洋板块地层柱状图（据 Taira *et al.*，1989；Maruyama，1997）

图中数字同图 5.23

　　裂解作用导致海底火山岩的大量喷发，形成著名的"绿色凝灰岩"。由于太平洋板块的俯冲作用，在库拉盆地裂解的同时库拉前弧向西移动，产生 Hidaka 造山带（Kimura，1986）。在 Hidaka 造山带，大范围的逆冲断层将年轻的花岗岩-片麻岩地层带到地表，它们曾经是岛弧下地壳的组成部分（Komatsu *et al.*，1989）。

　　本州中部的地质状况暗示伊豆-小笠原弧的最北端与本州中部在 15Ma B. P. 碰撞（Itoh，1988；Koyama，1991；Aoike，1999），其标志就是在本州中部的南、北端深部海槽有浊积岩的侵入（Tateishi *et al.*，1997；Aoike，1999）。

　　在西南日本，17～13Ma B. P. 的岩浆活动主要发生在靠近海沟的弧前地区（Kano *et al.*，1991）。这个时期，有高镁安山岩的活动，总体被认为是热软流圈地幔的注入和年轻的四国盆地的初始俯冲（Takahashi，1999）。从 15～10 Ma B. P. 的伊豆-小笠原弧与本州的碰撞明显，但不强烈，足够持久地补充碰撞槽的沉积物（Aoike，1999）。从 8～6Ma B. P.，在西南本州的日本海一边形成一个 NE-SW 向褶皱带指示 NW-SE 向挤压，广泛分布的火山活动在南部九州始于～8Ma B. P.、西南日本始于～6Ma B. P.，暗示形成了火山前缘和一个深的、穿透性的俯冲板块（Kamata and Kodama，1994）。

5.4.1.3　日本新生代火山岩时空分布

　　日本岛分布着大约200多个新生代火山，其中一半在过去1000年有过火山活动（被称为活火山），一部分火山至今还很活跃，还有一部分火山在未来仍有可能爆发。虽然日本领土面积不足全球土地面积的 1/400，但日本活火山的数量占全球活火山的 10％。日本火山分布与火山前缘相平行。东部岛弧的火山数量明显多于西部岛弧（图 5.25），其中西南岛弧火山数量最少。

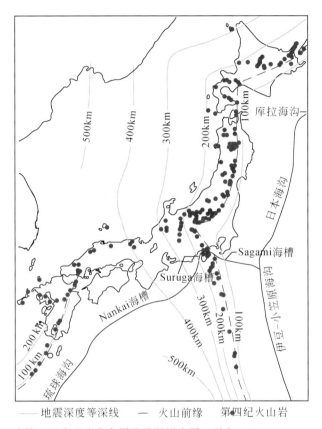

图 5.25　日本第四纪火山岩分布图及震源深度图（引自 Yokoyama I. et al.，1992）

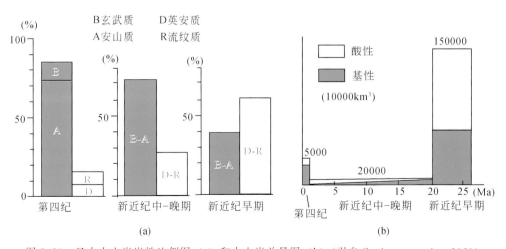

图 5.26　日本火山岩岩性比例图（a）和火山岩总量图（b）（引自 Sugimura et al.，1963）

新生代早期（52~27Ma B. P.），日本处于相对平静期，基本上没有火山活动。根据火山物质的喷发数量，日本火山活动可以分为三个时期：新近纪早期（27~20Ma B. P.），火山物质体积为 $150×10^3$ km³（基性 40%，酸性 60%）；新近纪中-晚期（20~2Ma B. P.），火山物质体积为 $20×10^3$ km³（基性 70%，酸性 30%），第四纪（<2Ma B. P.），火山物质体积为 $5×10^3$ km³（基性 80%，酸性 20%）（图 5.26）。以每百万喷发数量计算，新近纪早期火山活动规模最大，新近纪中-晚期火山活动规模最小。值得注意的是，在火山作用的初期，大部分地区主要喷发量不是基性岩而是酸性岩，这明显不同与造山带初期火山作用的岩性分布。新近纪早期基性与酸性岩比例差别最大的两个地区分别是 Uranihon 地区（靠近日本海）和 Fossa Magna 南部（靠近太平洋）：Uranihon 地区酸性岩大约占 80%，但 Fossa Magna 南部酸性岩只占 10%（Matsuda，1964）。两个地区基性与酸性岩比例的差异可能反映了地壳成分的不同，Uranihon 地区是有中生代花岗岩基的古生代基底，Fossa Magna 南部则不存在类似基底（Sugimura et al.，1963）。

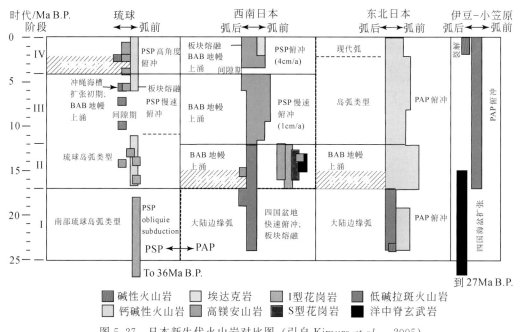

图 5.27　日本新生代火山岩对比图（引自 Kimura et al.，2005）

PSP. 菲律宾海板块；PAP. 太平洋板块；BAB. 弧后盆地。

粗虚线代表太平洋或菲律宾海板块俯冲作用的边界

根据岩石系列，日本火山岩是以具有岛弧特征的钙碱性系列岩石为主，其次为裂谷特征的低碱拉斑质岩石、碱性岩石、高镁安山岩、埃达克岩以及少量 MORB 玄武岩、I 型和 S 型花岗岩等（图 5.27）。

日本火山主要有如下类型：熔岩流与火山碎屑物质交互成层的层状火山；破火山口和大规模喷发造成大量火山碎屑物堆积形成碎屑高原；大规模熔岩组成的熔岩穹窿。北海道和九州地区有较多大型破火山口和碎屑高原。日本最大的层状火山是富士山，高 3776m。

5.4.2　西南日本新生代火山岩岩石学和地球化学特征

要理解西南日本新生代构造与岩浆作用的关系，就必须理顺西南日本火山作用的时空与组成变化。西南日本火山岩主要有碱性玄武岩及其分异产物、低碱拉斑玄武岩（LAT）到酸性岩、高镁安山岩（HMA）、类 MORB；I 型和 S 型酸性岩以及少量 A 型酸性岩（图5.28）。根据已有的同位素年代学、岩石组成和地球化学特征等资料，西南日本新生代火山活动基本可以分为四个阶段（图 5.28）：阶段 I：日本海扩张初期阶段（25～17Ma B. P.）；阶段 II：日本海扩张阶段（17～12Ma B. P.）；阶段 III：晚中新世～上新世火山弧阶段（12～4Ma B. P.）；阶段 IV：第四纪火山弧阶段（4～0Ma B. P.）。

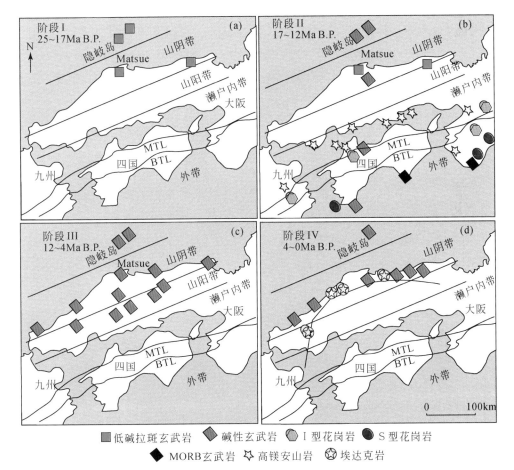

图 5.28　西南日本新生代火山岩分布图（据 Kimura *et al.* ，2005）

MTL. 中央构造线；BTL. Butsuzo 构造线

5.4.2.1　渐新世—早中新世日本海扩张初期阶段（25～17Ma B. P. ）

这一时期，西南日本处于弧后盆地日本海的裂解初期，火山活动不活跃，火山岩仅限

于西南内带弧后边缘的隐岐岛（19Ma B. P.，Uto *et al.*，1994）和山阴带的 Matsue
（25Ma B. P.，Kimura *et al.*，2005），以低碱拉斑（LAT）基性到酸性火山岩为主［图
5.28（a）］，沿日本海岸分布，与陆相-浅海相沉积物互层。

隐岐（Oki）玄武岩具有高 K 钾玄岩特征（图 5.29），富集大离子亲石元素（LILEs）
Rb、Ba、K、Sr 和轻稀土元素（LREEs），轻、重稀土有分异，高场强元素（HFSEs）
Nb、Ta 相对于 La 亏损，重稀土相对于 N-NORB 亏损，地球化学特征类似 E-MORB 与
OIB 之间（图 5.30 和表 5.8）。山阴带内的 Matsue 和 Tango 地区玄武岩属于低碱拉斑玄
武岩（图 5.29），Matsue 玄武岩微量元素整体低于隐岐玄武岩，高场强元素（HFSEs）
Nb、Ta 相对于 La 亏损不明显，地球化学特征更接近 E 型 MORB，只是 Ba、Sr 和 Pb 的
含量较高；而 Tango 玄武岩 REE 含量则更接近于隐岐（Oki）玄武岩（图 5.30 和表
5.8）。这些特征不同于典型的岛弧型亚碱性玄武岩，而类似大陆裂谷玄武岩。相对富集的
大离子亲石元素和亏损的高场强元素继承了交代大陆岩石圈的特征或受到大陆地壳的混染
（Wilson，1989；Uto *et al.*，1994）。这一阶段是与日本弧后盆地日本海初期裂解有关，
并受到硅铝质欧亚大陆地壳的影响（Uto *et al.*，1994；Pouclet *et al.*，1995）。

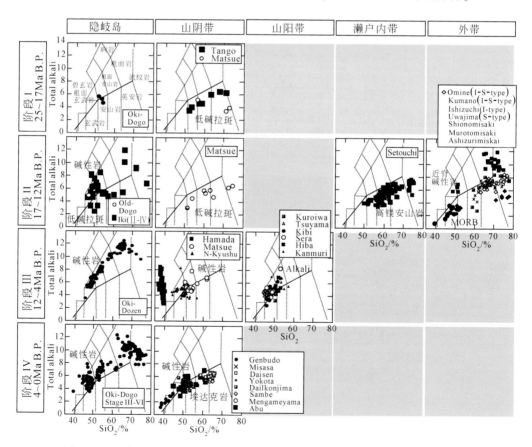

图 5.29　西南日本四个阶段代表性火山岩样品硅碱图（据 Kimura *et al.*，2005）

5.4.2.2　中中新世日本海扩张阶段（17~12Ma B.P.）

17Ma B.P. 之后，西南日本火山作用发生了巨大的变化，几乎影响了整个西南日本地区，包括弧后裂解的山阴带、内弧濑户内带、到前弧外带、再到琉球西部小岛都有火山作用，火山作用大约开始于16.5Ma B.P.，沿西南日本前弧外带覆盖大约1000 km范围持续到12Ma B.P.。这一阶段隐岐岛（Oki Islands）与壹岐岛（Iki Islands）的火山作用是微弱的，岩性从低碱拉斑系列到碱性系列［图5.28（b）］；山阴带的低碱拉斑火山作用持续到这一阶段，但火山活动分布更为广泛，一直扩展到琉球岛西部及离岸小岛，古地磁数据显示大于13.9Ma B.P. 的 Matsue 地区火山岩以东~50°地磁方位角，暗示着西南日本的旋转早于这一时期（Torii *et al*.，1986；Otofuji *et al*.，1991，1994）。此时的隐岐（Oki）玄武岩地球化学特征已不同于第一阶段的低碱拉斑质，Nb 和 Ta 相对于 La 没有亏损，Ba，Sr，Pb 也没有明显的峰值，完全是典型的碱性洋岛玄武岩（OIB）特征（图5.29，表5.8）。

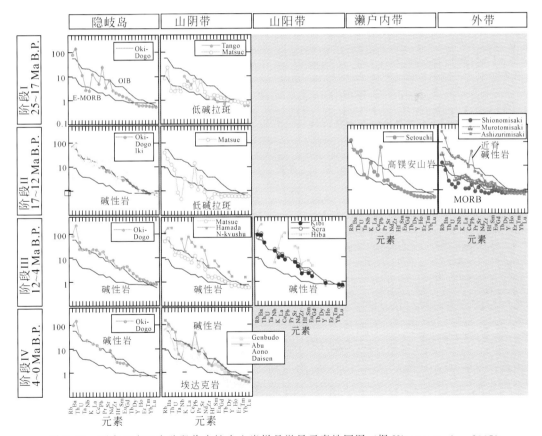

图5.30　西南日本四个阶段代表性火山岩样品微量元素蛛网图（据 Kimura *et al*.，2005）

红色线：富集型洋中脊玄武岩（E-MORB）；紫色线：洋岛玄武岩（OIB）

来自壹岐岛（Iki Islands）的碱性玄武岩与隐岐（Oki）碱性玄武岩有着相似的地球化学特征。前弧山阴带的 Matsue 玄武岩（16~15Ma B.P.）保持着第一阶段地球化学特征，仍然是低碱拉斑质，有着相对高的 LILE 和低的 REE、HFSE 含量，最老的样品类似 E-MORB，除有高的不相容元素 LILE 和 Sr 含量（图 5.29、图 5.30 和表 5.8），但 Matsue 玄武岩的主量元素介于低碱拉斑与钙碱性系列之间（Morris et al.，1990，1999；Miyake，1994；Uto et al.，1994），基于以上特征，Matsue 低碱拉斑玄武岩介于洋岛拉斑玄武岩与岛弧玄武岩之间，类似弧后盆地拉斑玄武岩（Taylor and Martinez，2003）。西南日本低碱拉斑玄武岩的过渡特征反映了欧亚大陆边缘受到俯冲交代作用的大陆岩石圈地幔的贡献（Morris et al.，1990，1999；Miyake，1994；Uto et al.，1994）。

在濑户内带，三群亚碱性高镁安山岩（HMA）异常引人注目［图 5.28（b）、图 5.31］，另一小型 HMA 在九州地区（图 5.31），但类似的火山岩在新生代的东北日本弧没有发现。濑户内带 HMA 的成岩年龄在 12～16Ma（Tatsumi et al.，2001），与 HMA 相伴随的是长英质喷出岩和亚碱性玄武岩（Tatsumi，1982；Tatsumi and Ishizaka，1982；Ishizaka and Carlson，1983；Shimoda et al.，1998；Shimoda and Tatsumi，1999）。濑户内带 HMA 群的长轴方向指示了沿弧压力场方向，与弧后山阴带和前弧外带压力场方向相对应（Tatsumi et al.，2001）。濑户内带 HMA 群被认为是俯冲板块熔融的产物（Shimoda et al.，1998；Shimoda and Tatsumi，1999；Tatsumi and Hanyu，2003）。濑户内带 HMA 群微量元素蛛网图类似西南日本埃达克质英安岩，虽然 HMA 有略低的 Sr 含量和高的 HREE 含量（图 5.30 和表 5.8）。但濑户内带 HMA 群比岛弧安山岩有更陡的稀土配分型试，结合高的 Pb 含量和同位素证据（Shimoda and Tatsumi，1999；Shimoda et al.，1998；Tatsumi and Hanyu，2003）指示其源自含水上地幔和俯冲沉积物的混合熔融。西南外带纪伊半岛（Kii Peninsula）也有三个高镁安山岩脉（HMA），其中一条脉侵入到中新世沉积岩（17～16Ma B.P.）中，并有 40°E 的磁偏转，与 16.5～15Ma B.P. 以后西南日本的旋转相符合（Miyake，1985a；Miyake et al.，1985b），并早于濑户内带大多数高镁安山岩（HMA），验证了多数高镁安山岩浆发生在西南日本旋转之后，也暗示了菲律宾海板块从外带到濑户内带的快速俯冲仅用了～1Ma。在外带，在 17～12 Ma B.P. 形成了 I 型、S 型花岗岩［Chapell and White，1974，图 5.28（b）、图 5.31］，I 型花岗岩分布在中央构造线（MTL）和 Butsuzo 构造线（BTL）之间，而 S 型花岗岩位于 Butsuzo 构造线以南（Nakada and Takahashi，1979；Takahashi，1986；Terakado et al.，1988）。尽管 I 型和 S 型花岗岩的主量元素差别较大，但它们的微量元素特征非常相似（表 5.8 和图 5.31）。根据空间分布和区域地质背景（S 型花岗岩分布在 Shimanto 带，I 型花岗岩分布在 Sambagawa 带）认为，S 型花岗岩来自变质沉积岩的重熔，I 型花岗岩是角闪岩重熔的产物（Murata and Yoshida，1985）；但 S 型花岗岩的微量元素和同位素特征显示是沉积岩与侵入沉积岩中的高镁安山岩脉混合的产物（Shinjoe，1997），I 型 Ishizuchi 花岗岩体最基性端元有着高镁低硅特征（MgO＝4.14%，SiO$_2$＝59.73%，Yoshida et al.，1993），类似濑户内带 HMA，因此部分 I 型花岗岩可能是 HMA 的分异产物或是 HMA 岩浆与酸性岩浆混合的产物。总而言之，HMA 与前弧花岗岩的形成有着密切的成因联系。

在西南日本太平洋海岸有三个基性杂岩体（图 5.30）：Ashizurimisaki、Murotomisaki 和 Shionomisaki。Ashizurimisaki 杂岩体是一个环状杂岩体，主要由碱性辉绿岩、含辉长闪长岩、石英闪长岩和碱性花岗岩组成（Murakami et al.，1983）。与 Ashizurimisaki 相关的 A 型花岗岩形成在大约 14～12Ma B.P.（Shibata and Nozawa，1967）。Murotomisaki 杂岩体由类 MORB 低碱拉斑辉绿岩和辉长岩组成，侵入到 Shimanto 沉积岩中（Miyake，1985b），成岩年龄为 14.4Ma（Hamamoto and Sato，1987）。Shionomisaki 岩体由拉斑玄武岩、辉绿岩、花岗斑岩、石英斑岩和流纹岩（Miyake and Hisatomi，1985）组成，形成在 15～13Ma B.P. 之间（Iwano et al.，2000）。基性杂岩体具有洋中脊玄武岩和碱性玄武岩特征（图 5.29、图 5.30），Murotomisaki 和 Shionomisaki 岩体的微量元素特征接近 E-MORB（Miyake，1985），四国盆地扩张洋中脊也支持了前弧类 MORB 基性杂岩体源自干的、俯冲洋中脊（Miyake，1985；Takahashi，1986；Hibbard and Karig，1990）。Ashizurimisaki 岩体有高的 LREE、LILE 和 Pb 含量，微量元素模式类似 OIB（Shinjoe et al.，2003），但却有类 MORB 同位素组成（Terakado et al.，1988），具有近洋脊俯冲碱性火山岩的地球化学特征，高 LILE 和 Pb 含量可能是由于地壳混染的原因。

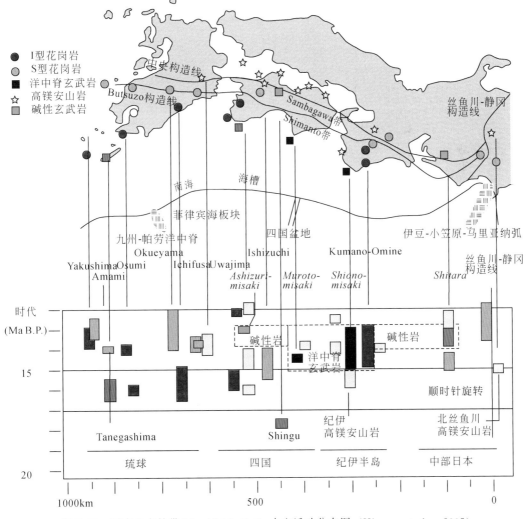

图 5.31　西南日本外带 17～12 Ma B.P. 火山活动分布图（Kimura et al.，2005）

5.4.2.3　晚中新世—上新世火山弧阶段（12~4Ma B.P.）

西南日本的前弧火山活动终止于12Ma B.P.，而弧后碱性火山作用一直延续到第四纪［图5.28（c）］。这些碱性火山机构的直径为15~40km，由散乱的小的熔岩流、火山灰锥状物和岩脉组成。在Matsue地区有大量的中性-酸性岩浆喷发。7~4Ma B.P.在隐岐岛也发生有强碱性火山活动。在山阴带和隐岐岛弧后裂解的火山活动一直持续到这一阶段，只是低碱拉斑玄武岩被碱性玄武岩所替代。山阳带仅有碱性玄武岩产出，并向东南方向扩展。

在该阶段，隐岐岛、山阴和山阳地区火山岩具有碱性系列特征，部分介于低碱拉斑和碱性岩浆之间（图5.29、图5.30和表5.8）。那些碱性玄武岩偶尔有轻微的Ba、Sr和Pb正异常，没有明显HFSE亏损（除有弱的Zr、Hf亏损外），总体是以OIB为特征，也有弧岩浆的地球化学"痕迹"。强碱性玄武岩，例如，Hiba碱性玄武岩和Hamada霞石岩，显示Zr，K强烈亏损，没有Nb亏损，这些特征类似壹岐岛碧玄岩（Aoki，1970），可能源于受交代作用的源区，如碳酸盐岩流体交代作用（Tatsumi et al.，1999）。

西南日本弧后地区岩浆活动由低碱拉斑（LAT）系列转变为碱性系列发生在19~12Ma B.P.间，与日本海盆地的变化时间（17~13Ma B.P.）相一致，都与日本海扩张有紧密的时空联系（Pouclet et al.，1995）。低碱拉斑玄武岩形成于深度<60km的上地幔橄榄岩的熔融（Kushiro，1973），而软流圈地幔上涌可能引发阶段性的碱性火山活动。

5.4.2.4　第四纪火山弧阶段（4~0Ma B.P.）

4~3Ma B.P.西南日本弧几乎没有火山活动，这段间隙之后，火山作用在山阴带和隐岐岛附近又重新开始，但在山阳带没有发生［图5.28（d）］。碱性玄武岩与成群的亚碱性中性岩相伴生，出露在Kannabe-Genbudo（Furuyama et al.，1993）和Abu（Kakubuchi et al.，2000）地区。此外，在Ooe-takayama（1.7Ma B.P.）、Daisen（1.0~0Ma B.P.）、Aonoyama Volcano Group（1.2~0.02Ma B.P.）和Sambe（0.1~0Ma B.P.）等地区自1.7Ma B.P.有埃达克质英安岩喷发。埃达克岩形成一个弓形区域，大约指示了菲律宾海板块前进边缘（Morris，1995；Ochi et al.，2001；Nakanishi et al.，2002）。埃达克岩以北的Kannabe-Genbudo，Daikonjima、Abu和Oki Islands等地，碱性玄武岩活动一直持续到今天。

这一阶段西南日本火山岩主要有两个系列：碱性火山岩和埃达克火山岩。隐岐岛碱性火山岩具有典型的OIB特征（Kimura et al.，2003）；在山阴地区，一些碱性火山岩，如Kannabe-Genbudo和Abu具有典型的OIB特征（Kakubuchi et al.，1995，2000；Kimura et al.，2003），还有部分为碱性火山岩，如Yokota和Daikonjima有强烈的HFSE亏损特征（图5.29、图5.30和表5.8），在Abu地区这两种类型都存在（Kakubuchi et al.，2000）。山

表 5.8　西南日本新生代火山岩主量元素（%）和微量元素（ppm）数据表

阶段	I			II				
地区	Oki-Dogo			Shimane Peninsula				
序号	1	2	3	4	5	6	7	8
样品号	ET78083107	NGU	ET7809206	1	64	43	47	SD-261
年龄/Ma	18	18	19.2	14.2	12.9	13.4	13.1	13
SiO_2	51.50	53.36	53.04	52.51	45.78	52.91	71.21	55.37
TiO_2	1.15	1.04	1.16	1.47	0.73	1.26	0.90	0.65
Al_2O_3	16.83	16.14	16.00	16.57	16.87	18.23	13.66	15.55
Fe_2O_3	—	8.27	—	5.38	4.37	4.07	1.25	6.92
FeO	8.59	—	7.66	4.78	4.71	4.57	1.55	—
MnO	0.11	0.17	0.13	0.29	0.20	0.17	0.06	0.17
MgO	5.64	5.53	5.57	3.19	8.10	3.55	0.14	6.89
CaO	9.88	9.29	10.11	7.50	11.06	8.87	3.03	7.04
Na_2O	2.84	2.76	2.81	3.42	2.03	3.58	4.32	2.84
K_2O	2.88	1.75	2.70	0.73	0.31	0.85	1.78	2.25
P_2O_5	0.52	0.41	0.77	0.22	0.10	0.26	0.31	0.17
总量	99.94	98.72	99.95	99.09	99.09	100.56	99.61	97.85
La	10.60	16.20	17.70	15.00	<4.00	16.00	31.00	—
Ce	22.30	33.20	38.30	29.00	14.00	32.00	62.00	—
Pr	—	—	—	—	—	—	—	—
Nd	12.90	14.30	15.50	—	—	—	—	—
Sm	3.02	3.56	4.48	—	—	—	—	—
Eu	1.20	1.10	1.47	—	—	—	—	—
Gd	—	—	—	—	—	—	—	—
Tb	10.72	0.39	0.88	—	—	—	—	—
Dy	—	—	—	—	—	—	—	—
Ho	—	—	—	—	—	—	—	—
Er	—	—	—	—	—	—	—	—
Tm	—	—	—	—	—	—	—	—
Yb	1.62	1.68	1.73	—	—	—	—	—
Lu	0.23	—	0.25	—	—	—	—	—
Rb	45.00	24.00	57.00	—	—	—	—	113.60
Cs	0.28	—	0.30	—	—	—	—	—
Sr	745.00	630.00	82.00	—	—	—	—	267.00
Ba	1078.00	84.00	1993.00	222.00	109.00	170.00	503.00	195.00
Zr	84.00	121.00	163.00	87.00	33.00	112.00	248.00	80.00
Y	19.00	16.00	20.00	34.00	14.00	27.00	49.00	15.00
Hf	2.26	3.42	3.97	—	—	—	—	—
Ta	>0.10	0.33	0.27	—	—	—	—	—
Nb	3.60	—	5.20	2.00	<2.00	6.00	14.00	5.00
Th	0.83	3.67	2.79	3.00	<2.00	3.00	6.00	4.80

续表

阶段	II										
地区	Shikoku 高镁安山岩										
序号	9	10	11	12	13	14	15	16	17	18	19
样品号	SD407	SD411	SD812	MDY	SH720	JA-2	TGI-5	TGI-6	NBY-5	NJSB	NJIB
年龄/Ma	13	13	13	13	13	13	13	13	13	13	13
SiO_2	56.12	55.80	56.33	57.31	55.46	56.18	57.27	57.65	55.77	53.75	51.87
TiO_2	0.62	0.61	0.61	0.59	0.70	0.67	0.42	0.44	0.39	1.08	0.76
Al_2O_3	15.38	15.41	16.48	15.81	15.54	15.32	14.26	14.42	13.98	16.62	15.48
Fe_2O_3	6.87	6.84	6.19	6.43	6.71	6.95	6.19	6.29	6.81	7.94	8.29
FeO	—	—	0.11	0.14	0.13	0.11	0.12	0.12	0.13	0.15	0.14
MnO	0.14	0.14	7.19	6.24	9.33	7.68	9.45	9.23	10.93	6.64	9.54
MgO	7.61	7.77	6.97	6.46	6.94	6.48	6.31	6.21	6.96	8.18	8.14
CaO	6.87	6.92	3.06	3.12	2.90	3.08	2.57	2.56	2.36	2.87	2.57
Na_2O	2.87	2.64	2.04	2.28	1.63	1.80	1.16	1.35	1.20	1.17	0.97
K_2O	2.38	2.42	0.16	0.17	0.16	0.15	0.10	0.10	0.09	0.18	0.12
P_2O_5	0.16	0.16	99.15	98.55	99.50	98.42	97.85	98.37	98.62	98.60	97.88
总量	99.03	98.71	0.78	0.93	0.65	0.81	0.59	0.61	0.56	1.08	0.78
La	—	—	—	—	—	—	—	—	—	—	—
Ce	—	—	—	—	—	—	—	—	—	—	—
Pr	—	—	—	—	—	—	—	—	—	—	—
Nd	—	—	—	—	—	—	—	—	—	—	—
Sm	—	—	—	—	—	—	—	—	—	—	—
Eu	—	—	—	—	—	—	—	—	—	—	—
Gd	—	—	—	—	—	—	—	—	—	—	—
Tb	—	—	—	—	—	—	—	—	—	—	—
Dy	—	—	—	—	—	—	—	—	—	—	—
Ho	—	—	—	—	—	—	—	—	—	—	—
Er	—	—	—	—	—	—	—	—	—	—	—
Tm	—	—	—	—	—	—	—	—	—	—	—
Yb	—	—	—	—	—	—	—	—	—	—	—
Lu	—	—	—	—	—	—	—	—	—	—	—
Rb	119.30	121.30	68.40	120.60	60.50	68.00	44.70	51.60	47.50	41.80	36.50
Cs	—	—	—	—	—	—	—	—	—	—	—
Sr	249.00	253.00	299.00	274.00	245.00	252.00	308.00	296.00	284.00	301.00	274.00
Ba	211.00	213.00	263.00	221.00	288.00	317.00	336.00	301.00	378.00	275.00	233.00
Zr	82.00	82.00	109.00	92.00	107.00	119.00	94.00	93.00	68.00	116.00	80.00
Y	16.00	16.00	13.00	16.00	16.00	18.00	11.00	11.00	11.00	18.00	14.00
Hf	—	—	—	—	—	—	—	—	—	—	—
Ta	—	—	—	—	—	—	—	—	—	—	—
Nb	4.00	4.00	5.00	5.00	8.00	10.00	3.00	3.00	2.00	5.00	3.00
Th	4.70	4.60	5.30	6.20	4.50	4.70	4.90	4.70	3.00	3.80	2.30

续表

阶段	II							
地区	Takakumayama S 型花岗岩		Osuzuyama S 型花岗岩			Ichifusayama I 型花岗岩		
序号	20	21	22	23	24	25	26	27
样品号	57T-305	57Z-111	75KY-109	75KY-110	75KY-112	75KY-115	75KY-116	75KY-118
年龄/Ma	14	14	14	14	14	14	14	14
SiO_2	73.76	68.00	67.95	75.23	70.53	67.28	78.67	65.03
TiO_2	0.04	0.28	0.71	0.08	0.36	0.67	0.41	0.66
Al_2O_3	14.65	16.59	15.11	13.22	14.25	15.00	9.50	15.85
Fe_2O_3	—	—	—	—	—	—	—	—
FeO	0.99	2.54	4.53	1.58	2.79	4.39	2.30	4.67
MnO	0.09	0.06	0.08	0.04	0.06	0.10	0.05	0.09
MgO	0.31	0.88	1.47	0.04	0.76	2.22	0.87	2.30
CaO	0.85	2.67	2.33	0.30	1.48	3.23	1.18	3.50
Na_2O	3.85	3.19	3.15	2.86	2.87	2.52	1.84	3.07
K_2O	4.25	4.07	3.30	5.24	4.20	2.95	3.80	2.94
P_2O_5	0.03	0.08	0.17	0.20	0.17	0.12	0.06	0.15
总量	98.82	98.36	98.80	98.79	97.47	98.48	98.68	98.26
La	18.20	44.70	44.20	5.52	29.90	30.50	24.90	32.20
Ce	45.20	90.50	90.50	12.70	60.90	59.80	45.90	61.80
Pr	5.70	9.80	9.71	1.53	6.79	6.46	5.11	6.65
Nd	23.70	39.20	39.10	5.17	26.70	24.60	19.40	25.40
Sm	10.20	8.22	7.69	1.83	6.13	4.70	3.51	5.00
Eu	0.08	0.92	1.12	0.20	0.81	1.12	0.78	1.22
Gd	11.30	6.90	6.21	2.29	5.44	3.92	2.76	4.01
Tb	2.50	1.17	0.98	0.46	0.94	0.64	0.41	0.70
Dy	17.10	6.77	5.66	3.30	5.65	3.91	2.28	4.35
Ho	3.72	1.40	1.17	0.64	1.18	0.80	0.47	0.90
Er	11.20	3.76	3.04	1.84	3.20	2.07	1.34	2.34
Tm	1.89	0.57	0.45	0.34	0.45	0.32	0.20	0.35
Yb	15.10	4.02	3.18	2.16	3.19	2.19	1.31	2.49
Lu	2.13	0.54	0.45	0.38	0.44	0.31	0.22	0.37
Rb	573.00	198.00	158.00	207.00	155.00	128.00	104.00	128.00
Cs	59.50	17.70	12.40	9.53	3.69	7.65	3.35	5.51
Sr	15.40	155.00	153.00	24.30	101.00	198.00	179.00	219.00
Ba	38.00	487.00	621.00	79.00	682.00	529.00	891.00	535.00
Zr	61.50	147.00	306.00	48.00	197.00	179.00	229.00	212.00
Y	102.00	38.20	30.40	17.40	31.30	20.90	12.60	23.30
Hf	4.49	4.67	7.53	1.89	5.36	4.58	5.89	5.29
Ta	9.60	1.78	1.23	1.39	1.20	1.28	0.82	1.42
Nb	18.90	12.90	14.80	8.53	11.50	14.20	7.62	15.80
Th	19.00	24.80	14.00	4.30	11.90	9.23	7.28	10.6

续表

阶段	II				III			
地区	Ishizuchiyama I 型花岗岩		Kumano I 型花岗岩		Shimane Peninsula			
序号	28	29	30	31	32	33	34	35
样品号	70S-303	70S-304	kumano-4	kumano-5	1	64	43	47
年龄/Ma	14	14	14	14	14.2	12.9	13.4	13.1
SiO_2	64.58	73.06	70.13	74.17	52.51	45.78	52.91	71.21
TiO_2	0.74	0.18	0.61	0.23	1.47	0.73	1.26	0.90
Al_2O_3	16.42	14.53	14.54	13.55	16.57	16.87	18.23	13.66
Fe_2O_3	—	—	—	—	5.38	4.37	4.07	1.25
FeO	4.24	1.76	3.01	1.90	4.78	4.71	4.57	1.55
MnO	0.11	0.04	0.05	0.03	0.29	0.20	0.17	0.06
MgO	2.04	0.29	1.09	0.64	3.19	8.10	3.55	0.14
CaO	3.52	1.08	1.85	0.60	7.50	11.06	8.87	3.03
Na_2O	3.34	3.66	3.48	2.65	3.42	2.03	3.58	4.32
K_2O	3.60	4.61	3.52	4.83	0.73	0.31	0.85	1.78
P_2O_5	0.15	0.04	0.16	0.15	0.22	0.10	0.26	0.31
总量	98.74	99.25	98.78	98.97	99.09	99.09	100.56	99.61
La	31.60	24.90	39.30	14.00	15.00	<4.00	16.00	31.00
Ce	63.90	53.70	81.40	30.10	29.00	14.00	32.00	62.00
Pr	6.54	5.73	8.66	3.31	—	—	—	—
Nd	26.00	22.20	35.00	13.30	—	—	—	—
Sm	4.84	5.23	7.05	3.50	—	—	—	—
Eu	1.09	0.43	1.05	0.41	—	—	—	—
Gd	4.11	4.27	6.03	3.54	—	—	—	—
Tb	0.62	0.65	0.95	0.72	—	—	—	—
Dy	3.64	3.28	5.50	4.74	—	—	—	—
Ho	0.75	0.50	1.13	1.03	—	—	—	—
Er	2.04	1.07	3.04	2.90	—	—	—	—
Tm	0.28	0.14	0.46	0.43	—	—	—	—
Yb	2.05	0.87	2.90	2.97	—	—	—	—
Lu	0.29	0.12	0.43	0.41	—	—	—	—
Rb	136.00	195.00	122.00	168.00	—	—	—	—
Cs	8.32	13.60	4.67	5.02	—	—	—	—
Sr	214.00	63.80	179.00	49.50	—	—	—	—
Ba	564.00	392.00	749.00	379.00	222.00	109.00	170.00	503.00
Zr	175.00	90.80	246.00	91.00	87.00	33.00	112.00	248.00
Y	19.90	14.70	28.80	28.50	34.00	14.00	27.00	49.00
Hf	4.58	3.45	6.51	2.93	—	—	—	—
Ta	1.33	1.46	1.10	0.99	—	—	—	—
Nb	14.00	12.80	11.40	7.14	2.00	<2.00	6.00	14.00
Th	10.50	11.70	15.40	7.55	3.00	<2.00	3.00	6.00

续表

阶段	III						IV	
地区	Matsue		Oki-Dogo				Oki-Dogo	
序号	36	37	38	39	40	41	42	43
样品号	17	18	SHZ	ET7809402	UTG	OMS	OKD	KRB
年龄/Ma	11.2	10.8	5.42	5.45	5.46	5.51	3.3	3.61
SiO_2	52.77	48.17	69.01	52.00	53.57	65，83	47.79	47.47
TiO_2	1.52	1.96	0.30	3.12	2.24	0.68	2.39	2.43
Al_2O_3	16.46	17.46	15.50	14.56	16.29	16.54	16.44	17.15
Fe_2O_3	4.10	4.24	2.21	—	3.65	2.19	1.85	2.26
FeO	2.81	3.65	0.19	11.28	5.45	0.68	7.14	7.22
MnO	0.09	0.13	0.03	0.17	0.17	0.06	0.15	0.15
MgO	3.70	5.52	0.19	3.61	2.57	0.27	8.63	8.76
CaO	7.58	8.05	0.53	7.25	5.55	1.44	7.66	8.03
Na_2O	4.09	3.61	4.55	3.67	3.96	4.36	4.12	3.67
K_2O	3.36	2.06	6.06	2.90	3.64	6.11	2.23	1.69
P_2O_5	1.20	0.67	0.05	1.39	1.01	0.13	0.81	0.66
总量	99.85	99.90	98.76	99.95	98.10	98.29	99.21	99.49
La	217.00	103.00	83.20	61.00	68.20	61.40	38.90	34.00
Ce	399.00	189.00	124.00	130.60	130.00	99.60	75.00	64.40
Pr	—	—	—	—	—	—	—	—
Nd	—	—	46.50	54.90	59.80	44.90	27.70	31.10
Sm	—	—	8.57	11.90	11.30	7.13	7.34	6.62
Eu	—	—	0.79	4.66	4.03	1.34	2.33	2.39
Gd	—	—	—	—	—	—	—	—
Tb	—	—	1.13	2.47	1.34	0.84	0.74	0.91
Dy	—	—	—	—	—	—	—	—
Ho	—	—	—	—	—	—	—	—
Er	—	—	—	—	—	—	—	—
Tm	—	—	—	—	—	—	—	—
Yb	—	—	3.28	2.50	2.86	—	1.74	2.60
Lu	—	—	—	0.35	—	—	—	—
Rb	—	—	181.00	55.00	73.00	—	49.00	37.00
Cs	—	—	—	0.17	—	—	—	—
Sr	—	—	21.00	680.00	570.00	—	680.00	720.00
Ba	1692.00	910.00	248.00	1412.00	1530.00	—	690.00	810.00
Zr	435.00	314.00	598.00	322.00	413.00	—	210.00	210.00
Y	29.00	30.00	34.00	39.00	33.00	—	19.00	22.00
Hf	—	—	15.50	7.76	10.00	13.90	5.78	5.00
Ta	—	—	4.00	3.20	4.15	3.45	4.20	3.40
Nb	15.00	12.00	—	48.00	—	—	—	—
Th	37.00	18.00	25.60	6.59	10.10	16.70	5.61	5.48

续表

阶段	IV						
地区	Oki-Dogo						
序号	44	45	46	47	48	49	50	51
样品号	MISG-1	MISG-2	SBB	FBA（1）	SBA	NBB	FBB	SHB
年龄/Ma	0.55	0.55	0.63	0.79	1.30	2.35	2.65	2.81
SiO_2	47.11	46.58	46.44	47.36	47.29	49.11	47.53	45.08
TiO_2	1.75	1.66	2.54	2.63	2.72	2.12	2.31	2.55
Al_2O_3	15.00	15.01	16.91	16.57	16.36	16.08	15.45	14.17
Fe_2O_3	3.04	3.54	1.55	2.98	2.10	3.89	1.82	3.02
FeO	7.09	6.83	7.66	6.72	7.37	6.26	7.81	7.14
MnO	0.15	0.17	0.15	0.17	0.18	0.14	0.15	0.17
MgO	10.76	10.67	7.11	7，39	7.67	7.03	9.88	10.54
CaO	9.41	9.33	8.63	8.60	7.60	8.66	7.66	9.69
Na_2O	3.02	3.50	3.49	4.54	3.44	3.89	3.84	4.47
K_2O	1.57	0.83	2.27	0.99	2.77	1.43	1.91	0.77
P_2O_5	0.58	0.22	0.92	0.60	0.82	0.63	0.73	0.74
总量	99.48	98.34	97.67	98.55	98.32	99.24	99.09	98.34
La	—	25.90	39.10	—	44.90	—	33.70	—
Ce	—	50.20	73.70	—	88.70	—	64.40	—
Pr	—	—	—	—	—	—	—	—
Nd	—	28.00	42.70	—	41.70	—	32.20	—
Sm	—	5.14	7.33	—	9.09	—	7.00	—
Eu	—	1.86	2.37	—	2.71	—	2.48	—
Gd	—	—	—	—	—	—	—	—
Tb	—	0.77	0.89	—	1.02	—	0.78	—
Dy	—	—	—	—	—	—	—	—
Ho	—	—	—	—	—	—	—	—
Er	—	—	—	—	—	—	—	—
Tm	—	—	—	—	—	—	—	—
Yb	—	2.27	2.39	—	2.25	—	1.60	—
Lu	—	—	—	—	—	—	—	—
Rb	—	46.00	61.00	—	79.00	—	43.00	—
Cs	—	—	—	—	—	—	—	—
Sr	—	600.00	870.00	—	830.00	—	720.00	—
Ba	—	520.00	1030.00	—	970.00	—	620.00	—
Zr	—	160.00	230.00	—	280.00	—	230.00	—
Y	—	19.00	24.00	—	28.00	—	23.00	—
Hf	—	3.90	5.91	—	6.86	—	5.80	—
Ta	—	2.40	3.30	—	4.40	—	3.30	—
Nb	—	—	—	—	—	—	—	—
Th	—	3.42	4.86	—	6.90	—	3.66	—

资料来源：1～3，38-51 据 Uto *et al.*，1994；4～7 据 Morris *et al.*，1989；8～19 据 Shimoda *et al.*，1998；20～31 据 Shin，2008；32～37 据 Morris *et al.*，1989。

阴地区，埃达克火山岩活动始于 1.7Ma B. P.（Kimura *et al.*，2003）。图 5.30 展示了来自 Daisen 和 Aonoyama 地区英安岩的微量元素模式，Nb、Ta 和 HREE 强烈亏损，高 Sr，Pb 含量和 Sr/Y 值，是典型的埃达克特征（Defant and Drummond，1990；Morris，1995）。埃达克岩分布呈现明显的弓形。在 Yokota-Daisen 周围埃达克岩取代碱性玄武岩是在 1 Ma（Kimura *et al.*，2003），正是俯冲的菲律宾海板块插入产生碱性玄武岩浆热的软流圈地幔之时，因此埃达克岩浆是俯冲板块与热的软流圈地幔互相作用和熔融的产物（Kimura *et al.*，2003；Morris，1995）。有着 HFSE 亏损的碱性玄武岩主要产于 Daisen、Sambe 和 Aonoyama 埃达克质英安岩附近，OIB 型碱性玄武岩则距埃达克岩相对较远。碱性玄武岩与埃达克岩的这种时空和组成关系暗示菲律宾海板块对西南日本弧后地区的影响，首先是流体交代 OIB 型地幔源区，形成 HFSE 亏损的碱性玄武岩；其次是形成埃达克岩。

5.4.3　东北日本新生代火山岩岩石学和地球化学特征

东北日本在 21～14（或 11）Ma B. P. 间逆时针旋转～47°向东移动。东北日本弧的火山活动是与太平洋板块的俯冲有关，太平洋板块的俯冲导致弧后拉张，形成日本海盆。新近纪早期东北日本弧的火山活动是强烈的双峰式，产生了大量的酸性-基性火山岩。新近纪火山活动在早中新世（25～20Ma B. P.）是最强烈的，随后火山活动逐步减弱，到晚中新世至上新世火山活动减弱到最小，岩性也由双峰式、酸性岩多于基性岩转为基性岩为主（Sugimura *et al.*，1963）。在第四纪，火山活动（主要是安山质）又重新活跃起来，目前仍在活跃的火山都是最近一次活动的产物。中新世火山活动区域与目前活动区域是基本相吻合的，只是当时的火山前缘位于其西部约 40km。东北火山前缘宽约 100km，从本州中部到北海道西部贯穿整个东北日本弧，分布有大约 100 个第四纪火山。火山呈不均匀分布，从火山前缘向日本海呈幂数级减少（Aramaki and Ui，1982）。

东北日本新生代火山岩时代主要分为三个阶段：渐新世—早中新世（25～17Ma B. P.）、中中新世—上新世（17～2Ma B. P.）和第四纪（2～0Ma B. P.）。

5.4.3.1　渐新世—早中新世（25～17Ma B. P.）火山岩

渐新世—早中新世时西南日本火山作用并不活跃，仅在隐岐岛和山阴带有少量拉斑质火山岩，与之相比，在东北日本，渐新世到早中新世（35～16Ma B. P.）火山活动较为活跃，并引起了日本学者的广泛关注（Ohguchi，1983，2002；Tsuchiya，1995；Yagi *et al.*，2001；Shuto *et al.*，2006；Sato *et al.*，2007）。火山岩主要分布在弧后地区，与弧后海的打开同一时代，即所谓的绿色凝灰岩，岩性主要有钙碱性-碱性安山岩和英安岩以及高场强元素较高含量的拉斑质-碱性玄武岩，岩石学和地球化学特征上都类似于裂谷火山岩（例如科罗拉多裂谷），暗示着在日本海扩张前期东北日本弧对欧亚大陆弧裂解的响应。

本次研究以东北日本早中新世（25～17Ma B. P.）具有代表性的十个地区的火山岩为例（图 5.32），探讨该时期火山岩沿弧的地球化学特征。火山岩年代学见表 5.9，Yashikidai 和 Taikura 火山岩有相同层位（Akita Prefecture，1978；Ozawa *et al.*，1979），Taikura 玄武熔岩有 18.8±2.5Ma 和 20.4±1.4Ma 两个接近的 K-Ar 年龄（Yagi *et al.*，

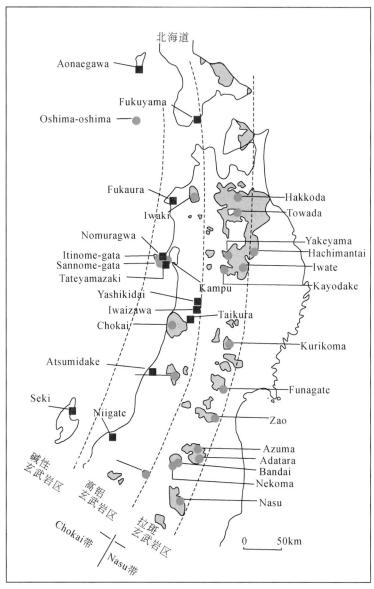

■ 东北日本25~17Ma B.P.的火山岩　● 东北日本第四纪火山岩

图 5.32　东北日本 25~17Ma B.P. 与第四纪火山岩分布图

（据 Takahashi *et al.*，2002；Sato *et al.*，2007）

图中虚线是第四纪玄武岩岩石系列分界线

2001），反映两个地区的玄武岩形成于 20Ma B.P. 。Iwaizawa 火山岩主要由火山熔岩和火山碎屑岩组成，层位位于 Yashikidai 和 Taikura 火山岩之上（Ozawa *et al.*，1979），因此它的年龄大约为 18Ma（Ohguchi，2002）。Fukuyama 火山岩由两个单元组成，上部是玄武质到安山质凝灰角砾岩与熔岩，下部是安山质-英安质-流纹质火山碎屑岩，两个单元安山岩的径迹裂变年龄分别为 24.3±2.0Ma 和 20.2Ma（Koshimizu *et al.*，1986。Fukaura 火山岩由玄武质-安山质火山碎屑岩和大量熔岩组成，K-Ar 年龄为 18.2±0.5Ma 至 20.6

±2.0Ma（Fukudome *et al.*，1990；Hayashi and Ohguchi，1998；Hoshi *et al.*，2003）。Nomuragawa 火山岩由玄武质–安山质–英安质火山碎屑、熔岩组成，K-Ar 年龄是 20.9±0.5Ma（Kobayashi *et al.*，2004）。由于 Tateyanazaki 火山岩位于 Nomuragawa 火山岩之上，因此其年龄大约为 21Ma（Sato *et al.*，2007）。Atsumidake 火山岩以安山质火山凝灰岩、碎屑岩和熔岩为主，K-Ar 年龄为 21.8±1.1Ma（Tsuchiya，1995）。Aonaegawa 玄武–安山质火山熔岩、碎屑岩 K-Ar 年龄为 19.7±0.5Ma（Yamamoto *et al.*，1991）。Seki 玄武安山岩-英安岩-流纹岩依据地层关系形成年龄大约为 20Ma（Shuto *et al.*，2006）。

表 5.9　东北日本渐新世-早中新世（25～17Ma B. P.）火山岩年代表

地区	年龄	引用文献
Yashikidai	18.8～20.4Ma（K-Ar）	Yagi *et al.*，2001
Iwaizawa	18Ma	Ohguchi，2002
Taikura	18.8～20.4 Ma（K-Ar）	Yagi *et al.*，2001
Fukuyama	24.3～20.2Ma（径迹裂变）	Koshimizu *et al.*，1986；Agency of Natural Resources and Energy，1981
Fukaura	18.2～20.6Ma（K-Ar）	Fukudome *et al.*，1990；Hayashi and Ohguchi，1998；Hoshi *et al.*，2003
Nomuragawa	20.9Ma（K-Ar）	Kobayashi *et al.*，2004
Tateyamazaki	21Ma	Sato *et al.*，2007
Atsumidake	21.8Ma（K-Ar）	Tsuchiya，1995
Aonaegawa	19.7Ma（K-Ar）	Yamamoto *et al.*，1991
Seki	20Ma	Shuto *et al.*，2006

　　渐新世—早中新世东北火山岩绝大多数为低碱拉斑质火山岩，普遍富集大离子亲石元素 Rb、Ba、K、Sr 和轻稀土元素（表 5.10），依据钛含量，火山岩又可分为高钛（TiO_2＞1.5％）和低钛（TiO_2＜1.5％）两类：高钛火山岩分布在 Taikura、Seki 地区，低钛火山岩分布在 Yashikidai、Iwaizawa、Fukaura、Nomuragawa、Tateyamazaki 和 Atsumidake 地区，而北海道的 Fukuyama 和 Aonaegawa 既有高钛又有低钛火山岩。高钛火山岩较之低钛火山岩有相对高的 N_2O+K_2O，P_2O_5 含量，但 FeO_T/MgO 没有太大的差别，K_2O 含量有较宽的变化范围，大多数数据落入中钾系列范围，高钛火山岩的 K_2O 含量略高于低钛火山岩（图 5.33）。

　　高钛与低钛火山岩之间有清晰区分的是在 Zr/Y-Ti 和 La_N/Yb_N-Ti 图（图 5.34）以及稀土元素配分图（图 5.35），高钛火山岩的 Zr/Y 和 La_N/Yb_N 值明显高于低钛玄武岩，高钛玄武岩有较高的 HFSE 含量（如 Nb、Zr、Hf、Sm、Ti、Y、Yb），较高的轻稀土含量，较强的轻、重稀土分异，然而两种类型的玄武岩都有相似的 Zr/Nb 和 La_N/Ce_N 值。值得注意的是，高钛与低钛玄武岩在地域上没有规律可循。

　　这一时期的东北日本玄武岩类似西南日本内带低碱拉斑火山岩岩石地球化学特征，但没有象西南日本内带那样出现碱性火山岩。

　　东北日本，早中新世玄武岩有着较宽的 Sr-Nd 同位素变化范围（表 5.11），$^{143}Nd_i/^{144}Nd_i$ 值变化在 0.51248～0.51285，$^{87}Sr_i/^{86}Sr_i$ 变化在 0.70389～0.70631。从东到西，横穿弧后地区没有系统的 Sr-Nd 同位素变化。但是，从北向南，沿东北弧弧后边界 Sr 初始值逐渐增加，而 Nd 初始值逐渐减小；其他火山则介于两者之间（图 5.36）。在 Sr-Nd 同位

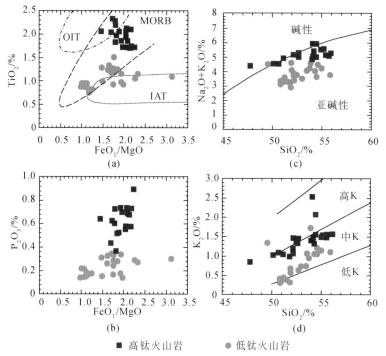

图 5.33　东北日本 25～17Ma B. P. 火山岩 FeO_T/MgO-TiO_2（a）、FeO_T/MgO-P_2O_5（b）、SiO_2-（Na_2O+K_2O）（c）和 SiO_2-K_2O（d）图解（据 Sato *et al.*，2007）

MORB. 洋中脊玄武岩；OIT. 洋岛拉斑玄武岩；IAT. 岛弧拉斑玄武岩

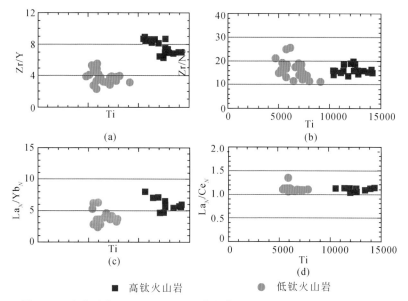

图 5.34　东北日本 25～17Ma B. P. 火山岩 Ti-Zr/Y（a）、Ti-Zr/Nb（b）、Ti-La_N/Yb_N（c）和 Ti-La_N/Ce_N（d）图解（据 Sato *et al.*，2007）

素对比图中，大多数火山沿地幔趋势线分布，只有最南部两个火山（Seki，Atsumidake）落到趋势线的右边（图 5.37），北部地区的火山接近于亏损地幔。

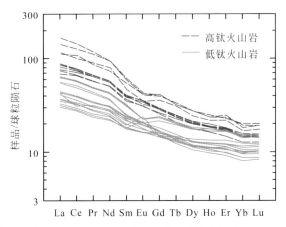

图 5.35 东北日本 25～17Ma B. P. 火山岩稀土配分图（据 Sato *et al*. , 2007）

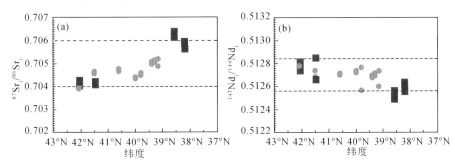

图 5.36 东北日本 25～17Ma B. P. 火山岩 Sr-Nd 同位素与纬度关系图（据 Sato *et al*. , 2007）

最北部的两个火山：Aonaegawa 和 Fukuyama 有着最亏损的 Sr-Nd 同位素组成，分别为 $^{87}Sr_i/^{86}Sr_i = 0.70389\sim0.70420$，$^{143}Nd_i/^{144}Nd_i = 0.51272\sim0.51282$ 和 $^{87}Sr_i/^{86}Sr_i = 0.70403\sim0.70462$，$^{143}Nd_i/^{144}Nd_i = 0.51265\sim0.51285$；最南部的两个火山：Seki 和 Atsumidake，有着最富集的 Sr-Nd 同位素组成，分别为 $^{87}Sr_i/^{86}Sr_i = 0.70557\sim0.70592$，$^{143}Nd_i/^{144}Nd_i = 0.51255\sim0.51262$）和 $^{87}Sr_i/^{86}Sr_i = 0.70607\sim0.70631$，$^{143}Nd_i/^{144}Nd_i = 0.51248\sim0.51254$）。图列同图 5.34

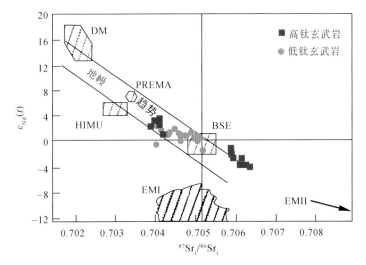

图 5.37 东北日本 25～17Ma B. P. 火山岩 $^{87}Sr_i/^{86}Sr_i$-$\varepsilon_{Nd}(t)$ 图

BSE. 全碳酸盐地球；DM. 亏损地幔；PREMA. 经常观测到的普通地幔；HIMU. 具有高 U/Pb 值的地幔；

EMI. 富集地幔 I；EMII. 富集地幔 II（据 Zindler and Hart , 1986）

表 5.10 东北日本渐新世—早中新世（25～17Ma B. P.）
玄武岩主量元素（%）和微量元素（ppm）数据表

地区	Yashikidai		Iwaizaw			Fukuyama					Fukaura			Nomuragawa	
样品号	027	028	089	092	BA-Y	OYB10 (I)	OYB13 (I)	SR11 (I)	SR12 (II)	BMT03 (II)	F-04	F-05	F-10	OG-01	OG-02
SiO₂	53.29	52.52	50.90	52.17	51.38	48.46	45.36	49.61	50.82	52.46	51.19	51.95	53.09	52.38	51.80
TiO₂	0.93	0.89	0.91	0.91	0.86	1.91	1.86	1.11	1.16	1.11	1.12	1.03	1.05	0.83	0.90
Al₂O₃	19.53	19.17	16.80	16.46	16.56	17.88	18.80	17.21	18.16	17.00	19.45	20.36	20.54	17.35	17.51
FeO₁	6.92	7.84	8.74	8.46	8.55	8.13	10.23	9.01	9.60	9.02	8.95	8.44	7.46	6.86	6.97
MnO	0.13	0.12	0.12	0.14	0.14	0.17	0.27	0.20	0.19	0.20	0.14	0.14	0.11	0.14	0.16
MgO	3.63	4.55	8.10	8.14	9.10	4.88	5.72	5.22	5.78	4.75	3.91	3.79	2.42	6.63	7.13
CaO	9.08	8.74	10.00	9.46	9.50	8.60	8.52	9.10	9.41	8.37	10.10	9.62	9.26	8.56	8.52
Na₂O	3.32	3.18	2.52	2.77	2.62	3.64	3.38	2.64	2.41	2.76	2.26	2.40	2.35	2.86	2.90
K₂O	1.01	0.92	0.30	0.63	0.57	0.98	0.78	1.00	1.22	1.68	1.04	1.30	1.18	1.01	1.02
P₂O₅	0.17	0.16	0.14	0.14	0.14	0.41	0.34	0.32	0.31	0.33	0.26	0.28	0.29	0.20	0.21
LOI	1.82	1.89	1.68	1.67	0.35	4.57	5.53	4.04	1.14	1.88	1.05	0.61	1.62	2.28	1.92
总量	99.83	99.98	100.21	100.95	99.77	99.63	100.79	99.46	100.20	99.56	99.47	99.92	99.37	99.10	99.04
Rb	22.00	21.00	2.00	14.00	22.00	18.00	8.00	15.00	16.00	51.00	17.00	33.00	34.00	16.00	17.00
Sr	419.00	412.00	258.00	263.00	261.00	450.00	432.00	478.00	461.00	418.00	559.00	591.00	663.00	700.00	684.00
Ba	191.00	178.00	142.00	230.00	155.00	301.00	277.00	586.00	597.00	585.00	740.00	568.00	620.00	205.00	204.00
Y	20.00	18.00	22.00	33.00	21.00	32.00	29.00	28.00	28.00	29.00	20.00	21.00	19.00	18.00	17.00
Zr	97.00	91.00	78.00	81.00	75.00	213.00	196.00	120.00	117.00	122.00	67.00	80.00	77.00	112.00	115.00
Hf	2.40	2.20	1.90	2.00	1.90	4.50	4.10	3.00	2.90	2.90	1.70	2.00	1.90	2.60	2.60
Nb	5.20	4.90	4.00	4.30	4.00	9.60	8.80	5.70	5.60	5.70	3.40	4.30	4.00	5.40	5.70
Th	1.80	1.50	0.90	1.10	1.00	1.80	1.80	4.00	4.00	4.00	1.80	2.10	2.10	1.80	1.90
La	9.71	8.67	7.15	9.99	7.47	18.03	16.20	14.89	15.09	14.88	8.74	10.03	10.50	12.99	13.32
Ce	22.00	19.91	16.78	19.11	17.35	43.56	40.28	34.85	35.71	35.19	20.51	24.07	24.50	29.88	31.49
Pr	2.91	2.62	2.24	2.97	2.32	6.05	5.43	4.55	4.66	4.60	2.87	3.21	3.29	3.99	4.14
Nd	12.64	11.41	10.20	13.13	10.36	25.73	23.69	19.57	20.12	19.92	12.79	14.48	14.37	16.73	17.29
Sm	3.04	2.75	2.79	3.46	2.69	6.05	5.55	4.76	4.88	4.95	3.28	3.66	3.55	3.82	3.76
Eu	1.01	0.94	0.94	1.18	0.93	1.86	1.77	1.30	1.31	1.29	1.12	1.18	1.13	1.20	1.18
Gd	3.26	2.98	3.27	4.41	3.11	5.94	5.37	4.76	4.91	4.89	3.41	3.70	3.41	3.35	3.46
Tb	0.53	0.48	0.55	0.73	0.52	0.93	0.85	0.75	0.77	0.78	0.54	0.58	0.53	0.51	0.50
Dy	3.25	2.89	3.49	4.43	3.25	5.40	5.03	4.46	4.54	4.63	3.20	3.30	3.00	2.92	2.84
Ho	0.70	0.64	0.76	0.99	0.71	1.12	1.04	0.95	0.94	1.00	0.68	0.70	0.64	0.60	0.58
Er	2.01	1.74	2.21	2.79	2.01	3.01	2.81	2.71	2.77	2.77	1.89	1.98	1.78	1.62	1.63
Yb	1.89	1.70	2.10	2.38	1.95	2.66	2.45	2.48	2.54	2.59	1.68	1.80	1.60	1.46	1.47
Lu	0.29	0.26	0.31	0.37	0.30	0.39	0.36	0.37	0.38	0.39	0.25	0.27	0.24	0.22	0.22

续表

district	Atsumidake		Aonaegawa					
Sample	At-17	At-48	60107SM（I）	629SM1（I）	1021G1（I）	SM3（I）	109SM（I）	24AO2（II）
SiO₂	49.99	48.98	49.39	50.10	49.60	49.89	50.16	49.06
TiO₂	1.20	1.21	2.08	2.20	1.95	2.16	2.21	0.78
Al₂O₃	19.46	18.46	17.13	16.76	16.52	16.46	16.75	16.63
FeO₁	8.49	8.84	8.53	8.16	9.09	8.36	8.00	7.45
MnO	0.17	0.25	0.17	0.17	0.15	0.14	0.15	0.25
MgO	4.95	6.16	4.83	4.80	4.91	4.76	4.72	6.84
CaO	9.71	9.53	8.44	7.85	7.84	7.95	7.94	8.48
Na₂O	2.78	2.69	3.49	3.58	3.49	3.55	3.66	2.54
K₂O	0.35	0.26	0.93	1.33	1.38	1.24	1.36	0.67
P₂O₅	0.23	0.29	0.56	0.60	0.50	0.57	0.59	0.17
LOI	2.74	3.36	4.32	4.30	4.13	4.06	3.90	6.35
总量	100.07	100.03	99.87	99.85	99.56	99.14	99.44	99.22
Rb	2.00	1.00	6.00	11.00	13.00	8.00	12.00	16.00
Sr	524.00	547.00	647.00	603.00	705.00	607.00	606.00	585.00
Ba	221.00	252.00	249.00	243.00	207.00	250.00	247.00	226.00
Y	19.00	18.00	29.00	31.00	27.00	31.00	31.00	15.00
Zr	71.00	80.00	209.00	227.00	196.00	217.00	224.00	77.00
Hf	1.70	1.80	4.30	4.50	3.90	4.40	4.50	1.90
Nb	4.90	5.40	13.60	14.50	12.50	14.00	14.40	4.20
Th	0.70	0.50	1.70	1.90	1.50	1.80	1.80	2.50
La	7.73	8.30	19.21	20.41	17.61	20.16	20.80	10.22
Ce	18.13	19.63	45.52	47.76	40.62	46.46	47.77	23.73
Pr	2.43	2.67	6.08	6.30	5.50	6.07	6.27	3.20
Nd	11.20	11.95	25.98	26.77	23.15	25.93	26.74	14.04
Sm	2.76	2.94	5.86	6.00	5.33	5.88	6.15	3.36
Eu	1.22	1.38	1.98	2.06	1.80	1.97	2.03	1.04
Gd	3.01	3.09	5.84	6.03	5.20	5.97	5.99	3.10
Tb	0.49	0.49	0.88	0.91	0.78	0.89	0.89	0.46
Dy	2.98	2.91	5.07	5.29	4.46	5.13	5.19	2.66
Ho	0.63	0.62	1.03	1.06	0.92	1.05	1.06	0.55
Er	1.85	1.76	2.89	2.96	2.42	2.88	2.93	1.51
Yb	1.73	1.63	2.48	2.55	2.15	2.50	2.49	1.35
Lu	0.26	0.26	0.38	0.39	0.32	0.37	0.37	0.21

资料来源：据 Sato *et al.*，2007；类型 I：样品具有斜长石、橄榄石和单斜辉石斑晶，类型 II：样品具有斜长石、斜方辉石和单斜辉石斑晶；FeO$_T$＝FeO＋0.9Fe₂O₃。

表 5.11 东北日本渐新世—早中新世（25～17Ma B. P.）玄武岩 Sr-Nd 同位素成分表

地区	样品	Rb /ppm	Sr /ppm	^{87}Rb /^{86}Sr	$^{87}Sr/^{86}Sr$ ($\pm 2\sigma$)	$^{87}Sr_i/$ $^{86}Sr_i$	Sm /ppm	Nd /ppm	^{147}Sm /^{144}Nd	$^{143}Nd/^{144}Nd$ ($\pm 2\sigma$)	$^{143}Nd_i/$ $^{144}Nd_i$	年龄
Yashikidai	027	21	446	0.283	0.705043±14	0.704971	2.98	13.64	0.1321	0.512715±09	0.512698	20
	028	22	456	0.134	0.705083±14	0.705045	2.55	11.81	0.1306	0.512696±14	0.512679	20
Iwaizawa	089	3	276	0.029	0.705036±13	0.705029	2.81	11.03	0.1540	0.512728±13	0.512710	18
	092	14	279	0.146	0.705162±13	0.705125	3.30	14.26	0.1399	0.512712±14	0.512696	18
Taikura	99101005	4	494	0.023	0.704881±14	0.704874	7.62	32.70	0.1409	0.512753±14	0.512734	20
	99101502	6	480	0.036	0.705175±14	0.705165	6.70	34.70	0.1167	0.512615±14	0.512610	20
Fukuyama	OYB10	18	471	0.112	0.704066±10	0.704031	5.98	25.90	0.1396	0.512669±14	0.512649	22
	OYB13	10	471	0.060	0.704131±12	0.704112	5.10	25.01	0.1233	0.512854±14	0.512854	22
	SR11	23	494	0.133	0.704656±09	0.704615	4.51	20.55	0.1327	0.512697±12	0.512697	22
	SR12	15	480	0.091	0.704600±12	0.704572	4.53	21.03	0.1302	0.512751±14	0.512732	22
Fukaura	F-04	17	577	0.087	0.704740±10	0.704716	3.05	13.71	0.1345	0.512732±10	0.512714	19
	F-05	33	597	0.159	0.704696±11	0.704653	3.51	15.05	0.1410	0.512720±14	0.512702	19
	F-10	34	673	0.147	0.704677±11	0.704637	3.39	15.23	0.1346	0.512719±14	0.512701	19
Nomuragawa	OG-01	16	711	0.066	0.704383±12	0.704364	3.71	16.20	0.1385	0.512755±14	0.512737	21
	OG-02	17	693	0.070	0.704357±10	0.704337	3.52	17.02	0.1251	0.512738±12	0.512722	21
Tateyamazaki	99052001	11	320	0.099	0.704603±13	0.704575	2.56	10.10	0.1533	0.512589±14	0.512569	21
	99052003a	2	434	0.013	0.704506±11	0.704502	2.55	9.64	0.1599	0.512787±13	0.512766	21
Atsumidake	At-01	14	538	0.077	0.706205±14	0.706181	—	—	—	0.512512±13	—	22
	At-17	2	541	0.013	0.706135±13	0.706131	2.81	11.08	0.1533	0.512562±13	0.512540	22
	At-48	2	565	0.010	0.706314±12	0.706311	3.10	12.22	0.1534	0.512498±13	0.512476	22
	At-49	2	597	0.010	0.706124±13	0.706121	—	—	—	0.512478±15	—	22
	At-81	4	583	0.020	0.706262±11	0.706256	3.12	13.00	0.1451	0.512507±14	0.512486	22
	At-89	6	520	0.036	0.706076±13	0.706065	3.72	14.16	0.1588	0.512516±14	0.512493	22
Aonaegawa	60107SM	7	676	0.031	0.704204±13	0.704195	5.76	25.91	0.1344	0.512740±12	0.512722	20
	629SM1	9	629	0.043	0.704146±14	0.704134	6.05	26.85	0.1362	0.512812±14	0.512794	20
	1021G1	12	660	0.054	0.703969±13	0.703954	5.41	23.85	0.1372	0.512821±12	0.512803	20
	SM3	7	635	0.033	0.704168±14	0.704159	5.75	26.01	0.1337	0.512762±13	0.512745	20
	109SM	14	635	0.063	0.704139±13	0.704121	6.92	30.43	0.1375	0.512812±14	0.512794	20
	17SM1	36	619	0.167	0.704209±14	0.704162	5.17	20.23	0.1545	0.512771±14	0.512750	20
	24AO2	17	586	0.084	0.704079±14	0.704055	3.25	14.12	0.1392	0.512818±14	0.512780	20
	2SM7	17	584	0.086	0.703914±11	0.703890	3.50	15.96	0.1327	0.512793±13	0.512776	20
	1014AO2	18	608	0.086	0.703996±13	0.703972	3.60	14.99	0.1452	0.512839±13	0.512820	20

续表

地区	样品	Rb /ppm	Sr /ppm	^{87}Rb $/^{86}Sr$	$^{87}Sr/^{86}Sr$ ($\pm 2\sigma$)	$^{87}Sr_i/$ $^{86}Sr_i$	Sm /ppm	Nd /ppm	^{147}Sm $/^{144}Nd$	$^{143}Nd/^{144}Nd$ ($\pm 2\sigma$)	$^{143}Nd_i/$ $^{144}Nd_i$	年龄
Seki	SK1	32	513	0.180	0.705937±14	0.705886	8.60	42.10	0.1241	0.512574±13	0.512558	20
	SK3	27	507	0.155	0.705956±10	0.705912	8.30	41.30	0.1206	0.512565±13	0.512550	20
	SK7	31	523	0.174	0.705617±14	0.705568	8.70	41.70	0.1267	0.512626±13	0.512610	20
	SK8	32	517	0.176	0.705962±13	0.705912	8.50	42.20	0.1210	0.512612±14	0.512596	20
	SK9	32	516	0.182	0.705968±13	0.705916	8.60	42.20	0.1227	0.512604±13	0.512588	20
	SK10	31	519	0.176	0.705959±12	0.705909	8.60	42.40	0.1231	0.512607±13	0.512591	20
	SK11	33	511	0.186	0.705952±13	0.705899	8.60	42.00	0.1241	0.512636±13	0.512620	20
	SK12	28	512	0.157	0.705889±13	0.705844	8.90	43.20	0.1244	0.512638±13	0.512622	20
	SK14	27	508	0.155	0.705899±13	0.705855	7.50	45.00	0.1007	0.512629±13	0.512616	20
	SK15	29	512	0.166	0.705902±13	0.705855	9.00	45.50	0.1196	0.512610±13	0.512594	20

资料来源：据 Sato et al.，2007。

5.4.3.2   中中新世—上新世（17～2Ma B. P.）火山岩

该阶段火山岩在日本东北弧地区年龄范围为 2～12Ma（中岛圣子等，1995）；日本北海道地区年龄范围为 9～14Ma（冈村聪等，1995）。

在主量元素方面日本箱根地区、东北弧地区及北海道地区的火山岩（图 5.38）MgO、FeO_T、CaO 及 Al_2O_3 的含量均随着 SiO_2 含量的增加而减少，而 Na_2O 和 K_2O 的含量则随着 SiO_2 含量的增加而增加。日本箱根、东北弧和北海道三个地区的火山岩 K_2O 随着 SiO_2 的变化趋势有明显的不同。在 TiO_2 和 P_2O_5 与 SiO_2 对比图上，日本箱根、东北弧及北海道地区火山岩的 TiO_2 和 P_2O_5 含量在 SiO_2 含量分别小于 58% 和 64% 时随着 SiO_2 含量的增加而增加，在 SiO_2 含量分别大于 58% 和 64% 时随着 SiO_2 含量的增加而减少。

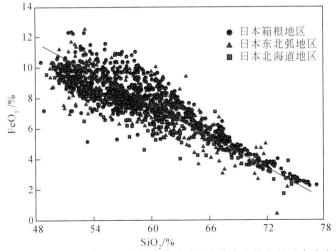

图 5.38   日本箱根、东北弧及北海道地区新生代火山岩主量元素哈克图解

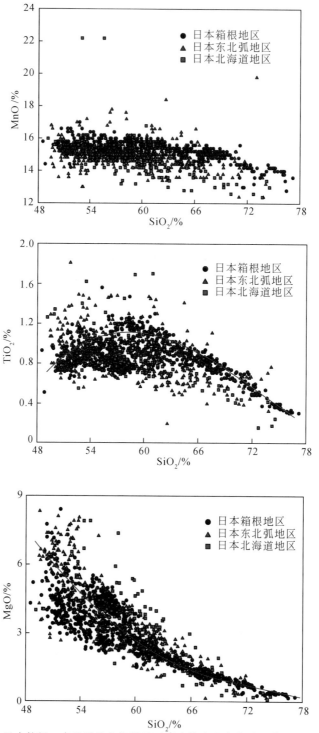

图 5.38　日本箱根、东北弧及北海道地区新生代火山岩主量元素哈克图解（续）

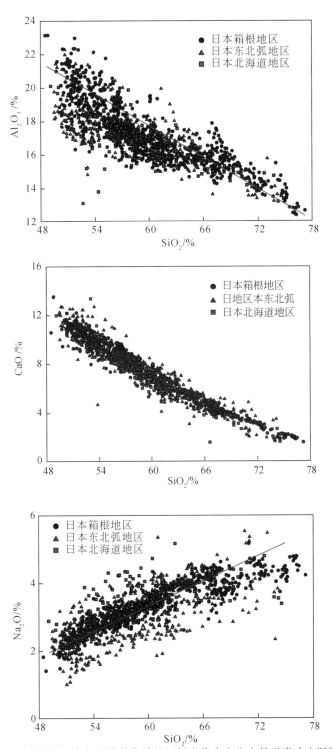

图 5.38　日本箱根、东北弧及北海道地区新生代火山岩主量元素哈克图解（续）

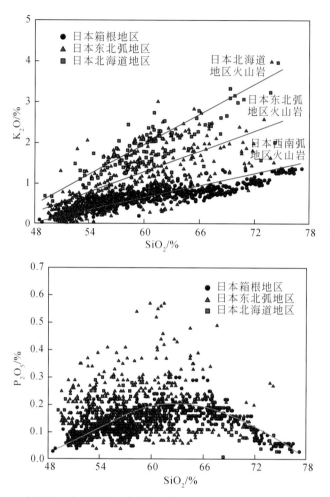

图 5.38　日本箱根、东北弧及北海道地区新生代火山岩主量元素哈克图解（续）

在 AFM 图解 ［图 5.39（a）］ 中，大部分日本箱根地区和东北弧地区的火山岩为拉班玄武岩系列，而日本北海道地区的火山岩则主要为钙碱性中钾系列（图 5.38）；火山岩基本都为准铝质 ［图 5.39（b）］，少量为过铝质，总体来说，东北弧地区的火山岩比箱根地区的更偏过铝质。

在微量元素方面（图 5.40），该阶段火山岩的 Ba、Nb、Rb、Zr 和 Y 等元素的含量随着 SiO_2 含量的增加而增加，Sr 元素的含量则随着 SiO_2 含量的增加而缓慢减少。日本箱根和东北弧地区的火山岩具有相似的微量元素原始地幔标准化配分曲线，均表现出 Ba、Sr 等元素的富集，具有 Nb、Ti 的负异常。此外，日本箱根地区的火山岩还具有 Zr 及 K 的正异常，而日本东北弧地区火山岩中 Zr 及 K 的含量变化较大。

5.4.3.3　第四纪（2～0Ma B. P. ）

由于该阶段大多数火山喷发发生在第四纪，许多火山直至现在仍有活动，习惯上称为第四纪火山活动。众多的第四纪火山岩分布在从北海道到东北本州长约 1000km，宽约 300km 范围内，火山岩密度与岩浆体积从火山前缘向弧后地区逐渐减少（Sugimura et al.，1963）。

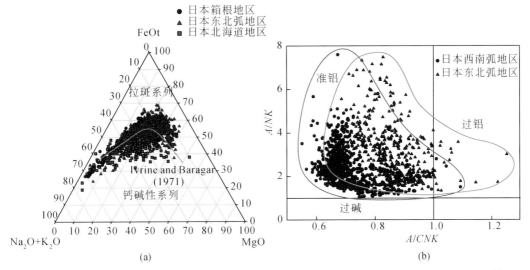

图 5.39　日本箱根、东北弧及北海道地区新生代火山岩 AFM（a）和 A/NK-A/CNK（b）图解

地震学研究表明，俯冲区结构指示太平洋板块正向东北日本俯冲，向弧后地区 Wadati-Benioff 区的深度线性增加（Utsu，1974）。此外，通过 PS 转换波（Matsuzawa et al.，1986），可观察到俯冲板块的双层结构，即上层是低速层和下层是高速层。从火山前缘到弧后，地壳厚度从 35km 减少到 29km（Zhao et al.，1990）。

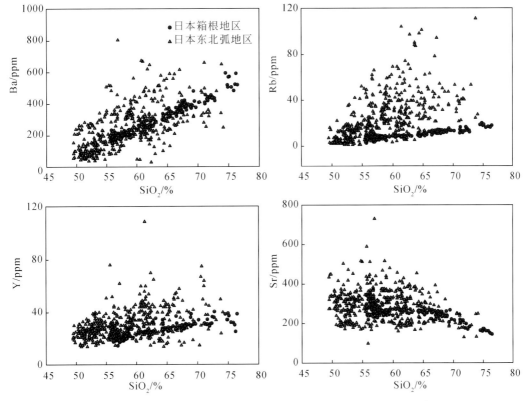

图 5.40　日本箱根、东北弧及北海道地区新生代火山岩 SiO_2-微量元素图解

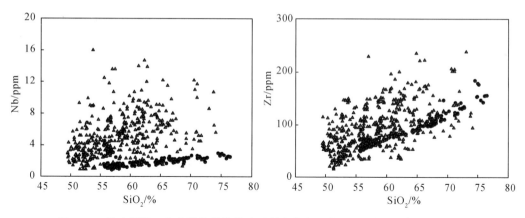

图 5.40 日本箱根、东北弧及北海道地区新生代火山岩 SiO₂-微量元素图解（续）

沿火山前缘 [火山前缘线见图 5.41（a）虚线]，第四纪火山区界线清晰且平行于海沟。在这一区域火山密度与火山量最大，分布有 100 个火山中心，数量向弧后递减。火山岩以安山岩和安山质层状火山岩为主，沿火山前缘呈群状分布，地壳厚度大约为 30km；

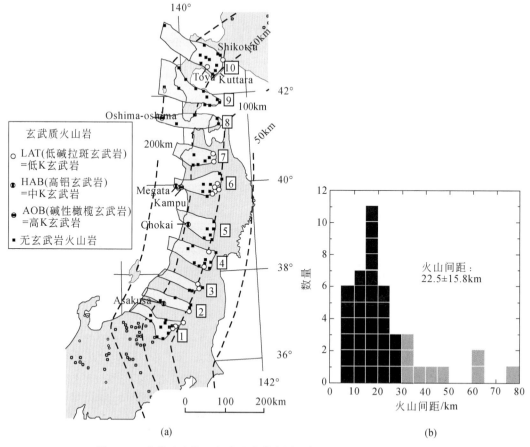

图 5.41 东北日本第四纪火山岩分布图（据 Tamura，2001，2003）

（a）横切东北日本弧的 10 个火山群，图中数字为火山群编号，虚线是地震深度等值线；

（b）是东北日本火山中心间距直方图

其次为玄武岩，主要分布在北纬 35°以北，地壳厚度小于 30km。第四纪火山岩在火山前缘是一个峰值，在距火山前缘 60～80km 的地方是第二个峰值，因此可分为两个带（图 5.32）：东部的 Nasu 带和西部的 Chokai 带，分别代表着火山前缘和弧后盆地，延伸长约 900km，两者边界清晰，并且东部 Nasu 带比西部 Chokai 带的火山活动规模更大，火山类型更多。

活动边缘的第四纪火山岩沿弧方向没有展示出规律性变化［图 5.41（a）］。图 5.41（b）显示东北日本弧沿弧方向第四纪火山中心间距直方图，可见第四纪火山中心并非均匀分布，而是展现出火山中心之间间距有 5～75km（平均为 23±16km）的较大变化，特别值得注意的是，沿火山前缘有九处间距大于 30km，这九处间距沿弧有规律的显现、横切火山前缘，将东北日本弧分为 10 个火山群（图 5.32），这 10 个火山群在地形与布格重力异常上也有显示（Tamura *et al.*，2001）。

第四纪安山岩分为两个系列：钙碱质安山岩（CA）和拉斑质安山岩（TH），其中以钙碱质安山岩居多。两个系列的火山岩分别代表着岩浆分异过程中二价铁的缺失与存在（Wager and Deer，1939），如 SiO_2-FeO_T/MgO 图［图 5.42（a）］所示。除此以外，钙碱质与拉斑质火山岩的另一个区别是 MgO 相对 SiO_2 的分异趋势［图 5.42（b）］，拉斑质安山岩（TH）展示了一个下凹的趋势，而钙碱质安山岩（CA）是直线趋势。拉斑质安山岩的分异趋势可以解释为原始玄武质岩浆的斑晶相（例如橄榄石、斜长石和辉石）分异的

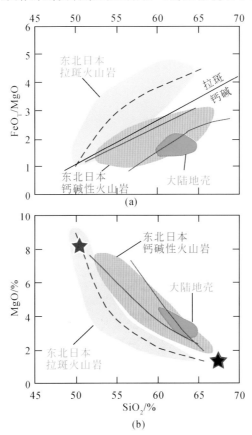

图 5.42 东北日本第四纪安山岩 SiO_2-FeO_T/MgO（a）和 SiO_2-MgO（b）图解（据 Tatsumi，2005）
紫红色箭头代表钙碱质安山岩演化趋势；蓝色箭头代表拉斑质安山岩演化趋势；红色箭头代表基性岩向酸性岩的演化趋势

产物（Sakuyama，1981；Grove and Baker，1984；Fujinawa 1988），这个结论也被熔体模拟实验所证明（Ghiorso and Sack，1995），但是钙碱质安山岩的成因却要复杂得多。

东北日本玄武岩根据 SiO_2-(Na_2O+K_2O) 图［图 5.43 (a)］大体可以分为三类：① 低碱拉斑玄武岩（LAT），碱性程度低，主要沿火山前缘分布（图 5.32）；② 高铝玄武岩（HAB），中等碱性，火山前缘以西（图 5.32）；③ 碱性（橄榄）玄武岩（AOB），较高碱度，更偏西。分布在弧后盆地的碱性玄武岩和高铝玄武岩［如分别分布在 Kampu 和 Megata 火山岩区］［图 5.43 (b)］，两种岩石系列在区域上有重叠［图 5.43 (a)］，而火山前缘的玄武岩全部是低碱拉斑玄武岩。

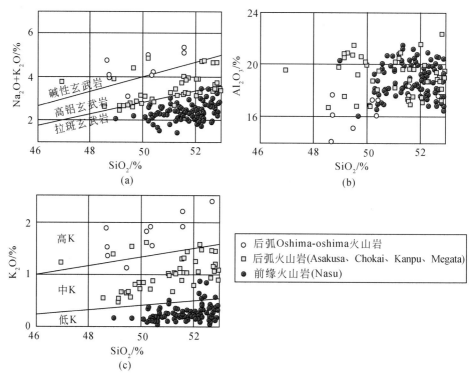

图 5.43　东北日本第四纪玄武岩主量元素图解（据 Tamura，2005）

(a) SiO_2-(Na_2O+K_2O) 图；(b) SiO_2-Al_2O_3；(c) SiO_2-K_2O 图

Kuno（1960）曾对隐晶质玄武岩的研究中定义了高铝玄武岩。Uto（1986）研究了日本新生代未分异玄武岩的 Al_2O_3 含量的变化，发现三种岩石系列（LAT、HAB 和 AOB）的原始岩浆在 Al_2O_3 含量方面没有明显的差异。SiO_2-Al_2O_3 图［图 5.43 (b)］中东北日本火山岩数据验证了 Uto 的认识。造山成因安山岩及其相关的弧火山岩最主要的特征是，远离板块边界的火山岩的不相容元素含量增加，特别是 K_2O 含量（Gill，1981）。显然从火山前缘到弧后盆地 K_2O 比碱性有明显的变化［图 5.43 (c)］，火山前缘的 K_2O 含量明显低于弧后火山岩的。然而，有趣的是东北日本火山岩沿弧 K_2O 含量与区域的板块深度无关，例如，北部低 K 火山群 Toya、Kuttara 和 Shikotsu，俯冲板块位于其下面 150km；而南部火山前缘 1～4 区 Nasu 火山群［图 5.42 (a)］，板块俯冲深度仅是 100km，虽然它们都是低 K 火山岩。更复杂的是，在火山前缘火山群 2、5 和 6 区以西的 Asakusa、Chokai 和 Megata 中钾高铝火山岩（HAB）[图 5.41（a）]，俯冲板块也位于其下面 150km（Tamura，2003）。

　　有厚地壳基底的第四纪火山岩显示出大的系统的$^{87}Sr_i/^{86}Sr_i$ 同位素变化范围；中性岩（安山岩、英安岩）有最高和最低的$^{87}Sr_i/^{86}Sr_i$ 同位素值，玄武岩和流纹岩具中等$^{87}Sr_i/^{86}Sr_i$ 同位素值（Tamura 和 Nakamura 1996）。如此特征首先排除了简单的地幔源区不均一性。Tamura 和 Nakamura（1996）用地幔底辟模式来解释东北日本第四纪火山岩的成因，认为同位素变化是由于地壳混染，因此最低的$^{87}Sr_i/^{86}Sr_i$ 同位素值就能够代表地幔源区。图 5.44 是根据

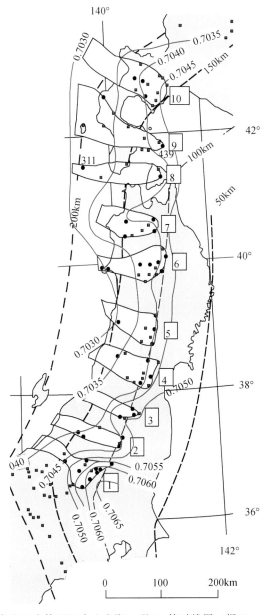

图 5.44　东北日本第四纪火山岩$^{87}Sr_i/^{86}Sr_i$ 等时线图（据 Tamura，2003）

没有混染、代表地幔源区的火山岩最低的$^{87}Sr_i/^{86}Sr_i$同位素值所绘制的等时线图（Tamura，2003），从图5.44中可以观察到从火山前缘到弧后$^{87}Sr_i/^{86}Sr_i$值总体显示降低，但曲线并不平滑。值得注意的是火山前缘从第4群到第10群有着几乎不变的$^{87}Sr_i/^{86}Sr_i$值（0.7040～0.7045），但火山岩下面的俯冲板块深度却从4群的<100km增加到10群的>150km，暗示板块深度似乎与$^{87}Sr_i/^{86}Sr_i$值无关（表5.12、表5.13）。

表5.12 东北日本第四纪火山岩代表性样品主量元素成分表 （单位：%）

前弧地区								
火山	Osore	Hakkoda	Towada	Hachirnantai	Iwate	Akita-koma	Kurikoma	Funagata	Zao
SiO_2	54.29	52.45	54.51	57.52	51.75	52.41	57.81	52.21	51.85
Ti_2O	0.76	0.86	0.86	0.93	0.71	0.85	0.75	0.62	0.92
Al_2O_3	18.23	17.68	17.35	15.97	18.10	19.80	16.60	18.78	18.70
FeO_T	9.96	9.42	9.41	9.55	9.78	8.81	8.24	8.79	9.33
MnO	0.20	0.19	0.18	0.18	0.20	0.16	0.16	0.17	0.19
MgO	4.56	6.10	4.82	3.94	7.05	4.00	4.70	5.54	5.82
CaO	9.27	10.78	9.91	8.34	10.10	11.27	8.36	11.94	10.21
Na_2O	2.54	2.43	2.69	2.99	2.25	2.52	2.59	1.83	2.52
K_2O	0.25	0.18	0.34	0.67	0.15	0.24	0.85	0.21	0.50
P_2O_5	0.13	0.09	0.12	0.10	0.10	0.10	0.11	0.08	0.15

弧后地区							
火山	Kayou	Iwaki	Moriyoshi	Yakeyama	Chokai	Gassan	Oshima-Oshima	Kampu
SiO_2	51.89	57.61	58.41	56.00	54.61	59.79	50.54	54.16
Ti_2O	0.83	0.83	0.98	0.82	0.89	0.83	0.91	0.75
Al_2O_3	21.12	17.38	16.81	18.09	16.56	16.83	17.21	18.49
FeO_T	9.09	8.08	7.99	8.08	8.09	7.32	7.92	7.66
MnO	0.20	0.19	0.17	0.18	0.17	0.16	0.17	0.17
MgO	2.70	3.95	3.88	4.36	5.91	3.44	7.86	4.64
CaO	11.31	7.86	7.18	8.44	9.19	6.44	10.01	9.19
Na_2O	2.60	3.34	3.31	3.20	3.06	3.23	3.05	3.33
K_2O	0.35	0.82	1.27	0.79	1.52	1.93	2.12	1.53
P_2O_5	05	0.11	0.13	0.18	0.22	0.16	0.17	0.38

资料来源：据Sakuyama and Nesbitt，1986。

表 5.13　东北日本第四纪火山岩代表性样品微量元素（ppm）和 Sr-Nd 同位素成分表

火山	前弧地区							
	Iwa te		Funagata				Akita-koma	
La	2.22	2.02	1.85	1.69	2.78	3.58	4.15	4.92
Ce	5.86	5.45	4.77	4.47	7.13	10.10	10.90	11.90
Pr	0.85	0.76	0.70	0.72	1.06	1.53	1.59	1.69
Nd	4.64	4.21	3.68	3.77	5.43	7.32	7.62	7.94
Sm	1.53	1.26	1.18	1.25	1.74	2.15	2.16	2.25
Eu	0.717	0.546	0.522	0.532	0.686	0.835	0.807	0.821
Gd	1.74	1.46	1.63	1.80	2.40	2.56	2.61	2.62
Tb	0.323	0.27	0.329	0.351	0.441	0.476	0.453	0.485
Dy	2.30	1.79	2.30	2.42	3.00	3.06	2.94	3.12
Ho	0.498	0.399	0.504	0.538	0.66	0.665	0.627	0.691
Er	1.31	1.06	1.41	1.49	1.75	1.77	1.73	1.89
Tm	0.206	0.164	0.222	0.22	0.28	0.281	0.266	0.277
Yb	1.41	1.12	1.54	1.57	1.84	1.96	1.86	2.00
Lu	0.201	0.163	0.227	0.221	0.266	0.28	0.277	0.294
Cs	0.0778	0.221	0.0628	0.0438	0.037	0.322	0.168	0.268
Rb	1.41	2.38	2.88	1.12	1.87	4.53	4.93	7.03
Ba	71.00	59.50	63.80	44.80	60.30	91.80	104.00	135.00
Th	0.272	0.206	0.489	0.243	0.533	0.464	0.558	0.723
U	0.102	0.056	0.114	0.0568	0.109	0.157	0.181	0.221
Nb	1.34	1.16	0.687	0.525	0.815	1.57	1.78	2.32
Pb	1.92	1.98	1.55	1.38	1.90	4.58	2.77	4.50
Sr	272.00	291.00	163.00	160.00	163.00	262.00	280.00	295.00
Zr	26.30	21.90	21.10	18.50	25.50	36.30	39.80	48.60
Hf	0.813	0.678	0.719	0.653	0.890	1.150	1.190	1.470
Y	12.90	12.40	14.40	15.80	18.50	17.60	18.80	21.40
$^{87}Sr_i/$ $^{86}Sr_i$	0.704315 ±17	0.704274 ±15	0.704184 ±11	0.704056 ±14	0.704121 ±14	0.704124 ±15	0.704143 ±16	0.704164 ±14
$^{143}Nd_i/$ $^{144}Nd_i$	0.512821 ±14	0.512818 ±14	0.512866 ±10	0.512911 ±16	0.512854 ±18	0.512875 ±19	0.512837 ±09	0.512818 ±13
$\varepsilon_{Nd}(t)$	3.60	3.50	4.40	5.30	4.20	4.60	3.90	3.50

续表

火山	kayou		Morjyoshi			Chokai		Kampu			Rishiri	
						弧后地区						
La	2.36	4.13	9.43	14.50	20.40	17.30	15.60	20.90	20.50	22.40	9.93	13.10
Ce	5.98	11.60	20.80	30.20	45.80	33.80	35.30	42.90	41.30	46.70	23.80	32.20
Pr	0.99	1.67	2.59	3.79	5.91	4.93	4.61	5.16	5.14	5.69	3.27	4.18
Nd	4.98	8.56	11.40	16.00	26.80	22.50	20.00	21.90	22.30	23.80	14.50	18.00
Sm	1.61	2.60	2.88	3.60	5.99	5.19	4.63	4.31	4.48	4.75	3.56	4.33
Eu	0.857	0.966	1.090	1.280	1.890	1.610	1.530	1.400	1.420	1.570	1.310	1.550
Gd	2.16	3.18	3.13	3.99	6.31	5.29	4.64	3.91	3.98	4.31	3.79	4.64
Tb	0.397	0.590	0.542	0.698	1.030	0.856	0.761	0.609	0.604	0.666	0.665	0.827
Dy	2.74	3.82	3.63	4.31	6.20	5.30	4.70	3.65	3.64	3.96	4.19	5.02
Ho	0.639	0.885	0.807	0.942	1.330	1.110	1.020	0.772	0.760	0.845	0.903	1.070
Er	1.74	2.34	2.22	2.59	3.73	3.02	2.87	2.16	2.17	2.31	2.39	2.86
Tm	0.264	0.364	0.370	0.426	0.605	0.451	0.439	0.352	0.341	0.369	0.360	0.434
Yb	1.98	2.62	2.65	2.91	4.18	3.26	3.17	2.53	2.50	2.70	2.61	3.08
Lu	0.278	0.367	0.399	0.447	0.633	0.468	0.457	0.374	0.379	0.412	0.370	0.436
Cs	0.090	0.190	0.528	0.994	0.812	0.852	1.720	2.290	2.660	2.730	0.522	0.586
Rb	1.70	4.88	10.00	27.70	40.30	27.00	42.60	49.80	54.10	53.30	10.90	13.60
Ba	112.00	137.00	447.00	534.00	415.00	379.00	440.00	740.00	819.00	798.00	138.00	148.00
Th	0.360	0.608	3.520	4.280	4.090	3.760	3.850	5.540	6.700	6.490	1.620	1.710
U	0.124	0.207	1.040	1.320	1.170	1.050	1.100	1.510	1.920	1.810	0.554	0.473
Nb	1.16	1.24	2.21	2.58	2.39	1.99	2.56	2.35	2.81	2.84	3.06	4.19
Pb	2.17	2.58	6.69	7.37	3.51	3.02	4.35	4.25	4.78	4.28	3.56	3.54
Sr	345.00	327.00	337.00	382.00	581.00	573.00	570.00	848.00	861.00	874.00	451.00	458.00
Zr	37.90	40.40	53.00	68.70	85.50	73.60	89.90	79.40	95.60	96.50	108.00	122.00
Hf	1.27	1.28	1.70	2.01	2.39	2.14	2.53	2.17	2.61	2.67	2.35	2.76
Y	18.90	26.20	25.00	31.50	27.90	30.70	27.50	26.60	31.20	32.40	32.30	26.20
$^{87}Sr_i/$	0.703849	0.703889	0.703654	0.703750	0.703047	0.703086	0.703134	0.702988	0.703018	0.703075	0.703026	0.703130
$^{86}Sr_i$	±15	±12	±13	±14	±13	±10	±12	±08	±12	±12	±07	±18
$^{143}Nd_i/$	0.512900	0.512900	0.512900	0.512898	0.512972	0.512966	0.512982	0.512981	0.512957	0.512943	0.513059	0.512982
$^{144}Nd_i$	±11	±07	±06	±06	±18	±10	±16	±08	±12	±12	±20	±13
$\varepsilon_{Nd}(t)$	5.10	5.10	5.10	5.10	6.50	6.40	6.70	6.70	6.20	5.90	8.20	6.70

资料来源：据 Shibata and Nakamura，1997。

5.5　新生代火山岩源区特征和构造环境

5.5.1　西南日本火山岩源区特征和构造环境

在古近纪西南日本主要受到库拉-太平洋板块向欧亚板块东部俯冲的影响,但随后短暂的转换断层作用导致四国盆地在 27~15Ma B. P. 发生拉张。紧接着中中新世日本海弧后盆地的扩张、西南日本从欧亚板块分离出来,顺时针旋转~45°向南漂移 (17~15Ma B. P.),这一系列事件的主要原因是菲律宾海板块向西南日本的俯冲作用,并形成岩浆弧。17~12Ma B. P.,热的四国盆地岩石圈的俯冲和洋中脊的扩张在西南日本前弧产生出特殊的火山作用。这一时期的火山作用包括增生楔中的洋中脊玄武岩 (MORB)、洋岛 (OIB) 型碱性玄武岩和长英质侵入岩以及沿濑户 (Setouchi) 前弧盆地分布的高镁安山岩。弧后火山作用开始于大约 25Ma B. P.,以低碱拉斑火山岩为主,在 12Ma B. P. 以后逐渐被碱性玄武质火山岩所取代,与软流圈地幔上涌有关的碱性火山岩一直持续到现在,而前弧火山作用在 12MaB. P. 时停止。

5.5.1.1　渐新世—早中新世日本弧后盆地扩张初期阶段 (25~17Ma B. P.)

这一时期菲律宾海板块前沿的正确位置不得而知,但我们可以通过古近纪西南日本火山活动的时空变化与岩浆组成间接追踪到板块俯冲。在西南日本的前弧地区没有早于 17 Ma的新生代火山岩,虽然在九州与西南日本之间的 Shimanto 增生楔有类 MORB 岩浆岩,但那是形成于 100~65Ma B. P. (Osozawa and Yoshida,1997),是在白垩纪菲律宾海板块到达这一地区前太平洋-库拉板块洋中脊俯冲的产物。65~17Ma B. P. 火山活动长时间沉寂,之后中中新世前弧地区火山活动突然显现,让我们有理由推测在早中新世前弧地区的一个转换断层定义了欧亚板块与菲律宾海板块之间的边界。日本海打开之前,西南日本弧岩石圈位于欧亚板块的边缘,弧后地区的低碱拉斑玄武岩,其地球化学特征类似于大陆裂谷玄武岩,是对日本海裂解的响应 [图 5.45 (a)]。

5.5.1.2　中中新世日本海扩张阶段 (17~12Ma B. P.)

西南日本的转换时间必须考虑到日本海的打开,并允许大规模的岛弧旋转,因此菲律宾海板块的俯冲必定始于 17Ma B. P.。菲律宾海板块初始俯冲的标志性特征是前弧寻常的阶段性火成岩活动。一些学者认为年轻的、热的四国盆地岩石圈俯冲引发了此次岩浆活动 (Tatsumi and Ishizaka,1982;Takahashi,1986;Hibbard and Karig,1990;Shinjoe,1997;Shimoda et al.,1998;Yamaji and Yoshida,1998;Shimoda and Tatsumi,1999),但俯冲初始事件通常具有前弧火山作用的特点 (Stern,2004)。俯冲的前几个百万年是非常快速的 [>10cm/a,图 5.45 (b)],以至于菲律宾海板块到达濑户内带,并在 16~15Ma B. P. 产生高镁安山岩 (Tatsumi et al.,2003) [图 5.45 (b)]。西南日本快速旋转 (>15cm/a,Otofuji et al.,1991) 是与快速俯冲相关连的。与此同时弧后软流圈地幔上涌,弧后火山活动向东南移动,但弧后火山作用与俯冲产生的前弧火山作用始终有一个间隙,说明两个火山活动是独立的岩浆作用 [图 5.45 (b)]。

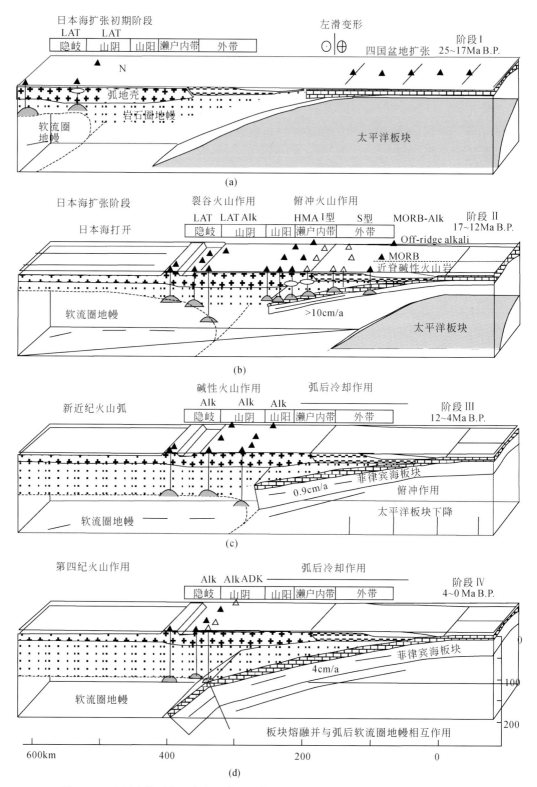

图 5.45　晚新生代西南日本火山作用和构造关系示意图（据 Kimura *et al.*，2005）

Alk. 碱性玄武岩；HMA. 高镁安山岩；LAT. 低碱拉斑系列；ADK. 埃达克岩

5.5.1.3　晚中新世—上新世火山弧阶段（12～4Ma B.P.）

这一时期菲律宾海板块俯冲速度变缓，降至～0.9cm/a，因此软流圈地幔导致的弧后 OIB 型火山活动继续向东南方向移动，到达山阳带。由于这一阶段缓慢的俯冲作用，火山活动局限于弧后地区，形成单成因的碱性玄武岩。弧后地区扩张背景的火山活动与缓慢的板块汇聚相一致。大约 4Ma B.P. 菲律宾海板块的继续俯冲终止了山阳区的碱性玄武质火山活动（Kimura et al.，2003）。虽然菲律宾海板块仍在继续俯冲，但前弧地区火山活动的停止与狭窄的弧后火山区指示前弧地区已经冷却 [图 5.45（c）]。

5.5.1.4　第四纪火山弧阶段 (4～0Ma B.P.)

在～5 Ma B.P.，菲律宾海板块加快了俯冲速度（4cm/a），相当于现在的俯冲速度 [图 5.45（d）]（Kamata and Kodama，1999）。西南日本的地幔 X 光断层影像显示了俯冲的菲律宾海板块前缘（Ochi et al.，2001），进而可以重建板块俯冲轨迹。板块的前缘现在几乎达到隐岐岛的下部，深约 150km，俯冲板块长约 350km。如果菲律宾海板块现在的俯冲速度 4cm/a 在过去 4Ma 保持不变，那么在～4Ma B.P. 时，板块前缘应该位于它现在位置的东南方向 160km 处，近似阶段 III 火山前缘的位置，反过来支持了阶段 IV 的俯冲速率。

5.5.2　东北日本火山岩源区特征及构造环境

5.5.2.1　渐新世—早中新世 (25～17Ma B.P.)

渐新世到早中新世，东北日本弧后火山岩同位素展示出系统的沿弧变化，从北到南，$^{87}Sr_i/^{86}Sr_i$ 值逐渐升高而 $^{143}Nd_i/^{144}Nd_i$ 值降低，可能有三种原因：①俯冲物质的加入；②地壳物质（例如花岗岩或沉积岩）的混染作用；③不同源区的岩浆混合（如软流圈地幔和岩石圈地幔）。

Shibata and Nakamura（1997）的研究发现第四纪火山岩有着系统的横跨弧变化，从前弧到弧后，Sr 和 Pb 同位素比值降低而 Nd 同位素比值升高，代表俯冲组分的 Sr/Nd 和 Pb/Nd 值（活动元素与中稀土之比）随板块深度的增加而减少（图 5.46），反映出俯冲组分与火山岩同位素变化之间的规律。然而渐新世到早中新世东北弧后火山岩的 $^{87}Sr_i/^{86}Sr_i$ 与 Sr/Nd 值没有显示出类似第四纪火山岩的相关性，反映这一时期东北火山岩的沿弧变化与俯冲组分的加入无关（Sato et al.，2007）。同时，Sato 等（2007）通过 $^{143}Nd_i/^{144}Nd_i$-K_2O/TiO_2，$^{87}Sr_i/^{86}Sr_i$-K_2O/P_2O_5 和 $^{87}Sr_i/^{86}Sr_i$-Rb/Zr 图（图略）来模拟计算地壳混染对早中新世火山岩的影响，证明地壳混染不是火山岩同位素变化的主要原因。

渐新世—早中新世（25～17Ma B.P.）东北日本火山岩的沿弧 Sr-Nd 同位素变化是岩石圈地幔和软流圈地幔的混合作用（Schilling，1973；Sun et al.，1975；Perry et al.，1987；Schilling et al.，1992；Shaw et al.，2003；Sato et al.，2007）。大约 500m 宽的东北日本弧后边缘（与日本海打开前欧亚大陆边缘弧的裂解有关），早中新世火山岩较宽的

Sr-Nd 同位素组成，暗示着弧后火山岩并非是单一地幔源区的部分熔融，而可以用热的软流圈地幔上涌与岩石圈地幔的混合来解释。此外，Sr-Nd 同位素初始值沿弧后边缘从北向南的递增和递减也反映了玄武岩浆可能受到两种因素的控制：一个是软流圈地幔与岩石圈地幔的混合作用；另一个是从北向南，软流圈地幔的参与程度逐步递减。

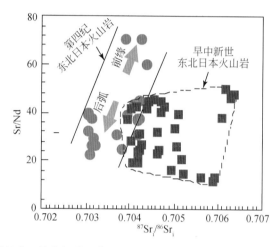

图 5.46　东北日本渐新世—早中新世和第四纪火山岩$^{87}Sr_i/^{86}Sr_i$-Sr/Nd 图（据 Sato *et al.*，2007）

高钛和低钛玄武岩不能反映源区特征，是源自岩石圈地幔不同程度部分熔融的产物。根据玄武岩熔体中橄榄石、斜方辉石和单斜辉石的 Zr、Y、La、Yb、Nb 和 Ce 元素的分配系数（Pearce and Norry，1979；Rollinson，1993；Green，1994），由橄榄石、斜方辉石和单斜辉石组成的地幔橄榄岩熔融形成的玄武质岩浆中元素的不相容性表现为 Zr＞Y，La＞Yb，Zr≈Nb 和 La≈Ce。因此，高钛和低钛玄武岩之间为不同的 Zr/Y、La_N/Yb_N 值，但相似的 Zr/Nb 和 La_N/Ce_N 值不能反映其源区性质，而可以解释为源区物质不同程度的部分熔融。基于玄武岩熔体中橄榄石、斜方辉石、单斜辉石和尖晶石的 Zr、Sm、Hf、Nb 和 Y 元素的分配系数（Pearce and Norry，1979；Rollinson，1993；Green，1994），由橄榄石、斜方辉石、单斜辉石和尖晶石组成的地幔橄榄岩熔融形成的玄武质岩浆中元素的不相容性表现为 Zr＞Sm、Hf＞Sm 和 Nb＞Y。来自新墨西哥（KLB-1：Kilborne Hole crater in New Mexico，Takahashi，1986；Rapp *et al.*，1999）和中国东南部（Nu9607：Nushan in SE China，Xu *et al.* 2003）的两个尖晶石二辉橄榄岩捕房体分别代表高钛、低钛玄武岩浆可能的地幔源区。计算结果显示，Zr/Sm、Hf/Sm 和 Nb/Y 值随部分熔融程度的增加而减少（图 5.47），分别反映了无石榴子石和含石榴子石二辉橄榄岩部分熔融趋势。早中新世东北日本弧后玄武质岩石数据投到了尖晶石二辉橄榄岩的部分熔融线上，其源区类似中国东南部的岩石圈地幔，并且源区不含石榴子石，高钛与低钛玄武岩微量元素的差异产生于岩石圈地幔部分熔融程度的不同，高钛玄武岩低于低钛玄武岩［图 5.48（a）］。

5.5.2.2　中中新世—上新世（17～2Ma B. P.）

利用主、微量元素构造环境判别图解来帮助判断日本箱根、东北弧两个地区该阶段火

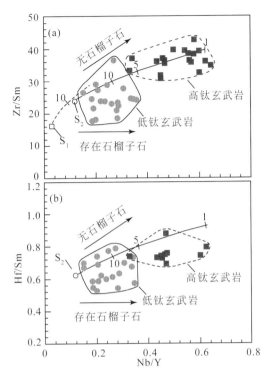

图 5.47　东北日本早中新世火山岩 Nb/Y-Zr/Sm 和 Nb/Y-Hf/Sm 图（据 Sato *et al.*，2007）
实线代表运用批式熔融公式（Arth，1976 的公式 4）计算的地幔源区 S1 和 S2 的部分熔融趋势线，1、5、10 分别代表熔融程度，尖晶二辉橄榄岩 S1 和 S2 的组成分别是橄榄石∶斜方辉石∶单斜辉石∶尖晶石＝0.58∶0.25∶0.15∶0.02 和＝0.58∶0.23∶0.17∶0.02。资料来源：尖晶二辉橄榄岩 S1（KLB-1；Kilborne Hole crater in New Mexico）据 Takahashi，1986 和 Rapp *et al.*，1999。尖晶二辉橄榄岩 S2（Nu9607：Nushan in SE China）据 Xu *et al.*，2003

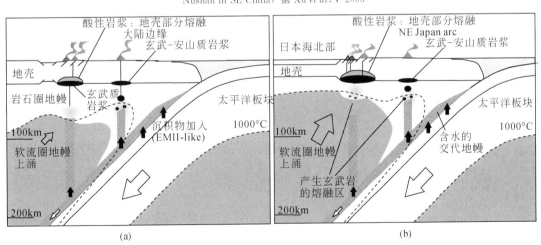

图 5.48　东北日本弧后边缘火山作用和构造关系示意图（据 Shuto *et al.*，2006）

（a）25～17Ma B. P. 大陆边缘火山作用，软流圈地幔上涌开始，导致上覆岩石圈地幔熔融产生大陆裂谷性玄武质岩浆或引起下地壳重熔产生酸性岩浆，并明显受到俯冲太平洋沉积物和大陆地壳的污染；（b）15～11Ma B. P. 岛弧火山作用，日本海打开，软流圈上涌岩石圈减薄，产生大量玄武质和酸性岩浆山岩形成的构造环境。在（Zr＋Nb＋Y）-（FeO_T/MgO）图解［图 5.49 （a）］中，日本箱根地区的火山岩主要位于造山带岩石区域和分异的长英质岩石区域内，且随着 Zr＋Nb＋Y 含量增加 FeO_T/MgO 值有增大的趋势；而东北日本弧地区的火山岩则主要位于造山带岩石区域内。

在 Y-Nb 图解中（图略），日本东北弧和箱根地区的火山岩均位于火山岛弧区域内，但前者的范围比后者相对较广。同样，在（Y＋Nb）-Rb 图解中（图略）日本箱根地区的火山岩集中位于火山岛弧，而日本东北弧地区的火山岩主要分布在火山弧区域，但分布范围较大。在 Y-Sr/Y 图解［图 5.49 （b）］中，日本箱根地区和东北弧地区的火山岩也均位于典型岛弧型火山岩区域内。

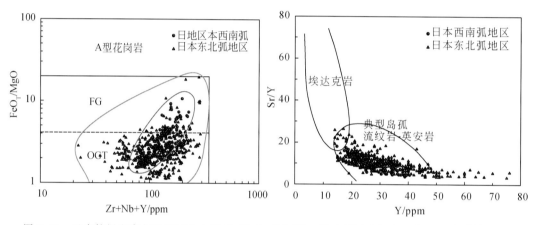

图 5.49　日本箱根和东北弧地区火山岩的（FeO_T/MgO）-（Zr＋Nb＋Y）（a）和 Y-Sr/Y 图解（b）

5.5.2.3　第四纪（2～0Ma B. P. ）

关于第四纪东北日本火山弧的成因，一直存在着争议，众说纷纭。

第四纪东北日本火山弧的地球化学变化曾被认为是与板块深度有关（Ryan et al., 1995；Shibata and Nakamura，1997）。Shibata and Nakamura（1997）的研究发现东北日本第四纪火山岩有着系统的横跨弧变化，从前弧到弧后，Sr 和 Pb 同位素比值降低而 Nd 同位素比值升高，代表俯冲组分的 Sr/Nd 和 Pb/Nd 值（活动元素与稀土之比）随板块深度的增加而减少（图 5.50），基于此，Shibata 和 Nakamura（1997）提出第四纪弧火山岩是受到不同程度俯冲流体交代的地幔楔熔融形成，由于加入地幔楔的俯冲物质（大洋沉积物和蚀变 MORB）因远离火山前缘而减少，就会产生 Pb、Sr、Nd 同位素的穿弧变化。东北日本弧局部似乎存在这样的关系，但就整体而言，这种解释显然不符合地质事实［图 5.50 （a）、图 5.44］。

Sakuyama 和 Nesbitt（1986）对东北日本第四纪火山岩的研究认为火山岩地球化学差异是同一源区部分熔融程度不同所造成的。东北日本第四纪玄武岩从前缘到弧后，从低 K 到高 K，从低碱拉斑到高铝再到碱性玄武岩的变化，反映了部分熔融程度的降低，是受到地幔楔热结构的控制。有着相同 $^{87}Sr_i/^{86}Sr_i$ 值（0.7040～0.7045）的火山岩从南到北板块深度从＜100km 增加到＞150km 这一现象，反映出热结构和幔源物质似乎与板块深度无关。

　　Kushiro（1990）推测现在的地幔楔是不足以产生现在东北日本弧的地壳和堆晶岩，认为地幔楔可能有多次幔源物质的加入。Tamaki 等（1992）注意到 28～18Ma B. P. 日本海扩张所产生大量弧后火山岩也有着很大的同位素变化，类似东北日本第四纪火山岩的同位素特征（Cousens and Allan，1992；Tamaki *et al.*，1992），说明同位素组成变化范围大的特征自弧后盆地张开就已经存在于东北日本地幔楔中（图 5.46）。

　　综合东北日本第四纪火山岩地球化学特征以及上述各家观点，Tamura（2005）提出地幔楔中热指状地幔对流模式（图 5.50），他认为类 MORB 火山岩的地幔源区（$^{87}Sr_i/^{86}Sr_i$值～0.703）是在地幔楔，而由俯冲岩石圈引发的地幔对流导致富集地幔物质（$^{87}Sr_i/^{86}Sr_i$ 值～0.705）是对地幔楔的补充，这种地幔对流加地幔底辟模式能解释东北日本火山岩在熔融程度与$^{87}Sr_i/^{86}Sr_i$ 在二维尺度上的变化。Tamura（1994）首先提出地幔底辟，认为由含水的地幔橄榄岩组成的地幔底辟作用形成在地幔楔底部并上升穿过无水橄榄岩。图 5.51（a）、（b）展示出地幔楔的动力对流和底辟作用形成的弧岩浆。Tamura 等（2001，2002）支持并修改了这一理论，他认为地幔对流采用了热的、指状地幔形式向火山前缘移动，并在前缘类似传送带的回流携带着指状地幔的残余物质沿俯冲板块流向深处[图 5.51（c）]。回流过程中，指状地幔可能失去了它的富集特征，在地幔楔底部形成一层薄层。假定地幔底辟形成在地幔楔底部，那么在火山前缘的下部有大量的富集组分加入地幔楔中，而远离前缘的弧后地区则有较少的富集组分卷入地幔楔中，结果火山前缘的弧岩浆有高的$^{87}Sr_i/^{86}Sr_i$ 值，弧后地区有较低的$^{87}Sr_i/^{86}Sr_i$ 值组成。地幔楔中的热指状地幔对流从弧后下面的深部地幔（＞150km）向前缘下面的浅部地幔（～50km）扩展（Tamura *et al.*，2001，2002），热指状地幔流的结构形态控制了穿弧玄武岩的类型。当地幔底辟作用消失，地幔不再上升时，火山前缘下部的地幔仍被封闭在热指状地幔流中，仍然保持着热量，但在弧后地区地幔已升到热指状地幔流之上，逐渐冷却。因此，火山前缘的原始玄武质岩浆有大的部分熔融程度，而向西的弧后地区部分熔融程度逐步降低。

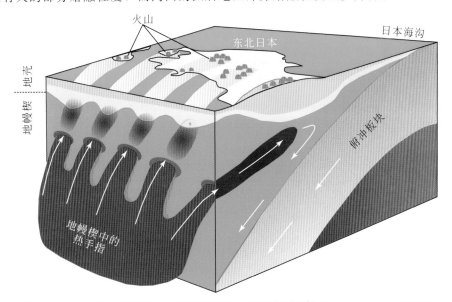

图 5.50　东北日本第四纪火山作用和构造关系示意图（据 Tatsumi *et al.*，2005）

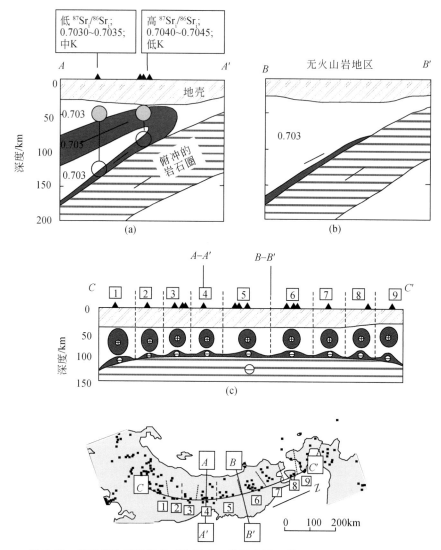

图 5.51　俯冲带地幔楔指状对流模式三维示意图（据 Tatsumi *et al.*，2003）

实心三角代表东北日本火山岩，方框中的数字代表火山群，*A-A'*代表穿弧、穿越火山群剖面，*B-B'*代表穿弧但在火山群之间的剖面，*C-C'*代表沿弧剖面。（a）*A-A'*热手指剖面图。通过类似传送带的对流，地幔楔中类 MORB 地幔（$^{87}Sr_i/^{86}Sr_i$ 值～0.703）被富集地幔物质（$^{87}Sr_i/^{86}Sr_i$ 值～0.705）所补充；（b）*B-B'*两个热手指之间的剖面图，"传送带"的上半部分缺失，仅留下类似平铺层状物质的下半部分，（c）*C-C'*代表沿弧剖面。（＋）代表热手指的上半部分，向弧前方向移动；（－）代表类似层状的下半部分，向弧后方向回流

第6章 韩国中新生代岩浆岩的地质地球化学特征

6.1 韩国中新生代岩浆岩的时空分布特征

6.1.1 中新生代侵入岩的时空分布

在韩国侵入岩中，花岗质岩石占大部分，大约覆盖了韩国整个表面积的30％。朝鲜半岛经历了不同时期的构造作用和岩浆作用，即早元古代岩浆作用（2154～1530Ma B. P.），晚元古代岩浆作用（920～730Ma B. P.），三叠纪—侏罗纪岩浆作用（248～158Ma B. P.）和白垩纪—古近纪岩浆作用（110～50Ma B. P.）。三叠纪—侏罗纪花岗岩在韩国几乎都有出露，最近，在庆尚盆地的北部地区发现了较老的花岗岩。白垩纪—古近纪花岗岩主要出露在庆尚盆地，有一部分出露在沃川带的中部地区，主要呈岩株状。在各时代花岗岩中，65％以上是晚三叠世—中侏罗世花岗岩，20％是白垩纪—古近纪花岗岩，10％是三叠纪花岗岩，5％是前寒武纪花岗岩（图6.1）。

韩国显生宙的花岗岩可分为较年轻花岗岩（白垩纪—古近纪花岗岩）和较老花岗岩（三叠纪—侏罗纪花岗岩，表6.1），之间有一个158～110Ma B. P. 的间断期（图6.2）。图6.3所示韩国各个地块中生代岩浆作用的频率分布，印支期花岗岩同位素年龄可分为三组，岩浆活动峰值约在225Ma，在韩国被称为松里期花岗岩（Songrim，249～208Ma B. P.）。200～194Ma B. P. 岩浆活动相对微弱。燕山期岩浆活动分为燕山早期和燕山晚期两期。燕山早期花岗岩同位素年龄主要集中在197～158Ma，峰值约在170Ma B. P.，在韩国被称为大堡运动期（Daebo Orogeny）。详细的地质填图和地质年代结果显示大堡造山运动形成了广泛分布的花岗岩，根据它们时空分布特征可以分为两组（Kee et al.，2010）：早侏罗纪花岗岩类（约201～185Ma B. P.）主要产在朝鲜半岛南部的岭南地块，中侏罗纪花岗岩类（180～168Ma B. P.）产出在京畿地块、沃川带和临津江带（Kim，1996；Lee et al.，2003；Hee et al.，2005；Park et al.，2006）。燕山晚期（110～50Ma B. P.）大规模火山-侵入活动主要发生在韩国东南部的庆尚盆地，类似于中国东南部和西南日本。在韩国被称为沃国寺期火山-侵入岩（Bulkuksa，110～50Ma B. P.）。晚三叠世—中侏罗世花岗岩具有不同程度的构造变形，发育强弱不等的片理，表明它们是同构造定位的，而晚侏罗世花岗岩则不显任何片理构造。白垩纪—古近纪沃国寺花岗岩不仅不显任何变形构造，还发育晶洞构造，说明它们显然形成于拉张构造环境。

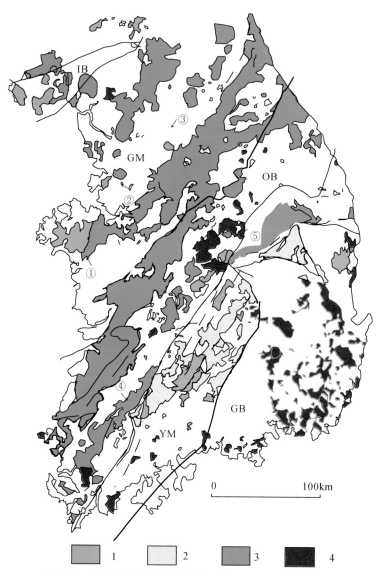

图 6.1　韩国侵入岩时空分布图（据 Kim *et al.*，2011）

1. 三叠纪花岗岩类；2. 早侏罗世花岗岩类；3. 中侏罗世花岗岩类；4. 白垩纪花岗岩类。

IB. Imjingang Belt（临津江带）；GM. Gyeonggi Massif（京畿地块）；OB. Ogcheon Belt（沃川带）；

YM. Yongnam Massif（岭南地块）；GB. Gyeongsang Basin（庆尚盆地）

表 6.1　韩国显生宙侵入岩年龄数据表

地点	岩石类型	年龄/Ma	1σ	测试方法	参考文献
京畿地块					
Central	黑云母花岗岩	170.10	3.20	U-Pb sphene	Hee *et al.*，2005
Central	石榴子石黑云母花岗岩	170.00	5.20	Rb-Sr WR	Kwon *et al.*，1999
Central	黑云母花岗岩	167.00	19.00	Rb-Sr WR	Kwon *et al.*，1999

续表

地点	岩石类型	年龄/Ma	1σ	测试方法	参考文献
京畿地块					
NE Seoul	辉长岩	166.20	1.20	U-Pb zircon	Kim et al.，1999
NE Seoul	斑状黑云母花岗岩	164.70	2.40	U-Pb zircon	Kim et al.，1999
Anseong	叶理化斑状黑闪黑云母花岗岩	170.10	1.80	U-Pb sphene	Hee et al.，2005
Namyang	黑云母花岗岩	227.20	3.30	U-Pb sphene	Hee et al.，2005
Hongcheon	斑状黑云母花岗岩	162.20	1.90	U-Pb sphene	Hee et al.，2005
Hongcheon	角闪黑云母花岗闪长岩	212.00	26.60	Rb-Sr WR	Jwa et al.，1990
Sancheok	黑云母花岗岩	171.90	1.70	U-Pb sphene	Hee et al.，2005
Munmak	角闪黑云母花岗闪长岩	168.60	1.50	U-Pb sphene	Hee et al.，2005
Anheung	斑状角闪黑云母花岗岩	163.20	1.90	U-Pb sphene	Hee et al.，2005
Jeongam-ri	角闪黑云母花岗闪长岩	226.80	1.90	U-Pb sphene	Hee et al.，2005
Hongseong	斑状角闪黑云母花岗闪长岩	169.70	1.60	U-Pb sphene	Hee et al.，2005
Hongseong	黑云母花岗岩	226.60	2.20	U-Pb 锆石 SHRIMP	Williams et al.，2009
Hongseong	黑云母花岗岩	227.00	2.40	U-Pb 锆石 SHRIMP	Williams et al.，2009
Hongseong	石英正长岩	227.30	2.90	U-Pb 锆石 SHRIMP	Williams et al.，2009
Kangneung	角闪黑云母花岗闪长岩	165.00	2.40	U-Pb sphene	Hee et al.，2005
Icheon	角闪黑云母花岗闪长岩	167.00	1.50	U-Pb sphene	Hee et al.，2005
Ganghwado	角闪黑云母花岗闪长岩	109.50	1.40	U-Pb sphene	Hee et al.，2005
Hwacheon	石榴子石二云母花岗岩	172.00	5.00	CHIME monazite	Cho et al.，1996
Yangpyeong	石英正长岩	231.80	2.90	U-Pb 锆石 SHRIMP	Williams et al.，2009
Yangpyeong	角闪辉长岩	231.10	2.80	U-Pb 锆石 SHRIMP	Williams et al.，2009
沃川带					
Hamyeol	斑状黑云母花岗岩	165.00	2.10	U-Pb sphene	Hee et al.，2005
Jangseong	角闪黑云母花岗闪长岩	170.20	1.70	U-Pb sphene	Hee et al.，2005
Sunchang	叶理化黑云母花岗岩	174.90	1.90	U-Pb sphene	Hee et al.，2005
Sunchang	叶理化黑云母花岗岩	183.00	8.00	U-Pb zircon	Turek and Kim，1995
Sunchang	叶理化黑云母花岗岩	178.50	2.00	CHIME	Cho et al.，1999
Sunchang	叶理化黑云母花岗岩	178.00	16.00	Rb-Sr WR	Na et al.，1997
Imgye	黑云母花岗岩	170.00	3.30	U-Pb sphene	Hee et al.，2005
Jeonju	叶理化黑云母花岗岩	169.60	1.50	U-Pb sphene	Hee et al.，2005
Jeonju	叶理化黑云母花岗岩	172.70	1.40	U-Pb zircon	Lee et al.，2001
Jeonju	未变形浅色花岗岩	169.60	1.80	U-Pb zircon	Lee et al.，2001
Jeonju	叶理化黑云母花岗岩	284.00	12.00	Rb-Sr WR	Na et al.，1997
Jeomchon	角闪黑云母花岗闪长岩	224.00	2.80	U-Pb sphene	Hee et al.，2005
Jeomchon	角闪黑云母花岗闪长岩	341.00	105.00	Rb-Sr WR	Jwa et al.，1995
Ian	角闪黑云母花岗岩	219.30	3.30	U-Pb 锆石 SHRIMP	Cho et al. 2008
Geumsan	角闪黑云母花岗岩	166.10	2.00	U-Pb sphene	Hee et al.，2005
Wolaksan	黑云母花岗岩	85.60	3.40	Rb-Sr WR	Lee，1994

续表

地点	岩石类型	年龄/Ma	1σ	测试方法	参考文献
沃川带					
Sokrisan	斑状黑云母花岗岩	91.00	6.00	Rb-Sr WR	Cheong and Chang，1997
Pyongchang	黑云母花岗岩	92.40	1.60	Rb-Sr WR	Cho and Chi，1989
Baekrok	角闪黑云母花岗闪长岩	222.70	2.10	U-Pb sphene	Ree et al.，2001
Cheongsan	斑状黑云母花岗闪长岩	216.90	2.20	U-Pb sphene	Ree et al.，2001
Cheongsan	斑状黑云母花岗岩	216.00	21.00	Rb-Sr WR	Cheong and Chang，1997
Cheongsan	斑状黑云母花岗岩	224.80	1.70	U-Pb 锆石 SHRIMP	Williams et al.，2009
Boeun	黑云母花岗岩	171.70	1.40	U-Pb sphene	Ree et al.，2001
Boeun	黑云母花岗岩	170.00	12.00	Rb-Sr WR	Jwa et al.，1995
Haenam	花岗斑岩	75.70	7.20	Rb-Sr WR	Shin and Kagami，1996
Wando	花岗斑岩	70.60	3.30	Rb-Sr WR	Shin and Kagami，1996
岭南地块					
Andong	叶理化角闪黑云母花岗闪长岩	185.00	1.70	U-Pb sphene	Hee et al.，2005
Andong	叶理化角闪黑云母花岗闪长岩	360.00	40.00	Rb-Sr WR	Lee et al.，1999
Yeongju	叶理化角闪黑云母花岗闪长岩	169.40	1.60	U-Pb sphene	Hee et al.，2005
Yeongju	叶理化角闪黑云母花岗闪长岩	267.00	27.00	Rb-Sr WR	Lee et al.，1999
Gimcheon	角闪黑云母花岗闪长岩	184.90	2.00	U-Pb sphene	Hee et al.，2005
Hamyang	角闪黑云母花岗闪长岩	188.00	3.30	U-Pb sphene	Hee et al.，2005
Hamyang	叶理化黑云母花岗岩	219.20	2.90	U-Pb zircon	Turek and Kim，1995
Namwon	角闪黑云母花岗闪长岩	183.10	1.60	U-Pb sphene	Hee et al.，2005
Namwon	角闪黑云母花岗闪长岩	176.00	2.80	U-Pb zircon	Turek and Kim，1995
Namwon	二云母花岗岩	180.30	9.50	CHIME monazite	Cho et al.，1999
Namwon	斑状黑云母花岗岩	180.80	5.70	CHIME monazite	Cho et al.，1999
Namwon	伟晶花岗岩	178.40	5.10	CHIME monazite	Cho et al.，1999
Namwon	黑云母花岗岩	179.50	3.00	CHIME monazite	Cho et al.，1999
Daegang	叶理化碱性花岗岩	208.00	7.00	Rb-Sr WR	Na，1994
Daegang	叶理化碱性花岗岩	212.30	8.20	U-Pb zircon	Turek and Kim，1995
Daegang	叶理化碱性花岗岩	183.40	3.40	CHIME zircon	Cho and Susuki，1999
Daegang	叶理化碱性花岗岩	178.50	2.30	CHIME monazite	Cho et al.，1999
Daegang	叶理化碱性花岗岩	219.60	1.90	U-Pb 锆石 SHRIMP	Cho et al.，2008
Jangsu	叶理化角闪黑云母花岗闪长岩	186.90	2.60	U-Pb zircon	Turek and Kim，1995
Geochang	闪长岩	176.70	6.20	U-Pb zircon	Turek and Kim，1995
Machon	辉长岩	223.30	2.60	U-Pb zircon	Kim and Turek，1996
Tongbok	花斑岩 Porphyry	218.60	2.50	U-Pb zircon	Kim and Turek，1996
Sancheong	闪长岩	209.70	2.30	U-Pb zircon	Kim and Turek，1996
Chahwangsan	正长岩	196.90	1.30	U-Pb zircon	Kim and Turek，1996
Yulhyunri	叶理化角闪黑云母花岗岩	194.60	2.30	U-Pb zircon	Kim and Turek，1996
Sinwon	叶理化角闪黑云母花岗闪长岩	188.90	3.10	U-Pb zircon	Kim and Turek，1996

续表

地点	岩石类型	年龄/Ma	1σ	测试方法	参考文献
庆尚盆地					
Yeongdeok	角闪黑云母花岗岩	244.50	2.30	U-Pb sphene	Hee et al.，2005
Yeongdeok	角闪黑云母花岗岩	241.00	59.00	Sm-Nd WR-Hb-Fd	Cheong and Kwon，1998
Yeonghae	闪长岩	238.00	14.00	Sm-Nd WR-Hb-Fd	Cheong and Kwon，1998
Cheongsong	斑状角闪黑云母花岗岩	195.90	2.00	U-Pb sphene	Hee et al.，2005
Cheongsong	斑状角闪黑云母花岗岩	226.00	20.00	Sm-Nd WR-Hb-Fd	Cheong and Kwon，1999
Masan	角闪黑云母花岗岩	100.10	7.10	Rb-Sr WR	Lee et al.，1995
Jinhae	黑云母花岗岩	70.50	1.90	Rb-Sr WR	Lee et al.，1995
Kimhae	角闪黑云母花岗岩	83.90	9.00	Rb-Sr WR	Lee et al.，1995
Yangsan	黑云母花岗岩	70.60	4.20	Rb-Sr WR	Lee et al.，1995
Gupo	黑云母花岗岩	68.80	3.40	Rb-Sr WR	Lee et al.，1995
Unyang	黑云母花岗岩	67.10	0.40	Rb-Sr WR	Na，1994
Gyongju Namsan	碱性花岗岩	49.70	0.10	Rb-Sr WR	Kim and Kim，1997
Tohamsan	黑云母花岗岩	49.80	0.10	Rb-Sr WR	Kim and Kim，1997
Oyoori	黑云母花岗岩	59.50	0.10	Rb-Sr WR	Kim et al.，1995

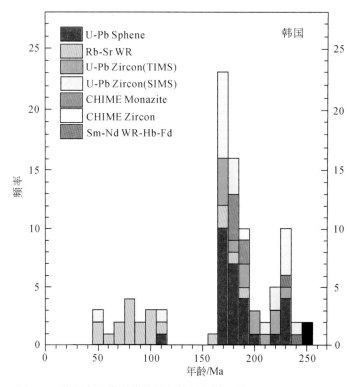

图 6.2　韩国中生代岩浆作用年龄频率图（据 Hee et al.，2005）

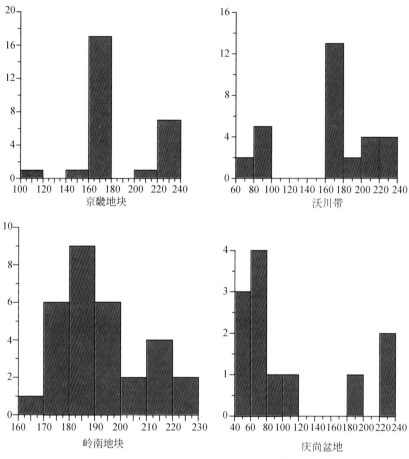

图 6.3 韩国各个地块中生代侵入岩年龄频率图

6.1.2 中新生代火山岩的时空分布

韩国白垩纪火山岩主要分布在岭南地块的庆尚盆地（图 6.4），与沃国寺期花岗岩类组成火山-侵入岩，相对应的火山活动是：110~80Ma B. P. 为玄武岩-安山岩、英安岩-流纹岩，少量碱性玄武岩；80~60Ma B. P. 为英安岩-流纹岩，少量碱性玄武岩。在韩国被称为白垩纪庆尚超群（Cretaceous Gyeongsang Supergroup，110~40Ma B. P.）。在白垩纪庆尚超群 Hayang 群砾岩的火山砾中用角闪石^{40}Ar/^{39}Ar 法测得年龄为 113.4±2.4Ma（Kim et al., 2005）。

韩国古近纪火山岩分布有限，火山岩层主要出露在韩国东南部和东部的 Pohang-Yangnam 地区和 Gilju-Myeongcheon 地区。古近纪火山岩不整合覆盖的基底是庆尚超群的沉积岩和沃国寺期花岗岩。在 Pohang 地区，古近纪火山岩不很发育，主要由沉积岩组成，在 Yangnam 地区以火山岩为主。古近纪火山岩可以分为始新世 Wangsan 组和中新世 Beomgogni、Janggi 和 Yeonil 三个群（表 6.2），各组和群之间都为不整合关系。Wangsan

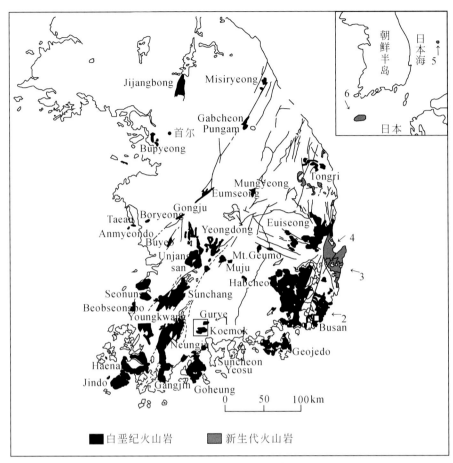

图 6.4　韩国火山岩时空分布图

1. Moony 火山岩区；2. Gyemyeong 和 Janggun 火山岩区；3. Yangnam 盆地；4. Pohang 盆地；
5. Ulleung 火山岛；6. Jeju 火山岛

组由英安质熔结凝灰岩组成，K-Ar 年龄为 57~46Ma（Shibata *et al*.，1997）。早始新世 Beomgogni 和 Janggi 群由火山岩组成，夹少量陆相砂岩和砾岩。Beomgogni 群底部的 Waeunpni 熔结凝灰岩是钙碱性角闪石-黑云母英安质成分，K-Ar 年龄为 22Ma。Janggi 群中的 Eoil 玄武岩由玄武岩和安山岩组成，夹英安质熔岩、砾岩、砂岩和页岩。玄武质熔岩为橄榄玄武岩、辉石橄榄玄武岩和角闪-辉石安山岩，K-Ar 年龄为 17~22Ma。Yeonil 群主要由砂岩、泥岩、粉砂岩和砾岩组成。

表 6.2　Pohang-Yangnam 地区古近纪火山地层和岩性特征

时代	层序	岩性特征
晚中新世	Yeonil 群	泥岩
		砂岩、泥岩和粉砂岩
		砾岩

续表

时代	层序		岩性特征
早中新世	Janggi 群		玄武质安山岩和玻质碎屑岩
			火山碎雪岩
			英安质熔结凝灰岩，火山碎屑岩
			砾岩
	Beomgogni 群		英安质熔结凝灰岩，火山碎屑岩
			砾岩
			英安质和安山质火山碎屑岩
			英安质熔结凝灰岩
中新世	Waeupni 凝灰岩		凝灰岩
始新世	Wangsan 组		英安质熔结凝灰岩
白垩纪	沃国寺期		花岗岩
	庆尚超群		火山岩

在韩国 Pohang-Yangnam 地区出露有古新世—早中新世火山岩，其地层和岩相特征与日本海附近的 Sado 岛十分相似，可以称为 Sado-Pahang 早新生代构造-火山岩带，该火山岩带在古新世时位于 Yamato 脊的南部，随着日本洋盆的打开，Yamato 盆地在早中新世—中中新世打开，Sado-Pahang 带向南迁移。

韩国中新世-更新世火山作用与 Eoil 造山运动紧密相关，并且可以和日本的绿色凝灰岩造山运动对比。上新世火山岩主要出露在中日本海西部的 Ulleung 岛，更新世火山岩出露在日本海西南部 Jeju 岛。两者火山-构造事件都可以分为四个阶段，分别为火山喷发—沉降和海侵—岩穹上隆—火山再次喷发以及火山喷发—沉降和海侵—抬升和火山喷发—岩穹上隆和再次喷发。在日本海南半部有三个地堑构造：即 Pohang-Ulsan 地堑、Ulleung 盆地和 Yamato 盆地。这三个地堑都是起因于岩浆上升的活动裂谷，日本海南半部的伸展和深切割都是由于这三个活动裂谷以及周边地区的构造运动，据此可以认为日本海的开裂是由岩浆底辟构造造成的。

6.2　印支期侵入岩的地质地球化学特征

我们重点选取了位于京畿地块的三个中三叠世侵入岩体（Hongseong，Namyang，Yangpyeong，分别简称 YTP，NTP，HTP）和沃川带两个晚三叠世碱性花岗岩体（Ian 和 Daegang）进行松里期岩浆作用的讨论，并将位于庆尚盆地的三个岩体（Yeongdeok、Yeonghae 和 Cheongsong）以及沃川带两个岩体（Cheongsan 和 Baeknok）作为岩浆来源和构造演化的对比研究。

6.2.1 地质概况、年代学和岩石学特征

Hongseon 侵入岩位于京畿地块西南部（图 6.5），杂岩体侵入于新元古代地层，主要由花岗质岩体组成，其次为石英正长质岩体。斑状石英正长岩可作为包体产于花岗岩体边部，但很少出现在花岗岩体的内部。包体通常呈分散的透镜状、椭圆状和磨圆的或暗色角砾状，表明石英正长质岩体形成时间较早。花岗岩为中-粗粒，半自形不等粒-等粒状结构，钾长石（28%～37%），斜长石（28%～37%），石英（26%～32%），黑云母和少量角闪石，副矿物有锆石、磷灰石、钛铁矿和榍石。花岗岩的锆石 SHRIMP 年龄为 226.0±2.2Ma，227.0±2.4Ma（Williams *et al.*，2009）。呈大岩株产出的斑状石英正长岩由斜长石、钾长石、黑云母和角闪石，少量单斜辉石组成，锆石 SHRIMP 年龄为 227.3±2.4Ma（Williams *et al.*，2009）。

Namyang 花岗岩位于京畿地块中西部（图 6.5），中-粗粒结构，局部有斑状结构，成分和结构特征与 Hongseon 花岗岩非常类似。榍石 U-Pb 年龄为 227±3Ma（Hee *et al.*，2005）。

Yangpyeong 侵入岩位于京畿地块中部（图 6.5），出露面积约 50km^2，侵入于早元古代片麻岩和片岩地层中，主要有两种岩石单元，斑状石英二长岩-石英正长岩和辉长质小岩株。含钾长石斑晶的石英二长岩-石英正长岩由钾长石（25%～30%），斜长石（奥长石-中长石，35%～40%），角闪石（26%～28%）黑云母和石英（2%～4%）组成，副矿物有锆石、磷灰石、钛铁矿和独居石。石英二长岩的锆石 SHRIMP 年龄为 231.8±2.9Ma（Williams *et al.*，2009）。角闪辉长岩由角闪石、斜长石和黑云母组成，含有少量透辉石和单斜辉石，呈粗-中粒半自形粒状结构。锆石 SHRIMP 年龄为 231.1±2.8Ma（Williams *et al.*，2009）。

Ian 和 Daegang 两个碱性花岗岩体分别位于沃川带的中部和西南部（图 6.5）。Ian 花岗岩是 Jeomchon 花岗杂岩的一部分，由角闪-黑云母花岗岩、变形黑云母花岗岩和变形粉色黑云母花岗岩组成，前两者为过渡关系，变形粉色黑云母花岗岩侵入了前两者。花岗岩为中-粗粒结构，富碱性长石的（角闪石）黑云母花岗岩，由条纹长石（23%～60%），石英（29%～33%），钠质斜长石（4%～40%，An$_{2～14}$）黑云母（1%～3%），伴生有少量角闪石、锆石、磷灰石和褐帘石。锆石 SHRIMP 年龄为 219.3±3.3Ma（Cho *et al.*，2008）。

Daegang 花岗岩体呈 NNE 向的长岩株状，侵入于前寒武纪基底地层。岩石为粗粒富碱性长石的碱性花岗岩，由条纹长石（47%～68%），石英（29%～50%），斜长石（<2%，）黑云母（1%～6%），角闪石（<1%），锆石、磷灰石和褐帘石组成。锆石 SHRIMP 年龄为 219.6±1.9Ma（Cho *et al.*，2008）。

6.2.2 地球化学特征

Hongseong、Namyang 和 Yangpyeong 岩体及其 Ian 和 Daegahg 岩体的主量元素、稀土元素和微量元素分别列于表 6.3 和表 6.4。Hongseong、Namyang 和 Yangpyeong 侵入岩的 Sr-Nd 同位素数据一并列于表 6.3。

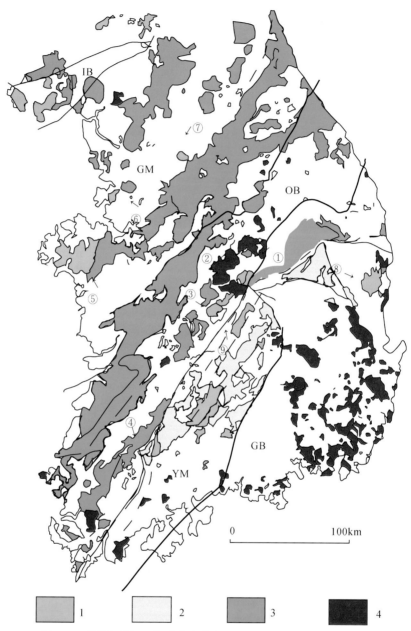

图 6.5　所研究的松里期花岗岩体位置图（据 Kim *et al.*，2011）

1. 三叠纪花岗岩类；2. 早侏罗世花岗岩类；3. 中侏罗世花岗岩类；4. 白垩纪花岗岩类。

①lan 花岗岩；②Jeomchon 花岗杂岩体；③Cheongsan 花岗岩；④Daegang 花岗岩；⑤Hongseong 岩体；⑥Namyang
岩体；⑦Yangpyeong 岩体；⑧Yeongduk 岩体；⑨Baegrok 岩体。IB. 临津江带；GM. 京畿地块；OB. 沃川带；YM.
岭南地块；GB. 庆尚盆地

6.2.2.1　主量元素

在 TAS 岩石分类命名图（图 6.6）中，Hongseon 侵入岩大部分为花岗岩和二长岩，

Namyang 侵入岩大部分为花岗岩，Yangpyeong 侵入岩大部分为石英二长岩、石英正长岩和辉长岩，在模式斜长石-辉石-角闪石图中辉长岩主要为角闪辉长岩和含斜长石角闪辉长岩。Ian 和 Daegang 两个碱性花岗岩体大部分为花岗岩，少量为二长岩。除 Namyang 和 Hongseon 花岗岩为亚碱性系列岩石外，其余岩石都位于碱性和亚碱性岩石系列的分界线两侧或上方，具有向碱性系列过渡的岩石化学特征。

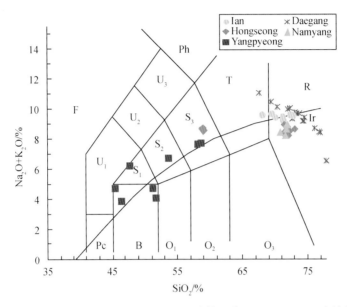

图 6.6　Hongseong、Namyang 和 Yangpyeong 岩体及其 Ian 和 Daegahg 岩体的 TAS 图
（据 Le Bas，1986）

R. 花岗岩；O_3. 花岗闪长岩，O_2. 闪长岩，O_1. 辉长闪长岩，B. 辉长岩；Pc. 橄榄岩-辉长岩；T.
石英二长岩-正长岩；S_3. 二长岩，S_2. 二长闪长岩，S_1. 二长辉长岩；Ph. 似长石正长岩；U_3. 似
长二长正长岩，U_2. 似长二长闪长岩，U_1. 橄榄辉长岩；F. 似长深成岩

在 K_2O-SiO_2 图 ［图 6.7 (a)］ 中，Namyang 花岗岩和 Daegang 花岗岩的一部分为高钾钙碱性系列，Yangpyeong 和 Hongseon 侵入岩都投在高钾钙碱性系列岩石上方，位于橄榄安粗岩系区间，在 (K_2O+Na_2O)-CaO-SiO_2 图 ［图 6.7 (b)］ 上，Ian 碱性花岗岩的全部和 Daegang 碱性花岗岩体的大部分都位于碱性系列 A 型花岗岩区，其余岩石具有向碱性系列岩石过渡的碱钙性系列岩石特征，(Cho *et al.*，2008；Williams *et al.*，2009)。

与其他岩体相比，Hongseon 和 Ian 花岗岩的 Al_2O_3 含量稍高，分别为 13.26% ～ 14.33% 和 14.0% ～ 15.1%，在岩石 A/NK-A/CNK 图解中为铝弱过饱和花岗岩，而其余岩石则为准铝质岩石（图 6.8）。

五个岩体主要元素含量变化示于图 6.9，可见 Hongseon 和 Yangpyeong 石英二长岩、石英正长岩，包括辉长岩的 Fe_2O_3、MgO、CaO、P_2O_5 和 TiO_2 含量都要高于 Hongseon、Namyang、Ian 和 Daegang 花岗岩；京畿地块的中三叠世花岗岩具有高钾钙碱性和橄榄安粗岩系的成分特征，Al_2O_3 含量相对较低。与 Hongseon 和 Namyang 花岗岩相比，沃川带中两个晚三叠世碱性花岗岩具有高硅低钙贫镁，相对富碱（K_2O+Na_2O=8.3% ～11.0%）和高

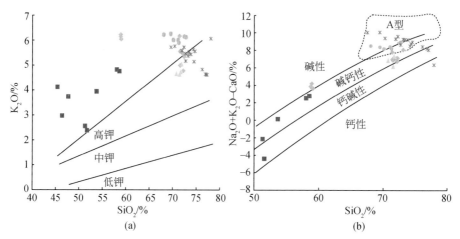

图 6.7　Hongseong、Namyang 和 Yangpyeong 岩体及其 Ian 和 Daegahg 岩体岩石系列划分图

（a）K_2O-SiO_2图，岩石系列划分界线据 Le Maitre，1989；（b）（K_2O＋Na_2O－CaO)-SiO_2图，

岩石系列划分界线据 Frost *et al.*，2001。图例同图 6.6

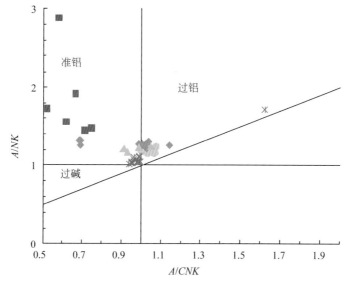

图 6.8　Hongseong、Namyang 和 Yangpyeong 岩体及其 Ian 和 Daegahg 岩体 A/NK-A/CNK 图

图例同图 6.6

FeO_T/MgO 比的特征，Daegang 碱性花岗岩更富 Na_2O，Ian 碱性花岗岩更富 K_2O。

6.2.2.2　微量元素

五个岩体的稀土元素球粒陨石标准化模式图见图 6.10（a）。

京畿地块中的中三叠世花岗质和辉长质岩石强烈富集 LREE，而显示出中等-陡右倾曲线形式 [La_N/Yb_N＝6.8～66.0，图 6.10（a）]，Hongseong 和 Namyang 花岗岩具有中等-弱的负 Eu 异常（Eu/Eu^* 值分别为 0.38～0.73 和 0.80～0.89）Hongseong 和 Yangpyeong 石英正长岩和石英二长岩负 Eu 异常不明显，Yangpyeong 辉长岩具有弱的 Eu 正异常。

　　沃川带中两个晚三叠世碱性花岗岩稍富集 LREE，Ian 和 Daegong 花岗岩的 La_N/Yb_N 分别为 5.2～37.4 和 10.5～49.3，呈中等右倾曲线形式 [图 6.10 (a)]，具有强的负 Eu 异常，Eu/Eu^* 值分别为 0.06～0.36 和 0.04～0.15。

　　微量元素蛛网图 [图 6.10 (b)] 中，京畿地块中的中三叠世花岗质和辉长质岩石具有不同的地球化学特征。Hongseong 和 Namyang 花岗岩亏损 Ba、Ta、Nb、Sr、P 和 Ti，相对富集 Th、U、K。Hongseong 石英正长岩和 Yangpyeong 石英二长岩与花岗岩相似，亏损 Ta、Nb 和 Ti。Yangpyeong 辉长质岩石的成分变化范围较大，如 Ta、P 有正异常和负异常，Sr 为正异常。京畿地块中的中三叠世花岗质岩石具有典型的 Ta-Nb 槽，亏损 P 和 Ti，富集大离子亲石元素（LILE），具有与俯冲作用有关的大陆边缘花岗岩类特征，起因于岛弧的岩石中也具有类似的地球化学特征。Hongseong 和 Yangpyeong 石英正长岩-石英二长岩 Sr、Ba 含量高，无 Eu 异常。高 Sr、Ba 侵入岩中因含有较多地幔组分通常被认为是来源于大陆岩石圈富集地幔的高 Sr、Ba 熔体与地壳组分混染或混合成因的，高 Sr-Ba 岩体在大别-苏鲁碰撞带和苏格兰加里东造山带也有出露，常与中-基性岩体伴生 (Fowler et al., 2001)。

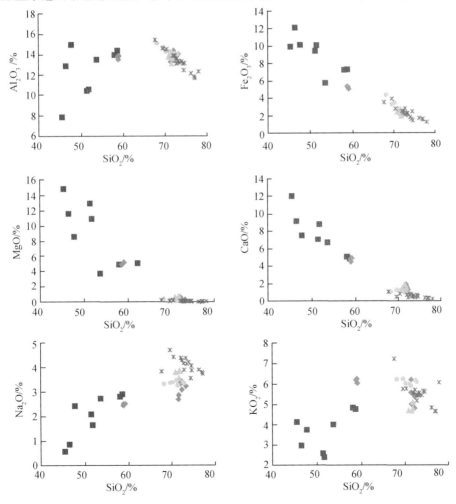

图 6.9　Hongseong、Namyang 和 Yangpyeong 岩体及其 Ian 和 Daegahg 岩体的主量元素哈克图

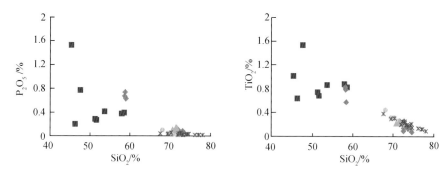

图 6.9 Hongseong、Namyang 和 Yangpyeong 岩体及其 Ian 和 Daegahg 岩体的主量元素哈克图（续）

图例同图 6.6

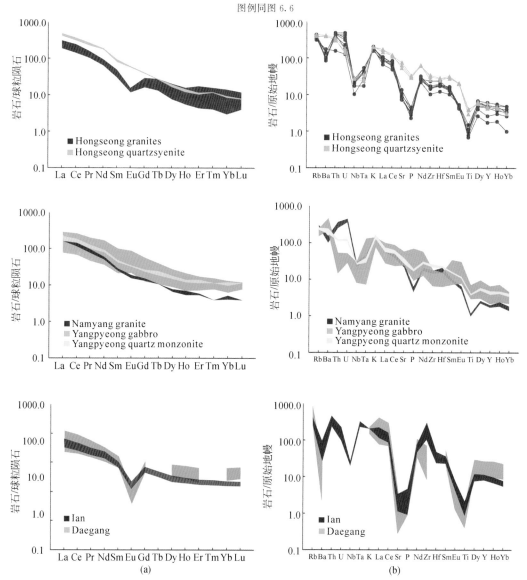

图 6.10 五个岩体稀土元素球粒陨石标准化模式图（a）和微量元素原始
地幔标准化模式图（b）球粒陨石和原始地幔

与 Namyang 和 Hongseong 花岗岩相比，沃川带中两个晚三叠世碱性花岗岩显示出强的 Ba、Nb、Sr、P 和 Ti 负异常，而具有 A 型花岗岩的一般特征。Ian 和 Daegang 碱性花岗岩的 1000Ga/Al 值明显偏高，分别为 2.8～3.2 和 3.2～5.1。在 Nb-1000Ga/Al 和 Y-1000Ga/Al 图解（图 6.11）中（Whalen *et al.*，1987），所有投点都位于 A 型花岗岩区，Yangpyeong 和 Hongseng 石英正长岩-石英二长岩的 1000Ga/Al 值稍高，也全都投影于 A 型花岗岩区，Namyamg 和 Hongseng 的花岗岩及 Yangpyeong 辉长岩则位于 I、S 和 M 型花岗岩区。

6.2.2.3　Sr-Nd 同位素

因沃川带中的 Ian 和 Daegang 碱性花岗岩目前尚无 Sr-Nd 同位素数据，重点讨论京畿地块中的中三叠世花岗质和辉长质岩石 Sr-Nd 同位素特征（表 6.3）。Namyang 和 Hongseong 花岗岩的 $^{87}Sr_i/^{86}Sr_i$ 值变化范围为 0.7100～0.7140（图 6.12），$\varepsilon_{Nd}(t)$ 为 −13.9～−10.4，Hongseng 石英正长岩有稍低的 $^{87}Sr_i/^{86}Sr_i$ 值（0.7091）和 $\varepsilon_{Nd}(t)$ 值（−14.1）。同位素数据特征类似于沃川带中的 Cheongsan 花岗岩和 Baekrok 花岗岩-石英二长闪长岩（0.7093～0.7148 和 −16.35～−11.58，Cheong *et al.*，1996），Cho 等（2001）测得的锆石 SHRIMP 年龄分别为 225.1±2Ma 和 225.7±4Ma。与其他地区的侵入岩相比，Yangpyeong 石英正长岩-石英二长岩和辉长岩的 $^{87}Sr_i/^{86}Sr_i$ 值较高（0.7133～0.7144），而 $\varepsilon_{Nd}(t)$ 值低（−20.3～−19.3）（图 6.12），暗示岩浆主要起源于富集岩石圈地幔，并与下地壳的基底变质岩石混染。

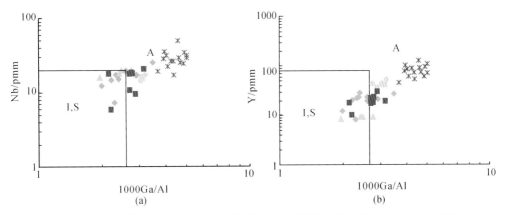

图 6.11　五个岩体的 Nb-1000Ga/Al 和 Y-1000Ga/Al 图（据 Whalen *et al.*，1987）

图例同图 6.6

根据获得的锆石 SHRIMP 年龄计算各岩石类型的亏损地幔模式年龄（T_{DM}）表明，Namyang 和 Hongseong 花岗岩为 1.59～1.74Ga，与苏鲁碰撞带架子山杂岩的模式年龄接近（1.69～2.00Ga，Yang *et al.*，2005），而 Yangpyeong 石英正长岩-石英二长岩和辉长岩的 T_{DM} 较高，为 2.19～2.75Ga。这两组亏损地幔模式年龄（T_{DM}）的差异反映了这些岩石的源岩时代的差别，Namyang 和 Hongseong 花岗岩的源岩大部分可能是新元古代的，而 Yangpyeong 侵入岩的形成可能是受到太古宙至古元古代早期基底岩石的混染，在京畿地块也曾有过存在早元古代片麻岩的报道（Lee *et al.*，2003）。

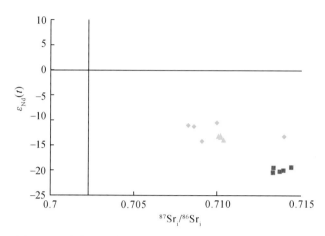

图 6.12 京畿地块中中三叠世岩体的 $\varepsilon_{Nd}(t)$ $-^{87}Sr_i/^{86}Sr_i$ 图

图例同图 6.6

表 6.3 Hongseong，Namyang 和 Yangpyeong 侵入岩主量元素（%），稀土和微量元素（ppm）成分

地点	Hongseong									
序号	1	2	3	4	5	6	7	8	9	10
样号	7418-1C	7418-1E	7418-1D	7418-1A	7418-1B	7419-2B	7419-5A	7419-8A	7419-7A	7419-9A
岩相	石英正长岩	石英正长岩	石英正长岩	花岗岩	花岗岩	花岗岩	花岗岩	花岗岩	花岗岩	花岗岩
SiO_2	59.07	58.90	58.78	71.43	73.15	71.52	72.19	72.29	71.48	72.07
TiO_2	0.65	0.86	0.90	0.17	0.15	0.33	0.21	0.21	0.21	0.25
Al_2O_3	13.82	13.50	13.79	13.26	13.97	13.77	13.56	13.35	13.63	14.33
Fe_2O_3	5.07	5.27	5.29	2.22	2.09	2.55	2.17	2.45	2.52	2.30
MnO	0.12	0.08	0.10	0.03	0.02	0.04	0.03	0.04	0.03	0.04
MgO	5.08	5.00	4.96	0.23	0.20	0.41	0.29	0.33	0.31	0.45
CaO	4.92	4.52	4.80	0.98	0.57	1.33	1.41	1.32	1.35	1.66
Na_2O	2.50	2.48	2.44	2.68	3.22	3.28	3.41	3.07	2.85	3.33
K_2O	6.02	6.20	6.16	6.16	5.43	4.96	4.78	5.35	5.54	5.44
P_2O_5	0.63	0.73	0.67	0.05	0.08	0.10	0.06	0.07	0.07	0.10
LOI	1.10	1.31	1.23	2.26	0.17	0.34	0.27	0.27	0.48	0.90
总量	98.97	98.84	99.12	99.49	99.06	98.63	98.38	98.76	98.47	100.90
A/NK	1.30	1.25	1.29	1.20	1.25	1.28	1.26	1.23	1.28	1.26
A/CNK	0.71	0.71	0.71	1.03	1.14	1.04	1.02	1.01	1.04	1.00
Ba	2723.00	2987.00	2847.00	671.00	1193.00	974.00	717.00	660.00	593.00	954.00

续表

地点	Hongseong									
序号	1	2	3	4	5	6	7	8	9	10
样号	7418-1C	7418-1E	7418-1D	7418-1A	7418-1B	7419-2B	7419-5A	7419-8A	7419-7A	7419-9A
岩相	石英正长岩	石英正长岩	石英正长岩	花岗岩	花岗岩	花岗岩	花岗岩	花岗岩	花岗岩	花岗岩
Sr	1135.00	1608.00	1356.00	207.00	228.00	207.00	193.00	180.00	157.00	288.00
Zr	352.00	285.00	388.00	178.00	114.00	261.00	168.00	183.00	163.00	196.00
Ga	19.00	25.00	17.00	14.00	17.00	19.00	21.00	17.00	16.00	18.00
V	91.00	93.00	87.00	7.00	<5.00	21.00	13.00	19.00	12.00	22.00
Hf	8.70	7.50	8.90	5.90	3.80	7.30	5.40	5.60	5.50	6.20
Nb	19.00	25.10	17.10	12.30	7.30	19.60	17.10	15.00	14.50	16.50
Ta	1.10	1.20	1.10	0.70	1.10	2.20	2.20	1.70	1.60	1.80
Rb	249.00	275.00	253.00	221.00	196.00	264.00	262.00	249.00	276.00	236.00
Y	19.00	27.00	22.00	12.00	8.00	23.00	21.00	28.00	20.00	23.00
Cs	7.10	7.50	8.50	4.10	2.70	6.10	11.30	6.10	10.90	5.60
U	2.90	3.80	3.20	4.80	2.70	3.80	9.00	6.60	7.50	10.20
Th	27.80	30.30	25.40	32.80	13.30	36.70	36.80	38.90	40.60	41.60
Pb	51.70	48.20	49.80	42.00	35.00	37.00	42.00	36.00	46.00	34.00
La	117.00	101.00	121.00	60.00	46.00	54.00	59.00	71.00	64.00	73.00
Ce	215.00	203.00	195.00	113.00	85.00	150.00	106.00	132.00	120.00	132.00
Pr	25.20	21.70	22.30	12.40	9.70	11.90	10.70	14.80	13.00	13.90
Nd	86.80	87.50	84.70	36.40	29.60	36.80	34.30	43.50	37.80	39.80
Sm	14.10	13.80	12.50	6.20	4.60	6.20	5.90	7.40	6.30	6.90
Eu	3.30	3.40	3.60	0.80	0.90	0.90	0.80	0.80	0.70	0.90
Gd	8.30	8.40	8.10	5.00	3.30	4.80	4.30	5.90	4.90	6.00
Tb	1.00	1.00	1.00	0.70	0.50	0.80	0.70	1.00	0.80	0.90
Dy	4.80	4.40	4.30	3.00	1.90	4.40	3.80	5.10	3.60	4.70
Ho	0.80	0.70	0.70	0.50	0.40	0.80	0.70	0.90	0.60	0.80
Er	1.90	1.80	1.90	1.50	0.70	2.40	2.20	2.90	1.90	2.40
Tm	0.30	0.30	0.30	0.20	0.10	0.40	0.30	0.40	0.30	0.30
Yb	1.60	1.60	1.50	1.30	0.50	2.40	2.00	2.40	1.70	1.70
Lu	0.20	0.20	0.20	0.20	0.10	0.30	0.30	0.30	0.20	0.20
Eu/Eu	0.93	0.97	1.09	0.46	0.73	0.51	0.46	0.38	0.4	0.43
$^{87}Sr_i/^{86}Sr_i$	0.70909	—	—	—	0.71	—	0.70827	0.70861	0.714	—
$\varepsilon_{Nd}(t)$	−14.09	—	—	—	−10.38	—	−10.89	−11.15	−13.18	—

续表

地点	Namyang				Yangpyeong							
序号	11	12	13	14	15	16	17	18	19	20	21	22
样号	7628-1A	7628-1B	7628-1C	7628-2B	7107-2A	71073A	7217-5A	7217-5B	7217-4A	7107-4A	7217-2A	7217-3A
岩相	花岗岩	花岗岩	花岗岩	花岗岩	角闪辉长岩	角闪辉长岩	角闪辉长岩	角闪辉长岩	角闪辉长岩	石英二长岩	石英二长岩	石英二长岩
SiO_2	71.83	71.75	71.57	70.80	45.38	51.30	51.66	46.42	47.67	58.56	58.02	53.65
TiO_2	0.22	0.26	0.25	0.22	1.02	0.75	0.69	0.64	1.54	0.83	0.88	0.87
Al_2O_3	13.55	14.06	12.99	13.64	7.83	10.48	10.58	12.86	14.93	14.34	13.93	13.50
Fe_2O_3	1.90	2.18	2.23	2.32	9.89	9.46	10.05	12.07	10.14	7.30	7.23	5.72
MnO	0.03	0.03	0.04	0.04	0.14	0.13	0.16	0.15	0.12	0.10	0.09	0.11
MgO	0.49	0.66	0.62	0.57	14.83	12.90	10.91	11.59	8.52	4.68	4.90	3.77
CaO	1.46	1.02	1.80	1.37	12.02	7.05	8.80	9.15	7.53	4.85	5.04	6.69
Na_2O	3.80	3.84	3.53	3.76	0.54	2.08	1.64	0.84	2.41	2.89	2.78	2.74
K_2O	5.05	4.74	4.62	4.65	4.12	2.56	2.38	2.98	3.73	4.76	4.81	3.98
P_2O_5	0.11	0.13	0.14	0.10	1.53	0.28	0.27	0.20	0.77	0.39	0.38	0.42
LOI	0.97	1.65	1.33	0.98	1.47	1.94	1.88	2.24	1.24	1.19	1.26	7.11
总量	99.40	100.30	99.12	98.44	98.77	98.92	99.02	99.14	98.60	99.89	99.31	98.56
A/NK	1.16	1.23	1.20	1.22	1.46	1.69	2.01	2.79	1.87	1.45	1.42	153.00
A/CNK	0.94	1.06	0.92	1.00	0.29	0.55	0.50	0.61	0.69	0.77	0.74	0.64
Ba	1039.00	764.00	737.00	698.00	3211.00	1573.00	1535.00	1497.00	2623.00	1737.00	1733.00	1192.00
Sr	461.00	547.00	539.00	446.00	927.00	716.00	878.00	509.00	1231.00	817.00	689.00	599.00
Zr	166.00	197.00	190.00	185.00	172.00	123.00	100.00	75.00	203.00	288.00	267.00	250.00
Ga	14.00	18.00	17.00	20.00	12.00	15.00	12.00	15.00	25.00	21.00	20.00	20.00
V	16.00	20.00	22.00	17.00	209.00	157.00	198.00	193.00	190.00	107.00	110.00	106.00
Hf	4.90	6.20	6.30	5.90	4.40	3.40	2.70	2.00	4.60	7.30	7.00	6.50
Nb	15.60	18.00	19.60	19.50	9.50	10.70	17.70	5.80	20.40	18.40	17.80	18.00
Ta	1.40	1.80	1.90	1.80	0.60	0.80	5.50	0.30	1.20	1.20	1.20	1.60
Rb	179.00	187.00	176.00	190.00	111.00	98.00	97.00	155.00	144.00	160.00	163.00	148.00
Y	8.00	9.00	9.00	9.00	30.00	17.00	18.00	10.00	19.00	18.00	22.00	23.00
Cs	2.90	3.70	2.70	3.10	4.40	2.70	2.50	6.50	3.20	2.30	1.80	2.80
U	9.10	7.70	9.40	8.50	0.60	1.10	1.10	0.60	0.90	2.70	2.70	2.40
Th	22.50	21.50	27.40	31.80	2.95	4.46	3.20	3.16	1.24	9.76	10.30	10.60
Pb	60.00	27.00	28.00	56.00	15.00	13.00	17.00	15.00	16.00	25.00	29.00	20.00
La	52.00	41.00	42.00	38.00	68.00	40.00	19.00	21.00	43.00	43.00	38.00	53.00
Ce	86.00	76.00	80.00	70.00	159.00	90.00	43.00	42.00	98.00	93.00	88.00	114.00
Pr	9.30	8.80	9.10	7.20	18.80	9.60	4.90	4.40	11.10	10.30	9.90	12.00
Nd	26.00	26.50	28.00	23.70	78.20	35.80	20.50	17.00	44.30	38.40	38.50	42.90
Sm	4.00	4.20	4.50	3.90	15.20	6.00	4.40	3.30	7.90	6.60	7.10	7.40
Eu	0.90	1.00	1.10	0.90	5.00	1.70	1.50	1.30	2.60	2.00	1.90	1.90
Gd	3.10	3.10	3.10	2.70	11.50	4.50	4.00	2.60	5.70	5.00	5.40	5.50
Tb	0.40	0.40	0.40	0.40	1.50	0.70	0.70	0.40	0.80	0.70	0.90	0.90
Dy	1.80	1.80	2.00	1.70	7.0	3.80	3.80	2.30	4.10	3.90	4.60	4.60
Ho	0.30	0.30	0.40	0.30	1.20	0.70	0.70	0.40	0.70	0.70	0.80	0.80
Er	0.90	0.90	1.00	0.90	2.90	2.00	2.10	1.20	1.90	1.90	2.30	2.40
Tm	0.10	0.10	0.10	0.10	0.40	0.30	0.30	0.20	0.20	0.30	0.30	0.30
Yb	0.70	0.90	0.90	0.90	2.20	1.80	2.00	1.10	1.50	1.70	2.10	2.10
Lu	0.10	0.10	0.10	0.10	0.30	0.30	0.30	0.20	0.20	0.30	0.30	0.30
Eu/Eu	0.80	0.85	0.89	0.86	1.15	0.99	1.07	1.34	1.16	1.08	0.93	0.89
$^{87}Sr_i/^{86}Sr_i$	0.71039	0.71008	0.71021	0.71021	—	—	0.71397	0.71373	0.71334	—	0.71366	0.71442
$\varepsilon_{Nd}(t)$	−13.88	−13.15	−13.32	−13.08	—	—	−19.89	−20.11	−20.33	—	−19.38	−19.29
T_{DM}/Ga	1.67	1.62	1.66	1.65	—	—	2.61	2.75	2.19	—	2.37	2.24

资料来源：据 Williams *et al.*，2009。

表 6.4　Ian 和 Daegang 碱性花岗岩主量元素（%），稀土和微量元素（ppm）成分

样品	Ian 花岗岩							Daegang 花岗岩				
序号	1	2	3	4	5	6	7	8	9	10	11	12
样号	AGR1	AGR2	AGR3	AGR4	AGR5	AGR6	AGR7	DG2E	DG2H	DG3	DG4	DG5
SiO_2	71.15	70.17	72.78	72.46	68.11	71.34	69.54	73.86	72.29	77.11	76.96	78.01
TiO_2	0.27	0.32	0.19	0.20	0.45	0.26	0.32	0.17	0.25	0.13	0.12	0.09
Al_2O_3	14.29	14.28	14.03	14.06	15.10	13.99	14.68	13.32	13.88	11.68	11.83	12.31
Fe_2O_3	2.79	3.47	2.18	2.16	4.37	2.77	3.34	1.80	2.29	1.60	1.53	1.25
MgO	0.10	0.13	0.08	0.07	0.36	0.10	0.16	0.07	0.12	0.02	0.02	0.06
MnO	0.05	0.05	0.03	0.04	0.06	0.04	0.05	0.03	0.04	0.02	0.02	0.02
CaO	1.08	1.19	0.54	0.71	0.99	0.97	1.23	0.38	0.38	0.33	0.27	0.20
Na_2O	3.45	3.38	3.35	3.37	3.31	3.27	3.36	4.21	4.30	3.73	3.79	0.45
K_2O	5.98	5.99	6.09	6.14	6.20	5.89	6.23	5.41	5.69	4.63	4.64	6.06
P_2O_5	0.03	0.04	0.02	0.02	0.10	0.03	0.05	0.03	0.04	0.02	0.02	0.02
LOI	0.67	0.69	0.45	0.58	0.79	1.13	0.79	0.50	0.39	0.38	0.44	1.44
总量	99.86	99.71	99.74	99.81	99.84	99.79	99.75	99.78	99.67	99.65	99.64	99.91
A/NK	1.16	1.23	1.20	1.22	1.46	1.69	2.01	2.79	1.87	1.45	1.42	153.00
A/CNK	0.94	1.06	0.92	1.00	0.29	0.55	0.50	0.61	0.69	0.77	0.74	0.64
Rb	252.00	220.00	213.00	231.00	173.00	180.00	155.00	264.00	229.00	292.00	293.00	538.00
Ba	257.00	277.00	194.00	185.00	661.00	297.00	409.00	137.00	136.00	40.00	35.00	28.00
Th	37.00	38.70	31.80	30.90	19.80	35.60	26.50					
U	3.76	4.25	4.73	3.39	2.07	2.77	2.00	—	—	—	—	—
Nb	15.20	17.10	15.60	14.30	17.80	16.50	16.50	29.00	24.00	31.00	34.00	16.00
Ta	12.90	11.00	12.70	13.20	10.60	13.20	9.60					
Sr	43.20	41.50	24.30	24.30	69.30	51.90	49.20	33.00	33.00	9.00	10.00	12.00
Zr	2810.00	3330.00	2560.00	1850.00	1900.00	1200.00	1280.00	378.00	356.00	293.00	364.00	94.00
Hf	10.60	11.80	7.50	7.20	14.40	11.30	11.30					
Y	40.90	52.00	41.20	43.20	42.70	40.10	36.90	69.00	59.00	105.00	92.00	41.00
Ga	23.80	24.30	22.80	22.80	22.00	22.90	22.50	35.70	35.80	31.30	30.80	20.50
La	140.00	153.00	124.00	105.00	77.50	146.00	120.00	116.00	73.00	54.00		
Ce	254.00	279.00	212.00	186.00	153.00	251.00	221.00	233.00	154.00	124.00		
Pr	26.90	29.90	23.50	19.80	17.10	27.50	23.50	25.40	16.70	14.30		
Nd	93.30	106.00	88.20	68.20	64.40	94.40	83.60	80.90	54.00	48.60		
Sm	13.40	16.20	12.60	10.30	11.70	13.90	12.80	14.00	10.10	11.70		
Eu	0.90	0.94	0.82	0.71	1.26	0.88	1.08	0.49	0.41	0.23		
Gd	12.20	14.20	11.30	9.28	9.96	12.40	11.20	12.40	9.60	13.00		
Tb	1.43	1.84	1.48	1.19	1.37	1.49	1.36	—	—	—		
Dy	6.77	8.64	6.91	5.56	6.87	7.00	6.33	12.30	10.20	15.70		
Ho	1.26	1.61	1.35	1.11	1.31	1.20	1.13	2.49	2.04	3.16		
Er	3.42	4.19	3.52	3.26	3.42	3.11	2.87	6.11	5.06	7.97		
Tm	0.48	0.63	0.51	0.46	0.55	0.48	0.43	—	—	—		
Yb	2.90	3.81	3.24	2.73	2.97	2.80	2.78	6.63	5.45	7.45		
Lu	0.41	0.54	0.49	0.40	0.48	0.43	0.43	1.03	0.84	1.06	—	—

续表

样品	Daegang 花岗岩											
序号	13	14	15	16	17	18	19	20	21	22	23	24
样号	DG6E	DG7	DG8	DG11	DG13E	DG16	DG17	DG19	DG20E	DG21	DG28	DG29
SiO_2	76.20	72.72	74.42	73.38	69.51	74.59	70.35	74.28	67.60	71.98	73.15	72.76
TiO_2	0.14	0.22	0.21	0.19	0.3	0.15	0.3	0.19	0.38	0.20	0.19	0.26
Al_2O_3	12.11	13.07	12.44	13.18	14.60	13.15	14.50	13.08	15.43	13.89	13.38	13.61
Fe_2O_3	1.73	2.81	2.43	2.24	3.92	1.45	2.80	1.64	3.49	2.49	2.24	2.12
MgO	0.02	0.05	0.04	0.03	0.05	0.07	0.20	0.12	0.20	0.05	0.04	0.19
MnO	0.01	0.04	0.04	0.04	0.05	0.02	0.05	0.02	0.05	0.04	0.04	0.03
CaO	0.32	0.65	0.47	0.44	0.40	0.47	0.78	0.64	0.97	0.64	0.49	0.71
Na_2O	3.89	4.16	4.05	4.13	4.70	3.86	4.40	3.54	3.83	4.38	4.38	3.88
K_2O	4.82	5.14	5.13	5.53	5.73	5.57	5.74	5.62	7.19	5.55	5.40	5.46
P_2O_5	0.02	0.03	0.02	0.02	0.03	0.03	0.05	0.03	0.04	0.02	0.02	0.05
LOI	0.42	0.86	0.50	0.55	0.41	0.39	0.56	0.60	0.57	0.51	0.40	0.73
总量	99.68	99.75	99.75	99.73	99.70	99.75	99.73	99.76	99.75	99.75	99.73	99.80
A/NK	1.18	1.19	1.16	1.15	1.24	1.19	1.20	1.04	1.05	1.05	1.05	1.69
A/CNK	1.01	1.01	1.07	1.04	1.08	1.04	1.01	0.99	1.00	0.99	1.01	1.61
Rb	270.00	219.00	254.00	261.00	303.00	275.00	315.00	238.00	220.00	172.00	173.00	216.00
Ba	16.00	67.00	45.00	53.00	34.00	128.00	179.00	157.00	204.00	98.00	67.00	250.00
Th	—	—	—	—	—	—	—	—	—	—	—	—
U	—	—	—	—	—	—	—	—	—	—	—	—
Nb	26.00	31.00	35.00	28.00	49.00	25.00	29.00	17.00	19.00	26.00	22.00	21.00
Ta	—	—	—	—	—	—	—	—	—	—	—	—
Sr	6.00	36.00	13.00	18.00	17.00	33.00	40.00	42.00	45.00	22.00	16.00	63.00
Zr	165.00	633.00	600.00	495.00	786.00	212.00	411.00	183.00	594.00	523.00	526.00	285.00
Hf												
Y	87.00	83.00	99.00	76.00	125.00	72.00	89.00	52.00	45.00	71.00	60.00	48.00
Ga	27.30	28.00	26.10	27.30	35.40	32.80	35.50	30.40	30.10	32.10	29.00	—
La	—	—	111.00	—	196.00	—	152.00	—	291.00	93.00	—	—
Ce	—	—	239.00	—	396.00	—	313.00	—	542.00	193.00	—	—
Pr	—	—	26.30	—	42.30	—	32.80	—	52.60	21.00	—	—
Nd	—	—	87.30	—	136.20	—	100.00	—	149.00	69.00	—	—
Sm	—	—	17.50	—	24.30	—	16.90	—	17.90	12.90	—	—
Eu	—	—	0.24	—	0.40	—	0.66	—	0.72	0.39	—	—
Gd	—	—	16.90	—	22.50	—	14.90	—	11.40	11.90	—	—
Dy	—	—	16.00	—	22.00	—	13.90	—	8.10	11.50	—	—
Ho	—	—	3.13	—	4.43	—	2.79	—	1.61	2.31	—	—
Er	—	—	7.42	—	10.67	—	6.70	—	3.20	5.70	—	—
Yb	—	—	7.58	—	11.39	—	7.36	—	4.23	6.29	—	—
Lu	—	—	1.18	—	1.77	—	1.17	—	0.71	1.02	—	—

资料来源：据 Cho *et al.*，2008。

6.2.3　岩浆源区和构造环境

6.2.3.1　成岩物质来源

由于沃川带中的 Ian 和 Daegang 碱性花岗岩尚无 Sr-Nd 同位素数据，本书暂时不做讨论。重点讨论京畿地块中的三个中三叠世花岗质和辉长质岩石成因和可能的源区［图 6.13 (a)、(b)］。

三个岩体的 Sr-Nd 初始值和 Nd 模式年龄表明，都具有各自独立的岩浆源。在图 6.13 (a) 中显示了京畿和岭南地块的两种基底的 Sr-Nd 同位素成分范围，并标明了来自庆尚盆地的 Yeongdeok 角闪黑云母花岗岩（U-Pb 榍石年龄为 244.5±2.3Ma，Hee *et al.*，2005）和沃川带的 Baegrok 花岗岩的成分范围，这两种花岗岩在 Nd-Sr 同位素组成上有明显不同，Baegrok 花岗岩主要来源于京畿地块亏损基底岩石，而 Yeongdeok 花岗岩是岭南地块基底与亏损地幔的混合［图 6.13 (b)］。Namyang 和 Hongseong 花岗岩同位素成分和亏损地幔模式年龄（T_{DM}）特征类似于沃川带中的 Cheongsan 花岗岩和 Baekrok 花岗岩-石英二长闪长岩，岩浆主要起源于京畿地块中-上地壳的新元古代基底变质岩。因此，可以推断京畿地块和沃川带的花岗岩与庆尚盆地同时期花岗岩的岩浆源区和成因完全不同，前者岩浆主要来自于古元古代-太古宙的基底变质岩的部分熔融，不排除有幔源组分的加入，而后者主要来自亏损地幔岩浆与中上地壳的混合，可能与它们当时处于不同构造环境所引起的。

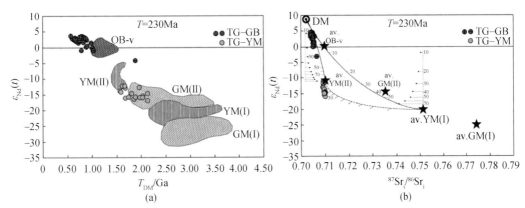

图 6.13　T_{DM}-ε_{Nd} 图（a）和 ε_{Nd}(t)-$^{87}Sr_i/^{86}Sr_i$ 图（b）（据 Jwa *et al.*，2005）
GM（I）、GM（II）. 分别是京畿地块富集和不富集的基底；YM（I）、YM（II）. 分别是岭南地块富集和不富集的基底；TG-GB. 庆尚盆地中三叠世花岗岩（Yeongdeok 花岗岩）；TG-YM. 沃川带中三叠纪花岗岩（Baekrok 花岗岩）；OB-v. 沃川带中变质火山岩 Nd 同位素成分变化

Yangpyeong 辉长岩的 SiO_2 含量低（45.38%～51.66%），最基性的辉长岩应是该杂岩体中最早熔出的岩浆，低的 SiO_2 含量可以确定它们是幔源岩浆，富集地幔的低程度熔融可以形成碱性玄武岩浆（Turner *et al.*，1992），而且反映了形成深度较大。Yangpyeong 辉长岩-石英二长岩应是来自相同源区在经历了以结晶分异为主要的演化方式

形成的，两种岩石类型具有非常近似的同位素年龄得以佐证这一结论。早期富集地幔低程度熔融形成的基性岩浆直接侵入地壳形成辉长岩，晚期形成的岩浆经历了不同程度的分异作用后侵入地壳，由于 $^{87}Sr_i/^{86}Sr_i$ 值稍高（0.7133～0.7144），而 $\varepsilon_{Nd}(t)$ 值低（-20.3～-19.3），表明有下地壳物质的混染。华北板块岩石圈地幔以 EMI 为主，华南板块岩石圈地幔以 EMII 为主（闫俊等 2003），华北陆块较低的 $\varepsilon_{Nd}(t)$ 可能反映了华北岩石圈地幔较华南岩石圈地幔具有更高的富集程度或更古老的富集交代时代（李曙光等，2002）。同处于华北板块的韩国同样具有以 EMI 为主的岩石圈地幔，这种岩石圈地幔为 Yangpyeong 杂岩体提供了物质来源。Yangpyeong 辉长岩富集 LREE，Ta、Nb 和 Ti 亏损，但与苏鲁带上甲子山辉长岩相比 [$^{87}Sr_i/^{86}Sr_i$ 值为 0.70648～0.7658，$\varepsilon_{Nd}(t)$ 值为 -13.6～-14.4，T_{DM} 值为 -2.17～2.11Ga；高天山等，2004]，其 Sr、Nd 含量较低，Sr 初始值和 Nd 模式年龄较高，Nd 初始值偏低，辉长岩在形成过程中有较多的下地壳物质参与。

6.2.3.2　形成的构造环境

尽管高钾钙碱性岩系和橄榄安粗岩系岩石可以在各种构造环境中出现，但京畿地块中的三个中三叠世花岗质、石英正长质和辉长质岩石偏碱性、富 LREE、富铁的地球化学特征表明是在碰撞后构造环境下形成的，在 Nb-Y 和 Rb-Y＋Nb 构造环境判别图（图 6.14）中，投影点大部分都落在了火山弧和碰撞后花岗岩的范围内，在 Rb×3-Hf-Ta×3 的三元图中（Harris *et al.*，1986），成分投点落在晚碰撞-碰撞后花岗岩区内（Williams *et al.*，2009），结果可表明京畿地块中的三个中三叠世花岗岩是在碰撞挤压条件向伸展构造过渡环境下形成的或是在块体碰撞之后的松弛环境下形成。

沃川带中的 Ian 和 Daegang 碱性花岗岩在 Nb-Y 和 Rb-（Y＋Nb）构造环境判别图（图 6.14）中除一个样品外，全部投在板内花岗岩区，在 Nb-Y-Ce 和 Nb-Y-Ga×3 图解中（Eby，1992），两个花岗岩都属于 A2 型花岗岩区内的，所有的地球化学资料显示，沃川带中的 Ian 和 Daegang 碱性花岗岩为碰撞后的 A 型花岗岩，是在晚造山的张性构造背景下地壳增厚后定位的。

6.2.3.3　构造环境演化

在秦岭-大别山地区，在早三叠世扬子板块向北俯冲，华北与华南板块间的碰撞-变质峰期稍晚于西南边缘，大约在 230～226Ma B.P.（Ames *et al.*，1993；Li *et al.*，1993；李曙光等，1993；Rowley *et al.*，1997；Hacker *et al.*，1998；Sun *et al.*，2002；Zheng *et al.*，2004）。华南和华北板块的碰撞所引起的三叠纪变形和变质作用在韩国被称为松里运动（Kim，1987，1996；Chough *et al.*，2000；Sagong *et al.*，2005）。韩国印支期花岗岩的高精度锆石 SHRIMP 同位素年龄有三组：226～232Ma，226～227Ma 和 228～240Ma（Kim *et al.*，2011），分别分布在京畿地块（代表性岩体有 Hongseong、Namyang、Yangpyeong 和 Odesan 岩体）、沃川带（代表性岩体有 Baeknok 和 Yongsan）和岭南地块（代表性岩体有 Sangju、Gimcheon、Hamyang 和 Macheon）。岩石类型在京畿地块主要为辉长岩、二长闪长岩、二长岩、正长岩和花岗岩；在沃川带为石英二长闪长岩、花岗岩和碱性花岗岩；在岭南地块为花岗闪长岩-花岗岩，少量二长闪长岩。如果考虑到华北与华南板块间的碰撞-变质峰期大约在 230～226Ma B. P.，分别发生京畿地块（232～226Ma B. P.）和沃川带（227～226Ma B. P.）的印支期花岗岩与华北与华南板块间的俯冲-碰撞相关，那么 240～228Ma B. P. 发生在岭南地块的碰撞期花岗岩应该与古太平洋板块与欧亚大陆碰撞有关。

本书引用了庆尚盆地早-中三叠世 Yeongdeok 黑云母花岗岩（U-Pb 榍石年龄为 244.5±2.3Ma，Sagong et al.，2005；SHRIMP 锆石 U-Pb 年龄为 253 Ma，Yi et al.，2010；Yeonghae 闪长岩和 Cheongsong 花岗岩全岩-角闪石 Sm-Nd 年龄分别为 238±14Ma 和 226±20Ma，Cheong et al.，1999）的主要元素 K_2O（%）资料，并与京畿地块中的三个中三叠世花岗质、石英正长质和辉长质岩石以及沃川带中两个晚三叠世碱性花岗岩的 K_2O（%）含量作对比（图 6.15）。由图可见，从庆尚盆地早-中三叠世（245～236Ma B. P.）中钾-高钾钙碱性系列花岗质岩石，到京畿地块三个中三叠世（231～227Ma B. P.）侵入岩体的高钾钙碱性-橄榄安粗岩系列的花岗质、石英正长质和辉长质岩石，再到沃川带两个晚三叠世（220～219Ma B. P.）岩体的碱性系列 A 型花岗岩，随时间推移，岩石的碱度不断增加。

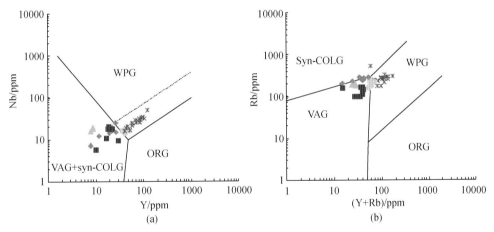

图 6.14　五个岩体的 Nb-Y（a）和 Rb-（Y+Nb）（b）构造图（Pearce et al.，1984；Pearce，1996）

图例同图 6.6。Syn-COLG 代表同碰撞花岗岩；WPG 代表板内花岗岩；ORG 代表洋脊花岗岩；
VAG 代表火山弧花岗岩；Post-COLG 代表后碰撞花岗岩

岭南地块和庆尚盆地的花岗片麻岩年龄为 236～245Ma；在京畿地块，中三叠世花岗岩（231～226Ma B. P.）是在晚碰撞阶段定位的（Sagong et al.，2005；Williams et al.，2009），其中 Yangpyeong 石英正长岩-石英二长岩和辉长岩时间较老（约 231Ma B. P.），代表了晚碰撞阶段的最早期，Hongseong 石英正长岩-花岗岩和 Namyang 花岗岩定位时间为 227～226Ma B. P.，代表了晚碰撞阶段的晚期；在沃川带，两个晚三叠世碱性花岗岩的定位时间为 220～219Ma B. P.，则代表了碰撞造山期后的扩张阶段。

华北板块北缘苏鲁造山带有着与韩国松里运动相类似的 A 型花岗质岩石组合，如胶东半岛甲子山石英正长岩的锆石 SHRIMP 年龄为 215±5Ma，辉石正长岩的钾长石[40]Ar/[39]Ar 年龄为 214.4±0.3Ma，角闪石[40]Ar/[39]Ar 年龄为 214.6±0.6Ma，镁铁质岩墙的全岩[40]Ar/[39]Ar 年

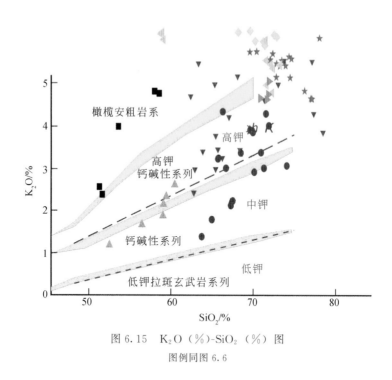

图 6.15　K_2O（％）-SiO_2（％）图

图例同图 6.6

龄为 200.6±0.2Ma，岩石 $^{87}Sr_i/^{86}Sr_i$ 较高（0.7073），而 $\varepsilon_{Nd}(t)$ 值较低（−16.5），T_{DM} 为 1.7～2.0Ga（Yang *et al.*，2005）。韩国松里期岩浆活动与华北印支期岩浆活动是可以对比的。

6.3　燕山早期侵入岩的地质地球化学特征

6.3.1　地　质　概　况

　　侏罗纪花岗岩呈 NE-SW 延长方向展布，宽可达 30～50km（图 6.16），可分为克拉通（京畿地块）和活动带（沃川带）花岗岩两种类型。前者具有明显的侵入接触关系；后者构造上通常与前寒武纪变质岩关系密切，在靠近花岗岩的接触带附近围岩没有冷却边。在花岗岩周围通常不见火山岩和伟晶岩，可能由于大堡期造山运动的隆起和剥蚀，岩基的上部和火山岩都已被侵蚀。变质沉积岩和条带、基性凝聚体在侏罗纪花岗岩中很普遍，尤其在沃川褶皱带更为普遍。

　　前已提及，大堡期花岗岩根据它们时空分布特征可以分为两组：早侏罗世花岗岩类（约 201～185Ma B. P.）和中侏罗世花岗岩类（180～168Ma B. P.）。前者主要产在朝鲜半岛南部的岭南地块，代表性岩体有 Beonam、Deochang、Gimchen、Chilgok 和 Hapcheon 等岩体，其中 Beonam 岩体的片理化浅色花岗岩、片理化含钾长石巨晶花岗闪长岩和粗粒花岗岩的 SHRIMP 锆石 U-Pb 年龄分别为 195.5±4.6Ma、191.4±1.3Ma 和 189.6±2.2Ma（Kee *et al.*，2010），Deochang、Gimchen、Chilgok 和 Hapcheon 岩体的榍石 U-Pb 年龄分别为 198±3Ma、196±3Ma、201±2Ma 和 194±2Ma（Park *et al.*，2006）。后

者产出在京畿地块、沃川带和临津江带，代表性岩体有 IKsan（168Ma，锆石 U-Pb，Kee
et al.，2010）、Jeonju（173±1Ma，SHRIMP 锆石 U-Pb，Lee *et al.*，2003）、Suncheang
（约 180Ma，锆石和榍石 U-Pb，Kim *et al.*，1995；Hee *et al.*，2005）和 Namwon（约
180Ma，锆石和榍石 U-Pb，Hee *et al.*，2005）等岩体。

6.3.2　岩石学特征

产在岭南地块的早侏罗世花岗岩类（如 Beonam、Deochang、Gimchen、Chilgok 和
Hapcheon 岩体）和产出在沃川带中的中侏罗世花岗岩类（如 Iksan、Jeonju 和 Suncheang 岩
体），在标准矿物石英-碱性长石-斜长石投影图中，每个岩体主要为花岗岩-花岗闪长岩，
其次为中性的二长闪长岩-闪长岩，仅在 Hapcheon 岩体中有少量正长岩，而中侏罗世
Namwon 岩体具有英云闪长岩-花岗闪长岩组合（Kee *et al.*，2010）。

我们重点选取了位于京畿地块中侏罗世的 Seoul 花岗岩和位于沃川带中的中侏罗世
Daebo 花岗岩作为主要研究对象。

在京畿地块中侏罗世花岗岩结构和成分大部分是均一的。花岗岩为中粒-粗粒结构，
组成矿物有粉红色钾长石、斜长石、等粒状石英、黑云母、白云母、锆石和磷灰石。
$^{87}Sr_i/^{86}Sr_i$ 为 0.712～0.715。其代表性岩体为 Seoul 岩体，主要由两种岩石类型组成，黑
云母花岗岩（BG）和含石榴子石黑云母花岗岩（GBG），也有少量石英闪长岩和花岗闪长
岩。黑云母花岗岩和含石榴子石黑云母花岗岩接触关系尚不清楚。黑云母花岗岩呈中-粗
粒状，主要由石英、斜长石、条纹长石和黑云母组成，副矿物有锆石、磷灰石、褐帘石和
榍石，绿帘石作为斜长石的蚀变矿物产出。含石榴子石黑云母花岗岩除了含有石榴子石缺
失榍石外，其余特征与黑云母花岗岩相似。石榴子石呈自形晶包裹体存在于斜长石中或呈
独立矿物存在，表明石榴子石是原生岩浆成因的，而不是围岩混染形成的。白云母有次生
的也有原生的。黑云母花岗岩榍石 U-Pb 年龄为 170.1±3.2Ma（Hee *et al.*，2005），含石
榴子石黑云母花岗岩全岩 Rb-Sr 年龄为 170.0±5.2Ma（Kwon *et al.*，1999）。

位于沃川褶皱带的中侏罗世花岗岩是同碰撞形成的，在挤压构造背景下侵入到韧性地
壳中。矿物结构和成分变化较大，矿物颗粒较大，为粗-中粒，通常具有片理，以微斜长
石和黑云母大量存在为特征，可能是在低温条件下缓慢结晶形成的，$^{87}Sr_i/^{86}Sr_i$ 为 0.711～
0.718。其代表性岩体为 Daebo 岩基，主要由三种岩石类型组成，黑云母花岗岩
（DBBG）、含钾长石巨晶的黑云母花岗岩（DBKG）和花岗闪长岩（DBGD），岩石通称常
具片理化。区域上，三种岩石类型没有明显的接触关系，没有明显的形成时间差异。黑云
母花岗岩（DBBG）为中粒等粒状花岗结构，主要由石英、钾长石和少量黑云母组成，可
以逐渐过渡为细粒白云母花岗岩，自形白云母通常与黑云母共生。副矿物主要为锆石、绿
帘石和榍石。在石英和钾长石颗粒接触处常见有构造变形形成的蠕虫结构。含钾长石巨晶
的黑云母花岗岩（DBKG）中常有伟晶岩侵入，普遍发育片里，钾长石巨晶在片里带中呈
延长状，主要由微斜长石、石英、斜长石、黑云母和角闪石组成，钾长石巨晶常包含有早
期结晶的斜长石，榍石是最常见的副矿物。花岗闪长岩（DBGD）为粗粒结构，局部可见
细粒或中粒结构，主要由由微斜长石、石英、斜长石、黑云母和角闪石组成，副矿物主要

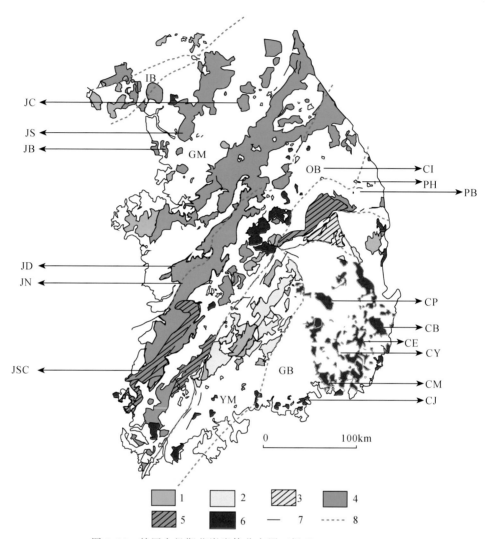

图 6.16 韩国大堡期花岗岩体分布图（据 Kee *et al*., 2010）

1. 印支期花岗岩类；2. 早侏罗世块状花岗岩类；3. 早侏罗世片理化花岗岩类；4. 中侏罗世块状花岗岩类；5. 中侏罗世片理化花岗岩类；6. 白垩纪花岗岩类；7. 剪切带；8. 构造单元界线。IB. 临津江带；GM. 京畿地块；OB. 沃川带；YM. 岭南地块；GB. 庆尚盆地。

京畿地块：JS. 侏罗纪 Seoul 花岗岩；JB. 侏罗纪 Bupyeong 花岗岩；JC. 侏罗纪 Chuncheon 花岗岩。沃川带：JD. 侏罗纪 Daejeon 花岗岩；JN. Nonsan 花岗岩；JSC. Sunchang 花岗岩；CI. 白垩纪 Imog 花岗岩；CM. 白垩纪 Masan 花岗岩；CJ. 白垩纪 Jindong 花岗岩；CB. 白垩纪 Bulgugsa 花岗岩；CP. 白垩纪 Palgongsan 花岗岩；CE. 白垩纪 Eonyan 花岗岩；CY. 白垩纪 Yoocheon 花岗岩

为锆石、绿帘石、磷灰石和榍石，也常含有钾长石巨晶。

6.3.3 地球化学特征

Daebo、Seoul 岩体的主量元素、稀土元素和微量元素数据分别列于表 6.5 和表 6.6。

6.3.3.1　主量元素

在 TAS 岩石分类命名图 ［图 6.17（a）］ 中，Seoul 侵入岩极大部分位于为花岗岩区内，Daebo 的 DBBG 位于花岗岩和二长花岗岩区，DBKG 位于花岗岩和二长花岗岩区，DBGD 位于石英闪长岩-石英二长岩区。全部岩石都表现为亚碱性系列岩石特征。在 QAP 岩石分类命名图 ［图 6.17（b）］ 中，Seoul 侵入岩极大部分位于为花岗岩区-碱长花岗岩内，Daebo 岩体的 DBBG 和 DBKG 则都为花岗岩-二长花岗岩区，DBGD 石英闪长岩-石英正长岩区内，表明岩石的碱度较高。

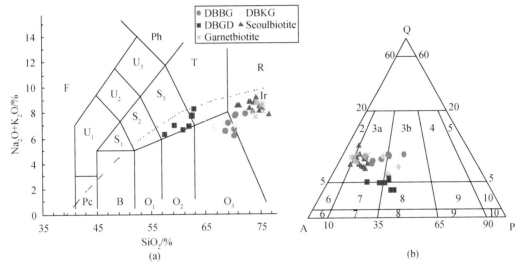

图 6.17　Seoul 和 Daebo 岩体的 SiO_2-（K_2O+Na_2O）（%）图（a）和 QAP 图（b）

（分别据 Le Bas，1986；IUGS，1989）

(a) R. 花岗岩；O_3. 花岗闪长岩，O_2. 闪长岩，O_1. 辉长闪长岩；B. 辉长岩；Pc. 橄榄岩-辉长岩；T. 石英二长岩-正长岩；S_3. 二长岩，S_2. 二长闪长岩，S_1. 二长辉长岩；Ph. 似长石正长岩；U_3. 似长二长正长岩；U_2. 似长二长闪长岩，U_1. 橄榄辉长岩；F. 似长深成岩。

(b) 1. 碱长正长岩；2. 正长岩；3. 二长岩；4. 二长闪长岩/二长辉长岩；5. 闪长岩、辉长岩、斜长岩；6. 石英碱长正长岩；7. 石英正长岩；8. 石英二长岩；9. 石英二长闪长岩；10. 石英闪长岩、石英辉长岩、石英斜长岩；11. 碱长花岗岩；12. 花岗岩；13. 二长花岗岩；14. 花岗闪长岩；15. 英云闪长岩；16. 富石英花岗岩类；17. 硅英岩

在 K_2O-SiO_2 岩石系列划分图 ［图 6.18（a）］ 中，除 Daebo 岩体的 DBGD 碱度稍高位于橄榄安粗岩系外，其余岩石，包括 Seoul 侵入岩都为高钾钙碱性系列岩石。与侏罗纪活动带花岗岩相比，Seoul 花岗岩可能是更演化的岩石，在岩石 A/NK-A/CNK 图解 ［图 6.18（b）］ 中，Seoul 岩体的铝含量较高，为弱过铝质和强过铝质花岗岩（$A/CNK>$ 1.05），且在标准矿物中出现刚玉，具有典型的 S 型花岗岩特征。Daebo 岩体的 DBGD 为准铝质岩石，DBKG 为 $A/CNK>1.1$ 的强过铝质花岗岩，DBBG 为 A/CNK 介于 1.0 和 1.1 之间的弱过铝质花岗岩。

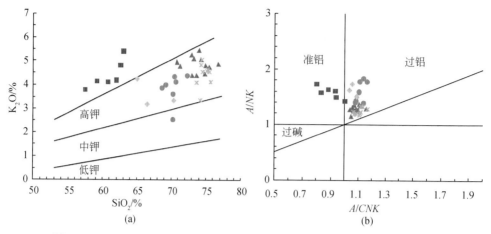

图 6.18　Seoul 和 Daebo 岩体的 K_2O-SiO_2 图（a）和 A/NK-A/CNK 图（b）

岩石系列划分界线据 Le Maitre，1989。图例同图 6.17

Seoul 岩体 SiO_2 含量高（70%～77%），其中 BG 具有较低的 SiO_2 含量部分而表现为变化范围大（70.80%～73.25% 和 73.98%～76.66%），而 GBG 随 SiO_2 含量较高变化范围小（73.62%～75.58%），随 SiO_2 含量增加，Al_2O_3、CaO、FeO_T、MgO、TiO_2 和 P_2O 含量降低（图 6.3.4），表明斜长石和黑云母的分离结晶，GBG 的 CaO 含量要略低于 BG，K_2O 含量很分散，Na_2O 数据较集中（3.5%～4.2%）。与 Daebo 岩体的 DBBG 相比，Seoul 岩体的 K_2O 含量较高（3.37%～5.46%）。

Daebo 岩体 SiO_2 含量变化范围较大（57.51%～72.28%），其中 DBGD 显示出有较低的 SiO_2 含量（57.51%～62.96%），而 DBBG 具有最高的 SiO_2 含量（68.87%～72.28%），总体是随 SiO_2 含量增加，CaO，FeO_T，MgO，TiO_2 和 P_2O 含量降低（图 6.19），Al_2O_3 含量与 SiO_2 没有系统变化，K_2O 含量很分散，而 Na_2O 显示出与 SiO_2 含量呈正相关。

6.3.3.2　微量元素

本书重点讨论 Daebo 岩体的稀土元素和微量元素特征。

Daebo 岩体各岩石类型的稀土元素球粒陨石标准化曲线型式（Sun *et al.*，1989）都非常相似［图 6.20（a）］，暗示岩石具有同源的特征，显示出 LREE 富集型（$La_N/Yb_N=$25～166.0），具有弱的负 Eu 异常至正 Eu 异常（Eu/Eu^*：DABG＝0.88～1.42，DBKG＝0.92～1.00，DBGD＝0.83～1.01），没有显示出斜长石结晶分离的特征。REE 总量是随岩石碱度降低，从 DBGD 经 DBKG 至 DBBG 逐渐降低的。

据 Hong（1987）的统计研究，在稳定地块（京畿地块）和活动带（沃川带）侏罗纪花岗岩的稀土标准化模式图有差异。沃川带花岗岩轻稀土明显富集，La_N/Yb_N 平均值为 32.5；Eu 负异常不明显（Eu/Eu^* 平均值为 0.91）。这可能是与角闪石的分离或残留有关，同时，沃川带上花岗岩中 Rb/Sr 值较低（0.2～0.3）。由于角闪石是重稀土的相容矿物，因此，大量的角闪石分离或残留导致熔体中重稀土亏损和 Eu 的正异常。京畿地块花岗岩的 REE 模式显示有轻微的重稀土富集，La_N/Yb_N 平均值为 11，中等 Eu 负异常（Eu/

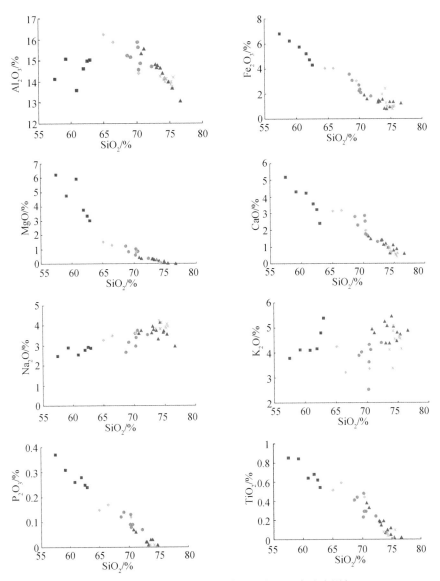

图 6.19　Seoul 和 Daebo 花岗岩的主量元素哈克图解

图例同图 6.17

$Eu^* = 0.51 \sim 0.73$）。石榴子石对 REE 元素的影响与角闪石一样。重稀土相对富集可能是由于源区有大量的石榴子石或角闪石。Eu 负异常和 Sr 的亏损显示了在岩浆源区有斜长石的残留或经历了斜长石分离结晶作用。

Kee 等（2010）研究指出，早-中侏罗世花岗岩类稀土元素球粒陨石标准化曲线型式（Sun *et al.*，1989）显示都为轻稀土元素富集。在早、中侏罗世片理化含钾长石巨晶花岗岩体中（如 Jeonju、Sunchang 和 Beonam 岩体）LREE 更富集并具有明显负 Eu 异常，相反，在块状的早侏罗世岩体中，花岗岩石则具有中等富集 LREE，弱正 Eu 异常（如 Geochang 和 Gimcheon 岩体），或弱-中等负 Eu 异常（如 Chilgok 和 Hapcheon 岩体）。

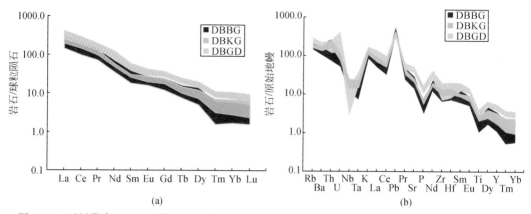

图 6.20　沃川带中 Daebo 岩体稀土元素标准化模式图（a）和微量元素原始地幔标准化蛛网图（b）

图例同图 6.17（球粒陨石和原始地幔据?）

Daebo 岩体各岩石类型的微量元素原始地幔标准化蛛网图十分相似［图 6.20（b）］，也暗示岩石具有同源的特征，总体显示亏损 Ba、Ta、Nb、Sr、P 和 Ti，相对富集 Th、U、K、Rb，具有典型的 Ta-Nb 槽，富集大离子亲石元素（LILE），显示出具有与俯冲作用有关的花岗岩类特征。

韩国侏罗纪花岗岩的地球化学特征（主量元素、微量元素和同位素）都显示为在大陆边缘弧形成的准铝-弱过铝质高钾钙碱性花岗岩类，这些与俯冲有关的花岗岩类都具有 Nb-Ta 槽、亏损 P 和 Ti 以及富集大离子亲石元素，在形成过程中还经历了分离结晶作用（Martin，1999）。与块状岩体岩石的微量元素特征比较，片理化岩体的岩石相对富集 Rb、Th 和 U，亏损 Ba 和 Sr（Kee et al.，2010）。

6.3.3.3　Sr-Nd 同位素特征

由于缺少 Daebo 岩体系统的 Sr，Nd 同位素资料，本书重点讨论 Seoul 岩体的 Sr，Nd 同位素特征（表 6.7）。

Seoul 岩体两种岩石类型的 Sr，Nd 同位素有差异（图 6.21），根据获得的 Rb-Sr 年龄（170Ma）计算的 $^{87}Sr_i/^{86}Sr_i$，$\varepsilon_{Nd}(t)$ 和亏损地幔模式年龄（T_{DM}），BG 的 $^{87}Sr_i/^{86}Sr_i$ 值变化范围为 0.70906～0.71719，平均值为 0.71291，$\varepsilon_{Nd}(t)$ 为强的负值，变化范围为 -20.9～-15.6，平均为 -17.8，T_{DM} 值为 1.91～2.63Ga，平均值为 2.30Ga；GBG 的 $^{87}Sr_i/^{86}Sr_i$ 值变化范围为 0.71153～0.71877，平均值为 0.71533，$\varepsilon_{Nd}(t)$ 为强的负值，变化范围为 -20.5～-17.6，平均为 -17.9，T_{DM} 值为 2.54～2.98Ga，平均值为 2.71Ga。由此可见，与 BG 相比，GBG 的 $^{87}Sr_i/^{86}Sr_i$ 值较高，$\varepsilon_{Nd}(t)$ 值大致相似，亏损地幔模式年龄（T_{DM}）较高。Seoul 花岗岩高的 Sr 初始值，同时标准矿物中刚玉的平均含量超过 1%，有典型的 S 型花岗岩特征，花岗岩主要来源于地壳物质或基底变质沉积岩。这两组亏损地幔模式年龄（T_{DM}）的差异反映了这些岩石源岩时代的差别。BG 花岗岩的源岩大部分可能是早元古代的，GBG 源岩可能是太古宙至早元古代早期的，在京畿地块也曾有过存在太古宙片麻岩的报道（Lan et al.，1995，Lee et al.，2003）。Daebo 岩体用 180Ma 计算的 $\varepsilon_{Nd}(t)$ 值为 -20.1～-14.8（Cheong et al.，1996），大致与 Seoul 岩体的 $\varepsilon_{Nd}(t)$ 值相近。

表 6.5　Daebo 岩体主量元素（%），稀土和微量元素（ppm）成分

序号	1	2	3	4	5	6	7	8	9	10	11	12	13	14	15	16
样品号	DB1	DB4	DB19	DB33	DB46	DB65	DB89	DB56	DB58	DB62	DB40	DB41	DB42	DB72	DB75	DB77
岩性				DBBG					DBKG					DBGD		
SiO_2	70.23	70.28	68.67	72.28	70.38	70.59	69.13	65.03	66.46	70.35	57.51	62.55	62.96	61.97	59.22	60.85
TiO_2	0.23	0.48	0.41	0.24	0.29	0.29	0.44	0.51	0.59	0.44	0.85	0.62	0.54	0.68	0.84	0.64
Al_2O_3	15.86	15.62	15.22	14.72	14.57	14.85	15.16	16.24	15.87	14.40	14.13	14.97	15.04	14.61	15.08	13.57
Fe_2O_3	2.22	2.67	3.54	1.81	2.34	2.08	3.05	4.05	4.03	3.03	6.81	4.72	4.29	5.21	6.23	5.75
MnO	0.03	0.03	0.06	0.02	0.03	0.03	0.03	0.06	0.05	0.04	0.09	0.06	0.05	0.07	0.07	0.08
MgO	0.60	1.01	1.21	0.35	0.84	0.87	0.83	1.51	1.28	0.81	6.21	3.34	3.01	3.78	4.76	5.91
CaO	2.87	2.53	2.79	1.29	1.76	1.71	2.28	3.13	3.17	1.99	5.19	3.23	2.41	3.56	4.31	4.22
Na_2O	3.60	2.98	2.66	3.54	3.39	3.74	3.15	3.28	3.49	3.61	2.48	2.92	2.87	2.78	2.89	2.55
K_2O	2.53	3.63	3.88	4.39	4.32	4.11	4.01	4.25	3.20	3.36	3.77	4.79	5.38	4.16	4.11	4.09
P_2O_5	0.09	0.13	0.12	0.07	0.08	0.09	0.14	0.15	0.17	0.12	0.37	0.25	0.24	0.28	0.31	0.26
LOI	0.04	0.52	0.75	0.72	0.68	0.96	0.95	0.53	0.73	1.02	1.26	1.69	1.86	1.34	1.10	0.89
总量	98.9	99.88	99.31	99.43	98.68	99.32	99.17	98.74	99.04	99.17	98.67	99.14	98.65	98.44	98.92	98.81
Rb	97.00	138.00	106.00	161.00	163.00	110.00	158.00	124.00	104.00	110.00	126.00	181.00	189.00	162.00	181.00	164.00
Ba	748.00	1011.00	1448.00	1035.00	750.00	1073.00	866.00	1130.00	1183.00	912.00	1558.00	1274.00	1383.00	1475.00	1479.00	1189.00
Th	7.00	13.00	11.00	11.00	17.00	6.00	22.00	22.00	16.00	14.00	17.00	21.00	15.00	17.00	10.00	13.00
U	1.70	1.70	1.40	1.10	3.80	1.90	1.90	1.60	2.00	2.60	2.40	5.40	5.60	3.60	8.70	2.60
Li	—	—	—	—	—	—	—	—	—	—	—	—	—	—	—	—
Ta	0.90	0.80	0.60	0.60	0.90	0.50	0.30	0.90	0.80	0.60	0.70	1.20	1.00	0.90	1.50	0.90
Nb	13.00	9.00	12.00	8.00	14.00	8.00	9.00	10.00	18.00	13.00	7.00	12.00	10.00	10.00	11.00	2.00
Sc	0.10	2.10	4.10	0.10	1.10	0.10	0.10	3.10	2.10	1.10	16.10	8.10	8.10	11.10	15.10	12.10
Sr	564.00	435.00	417.00	430.00	301.00	618.00	440.00	443.00	544.00	434.00	1109.00	805.00	842.00	952.00	899.00	774.00
V	20.00	46.00	52.00	17.00	28.00	23.00	44.00	67.00	72.00	43.00	147.00	84.00	73.00	104.00	135.00	107.00
Zn	—	—	—	—	—	—	—	—	—	—	—	—	—	—	—	—
Hf	3.40	4.50	3.40	3.40	2.50	2.30	3.40	3.20	4.50	3.10	2.50	4.50	3.80	5.80	6.40	3.10
Zr	108.00	150.00	109.00	109.00	74.00	74.00	117.00	111.00	151.00	105.00	80.00	154.00	128.00	209.00	226.00	104.00

续表

序号	1	2	3	4	5	6	7	8	9	10	11	12	13	14	15	16
样品号	DB1	DB4	DB19	DB33	DB46	DB65	DB89	DB56	DB58	DB62	DB40	DB41	DB42	DB72	DB75	DB77
岩性			DBBG						DBKG				DBGD			
Co	—	—	—	—	—	—	—	—	—	—	—	—	—	—	—	—
Cu	—	—	—	—	—	—	—	—	—	—	—	—	—	—	—	—
Y	9.00	9.00	16.00	6.00	12.00	7.00	5.00	15.00	12.00	8.00	23.00	22.00	18.00	25.00	24.00	20.00
Cr	—	—	—	—	—	—	—	—	—	—	—	—	—	—	—	—
Ni	2.00	2.00	4.00	3.00	7.00	7.00	3.00	5.00	6.00	4.00	94.00	49.00	40.00	51.00	72.00	115.00
Ga	17.00	16.00	15.00	16.00	12.00	11.00	11.00	8.00	33.00	61.00	14.00	9.00	7.00	27.00	29.00	9.00
Pb	27.00	37.00	37.00	35.00	37.00	36.00	32.00	25.00	24.00	26.00	29.00	30.00	30.00	26.00	27.00	31.00
Cs	6.00	6.00	4.00	5.00	4.00	3.00	3.00	2.00	4.00	3.00	4.00	6.00	5.00	4.00	6.00	8.00
La	41.20	35.50	38.28	44.67	42.60	34.98	68.21	49.30	64.07	47.38	91.64	85.09	90.49	95.72	80.68	59.19
Ce	71.02	66.00	71.38	82.40	72.10	59.77	120.83	88.61	114.84	88.12	167.26	153.94	154.57	171.01	150.15	109.63
Pr	7.54	6.66	8.33	9.07	7.99	6.70	12.86	9.62	12.15	9.20	17.57	16.01	15.60	17.40	16.03	12.27
Nd	17.62	20.37	32.83	26.06	17.37	16.73	30.56	23.58	26.91	23.05	45.84	46.83	36.63	57.89	47.73	39.06
Sm	2.86	2.94	5.94	4.09	3.17	2.72	4.22	3.83	4.61	3.81	7.67	7.17	5.76	8.70	8.15	6.48
Eu	1.24	1.31	1.56	1.08	0.91	1.01	1.17	1.26	1.56	1.10	2.47	1.93	1.80	1.99	2.04	1.71
Gd	3.29	2.73	4.99	3.14	3.45	2.40	3.40	4.29	4.92	3.57	7.25	6.53	5.68	7.12	7.01	5.58
Tb	0.35	0.31	0.61	0.34	0.42	0.28	0.30	0.54	0.52	0.38	0.88	0.79	0.68	0.88	0.88	0.72
Dy	1.76	1.70	3.53	1.47	2.48	1.48	1.29	3.01	2.57	1.85	4.73	4.37	3.75	4.92	4.84	3.95
Tm	0.10	0.09	0.16	0.06	0.14	0.08	0.04	0.18	0.11	0.08	0.27	0.25	0.20	0.28	0.27	0.26
Yb	0.57	0.57	1.00	0.35	0.90	0.53	0.28	1.16	0.74	0.48	1.76	1.64	1.23	1.70	1.70	1.60
Lu	0.08	0.07	0.13	0.05	0.13	0.07	0.04	0.16	0.09	0.06	0.24	0.22	0.17	0.22	0.23	0.23
∑REE	148.70	139.30	170.70	173.50	153.10	127.70	243.80	187.50	234.50	180.00	350.60	327.60	318.80	370.90	322.70	243.30
Eu/Eu*	1.24	1.42	0.88	0.93	0.84	1.21	0.94	0.95	1.00	0.92	1.01	0.86	0.96	0.77	0.83	0.87
La$_N$/Yb$_N$	48.80	42.10	25.80	85.60	31.90	44.10	166.00	28.70	58.00	66.50	35.00	35.00	49.50	38.00	32.00	24.90

资料来源：据 Cheong et al.，1996。

表 6.6　Seoul 岩体主量元素（%），稀土和微量元素（ppm）成分

序号	1	2	3	4	5	6	7	8	9	10	11	12
样品号						黑云母花岗岩						
岩性	S9	S10	S11	S12	S13	S17	S17-1	S19	S20	S21	S25	S36
SiO$_2$	76.66	75.42	74.87	73.65	70.80	73.05	71.21	73.25	72.92	74.82	73.98	74.30
TiO$_2$	0.02	0.02	0.05	0.19	0.38	0.18	0.33	0.15	0.19	0.12	0.07	0.10
Al$_2$O$_3$	13.06	13.67	13.97	14.63	15.33	14.67	15.55	14.76	14.80	13.96	14.40	14.14
Fe$_2$O$_3$	0.61	0.52	0.44	0.57	0.56	0.70	0.57	0.89	0.79	0.33	0.26	0.45
FeO	0.58	0.74	0.82	0.88	1.18	0.7	0.92	0.47	0.48	0.56	0.50	0.32
MnO	0.04	0.04	0.04	0.05	0.02	0.05	0.05	0.06	0.05	0.05	0.03	0.06
MgO	0	0.03	0.05	0.28	0.44	0.33	0.37	0.26	0.33	0.17	0.19	0.08
CaO	0.59	0.88	0.80	1.18	1.63	1.42	1.46	1.13	1.39	1.10	0.95	0.62
Na$_2$O	2.98	3.56	3.72	3.74	3.62	3.97	3.76	3.80	3.63	3.65	3.32	4.15
K$_2$O	4.88	4.74	4.81	4.38	4.95	4.38	4.80	5.08	5.25	4.48	5.46	5.06
P$_2$O$_5$	0.00	0.00	0.01	0.03	0.07	0.02	0.06	0.01	0.02	0.00	0.03	0.00
LOI	0.71	0.77	0.82	0.85	0.81	0.92	0.80	0.66	0.69	0.83	0.73	0.45
总量	100.13	100.39	100.4	100.43	99.79	100.39	99.88	100.52	100.54	100.07	99.92	99.73
Rb	139.00	167.00	167.00	205.00	176.00	176.00	184.00	153.00	157.00	158.00	283.00	203.00
Ba	882.00	356.00	311.00	794.00	1229.00	797.00	895.00	894.00	860.00	621.00	569.00	163.00
Th	9.00	27.00	28.00	19.00	23.00	21.00	20.00	10.20	9.80	15.00	6.30	25.00
U	1.00	2.70	3.40	7.70	3.70	5.20	3.50	2.10	2.50	4.00	2.60	5.50
Li	—	—	—	—	—	—	—	—	—	—	—	—
Ta	—	—	—	—	—	—	—	—	—	—	—	—
Nb	10.50	12.00	13.00	13.00	10.60	12.40	14.40	11.30	11.70	11.20	9.30	16.10
Sc	2.00	2.40	3.10	2.60	2.20	2.50	2.50	2.20	2.10	2.00	2.30	3.90
Sr	131.00	90.00	77.00	229.00	416.00	249.00	314.00	183.90	238.00	150.00	148.00	27.00
V	<1.00	2.00	4.00	8.00	14.00	10.00	12.00	9.00	14.00	7.00	8.00	2.00
Zn	27.00	28.00	20.00	49.00	57.00	46.00	44.00	31.00	30.00	21.00	25.00	33.00
Hf	—	—	—	—	—	—	—	—	—	—	—	—
Zr	60.00	88.00	103.00	150.00	243.00	142.00	209.00	145.00	120.00	97.00	64.00	118.00
Co	0.60	1.00	0.90	1.20	2.30	1.70	1.30	1.20	1.90	1.20	1.20	0.50
Cu	<1.00	2.00	3.00	3.00	1.00	3.00	2.00	2.00	1.00	0.80	0.90	<0.50
Y	9.00	13.00	16.00	13.00	7.00	13.00	11.00	8.00	9.00	5.00	9.00	22.00
Cr	<1.00	<1.00	2.00	4.00	8.00	<1.00	<1.00	<1.00	1.00	2.00	6.00	<1.00
Ni	13.50	13.40	15.90	20.00	22.00	19.20	20.10	17.00	17.70	16.50	16.20	18.20
Ga	<1.00	<1.00	1.00	2.00	2.00	2.00	<1.00	1.00	1.00	1.00	2.00	1.00
Pb	—	—	—	—	—	—	—	—	—	—	—	—
Cs	—	—	—	—	—	—	—	—	—	—	—	—
Be	1.90	2.70	3.40	4.50	2.50	3.30	2.30	2.20	2.10	2.20	4.30	3.00

续表

序号	13	14	15	16	17	18	19	20	21
样品号				石榴石黑云母花岗岩					
岩性	S6	S16	S16A	S16	S24	S26	S27	S33	S35
SiO_2	74.50	75.58	74.14	75.27	73.62	74.26	74.34	75.44	75.18
TiO_2	0	0.10	0.06	0.01	0.08	0.07	0.04	0	0
Al_2O_3	14.11	14.18	14.06	13.97	14.23	14.14	13.98	13.77	13.85
Fe_2O_3	0.32	0.29	0.69	0.17	0.74	0.27	0.44	0.34	0.40
FeO	0.64	0.66	1.56	0.55	1.09	0.92	0.50	0.58	0.48
MnO	0.05	0.10	0.04	0.06	0.09	0.06	0.04	0.10	0.05
MgO	0	0	0.08	0	0.24	0.08	0.02	0	0
CaO	0.68	0.62	0.95	0.57	1.07	0.91	0.70	0.43	0.53
Na_2O	4.16	3.96	4.24	3.87	3.85	3.85	3.82	4.08	3.95
K_2O	4.55	4.15	3.37	4.66	4.12	4.86	5.07	4.56	4.61
P_2O_5	0	0	0	0	0.01	0.01	0	0	0
LOI	0.64	1.07	1.04	0.65	0.91	0.55	0.66	0.56	0.98
总量	99.65	100.62	100.23	99.78	100.08	99.98	99.61	99.86	100.03
Rb	218.00	214.00	246.00	221.00	215.00	219.00	197.00	223.00	218.00
Ba	5.00	1.30	336.00	110.00	303.00	302.00	266.00	12.00	27.00
Th	15.00	18.50	18.00	12.30	29.00	19.00	19.00	32.00	21.00
U	3.80	10.00	7.00	7.80	5.10	4.50	3.00	2.60	5.20
Li	—	—	—	—	—	—	—	—	—
Ta	—	—	—	—	—	—	—	—	—
Nb	18.20	17.20	22.40	16.80	23.40	17.20	12.30	17.50	15.60
Sc	3.20	3.20	3.20	3.00	5.20	3.70	2.80	3.50	2.90
Sr	6.00	23.00	82.00	24.00	80.00	71.00	60.00	11.00	10.00
V	1.00	1.00	6.00	1.00	11.00	4.00	3.00	<1.00	<1.00
Zn	33.00	27.00	49.00	20.00	61.00	28.00	29.00	30.00	20.00
Hf	—	—	—	—	—	—	—	—	—
Zr	63.00	69.00	96.00	65.00	111.00	95.00	100.00	68.00	72.00
Co	0.30	0.20	0.00	<0.10	0.90	0.90	0.80	0.20	<0.10
Cu	<0.50	3.00	<0.50	8.00	3.00	1.00	0.50	<0.50	19.00
Y	28.00	27.00	22.00	21.00	70.00	26.00	19.00	32.00	21.00
Cr	1.00	4.00	6.00	3.00	2.00	5.00	1.00	5.00	8.00
Ni	18.00	18.60	22.10	16.80	18.60	17.20	4.00	<1.00	2.00
Ga	<1.00	1.00	2.00	3.00	2.00	1.00	15.90	17.60	18.10
Pb	—	—	—	—	—	—	—	—	—
Cs	—	—	—	—	—	—	—	—	—
Be	2.90	2.20	3.20	3.20	3.60	3.20	2.40	3.10	2.20

资料来源：据 Kwon *et al.*，1994。

表 6.7　Seoul 岩体的 Rb-Sr 和 Sm-Nd 同位素成分表

样品号	岩石类型	$^{87}Rb/^{86}Sr$	$^{87}Sr/^{86}Sr\pm2\sigma$	$^{87}Sr_i/^{86}Sr_i$	$^{147}Sm/^{144}Nd$	$^{143}Nd/^{146}Nd\pm2\sigma$	$\varepsilon_{Nd}(t)$	T_{DM}
东北部								
S25	BG	5.07	0.72944±4	0.71719	0.1248	0.511598±30	−18.7	2.63
S9	BG	2.92	0.72373±4	0.71667	—	—	—	—
S6	GBG	90.10	0.93392±4	0.71618	0.1746	0.511717±30	−17.5	5.5
S33	GBG	53.50	0.84800±4	0.71877	0.1726	0.511736±30	−17.1	5.17
S24	GBG	6.79	0.73267±4	0.71626	0.1365	0.511693±30	−17.1	2.86
S26	GBG	8.26	0.73582±4	0.71586	—	—	—	—
S27	GBG	8.14	0.73666±4	0.71699	0.1268	0.511692±30	−16.9	2.54
北部								
S19	BG	2.57	0.71638±4	0.71017	—	—	—	—
S20	BG	1.81	0.71518±4	0.71081	0.0931	0.511637±30	−17.3	1.91
S21	BG	3.03	0.71822±4	0.7109	—	—	—	—
中部								
S10	BG	4.91	0.72441±4	0.71254	0.1144	0.51158±30	−18.9	2.4
S11	BG	5.94	0.72646±4	0.7121	0.1241	0.511618±30	−18.3	2.59
S12	BG	2.50	0.71873±4	0.71269	0.0920	0.511544±30	−19.1	2.01
S13	BG	1.23	0.71632±4	0.71335	—	—	—	—
S17	BG	1.91	0.71630±4	0.71168	0.1016	0.511661±30	−17.0	2.02
S	BG	1.70	0.71656±8	0.71245	—	—	—	—
S36	BG	16.70	0.74945±4	0.70906	0.1279	0.511762±30	−15.6	2.45
S16	GBG	20.20	0.76038±4	0.71153	0.1681	0.511589±30	−19.9	5.15
S16A	GBG	7.64	0.73086±4	0.71239	0.1350	0.511602±30	−18.9	2.98
S16-1	GBG	17.90	0.76096±4	0.71762	—	—	—	—

注：$T=170Ma$，地壳模式年龄计算亏损地幔 $\varepsilon_{Nd}=+10$；$T_{DM}=1/\lambda\times\ln\{1+[(^{143}Nd/^{144}Nd)$ 样品$-0.51315]$ / $[(^{147}Sm/^{144}Nd)$ 样品$-0.2137]\}$，$\lambda=1/0.00654Ga$。

资料来源：据 Kwon *et al*.，1999。

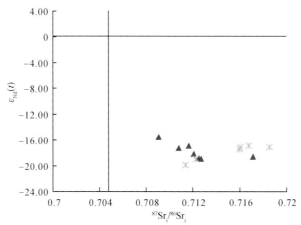

图 6.21　京畿地块中 Seoul 岩体的 $\varepsilon_{Nd}(t)$ -$^{87}Sr_i/^{86}Sr_i$ 图
图例同图 6.17

6.3.4　岩浆源区和构造环境

6.3.4.1　成岩物质来源

为便于对比侏罗纪花岗岩源区与基底变质沉积岩的关系，将京畿地块前寒武纪变质沉

表 6.8　京畿地块前寒武纪变质沉积岩 Sr 和 Nd 同位素数据表

样品	Rb/ppm	Sr/ppm	$^{87}Rb/^{86}Sr$	$^{87}Sr/^{86}Sr$	$2\sigma_m$	$^{87}Sr_i/^{86}Sr_i$ $T=170Ma$	Sm/ppm	Nd/ppm	$^{147}Sm/^{144}Nd$	$^{143}Nd/^{144}Nd$	$2\sigma_m$	$^{143}Nd_i/^{144}Nd_i$	$\varepsilon_{Nd}(0)$	$\varepsilon_{Nd}(t)$ $T=170Ma$	T_{DM}/Ga
437	235	189	3.61	0.73415	0.00004	0.72543	11.57	69.04	0.1013	0.511089	0.00002	0.51098	−30.2	−28.2	2.78
430	171	476	1.04	0.73340	0.00004	0.73088	7.53	41.69	0.1092	0.511240	0.00002	0.51112	−27.3	−25.4	2.77
SM01	148	145	2.97	0.77957	0.00004	0.77238	1.59	9.94	0.0967	0.511136	0.00002	0.51103	−29.3	−27.1	2.61
458	197	348	1.65	0.76297	0.00004	0.75899	4.07	24.21	0.1016	0.511270	0.00002	0.51116	−26.7	−24.6	2.54
459	160	239	1.95	0.77409	0.00004	0.76938	8.52	42.09	0.1224	0.511356	0.00002	0.51122	−25.0	−23.4	2.98
432	183	198	2.72	0.77906	0.00004	0.77249	7.39	39.74	0.1124	0.511240	0.00002	0.51111	−27.3	−25.5	2.86
f	230	192	3.47	0.72667	0.00004	0.71828	8.81	53.66	0.0993	0.511637	0.00002	0.51153	−19.5	−17.4	2.01
M66	178	94	5.50	0.74130	0.00004	0.72801	8.20	44.15	0.1123	0.511914	0.00002	0.51179	−14.1	−12.3	1.85

注：Sm~Nd 同位素资料据 Lan et al.，1995。

积岩 Sr 和 Nd 同位素数据列于表 6.8，由 170Ma 计算的变质沉积岩$^{87}Sr_i/^{86}Sr_i$、$\varepsilon_{Nd}(t)$ 和 T_{DM} 见表 6.7 和图 6.21，由图可见，基底变质沉积岩 Sr-Nd 同位素可以分为三组：C1 （$^{87}Sr_i/^{86}Sr_i = 0.72543 \sim 0.73088$，$\varepsilon_{Nd}(t) = -28 \sim -25$，$T_{DM} = 2.78Ga$），C2 （$^{87}Sr_i/^{86}Sr_i = 0.76938 \sim 0.77238$，$\varepsilon_{Nd}(t) = -27 \sim -23$，$T_{DM} = 2.54 - 2.98Ga$），C3 （$^{87}Sr_i/^{86}Sr_i = 0.71828 \sim 0.72801$，$\varepsilon_{Nd}(t) = -17 \sim -12$，$T_{DM} = 1.85 \sim 2.01Ga$）；其中一组 （C3） 因具有较高的 $\varepsilon_{Nd}(t)$ 值 （$-12.3 \sim -17.4$） 和较低的 T_{DM} 值 （$2.01 \sim 1.85Ga$），而不太可能成为 Seoul 花岗岩的源岩；又由于基底变质沉积岩比 Seoul 和 Daebo 花岗岩具高的 $^{87}Sr_i/^{86}Sr_i$ 值 （$0.72543 \sim 0.77249$） 和较低的 $\varepsilon_{Nd}(t)$ 值，因此可以推断，Seoul 的 BG 和 GBG 分别主要起源于京畿地块早元古宙和太古宙的基底变质沉积岩，但不排除在成岩过程中有地幔组分的加入 （图 6.21）。Kwon 等 （1999） 用辉长岩 （$Nd = 15.6ppm$，$Sr = 507ppm$，$^{87}Sr_i/^{86}Sr_i = 0.70577$，$\varepsilon_{Nd}(t) = 0.9$） 作为地幔端元，京畿地块两组太古宙—早元古代基底变质沉积岩作为地壳组分，模拟 Seoul 花岗岩的物质来源，两端元混合的比例大致为 1：1。由图 6.22 可见，印支期花岗岩与侏罗纪花岗岩不同，除 Yangpyeong 的石英二长岩-石英正长岩、辉长岩具有较高的 T_{DM} 值、Sr 初始值和较负的 $\varepsilon_{Nd}(t)$ 值外，其余岩石都显示出成岩过程中有较多地幔组分的加入，具有壳幔混合源花岗岩类的特征。

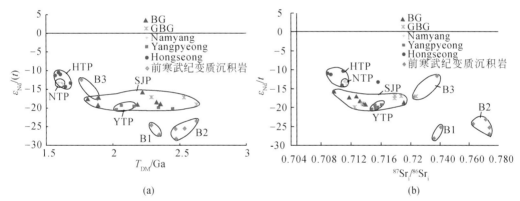

图 6.22　花岗岩和京畿地块前寒武变质沉积岩的 T_{DM}-$\varepsilon_{Nd}(t)$ （a） 和 $\varepsilon_{Nd}(t)$-$^{87}Sr_i/^{86}Sr_i$ 图 （b）
侏罗纪 Seoul 岩体 （SJP）；BG. 黑云母花岗岩；GBG. 石榴子石黑云母花岗岩。三叠纪岩体：Namyang 花岗岩 （NTP），Yangpyeong 石英二长岩-石英正长岩、辉长岩 （YTP），Hongseong 石英正长岩、花岗岩 （HTP）；B1、B2 和 B3 为京畿地块中三组前寒武纪基底变质沉积岩

对于 Daebo 花岗岩而言，DBGD 具有最高的稀土元素含量，DBBG 稀土元素也没有显示出强分异的特征 ［如强的 Eu 负异常和高的 La_N/Yb_N］，因此，DBBG 不可能是 DBGD 经角闪石、斜长石等主要矿物相分离结晶后晚期残余岩浆的产物。根据 Cheong 等 （1997） Rb 和 Th 元素与 $\varepsilon_{Nd}(t)$ （据 180Ma 计算） 的投影图显示 （图略），该地区二叠-三叠纪花岗岩 $\varepsilon_{Nd}(t)$ 与 LIL 元素有很好的相关性，Daebo 花岗岩的 $\varepsilon_{Nd}(t)$ 值与 LIL 元素没有相关性，各类岩石的地球化学特征不支持初始岩浆与富集地壳组分的混合关系，因此，Daebo 三种岩石花岗岩最有可能的成因是起源于不均一的太古宙-早元古代的变质沉积岩基底，在成岩过程中不排除有不同程度的地幔组分加入。

总体而言，据 Kee 等 （2010） 研究认为，产在沃川带南部和岭南地块的早、中侏罗世所有花岗岩体都显示出典型的中上地壳同位素分异的成分特征。中侏罗世花岗岩具有高的 Sr 初始值（0.7110～0.7187），同时标准矿物中普遍含有刚玉分子（Seoul 花岗岩的平均含量超过 1%），显示了花岗岩主要来源于太古宙—早元古代的变质沉积岩基底，具有壳源花岗岩的特征，又可进一步分为稳定地块花岗岩和活动带花岗岩。活动带中花岗岩钙长石含量高，K/Rb 值高，低的 Rb/Sr 值和低的 DI 值，显示小的 Eu 异常（平均 Eu/Eu* = 0.9），亏损重稀土元素，$\sum$REE 较高（145～251ppm），稳定地块花岗岩具有明显的 Eu 负异常（Eu/Eu* = 0.51～0.73），$\sum$REE 较低（平均 124ppm）。这可能是由于稳定地块花岗岩的部分熔融岩浆更演化或在侵入地壳时发生了岩浆分异演化，如果说这两种侏罗纪花岗岩都主要来源于相同的变质沉积岩基底的话，那么活动带花岗岩的部分熔融程度可能要高于克拉通花岗岩。

6.3.4.2 形成的构造环境

根据主量元素建立的构造判别图，如 SiO_2-Al_2O_3、$\sum$FeO-MgO、SiO_2-$\sum$FeO/$\sum$(FeO+MgO) 和 CaO-$\sum$(FeO+MgO)，Seoul 和 Daebo 岩体的投点大部分都位于岛弧花岗岩-大陆弧花岗岩-陆陆碰撞花岗岩区。在 Nb-Y 构造环境判别图 [图 6.23 (a)] 中可见，除 Seoul 岩体的一个 GBG 样位于板内花岗岩区外，Seoul 和 Daebo 岩体的投影点大部分都落在了火山弧和同碰撞花岗岩的范围内，在 Rb-Y+Nb 构造环境判别图 [图 6.23 (b)] 中，大部分投点更接近与火山弧花岗岩，同样在 Rb/30-Hf-Ta×3d 构造判别图中（Harris et al.，1986），两个岩体的大部分投影则位于火山弧花岗岩区（图略）。根据两个岩体相对富集大离子亲石元素（LIL），而 Nb、Ta、Hf、Ti 的亏损特征，韩国早-中侏罗世高钾钙碱性花岗岩形成的构造环境为以挤压变形为主的大陆弧花岗岩。

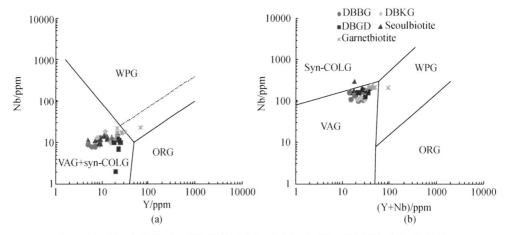

图 6.23 Seoul 和 Daebo 花岗岩体的 Nb-Y (a) 和 Rb-(Y+Nb) (b) 构造图

（据 Pearce et al.，1984；Pearce，1996）。

图例同图 6.17

Syn-COLG. 同碰撞花岗岩；WPG. 板内花岗岩；ORG. 洋脊花岗岩，VAG. 火山弧花岗岩；

Post-COLG. 后碰撞花岗岩

6.3.4.3　构造特征和演化

Kee 等（2010）研究提出，早侏罗世花岗岩类的 Sr－Nb 同位素特征可以分成两组，即岭南地块中部的 Beonam、Deochang，Gimcheon 岩体，其 $^{87}Sr_i/^{86}Sr_i = 0.70873 \sim 0.71697$，$\varepsilon_{Nd}(t) = -19.6 \sim -9.4$，而在岭南地块南端的 Chilgok 和 Hapcheon 岩体的 $^{87}Sr_i/^{86}Sr_i = 0.70479 \sim 0.70697$，$\varepsilon_{Nd}(t) = -6.3 \sim 0.9$，这一值与岭南盆地白垩纪花岗岩体相似（Lee et al.，1992；Cheong et al.，2006；Kim et al.，2008）。在沃川带中侏罗世片理化 Iksan、Subchang 和 Jeonju 岩体具有较高的 Sr 初始值，$^{87}Sr_i/^{86}Sr_i = 0.71045 \sim 0.71719$，亏损 $\varepsilon_{Nd}(t)$ 值为 $-20.8 \sim -13.9$，在剪切带附近的 Jeonju 有些花岗岩类的 $^{87}Sr_i/^{86}Sr_i$ 值高达 $0.72121 \sim 0.72615$，$\varepsilon_{Nd}(t)$ 值强烈亏损，为 $-25.0 \sim -24.3$，伴生有 Sr 同位素体系的再活化。这些同位素差异暗示在早侏罗世古太平洋板块沿大陆最外部边缘俯冲碰撞形成安第斯型岩浆作用，有少量地壳增厚和随后的岩石圈拆沉，并导致软流圈上隆以及地幔起源岩浆在下地壳的底侵形成年轻的新生地壳（如 Chilgok 和 Hapcheon 岩体）；随后底侵作用和来自软流圈的热事件促使上覆的底侵基性岩石和古老地壳部分熔融导致早侏罗世岩体的形成（如 Beonam、Deochang 和 Gimcheon 岩体），而中侏罗世岩体在朝鲜半岛的内陆广泛分布。

沃川带的变形被认为是侏罗纪大堡（Daebo）构造事件的结果，类似于我国的早燕山造山运动。Han 等（2005）根据沃川带东北部构造和年龄资料提出，大堡构造事件造成了沃川带上地壳层序的挤压变形以及大陆弧构造背景下早–中侏罗世地壳规模的右旋剪切带。根据 Hee 等（2005）的年龄资料，在 Jeonju 剪切带，具片理化的 Jeonju 花岗岩（169.6±1.5Ma）被不具片理化的 Hamyeol 花岗岩（165.0±2.1Ma，表 6.1）侵入，同样，具片理化的 Anseong 花岗岩（170Ma）被不具片理化的 Icheon 花岗岩（167Ma）侵入。前已讨论了沃川带上两个 A 型碱性花岗岩（Ian 和 Daegang）SHRIMP 锆石 U-Pb 年龄分别为 219.3±3.3Ma 和 219.6±1.9Ma（Cho et al.，2008），Songrim 运动结束时间大约在 219～208Ma B. P. 间。沃川带 Bansong 群层序为寒武系灰岩-底部角砾岩-长石杂砂岩-流纹质火山凝灰岩-细粒花岗斑岩，底部流纹质熔结凝灰岩中 SHRIMP 锆石 U-Pb 年龄为 186.3±1.5Ma 和 187.2±1.5Ma（Han et al.，2006），象征 Daebo 运动的开始。由此推断侏罗纪韧性剪切带所经历的地质年代范围应该在 180～170Ma B. P. 间。

在沃川带，中侏罗世褶皱和逆冲断层是非常普遍的区域构造形式，褶皱和逆冲断层 NE 走向，并向南西聚敛，表明侏罗纪时是 NW-SE 的区域挤压，与古太平洋板块由 NW 方向朝亚洲大陆边缘正向俯冲碰撞有关（Maruyama et al.，1997）。与此同时，沿 NE 走向 Honam 剪切带也发生了右旋剪切，与侏罗纪褶皱和逆冲断层方向大致平行。NE 走向的侏罗纪花岗岩常与沃川带的变形相关，沃川带中变形片理的区域轴向与侏罗纪花岗岩基的走向基本一致，由此推断，沃川带的挤压变形和侏罗纪花岗岩是同造山运动的产物，都是起因于东亚大陆边缘古太平洋板块的俯冲碰撞作用。

6.4　燕山晚期侵入岩的地质地球化学特征

本书重点选取位于庆尚盆地的白垩纪七个花岗岩体：Imog 花岗岩（CI）、Masan 花岗岩（CM）、Jindong 花岗岩（CJ）、Bulgugsa 花岗岩（CB）、Palgongsan 花岗岩（CP）、Eonyan 花岗岩（CE）和 Yoocheon 花岗岩（CY）（图 6.16）；又重点将 Eonyan 花岗岩的四种岩石类型进行地球化学分析，将庆州-甘浦（Kyeongju-Gampo）地区四个花岗岩体（Teogdong、Hoam、Taebon 和 Oyuri 花岗岩）和庆州地区的 A 型花岗岩作为地质和地球化学的对比研究。

　　最近，Lee 等（2010）在沃川变质带中发现三个白垩纪花岗岩体，本书用以与庆尚盆地白垩纪花岗岩体的对比研究。

6.4.1　地质概况、地质年代学和岩石学特征

　　白垩纪-古近纪花岗岩以岩基出露，小部分以椭圆形和不规则形岩株出露在庆尚盆地中。花岗岩常具有狭窄的角页岩接触变质带，最宽可达 2km。有些岩体具有浅成侵入标志的晶洞构造，表明岩浆中曾有大量挥发分。岩体与沉积围岩为明显的突变接触，具有构造挠动并向外陡倾。接触带中有大量被花岗岩同化的沉积岩和火山岩捕虏体。特别是源自火山岩的捕虏体中普遍含有针状角闪石。花岗岩在浅部地壳或侵入于沉积岩中，或沿着火山口沉陷形成的环状断裂沿着 NNE-NE 走向的软弱带侵入于火山岩中。花岗岩具有明显的环带，几乎都是斑状结构，多数具不等粒状结构，从岩体边缘向内部，颗粒从细粒到中粒。花岗岩中石英呈填隙状充填在长石之间，显示显微结构，以出现微斜条纹长石，正长石和角闪石为特征。庆尚盆地中白垩纪—古近纪花岗岩年龄范围为 41～110Ma，为 I 型花岗岩类。岩石类型有石英闪长岩-花岗闪长岩-石英二长岩-花岗岩，化学成分以石英二长岩为主。

　　庆尚盆地中白垩纪—古近纪花岗岩的平均化学成分比侏罗纪花岗岩更偏酸性。多金属矿化呈细脉状和角砾岩筒状，并伴随强而普遍的围岩蚀变，主要矿化有 Cu、Pb、Zn、Au、Mo、W、Ag 等。

　　根据庆尚盆地 Ulsan 和 Kyeongju 地区不同花岗岩体同位素年龄综合对比研究表明（表 6.9），Ulsan 地区岩体主要由角闪黑云母花岗闪长岩、花岗岩和斑状黑云母花岗岩组成，黑云母 K-Ar 年龄为 51～67Ma，Kyeongju 地区岩体主要由角闪黑云母花岗闪长岩、黑云母花岗岩和碱性花岗岩组成，黑云母 K-Ar 年龄为 47～50Ma，明显要年轻于 Ulsan 地区岩体，是庆尚盆地最年轻的花岗岩地区。

表 6.9　庆尚盆地 Ulsan 和 Kyeongju 地区花岗岩体年龄资料综合对比

岩石类型	样品号	方法	矿物	年龄/Ma	参考文献
Ulsan 地区岩体					
角闪黑云母花岗闪长岩	94052908	K-Ar	Bt	66.9±1.5	Lee et al.，1995
角闪黑云母花岗闪长岩	94052909	K-Ar	Bt	65.2±1.4	Lee et al.，1995
花岗岩	93050911	K-Ar	Bt	62.7±1.4	Lee et al.，1995
花岗岩	94052907	K-Ar	Bt	63.4±1.4	Lee et al.，1995
花岗岩	—	K-Ar	Bt	58	Lee et al.，1995
斑状黑云母花岗岩	93080301	K-Ar	Bt	50.9±1.10	Lee et al.，1995
斑状黑云母花岗岩	93080303	K-Ar	Bt	53.5±1.2	Lee et al.，1995

续表

岩石类型	样品号	方法	矿物	年龄/Ma	参考文献
Kyeongju 地区岩体					
角闪黑云母花岗闪长岩	92060713	K-Ar	Bt	49.3±1.1	Lee *et al.*，1995
角闪黑云母花岗闪长岩	94022507-1	K-Ar	Bt	50±1.1	Lee *et al.*，1995
角闪黑云母花岗闪长岩	93-42	K-Ar	Bt	56.6±1.4	Jin *et al.*，1999
角闪黑云母花岗闪长岩	93-43	K-Ar	Bt	52.3±4.7	Jin *et al.*，1999
角闪黑云母花岗闪长岩	93-44	K-Ar	Bt	57.3±4.6	Jin *et al.*，1999
黑云母花岗岩	93080108	K-Ar	Bt	47.6±1.1	Lee *et al.*，1995
黑云母花岗岩	93080405-2	K-Ar	Bt	50±1.1	Lee *et al.*，1995
碱性花岗岩	94022606	K-Ar	Bt	46.8±0.9	Lee *et al.*，1995
碱性花岗岩	92060607	K-Ar	Bt	46.5±0.9	Lee *et al.*，1995
碱性花岗岩	8010-106	Rb-Sr*	Bt	48.20±0.7	Lee *et al.*，1995
碱性花岗岩		K-Ar	Bt	49.3±0.9	Jin *et al.*，1999
碱性花岗岩	13-11	K-Ar	Bt	65.6±5.4	Jin *et al.*，1999
碱性花岗岩	13-12	K-Ar	Rie	53.6±3.3	Jin *et al.*，1999
碱性花岗岩		K-Ar	Bt	58.6±1	Jin *et al.*，1999
碱性花岗岩	13-13	K-Ar	Rie	52.9±3.3	Jin *et al.*，1999
碱性花岗岩	13-14	K-Ar	Rie	53±4.2	Jin *et al.*，1999

注：Bt. 黑云母；Rie. 钠闪石；Rb-Sr* 矿物全岩等时线。

资料来源：Lee，1997。

Eonyang 花岗岩按结晶顺序可分为为四种岩石类型：斑状花岗岩、中粒黑云母花岗岩、晶洞花岗岩、细晶岩，黑云母 K-Ar 年龄为 62.3～66.9Ma（Moon *et al.*，1998）。庆州-甘浦地区花岗岩体有 Teogdong、Hoam、Taebon 和 Oyuri，以花岗岩为主，其全岩 Rb-Sr 等时线年龄分别为 45.6Ma、39.7Ma、42.2Ma 和 59.5Ma，（Kim *et al.*，1995）。

庆州地区的花岗岩可分为三种岩石类型：角闪黑云母花岗闪长岩（HBGD）、黑云母花岗岩（BTGR）和 A 型碱性花岗岩（AGR）。碱性花岗岩含有晚期结晶的钠质角闪石（钠闪石-钠角闪石）和铁叶云母，为典型的碱性花岗质岩浆。A 型碱性花岗岩的一个全岩 Rb-Sr 等时线和两个黑云母 K-Ar 年龄分别为 48.2±0.7Ma、46.8±0.9Ma 和 46.5±0.9Ma（Lee *et al.*，1995）。

沃川带中三个花岗岩体分别为 Muamsa、Weolaksan 和 Sokrisan 岩体，前者呈岩株状，后两者为岩基状杂岩。Muamsa 花岗岩是中-粗粒黑云母花岗岩，边部具细粒文象和条纹结构。主要造岩矿物是石英（17%～38%）、碱性长石（条纹微斜长石或正长石，16%～44%）、斜长石（0.5%～43%）和黑云母（0.5%～5.7%）；副矿物为锆石、磷灰石、榍石和不透明矿物。Weolaksan 岩体由黑云母花岗岩和黑云母-角闪石花岗岩组成，极大部分为中-粗粒黑云母花岗岩，岩体边缘有明显的斑状结构。黑云母花岗岩主要造岩矿物是石英（24%～37%）、碱性长石（条纹微斜长石或正长石，19%～44%）、斜长石

（5％～39％）和黑云母（1％～14％）；副矿物为锆石、磷灰石、榍石和不透明矿物，角闪石（0～3％）仅出现在边部的黑云母-角闪石花岗岩中。Sokrisan 岩体有两种结构，即粗粒黑云母花岗岩和斑状黑云母花岗岩。粗粒黑云母花岗岩主要造岩矿物是石英（34.7％～37.8％），碱性长石（35.8％～45.6％），斜长石（17.1％～22.3％）和黑云母（−2.9％～1.6％）；副矿物为锆石、磷灰石、褐帘石、磁铁矿和钛铁矿。Muamsa、Weolaksan 和 Sokrisan 三个岩体的全岩 Rb-Sr 等时线年龄分别为 88.2±1.7Ma、89.6±2.2Ma 和 94.8±3.6Ma。

6.4.2　地球化学特征

将庆尚盆地庆州地区 Eonyang 花岗岩体和沃川带中三个花岗岩体的地球化学成分分别列于表 6.10、表 6.11 和表 6.12。

表 6.10　庆州地区 Eonyang 花岗岩体主量元素（％），稀土和微量元素（ppm）成分

岩性	斑状花岗岩		中粒花岗岩		晶洞花岗岩		细晶岩	
样品号	92103	92105	92101	92102	92108	9284	92104	92109
SiO_2	73.01	73.25	74.84	74.72	76.14	75.28	76.19	76.73
TiO_2	0.23	0.22	0.18	0.21	0.12	0.14	0.12	0.13
Al_2O_3	13.52	13.41	13.12	12.82	12.75	13.29	12.63	12.37
Fe_2O_3	0.60	0.87	0.71	0.61	0.39	0.25	0.18	0.35
FeO	1.58	1.10	0.86	0.89	0.74	0.74	0.97	0.74
MnO	0.10	0.07	0.06	0.08	0.05	0.05	0.05	0.06
MgO	0.31	0.35	0.17	0.28	0.12	0.12	0.08	0.09
CaO	1.07	1.11	0.82	0.82	0.47	0.45	0.44	0.39
Na_2O	4.58	4.13	4.35	4.16	4.06	4.48	4.18	3.98
K_2O	4.14	4.71	4.45	4.34	5.03	4.81	4.74	4.78
P_2O_5	0.07	0.08	0.05	0.05	0.03	0.04	0.03	0.03
H_2O^+	0.05	0.44	<0.01	0.05	0.34	0.70	<0.01	0.06
H_2O^-	−0.05	0.02	0.04	0.01	0.04	0.17	0.25	0.13
LOI	0.40	0.39	<0.01	0.25	<0.01	0.05	<0.01	0.25
总量	99.61	99.69	99.60	99.23	99.90	99.70	99.61	99.90
Li	26.60	—	—	21.60	13.70	—	17.00	—
Be	3.10	—	—	3.30	2.10	—	5.50	—
Sc	3.90	—	—	2.80	2.00	—	3.60	—
Cr	157.60	—	—	104.70	188.00	—	214.40	—
Co	1.00	—	—	0.70	0.50	—	0.50	—
Ni	3.00	—	—	2.60	3.30	—	3.10	—

续表

岩性	斑状花岗岩		中粒花岗岩		晶洞花岗岩		细晶岩	
样品号	92103	92105	92101	92102	92108	9284	92104	92109
Cu	18.40	—	—	3.30	4.10	—	6.20	—
Zn	184.30	—	—	22.10	24.40	—	22.40	—
Ga	24.30	—	—	22.80	20.60	—	18.20	—
Rb	152.90	—	—	147.70	149.60	—	189.80	—
Sr	125.20	—	—	79.20	32.90	—	24.90	—
Y	22.10	—	—	21.00	11.90	—	19.30	—
Zr	17.30	—	—	16.80	20.20	—	37.90	—
Nb	14.60	—	—	14.90	9.40	—	22.30	—
Mo	0.40	—	—	0.60	0.80	—	0.80	—
Cd	1.70	—	—	—	0.05	—	—	—
Cs	4.20	—	—	4.30	2.20	—	4.10	—
Ba	524.70	—	—	470.10	364.30	—	141.00	—
Hf	0.50	—	—	0.70	0.80	—	1.70	—
Pb	64.90	—	—	15.50	19.60	—	19.10	—
Bi	0.08	—	—	—	—	—	—	—
Th	18.00	—	—	17.00	11.10	—	19.50	—
U	3.20	—	—	4.20	1.90	—	4.70	—
La	11.10	—	—	13.00	12.90	—	11.20	—
Ce	24.60	—	—	25.70	27.20	—	25.50	—
Pr	3.00	—	—	2.70	2.90	—	2.90	—
Nd	12.60	—	—	10.30	10.50	—	10.90	—
Eu	0.60	—	—	0.60	0.50	—	0.20	—
Sm	3.40	—	—	2.20	1.90	—	2.60	—
Gd	3.10	—	—	2.40	1.70	—	2.60	—
Tb	0.50	—	—	0.40	0.20	—	0.40	—
Dy	3.30	—	—	3.00	1.80	—	3.20	—
Ho	0.60	—	—	0.70	0.40	—	0.60	—
Er	2.00	—	—	2.30	1.10	—	2.10	—
Tm	0.30	—	—	0.30	0.20	—	0.30	—
Yb	2.00	—	—	2.30	1.30	—	2.50	—
Lu	0.30	—	—	0.30	0.20	—	0.30	—

资料来源：据 Moon *et al.*，1998。

表 6.11　沃川带中 Muamsa 和 Weolaksan 花岗岩的主要元素 (%)，微量元素 (ppm) 和稀土元素 (ppm) 成分

岩体	Muamsa									Weolaksan										
序号	1	2	3	4	5	6	7	8	9	10	11	12	13	14	15	16	17	18	19	20
样品	MA	MA	MA	MA	MA	MA	MA	MA9	MA1	WR	WR	WR	WR	WR	WR	WR	WR	WR	WA	WA
SiO_2	74.10	73.20	75.50	76.30	76.80	74.60	77.80	77.50	78.00	74.90	75.40	75.40	76.20	76.90	75.20	74.80	73.80	76.40	75.70	77.50
TiO_2	0.15	0.26	0.10	0.08	0.10	0.11	0.10	0.07	0.06	0.13	0.14	0.09	0.09	0.08	0.12	0.14	0.18	0.11	0.01	0.09
Al_2O_3	13.50	13.60	13.00	12.30	12.20	13.40	12.30	12.70	12.90	13.20	12.70	12.90	12.60	12.40	12.70	13.00	13.50	12.40	13.10	12.30
FeO_T	1.75	2.16	1.24	1.27	1.46	1.45	0.66	0.35	<0.01	1.59	1.70	1.39	1.31	1.10	1.67	1.68	2.05	1.45	0.94	0.80
MnO	0.05	0.05	0.05	0.06	0.06	0.08	0.07	0.04	0.02	0.05	0.05	0.06	0.04	0.02	0.06	0.07	0.07	0.07	0.02	0.07
MgO	0.19	0.31	0.08	0.10	0.09	0.08	0.10	0.06	0.04	0.13	0.13	0.07	0.05	0.05	0.13	0.17	0.25	0.1	0.04	0.08
CaO	0.77	1.21	0.57	0.53	0.58	0.65	0.62	0.58	0.32	0.54	0.59	0.57	0.38	0.37	0.74	0.80	0.52	0.55	0.98	0.37
Na_2O	3.29	3.09	3.33	3.24	3.26	3.50	3.11	3.23	3.39	3.22	3.17	3.35	3.21	2.98	3.58	3.14	3.15	3.25	3.29	2.90
K_2O	5.49	5.09	5.34	4.82	4.68	5.21	4.33	4.60	4.32	5.43	5.23	5.23	5.10	5.42	4.86	5.15	5.18	4.87	5.02	5.05
P_2O_5	0.03	0.06	0.01	0.01	0.01	0.02	0.01	0.01	<0.01	0.02	0.02	0.01	0.01	0.01	0.02	0.03	0.04	0.02	0.02	0.01
LOI	0.27	0.41	0.45	0.89	0.41	0.57	0.47	0.58	0.60	0.38	0.48	0.59	0.60	0.38	0.51	0.62	0.73	0.34	0.37	0.50
总量	99.5	99.3	99.6	99.6	99.6	99.6	99.5	99.72	99.68	99.60	99.6	99.6	99.5	99.6	99.6	99.6	99.4	99.6	99.5	99.69
A/CNK	1.06	1.06	1.06	1.07	1.06	1.07	1.13	1.12	1.19	1.08	1.08	1.06	1.10	1.08	1.02	1.07	1.15	1.07	1.04	1.16
A/NK	1.19	1.28	1.16	1.17	1.17	1.18	1.25	1.23	1.25	1.18	1.18	1.16	1.13	1.15	1.14	1.21	1.25	1.17	1.21	1.27
Rb	303.00	276.00	379.00	445.00	377.00	466.00	565.00	678.00	909.00	394.00	347.00	518.00	502.00	408.00	251.00	386.00	435.00	450.00	227.00	374.00
Sr	63.90	145.00	34.40	15.90	17.90	30.50	26.90	10.10	4.07	41.60	45.20	22.10	8.45	20.30	60.10	55.10	75.30	30.30	143.00	13.90
Zr	110.00	137.00	101.00	106.00	96.60	188.00	132.00	185.00	506.00	74.50	n. m.[b]	n. m.	135.00	66.80	126.00	91.60	110.00	94.90	51.10	96.10
Ba	179.00	644.00	125.00	37.20	750.00	97.90	66.80	36.50	12.00	142.00	n. m.	n. m.	248.00	68.50	140.00	173.00	340.00	95.10	973.00	25.90
Sc	4.11	3.99	2.72	n. m.[b]	2.25	4.25	3.21	4.24	6.15	3.23	n. m.	n. m.	2.65	n. m.	2.62	1.61	4.24	n. m.	3.35	2.54
Y	53.80	46.00	57.00	130.00	87.20	61.30	99.30	163.00	165.0	43.20	27.90	74.90	59.30	34.90	55.10	37.10	36.60	73.80	40.30	85.00

续表

岩体	Muamsa									Weolaksan										
序号	1	2	3	4	5	6	7	8	9	10	11	12	13	14	15	16	17	18	19	20
样品	MA	MA	MA	MA	MA	MA	MA	MA9	MA1	WR	WR	WR	WR	WR	WR	WR	WR	WR	WA	WA
Nb	22.40	18.00	24.00	30.40	25.10	28.80	39.20	65.70	80.10	23.90	16.90	24.80	30.30	25.00	15.20	20.60	24.20	27.80	11.80	41.20
Ga	23.00	35.50	22.60	18.60	17.70	21.80	20.40	20.90	23.50	20.50	n. m.	n. m.	27.50	19.40	n. m.	19.60	27.50	19.70	37.30	23.00
Th	25.90	25.90	30.40	42.50	39.30	39.00	42.10	63.20	53.70	33.10	26.30	40.60	45.00	32.30	26.00	34.50	32.20	38.80	16.90	50.40
U	5.56	5.83	10.40	20.90	9.82	13.10	15.20	15.70	39.20	6.18	5.19	13.80	12.00	10.50	7.39	6.10	7.81	10.60	2.81	10.80
Pb	25.70	23.70	30.10	34.90	33.70	33.30	38.30	41.50	42.10	26.70	n. m.	n. m.	30.60	89.60	23.90	30.40	32.50	28.40	23.40	25.20
Ta	2.92	0.99	2.52	4.16	2.78	4.91	10.30	5.53	5.11	2.24	n. m.	n. m.	2.92	2.88	0.77	1.84	2.27	2.69	0.38	14.10
La	27.80	41.30	19.80	17.60	24.10	22.70	26.00	22.80	14.20	26.10	26.80	22.70	18.50	16.30	25.60	32.40	23.60	24.60	35.60	27.40
Ce	54.10	79.20	42.40	42.10	56.10	53.00	55.00	52.80	29.80	63.20	61.50	52.80	48.10	40.50	55.90	68.70	57.40	54.80	65.90	68.20
Pr	6.07	8.29	4.67	5.21	6.15	5.86	6.89	7.15	4.73	6.33	6.16	5.81	5.43	4.15	6.09	7.07	5.52	6.54	7.39	7.50
Nd	24.30	32.20	18.70	23.40	24.40	22.70	27.10	30.20	19.10	24.70	25.20	22.80	22.10	15.50	24.50	26.30	20.40	26.40	27.90	29.20
Sm	5.01	5.76	4.22	7.18	5.91	5.24	7.78	10.40	7.21	5.28	5.41	5.55	5.57	3.45	5.28	4.96	4.21	6.26	5.70	9.03
Eu	0.24	0.54	0.16	0.08	0.15	0.14	0.19	0.12	0.02	0.24	0.23	0.12	0.08	0.12	0.30	0.30	0.34	0.17	0.87	0.16
Gd	4.49	4.88	3.84	7.06	5.52	4.10	8.29	11.40	8.06	4.17	3.86	4.91	4.74	2.81	4.87	3.88	3.30	5.38	5.42	9.05
Tb	0.82	0.81	0.79	1.78	1.22	0.88	1.60	2.51	1.89	0.79	0.68	1.05	0.98	0.59	0.92	0.64	0.61	1.09	0.84	1.92
Dy	6.26	5.92	6.30	14.60	9.96	6.98	11.30	18.50	15.00	5.75	4.44	8.47	8.11	4.81	7.09	4.64	4.53	8.48	5.26	13.70
Ho	1.27	1.22	1.37	3.29	2.18	1.47	2.61	4.44	3.80	1.18	0.81	1.82	1.73	0.99	1.52	0.93	0.96	1.74	1.14	3.04
Er	4.54	4.34	5.09	11.30	7.60	5.42	7.65	13.00	12.30	4.11	2.77	6.86	6.33	3.71	5.21	3.37	3.61	6.59	2.84	8.56
Tm	0.66	0.65	0.77	1.58	1.15	0.83	1.21	2.23	2.36	0.57	0.38	1.04	0.89	0.58	0.75	0.50	0.58	0.95	0.45	1.48
Yb	4.81	4.68	5.76	11.40	8.56	6.49	8.90	15.80	18.10	4.30	2.73	8.55	7.52	4.41	5.93	3.68	4.89	7.38	2.92	10.40
Lu	0.65	0.67	0.74	1.55	1.14	0.85	1.32	2.32	2.83	0.56	0.35	1.07	0.86	0.54	0.74	0.46	0.62	0.90	0.42	1.43
Eu/Eu*	0.16	0.31	0.12	0.04	0.08	0.10	0.07	0.03	0.01	0.16	0.16	0.07	0.05	0.12	0.18	0.21	0.28	0.09	0.48	0.05

资料来源：据 Lee et al.，2010。

表 6.12　沃川带中 Sokrisan 花岗岩主要元素（%），微量元素（ppm）和稀土元素（ppm）成分

序号	1	2	3	4	5	6	7	8	9
样品号	SR1	SR2	SR2-1	SR3	SR3-1	SR4	SR5	SR6	SR7
SiO_2	73.38	75.63	78.22	78.27	76.28	76.00	73.80	77.00	76.61
TiO_2	0.27	0.09	0.08	0.09	0.12	0.12	0.15	0.11	0.10
Al_2O_3	13.20	13.30	11.90	12.10	12.80	12.80	13.70	12.50	12.80
FeO_T	2.74	0.89	0.61	0.74	1.10	1.18	1.52	0.96	1.06
MnO	0.12	0.05	0.04	0.05	0.07	0.04	0.04	0.03	0.03
MgO	0.30	0.06	0.04	0.05	0.08	0.08	0.12	0.06	0.03
CaO	0.87	0.44	0.46	0.56	0.74	0.53	0.49	0.46	0.28
Na_2O	3.48	3.42	3.15	3.23	3.66	3.58	4.01	3.02	3.70
K_2O	4.36	4.86	4.41	4.14	4.14	4.55	4.71	4.96	4.32
P_2O_5	0.05	0.01	0.01	0.01	0.02	0.01	0.02	0.01	0.01
LOI	0.51	0.72	0.61	0.40	0.41	0.57	0.86	0.40	0.57
总量	99.28	99.47	99.53	99.64	99.42	99.43	99.45	99.46	99.51
A/CNK	1.10	1.14	1.10	1.12	1.08	1.09	1.09	1.12	1.14
A/NK	1.26	1.22	1.20	1.24	1.22	1.18	1.17	1.21	1.19
Rb	338.00	451.00	389.00	398.00	413.00	278.00	170.00	187.00	245.00
Sr	38.00	30.10	22.50	21.40	37.40	34.50	36.20	30.80	19.60
Zr	125.00	93.30	75.00	64.20	79.00	130.00	90.70	53.70	112.00
Ba	98.40	95.40	47.40	50.20	94.10	175.00	132.00	135.00	78.00
Sc	3.02	2.07	1.57	1.97	2.24	2.28	2.54	1.59	1.78
Y	48.90	43.60	45.90	47.40	51.70	50.10	57.10	14.00	32.60
Nb	31.10	31.80	17.10	21.70	29.10	28.10	23.60	15.30	23.10
Ga	23.30	20.90	17.10	17.50	22.20	26.20	23.40	19.90	22.70
Th	51.90	34.20	26.00	28.70	34.20	22.00	19.60	13.00	21.20
U	6.36	5.86	4.70	5.09	5.41	3.47	2.98	1.28	2.59
Pb	34.10	40.80	28.50	31.60	27.30	33.20	20.30	23.90	37.60
Ta	6.23	5.09	4.14	5.47	10.00	5.16	5.75	4.30	3.68
La	78.90	22.40	16.60	20.00	31.70	26.80	71.40	38.20	13.40
Ce	143.00	44.90	32.60	39.90	60.80	54.50	129.00	70.10	44.20
Pr	16.80	5.56	4.25	5.14	7.59	7.11	15.30	7.62	4.32
Nd	62.10	22.10	17.50	20.50	29.60	28.20	58.60	27.70	19.30
Sm	11.90	5.84	4.82	5.48	7.12	7.14	10.60	4.75	5.71
Eu	0.27	0.18	0.14	0.16	0.23	0.22	0.32	0.33	0.10
Gd	9.79	5.03	4.59	5.16	6.20	6.40	8.66	3.73	4.98
Tb	1.37	0.95	0.92	1.00	1.14	1.12	1.20	0.47	0.85

续表

序号	1	2	3	4	5	6	7	8	9
样品号	SR1	SR2	SR2-1	SR3	SR3-1	SR4	SR5	SR6	SR7
Dy	7.61	6.24	5.80	6.50	7.24	7.13	6.41	2.33	5.28
Ho	1.54	1.43	1.34	1.43	1.65	1.60	1.31	0.45	1.15
Er	4.25	4.41	3.88	4.27	4.83	4.61	3.67	1.27	3.15
Tm	0.62	0.72	0.63	0.70	0.81	0.74	0.54	0.19	0.49
Yb	4.02	4.46	4.19	4.16	5.40	4.66	3.67	1.25	3.20
Lu	0.59	0.65	0.62	0.62	0.80	0.69	0.53	0.18	0.47
Eu/Eu*	0.07	0.10	0.09	0.09	0.10	0.10	0.10	0.23	0.06

资料来源：据 Lee *et al.*，2010。

6.4.2.1　庆尚盆地岩体

在 TAS 岩石分类命名图和 QAP 岩石分类命名图 [图 6.24（a）、（b）] 中，庆尚盆地白垩纪花岗岩主要岩石类型为石英二长岩、花岗闪长岩、二长岩花岗岩、花岗岩，Eonyang 杂岩体为花岗岩、碱长花岗岩，全部岩石都为亚碱性系列。

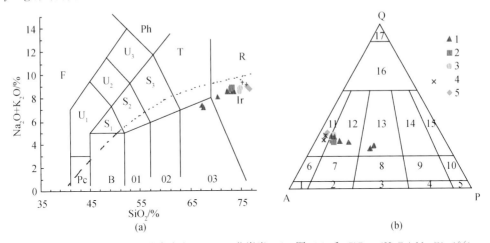

图 6.24　庆尚盆地白垩纪花岗岩和 Eonyang 花岗岩 QAP 图（a）和 SiO$_2$-（K$_2$O＋Na$_2$O）（％）
岩石分类命名图（b）（据 Le Bas，1986；IUGS，1989）

1. 庆尚盆地白垩纪花岗岩：Eonyang 花岗岩；2. 斑状花岗岩；3. 中粒黑云母花岗岩；4. 晶洞花岗岩；
5. 细晶岩。

（a）R. 花岗岩；O$_3$. 花岗闪长岩，O$_2$. 闪长岩，O$_1$. 辉长闪长岩；B. 辉长岩；Pc. 橄榄岩-辉长岩；
T. 石英二长岩-正长岩；S$_3$. 二长岩，S$_2$. 二长闪长岩，S$_1$. 二长辉长岩；Ph. 似长石正长岩；U$_3$. 似
二长正长岩，U$_2$. 似长二长闪长岩，U$_1$. 橄榄辉长岩；F. 似长深成岩。

（b）1. 碱长正长岩；2. 正长岩；3. 二长岩；4. 二长闪长岩/二长辉长岩；5. 闪长岩、辉长岩、斜长
岩；6. 石英碱长正长岩；7. 石英正长岩；8. 石英二长岩；9. 石英二长闪长岩；10. 石英闪长岩、石
英辉长岩、石英斜长岩；11. 碱长花岗岩；12. 花岗岩；13. 二长花岗岩；14. 花岗闪长岩；15. 英云
闪长岩；16. 富石英花岗岩类；17. 硅英岩

在 K_2O-SiO_2 图岩石系列划分图 [图 6.25（a）] 中，花岗岩都为高钾钙碱性系列岩石，在 A/NK-A/CNK 图解 [图 6.25（b）] 中，花岗岩类为弱过铝质和准铝质岩石（$A/CNK<1.1$），Eonyang 杂岩体为准铝质岩石（$A/CNK<1.05$），标准矿物分子刚玉含量基本都小于 1%，或不出现。

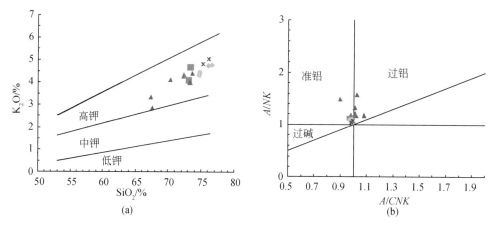

图 6.25　庆尚盆地白垩纪花岗岩和 Eonyang 花岗岩的 K_2O-SiO_2 图（a）和岩石 A/NK-A/CNK 图解（b）
岩石系列划分界线据 Le Maitre，1989。图例同图 6.24

在岩石主量元素哈克图解上，庆尚盆地白垩纪花岗岩显示随 SiO_2 含量增加，K_2O 含量增加，而 Al_2O_3、CaO、FeO_T、MgO、TiO_2 和 P_2O 含量降低（图 6.26），Na_2O 含量较分散；Eonyang 杂岩体随 SiO_2 含量增加，除 K_2O 含量增加外，Al_2O_3、CaO、MnO、FeO_T、MgO、Na_2O、TiO_2 和 P_2O 含量都清楚显示出降低趋势（图 6.26），岩浆演化过程中，同源岩浆铁镁矿物和钛铁矿的分离结晶作用占主导，在 QAP 图解 [图 6.24（b）] 中，An 含量不断减少，指示了斜长石的分离结晶。

球粒陨石标准化稀土元素模式图显示庆尚盆地白垩纪花岗岩和 Eonyang 杂岩体都具有相似的配分曲线 [图 6.27（a）]，表现为各岩石类型大致同源的特征。与侏罗纪花岗岩相比，白垩纪花岗岩稀土元素分馏程度较低，轻稀土元素稍富集，重稀土元素略亏损，$La_N/Yb_N=6.3\sim13.4$，呈略向右倾的配分曲线，具有弱-中等负 Eu 异常（$Eu/Eu*=0.55\sim0.86$）；Eonyang 杂岩体从斑状花岗岩—中粒黑云母花岗岩—晶洞花岗岩—细晶岩的演化，ΣREE 不断降低，负 Eu 异常不断增强，显示了同源岩浆分离结晶的特征。

庆尚盆地白垩纪花岗岩和 Eonyang 杂岩体的微量元素原始地幔标准化蛛网线十分相似，亏损 Ba、Nb、Ta、Sr、P 和 Ti，强烈富集 Rb、K、Th、U [图 6.27（b）]，与大陆边缘弧花岗岩十分相似。微量元素显示随着岩浆分离结晶，Rb 和 Rb/Sr 值增加，而 Sr、K/Rb、Ca/Y 值降低。与庆尚盆地白垩纪花岗岩相比，Eonyang 杂岩体的分异程度较高。庆尚盆地白垩纪花岗岩和 Eonyang 杂岩体的元素地球化学特征都表明，它们是由母岩浆经分离结晶作用形成的 I 型花岗岩，所有岩石都具有典型的 Ta-Nb-Ti 槽，富集大离子亲石元素（LILE），具有与俯冲作用有关的大陆边缘花岗岩类特征。

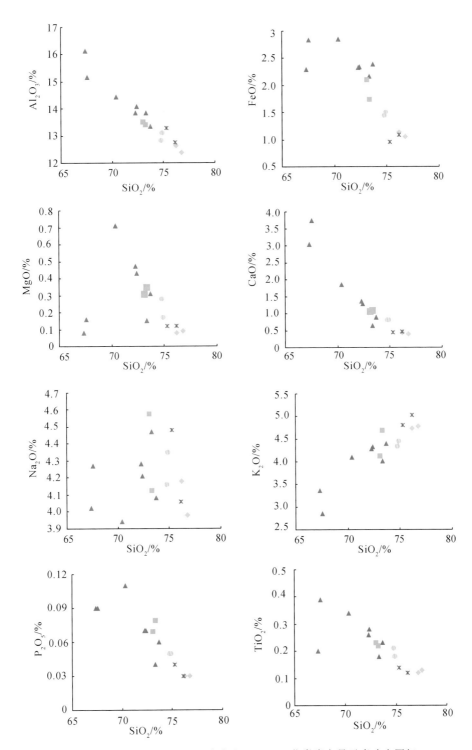

图 6.26　庆尚盆地白垩纪花岗岩和 Eonyang 花岗岩主量元素哈克图解

图例同图 6.24

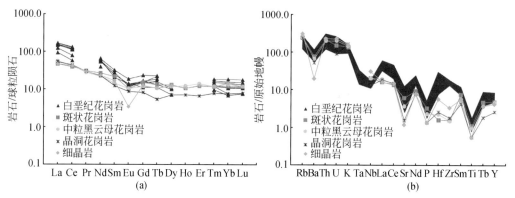

图 6.27　庆尚盆地白垩纪花岗岩和 Eonyang 花岗岩稀土元素球粒陨石（a）和微量元素原始地幔标准化模式图（b）

6.4.2.2　沃川带岩体

Muamsa、Weolaksan 和 Sokrisan 三个花岗岩都是以高 SiO_2（73.2%～78.3%）、K_2O（4.14%～5.49%）和 Na_2O（2.90%～4.01%），低 FeO_T（0.01%～2.74%）、MnO（0.02%～0.12%）、MgO（0.01%～0.31%）、Cao（0.37%～1.21%）、P_2O_5（<0.1%）和 Al_2O_3（12.2%～13.7%）为特征。在 TAS-SiO_2（%）图上，三个岩体的样品都投影在钙碱性系列的花岗岩区（图略），A/CNK 为 1.02～1.16，为弱过铝-强过铝花岗岩。在有关 A 型花岗岩的 FeO_T/MgO-SiO_2 和 Zr-10000×Ga/Al 投影图（图 6.28）中，

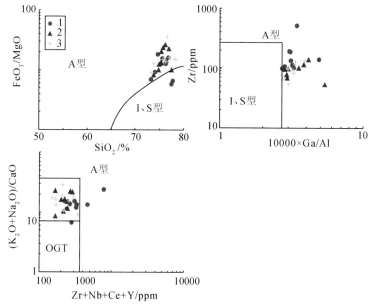

图 6.28　沃川带中 Muamsa、Weolaksan 和 Sokrisan 花岗岩有关 A 型花岗岩的 FeO_T/MgO-SiO_2 图（据 Whalen et al.，1987；Wang et al.，2004）、Zr-10000×Ga/Al 图（据 Whalen et al.，1987）和（K_2O+Na_2O)/CaO-(Zr+Nb+Ce+Y) 图（据 Whalen et al.，1987）

1. Muamsa 花岗岩体；2. Weolaksan 花岗岩体；3. Sokrisan 花岗岩体

三个花岗岩的极大部分投点虽然都位于 A 型花岗岩区，但 Zr 含量较低，在（K_2O+Na_2O）/CaO-（Zr+Nb+Ce+Y）极大部分样品位于分异花岗岩区。

SiO_2 含量与 TiO_2、Al_2O_3、FeO_T 和 MgO 含量呈明显负相关关系，CaO、P_2O_5 和 K_2O 含量随 SiO_2 含量增加有不是很清楚的降低趋势。

在 Muamsa、Weolaksan 和 Sokrisan 花岗岩稀土元素球粒陨石（Sun and McDonough，1989）和微量元素原始地幔（McDonough and Sun，1995）标准化模式图（图 6.29）中，稀土元素配分曲线都显示为轻稀土元素稍富集，重稀土元素平坦的形式，除样品 MA2 和 WAWR 外，都具有强负 Eu 异常（Eu/Eu* = 0.05~0.16）。在微量元素原始地幔标准化蛛网图中，花岗岩相对富集 Th 和 U，强烈亏损 Ba、Sr、Eu、Ti 和 P。

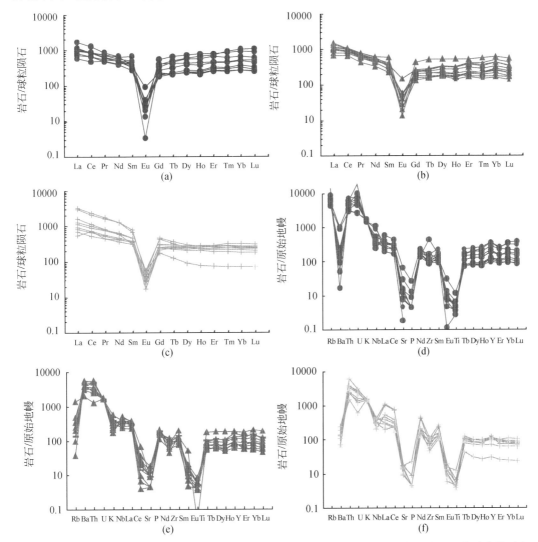

图 6.29　沃川带中 Muamsa［(e)］、Weolaksan 和 Sokrisan［(a)～(c)］花岗岩稀土元素球粒陨石和微量元素原始地幔标准化模式图［(d)～(f)］

图例同图 6.28

6.4.2.3　同位素特征

庆尚盆地七个花岗岩体的 $^{87}Sr_i/^{86}Sr_i$ 为 0.7040～0.7070 （Hong，1987），庆州-甘浦地区花岗岩体有 Teogdong、Hoam、Taebon 和 Oyuri，以花岗岩为主，$^{87}Sr_i/^{86}Sr_i$ 值分别是 0.70539、0.70564、0.70564 和 0.705479 （Kim *et al.*，1995），表明花岗岩中有较多幔源组分加入，是壳幔混合作用为主的 I 型花岗岩类。

庆尚盆地北部白垩纪 Onjeongri 花岗岩体（K-Ar 为 87Ma，Cheong *et al.*，1998），主要由钙碱性系列的花岗闪长岩-花岗岩组成，岩石为弱过铝质和准铝质岩石（A/CNK＜1.1），由角闪石压力计确定岩石定位较浅（＜2kbar），花岗岩地球化学特征与庆尚盆地七个花岗岩体十分相似。Onjeongri 花岗岩的 Sr-Nd-Pb 同位素成分见表 6.13 和图 6.30。用 87Ma 计算的 $\varepsilon_{Nd}(t)$ 值和亏损地幔两阶段模式年龄分别为 -1.17～-0.20 和 0.78～0.81Ga，明显不同与沃川带同时代的 Muamsa、Weolaksan 和 Sokrisan 花岗岩，$^{87}Sr_i/^{86}Sr_i$ 的初始值明显偏低，而 $\varepsilon_{Nd}(t)$ 值显著偏高，成岩物质中幔源组分贡献很大。SiO_2 含量与 $^{87}Sr_i/^{86}Sr_i$ 的初始值呈负相关关系，与 $^{207}Pb/^{204}Pb$ 呈正相关关系，混合和混染作用不重要，花岗岩浆是起源于较年轻的下地壳（＜0.8Ga），源区比较均一，很难用上地壳的混染来解释，Sr-Nd 同位素特征与其他地方的花岗岩相比代表了较原始的岩浆，与西南日本同时代花岗岩很相似。

沃川带 Muamsa、Weolaksan 和 Sokrisan 花岗岩 Sr-Nd-Pb 同位素成分见表 4.5 和图 4.7，三个岩体的全岩 Rb-Sr 等时线年龄和以 90Ma 计算的 Sr 初始值分别为 88.2±1.7Ma，0.7139±0.0041；89.6±2.2Ma，0.7132±0.0014 和 94.8±3.6Ma，0.7084±0.0029。用 90Ma 计算了 $\varepsilon_{Nd}(t)$ 值和亏损地幔两阶段模式年龄，七个 Muamsa 花岗岩 $\varepsilon_{Nd}(t)$

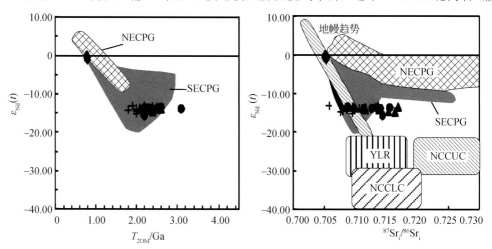

图 6.30　沃川带中 Muamsa、Weolaksan 和 Sokrisan 花岗岩的 $\varepsilon_{Nd}(t)$-T_{DM} 图和 $\varepsilon_{Nd}(t)$-$^{87}Sr_i/^{86}Sr_i$ 图

实心菱形为庆尚盆地 Onjeongri 花岗岩，其余图例同图 6.28。

YLC. 扬子下地壳；NCCLC. 华北克拉通下地壳；NCCUC. 华北克拉通上地壳；SECPG. 中国东南部显生宙花岗岩（Chen and Jahi，1998）；NECPG. 中国东北部显生宙花岗岩（Wu *et al.*，2000）

值为 $-15.7 \sim -13.6$；十个 Weolaksan 花岗岩 $\varepsilon_{Nd}(t)$ 值为 $-14.8 \sim -13.3$；四个 Sokrisan 花岗岩 $\varepsilon_{Nd}(t)$ 值为 $-14.8 \sim -13.2$。Muamsa 和 Weolaksan 花岗岩 T_{DM} 为 $2.1 \sim 2.6Ga$，Sokrisan 花岗岩为 $1.8 \sim 2.1Ga$。六个 Muamsa 花岗岩和八个 Weolaksan 花岗岩分别为 $^{206}Pb/^{204}Pb = 18.390 \sim 18.814$、$^{207}Pb/^{204}Pb = 15.699 \sim 15.776$ 和 $^{208}Pb/^{204}Pb = 39.225 \sim 39.741$（Lee et al.，2010），而 Sokrisan 花岗岩的 $^{206}Pb/^{204}Pb = 18.030 \sim 18.737$、$^{207}Pb/^{204}Pb = 15.621 \sim 15.704$ 和 $^{208}Pb/^{204}Pb = 39.109 \sim 39.684$（Cheong and Chang，1997），都要比 Muamsa 和 Weolaksan 花岗岩相应数值低。在沃川带中三个花岗岩的 $\varepsilon_{Nd}(t)$-T_{DM} 和 $\varepsilon_{Nd}(t)$-$^{87}Sr_i/^{86}Sr_i$ 图，可见 $\varepsilon_{Nd}(t)$ 值相对稳定，$^{87}Sr_i/^{86}Sr_i$ 和 T_{DM} 值的变化较大，存在地壳混染作用（图 6.29）。

表 6.13　庆尚盆地和沃川带花岗岩的 Sr-Nd-Pb 同位素成分

样品号	$^{87}Sr_i/^{86}Sr$	$\varepsilon_{Nd}(t)$	T_{2DM} /Ga	$^{206}Pb/$ ^{204}Pb	$^{207}Pb/$ ^{204}Pb	$^{208}Pb/$ ^{204}Pb	SiO_2 /%	Eu/Eu^*	La_N/Yb_N
Onjeongri 花岗岩体（据 Cheong et al.，1998）									
OJ01	0.7051	-0.71	0.81	18.912	15.631	39.160	69.67	0.69	7.12
OJ02	0.7054	-1.17	0.80	18.675	15.533	38.730	67.95	0.87	11.04
OJ04	0.7053	-0.05	0.78	19.029	15.624	38.997	68.70	0.84	7.90
OJ05	0.7052	-0.20	0.79	18.782	15.616	38.958	68.36	0.81	7.23
OJ06	0.7056	-0.73	0.78	18.757	15.559	38.857	66.53	0.66	9.76
Muamsa 岩体（据 Lee et al.，2010）									
MA1	0.713484	-13.7	2.2	18.693	15.736	39.647	74.10	0.16	
MA2	0.714447	-15.7	2.2	18.646	15.707	39.529	73.20	0.31	
MA3	0.714166	-14.0	2.3	18.714	15.723	39.582	75.50	0.12	
MA4	0.708866	-13.6	2.6	18.788	15.751	39.662	76.30	0.04	
MA5	0.711421	-13.9	2.5	18.799	15.733	39.653	76.80	0.08	
MA6	0.715638	-13.7	2.3	18.796	15.776	39.741	74.60	0.10	
MA10	0.712733	-14.0	3.1				78.80	0.01	
Weolaksan 岩体（据 Lee et al.，2010）									
WR3A	0.713850	-14.3	2.3	18.680	15.715	39.605	74.90	0.16	
WR6	0.716940	-13.6	2.5	18.780	15.744	39.716	76.20	0.05	
WR8	0.710015	-13.8	2.3	18.390	15.699	39.225	76.90	0.12	
WR9	0.715420	-14.8	2.4	18.725	15.730	39.663	75.20	0.18	
WR10	0.711666	-13.9	2.1	18.670	15.738	39.626	74.80	0.21	
WR11	0.711680	-14.2	2.2	18.814	15.753	39.707	73.80	0.28	
WR12	0.709700	-13.5	2.4	18.722	15.709	39.564	76.40	0.09	
WR14	0.713732	-13.3	2.2	—	—	—			
WRWR	0.716440	-14.9	2.2	—	—	—	75.70	0.48	
WRWR12	0.711395	-14.0	2.6	—	—	—	77.50	0.05	

续表

样品号	$^{87}Sr_i/^{86}Sr$	$\varepsilon_{Nd}(t)$	T_{2DM} /Ga	$^{206}Pb/$ ^{204}Pb	$^{207}Pb/$ ^{204}Pb	$^{208}Pb/$ ^{204}Pb	SiO_2 /%	Eu/Eu^*	La_N/Yb_N
Sokrisan 岩体（据 Cheong *et al.*，1998）									
BE40	0.709583	−15.1	2.0	—	—	—	—	—	—
BE48	0.710654	−14.0	2.0	—	—	—	—	—	—
BE49	0.708075	−14.5	2.0	—	—	—	—	—	—
BE52	0.707670	−14.8	2.1	—	—	—	—	—	—
BE54	0.705778	−13.2	1.9	—	—	—	—	—	—
BE56	0.708693	−14.2	1.8	—	—	—	—	—	—

注：庆尚盆地 Onjeongri 花岗岩用 87Ma 计算；沃川带三个花岗岩体用 90Ma 计算。

6.4.3 岩石成因和形成的构造环境

6.4.3.1 形成的构造环境

因缺少古近纪 A 型碱性花岗岩的微量元素资料，在 Nb-Y 构造环境判别图 ［图 6.31 (a)］ 中，庆尚盆地七个花岗岩体平均值和 Eonyang 杂岩体的投影点全部都落在了火山弧和碰撞后花岗岩的范围内，在 Rb-(Y＋Nb) 构造环境判别图 ［图 6.31 (b)］ 中，投影点全部都位于火山弧花岗岩区，在埃达克岩和典型岛弧岩石判别图 ［图 6.31 (c)］ 中，同样全部岩石投影点都位于经典岛弧岩石区，由此推断白垩纪花岗岩是在与大洋板块朝东亚板块俯冲有关的构造背景下形成的。

与庆尚盆地白垩纪花岗岩明显不同，沃川带 Muamsa，Weolaksan 和 Sokrisan 花岗岩极大部分样品位于同碰撞和板内花岗岩区（图 6.32），显示出具有非造山的趋势，与沃川带侏罗纪花岗岩不同（如形成于大陆弧环境的 Daebo 花岗岩体），表明它们可能形成于不同的构造环境。Lee 等（2010）认为，在我国东南部存在相同时代的非造山 A 型花岗岩（94～91Ma B. P.），沃川带三个花岗岩体除了为过铝质花岗岩外，其他所有特征都显示是在非造山环境下形成，而不是晚碰撞构造背景。我们认为即使沃川带三个花岗岩体在非造山环境下形成，但它们非常负的 $\varepsilon_{Nd}(t)$ 值（−15.7～−13.2）和老的 T_{DM} 值（2.1Ga～2.6Ga），与我国东南部位于华夏块体的 A 型花岗岩明显不同（$\varepsilon_{Nd}(t)$ ＝ −5.21～−2.22，T_{DM}＝1.02～1.53Ga，邱检生等，2002），后者是在张性环境中玄武质岩浆的底侵作用，促使残留下地壳在干的条件下部分熔融形成 A 型花岗质岩浆，在浅部定位（Chen *et al.*，2004）。

6.4.3.2 岩石成因

为了能较全面地讨论白垩纪花岗岩的成因，除了庆尚盆地七个花岗岩体外，我们还将庆州、甘浦地区 Teogdong、Hoam、Taebon 和 Oyuri 四个岩体以及庆州地区 A 型花岗岩的主量元素成分加以对比（图 6.33），庆州地区花岗岩可分为三种岩石类型，即角闪黑云母花岗闪长岩（HBGD）、黑云母花岗岩（BTGR）和 A 型碱性花岗岩（AGR）。

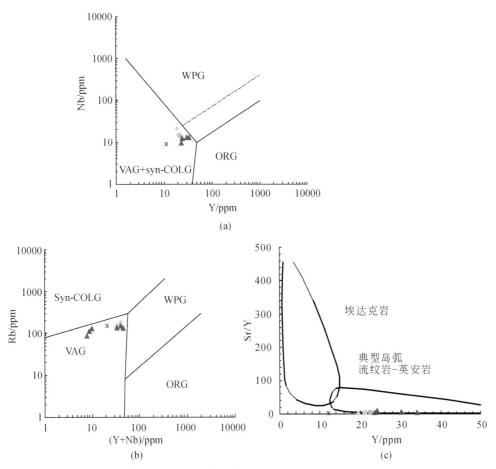

图 6.31　庆尚盆地岩体和 Eonyang 杂岩体的 Nb- Y 图（a）、Rb-（Y＋Nb）构造图（b）
（Pearce *et al.*，1984；Pearce，1996）和 Sr/Y- Y 图（c）（据 Defant and Drummond，1990）。
图例同图 6.24。Syn-COLG. 同碰撞花岗岩；WPG. 板内花岗岩；ORG. 洋脊花岗岩；VAG. 火山弧花岗
岩；Post-COLG. 后碰撞花岗岩

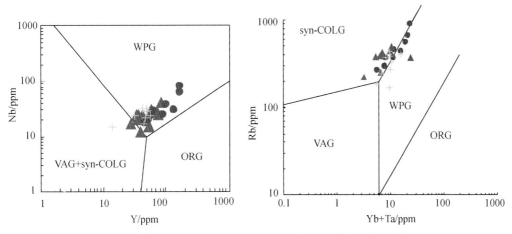

图 6.32　沃川带三个花岗岩体的 Nb- Y 和 Rb-（Yb＋Ta）构造环境判别图解（据 Pearce *et al.*，1984）

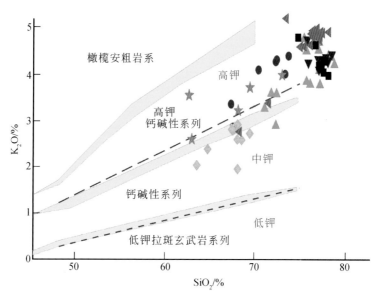

图 6.33 K₂O-SiO₂图（岩石系列划分界线据 Le Maitre，1989）

●庆尚盆地七个花岗岩体（据 Hong，1987）；▲庆州-甘浦地区四个花岗岩岩体（Teogdong、Hoam、Taebon 和 Oyuri，据 Kim et al.，1995）。庆州地区花岗岩；◆角闪黑云母花岗闪长岩；◀黑云母花岗岩；▼A 型碱性花岗岩（据 Lee et al.，1995）；★沃国寺期花岗岩（据 Cho and Kwon，1994）；■Wolchulsan 地区花岗岩（据 Kim et al.，1995）

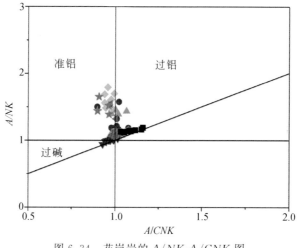

图 6.34 花岗岩的 A/NK-A/CNK 图

图例同图 6.33

由图 6.33 可见，所有花岗岩全部为亚碱性的高钾钙碱性系列岩石，包括含有碱性暗色矿物（钠闪石-钠角闪石和铁叶云母）的 A 型碱性花岗岩，但在花岗岩的 A/NK-A/CNK 图（图 6.33）中，AGR 则显示出与 HBGD 和 BTGR 完全不一样的特征，位于过碱性花岗岩区，据 Lee 等（1995）的研究，AGR 以低 CaO、Al_2O_3 含量，高的 FeO_T/MgO 值明显不同于 HBGD，BTGR 的地球化学特征，BTGR 所有主要氧化物都位于 HBGD 的延伸趋势线上，表明两者具有结晶分异的演化关系，而 AGR 则不具有这种演化关系而成独立的岩浆来源。

　　庆尚盆地白垩纪花岗岩大多是从边部相到内部相，从斑状结构或者细粒到中粒结构。以正长石为主，而侏罗纪以微斜长石为主，显示了侏罗纪花岗岩是在低温条件下缓慢结晶的，而白垩纪花岗岩则是在相对较高的温度下快速结晶的。随着分离结晶作用，岩石的 Rb、Rb/Sr 值增加，而 Sr、K/Rb 和 Ce/Y 值降低。稀土标准化模式图显示轻稀土富集和轻微的重稀土亏损，$La_N/Yb_N = 6.3 \sim 13.4$，平均值是 9.0，$Eu/Eu* = 0.55 \sim 0.86$，显示有斜长石的分离结晶；低的 Sr 初始值（$0.7040 \sim 0.7070$），显示岩浆可能是俯冲挤压后的伸展条件下，中下地壳基底变质岩部分熔融形成酸性岩浆，并有大量地幔组分的加入混合，这种壳幔混合源的母岩浆在侵入地壳后经历了结晶分异作用形成了花岗闪长岩—二长花岗岩—花岗岩—碱长花岗岩组合。A 型碱性花岗岩则是在裂解环境下，较酸性变质基底岩石在已熔融出了中酸性钙碱性岩浆之后，由湿的变为干的基底岩石再次低程度部分熔融所形成的，其地球化学特征与我国东南沿海非造山 A 型花岗岩（94～91Ma B. P.）可以对比。

　　对沃川带白垩纪三个花岗岩体而言，Sokrisan 花岗岩具有较老的形成年龄，$^{87}Sr_i/^{86}Sr_i$ 值稍低和较年轻的 T_{2DM} 年龄似乎与 Muamsa 和 Weolaksan 花岗岩体在物质来源方面有些差异，但它们之间在稀土元素球粒陨石和微量元素原始地幔标准化曲线型式的相似性，可能反映的是源区物质在初始 Sr 同位素成分方面的差异。沃川带三个花岗岩体 LREE 富集，相对平缓的 HREE 曲线型式，过铝质和亏损 Ba、Nb、Sr、Eu 和 TiO_2，及负的 $\varepsilon_{Nd}(t)$ 和高的 T_{DM} 值，表明花岗岩起因于地壳熔融。三个花岗岩体具有高的 Rb/Sr 值和低的 Sr/Ba 值，强的负 Eu 异常，并随着 Sr、Ba 含量降低，负 Eu 异常增强，岩浆经历了碱性长石的分离结晶作用或受到晚期熔体-流体的相互作用（Jahn et al.，2001）。Sokrisan 花岗岩的 $\varepsilon_{Nd}(t)$ 值相对稳定，$^{87}Sr_i/^{86}Sr_i$ 值变化较大，反映了长石分离结晶和同时期地壳混染作用（AFC）。在花岗岩（$K_2O + Na_2O$）/CaO-（$Zr + Nb + Ce + Y$）图（图 6.28）中，三个花岗岩体极大部分样品位于分异的花岗岩区，而在 FeO_T/MgO-SiO_2、Zr-$10000 \times Ga/Al$ 图中极大部分样品位于 A 型花岗岩区，由此可见，要正确区分这两种花岗岩是不容易的。我们认为沃川带与庆尚盆地中白垩世花岗岩地球化学成分的明显差异取决于基底源区，而不是形成的构造环境。在俯冲挤压后的伸展背景下，地幔组分的底侵加热，促使地壳组分熔融，沃川带三个花岗岩体主要是来源于基底变质沉积岩的壳源 S 型花岗岩，有少量新生地幔组分参与，经历了较强的岩浆分异作用；而庆尚盆地中白垩世花岗岩则是中-下地壳基底变质岩部分熔融形成的酸性岩浆，有大量新生地幔组分的加入，是典型的壳幔混合源 I 型花岗岩，干的基底岩石再次低程度部分熔融形成了 A 型花岗岩。沃川带白垩纪三个花岗岩体的物质来源不同于沃川带侏罗纪花岗岩，在 $\varepsilon_{Nd}(t)$-$^{206}Pb/^{204}Pb$ 图解中，花岗岩的 Nd-Pb 同位素特征方面有明显差异（Lee et al.，2010）。这种情况与我国东南部中生代花岗岩十分相似，花岗岩与源区有着非常密切的继承关系，不同构造单元内花岗岩的地球化学特征差异与各自基底源岩有关，总体趋势是在同一构造单元内，随着扩张作用增强，新生地幔组分贡献加大，花岗岩的 $\varepsilon_{Nd}(t)$ 值增大，T_{DM} 值降低，白垩纪较侏罗纪花岗岩有较多的地幔组分加入（毛建仁等，2002，2004，2006）。

6.4.3.3　构造演化

韩国白垩纪—古近纪花岗岩主要分布在庆尚盆地和沃川带中部，都伴生有同时代的火山岩，普遍有显微岩相结构和晶洞构造表明是浅部定位的，与侏罗纪花岗岩相比，伴生的围岩也有较大差别，前者是角岩相，后者是绿片岩相和角闪岩相，由角闪石压力计求得，白垩纪-古近纪花岗岩是在浅部定位（＜10km），而侏罗纪花岗岩则是在深部定位的（12～28km）。

大部分地质学家认为韩国白垩纪—古近纪花岗岩与日本西南部花岗岩类都具有相似的侵入年龄（集中在 50～100Ma）都是由于古太平洋的俯冲所造成的，但是没有注意到这两个地方同时代花岗岩在形成岩石类型方面的差别，韩国庆尚盆地有古近纪 A 型碱性花岗岩出现，而西南日本没有，中国东南部有象征燕山晚期造山运动结束的非造山 A 型碱性花岗岩，它们的同位素年龄为 91～94Ma（Chen et al.，2004），要比庆尚盆地早约 40Ma，可能反映了板块迁移的动力学的差异。

在韩国和日本都存在 J_3—K_1 的岩浆活动间断期（158～110Ma B. P.，Hee et al.，2005），从韩国中生代构造的动力学分析可以解释这种岩浆活动间断期，在中侏罗世（J_2）Izanagi 板块向韩国和日本是北西的正向俯冲，到了 J_3—K_1 俯冲方向变为向北的斜向俯冲，到了早白垩世晚期（K_{1-2}）新太平洋板块又成为北西方向的正向俯冲（Engebreson et al.，1985；Maryyamam et al.，1997）。因此，在 J_2 大洋板块的正向俯冲期间发生大规模岩浆作用，而 J_3—K_1（158～110Ma B. P.）岩浆活动间断期则对应于斜向俯冲或没有俯冲的转换期。此外，由于在大陆边缘弧存在浅的俯冲角度，并伴随快的聚敛速度也可能是造成韩国和日本岩浆活动间断的主要原因。在韩国存在宽约 500km 的中生代花岗岩类，根据较老的花岗岩类分布在靠内陆侧，较年轻的花岗岩类分布在近洋的大陆边缘侧（Kinoshida，1995b），表明在一个较长时间的岩浆活动间断期后，朝东亚大陆正向俯冲的大洋板块变为朝南东方向后撤的模式来予以解释，这种花岗岩类的时空分布形式与我国东南部的情况十分相似，在后期裂解的非造山构造环境下出现了典型的 A 型碱性花岗岩，只是中国东南部这一过程要比韩国早约 40Ma。

6.5　中新生代火山岩的地质地球化学特征

6.5.1　白垩纪—古近纪火山活动

本书重点选取庆尚盆地 Gyemyeong-Janggum 和 Moonyu 晚白垩世火山岩区开展对比研究，它们的地理位置见图 6.4。

6.5.1.1　地质概况和岩石学特征

Gyemyeong-Janggum 晚白垩世火山岩区位于釜山 Geumjeong 山东北部，按照由老到新的时序主要由安山质岩石、沉积岩石、流纹质岩石和侵入的角闪石花岗岩-黑云母花岗岩组成。全岩 Rb-Sr 等时线年龄为 70 ± 4.2Ma（Lee，1995），全岩 K-Ar 年龄为 63.5 ± 0.8Ma 和 60.4 ± 0.9Ma（Lee，1995）。

玄武质安山岩斑晶主要为斜长石（27.4%～27.9%），基质含量变化范围为 44%～55%，主要为斜长石、辉石、不透明矿物和绢云母，副矿物有不透明矿物、锆石、绿帘石等。安山岩斑晶主要由斜长石（25.5%～29.5%）、单斜辉石（1.4%）、角闪石（2.5%～5.1%）和少量石英（0.3%～0.6%）组成，基质含量变化范围为 41.1%～57.6%，主要为斜长石、黑云母、辉石、不透明矿物和绢云母等，副矿物和次生矿物有锆石、磷灰石、不透明矿物和绿帘石、绢云母等。流纹质熔结凝灰岩斑晶主要由斜长石（2.6%～3.8%）、钾长石（9.6%～11.0%）和石英（3.4%～13.9%）组成，基质含量变化范围为 59.0%～60.7%（主要为石英、黑云母和不透明矿物），岩屑含量为 7.1%～15.2%，次生矿物有绿帘石和绢云母等。

Moonyu 火山岩区位于庆尚盆地的西南部，火山层序由老到新可分为长英质火山碎屑岩、安山岩和安山质火山碎屑岩和流纹岩。最早的火山活动是在火山碎屑沉积物堆积过程中长英质岩浆的间隙性喷发开始的。长英质火山碎屑的爆发式喷发作用是以熔结凝灰岩开始，逐渐递变为浮岩灰，至英安质-流纹质熔结凝灰岩，随后是安山岩和安山质火山碎屑岩喷发，最后是流纹岩呈熔岩穹沿火山喷发中心和附近的断裂带侵入。安山岩全岩 K-Ar 年龄为 56.009 ± 1.194Ma，英安质凝灰岩的全岩 K-Ar 年龄为 58.383 ± 1.152Ma（Kim et al.，2008）。

安山岩具有斑状结构，斑晶主要由斜长石（7.1%～48.4%）、单斜辉石（0.1%～11.9%）、角闪石（0.5%～0.7%）和少量石英（0.1%～0.9%）组成，基质含量变化范围为 46%～92%，主要为斜长石、不透明矿物和玻璃，次生矿物有不透明矿物、绿帘石、绿泥石和方解石。

英安质凝灰岩斑晶主要由斜长石（0.9%～25.2%）、钾长石（0.4%～12.6%）和少量石英（0.1%）组成，基质含量变化范围为 66.3%～91.8%（主要为石英、不透明矿物和玻璃等），岩屑含量为 1.8%～15.8%，次生矿物有不透明矿物、绿帘石、绿泥石和方解石。

流纹熔结凝灰岩斑晶主要由斜长石（0.5%～17.2%）、钾长石（0.4%～5.2%）和石英（0.3%～8.6%）组成，基质含量变化范围为 57.6%～90.9%（主要为石英、不透明矿物、浮岩和玻璃等），岩屑含量为 0.6%～29.3%，次生矿物有不透明矿物、绿帘石、绿泥石和方解石等。

6.5.1.2　地球化学特征

Gyemyeong-Janggum 和 Moonyu 地区晚白垩世火山岩的主量元素（%），稀土和微量元素（ppm）成分分别列于表 6.14 和表 6.15。

（1）主量元素

在 TAS 和 Zr/TiO_2-Nb/Y 岩石分类命名图（图 6.35）中，Gyemyeong-Janggum 和 Moonyu 地区晚白垩世火山岩都为亚碱性岩石，前者岩石类型比较集中，为安山岩、英安岩和流纹英安岩；后者岩石类型变化较大，主要有玄武岩、安山岩、英安岩、流纹岩、侵入岩为花岗闪长岩。

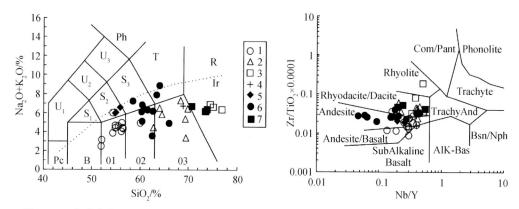

图 6.35　庆尚盆地 Gyemyeong-Janggum 和 Moonyu 地区晚白垩世火山岩 TAS（a）（据 Le Bas *et al*.，1986）和 Zr/TiO$_2$-Nb/Y（b）（据 Lemaitre，1989）分类命名图

Moonyu 火山区：1. 安山岩；2. 英安岩；3. 流纹岩；4. 花岗岩；

Gyemyeong 和 Janggum 火山岩区：5. 安山岩；6. 英安岩；7. 流纹岩。

R. 花岗岩；O$_3$. 花岗闪长岩，O$_2$. 闪长岩，O$_1$. 辉长闪长岩；B. 辉长岩；Pc. 橄榄岩-辉长岩；T. 石英二长岩-正长岩；S$_3$. 二长岩，S$_2$. 二长闪长岩，S$_1$. 二长辉长岩；Ph. 似长石正长岩；U$_3$. 似长二长正长岩，U$_2$. 似长二长闪长岩；U$_1$. 橄榄辉长岩；F. 似长深成岩

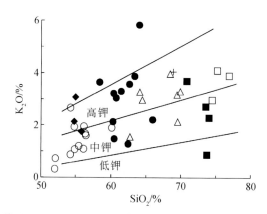

图 6.36　庆尚盆地 Gyemyeong-Janggum 和 Moonyu 地区晚白垩世火山岩 K$_2$O-SiO$_2$ 图

图例同图 6.15

　　在 Gyemyeong-Janggum 和 Moonyu 地区晚白垩世火山岩 K$_2$O-SiO$_2$ 图（图 6.36）中，总体来看，Moonyu 地区晚白垩世火山岩的 K$_2$O 含量较低，为中钾到高钾钙碱性系列岩石，Gyemyeong-Janggum 地区晚白垩世火山岩除了流纹岩 K$_2$O 含量稍低外，安山岩和英安岩的 K$_2$O 含量较高，主要为高钾钙碱性系列岩石。两个地区的火山岩都是随着 SiO$_2$ 增加，Al$_2$O$_3$，Fe$_2$O，TiO$_2$，CaO，MgO，MnO 和 P$_2$O$_5$ 含量降低，而 K$_2$O 和 Na$_2$O 含量增加。

表 6.14　Gyemyeong 和 Janggum 火山岩的主要元素(%)，微量元素和稀土元素(ppm)成分表

Gyemyeong 和 Janggun peak 火山

样品序号	1	2	3	4	5	6	7	8	9	10	11	12	13	14	15	16	17	18
样号	7162	1224	3272	32714	3279	32713	32712	631	32772	3277	6310	12261	51312	1212	5136	6312	727	5137
岩相	玄武岩	玄武岩	玄武岩	安山岩	安山岩	安山岩	安山岩	安山岩	安山岩	安山岩	安山岩	安山岩	安山岩	安山岩	流纹岩	流纹岩	流纹岩	流纹岩
SiO_2	54.80	55.00	55.88	58.42	60.33	60.43	60.49	60.75	61.51	62.52	62.68	63.39	64.01	65.99	70.82	73.55	73.70	73.94
TiO_2	0.89	0.81	0.84	0.78	0.75	0.79	0.75	0.91	0.73	0.68	0.68	0.68	0.70	0.56	0.26	0.24	0.37	0.24
Al_2O_3	17.75	16.27	18.23	19.64	16.92	16.99	16.23	16.77	16.38	16.11	17.89	17.58	15.02	15.97	14.88	13.82	13.40	13.08
FeO_T	8.46	8.97	8.60	6.03	6.23	6.26	6.87	5.94	6.20	5.84	6.32	4.63	5.12	5.03	2.91	2.75	2.63	2.81
MnO	0.21	0.27	0.09	0.15	0.11	0.11	0.11	0.15	0.08	0.09	0.06	0.12	0.15	0.09	0.05	0.03	0.05	0.07
MgO	3.10	3.85	4.22	1.19	1.98	1.68	3.44	1.87	1.85	3.30	1.47	1.03	1.42	1.79	0.85	0.66	0.47	0.89
CaO	8.44	8.07	3.62	4.99	5.52	5.28	6.06	5.32	5.77	5.92	2.93	3.41	3.33	4.49	2.21	1.48	1.98	1.45
Na_2O	3.85	2.95	4.85	3.63	3.99	3.64	3.60	3.37	3.01	2.32	2.61	4.01	3.04	2.69	3.01	3.45	5.29	4.08
K_2O	2.13	3.07	1.75	3.63	2.14	3.22	1.48	3.05	3.29	1.28	3.56	3.86	5.83	2.22	3.68	2.71	0.88	2.28
P_2O_5	0.20	0.14	0.17	0.23	0.16	0.17	0.17	0.34	0.17	0.14	0.04	0.18	0.22	0.11	0.05	0.04	0.07	0.05
LOI	0.33	0.44	1.39	0.58	1.58	0.94	0.74	1.06	0.82	1.82	1.27	0.58	0.86	0.55	0.97	0.91	1.28	0.90
总量	100.16	99.84	99.64	99.27	99.72	99.53	99.93	99.53	99.82	100.03	99.52	99.47	99.72	99.48	99.69	99.65	100.12	99.78
Ba	355.00	64.00	325.00	885.00	688.00	757.00	485.00	61.00	556.00	325.00	433.00	829.00	704.00	716.80	1223.00	1118.00	53.00	7.60
Rb	85.09	106.78	70.20	116.60	66.90	118.20	71.10	74.50	108.00	68.60	138.60	163.00	205.00	120.25	155.90	75.20	20.89	75.20
Sr	539.00	442.00	406.00	375.00	390.00	164.00	521.00	458.00	332.00	294.00	209.00	356.00	326.00	276.50	263.00	208.00	132.60	102.00
Y	29.06	22.10	28.50	25.30	24.30	28.70	27.10	29.40	29.00	23.60	19.30	23.44	43.40	28.56	19.90	12.00	13.89	11.50
Zr	180.00	152.56	212.00	224.00	205.00	204.00	194.00	182.00	201.00	182.00	154.00	221.00	283.00	181.00	126.00	123.00	150.29	112.00
Nb	5.81	5.72	4.74	1.49	1.14	1.85	4.17	2.72	5.99	4.04	5.36	10.60	7.88	11.48	0.03	2.89	7.71	2.30
Th	9.40	7.86	13.72	12.84	13.25	13.08	12.19	8.12	12.40	12.57	8.91	9.29	11.30	9.83	14.03	5.94	7.86	7.14
Pb	10.08	12.61	13.47	12.69	18.54	25.97	16.49	14.11	16.8	10.29	13.40	8.82	24.50	1.00	21.40	17.24	25.12	29.68
Ga	5.04	3.03	15.7	11.30	13.10	10.10	12.10	11.30	13.90	10.80	17.60	10.87	5.10	11.02	15.40	15.40	7.12	12.60
Zn	131.00	149.22	78.40	35.80	60.00	103.60	67.10	107.60	94.60	57.00	40.70	49.26	131.00	79.05	55.80	52.60	84.91	59.70
Cu	45.06	15.21	40.82	9.73	10.47	16.89	77.20	4.42	15.20	16.98	14.22	4.91	4.59	13.77	21.86	7.54	31.57	123.38

续表

Gyemyeong 和 Janggun peak 火山

样品序号	1	2	3	4	5	6	7	8	9	10	11	12	13	14	15	16	17	18
样号	7162	1224	3272	32714	3279	32713	32712	631	32772	3277	6310	12261	51312	1212	5136	6312	727	5137
岩相	玄武岩	玄武岩	玄武岩	安山岩	安山岩	安山岩	安山岩	安山岩	安山岩	安山岩	安山岩	安山岩	安山岩	安山岩	流纹岩	流纹岩	流纹岩	流纹岩
Ni	44.00	29.80	21.91	11.67	16.65	3.20	19.62	0.75	20.70	16.36	19.43	10.33	6.76	12.19	3.48	3.20	1.83	176.80
V	17.00	163.34	155.30	143.80	135.40	131.60	143.20	101.30	119.00	114.40	86.30	93.52	24.20	135.55	32.60	24.60	22.92	29.20
Cr	85.04	70.20	42.28	23.41	34.32	7.42	30.64	0.55	48.40	26.30	59.60	19.90	1.24	37.39	7.43	7.66	2.28	329.30
Hf	4.11	3.04	5.73	6.41	5.56	5.82	5.38	4.51	4.62	4.86	4.35	5.01	6.83	3.34	3.72	3.54	2.76	3.29
Cs	2.47	3.76	11.14	15.28	6.61	10.47	8.75	4.69	4.23	9.49	25.44	16.94	5.71	17.46	11.89	8.24	0.76	4.92
Sc	22.09	24.67	18.30	14.00	15.40	15.20	17.10	16.10	14.30	15.00	12.10	14.62	11.40	13.89	7.00	5.50	7.81	6.60
Ta	0.53	2.17	0.41	0.12	0.06	0.02	0.36	0.36	0.40	0.32	0.29	2.17	0.41	1.28	0.02	0.12	1.05	0.06
Co	109.00	76.16	66.26	112.91	60.81	89.03	65.74	78.65	83.40	60.26	53.09	74.69	147.00	62.99	84.60	70.49	99.47	54.56
Li	2.65	3.09	64.30	44.10	23.40	19.70	21.00	17.00	5.57	72.30	30.20	12.22	7.27	19.06	22.50	23.00	19.38	15.60
Be	21.30	—	17.50	36.30	21.40	32.20	14.80	30.50	32.90	12.80	35.60	—	58.30	—	36.80	27.10	—	22.80
La	17.80	20.67	25.28	23.22	23.16	26.02	24.03	29.53	21.30	21.15	21.47	23.28	26.50	24.58	29.46	13.14	17.76	16.87
Ce	40.70	38.44	53.46	52.63	50.27	51.92	50.03	61.36	45.10	45.32	49.56	49.76	59.50	51.42	58.17	32.06	39.42	34.95
Pr	5.23	5.14	6.47	6.20	5.97	6.13	6.12	7.47	5.71	5.48	5.21	5.77	7.49	6.18	6.45	3.08	3.99	3.61
Nd	21.40	21.55	25.58	24.71	23.58	24.15	24.24	30.09	22.00	21.79	19.84	23.17	29.60	24.09	23.36	11.56	14.77	13.09
Sm	4.79	4.57	5.49	5.12	5.11	5.08	5.20	6.19	4.59	4.72	4.05	4.74	6.37	5.06	4.41	2.32	2.83	2.44
Eu	1.19	1.08	1.20	1.12	1.13	1.05	1.15	1.63	1.01	1.01	0.91	0.98	1.30	1.01	0.73	0.39	0.62	0.49
Gd	4.60	4.32	5.23	4.69	4.69	4.98	4.98	5.67	4.33	4.44	3.70	4.32	6.12	4.71	3.85	2.17	2.55	2.09
Tb	0.72	0.58	0.81	0.73	0.71	0.76	0.77	0.85	0.67	0.69	0.57	0.52	0.97	0.74	0.58	0.35	0.40	0.32
Dy	4.47	4.07	5.12	4.52	4.39	4.80	4.84	5.20	4.26	4.34	3.61	4.08	6.09	4.80	3.62	2.30	2.50	2.15
Ho	0.94	0.79	1.04	0.93	0.88	1.00	1.00	1.06	0.87	0.87	0.72	0.73	1.29	1.02	0.73	0.48	0.51	0.43
Er	2.73	2.36	3.09	2.73	2.55	2.90	2.89	3.12	2.65	2.58	2.14	2.29	3.79	3.07	2.19	1.47	1.53	1.36
Tm	0.39	0.32	0.44	0.41	0.37	0.41	0.42	0.44	0.38	0.38	0.32	0.27	0.56	0.47	0.33	0.23	0.24	0.21
Yb	2.62	2.15	2.86	2.71	2.39	2.70	2.71	3.00	2.47	2.47	2.08	2.17	3.77	3.35	2.29	1.59	1.63	1.57
Lu	0.39	0.32	0.42	0.41	0.36	0.41	0.41	0.45	0.37	0.37	0.32	0.30	0.57	0.49	0.35	0.25	0.24	0.24

资料来源：据 Kim et al.，2009。

表 6.15　Moonyu 火山岩的主要元素（%），微量元素和稀土元素（ppm）成分表

样品	Moonyu 火山岩										
序号	1	2	3	4	5	6	7	8	9	10	11
样号	114-1	114-2	114-4	724-5	724-6	725-13	725-27	725-32	725-33	726-16	726-18
岩相	安山岩	安山岩	安山岩	安山岩	安山岩	安山岩	安山岩	安山岩	安山岩	安山岩	安山岩
SiO_2	54.89	55.48	54.31	56.35	56.48	52.10	51.97	54.85	54.27	60.08	56.13
TiO_2	0.80	0.76	0.63	0.86	0.85	0.75	0.94	1.01	0.91	0.85	0.89
Al_2O_3	18.94	19.15	15.82	17.70	17.72	17.23	18.53	17.36	17.09	16.18	18.09
Fe_2O_3	7.98	7.62	7.05	7.81	7.17	8.11	8.06	8.62	8.23	7.36	7.60
MnO	0.12	0.12	0.12	0.06	0.11	0.16	0.15	0.17	0.17	0.17	0.17
MgO	2.34	2.15	3.90	2.61	3.02	4.62	4.03	3.29	3.70	1.97	2.83
CaO	7.36	7.50	4.32	7.94	8.66	9.87	12.03	8.70	9.12	6.50	9.41
Na_2O	3.33	3.39	3.34	2.75	2.76	2.40	2.12	2.77	3.00	3.05	2.89
K_2O	1.08	1.21	2.64	1.67	1.60	0.75	0.34	1.93	0.89	1.89	1.12
P_2O_5	0.21	0.22	0.15	0.29	0.29	0.21	0.27	0.31	0.38	0.36	0.32
LOI	1.81	1.46	5.04	1.60	0.95	3.76	1.78	0.58	1.16	1.30	0.43
总量	98.86	99.06	97.33	99.64	99.63	99.97	100.22	99.59	98.91	99.71	99.89
Co	42.00	35.00	31.00	44.50	56.51	44.78	37.95	55.07	50.01	39.14	45.67
Ni	2.90	2.20	20.10	9.55	12.15	12.75	9.07	3.76	7.47	0.10	1.83
Ba	353.00	320.00	546.00	276.10	546.40	240.90	265.60	447.60	347.40	482.00	306.60
Cr	5.50	3.70	36.10	27.09	22.03	26.41	35.38	6.50	9.41	1.20	1.99
V	125.50	105.80	101.10	155.80	144.90	174.60	207.10	169.10	131.20	81.71	129.70
Zr	94.00	92.00	125.00	143.00	157.80	111.70	141.40	90.77	122.90	310.60	213.70
Sc	18.30	16.10	17.70	20.78	19.45	24.44	26.31	70.54	64.35	67.97	64.76
Sr	361.00	320.00	308.00	509.60	478.50	458.50	474.70	374.40	418.00	346.60	420.00
Rb	19.90	18.80	75.30	67.60	31.80	17.11	6.21	39.36	17.03	31.06	41.59
Y	21.00	18.50	22.70	19.95	19.57	17.11	18.41	23.98	21.63	25.10	21.28
Nb	4.00	2.50	5.70	8.12	6.93	4.89	5.51	7.25	6.51	4.08	6.63
Hf	3.10	2.90	4.30	5.06	4.49	3.74	4.30	2.40	2.61	4.34	3.96
Th	2.70	2.40	8.40	8.08	7.35	4.86	3.52	4.52	3.80	4.84	4.06
La	18.40	16.10	21.60	28	23.93	17.64	21.91	26.31	22.57	23.84	22.03
Ce	40.00	37.40	49.70	50.11	43.39	33.26	42.23	49.68	44.31	46.95	44.91
Pr	5.00	4.50	5.90	6.76	5.82	4.39	5.68	6.85	6.08	6.28	5.71
Nd	20.90	18.50	22.90	26.63	23.08	17.96	23.50	28.33	25.50	25.72	23.42
Eu	1.48	1.37	1.08	1.50	1.38	1.14	1.45	1.67	1.64	1.55	1.53
Sm	4.50	4.10	4.90	5.16	4.73	3.73	4.77	6.01	5.31	5.44	4.93
Gd	4.30	3.80	4.50	5.92	5.37	4.42	5.59	7.05	6.19	6.33	5.76
Tb	0.60	0.60	0.70	0.76	0.71	0.60	0.74	0.96	0.83	0.86	0.77
Dy	4.00	3.60	4.30	4.44	4.20	3.69	4.48	5.82	5.01	5.30	4.76
Ho	0.90	0.70	0.90	0.80	0.77	0.69	0.83	1.08	0.92	0.99	0.86
Er	2.50	2.20	2.70	2.35	2.28	2.09	2.48	3.23	2.73	3.00	2.57
Tm	0.40	0.30	0.40	0.31	0.30	0.28	0.33	0.44	0.36	0.41	0.34
Yb	2.30	2.00	2.60	2.08	2.07	1.93	2.25	2.89	2.43	2.80	2.31
Lu	0.40	0.30	0.40	0.26	0.26	0.24	0.29	0.38	0.30	0.37	0.29

续表

样品	Moonyu 火山岩											
序号	12	13	14	15	16	17	18	19	20	21	22	23
样号	726-5	724-7	724-7-1	724-8	724-9	724-12	725-1	727-1	114-3	114-5	726-8	725-34
岩相	安山岩	英安岩	英安岩	英安岩	英安岩	英安岩	英安岩	英安岩	流纹岩	流纹岩	流纹岩	花岗岩
SiO_2	56.22	68.45	69.38	69.52	62.77	64.11	69.89	64.51	74.47	76.91	75.10	68.90
TiO_2	0.83	0.56	0.44	0.45	0.78	0.62	0.27	0.54	0.16	0.23	0.16	0.43
Al_2O_3	16.50	14.50	13.95	14.16	15.33	14.11	14.07	15.15	13.41	11.73	13.75	13.92
Fe_2O_3	7.48	4.43	3.26	4.00	6.57	5.16	2.84	4.77	1.50	1.89	1.71	3.38
MnO	0.14	0.06	0.07	0.11	0.21	0.08	0.07	0.10	0.04	0.04	0.03	0.07
MgO	2.88	1.04	0.98	1.66	3.09	1.55	0.73	2.12	0.23	0.25	0.24	1.17
CaO	7.67	1.90	3.84	3.19	3.17	2.88	2.66	4.73	0.44	1.30	0.31	3.80
Na_2O	3.00	3.37	2.19	1.23	2.91	3.21	3.14	2.88	3.96	2.49	2.54	2.68
K_2O	1.95	3.96	3.16	2.13	1.56	3.27	3.29	2.97	2.95	3.88	4.08	4.03
P_2O_5	0.23	0.12	0.10	0.10	0.34	0.15	0.08	0.19	0.02	0.07	0.02	0.13
LOI	2.38	1.28	2.75	3.44	2.98	4.09	2.37	2.16	1.30	1.93	1.47	0.64
总量	99.27	99.66	100.11	99.98	99.70	99.23	99.41	100.12	98.48	100.72	99.49	99.15
Co	35.44	48.60	39.13	21.49	29.46	38.00	32.71	45.37	29.00	133.00	36.87	94.00
Ni	12.87	3.10	1.76	10.01	4.79	4.80	0.10	3.59	0.50	0.60	0.10	4.60
Ba	499.40	693.00	657.70	413.30	371.90	678.90	733.67	613.40	608.00	1305.00	602.90	707.00
Cr	27.41	6.30	2.93	15.02	5.83	8.70	2.15	7.49	3.20	3.00	0.10	7.40
V	143.30	49.00	28.73	41.96	78.21	71.00	26.57	76.81	1.00	22.40	1.83	48.80
Zr	237.60	240.00	260.70	160.30	188.30	224.00	129.00	240.90	130.00	73.00	301.50	66.30
Sc	69.97	11.30	9.67	8.24	13.31	14.00	6.45	44.47	1.60	4.20	13.56	35.00
Sr	430.10	288.00	304.90	124.70	338.00	266.30	137.50	356.40	93.00	195.00	97.52	233.00
Rb	38.59	101.50	85.98	78.32	51.61	90.30	92.24	74.52	77.10	91.30	149.32	132.00
Y	19.61	23.40	25.75	18.96	22.30	23.00	20.00	18.76	10.50	15.40	21.44	25.80
Nb	6.89	9.58	5.39	9.98	9.39	5.20	9.00	7.38	4.10	5.20	10.88	10.40
Hf	4.16	7.10	7.33	4.44	5.62	5.70	4.79	3.97	4.40	2.50	5.30	2.29
Th	6.51	16.20	18.06	12.88	10.68	13.60	15.37	13.73	10.00	16.5	19.41	18.30
La	23.22	30.76	32.42	35.25	30.04	31.00	28.92	31.97	16.00	44.80	36.69	32.45
Ce	44.32	55.04	65.97	65.34	63.23	56.60	51.07	57.23	34.80	84.00	59.73	99.80
Pr	5.75	7.40	8.42	8.27	7.00	7.40	6.25	6.89	3.70	8.90	7.63	8.47
Nd	23.11	27.84	31.19	29.58	31.93	28.10	22.90	25.05	13.10	29.90	25.71	31.91
Eu	1.31	1.04	1.11	1.15	1.47	1.10	0.93	1.08	0.38	0.76	0.88	1.24
Sm	4.73	5.36	5.88	5.08	5.99	5.43	4.36	4.62	2.40	4.80	4.48	6.29
Gd	5.38	5.98	6.50	5.54	6.68	6.00	4.73	5.15	7.90	3.50	5.01	9.71
Tb	0.71	0.77	0.85	0.68	0.84	0.79	0.62	0.65	0.30	0.50	0.66	0.93
Dy	4.26	4.68	5.15	4.00	4.91	4.76	3.78	3.84	2.00	2.90	4.04	5.37
Ho	0.78	0.87	0.95	0.70	0.88	0.88	0.70	0.69	0.40	0.60	0.72	0.96
Er	2.34	2.67	2.88	2.18	2.65	2.66	2.18	2.12	1.40	1.70	2.29	2.89
Tm	0.32	0.37	0.40	0.30	0.35	0.36	0.31	0.29	0.20	0.30	0.33	0.39
Yb	2.13	2.51	2.74	2.08	2.38	2.46	2.18	2.00	1.60	1.70	2.36	2.58
Lu	0.27	0.32	0.36	0.26	0.30	0.32	0.29	0.26	0.30	0.20	0.32	0.33

资料来源：据 Kim *et al*.，2008。

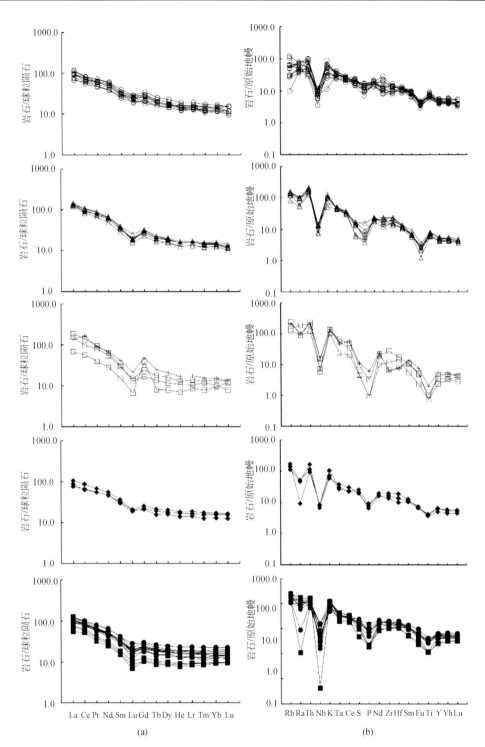

图 6.37　庆尚盆地 Yemyeong-Janggum 和 Moonyu 地区晚白垩世火山岩稀土元素球粒陨石
（a）和微量元素原始地幔（b）标准化模式图

图例同图 6.34。从上而下为 Moonyu 地区：安山岩；英安岩；流纹岩和花岗岩。Gyemyeong-Janggum 地区：安山岩；英安岩和流文岩

（2）微量元素

Gyemyeong-Janggum 和 Moonyu 地区晚白垩世火山岩的稀土元素标准化模式图和微量元素蛛网图见图 6.37。

两个地区火山岩的稀土元素标准化模式图均显示为轻稀土富集的右倾型式，从玄武质岩石，经安山质岩石，至英安质和流纹质岩石 Eu 负异常逐渐增大；微量元素成分显示较高的 LILE/HFSE 值和 Nb 负异常，具有典型的大陆边缘钙碱性火山岩的特征。

两个地区火山岩的稀土元素标准化模式和微量元素蛛网图都具有相似的型式，显示玄武质岩浆经分离结晶作用形成钙碱性安山质岩浆，最后阶段的流纹质岩浆可能是玄武安山质岩浆经斜长石、辉石、角闪石和黑云母的分离结晶所形成的，流纹岩稍富集轻稀土元素，与分离结晶过程中经历了地壳的混染有关。

6.5.1.3 火山岩成因和形成的构造环境

两个地区火山岩中最基性的岩石是玄武质安山岩，但较低的 MgO 和 Ni 含量表明，玄武质安山岩是由较早期的原始基性岩浆经分离结晶作用所形成的，质量平衡计算表明，这种原始基性岩浆是上地幔超基性岩石约 20% 的熔融所产生的（Lee $et\ al.$，2010）。根据 Moonyu 地区火山地层层序显示，早期火山岩成分具有从底部长英质到上部安山质的环状分带性，反映了岩浆房的成分分带是上部为长英质到底部为安山质的变化，可以解释为在岩浆房中分离作用和从深部有新的基性岩浆补充所造成的，在火山岩中观察到有不平衡斑晶来证实存在新的岩浆补充和混合（Kim $et\ al.$，2009）。稀土元素模式显示从安山岩到流纹岩 LREE 有富集，流纹质岩浆作为钙碱性安山质岩浆分异的最后阶段产物，经历了地壳的混染。

在庆尚盆地 Gyemyeong-Janggum 和 Moonyu 地区晚白垩世火山岩 Rb-K_2O 演化趋势线图上（图 6.38）可以清晰地看到这种分异演化趋势，由于两个地区较基性玄武安山质岩浆成分的差异拟合成两条演化趋势线，Gyemyeong-Janggum 地区火山岩较富 Rb，形成了一条 K_2O/Rb 值为 275 的岩浆演化趋势线，Moonyu 地区晚白垩世火山岩则形成了一条 K_2O/Rb 值为 296 的岩浆演化趋势线。

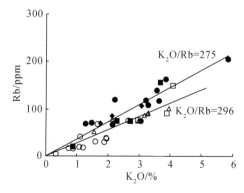

图 6.38　庆尚盆地 Gyemyeong-Janggum 和 Moonyu 晚白垩世火山岩 Rb-K_2O 演化趋势线图

图例同图 6.34

　　庆尚盆地 Gyemyeong-Janggum 和 Moonyu 地区晚白垩世火山岩在 Hf/3-Th-Nb/16 图
[图 6.39（a）] 中都位于破坏板块边缘玄武岩区间，在 La/Yb-Th/Yb 构造环境判别图
[图 6.39（b）] 中都位于大陆边缘弧而有别于大洋弧和安第斯弧的构造环境。其形成的构
造环境与庆尚盆地大致同时代的花岗岩类相似，前已论述庆尚盆地七个花岗岩体平均值和
Eonyang 杂岩体的投影点在 Nb-Y 和 Rb-（Y＋Nb）构造环境判别图 [图 6.31（a）～
（c）] 中全部都位于火山弧花岗岩区内，由此可以推断庆尚盆地晚白垩世火山岩和花岗岩
形成的构造背景完全相同，火山-侵入岩都是在太平洋板块与东亚板块相互作用的大陆边
缘环境下形成的。我国东南部、韩国庆尚盆地和西南日本广泛出露的白垩纪火山-侵入岩
都是在相同构造背景下形成，只是在起始和结束时间上有差异，由于白垩纪火山-侵入岩
的物质来源受到变质基底的制约，因此各地区火山-侵入岩的地球化学特征会有较大差异。
详细的研究可以发现，由于太平洋板块运移的速率、方向和角度等差异，白垩纪—古近纪
花岗质岩浆作用结束时的动力学条件有差别，我国东南部和韩国庆尚盆地以张性的非造山
环境结束，而西南日本则一直以挤压性条件持续。

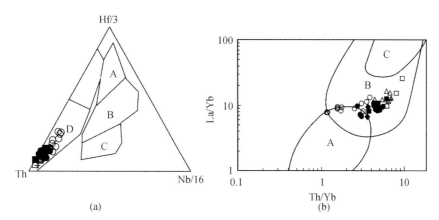

图 6.39　庆尚盆地 Gyemyeong、Janggum 和 Moonyu 晚白垩世火山岩 Hf/3-Th-Nb/16 图（a）
和 La/Yb-Th/Yb 构造环境判别图（b）

（a）A. N-MORB；B. E-MORB；C. 板内碱性玄武岩；D. 破坏板块边缘玄武岩；（b）A. 大洋弧；
B. 大陆边缘弧；C. 安第斯弧。图例同 6.35

6.5.2　新近纪火山活动

　　韩国上新世火山岩主要出露在中日本海西部的 Ulleung 岛，更新世火山岩出露在日本
海西南部的 Jeju 岛。前者火山-构造事件可以分为四个阶段：即火山喷发-沉降和海侵-岩
穹上隆-火山再次喷发；后者火山-构造事件可以分为四个阶段：即火山喷发-沉降和海侵-
抬升和火山喷发-岩穹上隆和再次喷发。本书重点介绍 Jeju 岛火山岩的岩石学和地球化学
特征。

6.5.2.1　地质概况及岩石学特征

Jeju岛大致呈椭圆形（80km×40km），主要由更新世厚层熔岩、少量火山碎屑岩、玻质碎屑岩和许多熔岩渣锥组成。在熔岩和火山碎屑岩中花岗质岩石仅作为捕虏体产出，但可以确信火山岩是喷发在花岗岩基底之上。火山-构造事件可以分为四个阶段（图6.40）：即火山喷发-沉降、海侵-抬升、火山喷发-岩穹上隆和再次喷发。同位素年龄集中在0.8Ma（Lee，1987）。

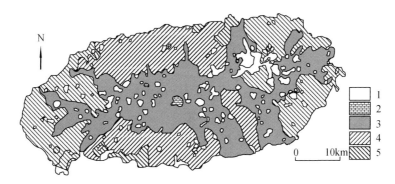

图6.40　Jeju岛火山地质图

火山喷发阶段：1. 第4阶段；2. 第3-3阶段；3. 第3-2阶段；4. 第3-1阶段；5. 第2阶段

第一阶段以玄武质熔岩喷发开始形成海底盾状火山，以盾状火山喷发结束。第一阶段火山岩不整合覆盖在火山碎屑沉积岩上。第二阶段玄武质熔岩作为熔岩高地形成出露的火山岩，该阶段也有少量粗面安山岩和粗面岩喷发。第三阶段火山岩形成盾状火山，最高峰为1950m，根据地层关系和岩相特征可以分成四个亚阶段。第四阶段火山喷发形成360多个熔岩渣锥，并沿Jeju岛的长轴分布。

6.5.2.2　地球化学特征

Jeju岛火山岩和两个花岗岩捕虏体的主量元素、微量元素、稀土元素和同位素成分见表6.16和表6.17。

表 6.16　Jeju 岛火山岩主要元素（%）和微量元素（ppm）成分

岩石类型	高铝碱性系列						低铝碱性系列				
阶段	4	2	2	2	2	1	3-2	3-1	4	2	2
样号	CJ42	CJ08	CJ22	CJ21	CJ07	CJ04	CJ10	CJ12	CJ33	CJ01	CJ34
SiO_2	48.62	49.09	53.71	56.13	56.41	60.31	47.14	47.87	48.24	48.25	48.40
TiO_2	2.46	2.27	1.71	1.26	1.18	0.77	2.39	3.14	2.74	2.21	2.13
Al_2O_3	17.77	18.62	18.95	19.20	19.53	19.22	13.84	16.25	15.60	14.39	14.55
FeO_T	11.64	10.46	8.30	7.14	6.47	4.61	12.42	13.48	12.86	12.36	11.99
MnO	0.17	0.22	0.20	0.19	0.25	0.28	0.16	0.15	0.15	0.16	0.16
MgO	3.95	2.82	2.00	1.37	1.17	0.61	9.85	5.42	6.61	9.36	9.14

续表

岩石类型	高铝碱性系列						低铝碱性系列				
阶段	4	2	2	2	2	1	3-2	3-1	4	2	2
样号	CJ42	CJ08	CJ22	CJ21	CJ07	CJ04	CJ10	CJ12	CJ33	CJ01	CJ34
CaO	7.34	8.30	5.67	4.46	5.49	3.54	9.55	8.30	7.83	9.72	9.35
Na$_2$O	4.08	4.11	5.23	5.66	5.86	6.51	2.81	3.65	2.82	2.82	3.08
K$_2$O	2.33	2.37	3.40	3.81	3.21	3.98	1.36	1.33	1.43	1.03	1.16
P$_2$O$_5$	1.01	1.05	0.65	0.45	0.38	0.17	0.43	0.56	0.51	0.34	0.40
总量	99.36	99.32	99.82	99.66	99.94	100.00	99.96	100.13	98.80	100.65	100.35
Ni	19.00	1.00	1.00			1.00	178.00	47.00	94.00	156.00	166.00
Cu	18.00	7.00	3.00	2.00	—	—	48.00	30.00	44.00	28.00	45.00
Zn	113.00	112.00	110.00	111.00	111.00	79.00	97.00	113.00	129.00	102.00	97.00
Rb	54.00	58.00	96.00	111.00	104.00	112.00	32.00	26.00	36.00	18.00	27.00
Sr	1150.00	1179.00	1219.00	1154.00	1040.00	909	488.00	544.00	541.00	386.00	451.00
Y	23.00	28.00	26.00	24.00	32.00	31.00	18.00	20.00	23.00	18.00	19.00
Zr	381.00	403.00	545.00	595.00	566.00	590.00	202.00	219.00	263.00	170.00	185.00
Nb	65.00	68.00	92.00	97.00	97.00	100.00	33.00	34.00	42.00	24.00	27.00
Ba	756.00	637.00	995.00	1242.00	941.00	1069.00	363.00	339.00	366.00	326.00	335.00
Th	8.40	8.30	15.00	16.00	14.90	14.00	4.30	4.70	5.30	4.60	3.20

岩石类型	低铝碱性系列										
阶段	2	3-1	3-3	3-1	3-1	3-1	3-2	4	2	3-1	3-1
样品号	CJ25	CJ11	CJ26.2	CJ29	CJ20	CJ18.2	CJ16	CJ38	CJ26.1	CJ06	CJ24	CJ18.1
SiO$_2$	48.47	48.55	48.63	48.67	48.68	48.85	48.86	48.86	48.94	48.95	49.06	49.11
TiO$_2$	2.68	2.92	2.64	2.71	2.74	2.99	2.58	2.65	2.61	3.18	2.64	2.96
Al$_2$O$_3$	15.34	16.51	15.63	16.61	15.84	16.06	16.04	16.30	13.73	16.63	15.47	16.16
FeO$_T$	12.95	12.71	12.22	12.38	12.56	12.88	12.19	12.35	12.36	13.41	12.80	12.84
MnO	0.15	0.15	0.15	0.14	0.14	0.16	0.15	0.15	0.15	0.15	0.15	0.16
MgO	6.88	5.35	6.79	5.85	6.64	4.67	6.04	5.21	9.00	3.95	6.28	4.80
CaO	9.82	8.41	7.87	9.25	8.56	7.75	7.96	7.63	8.82	7.75	8.48	7.71
Na$_2$O	3.01	3.69	3.65	3.35	3.34	3.94	3.62	3.92	3.04	3.89	3.54	3.85
K$_2$O	0.62	1.22	1.88	0.91	1.00	1.74	1.91	1.85	1.14	1.43	1.21	1.75
P$_2$O$_5$	0.33	0.57	0.60	0.46	0.43	0.89	0.68	0.64	0.41	0.63	0.51	0.89
总量	100.26	100.08	100.05	100.34	99.93	99.93	100.02	99.56	100.21	99.98	100.14	100.23
Ni	84.00	51.00	117.00	61.00	88.00	40.00	74.00	68.00	178.00	12.00	87.00	38.00
Cu	54.00	32.00	63.00	37.00	32.00	31.00	29.00	29.00	54.00	25.00	41.00	31.00
Zn	104.00	116.00	122.00	99.00	107.00	124.00	114.00	121.00	104.00	113.00	119.00	120.00
Rb	10.00	20.00	47.00	19.00	17.00	35.00	54.00	37.00	29.00	27.00	25.00	38.00

续表

岩石类型	低铝碱性系列											
阶段	2	3-1	3-3	3-1	3-1	3-1	3-2	4	2	3-1	3-1	3-1
样品号	CJ25	CJ11	CJ26.2	CJ29	CJ20	CJ18.2	CJ16	CJ38	CJ26.1	CJ06	CJ24	CJ18.1
Sr	435.00	556.00	625.00	558.00	498.00	598.00	674.00	574.00	459.00	538.00	486.00	596.00
Y	19.00	21.00	19.00	18.00	19.00	23.00	20.00	22.00	19.00	22.00	20.00	23.00
Zr	164.00	236.00	278.00	175.00	200.00	265.00	298.00	284.00	206.00	246.00	219.00	268.00
Nb	22.00	35.00	45.00	25.00	28.00	45.00	50.00	45.00	30.00	37.00	33.00	45.00
Ba	231.00	336.00	445.00	256.00	270.00	446.00	495.00	479.00	297.00	384.00	328.00	487.00
Th	3.40	4.80	7.10	3.70	4.10	6.10	8.50	6.40	4.70	5.90	5.40	6.60

岩石类型	低铝碱性系列											
阶段	3-2	3-2	3-2	3-2	3-2	3-2	3-2	3-2	2	3-1	4	3-2
样品号	CJ28	CJ09	CJ17	CJ40	CJ14	CJ36	CJ31	CJ30.2	CJ32	CJ19	CJ05	CJ15
SiO_2	49.30	49.46	49.53	49.58	49.62	49.63	49.86	49.93	49.95	50.12	50.98	51.81
TiO_2	2.44	3.03	2.54	2.42	2.67	2.42	2.58	2.56	2.45	2.54	2.22	2.19
Al_2O_3	15.25	16.56	16.47	15.58	16.54	15.61	16.55	16.45	15.93	16.47	16.40	16.89
FeO_T	12.08	12.76	11.90	11.61	12.78	11.61	11.71	12.08	11.85	11.51	11.89	12.03
MnO	0.15	0.16	0.15	0.14	0.17	0.14	0.15	0.15	0.15	0.15	0.16	0.17
MgO	7.63	3.89	5.27	6.70	3.61	6.69	4.56	5.42	6.01	4.83	4.71	3.07
CaO	8.50	7.27	7.56	8.16	7.21	8.15	8.41	8.00	7.55	8.63	6.94	6.13
Na_2O	3.37	4.11	4.12	3.62	4.28	3.72	3.88	3.85	3.88	3.83	4.28	4.52
K_2O	1.44	1.93	2.00	1.57	1.83	1.60	1.77	1.50	1.97	1.71	2.13	2.14
P_2O_5	0.49	0.74	0.69	0.54	1.17	0.52	0.58	0.56	0.61	0.56	0.76	0.98
总量	100.65	99.90	100.23	99.93	99.87	100.09	100.04	100.50	100.35	100.35	100.46	99.93
Ni	123.00	2.00	54.00	100.00	—	100.00	31.00	59.00	77.00	40.00	46.00	—
Cu	43.00	20.00	28.00	41.00	14.00	40.00	32.00	22.00	33.00	37.00	31.00	14.00
Zn	103.00	113.00	110.00	115.00	138.00	111.00	118.00	102.00	113.00	102.00	129.00	138.00
Rb	35.00	49.00	57.00	31.00	40.00	36.00	43.00	37.00	46.00	35.00	56.00	39.00
Sr	532.00	599.00	683.00	589.00	594.00	577.00	521.00	560.00	495.00	566.00	612.00	539.00
Y	19.00	23.00	20.00	19.00	26.00	19.00	22.00	20.00	20.00	21.00	24.00	27.00
Zr	228.00	283.00	313.00	266.00	309.00	267.00	275.00	236.00	315.00	269.00	341.00	352.00
Nb	35.00	48.00	51.00	40.00	51.00	40.00	40.00	36.00	46.00	39.00	54.00	53.00
Ba	363.00	493.00	527.00	402.00	494.00	385.00	431.00	403.00	478.00	489.00	506.00	565.00
Th	5.30	6.10	10.00	6.30	7.60	7.20	5.90	5.30	7.00	5.60	7.30	8.40

续表

岩石类型	低铝碱性系列			亚碱性系列				花岗岩	
阶段	3-1	3-1	3-2	2	2	2	2		
样品号	CJ23	CJ13	CJ30.1	CJ35	CJ37	CJ02	CJ03	CJ41.2	CJ41.1
SiO_2	53.76	55.55	59.02	51.14	51.44	51.49	51.95	67.09	71.26
TiO_2	1.77	1.53	1.00	2.16	2.14	1.86	2.00	0.53	0.30
Al_2O_3	16.90	16.88	17.41	14.84	14.30	14.56	14.51	17.34	15.80
FeO_T	11.31	10.39	7.97	11.87	11.88	12.35	12.53	2.87	1.54
MnO	0.17	0.16	0.13	0.14	0.15	0.15	0.15	0.05	0.03
MgO	2.60	2.09	1.02	7.10	7.62	8.21	7.18	0.81	0.58
CaO	5.58	4.90	3.15	8.85	8.47	8.64	8.64	3.58	2.07
Na_2O	4.85	5.10	5.65	3.21	3.16	2.81	2.99	4.27	3.80
K_2O	2.46	2.84	3.70	0.93	0.96	0.44	0.38	2.37	3.40
P_2O_5	0.84	0.81	0.33	0.33	0.34	0.22	0.22	0.18	0.20
Total	100.25	100.25	99.39	100.58	100.45	100.72	100.54	99.08	98.99
Ni	7.00	1.00	5.00	112.00	149.00	164.00	147.00	—	—
Cu	11.00	9.00	10.00	50.00	45.00	56.00	51.00	1.00	2.00
Zn	137.00	139.00	129.00	103.00	110.00	108.00	118.00	67.00	36.00
Rb	55.00	71.00	100.00	22.00	26.00	11.00	8.00	80.00	92.00
Sr	518.00	467.00	397.00	388.00	362.00	304.00	271.00	729.00	593.00
Y	29.00	30.00	36.00	18.00	19.00	17.00	18.00	10.00	9.00
Zr	391.00	439.00	582.00	179.00	184.00	123.00	129.00	236.00	164.00
Nb	58.00	61.00	76.00	20.00	20.00	11.00	10.00	8.00	4.00
Ba	632.00	733.00	954.00	242.00	257.00	133.00	115.00	443.00	1067.00
Th	10.00	12.00	15.00	3.40	3.30	1.70	2.00	8.70	8.40

资料来源：据 Tatsumi *et al.*，2005。

表 6.17　Jeju 岛火山岩微量元素和稀土元素（ppm）及同位素成分

岩石类型	高铝碱性系列				低铝碱性系列						
阶段	4	2	2	1	3-2	3-1	2	3-1	3-2	3-1	3-1
样品号	CJ42	CJ08	CJ21	CJ04	CJ10	CJ14	CJ32	CJ19	CJ15	CJ23	CJ13
(ICP-MS)											
Rb	57.8	61.7	113	101	31.9	43.2	45.7	34.6	41.1	—	66.2
Sr	1160	1096	1072	817	503	628	597	568	575	—	443
Y	17.3	30.8	20.9	30.4	17.1	24.5	16.6	17.7	24.5	—	26.7
Zr	—	—	601	646	195	303	307	267	353	384	451
Nb	—	—	109	111	37.5	56.0	49.8	44.1	59.7	64.4	66.8

续表

岩石类型	高铝碱性系列						低铝碱性系列				
阶段	4	2	2	1	3-2	3-1	2	3-1	3-2	3-1	3-1
样品号	CJ42	CJ08	CJ21	CJ04	CJ10	CJ14	CJ32	CJ19	CJ15	CJ23	CJ13
					(ICP-MS)						
Ba	827	699	1237	1126	394	556	518	509	616	—	731
La	31.8	47.4	66.2	63.9	20.6	33.1	29.1	24.4	35.1	40.6	42.2
Ce	64.4	99.5	145	128	41.6	65.5	55.8	47.8	67.9	78.5	77.6
Pr	7.88	11.6	13.2	14.5	5.14	8.07	6.78	5.93	8.24	9.58	9.52
Nd	32.2	46.1	45.8	54.1	21.7	33.9	26.7	24.3	33.6	38.8	37.9
Sm	6.41	8.9	7.74	9.80	5.05	7.72	5.78	5.60	7.58	8.71	8.44
Eu	2.90	3.05	3.10	3.44	1.83	2.97	2.24	2.37	3.09	3.23	3.23
Gd	5.53	7.83	5.82	7.71	4.89	7.39	5.23	5.29	7.13	8.13	7.82
Tb	0.768	1.12	0.873	1.15	0.705	1.05	0.763	0.794	1.05	1.20	1.19
Dy	4.03	6.17	4.61	6.46	3.91	5.58	4.04	4.26	5.58	6.45	6.41
Ho	0.700	1.14	0.872	1.220	0.695	1.002	0.733	0.781	1.020	1.190	1.200
Er	1.78	3.10	2.37	3.47	1.80	2.53	1.82	1.97	2.58	3.01	3.11
Tm	0.225	0.412	0.336	0.485	0.218	0.316	0.238	0.257	0.343	0.394	0.428
Yb	1.40	2.62	2.15	3.20	1.40	1.90	1.43	1.58	2.06	2.38	2.59
Lu	0.201	0.378	0.323	0.479	0.188	0.271	0.204	0.227	0.299	0.344	0.380
Hf	—	—	12.6	14.12	4.85	7.21	7.07	6.40	8.36	9.14	10.7
Ta	—	—	6.74	7.55	2.34	3.64	3.18	2.71	3.64	3.93	4.11
Pb	3.75	4.52	8.07	5.28	2.30	3.48	3.06	2.14	4.01	4.45	4.81
Th	6.65	7.34	14.8	12.3	4.28	7.62	6.98	4.98	8.48	9.42	11.1
U	0.677	1.50	3.41	3.20	0.882	1.61	1.58	0.590	1.87	2.00	2.63
$^{87}Sr/^{86}Sr$	0.704494	0.704928	0.704629	0.705019	0.704493	0.704128	0.704223	0.704202	0.704142	0.704198	0.704164
2σ	0.000008	0.000009	0.000006	0.000010	0.00001	0.000006	0.000012	0.000006	0.000009	0.000010	0.000007
$^{143}Nd/^{144}Nd$	0.512741	0.512756	0.512741	0.512752	0.512795	0.512789	0.512759	0.512810	0.512795	0.512794	0.512764
2σ	0.000008	0.00001	0.000011	0.00013	0.000006	0.000005	0.000007	0.000009	0.000014	0.000007	0.000011
$^{208}Pb/^{204}Pb$	39.812	39.451	39.996	39.428	39.394	39.687	39.697	39.520	39.639	39.584	39.415
2σ	0.012	0.010	0.014	0.004	0.010	0.008	0.004	0.012	0.014	0.008	0.026
$^{207}Pb/^{204}Pb$	15.670	15.670	15.680	15.673	15.643	15.651	15.654	15.641	15.651	15.650	15.655
2σ	0.004	0.018	0.006	0.002	0.004	0.002	0.002	0.006	0.008	0.004	0.010
$^{206}Pb/^{204}Pb$	19.070	19.004	19.179	18.904	18.868	19.053	19.061	18.963	19.032	18.998	18.836
2σ	0.006	0.004	0.006	0.002	0.004	0.004	0.002	0.006	0.006	0.002	0.012

续表

岩石类型	亚碱性系列				花岗岩
阶段	2	2	2	2	
样品号	CJ35	CJ37	CJ02	CJ03	CJ41.1
(ICP-MS)					
Rb	22.4	27.0	11.7	9.02	77.0
Sr	375	373	312	269	530
Y	14.3	15.0	11.8	10.8	3.05
Zr	176	176	126	130	154
Nb	23.8	22.4	12.5	11.6	5.38
Ba	252	263	142	115	1118
La	13.1	11.1	5.14	3.46	24.6
Ce	26.0	22.8	11.3	7.65	45.7
Pr	3.32	2.89	1.50	1.10	5.25
Nd	14.2	12.9	7.21	5.72	18.4
Sm	3.76	3.51	2.27	1.97	2.99
Eu	1.59	1.51	1.19	1.24	0.929
Gd	3.95	3.75	2.69	2.47	1.82
Tb	0.624	0.575	0.420	0.396	0.209
Dy	3.51	3.33	2.55	2.42	0.853
Ho	0.669	0.609	0.479	0.456	0.130
Er	1.74	1.64	1.29	1.23	0.308
Tm	0.232	0.206	0.162	0.162	0.038
Yb	1.43	1.34	1.11	1.06	0.213
Lu	0.207	0.185	0.147	0.150	0.031
Hf	4.51	4.50	3.47	3.72	4.28
Ta	1.49	1.45	0.809	0.756	0.404
Pb	2.16	2.19	1.52	1.14	20.2
Th	3.17	2.93	1.22	1.05	5.56
U	0.686	0.691	0.266	0.235	1.35
$^{87}Sr/^{86}Sr$	0.704886	0.704757	0.705350	0.705305	0.717073
2σ	0.000008	0.000008	0.000008	0.000007	0.000008
$^{143}Nd/^{144}Nd$	0.512720	0.512729	0.512697	0512679	0.511666
2σ	0.000007	0.000009	0.000018	0.000008	0.000010
$^{208}Pb/^{204}Pb$	39.417	39.530	39.397	39.736	38.593
2σ	0.018	0.010	0.014	0.014	0.004
$^{207}Pb/^{204}Pb$	15.653	15.642	15.698	15.716	15.745
2σ	0.006	0.004	0.004	0.004	0.002
$^{206}Pb/^{204}Pb$	18.736	18.973	18.850	19.094	18.371
2σ	0.008	0.004	0.004	0.006	0.002

资料来源：据 Tatsumi *et al.*，2005。

（1）主量元素和微量元素

Jeju 岛火山岩主要岩石类型有玄武岩、安山岩和粗面岩，SiO_2 变化范围为 48% ~ 60%。根据总碱含量可以分为两种岩石系列，即碱性系列和亚碱性系列（图 6.41）。根据 Al_2O_3 含量又可将碱性系列岩石进一步分为高铝碱性系列（High-Al ALK，Al_2O_3 含量＞ 17%）和低铝碱性系列（Low-Al ALK）岩石。

通常高铝碱性系列岩石具有较高的 K、Rb、Sr、Zr、Nb、Ba 和 Th 含量，Fe、Mg 和 Cu 含量较低。所有亚碱性系列（Sub-ALK）岩石都属于第二阶段的，大部分高铝碱性系列岩石也主要出露在第二阶段火山岩中。

Jeju 岛火山岩和花岗岩微量元素 N-MORB 标准化和稀土元素球粒陨石标准化模式图（Sun and McDonough，1989）见图 6.42。虽然火山岩都相对富集强不相容元素而具有典型的洋岛玄武岩特征，但都较亏损 Nb、Pb 和 Sr，这些化学特征是在聚敛板块边界岩浆作用所具有的，可以说明岩浆中有俯冲作用的影响。

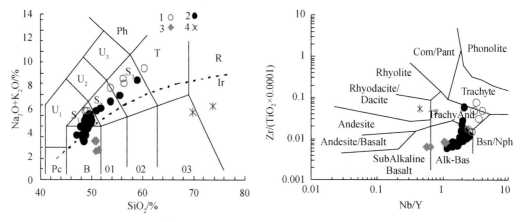

图 6.41 Jeju 岛火山岩和花岗岩的主量元素和微量元素分类命名图

1. 高铝碱性系列（High-Al ALK）；2. 低铝碱性系列（Low-Al ALK）；3. 亚碱性系列（Sub-ALK）；4. 花岗岩。R. 花岗岩；O_3. 花岗闪长岩，O_2. 闪长岩，O_1. 辉长闪长岩；B. 辉长岩；Pc. 橄榄岩-辉长岩；T. 石英二长岩-正长岩；S_3. 二长岩，S_2. 二长闪长岩，S_1. 二长辉长岩；Ph. 似长石正长岩；U_3. 似长二长正长岩，U_2. 似长二长闪长岩，U_1. 橄榄辉长岩；F. 似长深成岩

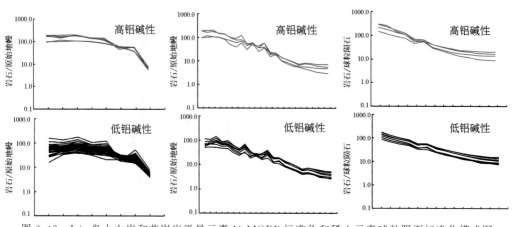

图 6.42 Jeju 岛火山岩和花岗岩微量元素 N-MORB 标准化和稀土元素球粒陨石标准化模式图

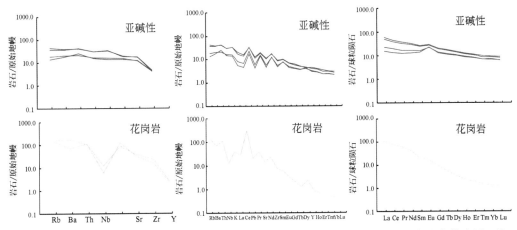

图 6.42 Jeju 岛火山岩和花岗岩微量元素 N-MORB 标准化和稀土元素球粒陨石标准化模式图（续）

俯冲带岩浆明显不同于板内岩石，而后者 K/Y 值高，K/Rb 值低（图 6.43），Jeju 岛岩浆明显具有板内热点岩石特征，而不是俯冲带岩石。尽管在亚洲大陆东部边缘地表未见有热点轨迹，地幔也未见低速异常，Jeju 岛火山岩的地球化学特征强烈表明岛下部有地幔柱存在（Tatsumi et al.，2005）。

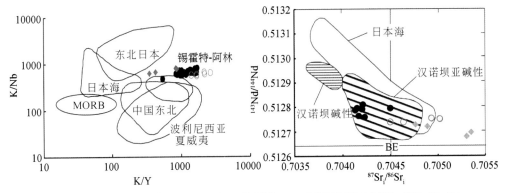

图 6.43 Jeju 岛火山岩的 K/Y-K/Nb 关系图（a）和 ^{143}Nd/^{144}Nd-^{87}Sr$_i$/^{86}Sr$_i$ 图（b）
图例同图 6.41

在高铝碱性系列、低铝碱性系列和亚碱性系列岩石中某些不相容元素含量存在差异，但三个系列岩石在微量元素 N-MORB 标准化模式大致是相似的。亚碱性系列熔岩的稀土元素球粒陨石标准化模式较平坦，而不同于其他两个系列的岩石（图 6.42）。熔岩的稀土元素球粒陨石标准化图可见都为正 Eu 异常（图 6.8），归因于在岩浆形成和分异过程中，斜长石在熔岩中含量较高，与正 Sr 异常一致。Jeju 岛花岗质基底岩石相对于 Th 和 K，Nb 少亏损，重稀土元素（HREE）强烈亏损而具有陡的稀土元素球粒陨石标准化模式（图 6.42）。

（2）同位素

Jeju 岛熔岩的 ^{87}Sr$_i$/^{86}Sr$_i$ 值变化范围较大（0.704128～0.705350），而 ^{143}Nd/^{144}Nd 值

变化范围较小（0.51280～0.512679）［图 6.40（b）］。Jeju 岛熔岩 Sr-Nd 同位素成分与我国东北的新生代汉诺坝板内亚碱性玄武岩成分完全一致，与日本海底较发育的弧后盆地玄武岩也大致相似，但与汉诺坝板内碱性玄武岩成分有较大差异。这种同位素成分差异在 Jeju 岛熔岩中也普遍存在，低铝碱性系列岩石具有最低的 Sr 和最高的 Nd 同位素比值，亚碱性系列岩石以 Sr-Nd 同位素富集为特征。

　　Jeju 岛熔岩的 Pb 同位素较富集，而不同于日本海底较发育的弧后盆地玄武岩和我国东北的玄武岩，从碱性系列和亚碱性系列看，Pb 同位素没有显示出系统的成分差异。用 Sr-Pb 同位素图解可以较好的解释大洋热点玄武岩和洋岛玄武岩（OIB）的地幔地球化学储库，Jeju 岛熔岩全部位于洋岛玄武岩的成分范围内，表明在源岩中有 HIMU 和 EMⅡ 的贡献，而我国东北的热点玄武岩类似于 EMⅠ 的特征。

6.5.2.3　火山岩成因

　　尽管济州岛位于亚洲大陆东部边缘，邻近于沟弧体系，但济州岛熔岩的形成在板内环境与地幔柱岩浆作用有关。济州岩浆分异的主要过程是橄榄石、斜方辉石、斜长石、磷灰石和磁铁矿的分离结晶。岩浆中所显示的不相容元素和同位素成分的系统差异，反映了在上地幔岩浆源区成分和矿物的垂向变化。在济州岛下的上地幔，随深度降低地幔交代和富集特征增强。济州岩浆的地球化学特征可以用较亏损地幔柱上隆，并进入一个交代和富集的上地幔，随后这些地幔组分的相互作用和混合，在不同深度岩浆分离来解释。Sr-Nd 同位素亏损的地幔柱存在，可以作为我国东北和济州岛板内岩浆作用成因的一个特征，但是目前这个同位素亏损的地幔组分的位置和成因尚不清楚。Tatsumi 等，（1995）曾推断，俯冲岩石圈的斜方辉橄岩部分可能是洋壳 MORB 岩浆萃取后的残余，并具有强亏损的同位素特征，是从上下地幔边界上升的，在这些深度上，斜方辉橄岩板片和富集的二辉橄榄岩地幔物质在密度上具有很大差异。

　　济州熔岩和我国东北板内岩浆的同位素成分差异是前者更富集 Pb 同位素，济州地幔柱合适的地球化学储库是似-HIMU 的贡献，深部地幔中，HIMU 库形成的可能机理是新鲜的脱水的洋壳堆积（Kogiso et al.，1997a，1997b；Tatsumi and Kogiso，2003），具 HIMU 储库特征的济州地幔柱的位置和成因还需进一步加强研究。

第7章 中国东南部和日本中新生代岩浆-成矿作用及典型矿床

中国东南部可以分为武夷山成矿带、钦杭成矿带、南岭成矿带和东南沿海成矿带。各成矿带在构造形态、地层组合、岩浆建造、地球物理、地化异常和矿产组合方面拥有不同的特点。本书以中国东南部中生代岩浆活动时代为主线，根据地质构造演化、岩浆活动、成矿系列和代表性矿床等特征，建立中国东南部中新生代构造-岩浆-成矿作用与演化的事件格架，与日本中新生代构造-岩浆-成矿作用作对比研究。

7.1 中国东南部和日本中新生代成矿作用的地质背景

7.1.1 中国东南部中新生代矿床基本特征

7.1.1.1 概述

中国东南部出露大片前寒武纪变质岩基底地层而将其所处的大地构造归属为华夏古陆，并以北东向萍乡-江山-绍兴断裂带为界，与扬子地块东南缘的扬子古隆起相接。中国东南部深部独特的构造环境和长期复杂的构造-岩浆-成矿演化史，尤其是经历了燕山期成矿作用大爆发事件，造就了良好的成矿地质条件和丰富的铜、铅、锌、金、银、锡、铁、锰等多金属矿产资源，大中小型多金属矿床及矿化点在该区分布较为普遍，矿床类型复杂多样，找矿潜力大前景好。经过数十年的地质勘查，该地区已发现110种矿产，探明储量的矿产60多种，大型矿床58处，中型130处。其中银山铜铅锌矿、水口山铅锌矿、梅县嵩溪银锑矿、冷水坑银铅锌矿、西华山钨矿、骑田岭-柿竹园钨锡矿、行洛坑钨矿、紫金山铜金矿、赤露钼矿和岩背锡矿等矿床是具有代表性的典型矿床，矿点、矿化点更是不胜枚举。1999年实施国土资源大调查以来，发现了多个可供普查和详查的大中型矿产地，其中部分矿区将成为危机矿山接替资源和国家战略储备资源，对国家和地方经济的可持续发展具有重要意义。

一些主要的具代表性的金属矿床类型及其分布见表7.1和图7.1。

表 7.1 中国东南部主要金属矿床类型一览表

编号	地名	矿床名	矿床成因类型	成矿时代	规模	矿种
1	都昌县	阳储岭	斑岩型	3	大型	W
2	德兴县	银山	火山-次火山热液型	2	大型	Cu

续表

编号	地名	矿床名	矿床成因类型	成矿时代	规模	矿种
3	德兴县	德兴	斑岩型	2	大型	Cu
4	东乡县	枫林	火山-沉积热液改造型	2	中型	Cu
5	铅山县	永平	火山-沉积热液改造型	2	大型	Cu
6	贵溪县	冷水坑	斑岩型、层控热液型	3	大型	Ag，Pb，Zn
7	嵊县	毫石	火山-次火山热液型	5	中型	Ag
8	新昌县	拔茅	火山热液	5	中型	Ag，Pb，Zn
9	天台县	大岭口	火山-次火山热液型	5	中型	Ag，Pb，Zn
10	黄岩县	五部	火山-次火山热液型	5	大型	Pb，Zn，Ag
11	龙泉县	八宝山	热液型	1	中型	Au
12	遂昌县	治岭头	热液型蚀变硅化脉型	1	中型	Au
13	泰顺县	洋滨	斑岩型	4	中型	Sn
14	福安县	赤路	斑岩型	5	中型	Mo
15	福清县	下溪底	火山热液型	5	中型	Ag，Pb，Zn
16	尤溪县	梅仙	火山-沉积热液改造型	2	中型	Pb，Zn，Ag
17	宁化县	行洛坑	斑岩型	3	大型	W
18	上杭县	紫金山	斑岩型、火山-次火山热液型	5	大型	Cu，Au
19	平和县	钟腾	斑岩型	5	小型	Cu
20	平和县	大望山	火山-次火山热液型	5	大型	Pb，Zn，Ag
21	梅县	玉水	火山喷发-热液改造型	2	中型	Cu
22	梅县	嵩溪	火山喷流-热液改造型	2	大型	Sb，Ag
23	澄海县	莲花山	斑岩型	4	大型	W
24	潮州	厚婆坳	次火山热液型	4	大型	Sn，Ag
25	惠来县	西岭	火山-次火山热液型	4	中型	Sn
26	海丰县	塌山	斑岩型	4	中型	Sn
27	海丰县	长埔	层控-接触交代型	4	大型	Sn，Pb，Zn
28	海丰县	吉水门	沉积-变成层控型	4	中型	Sn，Pb，Zn
29	崇仁县	相山	斑岩型	5	大型	U
30	会昌县	岩背	斑岩型	5	中型	Sn
31	寻乌县	铜坑嶂	斑岩型、次火山热液型	5	小型	Sn
32	大余县	西华山	岩浆热液型	3	大型	W，Sn
33	全南县	大吉山	岩浆热液型	3	大型	W，Sn，Nb，Ta
34	信宜市	锡坪	次火山热液型	3	中型	Sn
35	信宜市	银岩	次火山热液型	3	大型	Sn
36	永定县	大排	层控-接触交代型矿床	5	大型	Pb，Zn
37	崇义县	八仙脑	岩浆热液型、云英岩-石英细（网）脉带型	3	大型	W，Sn
38	会昌县	红山	斑岩型，次火山热液型	3	中型	Cu
39	会昌县	淘锡坝	次火山热液型	3	大型	Sn

续表

编号	地名	矿床名	矿床成因类型	成矿时代	规模	矿种
40	常宁市	水口山	接触交代型、次火山热液型	2	大型	Pb，Zn，Au，Cu
41	桂阳县	宝山	接触交代型	2	中型	Cu，Mo
42	桂阳县	黄沙坪	斑岩-岩浆热液-接触交代型	3	大型	W，Sn，Cu，Mo，Fe
43	宜章-郴州	骑田岭	岩浆热液型、接触交代型	3	大型	Sn，W，Cu，Bi，Mo
44	郴州	柿竹园	岩浆热液型、接触交代型	3	大型	W，Sn，Bi，Mo，Pv，Zn
45	花莲县	奇美	斑岩型	6	大型	Cu
46	台北县瑞芳镇	金瓜石	火山-次火山热液型	7	大型	Au，Cu

注：成矿时代：1. 前中生代；2. 早侏罗世；3. 中侏罗世；4. 晚侏罗世-早白垩世；5. 早白垩世-晚白垩世；6. 渐新世；7. 更新世。

7.1.1.2　主要赋矿层位

中国东南部主要赋矿地层为元古宇、古生界和中生界三大地层系统。

（1）前泥盆纪层系：中元古代铁砂街群为 Cu、Zn，中新元古代马面山群和震旦-奥陶纪地层区为 Au、Pb、Zn 和 W、Sn 的初始矿源层。

（2）中-上泥盆统—下-中三叠统层系：有林地组上部至黄龙组或经畬组、壶天组、藕塘底组的 Fe、Mo、Cu、Pb、Zn、Mn 和硫铁矿等矿化；黄龙-栖霞组的 Pb、Zn、S 等矿化；溪口组含有 Cu、Pb、Zn 的火山-沉积矿层。

（3）上三叠统—白垩系层系：可分为三个陆相亚地层系：①上三叠统—下侏罗统以海湾-湖泊陆屑沉积夹火山-火山碎屑建造为特点，有 Sn、Mo、Pb、Zn、Sb、Ag 等矿化；②晚侏罗世陆相火山岩，主要矿化有 Cu、Sn、Pb、Zn 等；③白垩系喷发-沉积岩系和陆相红色碎屑岩、膏盐沉积，产有 Cu、Au、Mo、U 等矿化。其中多金属矿资源评价的重点赋矿地层为中-新元古代一套变质岩系（原岩中含有火山岩夹层，包括马面山群、铁砂街群和龙泉群）；石炭系—二叠系含火山岩的碳酸盐岩、碎屑岩含矿建造和侏罗系陆相火山岩含矿建造。

7.1.1.3　矿床主要成因类型、成矿时代和成矿系列

中国东南部与岩浆活动有密切成因联系的矿床成因类型主要有以下几种：

火山-次火山热液型：在时间上与成因上与燕山期火山作用有关，成矿物质主要来源于中酸性岩浆；

斑岩型：与燕山期中酸性岩浆侵入作用有关，成矿物质主要来源于中酸性岩浆；

火山沉积变质-热液改造型（含铜黄铁矿型）：与中元古界、上古生界海相火山沉积建造有关，成矿物质来自于地层和岩浆热液。

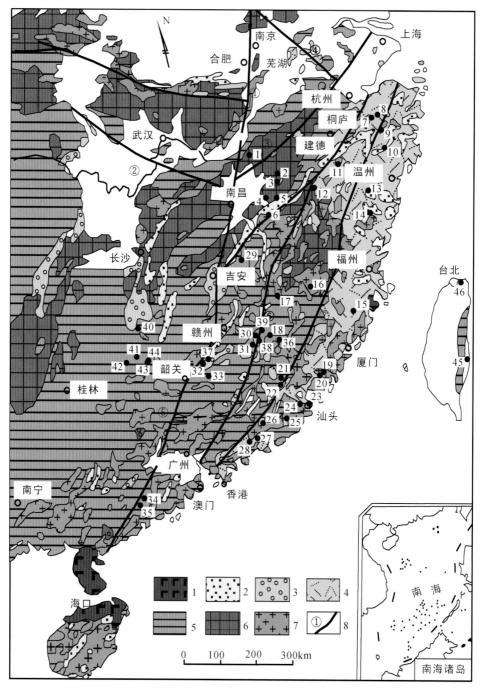

图 7.1 中国东南部主要金属矿床分布图 (地质底图据尹家衡, 1999)

1. 新生代玄武岩; 2. 白垩纪火山岩系; 3. 白垩纪沉积盆地; 4. 晚侏罗世—早白垩世火山岩系; 5. 火山岩系基底 ($\in$—J_1); 6. 前寒武纪变质基底; 7. 晚中生代花岗岩; 8. 断裂及编号; ①郯庐断裂, ②襄樊-广济断裂, ③南通-宣城-九江断裂, ④南京-湖州断裂, ⑤四会-吴川断裂, ⑥石城-河源断裂, ⑦政和-大浦-丽水断裂。图中实心圆和数字为矿床编号接触交代型：与燕山晚期中酸性岩浆侵入接触交代作用有关，成矿物质主要来源于中酸性岩浆；

岩浆热液型：与燕山早期酸性-中酸性岩浆侵入作用有关，成矿物质主要来自深部岩浆。

中国东南部铁铜铅锌金和钨锡钼锑等多金属成矿作用与中生代岩浆活动密切相关，但不同时代和不同构造环境形成的岩石成因类型和组合，所形成的矿床类型和元素组合有明显差别。将中国东南部中新生代岩浆作用有关矿床类型特征总结于表 7.2。

矿床成矿系列是从联系和变化方面来了解一个区域矿床类型的形成机制和分布规律，应用成矿系列的概念来认识成矿规律，能够从整体变化的观念正确认识各种矿床类型之间的相互联系。矿床成矿系列概念的主导思想是从四维空间揭示矿床的形成、演化和展布规律，能够在发现一种矿床类型的同时，进而发现一组与之共生的矿床类型。因此，成矿系列无论在理论上，还是在指导找矿方面都具有重要意义。

我国东南部中新生代主要成矿作用可以划分为三期六个阶段，主要成矿期是在燕山期：

燕山早期早阶段裂陷扩张（180～170Ma B. P.）Cu、Pb、Zn（Au）成矿作用：主要为与幔源基性岩、花岗闪长岩和 J_1 双峰式火山活动有关的 Cu、Ag、Pb、Zn、Sb 矿床成矿系列，主要有以下几种类型：岩浆-风化壳型（霞岚钒钛磁铁矿）；火山-喷流热液改造型（嵩溪银锑矿、仁居-差干盆地钼矿）；斑岩型-次火山热液型（德兴、银山、水口山、宝山 Cu、Pb、Zn、Ag 矿）。

燕山早期晚阶段地壳重熔（153～139Ma B. P.）W、Sn、Nb、Ta 成矿作用：主要为与壳源花岗岩有关的 W、Sn、Bi、Mo、Nb、Ta 和稀土矿床成矿系列，主要矿床类型有：斑岩型矿床（行洛坑钨矿）；岩浆热液型-接触交代型矿床（柿竹园、骑田岭、黄沙坪等钨锡多金属矿床）；岩浆热液型矿床，如石英脉型、破碎带蚀变岩型、云英岩型及岩体型（代表性矿床有大吉山、归美山、西华山钨矿、荡坪、八仙脑钨矿床等）以及离子吸附型稀土矿。

燕山晚期早阶段底侵伸展（140～125Ma B. P.）Fe、Cu、Pb、Zn 成矿作用：为与壳幔混合源花岗闪长岩、火山-次火山岩有关的 Cu、Pb、Zn 矿床成矿系列，主要矿床类型有斑岩-热液型矿床（冷水坑银铅锌矿）、层控-接触交代型矿床（大排铅锌矿）和火山-次火山热液型矿床（丰顺-大浦铅锌矿、银窟、宝山-马图铅锌矿床）。

燕山晚期晚阶段扩张裂解（125～90Ma B. P.）Sn、U、Au、Cu、Ag 成矿作用：主要为与壳幔混源双峰式火山岩、高位侵入体或次火山岩有关的 Cu、Au、Ag、U 矿床成矿系列。主要矿床类型有斑岩-火山热液型紫金山式、斑岩型矿床（岩背锡矿、相山铀矿、赤路钼矿等）；斑岩-次火山热液型矿床（会昌红山铜矿、淘锡坝锡矿）等。

喜马拉雅期 Au、Ag 成矿作用主要发生在台湾，分为两个阶段：

14～9Ma B. P. 的成矿作用（奇美斑岩型铜矿，成矿时代为 9Ma B. P.）和＜2Ma B. P. 的成矿作用（金瓜石浅成中低温热液型金铜矿，成矿时代为 1～0.8Ma B. P.）。

7.1.2　日本金属矿床的时空分布特征

7.1.2.1　概述

日本的金属矿床繁多，主要有铁，锰、铬、铜、铅、锌、汞，锑、铋、铀、钛、钴、镍、金、银矿。日本著名的金属矿床有：小坂、释迦内、神冈、中龙、釜石、八茎、丰羽、细仓、足尾、别子、生野、明延、鸿之舞、佐渡、菱刈和人形岭等。其中有的矿床成因类型比较典型，有的矿床规模较大，在世界上比较著名。例如，小坂、释迦内等矿床是典型的黑矿型矿床；釜石是世界为数不多的夕卡岩型矿床之一；丰羽、菱刈是规模较大的浅成热液脉状矿床等。

根据日本地质调查所（2003）编的日本矿产资源图统计，在日本中型和大型矿床总共有 89 处（表 7.3）其分布见图 7.2。

表 7.2　中国东南部与中新生代岩浆作用有关矿床类型特征一览表

成矿时代		矿床型式	产出构造	构造环境	建造类型	岩浆岩	主要成因类型	代表性矿床和矿种
新生代	更新世	金瓜石式	台湾北部火山岩区	扩张构造	陆相火山岩建造	安山岩、英安岩、英安玢岩	火山热液型	金瓜石（Au，Cu）
	中新世	奇美式	台湾海岸山脉	相对挤压	次火山建造	辉石闪长岩、闪长玢岩	斑岩型	奇美（Cu，Au）
中生代	早白垩世	紫金山式	永梅凹陷区	扩张构造	陆相火山岩建造	英安玢岩、花岗闪长斑岩	斑岩型热液型	紫金山、中寮、萝卜岭（Cu，Au）
		岩背式	武夷山成矿带	相对拉张	陆相火山岩建造	中粗粒似斑状黑云花岗岩，花岗斑岩	斑岩型	岩背、锡坑迳、淘锡坝（Sn）
	晚侏罗世	厚婆坳式	浙闽粤成矿带	相对拉张	陆相火山岩建造	安山岩、流纹岩、花岗斑岩、石英斑岩	火山-次火山热液型	厚婆坳、西岭（Sn，Ag，Pb，Zn）
		马图式	浙闽粤成矿带	相对拉张	陆相火山岩建造	英安岩、流纹岩、花岗闪长斑岩	火山-次火山热液型	丰顺-大浦勘察区（Pb，Zn，Ag）
		冷水坑式	钦杭成矿带东段	相对拉张	陆相火山碎屑岩-碳酸盐岩建造	碱长花岗斑岩、	热液型斑岩型	冷水坑（Pb，Zn，Ag）

续表

成矿时代		矿床型式	产出构造	构造环境	建造类型	岩浆岩	主要成因类型	代表性矿床和矿种
中生代	中侏罗世	骑田岭式	南岭成矿带	挤压松弛	沉积碳酸盐岩-碎屑岩建造	似斑状角闪黑云二长花岗岩、黑云花岗岩	岩浆热液型-接触交代型（云英岩型、夕卡岩型）	骑田岭、新田岭、芙蓉山（Sn，W，Bi，Mo，Pb，Zn，Cu）
		行洛坑式	武夷山成矿带	挤压松弛	沉积碎屑岩建造	似斑状黑云二长花岗岩-细粒花岗岩-花岗斑岩	斑岩型	行洛坑、莲花山（W，Sn，Mo）
		西华山式	南岭成矿带东段	挤压松弛	沉积碎屑岩建造	似斑状黑云花岗岩、中粒黑云花岗岩、细粒花岗岩	岩浆热液型（云英岩型、石英脉型）	西华山、大吉山、八仙脑（W，Sn，Nb，Ta）
	早侏罗世	霞岚式	南岭成矿带	扩张构造	镁铁质岩浆建造	橄榄辉长岩、辉石岩	岩浆-风化壳型	霞岚（V，Ti，Fe）
		嵩溪式	永梅凹陷区	扩张构造	陆相火山熔岩和碎屑岩建造	花岗斑岩、流纹斑岩	火山热液型	银山、嵩溪、仁居-差干（Sb，Cu，Mo，Pb，Zn，Ag）
		水口山式	南岭成矿带	扩张构造	次火山岩和碳酸盐岩建造	花岗闪长岩、花岗闪长斑岩、英安玢岩	热液型-斑岩型	水口山、宝山（Cu，Pb，Zn，Ag）

日本的金属矿床类型主要有：岩浆矿床（O）；接触带矿床（G）；夕卡岩矿床（C）；热液矿床（HV）；交代矿床（HD）；层状矿床（ST，包含黑矿型和别子型矿床）；沉积矿床（SD）；风化矿床（W）；变质矿床（M）。大部分矿床可归纳为下列几种成因类型：火山成因块状硫化物型矿床、岩浆热液（包括火山热液）脉型矿床、高温热液交代（夕卡岩型）型矿床及沉积型矿床等。火山成因块状硫化物矿床又分为黑矿型和别子型两种类型。

在世界范围内来说，无论是矿种上还是规模上，前寒武纪成矿作用具有重要意义。对日本来说，由于前寒武系分布不广，发育不完整，尚未发现重要的前寒武纪矿床。日本的成矿作用主要是从二叠纪以来发展起来的，尤其是中—新生代变质作用具有重要意义。在古生代时期，伴随着海底火山活动，形成了层状锰矿床和别子型矿床（含铜硫化物矿床）。在超镁铁-镁铁质岩中，形成了规模不大的铬铁矿矿床和镍矿床，是重要成矿期之一。

在侏罗-白垩纪形成与花岗质岩浆活动有关的热液脉型有色金属矿床，主要有铜、铅、锌、钼矿床。在这些花岗岩与古生界的接触带形成了接触交代型铁矿和有色金属矿床。新生代成矿作用主要集中在中新世。该期成矿作用主要与绿色凝灰岩海底火山活动有着密切关系，著名的黑矿型矿床就是在这时期形成的。在该时期火山岩中形成了浅成热液脉状有色金属矿床和脉状锰矿床及金银矿床。总的来说，日本的成矿作用，明显地集中在三叠纪、侏罗纪—白垩纪和新近纪三个时期。

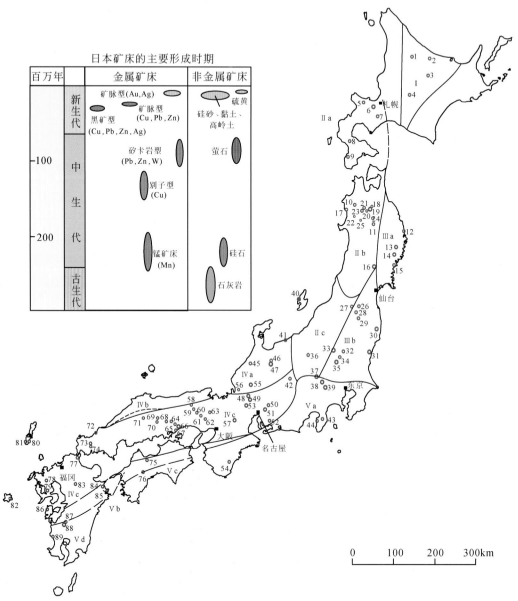

图 7.2　日本矿产资源分布和成矿区带划分图

成矿区（带）划分见表 7.4，图中空心圆和数字为矿床编号

表 7.3　日本主要矿床类型一览表

编号	地名	矿床名	矿床英文名	矿床类型	成矿时代	规模	矿种
1	北海道	下川	Shimokawa	ST	5	中	Cu
2		鸿之舞	Konomai	HV	7	中	Au，Ag

续表

编号	地名	矿床名	矿床英文名	矿床类型	成矿时代	规模	矿种
3		伊涛木卡	Itomuka	HV	8	中	Hg
4		野沢	Nozawa	HV	4	中	Ab
5		大江	Oe	HV	7	中	Mn，Pb，Zn，Ag
6		丰羽	Toyoha	HV	7	大	Zn，Pb，Ag
7		千岁	Chitose	HV	7	中	Au，Ag
8		八云	Yakumo	HV	7	中	Zn，Mn
9		上国	Jokoku	HV	7	中	Mn，Ag
10	青森	尾太	Oppu	HV	7	中	Zn，Pb
11	岩手	松尾	Matsuo	ST	7	中	S，Py
12		田老	Taro	ST	5	中	Zn，Pb，Py
13		釜石	Kamaishi	C	5	中	Cu，Fe，Au，Ag
14		大船渡地区	Ofunato Area	SD	3	中	Ls
15	宫城	大谷	Oya	HV	5	中	Au
16		细仓	Hosokura	HV	7	大	Zn，Pb，Ag
17	秋田	盛冈	Hassei	ST	7	中	Ag
18		古远部	Furutobe	ST	7	中	Cu，Zn，Ag
19		小坂	Kosaka	ST	7	大	Cu，Zn，Py，Au，Ag，Pb，Ba
20		花岗深沢	Hanaoka-Fukasawa	ST	7	中	Ag，Pb，Zn
21		花岗松峰	Hanaoka-Matsumine	ST	7	中	Ag，Cu，Au，Pb，Zn，Py，Ba
22		花岗	Hanaoka	ST	7	中	Ag，Zn，Py，Gy
23		释迦内	Shakanai	ST	7	中	Ag，Cu，Pb
24		花轮	Hanawa	ST	7	中	Cu，Zn
25		尾去沢	Osarizawa	HV	7	中	Cu，Zn
26	山形	板谷	Itaya	HD	8	中	Ka
27		八谷	Yatani	HV	7	中	Ag，Pb，Zn
28	福岛	沼尻	Numajiri	HD	8	中	S
29		高玉	Takatama	HV	7	中	Au，Ag
30		八茎	Yaguki	C	6	中	Cu，Fe，Ag，W
31	茨城	日立	Hitachi	HD	4	大	Cu，Au，Py，Zn
32	栃木	大贯	Onuki	HD	7	中	Pp
33		足尾	Ashio	HV	7	大	Cu，Ag，Au，As
34		栃木地区	Tochigi Area	SD	4	中	Si

编号	地名	矿床名	矿床英文名	矿床类型	成矿时代	规模	矿种
35		葛生地区	Kuzu Area	SD	3	大	Ls，Di
36	群马	草津—白根地区	Kusatsu-Shirane Area	HD	8	中	S
37	埼玉	秩父	Chichibu	C	7	中	Zn，Fe，Pb，Ag
38		秩父地区	Chichibu Area	SD	3	中	Ls
39	东京	奥多摩地区	Okutama Area	SD	3	中	Ls
40	新潟	佐渡	Sado	HV	7	中	Au，Ag
41		青海地区	Omi Area	SD	3	中	Ls
42	长野	浜横川	Hamayokokawa	SD	4	中	Mn
43	静冈	持越	Mochikoshi	HV	7	中	Au，Ag
44		伊豆	Izu	HD	7	中	Si
45	石川	服部·河谷	Hattori-Kawai	HD	7	中	Po
46	岐阜	神冈茂住	Kamioka-Mozumi	C	6	中	Zn，Ag，Pb
47		神冈栃洞	Kamioka-Tochibora	C	6	大	Zn，Pb，Ag
48		春日	Kasuga	SD	3	中	Di
49		金生山地区	Kinshozan Area	SD	3	中	Ls
50		多治见地区	Tajimi Area	SD	7	中	Cl，Si
51	爱知	濑户地区	Seto Area	SD	7	大	Si，Cl
52		三河地区	Mikawa Area	SD	4	中	Si
53	三重	藤原	Fujiwara	SD	3	中	Ls
54		纪州	Kishu	HV	7	中	Cu，Ag
55	福井	中龙	Nakatatsu	C	6	中	Zn，Ag，Pb
56		南条地区	Nanjo Area	SD	4	中	Si
57	滋贺	信 地区	Shigaraki Area	G	6	中	Fd
58	兵库	中濑	Nakase	HV	7	中	Au Sb
59		明延	Akenobe	HV	6	中	Cu，Zn，Sn，Ag
60		生野	Ikuno	HV	6	中	Ag，Sn，Cu，Zn，W
61		越知谷	Ochidani	HD	6	中	Pp
62		平木	Hiraki	HD	6	中	Ka
63	兵库/京都	西丹波地区	West Tanba Area	SD	4	中	Si
64	冈山	栅原	Yanahara	ST	4	中	Py
65		吉永地区	Yoshinaga Area	HD	6	中	Pp
66		三石地区	Mitsuishi Area	HD	6	大	Pp
67		前地区	Bizen Area	HD	6	中	Pp
68		建部地区	Takebe Area	HD	6	中	Pp

续表

编号	地名	矿床名	矿床英文名	矿床类型	成矿时代	规模	矿种
69		新见地区	Niimi Area	SD	3	中	Ls
70		吉冈	Yoshioka	HV	6	中	Ag
71	广岛	胜光山地区	Shokozan Area	HD	6	中	Pp
72	山口	阿武	Abu	HD	6	中	Pp
73		秋吉地区	Akiyoshi Area	SD	3	大	Ls
74		美地区	Mine Area	SD	4	中	Si
75	爱媛	别子	Besshi	ST	4	大	Cu，Ag，Au，Py
76	高知	鸟形山	Torigatayama	SD	3	中	Ls
77	福冈	北九州地区	Kitakyushu Area	SD	3	大	Ls
78	佐贺	有田泉山	Arita Izumiyama	HD	7	中	Po
79	长崎	大村	Omura	HD	7	中	Cl
80		原地区	Izuhara Area	HD	7	中	Cl
81		对州	Taishu	HV	7	中	Zn，Pb，Ag
82		五岛	Goto	HD	7	中	Pp
83	大分	鲷生	Taio	HV	7	中	Au，Ag
84		津久见地区	Tsukumi Area	SD	3	大	Ls
85		四浦地区	Youra Area	SD	4	大	Si
86	熊本	天草地区	Amakusa Area	HD	7	中	Po
87	鹿岛	大口	Okuchi	HV	7	中	Au
88		菱刈	Hishikari	HV	8	大	Au
89		串木野	Kushikino	HV	7	中	Au，Ag

资料来源：Geological Survey of Japan（2003）。

注：矿床类型：O. 岩浆矿床；G. 接触带矿床；C. 夕卡岩矿床；HV. 热液矿床；HD. 交代矿床；ST. 层状矿床（包含黑矿、别字型矿床）；SD. 沉积矿床；W. 风化矿床；M. 变质矿床；U. 成因不明矿床。

成矿时代：1. 前寒武纪；2. 寒武纪—中泥盆世；3. 晚泥盆世—早三叠世；4. 中三叠世—早侏罗世；5. 白垩纪；6. 晚白垩世—始新世；7. 渐新世—上新世；8. 第四纪。

矿种：锡（Sn）、钨（W）、钼（Mo）、铜（Cu）、铁（Fe）、钛（Ti）、金（Au）、银（Ag）、铅（Pb）、锌（Zn）、锰（Mn）、铬（Cr）、镍（Ni）、锑（Sb）、硫化铁（Py）、硫黄（S）、重晶石（Ba）、硼（Bn）、石膏（Gy）、石棉（Ab）、滑石（Tc）、白云石（Di）、石灰岩（Ls）、萤石（Fl）、砷（As）、水银（Hg）、陶土（Po）、叶蜡石（Pp）、黏土（Cl）、高岭土（Ka）、硅藻土（Da）、硅砂（Si）、长石（Fd）。

7.1.2.2　日本成矿区（带）划分

综合日本各构造单元、矿产分布及成矿作用等多方面地质特征，日本列岛的成矿区

（带）的划分如表 7.4 及图 7.2。

表 7.4　日本成矿区（带）划分表

一级成矿带	二级成矿带	一级成矿带	二级成矿带
I. 北海道中部成矿带		IV. 西南日本内带成矿带	IVa. 飞弹成矿带
			IVb. 山阴一能登半岛成矿带
II. 东北日本内带成矿带	IIa. 北海道西南部成矿区		IVc. 三郡成矿带
	IIb. 本州岛北部成矿区	V. 西南日本外带成矿带	Va. 关东成矿区
	IIc. 越后成矿带		Vb. 三波川成矿带
III. 东北日本外带成矿带	IIIa. 北上成矿带		Vc. 四万十成矿带
	IIIb. 阿武限成矿带		Vd. 南九州成矿区

各成矿区（带）特征简述如下：

I. 北海道中部成矿带。

位于北海道中部，面积约 1600km²，包括日高带、田老带和根室带的北半部。该带由古生界志留－泥盆系、古生界上部—中生界下部的日高群，古近系和新近系构成。它们都不同程度上遭受变质作用。侵入岩不发育。晚白垩世一古近纪花岗岩仅呈小岩块零星出露，该区属于绿色凝灰岩带的一部分，新近系中新统酸性和中－基性火山岩发育。日高变质带中含有较多的基性和超镁铁质岩，第四纪火山岩广泛分布。

该带内有别子型的下川矿床，黑矿型的北见矿床及热液脉型鸿之舞金矿床。此外尚有10 多处矿产地。其中鸿之舞是日本著名的金矿床之一。该带的特点是有色金属成矿作用主要与中生界日高群中的海底基性火山岩系、新近系中新统海底酸性火山岩关系密切，矿床多半属于海底火山喷发－沉积－交代复合型矿床。另一个特点是，金矿床都属于火山热液脉状矿床，它们的形成与中新世中－酸性火山岩有着密切的关系。在日高变质带超镁铁质岩中产有小规模的铬铁矿矿床。

II. 东北日本内带成矿带。

IIa. 北海道西南部成矿区。

该区位于北海道西南端，面积约 13000km²。该区属于东北日本绿色凝灰岩带的一部分，中新统酸性和中－基性火山岩广泛分布。局部有中白垩世或较老的花岗岩零星分布（北上花岗岩体的一部分），第四纪火山岩广泛分布。

该区主要有 Pb、Zn、Ag 和 Au 矿，此外脉状 Mn 矿及 U 矿零星分布。主要矿床有丰羽、八云、国富、上国等。其中丰羽矿床是日本大型脉状 Au 矿床之一。八云、国富、上国等矿床的特点是，除了有色金属矿之外，尚含菱铁矿和锰矿。总之，该带的特点是，按矿种以铜、铅、锌和金、锰为主，按类型主要是火山浅成热液脉型矿床，成矿作用与新近纪中新世火山活动有密切关系。

IIb. 本州岛北部成矿带。

位于东北日本北部北鹿－下北半岛一带，总面积约 24000km²，是日本新近纪绿色凝灰岩盆地最发育的地区之一，也是日本黑矿型矿床分布最集中的地区。全区为新近系中新世沉积岩和火山岩所覆盖,上新统酸性火山岩零星分布,第四纪中-基性火山岩广泛分布。局部有晚白垩世(古近纪)花岗岩零星分布。小坂,释迦内,花岗、花轮等著名的黑矿型矿床就分布在该区内。在该区北端还有上矶、上北等黑矿型矿床。区内还有细仓、尾去沢等脉状有色金属矿床和田泽、花卷等沉积型铀矿床。该区的主要矿种为铜、铅、锌和金矿,按成因类型黑矿型占多数,火山岩中的浅成热液脉状矿床次之,成矿作用与中新世火山-浅成侵入岩关系密切。

IIc. 越后成矿带。

位于东北日本内带之南端(包括上越带和足尾带)。该带西南部与三郡和飞弹成矿带接触,南部和东部分别与关东成矿区、阿武隈成矿带接触。面积约 36000km²。在该区内石炭-二叠系、中新世绿色凝灰岩,上新世酸性火山岩及第四纪中-基性火山岩广泛分布。此外,还有晚白垩世(古近纪)花岗岩广泛出露。区内有著名的足尾铜矿床和佐渡金矿床。此外还有砂川、大成、赤谷等铀矿床和持仓、松岛等锰矿床。

该带总的特点是以铜、铅,锌矿和金矿为主,产出少量锰矿和铀矿,按成因类型除有黑矿外,还有脉状矿床和层状矿床,层状矿床主要包括产于新近系底部砾岩中的铀矿床和产于古生界变质岩中的锰矿床。

III. 东北日本外带成矿带。

IIIa. 北上成矿带。

该带主要由古生界和侵入于其中的白垩纪花岗岩构成,此外还分布有中生界和古近系地层。在该带局部地区有志留系和泥盆系地层,石炭-二叠系广泛分布。伴随褶皱构造有NNW-SSE 向断层发育。在该带的东北端,分布着特别厚的侏罗系一白垩系沉积物,属于俯冲增生沉积物,称之为北边缘带。在该带南部有三叠系和侏罗系出露,局部前古近系超镁铁质一镁铁质岩分布。该带面积约 11000km²。在该带内有著名的釜石矿床和赤金矿床,此外还有田老,松尾、大谷等矿床和日铁花轮,松岩,羽田等铀矿床。

该成矿区以有色金属矿床为主,此外还有铁矿、锰矿、铀矿产出;按成因类型是别子型、沉积型和矽岩卡型具有重要意义;成矿作用与该区古生界沉积变质岩系中的基性火山岩和花岗岩关系密切。该区铀矿与新近纪砾岩有关,有的伴生在夕卡岩或脉状矿床中。锰矿床主要与沉积变质岩系有关。

IIIb. 阿武隈成矿带。

阿武隈成矿带为阿武隈山地的主要部分。该带的主体由白垩纪两期花岗岩和两种变质岩组成。阿武隈变质岩由富含云母的片岩和片麻岩组成。其时代可能为古生代或更老,包括志留系早期的变质岩,在阿武隈山南端出露的结晶片岩属于石炭-二叠系。该带面积约6000km²,主要矿床有日立、八茎、福冈等,日立矿床为古生界变质岩系中的别子型矿床,八茎矿床为古生界接触带上的夕卡岩型矿床。

IV. 西南日本内带成矿带。

IVa. 飞弹成矿带。

该带位于西南日本内带东北段飞弹山脉一带,包括飞弹边缘带,面积大约 500km²。该区由飞弹变质岩、古生界和中生界及花岗岩构成。飞弹变质带的古生界一般认为属于前泥盆纪,但同位素年龄值自 200~1500Ma 者都有出现。在该带内分布的矿床数目不多,但都是日本著名的夕卡岩型矿床,如神冈、中龙和平濑等。

IVb. 山阴-能登半岛成矿带。

位于西南日本内带紧靠日本海一侧,呈为狭长条带状。该带为新近纪绿色凝灰岩区的一部分。主要由中新统和同时代的火山岩构成,并时而有第四纪火山岩覆盖。局部有晚白垩世—古近纪花岗岩零星出露。

在该带内矿床主要有鳄渊、洼田,永辉、石见等,它们都属于黑矿型矿床。日本最著名的人形岭铀矿床分布在该带内,该矿床属于新近纪底部砾岩中的沉积型铀矿。鳄渊矿床主要产石膏矿,还有少量硬石膏,是典型的黑矿型石膏矿床。

IVc. 三郡成矿带。

三郡成矿带分布在九州北部至中国地区东部一带,亦称中国带。该带的特点是出露高压型的三郡变质岩,在该带的北部和南部发育着古生代地层,称为“中部未变质带”。三郡变质岩属于中古生界—上古生界(本州盆地沉积),主要由碎屑岩和镁铁质火山岩组成。在该带内还有早侏罗世—中侏罗世的海相沉积物、早白垩世陆相沉积物及火山岩、晚白垩世—古近纪沉积物、火山岩和花岗岩,是日本花岗岩最发育的地区。该带总面积约8000km^2,包括山阳(丹波)和领家两个构造带。

在该带内有明延、生野、鲷生、都茂等日本著名的矿床,此外还有钟打、大谷、土仓南谷,河山、大佐、佐世等锡矿床及三吉、三原、三次、加茂等铀矿床。这是日本重要的铜,铅、锌和锡,钼等有色金属矿产地。其矿床类型以岩浆热液脉型和夕卡岩型为主,成矿作用与花岗质岩浆活动有密切关系。

V. 西南日本外带成矿带。

Va. 关东成矿区。

该区按其空间位置理应属于东北日本的范围之内,但其地质特征与西南日本外带相似,因此一并划入西南日本外带成矿区。关东地区以东京为中心,西侧以丝鱼川—静冈线为界,北部、东北部分别与东北日本内带、阿武隈带相接。该区大部分为平原,为更新统所覆盖,西部有白垩系和新近纪火山岩覆盖。在东北部和西部出现石炭-二叠系。该区西部于中新世发生火山活动,与伊豆-马里亚纳弧相连,同属于绿色凝灰岩区。

该区主要的矿床为秩父矿床和持越、清越、土肥等金矿床。除秩父矿床为夕卡岩型外,其余都是与中新世火山活动有关的热液脉状矿床。

Vb 三波川成矿带。

位于中央构造线南侧,从九州中部经四国岛、纪伊半岛北部一带,长达700km,宽约40km。该带主要由结晶片岩构成(称为三波川结晶片岩)。北侧为高变质程度带,南侧为低变质程度带。在三波川带,除结晶片岩外,还有古生界、中生界和前古近纪镁铁质—超镁铁质岩及前中生代花岗岩分布。该带集中分布有几十个矿床和矿点,其中最著名的是别子矿床,此外还有三绳,佐佐连等矿床,曾经是日本重要的铜矿产地。

Vc. 四万十成矿带。

该成矿带位于四国南部、纪伊半岛南部一带。九州岛南部的种子岛、屋久岛亦包括在该带之内。该带全长约1000km,宽约100km,是阿尔卑斯型造山带,与三波川成矿带相接。

　　四万十带的四万十群（中生界—古近系），主要由页岩与砂岩互层组成，夹有灰岩、燧石、红色页岩、玄武岩质熔岩和基性火山碎屑岩等，总之，是中生代俯冲增生的产物。在纪伊半岛南部有少量中新世绿色凝灰岩分布，主要矿床有纪州、妙法、浅川等。

　　Vd. 南九州成矿区。

　　南九州地区是日本著名的金矿产地，九州地区金的累计产量为 165t，其中南九州占 110t。主要金矿床有串木野、山个野、布计、大口、王之山、山田等（为北萨型），春日、岩户、赤石、大谷等（为南萨型），著名的菱刈金矿床位于该区内。

7.2　中国东南部中新生代典型矿床的地质特征

　　重点介绍与中新生代岩浆作用有关的典型矿床有：燕山早期早阶段与幔源基性岩-花岗闪长岩、与早侏罗世双峰式火山活动有关的铜银铅锌锑矿床成矿系列（180～170Ma B.P.）的银山铜铅锌金银矿床；燕山早期晚阶段与壳源花岗岩有关的钨锡铋钼铌钽和稀土矿床成矿系列（153～139Ma B.P.）的西华山钨矿床；燕山晚期与壳幔混合源花岗闪长岩、火山-次火山岩有关的铜铅锌矿床成矿系列（140～125Ma B.P.）的冷水坑银铅锌矿；燕山晚期与壳幔混合源双峰式火山岩，高位侵入体或次火山岩有关的铜金银铀矿床成矿系列（125～90Ma B.P.）的上杭紫金山铜金矿；14～9Ma B.P. 的成矿作用的奇美斑岩型铜矿以及<2Ma B.P. 成矿作用的金瓜石浅成中低温热液型金铜矿。

7.2.1　银山铜铅锌金银多金属矿床

　　江西德兴地区是我国重要的铜、金以及银、铅锌等矿产资源基地，它集中了铜厂斑岩铜矿、银山多金属矿和金山金矿等大型—超大型矿床，是我国东部成矿带中的大型矿集区之一。银山是近 20 多年来地质找矿取得较大进展的矿区，20 世纪 70 年代初还是一个中型铅锌矿，现已探明为特大型铜铅锌金银多金属矿床。

7.2.1.1　区域地质特征

　　银山矿床位于江南古陆东南缘的乐（华）-德（兴）中生代火山盆地的北东端，万年-德兴隆褶带内，赣东北深大断裂带的北西侧。区内以中元古界双桥山群浅变质岩为基底，构造活动频繁，燕山期中酸性岩浆活动强烈。

　　地层。

　　区内出露地层以中元古界双桥山群为主（图 7.3），主要是前寒武系的浅变质岩，它代表着广泛分布于赣东北深大断裂带北西侧的中元古界地层，为一套浅变质富含火山物质的类复理石建造，厚逾 6km。鹅湖岭组火山岩不整合于其上。矿区出露双桥山群下亚群的绢云母千枚岩、砂质板岩和凝灰质千枚岩。矿体主要产在地层之中，地层中的 Cu、Pb、Zn、Au、Ag 成矿元素丰度比地壳和区域地层的平均值稍高，不同程度上为银山、铜厂等矿床提供了成矿物质。

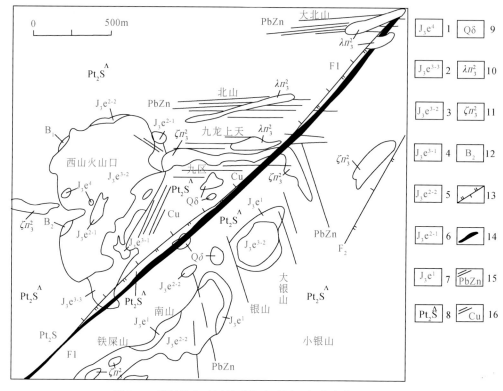

图 7.3　德兴银山矿区地质构造略图（据黄定堂，2001）

1. 鹅湖岭组第四岩性段安山玢岩；2. 鹅湖岭组第三岩性段上亚段英安质角砾熔岩；3. 鹅湖岭组第三岩性段中亚段凝灰岩、英安质角砾岩、集块岩；4. 鹅湖岭组第三岩性段下亚段火山震碎角砾岩；5. 鹅湖岭组第二岩性段上亚段角闪流纹岩；6. 鹅湖岭组第二岩性段下亚段流纹质集块岩；7. 鹅湖岭组第一岩性段千枚岩、角砾岩；8. 中元古界双桥山群变质岩；9. 石英闪长岩；10. 石英斑岩；11. 英安斑岩；12. 爆破角砾岩；13. 逆断层；14. 背斜轴线；15. 铅锌矿体；16. 铜矿体

构造。

矿区构造主要是银山背斜，位于矿区中部，轴向北东 $45°\sim50°$，向 NE 倾伏，背斜两翼发育有 NNE 向、NE 向和 NWW 向控矿断裂。主干断裂 F7 通过银山背斜轴部，倾向 NW，倾角 $70°\sim85°$，控制着次火山岩体和工业矿体的定位。火山机构有西山火山口（图 7.4），位于 F7 断裂的北西盘，平面上呈 NE 向椭圆形，长 1100m，宽 700m，剖面上呈漏斗状，略向南东倾斜。

岩浆活动。

德兴地区的岩浆活动相对来说比较简单，主要集中在晋宁期和燕山期两个阶段，前者以超基性、基性、中基性侵入-喷出岩为主，其中的超基性岩就是产在赣东北深大断裂带中的蛇绿混杂岩；后者则以中酸-酸性侵入岩和火山碎屑岩为特色。德兴地区的岩浆活动以燕山早期最为重要。银山的英安斑岩等次火山岩即是燕山早期岩浆活动的产物。

矿区燕山早期岩浆活动强烈，根据矿田内火山岩层层序、沉积间断和岩性组合特征，其火山-次火山演化活动可分为三个火山旋回，每个旋回都是以喷发开始，至喷溢→侵位→隐爆→成矿结束，呈规律性的演化。第 I 旋回火山活动为酸性流纹质，主要形成流纹集块

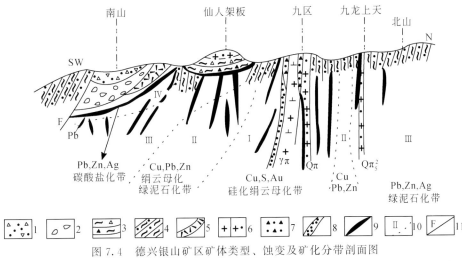

图 7.4　德兴银山矿区矿体类型、蚀变及矿化分带剖面图

1. 火山角砾岩；2. 集块角砾岩；3. 千枚岩质砾岩；4. 千枚岩；5. 流纹岩；6. 英安岩石、石英斑岩；
7. 爆破角砾岩；8. 接触带细脉+浸染状矿体；9. 大脉状及层状矿体；10. 蚀变界线；11. 断层

角砾岩、角闪流纹岩和石英斑岩。前者主要分布在九区、仙人架板、西山北部和银山矿区一带；后者分布在北山、九龙上天一带，如 6♯、5♯、4♯、10♯、13♯ 等岩体。呈不规则的岩株状侵入于双桥山群千枚岩裂隙中。该期次以裂隙式喷发为特征，规模中等。第Ⅱ火山活动旋回伴生的成矿作用为矿田铜铅锌（金、银）的主要成矿期，是矿田火山活动的高峰期，该期次的火山碎屑岩主要分布在西山火山口机构中以及南山—道士印一带，英安质熔岩充填于火山管道或溢出地表或呈舌状侵入于千枚岩中，形成 3♯、8♯、9♯、2♯ 和 1♯ 等岩体，分布于矿田中部和西南部，该期次具中心式喷发特点。伴随第Ⅲ火山活动旋回的矿化活动为中低温-低温的脉状碳酸盐铅（锌）矿化。火山活动为火山管道熔岩相角闪安山玢岩，分布在西山火山口内，规模很小，至此，矿田的火山-次火山活动基本结束。

银山蚀变英安斑岩和石英斑岩中绢云母的 $^{40}Ar/^{39}Ar$ 快中子活化年龄测试，获得蚀变英安斑岩中绢云母的坪年龄和等时线年龄分别为 $178.2\pm1.4Ma$ 和 $179.6\pm2.9Ma$；蚀变石英斑岩中两件绢云母样品的坪年龄和等时线年龄分别 $175.4\pm1.2Ma$ 和 $175.3\pm1.1Ma$，$176.2\pm5.1Ma$ 和 $176.6\pm3.3Ma$（李晓峰等，2006）。铜厂和富家坞花岗闪长斑岩 SHRIMP 锆石 U-Pb 年龄为 $171\pm3Ma$（王强等，2004），由此可见，火山活动与成矿要早于侵入活动与成矿。德兴地区与英安质-花岗闪长质火山-侵入活动紧密伴随的成矿作用，彼此时间间隔不长，成岩成矿时代集中于中侏罗世（180~175Ma B. P.）。次火山岩体锶同位素初始值为 0.7060~0.7083，平均 0.7071（黄定堂，2001），高于现代地幔平均值（0.7040），而低于现代陆壳平均值（0.7140），显示出壳幔混源的特点。矿区内中酸性次火山岩中 Cu、Pb、Zn、Au、Ag 的丰度比国内同类岩石的平均含量高出许多倍。

7.2.1.2　矿床地质特征

矿区矿化面积 $6km^2$，矿化深度超过 1500m，由北向南依次分为北山、九龙上天、九区、西山、银山和南山六个区段，由数百条矿体所组成（图 7.4）。早期主要勘探铅锌矿，并提交了储量，20世纪70年代发现深部铜矿后，开始勘查铜矿。全区已探明铜铅锌矿体共400余个，矿体一般长50～600m，最长达1050m，厚一般1～15m，最厚100多m。全区铜矿体共有175个，主要矿体（V11）长658m，平均厚10.42m，倾斜延深600m，倾角80°。其他矿体长100～905m，厚2～3m。矿化深度已延伸到1500m以下。全区矿石平均含铜0.796%，伴生金0.87g/t，银9.6g/t。

矿体形态。

①陡倾斜脉状和细脉浸染状铜金矿体。一般长300～600m，最长1050m，厚1～15m，延伸达1400m，倾角大于70°，金属矿物以黄铁矿、黄铜矿、硫砷铜矿和砷黝铜矿为主。

②陡倾斜脉状铅锌矿体。一般长300～600m，最长达1000m，厚1～15m，延深1400m，倾角均在70°以上。金属矿物有方铅矿、闪锌矿、黄铁矿、黄铜矿和硫砷铜矿。在矿区中部－250m以下逐渐变为铜金矿体。

③缓倾斜似层状银铅锌矿体。规模较小，分布局限，由富含银的方铅矿、闪锌矿细脉组成，呈似层状和不规则的透镜状，倾角15°～25°（图7.5）。

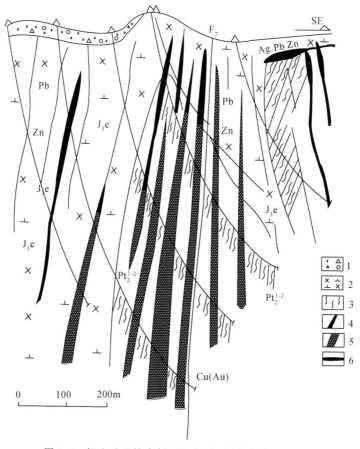

图7.5　银山矿区综合剖面示意图（据黄定堂，2001）

1. 坡积层；2. 英安质熔岩；3. 千枚岩；4. 铅锌矿体；5. 铜金矿体；6. 银铅锌矿体；J_3e. 上侏罗统鹅湖岭组；Pt_2^{1-2}. 中元古界双桥山群

矿石类型、矿物组合和结构构造。

各类矿石中主要元素品位中等,中心部位局部有富含金的金铜矿石,浅部有富银的银铅锌矿石。矿石中主要工业矿物有黄铁矿、黄铜矿、硫砷铜矿、方铅矿和闪锌矿等。金银矿物有自然金、碲金矿、银金矿、自然银、辉银矿、硫锑铅银矿和深红银矿等。脉石矿物为石英、绢云母、绿泥石和菱铁矿等。

矿区矿石类型比较复杂,按选矿工艺特征可划分以下五种矿石类型:铜硫矿石、金铜矿石、铜铅锌矿石、铅锌矿石和铅锌银矿石。矿石结构以结晶粒状结构为主,而交代、偏胶状、次文象、固溶体分解结构等次之。矿石构造最常见有致密块状、细脉浸染状、浸染状、网脉状、条带状、团块状和晶洞状等。

围岩蚀变及其分带。

矿体主要围岩为变质岩,其次为火山岩和次火山岩。围岩蚀变具有分带性,由内向外依次划分为石英-绢云母化、石英-绢云母-绿泥石化、绢云母-绿泥石化和绿泥石-碳酸盐化四个带。铜矿体主要产于九区 3 号英安斑岩体和西山南 1 号英安斑岩体的接触带及其两侧围岩中。接触带的矿体呈细脉状和浸染状,围岩中的矿体由网脉状和相互平行的脉带组成。

矿化及其分带。

银山矿床具有矿种多、分带明显等特点。水平方向上铜金矿体主要分布于矿化的中心部位,铅锌矿体分布于铜金矿体的外侧,银铅锌矿体分布于矿化带的最外侧;垂直方向上深部为铜金矿体,中部为铜铅锌矿体,浅部为银铅锌矿体,由内而外与蚀变分带相对应,可划分出铜金矿化带、铜铅锌矿化带、铅锌银矿化带和银铅锌矿化带。

7.2.1.3　矿床成因分析

银山多金属矿床的一个重要特征就是多种有用元素的高度富集,铜、金、银、铅锌、硫的储量都分别达到大型矿床的规模。矿田中次火山岩的成矿元素含量较高,为成矿提供了主要物质。双桥山群的有利地层层位及韧性剪切带组合是银山矿床的主要控矿因素(邱德同,1991)。矿区近矿围岩中出现较大范围成矿元素地球化学降低场,从远矿域、过渡域到近矿域,Cu、Pb、Zn、Au、Ag 含量逐渐降低(华仁民等,1993)。显然,基底地层中有部分成矿元素参与了成矿作用,从而定量地证实双桥山群为银山矿床的金矿化提供了成矿物质。矿田硫和铅部分来自地壳深部或上地幔,部分来自基底地层中,矿石中硅主要来自围岩,以上说明成矿物质具有双重来源的特征。矿床成矿温度为 $100 \sim 330 ℃$,成矿流体盐度为 $3.0 \sim 12.2$($‰NaCl$),成矿压力为 $100 \times 10 \sim 260 \times 10^5 \, Pa$。表明矿床是在低盐度的高-中低温热液的近地表环境条件下形成的。

矿床成因类型

矿床处于中元古界双桥山群上覆中生代陆相火山沉积盆地的边缘,矿床围绕西山破火山口产出,以含矿英安斑岩为中心,由内向外和自下而上依次出现蚀变和矿化的分带。矿床是在低盐度的中、低温热液的近地表环境条件下形成的。银山铜多金属矿床是陆相火山-次火山热液型矿床。

7.2.2　西华山钨矿

　　南岭地区是中国重要的有色、稀有和贵金属矿产资源产地，拥有许多大型、超大型矿床。大量研究成果表明，南岭地区的金属成矿作用与燕山期各种花岗岩类有密切的成因联系，其中尤以壳源型花岗岩类与 W、Sn、Bi、Mo、Nb、Ta 以及 REE 等金属的大规模成矿作用有密切的成因关系。作为组成南岭钨锡多金属重要成矿带之一的赣南地区广泛分布有这种壳源型花岗岩体，它们的时代集中在晚侏罗世（170～150Ma B. P.），并且都与钨多金属矿床有着十分密切的成因联系：如在西华山-张天堂控矿岩带中（图 7.6），八仙脑钨矿的天门山岩体锆石 SHRIMP 年龄为 167 ± 5Ma（Zeng *et al.*，2008）；漂塘岩体和荡坪岩体的 K-Ar 年龄分别为 155.7 ± 8Ma 和 160Ma（吴永乐等，1987）；与钨矿成矿相关的西华山岩体一批 Rb-Sr、U-Pb 年龄数据则集中在 150～157Ma（李亿斗等，1986；McKee *et al.*，1987；陈志雄等，1989；Maruejol *et al.*，1990）。

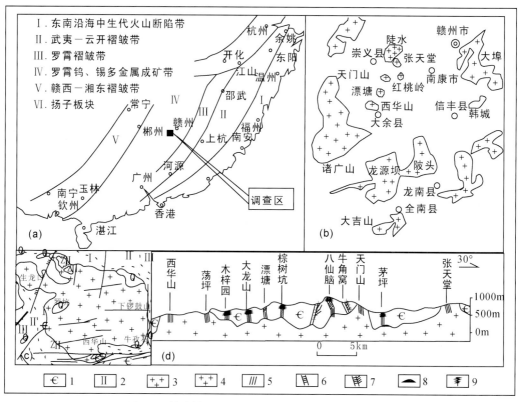

图 7.6　赣南钨矿田简要构造位置及控矿岩体分布图

（a）区域构造位置图；（b）控矿岩体分布图；（c）西华山岩体地质简图；（d）西华山-张天堂岩浆岩带控矿示意图（据杨明桂、卢德揆，1981，有修改）。1. 寒武系变砂岩；2. 接触变质带；3. 中粗粒花岗岩；4. 中细粒花岗岩；5. 石英大脉型矿床；6. 石英细脉型矿床；7. 破碎蚀变带型矿床；8. 云英岩化岩体型矿床；9. 隐伏矿体上的矿化标志西华山矿床处于永新-诸广山拗褶带东南部，南岭钨矿带中段，西华山-漂塘矿带西南端（图 7.6）。燕山期复式花岗岩株侵入于寒武系浅变质岩系中，直接与石英砂岩、云母石英片岩、砂质板岩接触，形成明显的接触变质带。含矿岩体 NW-SE 长 7km，NE-SW 宽 5.5km，呈椭圆形，出露面积 19.9km^2。在外接触带形成宽数百米的环状角岩化带，由近及远，变质作用由强变弱，形成了宽度不等的角闪石角岩带和斑点状板岩带。复式花岗岩株和钨矿田是燕山早期花岗岩浆经不断分异演化，先后经历了四个侵入阶段（为 γ_5^{2a-d}，同位素年龄为 ＞163Ma、149～156Ma、139～145Ma 和燕山晚期的斑岩）和四次成矿作用。

7.2.2.1　矿床地质特征

与钨矿关系密切的岩浆岩主要为燕山早期晚阶段第二次侵入的黑云母花岗岩（$\gamma_5^{2 \cdot b}$）和第一次侵入的斑状中粒黑云母花岗岩（$\gamma_5^{2 \cdot a}$），其边部分布着略具北西走向的两组六个钨矿床（图 7.7），西华山为其中最大的一个。矿床分布于复式岩体的西南边缘，矿化面积有 4.3km^2，已探明矿脉 708 条，含矿石英大脉主要产于内接触带，走向近东西，按空间分布可分为北、中、南三个区段。矿脉形态为薄板状、膨大、缩小、尖灭、侧现等现象较普遍。脉体长和延深一般为 250m 左右，平均脉幅 0.4m。主矿脉长 1075m，平均脉幅 0.83m，倾斜延深 370m，倾角 85°。矿石矿物共有 49 种，除黑钨矿外，尚有辉钼矿、辉铋矿、锡石、白钨矿、黄铜矿、黄铁矿、磁黄铁矿、绿柱石、斑铜矿、闪锌矿、毒砂以及稀土矿物等。主要矿石类型为石英-黑钨矿和石英-长石-黑钨矿组合。脉石矿物以石英为主，次为长石和云母，少量萤石和方解石。

矿石以结晶结构、固溶体分离结构、交代溶蚀结构为主，少量包含结构、压碎结构和梳状结构等。矿石构造主要有块状构造、条带状构造、晶洞构造和复脉状构造，局部有角砾状构造、梳状构造等。

围岩蚀变较复杂，常见主要的为云英岩化、钾长石化与硅化，局部地段尚有黄玉化、电气石化、黑云母化、绢云母化及绿泥石化等。不同阶段花岗岩中的矿脉或同一阶段花岗岩中不同区段的矿脉，脉侧蚀变都有所不同，但同一矿脉的蚀变，在水平或垂直方向上，具有一定的变化规律。

矿床的四次成矿作用与四个成岩阶段有关。成矿作用都大体由岩浆结晶分异-自交代稀土（钨、钼）矿化期，经分异脉岩伟晶岩钼、铍（钨）矿化期，到岩浆期后气化-热液钨等金属成矿期的演变过程，其主体成矿为第三阶段的黑云母二长花岗岩。西华山钨矿具有较为典型的内接触带脉钨矿床矿化富集特征，矿体主要产在第一阶段斑状中粒黑云母花岗岩（$\gamma_5^{2 \cdot a}$）和第二阶段中粒黑云母花岗岩（$\gamma_5^{2 \cdot b}$）内。矿床矿物组合垂直分带比较明显，矿脉上部矿物组合较简单，主要为黑钨矿、黄玉、辉钼矿、锡石等；中部矿物组合复杂，黑钨矿相对富集，并出现较多的辉钼矿、辉铋矿、绿柱石、黄铁矿、毒砂及少量黄铜矿、白钨矿、石榴子石、闪锌矿等；矿脉下部矿物种类又渐减少，黑钨矿等迅速减少，黄铁矿、黄铜矿占主要地位，局部地方萤石、方解石含量较多；再向下则过渡为无矿石英脉。

7.2.2.2　矿床成因

矿床硫同位素具有近零值的塔式分布特征；花岗岩氧同位素绝大部分均大于 10，显示富

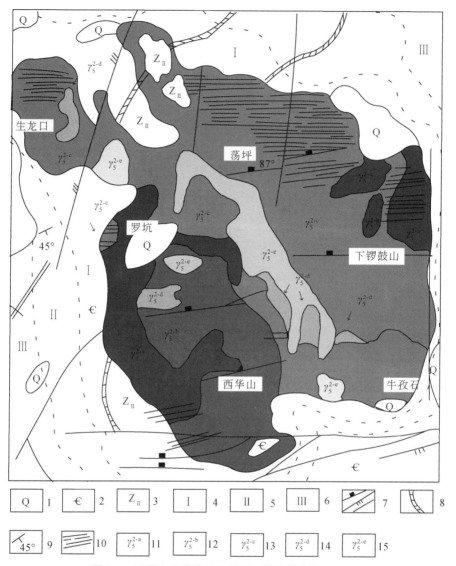

图 7.7　西华山花岗岩株地质图（据谢明璜等，2009）

1. 第四系；2. 寒武系；3. 震旦系上统；4. 花岗斑岩；5. 细粒石榴子石二云母花岗岩；6. 斑状细粒黑云母
花岗岩；7. 中粒黑云母花岗岩；8. 斑状中粒黑云母花岗岩；9. 断层及产状；10. 硅质标志层；11. 角岩带；
12. 角岩化带；13. 斑点板岩带；14. 钨矿脉；15. 流线方向

集 ^{18}O 的特点；石英中 δD 值平均为 −63.51，变化较稳定。说明成岩物质经历了岩浆均一化的过程。从氢、氧、碳、硫、锶同位素地质、稀土元素地球化学、深熔实验等方面，表明西华山含钨花岗岩浆起源于地壳重熔，上升到上部"岩浆房"发生岩浆分异和围岩同化混染，具有多层次、多来源、多旋回的特点。属花岗岩浆期后高温热液石英大脉型黑钨矿床。

7.2.2.3　成矿模式

西华山复式花岗岩体具有同源、同期、多阶段侵入的特点，随着四个侵入阶段成岩的演化，相应有程度不同的四次成矿作用（图 7.8）。它们在时间上彼此间隔较短，在空间上穿插重叠，同属于燕山早期花岗质岩浆房的分异演化产物。

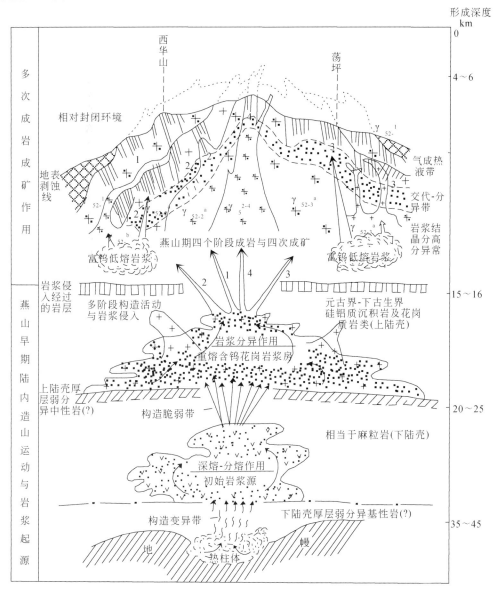

图 7.8　西华山钨矿田多次成岩成矿时空演化模式（据吴永乐等，1983，有修改）

1. 寒武系浅变质岩；2. 黑云母二长花岗岩；3. 黑云母碱长-二长花岗岩；4. 黑云母二长花岗岩（主体）；5. 花岗斑岩；6. 黑云母花岗岩（补充侵入体）；7. 二云母花岗岩；8. 交代分异带；9. 辉钼矿-黑钨矿-石英脉；10. 黑钨矿-长石-石英脉；11. 辉钼矿-绿柱石-黑钨矿-石英脉；12.（含黑钨矿、锡石）硫化物-石英脉

通过在西华山-张天堂控矿岩带中张天堂岩体热演化史研究表明，从锆石到黑云母晶出，岩体冷却速度较快为 66.67℃/Ma，是岩体与围岩的地热梯度较大所致（Mao et al.,

2010）；从黑云母到钾长石封闭，冷却速度为 11.97℃/Ma，代表了岩体匀速地向围岩散失热量。这种随时间变新冷却速度降低的二阶段冷却模式在世界上其他构造活动区的花岗岩体也是多见的。由张天堂岩体的冷却曲线区推断（图7.9），华南花岗岩类与钨锡成矿作用之间存在约10Ma的时间差与岩浆-热液过程有关。图7.9中也标出了天门山岩体的冷却曲线，天门山岩体成岩与钨矿成矿存在5~18Ma的时间间隔（Zeng et al.，2008）。已有大量文献报道花岗岩类与钨锡成矿作用之间存在时间差，如大吉山与成矿有关的中粒白云母花岗岩单颗粒锆石 U-Pb 稀释法测得的侵位年龄为 151.7±1.6Ma，大吉山主体钨矿脉的形成年龄为 143~147Ma（张文兰等，2004）；西华山花岗岩岩体的年龄为 155Ma，钨矿成矿年龄为 137~140Ma（李华芹等，1993）。同样可以说明花岗岩类与钨锡成矿作用之间约10Ma的时间差与正常的岩浆-热液过程有关，不排除有外来幔源组分的加入促使成矿。

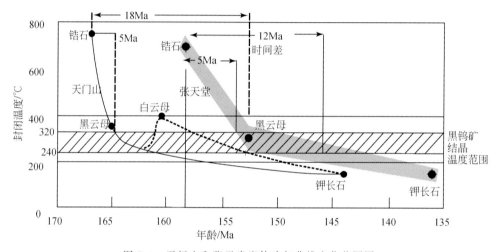

图 7.9　天门山和张天堂岩体冷却曲线变化范围图

阴影为张天堂岩体的冷却曲线变化范围；黑曲线为天门山岩体的冷却曲线，虚曲线为天门山岩体白云母结晶的异常线（据 Zeng et al.，2008；Mao et al.，2010）

7.2.3　冷水坑银铅锌矿床

江西冷水坑铅锌银矿床是我国重要的铅锌银矿床之一，现已探明银 9600t，铅锌 350万 t，也是世界上少有的斑岩型铅锌银矿床。斑岩型矿床作为一种最重要的铜、钼、金矿床类型一直得到人们的极大重视。相对而言，斑岩型银铅锌矿床极为少见。在我国被认为属于斑岩型铅锌矿床的有香炉、北衙、姚安和冷水坑四个矿床，其中冷水坑矿床最为典型。从冷水坑矿田的发现到现今，经历了"脉带型"铅锌矿到斑岩型铅锌矿、斑岩型银矿以及层控叠生型银铅锌矿三次大的找矿阶段。

7.2.3.1　矿田地质概况

冷水坑铅锌银矿床位于华夏地块武夷多金属成矿带北段，月凤山中生代火山断陷盆地北西边缘。在构造上受鹰潭-安远深断裂及鹰潭-瑞昌区域性大断裂控制。矿田地层主要为震旦系变质岩与侏罗系火山岩（图 7.10）。震旦系由一套石英云母片岩、黑云斜长片麻岩等变质岩组成，侏罗系地层为一套钙碱-碱性系列陆相火山杂岩，是冷水坑矿田的重要赋矿层位，其中，侏罗系打鼓顶组和鹅湖岭组火山岩是冷水坑矿田铅锌银矿的直接赋矿围岩。矿田构造以断裂构造为主，其次为变质基底及火山岩地层构成简单的褶皱构造。主要断裂为 NE 向（F₁和 F₂）和 NW 向两组。在矿田深部侏罗系打鼓顶组火山岩中还见有层

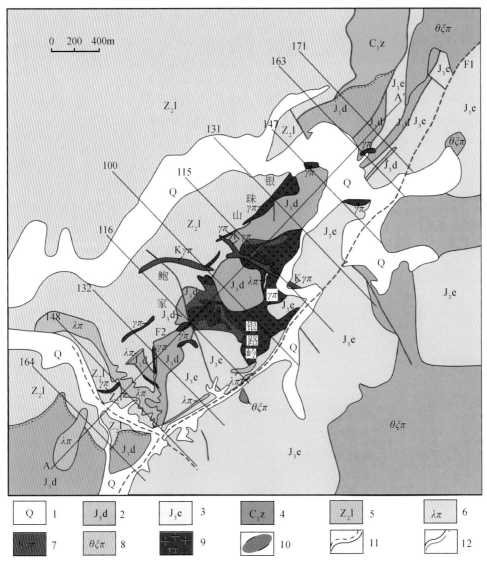

图 7.10　冷水坑矿田地质图①

1. 第四系；2. 上侏罗统打鼓顶组；3. 上侏罗统鹅湖岭组；4. 石炭系下统梓山组；5. 震旦系老虎塘组；6. 流纹斑岩；7. 钾长花岗斑岩；8. 石英正长斑岩；9. 含矿花岗斑岩；10. 隐爆角砾岩；11. 地层不整合界线；12. 实测、推测断层

① 刘建光，2009，江西省北武夷山成矿带地质找矿研讨会，会议交流材料。

间断裂构造。F₁断裂是区域性湖石断裂的一部分，它不仅控制了区域火山盆地的边界，也是冷水坑矿田重要的导岩导矿构造。F₂断裂为区域推覆构造在矿田的出露部分。震旦系上统变质岩被该断裂推覆至侏罗系火山岩之上。层间断裂破碎带主要发育在矿田深部侏罗系火山碎屑岩夹铁锰碳酸盐岩、硅质岩等层位中。层间断裂破碎带为区内重要的控矿储矿构造，矿田内层状铁锰碳酸盐铅锌银矿体即赋存于其中。

矿田以燕山晚期碱长花岗斑岩为含矿岩石，分布于矿田中部，侵入于侏罗系火山岩地层中，地表出露面积约 0.36km² （图 7.10）；在空间上为一上部平缓下部陡立、向西北倾斜、向下收缩尖灭的蘑菇状岩株，含矿斑岩属于高钾钙碱性岩石系列。含矿斑岩的岩浆结晶锆石 SHRIMP 加权平均年龄为 162±2Ma （左力艳，2008），与同期火山岩组成了同源演化的火山-侵入杂岩（陈克荣等，1988；陈繁荣等，1995）。在冷水坑矿田见有大量不规则分布的隐爆成因角砾岩（图 7.10）。矿田的隐爆作用是随着含矿斑岩体的侵位而发生的，隐爆相岩石分布较复杂，不同类型的隐爆相岩石相互叠加，隐爆作用具多期（次）性。

7.2.3.2　矿床地质特征

冷水坑矿田的成矿作用发生在碱长花岗斑岩内及其围岩中，成矿元素以铅锌银为主，伴有金铜等组分。依据矿化特点与成矿作用的不同，可以分出两种矿床类型，即斑岩型和层状改造型。这两类矿床在矿田内具有较为紧密的空间关系，斑岩型矿化多在碱长花岗斑岩及其接触带内，而层状改造型矿化位于与碱长花岗斑岩接触的火山岩地层内，隐伏在矿田深部（图 7.11）。两类矿床的主要矿化特征列于表 7.5 中。

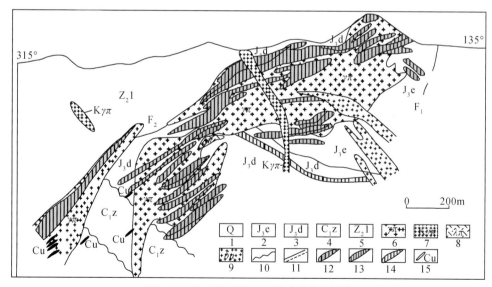

图 7.11　冷水坑矿田 100 线矿体分布图[①]

1. 第四系；2. 上侏罗统打鼓顶组；3. 上侏罗统鹅湖岭组；4. 下石炭统梓山组；5. 震旦系老虎塘组；
6. 含矿花岗斑岩；7. 钾长花岗斑岩；8. 流纹斑岩；9. 闪长玢岩；10. 地层角度不整合界线；11. 实测、
推测断层；12. 银铅锌矿体；13. 铅锌矿体；14. 铁锰含矿层；15. 铜矿体

---

①　刘建光，2009，江西省北武夷山成矿带地质找矿研讨会，会议交流材料。

表 7.5　冷水坑矿田矿床类型及其特征

矿床类型	斑岩型	层状改造型
赋存部位	矿体产于燕山期花岗斑岩体内带及接触带附近	矿体分别产于侏罗系打鼓顶组下段、鹅湖岭组下段火山碎屑岩-碳酸盐岩、硅质岩建造中。靠近花岗斑岩体时即有层控叠生型铁锰-银铅锌矿体产出
矿体形态	透镜状	似层状、规则透镜状
矿体产状	总体上与花岗斑岩体产状一致，倾向北西	与火山岩地层产状基本一致总体向南东倾
围岩蚀变	面型绿泥石化、绢云母化、碳酸盐化及黄铁矿化、硅化等	碳酸盐化、弱绢云母化及线型绿泥石化等蚀变
矿物组合	黄铁矿、闪锌矿、方铅矿、螺状硫银矿、自然银、石英、钾长石、斜长石、绿泥石、绢云母等	铁锰碳酸盐矿物、白云石、石英、碧玉、磁铁矿、赤铁矿、闪锌矿、方铅矿、螺状硫银矿、自然银等
矿石组构	细中粒半自形、他形粒状结构，交代结构。细脉浸染状、脉状构造为主	铁锰碳酸盐矿物的鲕状、细粒他形粒状结构、细中粒半自形、他形粒状结构，交代结构。块状构造、细脉浸染状、脉状构造
元素组合	Ag-Pb-Zn-Cd-Cu-Au	Ag-Pb-Zn-Cd-Au
埋藏情况	以隐伏矿为主，部分出露地表	隐伏状
成矿方式	次火山期后浅成-超浅成中温热液交代	火山沉积期后热液-次火山气液交代充填

　　斑岩型矿床矿化具有分带性，铜（金）矿化主要产于斑岩体近根部带至主体带的内带及内接触带附近，铅锌矿化位于岩体内带，银铅锌矿化位于岩体主体带至前缘带及接触带附近，部分产于外带火山岩中。成矿流体与成矿物质直接来自于含矿斑岩，成矿流体具有低-中盐度，大气水在成矿过程中具有重要作用。银铅锌成矿作用主要发生于岩浆期后中低温阶段。层状改造型矿化发生于含矿斑岩体外，在冷水坑矿田磁铁菱锰铅锌银矿化多位于含矿斑岩体外接触带。

　　冷水坑斑岩型矿床热液蚀变发育，具有面型分布特点。蚀变主要为绢云母化、绿泥石化、碳酸盐化、硅化和黄铁矿化，少量的泥化、赤铁矿化、褐铁矿化，明显缺少斑岩型铜（钼）矿床的以钾交代（钾长石化和黑云母化）为代表的早期蚀变，而以绢云母绿泥石化蚀变发育为特色。晚期蚀变与斑岩型铜钼矿床的晚期蚀变相当，具有大量的铁锰碳酸盐化蚀变，可以分为三个阶段：绿泥石-绢云母化阶段、绢云母-碳酸盐化-硅化阶段和碳酸盐-绢云母化阶段。蚀变具有一定的分带性，从岩体中心向外依次为绿泥石绢云母化带→绢云母化碳酸盐化硅化黄铁矿化带→碳酸盐化绢云母化带。

　　矿田内的铅锌银矿体分为斑岩型和层状改造型两类，其中改造型矿体呈层状，与铁锰碳酸盐化蚀变关系密切，发育大量的铁锰碳酸盐蚀变不仅是冷水坑矿田热液蚀变的独特之处，而且与铅锌银矿化关系密切。斑岩型矿体多位于绿泥石化绢云母化蚀变带，斑岩内的 Ag、Pb、Zn 矿化与绢云母化蚀变和绿泥石化蚀变密切相关，该蚀变阶段是主要的成矿时间。

　　冷水坑斑岩型银铅锌矿床与斑岩型铜钼矿床相比在蚀变矿物分带上具有明显的不同，中心发育绿泥石化蚀变带，而不是钾硅酸盐化带，绢云母化蚀变普遍发育，同时大量发育碳酸盐化蚀变。这种差异的根本原因在于与成矿有斑岩体的岩性和其形成的构造背景不同所造成的。

7.2.3.3 成矿时代

最近，据骆学全研究员面告（其领导的项目组未刊资料），用 LA-ICP-MS 方法测得矿体底、顶板晶屑凝灰岩中锆石年龄分别为 $156\pm1.2Ma$ 和 $155.1\pm1.2Ma$，侵入其中的花岗斑岩锆石年龄为 $146.3\pm1.3Ma$。打鼓顶组和鹅湖岭组火山岩地层为燕山晚期中侏罗世，侵入其中的岩体为晚侏罗世的。冷水坑矿体成岩成矿作用主要发生在燕山早期中侏罗世。

7.2.4 紫金山铜金矿田

紫金山大型铜金矿是中国大陆首例新类型铜金矿床，它的发现与成功勘查，不仅给我国沿海地区提供了大型铜金矿资源基地，而且也为在陆相火山岩地区寻找、勘查大型铜金矿开阔了新思路。目前，依靠开采该矿起家的紫金矿业集团股份有限公司已经成为国内最大的黄金生产企业和香港 H 股上市公司。

"紫金山式"铜金矿是与中生代次火山岩有关的高硫型浅成低温热液矿床，具独特的蓝辉铜矿、硫砷铜矿、铜蓝等铜矿物组合及硅化、地开石化、明矾石化和绢云母化等蚀变矿物分带。该矿属隐伏矿床，找矿难度大。其发现是在火山作用成矿理论指导下，运用成矿系列理论扩大外围，先后发现龙江亭、中寮等七处高硫浅成热液型及斑岩型铜钼矿床。该地区控制铜金属量达 219 万 t，经过补充勘查，金矿可利用资源量达 254t。

7.2.4.1 地质特征

紫金山矿田位于北西向上杭-云霄深大断裂与 NE 向宣和复式背斜交汇处，上杭早白垩世陆相火山构造洼地北缘。矿田内分布有与成矿有关的燕山晚期火山-侵入岩，属高钾钙碱性系列。主要岩石类型有：喷溢相安山质-粗安质-英安质熔岩、火山碎屑岩；潜火山岩相英安玢岩、花岗闪长斑岩、隐爆角砾岩、热液角砾岩；中深成相花岗闪长岩。它们形成的先后顺序为花岗闪长岩、中酸性火山岩→英安斑岩→花岗闪长斑岩。属同源岩浆不同形成方式和定位深度的产物。岩浆系列 SiO_2 含量为 $64\%\sim68\%$，全碱含量为 $6\%\sim8.7\%$，Na_2O/K_2O 一般为 $0.5\sim0.9$，副矿物为磁铁矿-榍石-磷灰石-锆石型，稀土配分模式为铕亏损不明显的右倾型，属壳幔混合源 I 型花岗岩类。容矿围岩以燕山早期黑云母花岗岩为主（SHRIMP 锆石 U-Pb 年龄为 $168\pm4Ma$，赵希林等，2008），次为燕山晚期中酸性火山-侵入岩系。容矿构造主要为 NW 向裂隙带、斑岩体接触带构造和火山盖层与基底接触带构造。

矿床类型有：

①高硫浅成低温热液型铜（金）矿床（紫金山）；

②斑岩型铜钼矿床（萝卜岭、紫金山南东矿段中寮等）；

③中低温热液型金银矿床（碧田）。

燕山晚期中酸性火山-侵入岩系与紫金山矿田铜矿床有密切的时空及成因联系。时间上，闽西地质大队和福建省地质科学院（1994）用 Rb-Sr 全岩-单矿物等时线法分别测得五子骑龙岩体年龄为 110±0.3Ma，萝卜岭斑岩体为 105±1Ma，四方花岗闪长岩体中单颗粒锆石 U-Pb 年龄为 107.8±1.2Ma，角闪石 Ar-Ar 年龄为 104.5±0.8Ma（毛建仁等，2002），可以认为四方花岗闪长岩体形成的年龄约为 108Ma，花岗闪长斑岩体大体是在花岗闪长岩开始冷却后形成的，推断其形成年龄约为 105Ma，属早白垩世，与成矿时代相近（绢云母、明矾石 K-Ar 年龄分别为 94Ma 和 82Ma）；空间上，蚀变矿化围绕着潜火山岩体呈规律性分布，表明成岩与成矿为同源岩浆演化不同阶段的产物。

7.2.4.2　主要矿床类型

（1）高硫浅成低温热液型铜（金）矿床。

典型矿床为紫金山 Cu（Au）矿床，该矿床位于紫金山火山机构旁侧，火山通道上部为英安斑岩充填，下部被花岗闪长斑岩占据，顶部和边部发育环状隐爆角砾岩脉（图 7.12）。蚀变矿化围绕复式斑岩筒分布，形成环带状蚀变分带。Cu 矿体呈脉状、透镜状成群分布于石英-明矾石-地开石蚀变带中（图 7.12，图 7.13），并具有与 NW 向裂隙一致的产状特征。

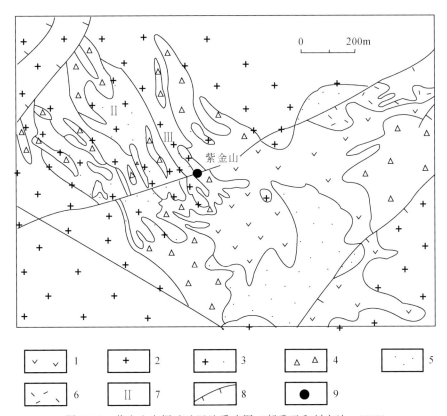

图 7.12　紫金山金铜矿矿区地质略图（郝秀云和刘文达，1999）

1. 白垩系下统中酸和酸性火山岩；2. 燕山早期细粒白云母花岗岩 S；3. 燕山早期中细粒花岗岩；4. 引爆角砾岩；5. 英安斑岩；6. 流纹岩和流纹斑岩；7. 矿化带编号；8. 断裂带；9. 火山喷发中心

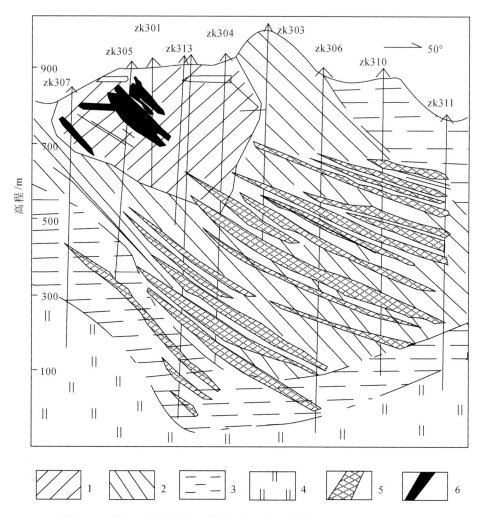

图 7.13　紫金山金铜矿床 3 号线蚀变矿化分带剖面图（陈景河，1999）

1. 强硅化带；2. 石英-明矾石（地开石）带；3. 石英-地开石（明矾石、绢云母）带；4. 石英-绢母带；5. 铜矿体；6. 金矿体（$\geqslant 1 \times 10^{-6}$）

（2）斑岩型 Cu（Mo）矿。

斑岩型矿床分布于矿田北东段，多属隐伏矿床。与成矿关系密切的花岗闪长斑岩呈岩瘤状、岩枝状侵入于花岗岩、花岗闪长岩、英安斑岩中，并常与后者构成复式斑岩筒（图 7.14）。典型蚀变类型有钾硅酸盐化、青磐岩化、石英绢云母化、黏土化和硬石膏化。蚀变分带以斑岩体为中心作同心环带状分布。矿体产于斑岩体内、外接触带上，与接触带产状一致。

（3）中低温热液型 Cu、Au（Ag）矿。

该类型是矿田内常见的矿床类型，多呈"卫星矿"围绕高硫型矿床周边分布，或产于高硫型（浅部）与斑岩型（深部）矿床之间，常与远离火山口的英安斑岩体有密切的时空关系。与成矿有关的英安斑岩呈小岩枝、岩瘤状、脉状产出，旁侧发育少量热液角砾岩。蚀变矿化围绕英安斑岩体分布，Cu 矿体分布于石英-地开石-绢云母带，受 NW 向裂隙控制，矿体呈脉状、透镜状成群分布，并主要产于早白垩世火山岩盖层与基底花岗岩之间的破碎带中（图 7.15）。

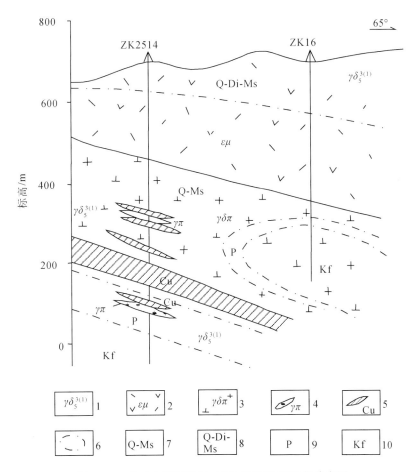

图 7.14　天王山斑岩型铜（钼）矿床蚀变矿化分布图

1. 花岗闪长岩；2. 英安斑岩；3. 花岗闪长斑岩；4. 花岗斑岩；5. 铜矿体；6. 蚀变界线；7. 石英-绢云母带；8. 石英-埃洛石-绢云母带；9. 青磐岩带；10. 钾硅酸盐带

紫金山铜矿成矿地质背景主要可归纳为：①构造单元的交接区；②火山构造洼地的中等剥蚀区，火山根部带的斑岩-爆发角砾岩刚刚出露部位，属近火山通道的位置；③燕山晚期拉张构造环境的双峰式火山岩，其酸性端元属壳幔同熔型花岗岩；④NW 与 NE 向构造带交汇，既控制了火山通道的位置，也制约着矿体，尤其是 NW 向构造控制了爆发角砾岩脉群与相关的矿体。

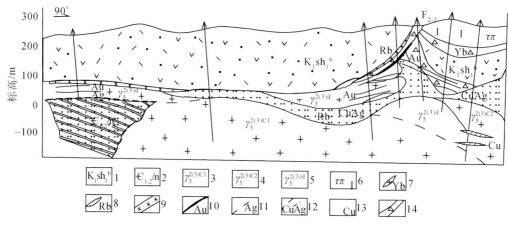

图 7.15　碧田铜、金、银矿床 51 线地质剖面图

1. 石帽山群下组上段；2. 林田群；3. 中粗粒花岗岩；4. 中细粒花岗岩；5. 细粒花岗岩；6. 粗面斑岩；7. 隐爆角砾岩；8. 热液角砾岩；9. 石英脉；10. 金矿体；11. 银矿体；12. 铜银矿体；13. 铜矿体；14. 断层破碎层

7.2.5　奇美铜矿

7.2.5.1　地质背景和勘探历史

台湾斑岩铜矿主要产在台湾省东部海岸山脉的奇美及其南北方向的丰宾和都峦山一带。其中最大的铜矿床为奇美铜矿，可达特大型规模。东部海岸山脉地区下部地层为中新世都峦山层，由安山质砾岩、集块岩、安山质熔岩流和侵入的闪长岩及闪长玢岩组成；上部为上新世大港口层和奇美层，主要岩石为中性火山岩（安山岩）和浅成侵入岩（安山玢岩），主要矿产为含金的斑岩铜矿。

奇美斑岩铜矿与欧亚和太平洋两大板块碰撞密切相关，太平洋板块的菲律宾海亚板块由东向西俯冲于欧亚板块的台湾岛之下，两板块的缝合线为海岸山脉与中央山脉交界的台东纵谷，碰撞时间为新生代后期（Teng，1990；Lu and Hsu，1992）。正因为两大板块在台湾地区相撞，导致形成了金瓜石超大型金铜矿床和奇美大型铜矿床。

奇美是花莲县秀姑峦溪河口北岸的一个小村，东距大港口 6km，1903 年在奇美村东 2km 的秀姑峦溪南岸发现了金矿。1937～1939 年日本矿业在奇美进行铜矿勘查，勘查发现了长 130m，宽 20m 的铜矿体，铜平均品位为 0.64 %，储量为 47 万 t。60 年代末 70 年代初，台湾联合矿业研究所进行了勘查工作，填制了 1∶5000 奇美地区地质图和 1∶2000 的露头区地质图。并进行了 Cu、Zn、Hg 等元素的化探工作，还开展了电法和磁法物探工作，共实施 47 个钻孔，每孔进尺 50～300m 不等。通过勘查发现，奇美矿化现象主要为浸染状，局部为网脉状，含黄铜矿的石英细脉与菲律宾的斑岩铜矿基本相同，被确定为菲律宾型（FSE）斑岩铜矿（谭立平，1969）。

7.2.5.2　成矿围岩和成矿时代

成矿围岩主要是火山熔岩流和集块岩，还有闪长玢岩，闪长岩和辉绿岩等。徐铁良（1956）称这套岩石为奇美火成杂岩。奇美闪长玢岩的斜长石斑晶占 60%，铁镁矿物以角闪石为主，有些角闪石被黄铁矿所交代，闪长玢岩为铜矿的主要成矿源岩。

美国地质年代学实验室测定奇美杂岩 K-Ar 年龄：辉石闪长岩为 22.2 ± 3.5Ma，斑状辉石闪长岩为 19.0 ± 2.2Ma；斑状紫苏辉石闪长岩为 17.0 ± 2.5Ma；热液蚀变火成岩为 18.0 ± 1.8Ma；秀姑峦溪北岸安山质岩石锆石 U-Pb 年龄为 $15.4\sim16.4$Ma（Yang *et al.*，1988），为奇美地区最年轻的火成杂岩。奇美地区经历了多期次的中性岩浆活动，辉石闪长岩可视为早期的侵入岩。何春荪（1969）测定蚀变闪长岩的年龄为 9.0 ± 0.7Ma，被视为成矿年龄，由此可见，奇美地区的火成杂岩从渐新世（25Ma B.P.）开始活动，到中新世（22～9Ma B.P.）具多次侵入和喷出，成矿发生在最晚期，这一点与菲律宾的斑岩铜矿形成时间（9Ma B.P.）基本一致。

7.2.5.3　围岩蚀变

绢云母化在奇美地区非常发育，可作为找矿的主要标志。岩石钾含量高主要来自绢云母，岩石中绢云母含量达 2%～5%。黄铁矿化在奇美铜矿床中较弱，黏土化多发生在斑岩铜矿的中间带。陈陪源（1971）研究结果认为，奇美铜矿黏土化的主要矿物为蒙脱石和伊利石。而其他斑岩铜矿的黏土矿化主要为绿泥石、高岭石和绢云母。黏土化的中间带可含矿，也可不含矿。青磐岩化通常多发生在矿体外带，奇美地区的青磐岩化主要为绿帘石、绿泥石、黄铁矿和方解石。硅化和硬石膏化在斑岩铜矿的分布很普遍。硅化在中心带和中间带表现更为强烈。在菲律宾斑岩铜矿中，硬石膏分布在 Sipalay 矿体的中心部位，作为副产品回收，而在菲律宾的 Philex 矿体中则产在矿体底部。奇美的硬石膏集中在最大矿体的北端，硬石膏脉厚达 10cm，长 1m 以上，产在矿床之东的硬石膏脉厚达 1m 以上，已成为中原石膏矿。表生作用使斑岩铜矿的原生矿物黄铜矿变为斑铜矿、辉铜矿、铜蓝、水胆矾、羟铜矾（Antlerite）和含铜褐铁矿，还有铜绿，不完全由孔雀石组成。

7.2.5.4　矿体

奇美矿床共有五个露头和三个矿体（图 7.16）。一号露头的矿体很小，三至四号露头连成一个大的矿体，五号露头是一个小矿体。三至四号露头称为奇美第三矿区，南北长约 650m，东西宽 400m，呈北宽南窄产出（南部宽仅 200m）。经过几十个深约 80～358m 钻孔勘探，结果表明矿石即为闪长玢岩。另外，在奇美铜矿区东南 6km 处的樟原地区还有金银矿脉，矿脉呈 SN 和 EW 走向两组分布。EW 向 1 号矿脉宽 16cm，长 9m，Au 品位为 10.2g/t，Ag 为 66g/t；EW 向 2 号矿脉宽 5cm，长 4m，Au 品位为 7.9g/t，Ag 为 26g/t；SN 向矿脉宽 110cm，长 7m，Au 品位为 0.5g/t，Ag 为 4g/t，同时还有铅锌矿化。

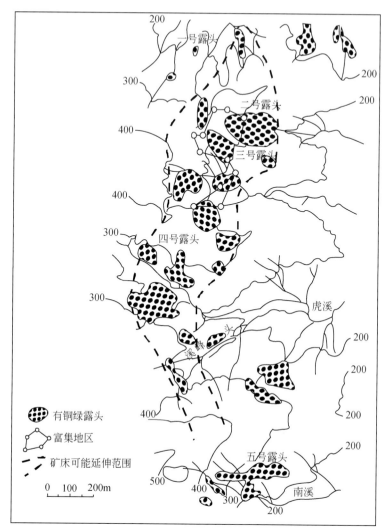

图 7.16　奇美斑岩铜矿露头铜绿分布图（据谭立平，1997）

7.2.6　金瓜石金铜矿床

金瓜石金铜矿床是与台湾北部火山区新生代基隆火山群密切相关的一个高硫型浅成中低温热液矿床。由于它发现早，规模大，在矿床学上有典型意义而闻名于世。

7.2.6.1　大地构造背景

台湾金瓜石金铜矿床位于台湾北部火山区，硫球和菲律宾弧的交汇处（毕庆昌，1971），台湾北部火山可能发生在 2Ma B. P. 左右菲律宾海板块俯冲引起碰撞造山带的扩张，1Ma B. P. 左右海沟后退与海沟张开、海沟加深的构造背景之中。该火山区包括台湾本岛大屯、观音山、草岭山、基隆火山和台湾邻近岛屿：彭佳屿、棉花屿、花瓶屿和龟山岛。金瓜石铜矿床即与基隆火山群有关。北部火山区的大地构造背景一般认为是琉球火山带的西延部分。

7.2.6.2　岩浆作用

金瓜石金矿床主要位于上新世-更新世基隆火山群中，基隆火山群由七个英安质岩体组成，其中五个侵入体位于基隆火山群西部（图 7.17），分别为基隆山、本山、新山、九分和武丹山岩体，两个英安质侵出体（草山和鸡姆岭）位于火山群的东部。七个英安岩体的直径一般为 0.5～3km，侵入到中新统砂岩和页岩中，局部含有煤。

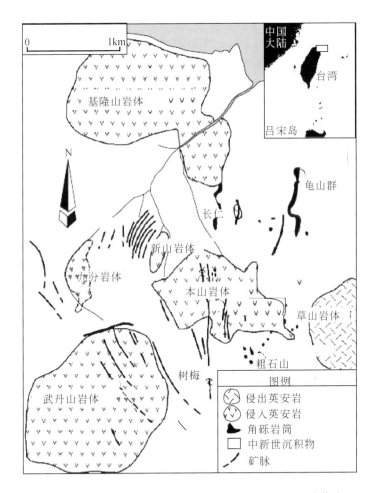

图 7.17　金瓜石矿床地质图。（据 Shen and Yang，2004，有修改）

基隆山岩体为 EW 长约 1.9km，SN 宽约 1.6km 的椭圆形，岩石类型为含辉石英安岩，外围为火山碎屑岩；本山英安岩体位于基隆火山群中心，其外围为沉积岩，已强烈硅化，又称大金瓜或金瓜石，该岩体位于火山群的中心部位，剥蚀深度大于基隆火山-侵入体，本山英安岩终止于近海平面处，该岩体有 3～5 个根部，是由几个侵入体组成的英安质杂岩；其西部边缘为新山英安岩岩体；九分英安岩体位于火山群西部，深部与本山英安岩相连；武丹山英安岩体地表形态为椭圆形，出露规模最大；草山岩体地表呈 SN 向出露排列的两个丘状英安质熔岩体，南部称为粗石山（图 7.17）。鸡姆岭火山由火山碎屑岩和英安岩流组成，其厚度大于 1500m。地球物理推断，在基隆山火山群下尚有隐伏的报时山、灿光寮、南武丹、北势坑和大粗坑等岩体。

金瓜石的英安岩富钙，从台湾到琉球中性次火山岩都富含金，其特点是 Al_2O_3、K_2O、Pb、Rb 高，而 $^{87}Sr_i/^{86}Sr_i$ 低。英安岩中的镁铁质矿物主要是黑云母和角闪石，其次含有少量的紫苏辉石和普通辉石。

侵入型英安岩的年龄为 $1.2 \sim 1.3$ Ma，侵出型英安岩为 $0.9 \sim 1.2$ Ma。金、铜矿床均发现于侵入型英安岩内及其附近。矿化的本山、九分和武丹山英安岩大都发生了强烈的绿泥石化。蚀变英安岩和砂岩中锆石的裂变径迹年龄为 $1.0 \sim 1.3$ Ma，与非蚀变英安岩的年龄近似。这表明绿泥石化和有关金矿化均直接发生在侵入作用之后。早期绿泥石化没有影响到后期侵出型英安岩。

7.2.6.3　围岩蚀变

本区的矿脉和角砾岩筒与硅化和泥质蚀变围岩有关，硅化涉及多期，就主矿脉而言，早期硅化英安岩中含 Au 约 1ppm，而晚期隐晶质石英或燧石的 Au 含量可达 $5 \sim 10$ ppm。围岩中的泥质蚀变晕直接与矿石伴生。黏土矿物主要为地开石，其次为珍珠陶土和绢云母。在 Au-Cu 主矿脉中，泥质带含有低品位的 Au，而在九分地区的矿脉和角砾岩筒中，泥质带可能含有高品位的 Au，硫砷铜矿常与地开石和叶蜡石伴生，表明形成温度大约为 $250 \sim 350$℃。

7.2.6.4　矿床和矿石特征

金瓜石地区的矿床可分为中心区的本山脉状 Au-Cu 矿群；本山以东为粗石山和长仁角砾岩筒群；西为九分和武丹山金矿脉群。其中本山 Au-Cu 矿脉群是最重要的矿体。过去大多数高品位铜、金矿均产于本山群，低品位金矿也很有潜力。粗石山和长仁角砾岩筒群产出有一些极高品位的金、铜矿石，中、低品位金矿石也很有潜力。

金瓜石地区金铜矿床是由一系列矿体群或矿床构成的矿田，按其产出状态与成因方式主要有以下类型的矿体群：

脉状金矿体：属浅成热液裂隙充填型，矿体大小变化较大，厚者 1m，薄者仅几厘米，长者 1200m，短者不过数米。脉石矿物以方解石为主，并含有石英、黏土矿物、菱锰矿、黄铁矿及微量的辉锑矿、重晶石，地表风化后成为"黏土脉"。属于这一类型的矿体群为：九分矿体甲脉、乙脉、丙脉、交代脉，均产于九分隐伏岩体西侧略呈弧形，南北延长达 1200m，垂深延至海拔 21m，主要在砂页岩中；新山-九分间矿体群，矿脉产于九分与新山岩体之间的砂页岩中；新山细脉矿体群位于新山岩体的西侧，主要产在在砂页岩中；武丹山矿体群，矿脉产于武丹山岩体内接触带，如夷脉、大里脉、宝脉、福己脉和龟脉均呈脉状产于武丹山岩体内部。

脉状金铜矿体：主要分布在本山英安岩体附近，为浅成热液充填型，同时矿化浸染到脉旁的围岩中。主要矿物有硫砷铜矿、黄铁矿、吕宋铜矿及少量法马丁矿（脆硫锑矿，

Cu_3SbS_4）。脉石矿物有石英、重晶石。此类矿体由以下矿体和矿体群组成：位于本山岩体内部的 1 号脉、2 号脉、3 号矿脉和 4 号矿脉，均产于主矿脉以东；位于本山岩体北部围岩中的第一长仁矿体、第四长仁矿体和竹矿体以及位于本山岩体南部围岩中的树梅岭矿体。

爆发角砾岩型金铜矿体：主要分布于本山岩体的东部，矿化基本上为全筒型，矿体形态与爆发角砾岩体形态一致 但当爆发角砾岩穿过砂岩时，矿体膨大。

矿化分带特征表现为上金下铜，富金矿带在 420~800m，含铜金矿带在 600~800m，金铜矿带在 800~1200m。（600m 相当于现在海拔 400m，800m 相当于现在海拔 200m）。金矿石呈自然金、银金矿和含金黄铁矿产出。金瓜石主矿脉顶部的黄铁矿为立方体形，紧接其下为五角十二面体，到深部则为八面体。顶部的黄铁矿，其 Ag、As、Au、Ba、Mn、Pb 和 Zn 含量高，而底部的黄铁矿 Cu 含量高（余炳盛，叶学文，1990）。在近地表的泥化英安岩中见有含 Au 白铁矿。硫砷铜矿和四方硫砷铜矿是本区主要的铜矿物。它们主要产出在中部的本山地区，在武丹山仅发现少量硫砷铜矿。重晶石、明矾石和石英是最普遍的脉石矿物。重晶石通常产出在 Au-Cu 矿脉的顶部或角砾岩岩筒中，并经常与囊状金矿石伴生。明矾石一般为粉红或白色，与四方硫砷铜矿呈条带状夹层，为次要矿物。

7.2.6.5　成矿物理条件和成矿时代

成矿温度，运用多种方法已对金瓜石矿床成矿温度作了测定或计算，总体在 160~400℃。九分、武丹山金矿成矿温度为 200℃左右，本山金铜矿床成矿温度为 160~300℃，其中 200℃~250℃为成矿高峰，经压力校正计算最高温度为 350℃。

成矿深度：运用流体包裹体法测定大约在 2400~3500m，由余炳盛和叶学文（1990）结合矿化分带与地温梯度等推断为 1200m，后者相对合理。

据陈正宏等采用锆石和磷灰石裂变经迹法测定结果，矿田内最重要的本山岩体形成年龄为 1.1~1.4Ma，蚀变明矾石年龄为 1.0±0.1Ma，本山以外其他岩体形成年龄均为 1.0±0.2Ma。因此，金成矿年龄大约在 0.8~1.0Ma，成岩与成矿年代比较接近。

7.2.6.6　成矿模式

陶奎元（1997）总结金瓜石矿床是以一个火山为中心的金铜矿床"群"、"层"成矿模式。模式中"群"是指在水平方向上矿床成群分布，"层"是指由浅部到深部依次出现高硫型浅成低温热液型金矿、高硫型浅成中低温热液金铜矿、铜金矿和较深部的斑岩型铜金矿。

Shen 和 Yang（2004）指出，矿田内硫化物的 $^{187}Os/^{188}Os$ 值变化范围为 0.139~0.249，$^{87}Os/^{188}Os$-1/Os 正相关性与含水流体来源于地幔和地壳组分以不同比例的混合是一致的。地壳组分是大气降水，其 Sr 和 Os 同位素特征类似于围岩沉积物，地幔组分是岩浆流体，是英安质岩浆经过分离结晶作用分凝而成的。根据 $^{187}Os/^{188}Os$-1/Os 正相关性计算，金瓜石硫化物的混染流体中岩浆流体含量<30%，而树梅地区岩浆水可高达 40%。与大气降水相比，岩浆流体的 Os 含量较高（>130ppm），Os/Sr 值要两倍于地壳流体；其次，尽管混染流体以大气水为主，Os 含量主要受岩浆流体控制。如果 Au 和 Os 具有相似的地球化学特性，金瓜石金矿床是地幔成因的，Shen 和 Yang（2004）认为具有最大地幔 Os 含量的硫化物型金矿床在树梅地区还有相当大的找矿潜力。同时，硫化物的$^{187}Os/^{188}Os$ 值与硫化物的矿物组合无关，表明硫化物的矿物组合反映的是局部的氧化还原环境，而不是原始流体的地球化学特征。据此，在 Sillitoe（1989）的模式基础上，建立了金瓜石金矿床成因评价的新模式［图 7.18（b）］。

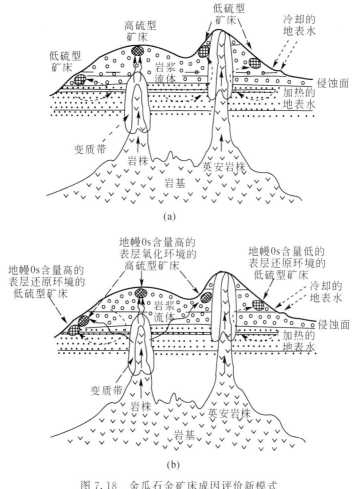

图 7.18　金瓜石金矿床成因评价新模式

（a）据 Silitoe，1989；（b）据 Shen and Yang，2004

7.2.6.7　与福建上杭紫金山铜金矿田的异同性对比

福建上杭紫金山铜金多金属矿床包括斑岩型 Cu（Mo）矿、高硫浅成低温热液型 Cu（Au）矿、中低温热液型 Cu，Au（Ag）矿等类型，而金瓜石金（铜）矿床是与台湾北部火山区新生代基隆火山群密切相关的一个高硫型浅成中低温热液矿床。紫金山铜金多金属矿床（成矿时代为 110～95Ma B. P.）与台湾省金瓜石金铜矿床（成矿时代为 1～0.8Ma B. P.）虽然成矿时代不同，但是在矿床地质特征方面相似，具有可对比性。

（1）同处于西太平洋亚洲大陆边缘中新生代火山带，是在岩石圈减薄过程中，地球动力学由挤压向拉张转变过程中形成的。

（2）矿床受中心式火山控制，与岩穹、次火山岩密切相关，爆发角砾岩在成矿过程中起了重要作用。

（3）容矿围岩为英安岩或同期爆发角砾岩，或者是砂页岩和花岗岩。

（4）类型不同的矿床、矿体成群出现，主要为裂隙充填型，也有脉状浸染型矿体。矿体延伸较大，可达 1200m，斜伸可达 800～1000m。

（5）铜矿物为含砷硫化物。含有硫砷铜矿和明矾石等矿物，指示成矿流体在地球化学上富含硫。

（6）金矿脉在上部，而铜矿体则在下部，金铜之间存在一个过渡带，上部均有 As，Sb、Cu，Hg 异常，地表有大面积的硅化带或黏土带。

（7）成矿温度和成矿深度大体相近（金主要成矿温度在 200℃左右）。

将我国东南部中新生代三个不同成矿阶段（180～170Ma B.P. 的侏罗纪、110～95Ma B.P. 的白垩纪和 1.0～0.8Ma B.P. 的第四纪），与火山-次火山-浅成侵入岩有关的典型铜金多金属矿床（银山、紫金山和金瓜石）的特征总结于表 7.6。

表 7.6　银山、紫金山和金瓜石矿床特征对比表

矿床基本特征		银山	紫金山	金瓜石
时空分布	成矿时代	180～170Ma B.P.（侏罗纪）	110～95Ma B.P.（白垩纪）	1.0～0.8Ma B.P.（更新世）
	构造环境	燕山早期的陆内断陷-火山盆地环境	陆内火山盆地边缘，深断裂旁侧，古生代复背斜倾伏端	琉球火山岛弧西南端
	矿田	矿化区面积 6km²，由北向南由六个矿（带）组成，依次为北山铅锌矿，九龙上天铅锌矿带，九区铜硫矿带，银山西区铜金矿带及银山铅锌矿，南山铅锌矿	40km² 范围内自西而东分布 3 个矿床群：①碧田、龙江亭、二庙沟、大岞岗等，②紫金山北西矿段及南东矿段，③五子骑龙、中寮、萝卜岭等	5km² 范围内分布两个大的矿群：①金瓜石，包括本山（大金瓜）长仁、草山等，②瑞芳，包括九分（小金瓜）、武丹山、新山等
矿床特征	成矿岩体	英安斑岩＋变质岩＋火山碎屑岩	脉状角砾岩＋英安斑岩	更新世基隆火山群英安斑岩
	矿床围岩	主要为变质岩，其次为火山岩-次火山岩	侏罗纪花岗岩及白垩纪石英安山斑岩（简称英安斑岩）	中新统瑞芳群含煤砂岩、页岩及更新世石英安山斑岩
	矿体定位及产出形态	接触带矿体呈细脉状和浸染状，围岩中矿体由网脉状和相互平行的脉带组成	呈缓倾斜的平行密集脉带产于火山通道外侧侏罗纪花岗岩的裂隙带，与隐爆/热液角砾岩脉及英安斑岩脉密切相伴	矿体多呈陡倾斜脉带，走向不定，延深较大，往下变为线状小脉，有的矿体呈筒状产出，受裂隙系控制，或产于石英（斑）岩岩体内，或产于接触带及围岩瑞芳群砂岩和页岩内

续表

矿床基本特征		银山	紫金山	金瓜石
矿床特征	矿物种类	黄铁矿、黄铜矿、硫砷铜矿、砷黝铜矿	以蓝辉铜矿为主，其次为硫砷铜矿及铜蓝	以硫砷铜矿、黝铜矿为主，少量铜蓝，偶见自然铜
	矿物组合及分带	顶部：方铅矿-闪锌矿-黄铁矿组合；中上部：闪锌矿-方铅矿-硫岩矿物组合；中部：铜铅锌矿物叠加带；深部：黄铁矿-石英、黄铁矿-黄铜矿-石英、硫砷铜矿-砷黝铜矿-黄铜矿组合	上部氧化带产金矿，与褐铁矿及硅质物共生，下部原生带产铜矿，蓝辉铜矿及硫砷铜矿，向外逐渐被铜蓝取代	上部硅化岩中产金，往下出现硫砷铜矿
	蚀变种类及分带	由内向外石英-绢云母化、石英-绢云母-绿泥石化、绢云母-绿泥石化、绿泥石-碳酸盐化四个带	自下而上的垂向分带为硅质交代岩-地开石化-明矾石化-绢云母化。蚀变矿物各有多个世代，早期者呈面型分布，后期者呈线型分布	有黄铁矿化、硅化、重晶石化、黏土化、明矾石化等；上部常形成硅化帽
成矿后变动	构造后变动及剥蚀程度	受剥蚀较深，表层硅化带少量残留	受剥蚀较深，火山喷发物已极少保存，火山机构根部暴露地表，上部硅帽残存的面积已很小，受断块作用影响，由西往东逐渐抬升，东侧已出露深成岩体	成矿时代较新，受剥蚀较浅，上部硅化帽保存良好

7.3　日本中新生代典型矿床的地质特征

以下分别选择小坂、日立、菱刈和釜石、秩父矿床分别作为黑矿型、别子型、岩浆热液脉型和接触交代型（夕卡岩型）的典型矿床阐述它们的地质特征，资料主要引自朴春燮等（1988）的《日本的地质与矿产》报告。

7.3.1　小坂黑矿型铜多金属矿田

小坂矿田位于秋田县鹿角郡小坂町。小坂矿田的元山矿床早在 100 多年前发现，最初以开采含银的"土矿"为主，自 1898 年起转向开采"土矿"下面的铜矿，发展成为当时最大的铜矿床。于 1939 年和 1946 年分别停止露天开采和坑采。经过长期有计划的找矿勘探工作，1959 年发现了内之岱矿床，内之岱矿床的规模大于元山矿床。内之岱矿床自 1960 年起着手开发，1962 年原矿产量已达到 25000t/月。在陆续发现了一系列矿床群后形成了小坂矿田，在 1969~1976 年间，每月生产原矿达 40000~47000t，1978 年石油危机时下降到 40000t/月。小坂矿田 1984 年上半年生产情况如下：内之岱矿床群原矿产量 23000t，矿石品位，Cu：1.17%，Pb：1.28%，Zn：4.21%，S：9.5%，BaSO$_4$：

10.77%，Au：0.60g/t，Ag：73g/t；上向矿床群原矿产量 14000t，矿石品位 Cu：0.85%，Pb：2.13%，Zn：5.76%，S：9.5%，$BaSO_4$：10.77%，Au：0.60g/t，Ag：97g/t。该矿田 20 世纪 80 年代从业人员达 1169 人，按人数统计是当时日本最大的矿山之一。

　　小坂矿田处在著名的北鹿盆地的东缘（图 7.19），是历史上最悠久的黑矿型矿床。该区以古生界为基底，上覆有新近系火山岩，被第四系冲积层和第四纪火山喷出物覆盖。该区存在有中新世绿色凝灰岩盆地的海底火山-沉积岩系，小坂组上部的凝灰质角砾岩层为黑矿矿床的赋矿层位，成矿作用与下伏的白色流纹岩关系密切。

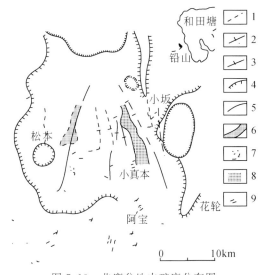

图 7.19　北鹿盆地内矿床分布图

1. 主要断层；2. 背斜；3. 向斜；4. 中中新世沉陷盆地；5. 晚中新世沉陷盆地；6. 侵入岩集中区；7. 黑矿矿床；8. 网状矿床；9. 脉状矿床

　　在小坂矿田内古生界地层隐伏在地下 400～500m 深处，而在矿山周边则翘起，或隐伏在地下 100～200m 深处或出露地表，由此小坂一带基底构成南北长 8km，EW 长 4km 的小盆地。西黑泽阶的火山碎屑岩充填盆地的低凹部位，形成了轴向 SN，EW 两翼互相对称的火山岩盆地。上覆地层中的褶皱，岩浆岩和主要断层等均呈 SN 向。区内基性-酸性浅成岩体发育，主要岩石类型有玄武岩、安山岩、英安岩、流纹岩等，时代为女川期-早船川期，均为黑矿成矿期之后的产物。

　　小坂矿田由北往南有元山矿床群、内之岱矿床群和上向矿床群断续分布。内之岱矿床群中包括北内之岱，西内之岱等矿床。上向矿床群有第 1～4 号上向矿床，后又发现了第 5 号矿床。矿床的分布与流纹岩穹窿有着密切的关系（图 7.20）。单一矿床的规模一般长、宽均达几百米，厚度达几十米。如元山矿床长×宽×厚度为 700m×300m×50m，西内之岱矿床为 400m×380m×（20～95）m，东内之岱矿床为 450m×350m×100m，第 1、2 号上向矿床为 350m×100m×7m，第 4 号上向矿床为 350m×100m×17m。

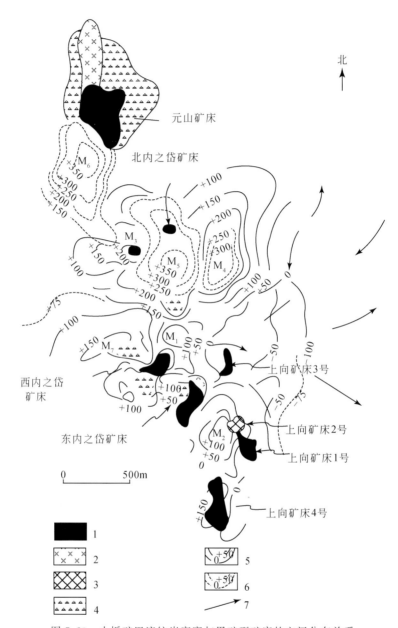

图 7.20　小坂矿田流纹岩穹窿与黑矿型矿床的空间分布关系

1. 硫铁矿床；2. 石膏矿床；3. 网状脉或浸染状矿床；4. 元山火山角砾岩；5. 元山英安质熔岩丘等高
线；6. 推测的已被剥蚀的英安质熔岩丘等高线；7. 推测的火山碎屑物流动方向

　　每个矿床都具有黑矿型矿床所特有的矿石分带性，黑矿和黄矿为层状或层状透镜体。黑矿主要由闪锌矿、方铅矿、重晶石组成，伴生黄铜矿，黝铜矿、黄铁矿，矿石呈细粒集合体。黄矿由黄铜矿和黄铁矿组成，呈致密状，有时伴有黏土质黄矿或粉状黄矿，与下伏硅矿界线清晰。硅矿由黄铜矿、黄铁矿，石英组成，呈浸染状、网状和细脉状。石膏矿由雪花石膏、纤维石膏组成。硅矿大部分以元山型火山角砾岩为围岩，向下过渡为白色流纹岩。硅矿又分为富含铅锌的黑矿质硅矿和以铜为主的黄矿质硅矿。在黑矿层上部有致密的重晶石层，厚度约 1m，局部有砂状重晶石分布。在含矿层凝灰岩层中含有各种大小的黑矿矿石的砾石，称为"砾状黑矿带"，具有开采价值。

几个主要矿床矿石的品位变化范围如下：Cu：1.41%～8.59%，Pb：0.48%～10.42%，Zn：0.16%～18.29%，Au：0.6%～2.1g/t，Ag：27%～646g/t。此外，还含有具一定工业价值的硫铁矿、石膏和重晶石等，在黑矿中铀含量也较高。

7.3.2　日立别子型铜铁多金属矿床

矿床位于茨城县日立市，已具 4～5 百年历史的老矿山。现今日本最大的机电企业日立公司就是从日立矿山的一个部门发展起来的。无论在规模上还是在产量上，它是日本最大的矿山之一。至 1972 年止共生产矿石 29×10^6 t，其矿石平均品位 1.45%，获得金属量 Cu 为 41×10^4 t，Zn 为 5×10^4 t，S 为 194×10^4 t。

日立市东部海岸一带由古近纪页岩及第四系覆盖，而西部则由未变质板岩，砂岩组成，局部夹有灰岩。它们属于下石炭统鲇川组。鲇川组走向 NE30°～40°，向 SE 倾，倾角 40°，构成横卧褶皱。往西部逐渐过渡到绿片岩、角闪片岩等绿色层，称之为赤泽组。赤泽组在日立市西部形成北西向横卧向斜，通常认为是由基性-酸性的火山熔岩、火山碎屑岩变质而成。

该矿床是沿着赤泽组向斜构造分布的层状含铜硫铁矿矿床（别子型矿床）。矿床围岩为角闪岩、角闪片岩、直闪石英片岩、绿泥片岩，绢云片岩，黑云石英片岩和董青石英片岩等。在向斜构造的东翼，自北往南依次出现高铃、赤泽、本坑，神峰和中盛等矿体，在向斜顶部有世目矿体；在西翼上自北往南依次有藤见矿床、入四间矿床。这些矿体与辉绿岩有密切成因关系，即矿体往往沿着平行于结晶片岩片理的凸镜状辉绿岩分布。就是说，在中盛，神峰，本坑、赤泽等可看到，在岩床状辉绿岩的两侧存在片理发育的角闪片岩、黑云母片岩、绿泥片岩等，矿体就赋存在这种岩石中或者辉绿岩的剪切带中。入四间矿体走向长约为 150m，倾斜延深为 750m 以上。在入四间矿体东部有很大的入四间花岗岩体侵入于赤泽组中。

矿石成分以黄铁矿和黄铜矿为主，伴生磁黄铁矿及少量磁铁矿、闪锌矿、方铅矿、白铁矿，脉石矿物含少量重晶石，在矿体中有时可见到董青石。在靠近入四间花岗岩体的矿床中磁铁矿含量高，从入四间矿体中产出有方黄铜矿。

7.3.3　菱刈岩浆热液型金矿床

在日本九州南部，将新生代火山岩系中的面状硅化岩型金矿床叫做南萨型金矿床。相对于南萨型，将含金石英脉（冰长石）型金矿床叫做北萨型矿床。近年来发现的鹿儿岛菱刈金矿床就是典型的北萨型矿床，是日本目前还在开采的少数矿床之一。

菱刈金矿床的特点是大而富，据报道金的储量达 120t，金的平均品位为 80g/t；而且该矿床是在老矿山密布，历史累计金产量超过 100t 的地区，是通过物探方法在内的综合普查勘探方法发现的。该矿床在成因上具有近年来引人注目的火山成因型或热泉型特征。

7.3.3.1　地质特征

菱刈矿区的地层和岩石由白垩纪—古近纪四万十群和不整合覆盖在其上的新近纪古北萨期安山岩类和第四纪新北萨期火山岩类组成。

四万十群构成该区基底，主要由砂岩、页岩、砂质页岩及其互层构成。在矿区内，四万十群没有露头，而呈穹隆状隐伏在新近系覆盖层之下。地层走向 NE-SW，向北西倾，倾角 40°，总的来说呈缓倾斜状。在不整合面下部 1～20m 层位内，富含赤铁矿，系风化作用的产物。四万十群遭受了细脉状黄铁矿化、绿泥石化、弱硅化、碳酸盐化等蚀变作用。

新近纪古北萨期安山岩类不整合覆盖在四万十群之上，地表出露有限，呈狭长条状沿着山田川分布，由陆相安山熔岩、安山质-英安质凝灰岩和凝灰角砾岩组成，局部夹泥岩，厚度 200～500m。地层走向 NE，向南西倾，倾角 20°。安山熔岩的 K-Ar 年龄为 1.7±0.6Ma（全岩），锆石裂变径迹法年龄为 2.8±0.5Ma。

第四系由新北萨期火山岩类、黑园山流纹岩、熔结凝灰岩、入户火山碎屑岩组成。新北萨期火山岩类以紫苏辉石和普通辉石安山岩熔岩为主，夹有火山碎屑岩。两个岩石样品的 K-Ar 法年龄分别为 1.3±0.1Ma 和 1.6±0.1Ma。黑园山流纹岩，厚度 80～150m，大部分未遭蚀变，局部见到伴有黏土化蚀变的石英细脉，可见流纹岩是成矿期以前的产物。流纹岩的 K-Ar 年龄为 1.0±0.1Ma（全岩）和 1.1±0.1Ma（长石）。

通过重力测量发现，并通过钻探和坑探证明，该区四万十群基底上拱，呈隆起构造，褶皱不发育，低角度断层发育，经常沿着不整合面发生滑动。矿床中小规模正断层发育，矿脉充填其中。矿区主要构造沿 NE-SW 向延伸，与重力和电阻率异常轴延伸方向一致。

7.3.3.2　成矿特征

主要矿脉下部赋存在四万十群中，上部赋存在四万十群之上的古期安山岩类中。主要矿脉分布在 NE-SW 长不过 1km，NW-SE 宽约 100m，延深约 150m 的小范围内。已知矿脉大部分互相平行，在水平和垂直方向上多重分支复合，矿脉走向 NE50°～70°，向 NW 倾，倾角 70°～90°。矿脉厚度一般为几十厘米，厚可达几米。大矿脉可穿越四万十群和凝灰岩之间的不整合面或断层面，穿过不整合面之后即尖灭，细脉则往往不到上覆层就尖灭。

由于经过了多期成矿作用和破碎作用，矿石多呈角砾状或松散状，空隙发育，晶洞也发育，在所有空隙充满了温度高达 55～65℃的含盐碳酸泉水。因热液蚀变作用，古期安山岩类中的凝灰岩遭受黏土化和黄铁矿化，蚀变强烈部分主要位于矿脉赋存带上部约 150～230m 标高（主要矿体在 110m 标高之下），并且大体呈层状分布。这种蚀变是成矿前的，并对矿液的上升起到了屏蔽作用。

矿石的金品位均在几十 g/t 以上，一般达几百 g/t，高可达几千 g/t，平均 80g/t。银品位一般达几十 g/t，高可达几百 g/t。整个矿床的金：银比为 1：（0.5～0.8），有可能接近于 1：1。矿石中的主要金属矿物有银金矿（Au：Ag＝76.33～81.19）、硒金矿、深红银矿、辉锑银矿、银黝铜矿、辉银矿、黄铜矿、方铅矿、闪锌矿、辉锑矿、黄铁矿、白铁矿、赤铁矿。脉石矿物有石英、冰长石、高岭土、方解石、白云石、菱铁矿、暗碳硅钙石、蒙脱石、斜钙沸石和绿泥石等。

矿脉中冰长石的 K-Ar 法年龄为 $0.98\pm0.04Ma$、$0.97\pm0.04Ma$、$0.86\pm0.12Ma$。成矿年龄与黑园山流纹岩的年龄甚为一致，并且该流纹岩的下部有蒙脱石化和黄铁矿化。表明自四万十群至黑园山流纹岩的蚀变作用是一个连续系列，自 $2.8\sim1.7Ma$ B.P. 至现在的热泉活动也是连续发生的。$1Ma$ B.P. 前后的成矿作用是长期地热蚀变活动过程中的一个阶段。

菱刈金矿床在完成三个普查钻孔的基础上，施工了 18 个勘孔，并进行了开采性的坑探工作，揭露了几个主要矿脉，于 1987 年结束勘探工作转入正式开采。坑探工作揭露的几个主要矿脉的特征简述如下：

菱泉 1 号脉：上下盘围岩均为遭受绿色蚀变的凝灰角砾岩和安山熔岩。矿脉为单纯的石英、冰长石脉。以细脉为主（厚度 0.38m），膨缩显著，稳定性差（目前的控制长度为 53.15m），但品位甚高，Au：644.5g/t，Ag：1797.6g/t。

菱泉 2 号脉：矿脉由中-低品位脉和富含银金脉、含可见金的厚富脉以及分支细脉等三部分组成。围岩情况同菱泉 1 号脉。控制长度 228.6m，厚度 0.91m，平均品位 Au 为 281.9g/t，Ag 为 293.4g/t。矿脉东端为分支细脉，西端突然变窄。

菱泉 1、2 号脉都经历了多期成矿阶段，矿脉中晶洞发育，有的晶洞长达 5m 以上，在晶洞中出现微细黄铁矿和辉锑矿，是成矿作用末期的标志。

芳泉 1 号脉：围岩为四万十群，以成矿前的断层为界，与上覆凝灰岩接触。矿脉穿过了断层，但在凝灰岩中很快尖灭。控制长度 41.65m，厚度稳定为 0.75m，品位极高，Au：1495g/t，Ag：2608.36/t，富含可见金及银黑，常可见到自形晶深红银矿。

芳泉 2 号脉：矿脉往上延伸不到凝灰岩中，被黏土化断层带所截断，整个矿脉呈松散状，因多次成矿和破碎，可辨认出 5 期石英，而呈角砾状，晶洞也较发育。控制长度 52.85m，厚度 1.87m，平均品位 Au 为 355.9g/t，Ag 为 629.1g/t。

7.3.3.3　物探在菱刈矿床发现过程中的作用

在自 1975 年以来的勘探过程中，进行区域重力测量，发现了以菱刈矿床东侧为中心的 $15\sim16mGal$[①] 高重力异常。通过电测深工作，在高重力异常带深部发现了低阻异常带。由此揭示了隆起构造、低阻高密度体的存在。这些物探成果在该矿床找矿的早期阶段起到了关键作用。还进行了精密重力测量、大地电磁测深（MT）、可控源音频大地电磁测深（CSAMT）、频谱激发极化（SIP）以及充电电位测量工作。这些成果在进一步揭示深部构造及其形成机制，区分矿异常和非矿异常方面起到了重要作用。

菱刈金银矿床的成矿年龄为 1.0Ma 左右。矿床类型属于火山成因的石英脉型矿床，也有人认为是热泉型矿床。石原（1986）提出了如下一种成因模式（图 7.21）：由于石英斑岩贯入，四万十群基底发生隆起，并发生北东东向裂隙；由黑园山流纹岩质岩浆提供 S、Au 等成矿物质；含矿岩浆热液沿上述裂隙上升，在不整合面附近与地表水混合，并向

---

① 　$1mGal=10^{-5}m/s^2$。

两侧扩散，致使热液温度下降，上覆安山岩（特别是黏土化部分）对矿液起了屏蔽层作用，使矿液在四万十群中聚集并引起成矿物质沉淀。

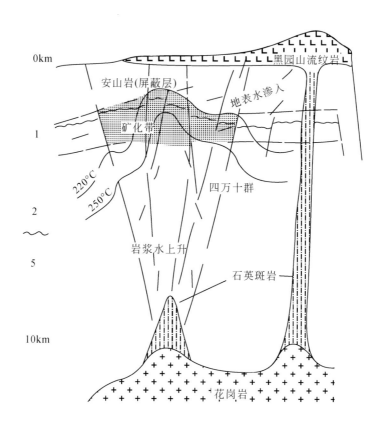

图 7.21　菱刈矿床成矿模式图（据 Ishihara *et al.*，1986）

7.3.4　釜石接触交代型矿床

釜石矿床位于北上山地东缘，岩手县釜石市甲子镇，是日本最大的铁矿床，也是世界著名的夕卡岩型铜铁矿床之一。该矿床于 18 世纪被发现，自明治以来进行大规模开采，20 世纪 50 年代后采用新的普查勘探技术，又发现了一系列铜和铁铜矿体以及隐伏矿体。该矿床至 80 年代累计生产铁矿石达 6×10^7 t。1983 年生产精矿 28×10^4 t，最高曾达 49×10^4 t，铜精矿 24000t，最高曾达到 45000t。原矿品位铁 31%（铁矿体、铁铜矿体），铜 1.32%（铜矿体）和 0.61%（铁铜矿体）。

釜石矿山是一个由许多矿床构成的大矿田。一系列矿床分布在蟹岳复合岩体的东西两翼上，分别称为东区矿群和西区矿群。东区矿群包括六黑见、高前、外弧、内弧、细越、前山和鬼个泽等矿床。它们由北往南依次排列，总延长达 9km。西区矿群与东区西部相距约 1.5km，呈 NW-SE 向分布，总延伸达 5km。西区矿群包括青之木、大峰、日峰、佐比内、新山、天狗森、泷之泽、沓挂和大仙等矿床。

釜石矿田外围为石炭系、二叠系和白垩系沉积岩，古生界地层走向大体呈 S-N 向，并构成了以六黑见-蟹岳-土仓为连线的复背斜构造，东西两翼的古生界地层层序和岩相有差别。矿田中有超镁铁质-镁铁质岩和中-酸性火成岩侵入，在复背斜轴部蟹岳附近有闪长岩和花岗闪长岩组成的蟹岳侵入杂岩体。

西部地区的地层自下而上为：下石炭统砂质板岩、板岩（局部出露在东部地区），安山质凝灰岩，安山质凝灰角砾岩和安山质熔岩出露较普遍，中石炭统灰岩，二叠系板岩与砂岩互层并夹薄层灰岩（以上三者之间为轻微不整合关系）；二叠系顶部为大洞砾岩，上部为下白垩统底砾岩、板岩，砂岩和火山岩。东部地区的地层自下而上为：下石炭统中性火山碎屑岩，中石炭统灰岩、厚层板岩，砂岩；二叠系板岩与砂岩互层夹薄层砾岩，灰岩，上部夹有安山质凝灰岩，缺失二叠系大洞砾岩，顶部直接为中生界安山质火山碎屑岩所覆盖。

矿田内火成岩可划分为：①超镁铁质-镁铁质岩；②蟹岳侵入杂岩体；③栗桥花岗闪长岩体；④花岗斑岩（a 及 b）。其中①和④b 为成矿前的岩浆岩，②与成矿关系密切，③和④a 为成矿后的岩浆岩。蟹岳杂岩体大体呈 NNW-SSE 向椭圆体，长轴约 5km，短轴约 3km。该岩体中部为花岗闪长岩，周围为闪长岩-闪长玢岩、二长岩。此外，还有辉长质岩株和玢岩以及煌斑岩脉侵入，它们都是同一成因系列的产物，其形成时代根据围岩和蚀变矿化的关系推测为白垩纪。

釜石矿田的矿体均赋存在上述石炭系、二叠系灰岩与蟹岳杂岩体之间的夕卡岩带中（图 7.22）。夕卡岩化带在距蟹岳复合岩体 1.5km 之范围内都有出露，夕卡岩化作用发生在早白垩世。

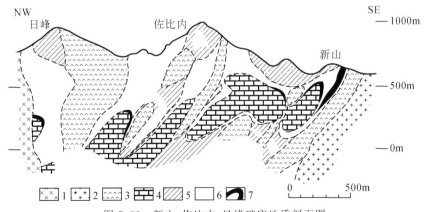

图 7.22　新山-佐比内-日峰矿床地质剖面图

1. 栗桥花岗闪长岩；2. 蟹岳花岗闪长岩；3. 闪长玢岩；4. 灰岩；5. 板岩；6. 夕卡岩；7. 矿体

夕卡岩矿物以钙铁榴石、钙铝榴石，钙铁辉石、绿帘石为主。此外还有铁电气石、斧石、硼铁矿等含硼矿物、长石类、角闪石类、黑云母、柱石、葡萄石、硅灰石。夕卡岩按一定的矿物组合成带状分布。在新山矿段，石榴子石夕卡岩带出现在靠近岩体一侧，钙铁榴石出现在靠近灰岩一侧，而绿帘石夕卡岩出现在靠近板岩一侧。石榴子石夕卡岩带与钙铁辉石夕卡岩带的界线比较清楚，从钙铁辉石块状集合体，经钙铁辉石（充填于石榴子石角砾裂隙而成的），向石榴子石夕卡岩带过渡。绿帘石夕卡岩带与石榴子石夕卡岩带之间的过渡关系表现为块状绿帘石被角砾岩化，因而角砾裂隙被石榴子石充填，石榴子石含量逐渐增多。

在天狗森矿床，夕卡岩仅分布在缓倾斜灰岩的上盘，由里向外依次出现：绿帘石带（厚度 5～10m）→石榴子石带（II）（5～30m）→钙铁辉石带（0.5～3m）→石榴子石带（I）（0.3～1.5m）→灰岩。矿体赋存在钙铁辉石及石榴子石带（I）中。在日峰矿床则垂直方向上分带比较发育，自下而上为，灰岩-钙铁辉石-石榴子石-透辉石和长石带。

釜石矿床夕卡岩化的最大特点是"角砾状夕卡岩"发育。角砾是闪长玢岩、安山质火山碎屑岩和板岩等的岩块、岩片及其蚀变产物。这种角砾夕卡岩在整个矿区所有夕卡岩带中均有出现。它们呈角砾状、亚砾状或砾状，其直径为 1～2cm 至 20～30cm。

矿石矿物以磁铁矿，磁黄铁矿、黄铁矿为主，黄铜矿、方黄铜矿次之。在硫化矿物中 Ni，Co 含量较高，这可能与矿床围岩中存在超镁铁质岩体有关。西区的矿体可分为富集磁铁矿的铁矿体，铁矿体中浸染有黄铜矿的铁铜矿体以及富集黄铜矿和方黄铜矿的铜矿体 3 种类型。在铁矿体中含 Cu 达 0.3％以上时称为铁铜矿体。东区的细越和前山矿床属于铁矿体，西区属于铁矿体的有大峰矿床、佐比内、新山矿床中的新山铁矿体，EN-1 和 EN-2 等矿体以及泷之泽矿床；属于铁铜矿体的有新山矿床的 1D、6D、7D、EN-3 等矿体以及天狗森矿床的"铁铜矿床"；属于铜矿体的有日峰矿床和新山矿床的 2D、3D、4D、5D、8D 等矿体。

几个代表性的矿体特征简要介绍如下：

铁矿体有：

大峰铁矿体是赋存在石榴子石夕卡岩体中的隐伏矿体，南北长约 1100m，东西宽约 250m，上下延深 800m。矿体形状不规则，主要由块状磁铁矿组成。在矿体边缘含有大量夕卡岩和闪长岩的岩块和岩片，磁铁矿充填在这些岩块和岩片的间隙中，这种矿体的品位不高。

日峰铁矿体赋存在大峰铁矿体夕卡岩带西北深部，矿体规模为 150m×130m×150m，铁品位为 30％。

新山铁矿体赋存在东侧的下石炭统安山质火山碎屑岩和西侧的闪长玢岩脉之间的夕卡岩带中。南半部铜含量高的部分属于铁铜矿体，包括铁铜两矿种的矿体，规模为 600m×450m×100m，与夕卡岩带的成矿规模相当，其含矿率达 50％～60％。EN-1、EN-2、EN-3、EN-4 号均为隐伏矿体，大体位于新山铁矿体的北部延长线上。在夕卡岩中含矿率达 50％，其中 EN-3 矿体的 Cu 含量较高。

佐比内铁矿体赋存在石榴子石夕卡岩带中，以东侧的闪长玢岩为底盘，呈板状，沿走向长约 600m，上下延深约 400m，厚度约 40m。在其周围还存在小的卫星矿体。

铁铜矿体有：

新山的 6D、7D 矿体属于铁铜矿体。6D 矿体是位于新山铁矿体北部的隐伏矿体。铁矿体中的铜品位因地而异，在矿体顶部富集黄铜矿，而在中部缺少硫化物，下部富含磁硫铁矿等铁硫化物。即自上而下具有铁铜矿体-铁矿体-铁（硫铁矿）矿体的变化规律。7D

矿体呈板状位于新山铁矿体的西北部，相当于佐比内矿体的南延部分。

铜矿体有：

天狗森铜矿体是釜石矿田中最大的铜矿体。它分布在 4D 矿体西段的上方，以大体水平的灰岩层为底盘，南北长约 400m，东西宽约 150m，厚度 3～8m。日峰铜矿体位于大峰矿体之西 500～600m 处，由 D1—D5 五个矿体组成，其分布范围南北长约 700m，东西宽约 100m，上下连续延深达 700m。D1 和 D2 是被岩脉切断的同一个矿体的两部分，呈小凸镜状、脉状、不规则块状和浸染状赋存在主要由透辉石组成的角砾夕卡岩中。D3 矿体形成在夕卡岩带中，伴有石英脉，在其周围形成了数条矿染带。D4，D5 是赋存在较深的钙铁辉石或石榴子石夕卡岩中的富矿体。佐比内矿体西部约 1km 深的 8D 矿体是呈不规则状的铜矿体。新山矿体中的 2D，3D，4D，5D 矿体是赋存在新山矿体和新山 1D，7D 等铁铜矿体西部钙铁辉石夕卡岩中的铜矿体。

7.3.5　秩父夕卡岩型矿床

秩父矿床位于埼玉县秩父郡大泷村，早在 1610 年时从业人数已达数百人，第二次世界大战以后经过普查勘探，发现了大规模矿体，从而发展成了日本为数不多的几个大型矿床。其矿石产量在 1947 年仅达 3000t/月，1957 年达到 10000t/月，1970 年达到 48000t/月。1937 年至 1969 年间的矿石总产量为 47×10^5 t。该矿床主要开采锌和铁，同时开采 Au，Ag，Cu，Pb，硫铁矿和 Mn 等。开采矿种多是该矿床的特点之一。原矿品位 Zn：1.12%，Fe：35.51%，Au：0.5g/t，Cu：0.19%，Pb：0.07%。

矿区一带的地层主要由古生界地层和侵入于其中的火成岩组成。古生界为上石炭统-下二叠统中津群板岩、砂岩、燧石岩，灰岩和基性凝灰岩。火成岩有石英闪长岩-石英闪长玢岩（简称石英闪长岩体）、石英斑岩和玢岩等。石英闪长岩体规模最大，呈岩株状侵入于古生界之中，岩相变化较大，时代为中新世。该区断层发育，按其形成时间分为两大类：一类是古生界褶皱之后石英闪长岩形成之前形成的逆断层群，对成矿的控制性不明显。另一类是石英闪长岩侵入之后形成的南北向正断层群，在这种断层与灰岩层相交的部位生成了高品位的晚期矿床，伴随这期断层形成了一系列 SN 向裂隙，高品位的晚期矿床赋存在这些裂隙中。

随着石英闪长岩体的侵入，在石英闪长岩的边缘和古生界地层接触带发生强烈的夕卡岩化作用和热液蚀变作用以及紧随其后的矿化作用。该矿床包括中津、泷上、大黑、和那波、六助、赤岩和道伸洼等矿段，其中大黑矿段在第二次世界大战以后开采最盛行，1949 年在大黑矿段下部发现了秩父矿床有史以来最大的富锌矿体，此后，又陆续发现了许多富矿体，1959 年在道伸洼矿段小型铁矿体下部发现了秩父矿床最大的铁矿体。泷上矿段矿体主要赋存在石榴子石夕卡岩中，以铜和硫铁矿为主，Cu 的品位平均为 0.538%，这是秩父矿床中最重要的铜矿体。

矿体均赋存在石英闪长岩体外接触带的古生代地层中（图 7.23）。总的来说属于高温热液交代型矿床，根据其产状、形态、矿物成分、矿石特征、围岩蚀变，划分为早期矿床和晚期矿床两大类。早期矿床属于高温交代型，伴生有大量夕卡岩。矿体主要沿着距石英闪长岩体接触面约100m以内的古生界灰岩地层的层面交代而成，一般呈块状或凸镜状。中津、泷上和那波、道伸洼等各矿段矿体以及大黑、赤岩两矿段下部的矿体均属于这种类型。其中最大的是道伸洼矿段的矿体，长300~400m，延深约450m，平均厚度约40m。早期矿床矿石矿物以磁铁矿、磁黄铁矿和石榴子石等为主，局部伴生黄铜矿，铁闪锌矿和早期黄铁矿（已褐铁矿化）。在道伸洼矿段矿体中，虽然品位很低，但普遍含有铜，因而可回收相当数量的铜。

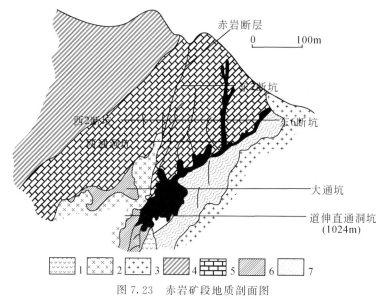

图 7.23　赤岩矿段地质剖面图

1. 玢岩；2. 石英斑岩；3. 石英闪长岩；4. 燧石；5. 灰岩；6. 板岩；7. 基性凝灰岩

晚期矿床为中-低温热液矿床。矿体呈脉状或烟筒状，有时呈凸镜状。矿体主要产在灰岩中，但在其他岩石中亦有产出。如在六助地区角岩-硅岩带中产出锑矿脉，在中津地区的角岩-硅岩-石英闪长岩体中产出含铜硫铁矿矿脉。与早期矿床相比，晚期矿床主要受构造控制，特别是受石英闪长岩体侵入后形成的正断层及由此派生的裂隙控制，如大黑矿段第1矿体的主要部分、第3矿体的一部分、第6，7和第9矿体的一部分以及第12矿体等都受南北向裂隙的控制。有的矿体还受褶皱构造的控制（大黑矿段的第4矿体），有的矿体受屏蔽层控制（大黑矿段的第3矿体）。晚期矿床的规模通常比早期矿床小，但是矿体延深深度要大于延长的长度，如大黑矿段中晚期矿体延深可达400m。晚期矿床中的主要矿石矿物为闪锌矿、方铅矿、晚期黄铁矿等，局部伴生黄铜矿、毒砂以及少量磁铁矿、自然金、脆硫锑铅矿、车轮矿、辉铋铅矿、自然铋等，矿床顶部产出菱锰矿。脉石矿物有石英、方解石、锰铁白云石、菱锰矿和夕卡岩矿物。

矿体围岩遭受了各种蚀变：第一期为夕卡岩化作用，第二期为电气石化，第三期为绢云母化、碳酸盐化、绿泥石化、绿帘石化、硅化、黄铁矿化，第四期为碳酸盐化，绢云母化、黏土化。

秩父矿床虽然也是夕卡岩型矿床，但与釜石、八茎、神冈、中龙等夕卡岩型矿床相比，在矿体的产状，矿石特征和矿物成分等方面具有很大的差别。

7.4　中国东南部和日本中新生代岩浆成矿作用的对比

通过以上中国东南部和日本中新生代成矿作用地质背景以及典型矿床的剖析，可见上述两个研究区具有以下主要特征：

（1）中国东南部存在燕山早期晚阶段与壳源花岗岩成矿关系十分密切的斑岩型和岩浆热液-接触交代型 W、Sn、Mo、Bi、Nb、Ta 矿床以及离子吸附型稀土矿床，花岗岩成岩时代集中在 170～150Ma B. P. ，成矿作用稍晚为 153～139Ma B. P. ，并主要集中在南岭成矿带，是中国东南部特有的成矿矿种和类型。在日本缺少该时代和以壳源物质为主的 S 型花岗质岩浆活动，因此基本没有该时代和该类型的矿床和矿种。

空间上，南岭成矿带从桂东南大厂钨锡矿床向东可延伸到湘东南柿竹园、黄沙坪、骑天岭钨锡矿床，直至西华山-荡坪大型钨矿床，并且钨锡矿床的分布具有一定规律性：北多钨南富锡；东钨西锡、中部钨锡均富，还伴有钼、铁、铋。从成矿地质历史演化来看，自前寒武纪到燕山期，钨锡多旋回成矿，至燕山早期晚阶段达最大程度富集。湘南和赣南地区位于南岭中部，且于燕山早期成矿，在此密集成矿和形成超大型钨多金属矿床是地质成矿时空演化的必然结果。此外，地球物理异常已经证实，在湘东南成矿区有软流圈地幔的上涌。

成矿花岗岩体基本都是由似斑状黑云母花岗岩、中-细粒黑云母花岗岩和花岗斑岩组成，为一个多阶段连续侵位的花岗岩系列。其成岩时代分别为 160Ma B. P. 、140～139Ma B. P. 和 131Ma B. P. ，花岗岩浆侵位事件可持续 20～25Ma。如湘东南千里山似斑状角闪黑云二长花岗岩 SHRIMP 锆石 U-Pb 年龄为 156.7±1.7Ma（李金东等，2005）、黑云母 Ar-Ar 等时线年龄为 154.7±1.8Ma（柏道远等，2005），赣南与钨矿成矿关系密切的八仙脑矿区的天门山岩体 SHRIMP 锆石年龄为 167±5Ma（Zeng *et al.*，2008）以及张天堂岩体 SHRIMP 锆石 U-Pb 年龄为 159±7Ma（Mao *et al.*，2010）。据 Zeng 等（2008）和 Mao 等（2010）研究花岗岩类与钨锡成矿作用之间约 10～15Ma 的时间差与正常的岩浆-热液过程有关，也不排除有外来幔源组分的加入促使成矿。这些花岗岩都是典型的高热花岗岩。其中各阶段岩石中的 U、Th 含量远远高于一般的花岗岩体。由于含有大量放射性元素（包括 K、U、Th 和 Rb），使成矿区一直保持高热环境，不仅减缓了岩浆结晶冷凝的速度，而且有利于含矿热水溶液的形成、反复循环和沉淀成矿。

岩石化学、微量元素及稀土元素的证据表明，这些岩体在侵位之前已经历了相当高程度的分异演化。W、Sn 矿床及有关的花岗岩往往含有大量 F 元素，花岗岩中的氟可以明显地降低岩浆的固结温度。此外，也是搬运成矿元素的载体。由此可以推论，高 F 含量不仅可以导致岩浆结晶时间延长，使岩浆得到充分的分异演化，而且还以某种形式搬运成矿元素富集成矿。此外在南岭成矿带前三叠系地层中的陆相沉积碎屑岩-碳酸盐岩中初步富含 Pb-Zn 等元素，这些不同源的成矿物质于燕山期花岗岩类侵位和成矿时，由于高热能场和挥发组分的驱使，可能参与了成矿体系，这也许是该时期成矿元素复杂的因素之一。

（2）日本具有其独特的与新生代中新世绿色凝灰岩有关的块状硫化物矿床，有关这类矿床的研究较深入，许多理论和找矿实践为地质学家所接受，可进一步分为黑矿型和别子型。

日本黑矿型矿床赋存在中新世女川阶之下，西黑泽阶上部的特定层位内，层控特征极为明显，其时代大致相当于 $13\sim16Ma$ B. P. 。是海底酸性火山活动最强烈的时期。在断陷盆地的边缘地区，沿着断裂带生成海底熔岩、浮石火山角砾岩及凝灰岩，从而形成了很厚的火山-沉积岩系和侵入于其中的穹隆状小岩体。酸性火山岩因强烈蚀变而呈白色，被称之为白色流纹岩或英安岩。矿体直接赋存在白色流纹岩与上覆凝灰岩之中，顶部有黑色泥岩覆盖。块状矿体一般赋存在白色流纹岩穹隆两侧的凹部。矿体为层状、透镜状、筒状或不规则脉状等。单个矿体厚几十米，延长几十米至几百米，有时延深大于延长。虽然单个矿体较小，但因成群分布而具有一定的规模。

矿石的矿物成分极为复杂，已知矿物达 $50\sim60$ 种，其中主要的矿石矿物成分为方铅矿、闪锌矿、黄铜矿、黄铁矿、重晶石、石膏和硬石膏以及各种银矿物，还含少量金。按矿物的共生关系及其垂直分布情况，分为黑矿、黄矿、硅矿及石膏矿。黑矿以闪锌矿和重晶石为主，分布在矿床的上部。黄矿以黄铁矿和黄铜矿为主，分布在黑矿之下的凝灰岩层内。硅矿以石英、黄铁矿和少量黄铜矿为主，分布在白色流纹岩穹隆之内。重晶石带在黑矿带之上，重晶石带之上为薄层含铁石英岩带，再往上为黑色泥岩所覆盖。石膏矿带一般分布在黑矿带的左右两侧。在各种类型矿石中，有用元素的最低-最高品位为 Cu 为：$0.67\%\sim5.38\%$，Pb 为 $0.27\%\sim10.42\%$，Zn 为 $0.15\%\sim23.2\%$，Ag 为 $18\%\sim646g/t$，Au 为 $0.3\%\sim2.1g/t$，S 为 $9.22\%\sim49.78\%$，$BaSO_4$ 高达 $31\%\sim56\%$。关于黑矿矿床的成因，普遍认为属于海底火山成因块状硫化物矿床，从红海热卤水成矿及太平洋海底硫化矿床成矿现象得到了验证。

别子型矿床与老地层中以中性-基性火山岩、火山碎屑为原岩的绿色岩类关系密切。大多数矿床赋存在绿色岩层中，即使不完全赋存在绿色岩之中，也都赋存在泥质岩与近绿色岩接触处。规模较大的矿床，矿体不赋存在厚大的绿色岩之中，而多半赋存在绿色岩与泥质岩、硅质岩互层的部位。赋存在厚层绿色岩中的矿体，一般呈条带状或浸染状。

矿体呈层状或透镜状，沿着地层层理整合分布。矿体的延长和延深大大超过厚度。厚度最大达 $80m$，最薄仅达数厘米，即使这样薄的矿体，其延长延深可达 $1000m$。延深大于延长的矿体甚多，最大延深可达 $8000m$。矿体的厚度按东北日本，西南日本内带，除三波川带之外的西南日本外带、三波川带之顺序，逐渐变薄。通常是一个矿体，或由数个或无数个矿体集合组成为一个大矿体。赋存在未变质-弱变质带中的矿体，呈不规则凸镜状，而赋存在像三波川那样变质岩带中的矿体，方向性特别强，多半呈层状。中生界、古生界中的矿体以块状矿石为主，在三波川带条带状者增多，呈为块状和条带状的混合矿石。

矿石矿物成分比较简单，以黄铁矿、黄铜矿为主，有时伴有闪锌矿、磁铁矿、磁黄铁矿、斑铜矿、白铁矿、自然金、辉铜矿和银矿物等。磁铁矿普遍出现，但斑铜矿分布局限。脉石矿物有石英、斜长石、绿泥石、方解石、云母类、角闪石类、堇青石、重晶石等。黄铁矿中 Co、Ni、Se 含量较高。硫化物的 $\delta^{34}S$ 值在 $0\%\sim3\%$。

（3）日本新生代成矿作用具有特色，除黑矿型矿床外，脉状矿床是与火山-侵入活动有关的岩浆热液裂隙充填矿床，它是铜、铅、锌和金、银的重要来源。日本的脉状矿床主要是新近纪浅成热液矿床，主要分布在绿色凝灰岩区和发生过新近纪火山作用及构造运动的地区。日本著名的鸿之舞、佐渡和菱刈等金矿床和丰羽、明延和生野等铅锌矿床均属于此类型，但缺少斑岩型矿床。日本的铀矿床可划分为新近纪沉积型铀矿床、脉状铀矿床、层状锰矿床中的伴生铀矿、黑矿矿床中的伴生铀矿等，其中最有经济价值的是新近纪沉积型铀矿床。

在东北日本内带成矿区即绿色凝灰岩区，脉状矿床分布在该时期断陷盆地的北侧。它的特点是有石英粗面岩、英安岩，即所谓的新近纪火山熔岩分布。在西南日本内带成矿区，矿体的赋存情况取决于破碎带的交汇形式。主脉走向延长超过 500m 者超过半数以上，超过 2000m 者有七个矿山，其连续性良好，倾斜延深最大达 800m，一般都小于 500m。不管走向延伸规模如何，矿体在 250m 及 400～500m 深度上出现间断。脉厚平均达 2m 以上者只有九个矿山，大多数在 1.2m 以下，总的来说厚度很小，直接影响了开采的经济效果。脉状矿床大部分呈脉群，少则数条，多则超过 1000 条。

中国东南部新生代成矿作用以台湾东部奇美铜矿和金瓜石金矿床具代表性，其中金瓜石金矿与日本九州鹿儿岛北萨型菱刈金矿产出的构造位置相似、成矿时代相近（1.0～0.8Ma B. P.），具有火山成因的特点。差别在于前者与中酸性的英安质火山-侵入岩关系密切，出现上金下铜的金属分带，流体以硫酸盐为主，并形成金属硫化物，脉石矿物为重晶石、明矾石、地开石等。菱刈金矿则与酸性流纹岩关系密切，矿石主要为石英-冰长石型，是长期以地热和热泉活动的结果。

（4）中国东南部燕山晚期白垩纪与壳幔混源型火山-侵入活动相关的斑岩型、层控-接触交代型和火山-次火山热液型 Cu、Pb、Zn、Ag、U、Sn 还有 Fe 矿床在武夷山成矿带较发育，形成了众多大型和超大型矿床，如冷水坑铅锌矿、大排铅锌矿、岩背锡矿、紫金山铜金矿和相山铀矿等。

在西南日本同样发育白垩纪-古近纪火山-侵入岩，岩浆热液型-接触交代型（夕卡岩型）Cu、Fe、Au、Ag、Pb、Zn 矿床普遍产出，日本过去开采过的接触交代型（夕卡岩型）矿床多至 100 个以上，其中包括釜石、神冈等世界级接触交代型矿床。热液脉型锰矿经常与脉型铅锌矿床伴生在一起，多分布在北海道地区，其成矿特征与脉型铅锌矿床一致。

主要矿石矿物为磁铁矿、锡石、白钨矿、黑钨矿、黄铜矿、方黄铜矿、斑铜矿、黄铁矿、磁黄铁矿、方铅矿、闪锌矿、辉钼铅矿、辉铋铅矿等。这些矿物或在夕卡岩中呈浸染状散布，或在夕卡岩中局部富集呈团块状。矿床围岩为灰岩时，交代作用强烈，矿床规模亦大。与成矿有关的岩石类型有花岗闪长岩、二长斑岩、花岗斑岩、石英斑岩、石英闪长岩等。一般都是小侵入体，岩基状花岗岩体与成矿关系不大。

矿床围岩褶皱构造发育，在釜石、赤金、八茎、秩父、神冈和中龙等大矿山，其围岩多为复式褶皱。此外，矿床中断层和裂隙发育，作为矿液的通道，对矿体的形成起到控制作用。成矿围岩地质时代多与飞弹片麻岩的"秩父古生代地层"相当。矿体规模大，如神冈矿山栃洞第 9 号矿体，厚 70m，延长 250m，倾斜延深 600m 以上；釜石矿山新山铁矿体厚 100m，延长 660m，延深 450m，八茎矿山第 1 号矿体平均厚度 40m，延长 350m，倾斜延深 650m。此外，还有延长延深规模不过数米的小矿体，以往开采的都是矿体规模较大的块状矿石。

第8章 中国东南部中新生代岩浆活动与板块构造动力学演化

中国东南部由华北、扬子、华夏三大陆块于不同时期碰撞拼合而成,其北界是秦岭-大别造山带,其西南与青藏地块和印支地块相邻。它在中生代时先后濒临现已消亡的东特提斯海和延续至今的古太平洋。控制亚洲显生宙构造演化的三大动力体系(古亚洲洋体系,特提斯-古太平洋体系和印度洋-太平洋体系)在中国东南部都有强烈表现(图8.1),因此,中国东南部的构造演化就显得极其复杂。在中生代,西部经历了特提斯洋的最终闭合和印度板块与欧亚板块碰撞的影响,有大量印支期花岗岩和少量燕山早期火山-侵入岩出露,在东部则为西太平洋板块与欧亚大陆板块相互作用最为强烈的地区之一,是燕山晚期火山-侵入杂岩大量分布的地区(毛建仁等,1994;Mao et al. 1997;任纪舜,1999;王德滋、周金城,1999;周新民、李武显,2000),经历了亚洲大陆大幅度地向东增生和燕山期火山岩浆-成矿大爆发等全球性地质构造事件。进入新生代,由于古大陆的裂解,形成了世界上最宽阔的近海陆架和边缘海,原有的地质和地貌景象已被强烈破坏和改造,因缺少直接证据恢复中生代地质演化史难度加大,并显得复杂(图8.1)。因此,近20年来地质学家提出了各种推断和模式。有关中国东南部中生代多阶段大规模构造-岩浆活动的动力学背景的分歧主要在于:①中生代大规模构造-岩浆活动与古太平洋板块俯冲无关:有阿尔卑斯型的大陆碰撞模式(Hsu et al.,1988,1990);地幔柱观点(谢窦克等,1996;谢窦克、毛建仁,1997;李子颖等,1998;毛建仁等,1999;谢桂青等,2001);大陆伸展和裂谷模式(Gilder et al.,1996;Li,2000);②中生代大规模构造-岩浆活动与古太平洋板块俯冲有关(Jahn,1974;黄萱等,1986;Zhou and Li,2000;Li and Li,2007),争议较大的问题是古太平洋板块俯冲开始的时间,是265Ma B. P. 、180Ma B. P. 、140Ma B. P. 、120Ma B. P. 或更晚

近年来,随着中国东南部以及周边国家和地区地质研究的进展、高精度同位素定年和地球化学数据的积累以及深部探测数据的揭示,使我们有机会全面审视中国东南部中生代的构造演化及其动力学机理。尽管各家观点不同,研究者普遍接受印支运动和燕山运动对中国东南部地质构造格局产生了重要影响,大都认同印支期以来,中国东南大陆经历了古亚洲-特提斯域向古太平洋构造域的转换,地质构造格局由EW向为主转变为受NE向构造体系的制约(165±5Ma B. P.);先后在晚三叠世、早-中侏罗世和早白垩世发生过三次大规模的岩浆作用,且岩浆作用具有自西向东时代逐渐变新的趋势,这是地质构造格局及其转换过程中的物质记录。同时认为单一的太平洋板块俯冲或碰撞无法合理解释中国东南部中生代构造-岩浆活动的时空分布特征。

中国、越南、韩国、日本以及中国的海南岛和台湾岛都位于亚洲大陆东部、太平洋西缘,同属环太平洋大陆边缘的沟-弧-盆体系,通过与上述国家和地区晚中生代岩浆活动的

对比研究也许会有新的启示。

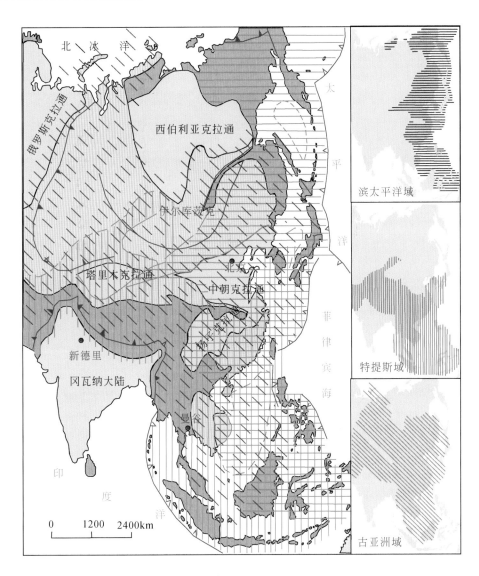

图 8.1　亚洲构造域简图（据任纪舜，1997）

8.1　中国东南部中新生代岩浆活动的基本地质事实

8.1.1　中新生代岩浆活动的多期性和迁移性

8.1.1.1　湖南道县-台湾东部构造-岩浆热事件年代学格架

湖南道县-台湾东部构造-岩浆热事件年代学格架的起点为湖南道县，经赣南—闽西南—闽东南地区—台湾海峡—台湾东部，长度约900km，本次研究收集了该剖面两侧中新生代岩浆岩以及相关矿床精确的年龄数据约169个，建立中新生代构造-岩浆-热事件的年代学格架及其时空演变规律。该热事件年代学格架剖面图显示中新生代构造-岩浆-成矿作用具有明显的阶段性特征，并具有从华南内陆带经武夷-云开山脉带至沿海和台湾东部构造-岩浆-成矿事件逐渐变新的趋势（图8.2）。中生代岩浆活动大致可以分为三期六个阶段，即印支期（早晚两个阶段）、燕山早期（早晚两个阶段）和燕山晚期（早晚两个阶段）。

印支期花岗岩同位素年龄值主要集中于两个峰值：早阶段的233～243Ma，挤压碰撞造成陆壳变形加厚是早印支期壳源过铝质花岗岩形成的主导因素，晚阶段的204～224Ma，在和华南内陆带湖南省境内发生碰撞挤压后有小规模岩浆底侵作用（～225Ma B. P.）促使地壳加热形成有少量地幔组分加入的弱过铝-过铝质壳源花岗岩，约距今225Ma是个重要的热事件分界期（Guo et al.，1997；Wang et al.，2007）。燕山早期岩浆活动的同位素年龄数据主要集中在两个阶段：即170～187Ma和150～168Ma；燕山晚期火山-侵入岩同位素年龄主要为两个阶段：即124～147Ma和87～124Ma。喜马拉雅期火山岩浆活动可分为三个阶段，即古近纪（65～23Ma B. P.）、新近纪（19～5Ma B. P.）和第四纪（<2Ma B. P.），古近纪火山岩浆活动微弱，新近纪玄武质火山活动较强。

8.1.1.2 中生代玄武岩的时空分布特征

中国东南部中生代玄武质岩浆活动由西向东，大致从湖南道县到东南沿海地区可分为三个带，即华南内陆带、武夷-云开山脉带和东南沿海岩浆岩带（见图3.11）。早-中侏罗世早期（190～170Ma B. P.）玄武质岩石大致呈东西向沿南岭山脉带分布。在同一时期，华南内陆带和武夷-云开山脉带除产出少量玄武质岩石外，在赣南-闽西南地区还存在双峰式火山岩、正长岩-A型花岗岩和高钾钙碱性花岗闪长岩类［见图3.11（b）；许美辉，1992；范春芳、陈培荣，2000；周金城等，2001；陈培荣等，2002，2004］，与玄武质岩石共同构成了中侏罗世早期四种岩石类型组合，并在南岭山脉组成了呈近EW向分布的火山-侵入岩带。中-晚侏罗世（170～140Ma B. P.），玄武质岩石仍集中分布在内陆地区，但数量明显减少。

早白垩世（140～97Ma B. P.）玄武岩质石主要分布在东南沿海岩浆岩带，其中，140～120Ma B. P. 的玄武质岩浆活动发生在粤东地区和下火山岩系，而120～97Ma B. P. 的玄武质岩浆活动多发生在东南沿海岩浆岩带，晚白垩世的玄武质岩浆活动集中在95～80Ma B. P.，主要在浙闽沿海产出（见图3.11）。从80Ma B. P. 至约65Ma B. P.，中国东南部仅有少量玄武岩或基性岩脉在台湾海峡产出，而同时期酸性岩已逐渐减少并最终消失（胡受奚、赵乙英，1994）。由此可见，华南内陆带、武夷-云开山脉带的玄武岩大致呈东西向沿南岭山脉带分布，东南沿海岩浆岩带则与古太平洋板块和中国东南陆块的NE向聚合带平行。

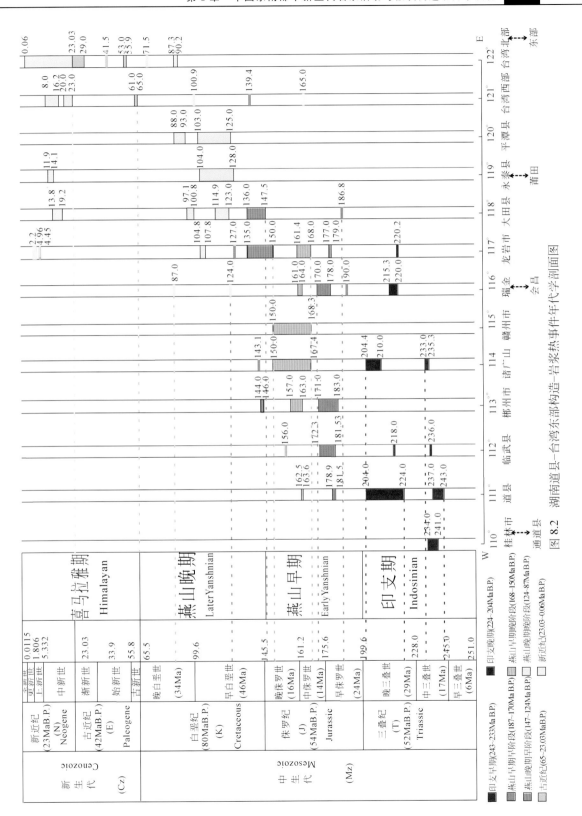

图 8.2　湖南道县—台湾东部构造—岩浆热事件年代学剖面图

8.1.1.3 中生代玄武岩的地球化学特征和成因

综合中新生代玄武质岩石的地球化学特征，可以发现：①早侏罗世（190～170Ma B.P.）华南内陆带湘南宁远地区玄武岩为碱性系列；②东南沿海岩浆岩带的白垩纪玄武岩（120～80Ma B.P.）为钙碱性系列；③位于华南内陆带和武夷-云开山脉带的玄武岩，其地球化学特征介于两种系列之间，与两者有重叠的大多数中生代玄武岩（170～100Ma B.P.）属于板内拉斑系列的溢流玄武岩；④新生代玄武岩则属于碱性系列。道县玄武岩和闽西油心地辉长岩、江西会昌玄武岩分别位于华南内陆带和武夷-云开山脉带，具有类似钙碱性玄武岩的元素特征（图3.13）。

在东南沿海岩浆岩带内，呈NE-SW走向分布的玄武岩（120～81Ma B.P.）具有类似大陆弧高铝玄武岩特征，起源于经俯冲改造的地幔（图3.21）；而近EW走向的玄武岩从华南内陆带到武夷-云开山脉带，同位素年龄从187Ma变年轻为87Ma，岩石类型从碱性玄武岩-高镁玄武岩（道县）至亚碱性（或碱性）玄武岩-高铝玄武岩，前者起源于具OIB特征的软流圈地幔或与岩石圈地幔的混染（图3.21），后者起源于具OIB特征的软流圈地幔和岩石圈地幔，以及经俯冲改造的地幔（如闽西油心地辉长岩、江西会昌高铝玄武岩）。研究结果表明，在华南内陆带和武夷-云开山脉带之下的早侏罗世地幔相对均一，未经古太平洋板块俯冲体系的影响，基性岩浆作用及其底侵作用是后印支运动的伸展结果，并可能引起中侏罗世大规模花岗质岩浆作用。

8.1.1.4 燕山早期晚阶段（168～150 Ma B.P.）花岗岩的时空分布特征

该阶段花岗岩分布范围广泛，主要出露于华南内陆带和武夷-云开山脉带，即赣、湘、粤和桂东北、闽西地区，浙西地区也有少部分出露，延伸近千千米，占中国东南部所有花岗岩出露面积的40%左右（孙涛等，2003），构成中国东南部燕山早期花岗岩的主体。岩石类型以黑云母二长花岗岩和黑云母钾长花岗岩为主。高精度锆石U-Pb年龄主要集中在155～168Ma，代表性岩体有骑田岭、行洛坑、紫金山等（李建红等，2001；Li et al.，2002；张敏等，2003；章邦桐等，2004；于津海等，2005；邱检生等，2005；付建明等，2005；Li and Li，2007；赵希林等，2008）。该时期还伴有少量超酸性的二（白）云母花岗岩和钾长花岗岩等成矿岩体，如赣南天门山岩体SHRIMP锆石年龄为167±5Ma（曾庆涛等，2007），张天堂岩体SHRIMP锆石U-Pb年龄为159±7Ma（Mao et al.，2010），九曲岩体SHRIMP锆石U-Pb年龄为169±8Ma（赵希林等，待刊）。

燕山早期晚阶段花岗岩空间分布特征如下：①具有两种不同的分布格局，在赣南和粤北河源的南岭山脉呈近EW向分布，在闽西的武夷山脉则呈NE向分布，不同构造取向的燕山早期花岗岩出现交切和重叠，它既不同于印支期的面式分布，也不同于燕山晚期单一的NE向分布，显示出从特提斯构造域转换为太平洋构造域早期阶段的特点；②多分布于华南内陆，在沿海地区分布局限；③地球化学特征上岩石以壳源S型花岗岩为主，明显不同于燕山早期早阶段以幔源为主的四种岩石类型组合（图2.19），较少有同时期火山岩相伴生；④与钨锡和稀土成矿作用关系密切，成矿时代主要集中在153～139Ma B.P.，成为我国特有的矿床类型和矿种。

8.1.1.5　下扬子沿江地区岩浆-成矿活动的启示

以往的研究认为下扬子沿江地区与东南沿海地区燕山晚期岩浆活动时代大致可以对比，前者碱性系列的响岩、正长岩和 A 型花岗岩大致与后者的低钛双峰式玄武岩-英安岩、流纹岩和 A 型晶洞花岗岩时代相当，代表了岩浆活动的结束（毛建仁，1994；Mao et al.，1999）。所依据的这些数据指示，庐枞盆地火山岩的年龄跨度为 113～140Ma，繁昌盆地火山岩为 115～125Ma，而宁芜盆地火山岩为 91～136Ma。究其主要原因是长江中下游地区火山岩早期的年龄数据多为 K-Ar 法，由于样品遭受蚀变容易造成 Ar 的丢失，因此，这些 K-Ar 法测得的年龄往往比实际年龄年轻，产生了较大的年龄范围。

近年来和高精度定年结果表明，下扬子沿江地区中生代岩浆岩的形成年龄可划分为三个时期（早期：144～133Ma B. P.、中期：131～127Ma B. P.、晚期：126～123Ma B. P.）（闫俊等，2003；Yan et al.，2009；薛怀民等，2011）。其中，宁芜盆地火山岩的喷发持续时间集中在 130Ma B. P. 左右，而所有中生代火山活动的结束时间为 130～127Ma B. P.。庐枞地区早期岩浆岩反映了在底侵条件下加厚的下地壳部分熔融，而晚期岩浆岩中软流圈物质的增加指示了岩石圈的减薄，减薄发生在～130Ma B. P.。宁芜地区在较短时间内火山岩由钙碱性-弱碱性转变为超钾质，且软流圈物质在 130Ma B. P. 之后显著增加，同样指示了在～130Ma B. P. 发生了岩石圈的减薄。Cu-Pb-Zn 多金属矿化基本上发生在早期，与底侵作用以及下地壳的活化关系密切（玄武质物质的再次部分熔融），而大规模 Fe 矿化多在晚期，与软流圈上涌以及地幔物质关系密切（Yan et al.，2009）。

由此可见，下扬子沿江地区岩浆-成矿活动结束，而东南沿海地区燕山晚期晚阶段岩浆-成矿活动才刚刚开始，它们并没有受所谓的古太平洋板块俯冲动力学体系的影响。因此，可以推断下扬子沿江地区和东南沿海地区燕山晚期早阶段岩浆活动可能受控于没有大洋板块参与的先存陆内深断裂的再活化，这些断裂很可能形成于印支期，重新活跃于燕山晚期，由于燕山晚期火山-侵入岩的全面喷发-侵入充填了断裂空间而固化。综上所述，可把下扬子沿江地区与东南沿海地区燕山晚期构造-岩浆活动的时代和岩石组合类型综合对比于表 8.1。

表 8.1　下扬子沿江地区与东南沿海地区燕山晚期岩浆活动时代的对比

下扬子沿江地区	东南沿海地区
陆内构造体系：大陆岩石圈减薄，挤压向伸展转换，陆内深断裂活化	
145～133Ma B. P.：前造山，高钾钙碱性英安质-流纹质火山-侵入杂岩，类埃达克岩 131～127Ma B. P.：同造山，岩石圈伸展减薄，橄榄安粗岩系列的粗安岩-粗面岩、碱性辉长（闪长）岩-石英二长岩-花岗岩 126～123 Ma B. P.：非造山，碱性系列的响岩、正长岩和 A 型花岗岩	145～125Ma B. P.：前造山，高钾钙碱性英安质-流纹质火山-侵入杂岩和板内环境的"S"型花岗质火山-侵入杂岩

下扬子沿江地区	东南沿海地区
板块构造体系：古太平洋向中国东南大陆边缘碰撞-挤压，开始时间约120Ma B. P.，长乐-南澳断裂带形成左旋走滑剪切带，以韧性变形和绿片岩-角闪岩相变质作用为特征	
124Ma B. P.：高铝辉长岩（蒋庙） 118～108Ma B. P.：石英闪长岩-花岗闪长岩（安基山）	120～110Ma B. P.：同造山，片麻状过铝质英云闪长岩-奥长花岗岩-花岗闪长岩组合（TTG）、中钾深成高铝辉长岩 110～99Ma B. P.：造山后，大陆岩石圈伸展减薄，高钾I型浅成花岗岩类 94～81 Ma B. P.：非造山，低钛双峰式玄武岩-英安岩，流纹岩、A型晶洞花岗岩和基性岩脉群

8.1.2　中国东南部及周边地区印支期花岗岩

中国东南部、韩国和日本同属于欧亚大陆东部、环太平洋活动大陆边缘构造体系。韩国中生代地质演化历史与中国东部紧密相关，日本属于环太平洋岛弧系的一个重要组成部分，在日本海作为弧后盆地于中新世（15Ma B. P.）打开以前，日本曾是欧亚大陆的一部分。东南亚是由先后来自冈瓦纳大陆的几个大陆地块从晚古生代到早中生代逐渐互相拼合、增生到亚洲大陆上而形成的一个复合大陆。其中包括中国东南部、中南半岛、滇缅马苏（Sibumasu）、昌都-思茅、拉萨-西缅甸等地块。滇缅马苏地块和印支地块的最终拼合源自于晚三叠世的印支运动，印支运动一名即诞生于越南（Depart，1914；Fromagat，1932）。

8.1.2.1　印支期花岗岩时空分布特征

1. 中国东南部

中国东南大陆花岗岩分布广泛，出露面积达16.97万 k ㎡。其中前寒武纪花岗岩占中国东南部花岗岩总面积的6.0%，早古生代花岗岩占13.0%，晚古生代花岗岩占2.1%，三叠纪花岗岩占12.3%，侏罗纪花岗岩占37.0%，白垩纪花岗岩占29.6%（孙涛，2005）。可见中生代花岗岩总共占中国东南部花岗岩的78.9%。

印支期花岗岩同位素年龄主要集中于两个峰值：早期的233～243Ma和晚期的204～224Ma。早期花岗岩具有片理和片麻理构造（如桂坑岩体边部黑云母二长花岗岩、富城岩体和湖南省类型1花岗岩）形成于同碰撞背景，而晚期花岗岩都呈块状（如红山岩体、桂坑岩体内部和湖南省印支晚期花岗岩）是碰撞晚期或后碰撞的产物。印支早晚两期岩浆活动与雪峰山地区下、上三叠统（T_{1-2}—T_3，约228～225Ma B. P.）的角度不整合相对应（李三忠，2011）。

中国东南部印支早期形成了近 EW 向褶皱，并且 NE 向断裂发生右旋走滑运动（239～230Ma B. P.，徐先兵等，2009），指示曾遭受短暂的 SN 向挤压作用。印支早期也是中国东南部岩浆作用最强烈的时期之一，除本书重点研究的桂坑岩体边缘相和富城岩体外，还有如赣南五里亭花岗岩体（～238Ma，邱检生等；张文兰等，2004）、粤北贵东花岗岩体（236～239Ma，徐夕生等，2003）和南岭东段龙源坝岩体（～241Ma，张敏等，2006）等。

2. 海南岛

与中国东南大陆仅隔琼州海峡的海南岛，花岗岩的年代格架大不相同，海南岛花岗岩出露面积为 1.24 万 km²，约占全岛面积的 37%，其中二叠-三叠纪花岗岩占全岛侵入岩总面积的 68%，白垩纪花岗岩占 22%，目前仅发现少量有确切依据的侏罗纪花岗岩类（SHRIMP U-Pb 年龄 151±2Ma，谢才富，未刊资料），与东南大陆形成明显反差。

早-中二叠世花岗岩类分布于琼中地块上，如海南岛西北部 I 型辉长岩-闪长岩-石英闪长岩-英云闪长岩-花岗闪长岩的年龄为 299～282Ma（Rb-Sr，马大铨等，1991）；琼中地区 S 型石榴子石花岗岩、含电气石花岗岩和二云母花岗岩年龄为 270～278Ma（SHRIMP 锆石 U-Pb，谢才富等，2006a）；琼中地区钾玄质二长岩-石英闪长岩-石英二长闪长岩-石英二长岩为 272±7Ma（SHRIMP 锆石 U-Pb，谢才富等，2006a）；五指山 I 型高钾钙碱性花岗闪长岩、二长花岗岩和正长花岗岩（常具片麻状构造）（SHRIMP 锆石 U-Pb 为 262±3Ma 和 267±3Ma，Li et al. 2006）。二叠纪末和三叠纪花岗岩分布于全岛，如琼西尖峰岭壳源黑云母正长花岗岩为 249±5Ma（SHRIMP 锆石 U-Pb，谢才富等，2006b）；三亚石榴子石霓辉正长岩年龄为 244±7Ma（SHRIMP 锆石 U-Pb，谢才富等，2005）；海南岛东南部铝质 A 型花岗岩年龄为 221±4～239±3Ma；石英正长岩年龄为 243±4Ma（SHRIMP，谢才富，未刊资料）。

白垩纪与火山岩共生的侵入岩主要为 I 型高钾钙碱性花岗闪长岩-二长花岗岩-正长花岗岩，少量石英正长岩-石英二长岩，有的具有类埃达克岩的地球化学特点，它们的年龄为 87～111Ma（Rb-Sr 等时线，马大铨等，1991；SHRIMP，谢才富，未刊资料）。

3. 越南

越南二叠纪和三叠纪花岗岩主要出露在越南北部奠边（Dien bien）和中部昆嵩（Kontum）地区，白垩纪花岗岩主要发育在越南南部大叻（Da lat）地区。越南北部奠边杂岩（I 型闪长岩-花岗闪长岩-花岗岩）有两个年龄组：即 272～286Ma（U-Pb）和 221～253Ma（K-Ar），240.4±2.8Ma（Ar-Ar，Lan et al.，2000）。越南北部早二叠世 I 型花岗岩类具有岛弧-活动大陆边缘型岩石组合的特点，$\varepsilon_{Nd}(t)=-4.7～9.7$，与海南岛合罗-志仲一带的花岗质岩石组合类似。越南中部昆嵩地块 Plei Manko 为 S 型石榴子石花岗岩和斜方辉石花岗岩年龄为 250～260Ma，具弱片理化（SHRIMP 锆石 U-Pb，Owada et al.，2007），片里与泥质片麻岩的片理平行，在花岗岩和变质岩之间的边界上有混合岩结构。麻粒岩相变质岩的 SHRIMP 锆石 U-Pb 年龄为 260～250Ma，与花岗岩的年龄类似，表明花岗岩具有同碰撞性质，与海南岛琼中地区的强过铝质花岗岩十分类似。

越南南部大叻带晚白垩世火山-侵入岩为 I 型闪长岩-花岗闪长岩-二长花岗岩组合，年龄集中为 110Ma、93～96Ma 和 88～92Ma（U-Pb，Nguyeu et al.，2004）。它们与海南岛晚白垩世 I 型花岗岩类似，均以花岗闪长岩为主，不显变形构造，并含有大量闪长质包体，表明这类花岗岩源岩中地幔组分的贡献较显著。

4. 韩国

韩国的花岗岩中，65%以上是早-中侏罗世的大堡期花岗岩，几乎占陆地面积的1/3，20%是白垩纪—古近纪的沃国寺期花岗岩，10%是二叠纪—三叠纪的松里期花岗岩，5%是前寒武纪花岗岩。

韩国印支期花岗岩的高精度锆石 SHRIMP 同位素年龄有三组：226～232Ma，226～227Ma 和 228～240Ma（Kim et $al.$，2011），分别分布在京畿地块（代表性岩体有 Hongseong、Namyang、Yangpyeong 和 Odesan 岩体）、沃川带（代表性岩体有 Baeknok 和 Yongsan）和岭南地块（代表性岩体有 Sangju、Gimcheon、Hamyang 和 Macheon）。岩石类型在京畿地块主要为辉长岩、二长闪长岩、二长岩、正长岩和花岗岩；在沃川带为石英二长闪长岩、花岗岩和碱性花岗岩；在岭南地块为花岗闪长岩-花岗岩，少量二长闪长岩。如果考虑到华北与华南板块间的碰撞-变质峰期大约在 230～226Ma B.P.，分别发生于京畿地块（232～226Ma B.P.）和沃川带（227～226 Ma B.P.）的印支期花岗岩与华北与华南板块间的俯冲-碰撞相关，那么 240～228Ma B.P. 发生在岭南地块的碰撞期花岗岩是否与古太平洋板块与欧亚大陆碰撞有关，是需要进一步研究的。

燕山早期花岗岩根据它们时空分布特征可以分为两组：早侏罗世花岗岩类（约 201～185Ma B.P.）主要产在朝鲜半岛南部的岭南地块，中侏罗世花岗岩类（180～168Ma B.P.）产出于京畿地块、沃川带和临津江带（Turek and Kim 1995；Kim and Turek 1996；Lee et $al.$，2003；Hee et $al.$，2005；Park et $al.$，2006；Kee et $al.$，2010）。

燕山晚期（110～50Ma B.P.）大规模火山-侵入活动主要发生在韩国东南部的庆尚盆地，类似于中国东南部和西南日本。在韩国被称为沃国寺期（Bulkuksa）火山-侵入岩。庆州南山碱性 A 型花岗岩，含碱性暗色矿物钠闪石-钠角闪石，其黑云母 K-Ar 年龄：46.8±0.9Ma、46.5±0.9Ma；全岩 Rb-Sr 等时线年龄为 48.2±0.7Ma（Lee，et $al.$，1995）。晚侏罗世至早白垩世之间（158～110Ma B.P.）存在约 50Ma 的岩浆活动间断。

5. 日本

印支期和燕山早期侵入岩仅局限分布于飞弹带，没有伴生的同时代火山岩。最近，Yutaka Takahashi 和毛建仁等根据在 Tateyama 地区飞弹带花岗岩的野外地质关系将飞弹带花岗岩分为年轻的和老的两类花岗岩，分别命名为船津（Funatsu）花岗岩和 Augen 片麻状花岗岩，获得锆石 SHRIMP 的谐和年龄数据分别 196.7±3.1Ma、245.3±2.4Ma、248.3±5.1Ma；同时有四个残留锆石形成的谐和年龄数据为 241±4Ma，以下将详细讨论。

燕山晚期（120～60B.P.）的岩浆活动是日本岛规模最大的一期，特别是西南日本晚白垩世（100～60Ma B.P.）花岗质岩石出露面积占日本花岗岩总面积的 70%。岩石类型以准铝质花岗闪长岩和花岗岩类为主，少量辉长岩和闪长岩。中侏罗世—早白垩世（170～120Ma B.P.）存在约 50Ma 的岩浆活动间断。

将上述地区中生代岩浆活动时代综合于图 8.3。

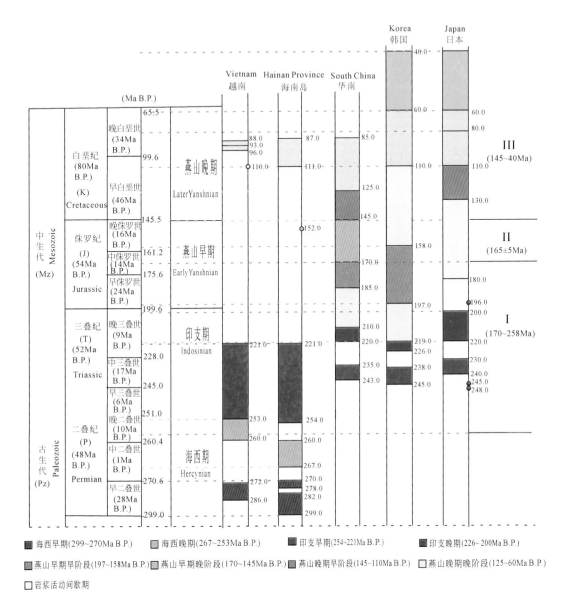

图 8.3　中国东南部及邻区中生代岩浆活动年龄柱状图

8.1.2.2　构造单元归属

从中国东南大陆和周边地区晚古生代—中生代花岗岩的对比可以看出：

①中国东南大陆基本上没有二叠纪花岗岩，仅海南岛和越南相似，二叠纪花岗岩十分发育，并且具有大陆边缘型（299～282Ma B.P.）和强过铝型（278～260Ma B.P.）两类花岗岩，后者具有强烈变形的同造山花岗岩特征；②早-中三叠世花岗岩主要出现在越南、中国东南大陆和海南岛，越南和海南岛地块上的三叠纪花岗岩一般都发育强度不一的变形构造；③侏罗纪，尤其是中侏罗世（168～150Ma B.P.）花岗岩在中国东南部以及与其同

属东亚地块的韩国最为发育,一般均无变形构造,无论日本还是越南和海南岛均不发育侏罗纪花岗岩;④上述几个地块都发育时代相近,性质相似的晚白垩世火山-侵入岩。由此可见,印支运动在越南和海南岛表现强烈,把越南和海南岛归属于印支地块,华南和韩国归属于东亚大陆地块,日本与台湾则归属于东亚岛弧带。

8.1.2.3 深部动力学背景

在湖南道县发现软流圈地幔源的基性岩石(224~204Ma B. P.)(Guo et al.,1997),湖南宁远保安圩中心铺和李宅乡碱性玄武岩年龄为212.3±1.7Ma 和205.5±3.3Ma(LA-ICP-MS,刘勇等,2010),由此推断,约225Ma B. P. 是个重要的热分界,在湘东南出现小规模的岩浆底侵事件,热源发生了重要变化(Guo et al.,1997;Wang et al.,2007;于津海等,2007)。与深部地球物理探测资料揭示的成果一致,在郴州附近(湘东南、南岭地区),部分软流圈上涌至约65km深处(图8.4)(朱介寿等,2005),上涌柱内热浮物质可熔穿上部岩石圈注入地壳层,部分软流圈热烘烤(热传导)使壳层部分重熔形成印支期壳源型花岗岩,并可能有少量地幔组分加入。地幔组分的不断加入导致在燕山早期早阶段形成壳幔同熔型花岗岩类,浅表相应出现 Cu、Pb-Zn 矿集区,湖南郴州存在软流圈上涌柱与金属矿集区,软流圈上涌柱是否与西部峨眉山大火成岩省形成的地幔柱有关(Chen et al.,2008,2011),尚需要进一步深入研究。

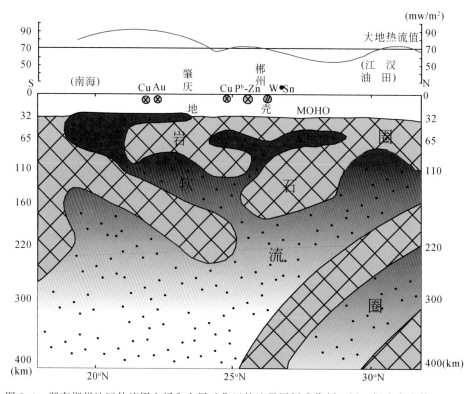

图 8.4 湖南郴州地区软流圈上涌和金属矿集区的地震层析成像剖面图(据朱介寿等,2005)

8.1.3 华南有侏罗纪古太平洋板块俯冲吗？

8.1.3.1 中生代玄武岩的分带性及成因

地球化学和同位素数据证明在早侏罗世华夏内陆带和武夷-云开山脉带下的地幔为均一的区域，明显不同于受到古太平洋俯冲体系影响的东南沿海岩浆岩带。中国东南部东西向展布的玄武岩带表示，随时间推移伸展作用向东延伸，动力源可能起自于印支板块和华南陆块间渐进的三叠纪陆-陆碰撞作用（图 8.4）。沿 EW 向玄武岩展布带的某些地方（如湖南南部和广东北部）似 OIB 玄武岩的出现是伸展作用的标志，这些地方存在软流圈物质的上涌。Zhou 等（2006）认为三叠纪花岗岩的形成受到古特提斯俯冲体系的影响，自中侏罗世，古太平洋板块对欧亚大陆板块的消减作用，使华南地壳整体上处于伸展应力环境，大量晚侏罗世花岗岩类的形成受裂谷型板内岩浆作用的控制。

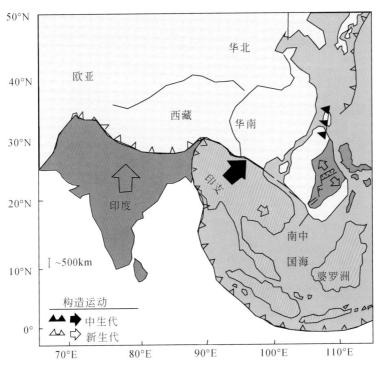

图 8.5 三叠纪印支陆块-华南陆块碰撞有关的印支造山运动示意图

（据 Chen *et al.*，2008；有修改）

图中显示了华南侏罗纪伸展构造是印支陆块与华南陆块的碰撞引发的，类似于南中国海
在渐新世-早中新世的海底扩张构造与印度板块-欧亚大陆早新生代的碰撞有关

由此可见，华南内陆带和武夷-云开山脉带在早侏罗世时地幔相对均一，没有受到俯冲改造的影响，基性岩浆作用及其底侵作用是后印支运动伸展的结果，并可能引起燕山早期晚阶段（中侏罗世）大规模花岗质岩浆活动。

8.1.3.2　燕山早期（中侏罗世）"东亚再次汇聚"的地质事实

在武夷山地区燕山早期（中侏罗世）挤压构造变形表现为北东向褶皱和北东向断裂朝SE 的逆冲推覆。中国东南部大片地区鲜有中侏罗世地层保留（表 2.16），加里东期岭兜岩体（SHRIMP 锆石 U-Pb 年龄为 399±5.0Ma，本书）作为逆掩推覆体在其之下钻探到三叠纪煤系地层[①]。在闽北隆起区的东部出现一系列的变质岩飞来体，一系列断续的弧形推覆构造，老变质岩推覆于上古生界上三叠统和中-下侏罗统之上而被晚侏罗世南园组不整合覆盖。说明在东南沿海晚侏罗世大规模火山喷发前即中侏罗世前后发生过一次规模巨大的远距离推覆事件[①]。断裂带内云母 $^{40}Ar/^{39}Ar$ 年龄为 162±2Ma，区域上闽北铁山正长岩锆石 La-ICP-Ms U-Pb 年龄为 169.3±1.6Ma，粤北同构造八尺片麻状花岗岩年龄为 165.4±1.2Ma，而侵入 NE 向褶皱的河田花岗岩年龄为 152.9±1.4Ma，确认武夷山地区在 169～161Ma B.P. 存在挤压构造（徐先兵等，2010）。中侏罗世大规模花岗质岩浆作用（168～150Ma B.P.）具有两种不同的分布格局，同样指示了从印支期特提斯构造域转换为燕山期太平洋构造域早期阶段的特点。

8.2　中国东南部中生代岩浆活动的动力学特征-周边地区对比研究的启示

8.2.1　印支期多板块汇聚的地质事实

中侏罗世（165±5Ma B.P.）多个板块向东亚的极性运动，被称为"东亚汇聚"（董树文等，2007，2008），并于 2009 年 2 月 25～27 日在北京召开的香山科学会议第 343 次学术讨论会"侏罗纪/白垩纪之交的东亚汇聚及其资源环境效应"作了阐述。其科学含义是：全球三大洋在晚侏罗世（165±5Ma）近乎同时开启以及东亚周边古太平洋、新特提斯洋和蒙古-鄂霍次克洋的俯冲消亡，在中国中东部和东亚地区形成了多向挤压汇聚的燕山期构造体系，即东亚多向板块汇聚构造体系（简称东亚汇聚，图 8.6）。东亚汇聚启动了经典的燕山运动，发育了独特的构造变形特征。此外，东亚多向汇聚构造体系影响了东亚和中亚大部分地区的板内变形作用，在中国大陆及其周边形成了反映南北向挤压的蒙古弧共轭走滑断裂系统、燕山-阴山陆内造山带、大别山-大巴山侏罗纪陆内造山带等典型的燕山期构造带。东亚汇聚控制了中国东部中生代盆地的形成、中生代大规模成矿作用，并导致了侏罗纪-白垩纪之交的环境变迁和生物群更替。东亚汇聚具有深刻的全球构造背景与动力来源，是重要的科学研究问题。

起始于中侏罗世（165±5Ma B.P.）多个板块向东亚的极性运动的"东亚汇聚"是突出了太平洋板块与东亚板块的碰撞-俯冲占主导地位后的构造事件，如前有关中国东南部和周边地区印支期花岗岩分布特征及其构造意义的讨论，其实西伯利亚、印度大陆和古太

---

① 李绪华，冯宗帜，2007，闽北地区地质构造与找矿问题，待刊。

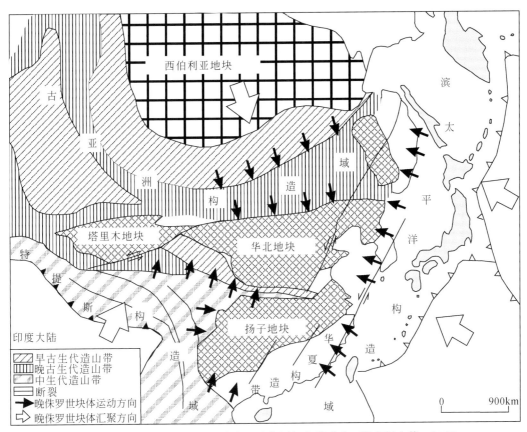

图 8.6　东亚中晚侏罗世板块多向汇聚作用与变形型式（据董树文等，2007）

平洋向东亚大陆核心（中朝地块和华南地块）的汇聚早在印支期就已开始，只不过该时期是以近南北向挤压的古亚洲构造域和特提斯构造域占主导，北东走向的滨太平洋构造域开始显现。日本飞弹构造带位置的确定有助于我们对印支期"东亚汇聚"的理解。

8.2.1.1　日本飞弹带构造位置的确定：多阶段构造演化和源区特征的约束

位于日本中部近日本海侧的飞弹带主要由飞弹花岗岩区、飞弹变质岩区和 Unazuki 变质岩带组成（图 8.7），飞弹花岗岩区是日本中生代岩浆活动最早的地区，主要出露片麻状花岗岩和黑云母花岗岩。分别相当于前人所称的 Augen 片麻状花岗岩和 Funatsu（船津）花岗岩（Isomi and Nozawa，1957）。本次研究采用锆石 SHRIMP U-Pb 获得三个片麻状花岗岩的年龄分别为 245±2Ma、241±4Ma 和 248±5Ma，一个黑云母花岗岩的年龄为 197±3Ma，结合前人的测试结果（Takahashi，2010）表明，飞弹带片麻状花岗岩的形成年龄为 240～250Ma 的印支期，黑云母花岗岩的形成年龄为 190～200Ma 的燕山早期。

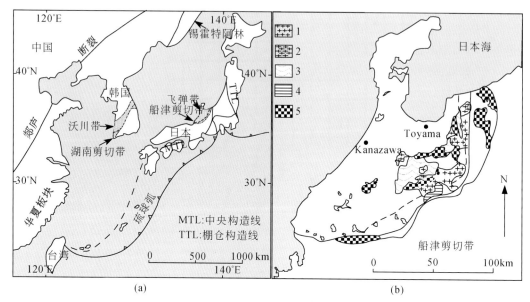

图 8.7 日本飞弹带地质构造图（a）（据毛建仁等，2009）和日本飞弹带地质图（b）

（据 Takahashi，2010）

1. 船津黑云母花岗岩；2. Augen 片麻状花岗岩；3. 飞弹变质岩；4. Unazuki 变质岩；5. 飞弹边缘带变质岩

飞弹带印支期片麻状花岗岩与燕山早期黑云母花岗岩都是高钾钙碱性岩系、准铝-弱过铝质的 I 型花岗岩，但具有不同的元素和 Sr-Nd 同位素地球化学特征，表明两者在岩浆来源和形成的构造环境上存在较大差异，也表明了中生代期间构造演化格架的变化。

片麻状花岗岩的 SiO_2 含量介于 64.06%～75.05%，Na_2O 含量较高，K_2O/Na_2O 值介于 0.24～0.91，总体富集 Rb-Th、Zr-Hf、U-Pb，贫 Nb-Ta、Ti，ΣREE 含量较高，稀土元素配分显示向右倾的平坦型，Eu 负异常不明显。片麻状花岗岩的 $^{87}Sr_i/^{86}Sr_i$ 值为 0.70643～0.71053，$\varepsilon_{Nd}(t)$ 值为 -10.17～-2.03，Nd 模式年龄为 1.29～1.90 Ga，是镁铁质母岩浆与中元古代基底地壳起源的长英质岩浆混合形成的。黑云母花岗岩的 SiO_2 含量介于 65.57% 和 75.59% 之间，Na_2O 含量较低，K_2O/Na_2O 值介于 0.49～1.72，总体富集 Pb-Hf，亏损 Nb-Ta、Ti 等元素，ΣREE 含量较低，稀土元素配分型式为右倾的负 Eu 异常。黑云母花岗岩 $^{87}Sr_i/^{86}Sr_i$ 值较低（0.70438～0.70616），$\varepsilon_{Nd}(t)$ 较高（-0.84～5.53），Nd 模式年龄较年轻（0.40～0.95Ga），是由上地幔起源的镁铁质岩浆与显生宙增生的年轻地壳物质混合经分离结晶作用而形成的。

关于飞弹带的古构造位置，存在以下几种观点：①同华北板块相联系：飞弹带位于华北板块的东部边缘，后来成为华南-华北碰撞缝合带向东部的延伸部分（Arakawa，et al.，2000）；②同中亚造山带相联系：飞弹带是中亚火山岩带东部边缘的延伸部分（Chang，2006；Arakawa et al.，2000）；③同韩国半岛相联系：根据飞弹带和沃川带的动力变形等特征，提出飞弹带可与沃川带相连接（Takahashi et al.，2010；唐贤君，2010）。近年来，Fitch 和 Zhu（2006），Kim 等（2006，2008）和 Williams 等（2009）提出韩国沃川变质带与南华裂谷带可对比连接。因此，飞弹带构造位置的确定引起地质学家的广泛关注。

本次研究采用构造-年代学和岩浆源区确定等综合研究方法，将飞弹带花岗岩同中朝地台的苏鲁带、华南内陆带和中亚造山带的佳木斯地块作系统对比，我们倾向于认为飞弹带是中亚造山带东部边缘佳木斯地块分离出来的，依据如下：

1）由锆石 SHRIMP U-Pb（样品号 07Hi-3）测试结果表明，飞弹带经历了四次主要的热构造事件，分别为～330Ma B. P. 左右的区域性高温变质作用、～271Ma B. P. 左右的片麻状花岗岩的侵入引起的变质岩重结晶作用、～243Ma B. P. 的区域性的韧性剪切作用以及～200Ma B. P. 船津花岗岩侵入过程中引起的岩石热接触变质作用。从形成时代上判断，在韩国京畿地区和沃川带内，广泛分布着印支期-燕山早期花岗岩（Williams *et al.*，2009；Kee *et al.*，2010；Kim *et al.*，2011）；在辽东半岛地区，印支期（233～212Ma B. P.）-燕山早期（180～156Ma B. P.）岩浆活动广泛分布（吴福元等，2005；Wu *et al.*，2011）；在中国东南部也出露有印支期-燕山早期花岗质岩石（Wang *et al.*，2007；毛建仁等，2009；Mao *et al.*，2011），这些地区印支期花岗质岩石在年代学上可以同飞弹带相类比；

2）上述地区印支期-燕山早期花岗质岩石在岩石类型和组合、岩浆源区等方面同飞弹带相比存在很大差异。韩国印支期-燕山早期花岗岩的岩浆源区都具有高的 $^{87}Sr_i/^{86}Sr_i$ 值，很低的 $\varepsilon_{Nd}(t)$ 值和高的 T_{2DM} ［图 8.8（a）、（b）］。中国东南部印支早期花岗岩具有较高的 $^{87}Sr_i/^{86}Sr_i$ 值和较低的 $\varepsilon_{Nd}(t)$ 值，是在华南地壳增厚的基础上由地壳物质部分熔融形成的壳源型花岗岩，晚期发生基性岩浆底侵形成有幔源组分加入的壳源花岗岩（Wang *et al.*，2007；Mao *et al.*，2011），而中国东南部燕山早期花岗岩主要形成于 180Ma B. P. 之后，这些花岗岩与飞弹带燕山早期花岗岩差别明显，具有很高的 $^{87}Sr_i/^{86}Sr_i$ 值和较低的 $\varepsilon_{Nd}(t)$ 值［图 8.8（a）、（b）］；

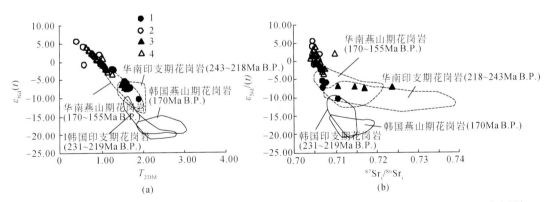

图 8.8　飞弹带-中亚造山带东段印支期-早燕山期花岗岩的 T_{2DM}-$\varepsilon_{Nd}(t)$ 和 $^{87}Sr_i/^{86}Sr_i$-$\varepsilon_{Nd}(t)$ 对比图解

1. 飞弹带片麻状花岗岩；2. 飞弹带黑云母花岗岩；3. 东北地区印支期花岗岩；4. 东北地区燕山早期花岗岩（图中数据来源：韩国的据 Williams *et al.*，2009，Cho *et al.*，2008；华南的据 Wang *et al.*，2007，Zeng *et al.*，2008，赵希林等，2008，Mao *et al.*，2010，陈小明等，2002，张敏等，2003，邱检生等，2005；飞弹带的据本书以及 Arakawa and Shinmura，1995；东北地区的据吴福元等，2010）

3）在中亚造山带东部边缘佳木斯-绥芬河地区出露有与飞弹带同期的花岗岩，且具有相类似的岩石学特征。变形的片麻状花岗岩多与麻山群相伴生（党延松、李德荣，1993；赵春荆等，1996，1997），以往被认为是"晚元古代"的花岗岩，经 LA-ICP-MS 锆石 U-Pb 测定青山岩体为 270 ± 4Ma，石场岩体为 258 ± 9Ma，楚山岩体为 256 ± 5Ma，紫河岩体为 254 ± 5Ma（吴福元，2010），是印支期岩浆作用的产物，这些片麻状花岗岩在稀土元素及微量元素特征上与飞弹带印支期花岗岩相类似，均为轻稀土富集，重稀土亏损型式，弱 Eu 负异常，微量元素上具有明显的 Nb、Ta、Ti、P 亏损和 Ba、Sr 富集等特征。Wu 等（2000）总结了东北地区（主要是佳木斯地块）中生代岩浆作用的时代和同位素特征，将东北地区早中生代岩浆作用分为两组：印支期花岗岩具有相对较高的$^{87}Sr_i/^{86}Sr_i$值、较低的 $\varepsilon_{Nd}(t)$ 值和较高的 T_{2DM}，燕山早期花岗岩具有相对较低的$^{87}Sr_i/^{86}Sr_i$值、较高的 $\varepsilon_{Nd}(t)$ 值和较低的 T_{2DM}，这些同位素特征与飞弹带印支期-燕山早期花岗岩相类似，并且同位素演化趋势也十分相似［图 8.8（a）、（b）］。

因此，综合考虑年代学、岩石类型和组合以及 Sr-Nd 同位素所反映的基底特征等指标，我们倾向于认为飞弹带是中亚造山带东部边缘佳木斯地块分离出来的（图 8.9）。

8.2.1.2 东亚大陆边缘印支期花岗岩分布的构造意义

有关华南印支期花岗岩形成的构造背景目前还存在不同看法（孙涛等，2003；Zhou et al.，2006，Li and Li，2007；于津海等，2007；Wang et al.，2007），关键要力求回答以下问题，印支期岩浆作用在浙闽沿海如何表现？为什么在华南内陆（湖南省）出露底侵岩浆热传导形成的印支期花岗岩？印支地块碰撞能影响到华北板块和扬子陆块的碰撞吗？能影响到东部沿海地区吗？

Sibumasu 地块与印支板块-华南板块以碰撞增生为代表的印支构造运动发生在 258 ± 6Ma B.P. 和 243 ± 5Ma B.P.（Carter et al.，2001；Lepvrier et al.，2004），华北与华南板块间的碰撞-变质峰期稍晚于西南边缘，大约在 $230\sim226$Ma B.P.（Ames et al.，1993；Li et al.，1993；Rowley et al.，1997；Hacker et al.，1998；Sun et al.，2002；Zheng et al.，2003）。这两个事件可以表明华南造山和华南内部的碰撞都是发生在印支早期。武夷山地区印支期构造变形表现为近东西向褶皱和北东向断裂发生右旋走滑运动，指示中国东南部早中生代遭受南北向挤压作用，剪切带内两个糜棱岩样品的云母$^{40}Ar/^{39}Ar$ 年龄分别为 238.5 ± 2.8Ma 和 235.3 ± 2.8Ma，而侵入剪切带的花岗岩样品的锆石 La-ICP-MS U-Pb 年龄为 229 ± 2.2Ma，表明右旋走滑形成于 $239\sim230$Ma B.P.（徐先兵等，2009）。Sibumasu 地块与印支板块碰撞后在海南岛形成 A 型花岗岩-正长岩组合（$221\sim239$Ma），华北板块和扬子陆块碰撞后进入伸展垮塌构造背景，在苏鲁-韩国形成世界上典型的后碰撞岩石组合（辉长岩-花岗岩-正长岩-碱性 A 型花岗岩组合，$208\sim219$Ma），在华南内陆带和武夷-云开山脉带印支晚期花岗岩目前还未见有与伸展构造伴生的岩石组合。

Li（2012）认为台湾与华夏地块一样具有古元古代地壳的记录，自 250Ma B.P. 以来有三叠纪（$210\sim190$Ma B.P.）、侏罗纪（~153Ma B.P.）和晚白垩世（$97\sim77$Ma B.P.）岩浆作用的印迹。浙东诸暨大爽二长岩-霓辉石正长岩锆石 LA-ICPMS U-Pb 分别为 232 ± 0.53Ma 和 231.79 ± 0.45Ma（毛建仁等，待刊），丽水靖居（口）岩体由辉石黑云母石英

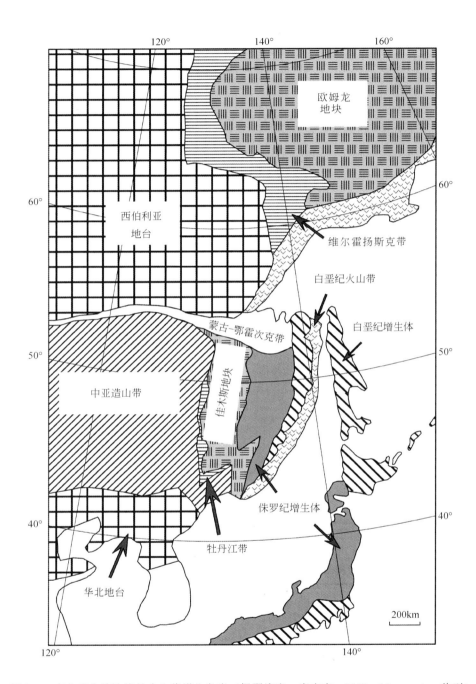

图 8.9　东北亚大陆边缘的中生代增生杂岩（据邵济安、唐克东，1995；Mao *et al.*，待刊）

二长岩或角闪石黑云母石英二长岩以及碱长花岗岩（侵入早期的石英二长岩中）组成，锆石 LA-ICPMS U-Pb 年代学结果，碱长花岗岩为 215 ± 2Ma，两者均具有 A 型花岗岩的特征，表明印支期岩浆作用已在浙闽沿海（NE 向）和台湾地区有印迹。在东亚大陆边缘的太平洋沿岸地区（我国东北、浙闽沿海和台湾地区，日本、韩国）印支期花岗岩普遍出露，尤其是在韩国岭南地块早于华北和华南地块碰撞的印支期花岗岩的确定（253～239Ma B. P.，Kim *et al.*，2011）地质学家们确认存在东亚（华南）陆块与古太平洋板块的碰撞。

Li 和 Li（2007）展示华南印支期花岗岩从东南向西北变年轻的趋势，它们都是钙碱性 I 型花岗岩，并认为是大洋板片向西北不断平缓俯冲造成陆内迁移造山的结果。根据美国西部、中央安第斯山脉和西藏东南部的板块平缓俯冲的变化情况可见，发生在岩浆间歇期之前的热活动是以岛弧（大陆边缘弧）地壳增厚条件下形成埃达克岩为特征，随后的岩浆作用为钙碱性系列岩石组成（Kay and Mpodozis，2002）。目前，至今尚未发现华夏地块中有晚三叠世埃达克岩，随后的正长岩和 A 型花岗岩的侵入作用也不支持这个结论，即中生代花岗质岩浆演化过程没有遵循这个模式。同样，用太平洋板片俯冲模式也无法解释我国东南部印支期花岗岩的时代、岩性特征和分布规律，因此，古太平洋板块印支期平板俯冲模式不令人信服。

通过以上华南内陆带、武夷-云开山脉带和东南沿海带印支期花岗岩时空分布特征的研究，湖南郴州存在软流圈上涌柱和燕山早期金属矿集区（朱介寿等，2005），约在 225Ma B. P. 时湘东南出现小规模的岩浆底侵事件，我们认为在中国东南部存在华南陆块与古太平洋板块的碰撞，中国东南部印支期花岗岩的形成是其周边板块边界俯冲-碰撞的综合结果（图 8.10）。

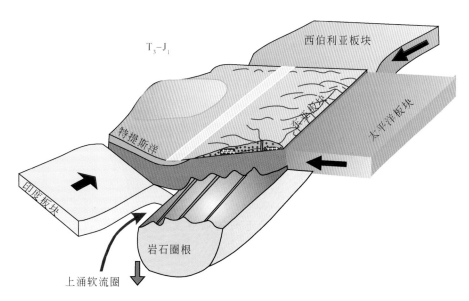

图 8.10　印支期多板块汇聚和深部物质上涌示意图（据董树文等，2007，有修改）

8.2.2　中国东南沿海与日本白垩纪—古近纪火山-侵入岩带韧性变形和成岩方式的启示

燕山晚期北东走向的花岗质火山-侵入岩是华南晚中生代岩浆岩的主要组成部分，它们与我国东北松辽盆地两侧的同时代花岗质岩带以及华北燕山、太行山和大别山的燕山期花岗质岩石一起，构成我国东部连绵约 3500km、宽约 800km 的 NE 走向的、濒临太平洋的晚中生代巨型岩浆岩带。

通过中日韩三方地质科学家的对比研究，认为我国东南部晚中生代大规模岩浆活动的开始与古太平洋板块俯冲没有直接联系，以下将着重讨论我国东南沿海和西南日本两条白垩纪-古近纪火山-侵入岩带地质构造背景以及异同性。

8.2.2.1　两条岩浆岩带形成的地质背景

中国东南沿海燕山早期岩浆岩主要分布在华夏内陆；燕山晚期经历了广泛而强烈的岩浆作用，形成大面积火山-侵入岩类，总体呈 NE 向展布于东南沿海（SECMB），燕山晚期火山-侵入岩同位素年龄主要为两个阶段：即 125～140Ma 和 81～120Ma，前者以准铝质花岗岩类为主，以及呈面型分布的英安岩-流纹岩；后者出现辉长岩和 A 型花岗岩以及准铝质花岗闪长岩类，以及单个盆地形式出露的玄武岩-英安岩、流纹岩双峰式火山岩。

日本的地质记录对亚洲大陆生长的意义在于日本海打开以前它在欧亚大陆的准确位置。日本最老的岩石是寒武纪和奥陶纪的蛇绿岩以及与其相关的深水沉积岩，可能源自元古代超大陆的裂解事件（Maruyama，1997）。但是，基底岩石主要由二叠纪—三叠纪俯冲增生杂岩和年轻的侏罗纪—古近纪俯冲增生楔以及高温高压变质体组成，是一个俯冲增生造山的经典模式。西南日本板块交汇地区地质柱状图（图 5.24）很好地证明地壳从亚洲大陆边缘向大洋逐步生长的事实，这种地壳俯冲增生的同时伴随着花岗质火山-侵入岩的喷发和侵入。西南日本岩浆岩带（WSJMB）的岩浆岩侵入于前白垩纪增生杂岩和区域变质岩，岩石组合为同时代的辉长岩、闪长岩、花岗岩及相应的火山熔岩和熔结凝灰岩。

8.2.2.2　岩浆活动的开始和结束时间以及动力变形时间不同

在两条火山-侵入岩带中下火山岩系紧邻海域部分的岩石通常遭受变形具有片理或片麻理构造，而上火山岩系则未发生左旋走滑的韧性变形（Yuhara et al.，2000，2003；Chen et al.，2004）。我国东南沿海火山-侵入岩浆活动的起始时间、动力变形和结束时间都要早于日本约 30Ma（图 8.11，Tong and Tobisch，1996；Wang and Lu，2000）。为了进一步探讨两条火山-侵入岩带与古太平洋构造体系的关系，根据动力变形、岩石组合和年代学特征，将我国东南沿海和西南日本上火山岩系岩浆活动划分为三个阶段（表 8.2，图 8.11），即在经历了韧性剪切变形期后，从大陆边缘钙碱性辉长质-闪长质岩浆活动开始，经高钾钙碱性花岗闪长质-花岗质岩浆作用，至酸性岩浆活动结束。

表 8.2 我国东南沿海和西南日本上火山岩系火山-侵入岩对比表

我国东南沿海	西南日本
>125Ma B.P. 的片麻状英云闪长岩-斜长花岗岩-花岗闪长岩（TTG）	>100Ma B.P. 的高镁安山岩和埃达克质英云闪长岩-花岗闪长岩
动力变形期：121~117Ma B.P.	动力变形期：90~87Ma B.P.
Ⅰ.125~110Ma B.P.：高铝辉长岩	Ⅰ.87~86Ma B.P.：高铝辉长岩
Ⅱ.110~99Ma B.P.：I 型花岗闪长岩-花岗岩类	Ⅱ.82~74Ma B.P.：I 型花岗闪长岩-花岗岩类
Ⅲ.94~87Ma B.P.：A 型花岗岩和以流纹岩为主的双峰式火山岩	Ⅲ.74~62Ma B.P.：S 型石榴子石-白云母花岗岩和流纹岩

地区	我国浙闽沿海		Ma BP.	西南日本	
				Ⅲ. S型细粒花岗岩 浓飞3-6英安岩-流纹岩	上火山岩系
			70	Ⅱ. 稻川花岗闪长岩-花岗岩	
			80	浓飞1-2英安岩-流纹岩 86~80Ma B.P.	
上火山岩系	Ⅲ.94~81Ma B.P. A 型花岗岩 和双峰式火山岩			Ⅰ.辉长岩86~74Ma B.P.	
				构造转换期 90~87Ma B.P.	
	Ⅱ.110~98Ma B.P. 花岗岩 花岗闪长岩		90	花岗岩（A/CNK>1.10）	下火山岩系
	Ⅰ 辉长岩 （120~105Ma B.P.）			花岗闪长岩 -英云闪长岩	
122~85 Ma B.P. 构造转换期 118~107Ma B.P	变形期 121~117Ma B.P.		100-120	（121~117Ma B.P.） （A/CNK<1.00） 石英闪长岩108~103Ma B.P.	
下火山岩系 145~122Ma B.P.	英云闪长岩-斜长花岗岩-花岗闪长岩				

图 8.11 我国浙闽沿海与西南日本白垩纪（古近纪）岩浆活动对比图

8.2.2.3　日本以大洋俯冲板块熔融形成埃达克岩和高镁安山岩为开始

日本高镁安山岩和埃达克岩（120～100Ma B. P.）是在日本大面积白垩纪岩浆作用的早期阶段由俯冲板片在高温条件下部分熔融形成的（Takahashi et al.，2005；Tsuchiya et al.，2005），主要发生在日本四个地区，由北往南依次为：① 东北日本北上地区（Katakami）侵入岩中心相，其时代为 120～117Ma B. P.（Tsuchiya et al.，2007）；② 中部日本 Yamozo 石英闪长岩，其时代为 105～108Ma B. P.（Takahashi et al.，2005）；③ 西南日本 Tamba 安山岩，其时代为 108Ma B. P.（Kimura and Kiji，1993）；④ 九州地区 Higo 英云闪长岩，其时代为 111.7Ma B. P.（Sakashima et al.，1998）。与我国东南沿海火山侵入岩带对比可见，>110Ma B. P. 具高 Sr/Y 值的的片麻状英云闪长岩-斜长花岗岩-花岗闪长岩（TTG）（图 8.12）是增厚地壳角闪岩脱水熔融的产物（Chen et al.，2004）。

表 8.3　我国浙闽沿海和西南日本白垩纪-古近纪火成岩 Sr，Nd 同位素组成特征对比

地区		我国东南沿海		西南日本	
岩　系	岩石类型	$^{87}Sr_i/^{86}Sr_i$	$\varepsilon_{Nd}(t)$	$^{87}Sr_i/^{86}Sr_i$	$\varepsilon_{Nd}(t)$
上火山系（及相应侵入岩）	流纹岩/花岗岩	0.7057～0.7090，平均 0.7076	-7.3～-2.54，平均-6.1	北带：0.7047～0.7066；南带：>0.707～0.7108	北带：-2.2～3；南带：-8.0～-3.0
	玄武岩/辉长岩	0.7055～0.7099，平均 0.7072	-8.04～-0.49，平均-5.08	北带：<0.706；南带：0.7063～0.7076	北带：-0.8～3.3；南带：-5.3～-2.5
下火山系（及相应侵入岩）	流纹岩/花岗岩	0.7084～0.7105，平均 0.7095	-10.5～-7.18，平均-8.7	0.70544～0.70526/0.7052～0.7059	0.1～0.6
	玄武岩/辉长岩	0.7062～0.7106，平均 0.7088	-9.3～-4.7，平均-7.5		
	英云闪长岩/高镁安山岩	0.7056～0.7065	-2.3～-3.0	0.7038～0.7056	2.7～4.6

资料来源：据陈江峰等，1998；俞云文等，1993；王德滋等，2000；Kagami et al.，1992；Iizumi et al.，2000；Kamei，2002a，2002b；Takahashi et al.，2005；Tsuchiya et al.，2005。

8.2.2.4　岩浆活动结束的标志不同

我国东南沿海同造山岩浆作用（128～110Ma B. P.）岩石组合为高铝辉长岩（HAG），片麻状英云闪长岩-斜长花岗岩-花岗闪长岩（TTG）；后造山岩浆作用（110～99Ma B. P.）为 I 型花岗岩类；非造山岩浆作用（94～87Ma B. P.）为晶洞 A 型花岗岩以及以流纹岩为主的双峰式火山岩（表 8.2）。在西南日本，岩浆作用晚期没有出露非造山 A 型花岗岩和双峰式火山岩组合，相反，产出的是挤压性地壳重熔的过铝质细粒石榴子石/白云母花岗岩，它们的 A/CNK 通常>1.10，$^{87}Sr_i/^{86}Sr_i$ 值增高为 0.70793～0.7108（表 8.3 和图 8.13）。不同与华南强过铝质 S 型花岗岩（$^{87}Sr_i/^{86}Sr_i$ 值通常都大于 0.710），由此可推断是由于两地区地壳物质组成和性质存在较大的差别所致。华南的地壳是经历了多次造山

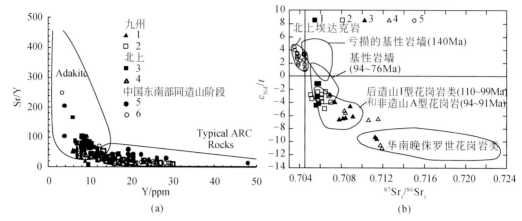

图 8.12　日本埃达克岩与我国东南沿海片麻状英云闪长岩

$Sr/Y-Y$ 和 $\varepsilon_{Nd}(t)$ $-^{87}Sr_i/^{86}Sr_i$ 对比图

（a）1. 花岗岩；2. 英云-花岗闪长岩；3. 中心相；4. 边缘相；5. 高铝辉长岩；6. TTG；

（b）1. 辉长岩；2. TTG；3. 玄武岩；4. 流纹岩；5. 北上埃达克岩

构造旋回的高成熟度老地壳，而日本则是成熟度低的年轻地壳。因此，按照华南花岗岩类成因分类的地球化学标准，在日本基本不存在类似于华南的壳源 S 型花岗岩，都是我们所称的 I 型花岗岩，进一步可分为磁铁矿系列和钛铁矿系列。

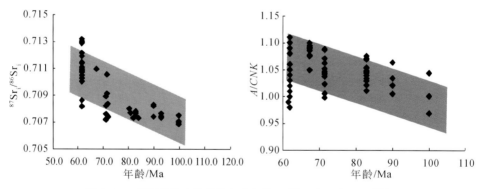

图 8.13　领家带代表性岩体年龄与 $^{87}Sr_i/^{86}Sr_i$ 和 A/CNK 图解

8.2.2.5　具有大致相同的成岩方式

薛怀民等（1996）和 Mao 等（1997）指出中国东南沿海燕山晚期火山-侵入岩主要起源于元古代变质基底，它们的 Sr-Nd 同位素在空间上具有分区性特征，受各自基底变质杂岩的控制和同位素特征影响，是"就地取材"的产物，同时也反映了地幔源区的横向不均一。尽管西南日本晚白垩世辉长岩-闪长岩比花岗岩有较低的 Sr 初始值和 Nd 模式年龄以及较高的 Nd 初始值，辉长岩-闪长岩和花岗岩具有两条相对独立的演化趋势，两者的 Sr-Nd 同位素在空间上具有相似的变化，南带（领家带）比北带（山阴带）有较高的 Sr 初始值和 Nd 模式年龄以及较低的 Nd 初始值（表 8.3），并且在南北两带间有一个明显的成分间断。西南日本岩浆作用的地球化学特征明显受地域控制，在同一岩带内，晚期岩石的 $^{87}Sr_i/^{86}Sr_i$ 值增高，$\varepsilon_{Nd}(t)$ 值降低（表 8.3），表明岩石中壳源组分增加。同时表明日本具有典型的俯冲增生造山模式，火山-侵入活动的同位素年龄由西往东具有明显向洋逐渐变新的趋势（图 8.14），在成岩过程中有元古代陆源物质参与，而 MORB、海底山和大洋高原玄武岩没有明显加入（Jahn，2011）。

由此可见，两条火山-侵入岩带的成岩方式十分相似，在两条火山-侵入岩带的源区都以地幔源为主并有前寒武纪再旋回地壳物质的加入。随壳幔作用增强，岩石中幔源组分的贡献加大，亏损地幔模式年龄降低，$\varepsilon_{Nd}(t)$ 值增大 [图 8.15（a）、（b）]，Sr-Nd 初始值也表现为同样的变化趋势，只是两者在随成岩时间变新出现不同的变化趋势。

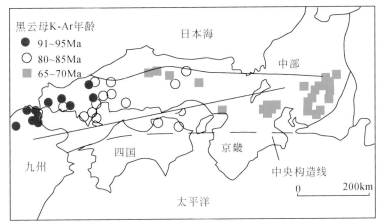

图 8.14　西南日本内带花岗岩同位素地质年代变化趋势图（据 Takashi Nakajima，1994）

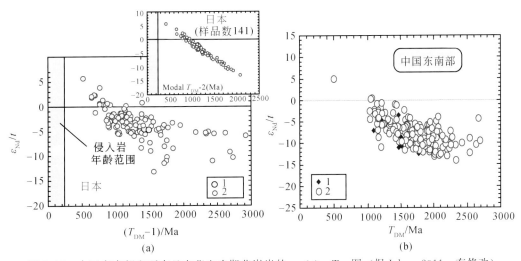

图 8.15　中国东南部和西南日本燕山晚期花岗岩的 $\varepsilon_{Nd}(t)$ - T_{DM} 图（据 Jahn，2011，有修改）

（a）1. 日本四万石川花岗岩，2. 西南日本花岗岩类；（b）1. 华夏陆块流纹岩和英安岩，2. 华夏陆块花岗岩类

8.2.2.6　不同的动力学特征

我国东南沿海晚中生代岩浆活动是随着时间推移，经历了同造山、造山后和非造山阶

段，由挤压转换为扩张，岩石类型、组合和地球化学特征发生较大变化。随着壳幔作用增强，岩石中幔源组分贡献增大，Sr 初始值降低，Nd 初始值递增［表 8.3 和图 8.15（b）］。西南日本岩浆岩带随时间推移，从俯冲挤压作用经韧性剪切变形一直处于挤压阶段，浓飞六个阶段火山岩浆活动随时间推移（86～65Ma B. P.），每个喷发阶段所形成的火山岩-花岗岩岩石学特征是一致的，它们在主量元素和 Sr-Nd 同位素组成上变化不大，在微量元素方面的区别与岩浆所处的地理位置有关，而与时间推移关系不大（Takafumi *et al.*，2007）。在西南日本领家带中部地方晚期岩石渐变为壳源组分为主，花岗岩的 A/CNK 和 Sr 初始值随年龄变新而增加，Nd 初始值随年龄变新而递减（表 8.3 和图 8.13）。

由此可见，东亚大陆边缘在燕山晚期进入太平洋板块俯冲-碰撞构造体系，但不同地段的表现不同；日本白垩纪花岗岩类是俯冲增生的年轻地壳熔融，不存在类似与华南的壳源 S 型花岗岩；我国东南沿海没有代表洋壳俯冲的弧岩浆岩；结合下扬子沿江地区岩浆-成矿活动时代综合评价（表 8.1），可以认为中国东南部晚中生代大规模岩浆活动的开始（145～125Ma B. P.）与古太平洋板块俯冲没有直接联系，是陆内构造运动（先前存在的断裂再活化）的产物。大约在早白垩世火山-侵入岩带遭受动力变形之后（约 120Ma B. P.），在中国东部和海南岛、韩国、日本、越南以及俄罗斯远东等地发生的大规模晚白垩世火山-侵入活动是太平洋俯冲-碰撞洋陆过程的产物。

8.2.3　动力变形期及其后的地壳伸展作用

中国东南部和韩国都经历了中侏罗世右旋韧性剪切运动。中国东南部中侏罗世（169～161Ma B. P.）挤压达到高峰，挤压构造表现为沿 NE 向断裂向南东的逆冲推覆和北东向褶皱，华南大片地区鲜有中侏罗统地层保留（表 2.5、表 2.16）；随后武夷山地区进入 NW-SE 向伸展，火山岩年代学指示伸展构造形成于 147～130Ma B. P.。Han 等（2005）提出，韩国的大堡构造事件造成了沃川带上地壳层序的挤压变形以及早-中侏罗世地壳规模的右旋剪切带。根据 Hee and Sung（2005）的年龄资料，在 Jeonju 剪切带，具片理化的 Jeonju 花岗岩（169.6±1.5Ma）被不具片理化的 Hamyeol 花岗岩（165.0±2.1Ma，表 6.1）侵入，同样，具片理化的 Anseong 花岗岩（170Ma）被不具片理化的 Icheon 花岗岩（167Ma）侵入。可以证明，在韩国右旋韧性剪切发生在中侏罗世（170～165Ma B. P.）。从晚侏罗世以来（165±5Ma B. P.），在郯-庐断裂以东，除局部地段表现出早先的东西向构造外，NE 向构造已占主导，是从 EW 向构造域基础上发展而成的（Ichikawa *et al.*，1990；Lapierre *et al.*，1997；Charvet *et al.*，1999），此时，太平洋构造体系在中国东部已占主导地位。

燕山晚期，中国东南部挤压构造的表现是下白垩统地层翘倾和长乐-南澳大型左旋走滑韧性剪切带，形成时代为 121～117Ma B. P.，使得下火山岩系及其伴生的花岗岩类遭受强烈的韧性剪切而形成片理化火山岩和片麻状花岗岩。锆石 U-Pb 年龄确定动力变质作用的上限约为 120Ma（Tong and Tobisch，1996），从剪切带糜棱岩化岩石中获得五个矿物的 $^{40}Ar/^{39}Ar$ 坪年龄为 118～107Ma（Wang and Lu，2000）。该事件导致了高压变质带、蛇绿混杂岩带和韧性剪切带的形成，也导致了花岗岩浆的侵入。在日本以三波川蓝闪石片岩带为标志，蓝闪石和红帘石高压矿物的 K-Ar 年龄为 82～102Ma；领家红柱石-夕线石片岩带，年龄约为 90Ma（Lo and Yui，1996）。台湾蓝闪石和绿辉石的 ^{40}Ar/^{39}Ar 测年，获得 100～110Ma（Jahn，1986）。碰撞事件导致西南日本领家带较早期的花岗岩（87～100Ma）变形，形成了片麻状花岗岩，并同角闪岩相变质岩及同时代的火山岩相伴生。由此可见，中国东南部晚白垩世的碰撞事件分别比台湾和日本早约 10～15Ma 和约 25～30Ma。

紧随这期碰撞事件，东亚大陆边缘进入了晚白垩世—早古近纪的伸展减薄期。主要地质标志有：①日本海、南海和台湾海峡的形成；②弧区和弧后区晚白垩世—古近纪断陷盆地群的形成；③碱性花岗岩的形成。白垩纪前日本和东亚大陆是相连的，晚白垩世日本岛弧后发生微型扩张，始新世达到盛期，导致日本脱离东亚大陆边缘朝大洋移动，到中新世定位于现今位置。东南沿海与台湾火成岩的时代与类型大致相同（Li，2010；Li et al.，2012），两者晚古生代基底性质及化石也相似表明它们当时也是相连的，分隔中国东南部与台湾岛的台湾海峡就是在这期拉伸事件中形成的。

碰撞事件在东亚陆缘火山岩带形成了一系列 NE-NNE 方向的断陷盆地群，从晚白垩世开始，受 NW-SE 向伸展作用影响，原先的侏罗纪—白垩纪弧后盆地大多演变成为断陷盆地（晚白垩世—古近纪），形成红色盆地；在东南沿海形成了碱性 A 型花岗岩、双峰式火山岩和基性岩脉群，从粤闽浙沿海经宁镇山脉、韩国到辽东的巨型晚中生代 A 型花岗岩带，其形成时代为 92～56Ma B.P.，如东南沿海一带的福州魁岐、漳州新村、舟山桃花岛、普陀岛等地的 A 型花岗岩、晶洞花岗岩以及韩国庆尚盆地中 Gyongju 含碱性暗色矿物的 A 型花岗岩体，都是这期拉伸作用的产物。

8.3　中国东南部中生代岩浆活动与板块构造动力学演化模式

以上述地质事实为依据，尤其是近年来有关印支期、燕山早期火成岩和下扬子地区高精度同位素定年数据与地球化学资料的积累，结合深部地球物理探测成果的揭示，使我们对中国东南部中生代火成岩的时空分布、物质来源和成因有了深入了解，结合其周边国家和地区中生代岩浆活动地质地球化学特征的启示，使我们可以提出比较合理的中国东南部中生代岩浆活动的成因模式。

鉴于上述，早中生代（265Ma B.P.）古太平洋板块向华南陆块的平板俯冲模式（Li and Li，2007）与基于美国西部、中央安第斯山脉和西藏东南部的板块平缓俯冲的模式不符，同时也无法解释中国东南部印支期花岗岩的时代、岩性特征和分布规律，中生代花岗质岩浆活动过程没有遵循这个模式。Zhou 等（2006）认为三叠纪花岗岩的形成受到古特提斯俯冲体系的影响，中侏罗世岩浆活动标志着古太平洋俯冲构造的开始，华南中生代玄武岩的分带性特征以及地球化学和同位素数据证明华南内陆带和武夷-云开山脉带早侏罗世时地幔相对均匀，没有受到俯冲改造的影响，华南不存在侏罗纪古太平洋板块俯冲。华北与华南陆块于印支期拼合后，没有大洋板块参与的造山运动和岩浆活动始终没有停止，下扬子沿江地区岩浆-成矿活动结束（126～123Ma B.P.），而东南沿海地区燕山晚期晚阶段岩浆-成矿活动才刚刚开始（120Ma B.P.）。上述地质事实证明，在 265Ma B.P.、180Ma B.P. 和 140Ma B.P. 时，中国东南部尚未进入统一的以太平洋俯冲-碰撞构造体系为主的洋陆过程，岩浆活动都是受陆内构造控制。

中国东南部中生代处于挤压和伸展交替的构造背景下，以长期的伸展和短期的挤压为特色，通过上述论述可见，中国东南部在中生代至少存在三期挤压构造运动，印支期挤压构造变形表现为近 EW 向褶皱和 NE 向断裂发生右旋走滑运动（239~230Ma B. P.，徐先兵等，2009），指示中国东南部早中生代遭受南北向挤压作用，其动力源是印支板块与华南板块的南缘发生碰撞以及华北板块与扬子块体的陆-陆碰撞；中侏罗世挤压构造变形表现为北东向褶皱和北东向断裂朝 SE 的右旋走滑-逆冲推覆（169~161Ma B. P.，张岳桥等，2009；徐先兵等，2011），指示 NE 走向的古太平洋构造体系已占主导地位；早白亚世长乐—南澳断裂带左旋走滑和动力变质变形作用（121~117Ma B. P.）造成先前岩石变形，形成片理化火山岩和片麻状花岗岩（Tong and Tobish，1996；Wang and Lu，2000），动力源自古太平洋板块的碰撞-挤压或是古太平洋的古陆块朝东亚陆缘的正向俯冲-增生[①]。

东亚大陆边缘在燕山晚期进入古太平洋俯冲构造体系，但不同地段有不同表现，如那丹哈达，日本本岛等地区存在有代表洋壳俯冲的岩石组合（蛇绿混杂岩带、大洋深水沉积岩等），古太平洋板块对欧亚大陆俯冲与否关键在于东亚大陆边缘是否存在有代表洋壳俯冲的岩石组合，如果不存在类似的岩石组合，就难以运用大洋板块俯冲模式来解释。陆-陆或洋-陆板块间的碰撞-挤压，岩石圈的伸展减薄，基性岩浆的底侵作用和深断裂的再活化等都可以使稳定地块遭受岩浆活动的再造，都可以非常好地揭示中国东南部中生代岩浆活动的成因。

8.3.1　晚中生代岩浆活动沉寂期及其动力学原因

日本和韩国岩浆活动沉寂期的对比研究可以探讨构造域转换、聚敛速度、聚敛角度以及洋脊俯冲与欧亚大陆的关系等，有助于加深了解古太平洋板块向东亚大陆运动的轨迹。在韩国存在有约 50Ma 的岩浆活动沉寂期（158~110Ma B. P.），日本约 45Ma 的岩浆活动沉寂期（170~125Ma B. P.）。韩国、日本岩浆活动的间断被认为是大洋板块向欧亚大陆边缘缓角度斜向快速（图 8.16，20~30.0cm/a）俯冲造成的（Hee and Sung，2005）。而此时，中国东南部正发生了大规模花岗质岩浆-成矿活动（170~150Ma B. P.）和酸性火山-侵入活动（145~125Ma B. P.）以及下扬子沿江地区中酸性火山-侵入与大规模成矿活动（145~123Ma B. P.），即所称的"燕山期火山岩浆-成矿活动大爆发"，是一种在没有大洋板块参与下的陆内造山运动。由于华北和华南陆块以及扬子和华夏陆块拼合后，从深部到各块体本身未达到动力学平衡，它们是在古太平洋板块斜向俯冲构造背景下，岩石圈减薄、基性岩浆底侵和深断裂再活化的产物，是陆内造山体系的产物。

在早白亚世晚期（约 120Ma B. P.）日本海打开之前，东亚陆缘带从北端的锡霍特-阿林、库页岛、北海道，到中段的西南日本、韩国岭南地区、琉球群岛，再到中国东北松辽盆地两侧，经燕山、鲁东、宁镇山脉、中国东南部和海南岛、越南乃至西菲律宾的南海基

---

① Charvet J.，2011，The proceedings for the fifth workshop on 1 : 5M international geological map of A-sia. Beijing

底，形成一条彼此相连、宽度大于 500km，延伸近 5000km 的晚中生代火山-侵入岩带（图 8.17）。如此巨大的岩浆岩带的形成，是板块构造体系的产物，显然与古太平洋板块对欧亚板块在白垩纪期间的碰撞-俯冲作用有关。研究表明，高角度的俯冲无法形成宽阔的火山岩带，非常慢速的板块汇聚很难引起大规模的岩浆上涌，中生代大洋板块在俯冲方向、俯冲速率、俯冲角度等动力学要素是随时间不断变化的（Engebretson *et al.*，1985；Ichikawa *et al.*，1990；Minato *et al.*，1985；Koppers *et al.*，2001）。太平洋板块俯冲方向在～125Ma B.P. 发生了约 80°的转变，低角度（小于 30°）、较快速率（约 20.0cm/a）的正向俯冲（图 8.16），是东亚大陆边缘能形成晚中生代宽广火山岩带的重要动力学原因（Engebretson *et al*，1985；Maruyama and Seno，1986；Koppers *et al.*，2001）。从 140～125Ma B.P. 至 125～110Ma B.P. 太平洋板块俯冲方向的大角度突然改变很可能与白垩纪南太平洋超级地幔柱的全球事件有关，此事件引发了翁通-爪哇（Ontong Java）、凯尔盖郎群岛（Kerguelen）和夏威夷群岛等地区超大规模的玄武质火山活动。

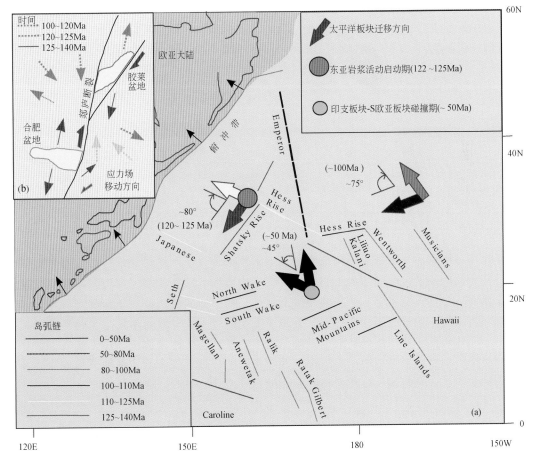

图 8.16　太平洋板块俯冲方向在～125Ma B.P. 发生了约 80°的转变图解（据 Sun *et al.*，2007，有修改）

（a）白垩纪以来太平洋板块移动史（据 Koppers *et al.*，2001）；（b）沿郯庐断裂显示的中国东部应力场演化

（据 Zhang *et al.*，2003c；Huang *et al.*，2005）

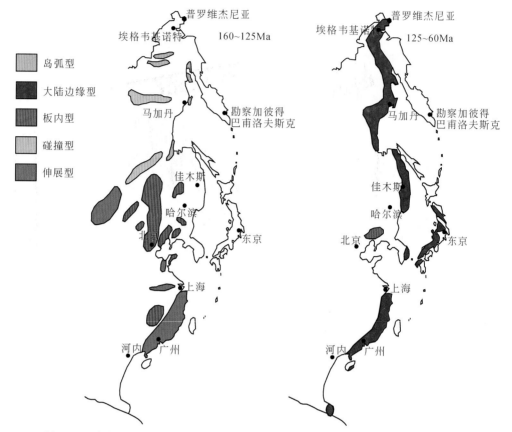

图 8.17　东亚大陆边缘中生代流纹岩-花岗岩分布图（据 Nakajima，1996，有修改）

8.3.2　中国东南部中生代岩浆活动的四阶段动力学演化模式

本模式试图揭示华南在大陆构造作用下岩浆活动的特征，除受到板块构造及其远程构造效应外，同时还复合有大陆内不同陆块相互作用所形成的各种陆内构造，其重点是华南在印支期完成主体大陆拼合后，华北与华南陆块，扬子与华夏块体等从深部到块体本身并未达到动力平衡，始终处于相互作用，并趋于平衡的过程中，因此引发了包括从深部地幔到上部不同陆块的相互作用以及陆内造山作用。鉴于目前板块构造理论还无法合理解释深入大陆板块内部宽达上千千米的大陆再造过程及其地球动力学机制，因此，力图正确认识华南中生代岩浆活动特点，解决"板块登陆问题"，从而发展板块构造理论。

8.3.2.1　Sibumasu 地块与印支-华南板块的碰撞（258～243Ma B. P.）、古太平洋板块向西运动（253～239Ma B. P.）以及华北板块与扬子块体的碰撞（236～230Ma B. P.）

印支期花岗岩（P—T）：

发生在华南近东西向褶皱和右旋走滑断裂（239～230Ma B. P.）导致 T_{1-2} 和 T_3 的地层不整合与印支早、晚两期花岗岩的形成。

越南-海南岛带：Sibumasu 地块与印支板块的碰撞形成二叠纪—三叠纪花岗岩；

华南内陆带-武夷山脉带：印支地块与华南陆块的碰撞形成三叠纪花岗岩，早期壳源型花岗岩，晚期形成有少量幔源组分加入的花岗岩；

浙闽沿海-台湾带：古太平洋与欧亚大陆的碰撞，早期形成中钾-高钾钙碱性花岗岩，晚期形成石英正长岩-碱性花岗岩；

日本飞弹带：古太平洋与欧亚大陆的碰撞形成钙碱性花岗岩，其热纪录的年龄形态以及年轻地壳物质的部分熔融，表明它们曾是中亚地块的一部分；

苏鲁-韩国带：华北与华南板块的碰撞，形成了世界上典型的后碰撞花岗岩组合（236～208Ma B. P.）；早期发生在岭南地块的钙碱性花岗岩（253～239Ma B. P.）推断与古太平洋板块与欧亚大陆的碰撞有关。

燕山早期早阶段（J₁）：

187～170Ma B. P.：在南岭山脉形成由四种岩石类型组成的板内裂谷型组合，软流圈物质上涌，陆内伸展构造是印支构造运动的继续。

8.3.2.2　特提斯（EW 向线性分布）构造体系向古太平洋构造体系转换（NE 向分布），转换开始时间约 165±5Ma B. P.，燕山期陆内构造是长期的伸展与短期的挤压相伴随

燕山早期晚阶段（J₂-J₃）花岗质岩石。

发生在华南、韩国的陆内右旋韧性剪切运动（169～161Ma B. P.），晚期地壳伸展，EW 和 NE 走向的花岗岩出现交切和重叠，它既不同于印支期的面式分布，也不同于燕山晚期单一的 NE 向分布，产出具有华南特色的与钨锡成矿作用极其密切的壳源型花岗岩，不排除有幔源组分加入。

8.3.2.3　陆内构造体系：大陆边缘造山后岩石圈减薄，华南各陆块间从深部到浅部的动力学不平衡导致陆内深断裂活化

燕山晚期早阶段（K₁）火山-侵入杂岩（145～123Ma B. P.）。

在中国东南部形成较大规模的酸性火山-侵入杂岩（145～125Ma B. P.）以及下扬子地区高钾富碱的中酸性岩石与和铜铁成矿作用（143～123Ma B. P.）。

8.3.2.4　板块构造体系：古太平洋板块与欧亚大陆的碰撞-俯冲事件及其后的地壳伸展活动，日本海和台湾海峡、红色断陷盆地的形成

燕山晚期晚阶段（K₁₋₂）火山-侵入杂岩（125～81Ma B. P.）。

大型左旋韧性走滑剪切带：长乐-南澳带发生在 121～117Ma B. P.，台湾纵谷带发生在 100～90Ma B. P.，日本中央构造线发生在 90～87Ma B. P.，清晰可见古太平洋板块由西往东、由南往北的迁移轨迹。在中国东南部形成双峰式火山岩、基性岩墙群和 A 型花岗岩。

发生在我国东部和海南岛、韩国、越南、日本以及俄罗斯远东楚科奇-锡霍特-阿林地区的大陆边缘型岩浆活动阶段（K₁₋₂为主）和内陆弧后岩浆岩（K₁₋₂，图 8.17）。

将中国东南部、韩国和日本中生代岩浆活动的上述特征综合于表 8.4。

表 8.4　中国东南部、韩国和日本中生代构造-岩浆作用事件序列对比表

时代	中国东南部	韩国	日本
	I. Sibumasu 地块与印支-华南板块的碰撞(258~243Ma B.P.)、古太平洋板块向西运动(253~239Ma B.P.)以及华北板块与扬子块体的碰撞(230~226Ma B.P.)		
印支早期	243~233Ma B.P.：早期二长花岗岩；动力变形期：239~230Ma B.P.、T_{1-2}和T_3的不整合；约225Ma B.P.的热事件；	240~228Ma B.P.：早期花岗岩；动力变形期：225Ma B.P.；231~225Ma B.P.：辉长岩-石英正长岩-石英二长岩-花岗岩；	245~248Ma B.P.：飞弹带早期花岗岩；强动力变形期：243 Ma B.P.
印支晚期	224~204Ma B.P.：晚期花岗闪长岩-花岗岩-铝质A型花岗岩	220~219Ma B.P.：碱性A型花岗岩	
燕山早期早阶段	187~170 Ma B.P.：四种裂谷型火成岩组合(玄武岩、双峰式火山岩，花岗闪长岩和A型花岗岩)	201~185Ma B.P.：片理化花岗闪长岩-花岗岩	196~191Ma B.P.：花岗岩
	II. 特提斯(EW 向线性分布)向古太平洋(NE 向展布)构造体系转换(约 165±5Ma B.P.)，燕山期陆内构造是长期的地壳伸展与短期的挤压剪切相伴随、地壳伸展伴随着玄武质岩浆底侵		
燕山早期晚阶段	动力变形期：169~161Ma B.P.；170~150Ma B.P.：大面积分布的二长花岗岩-钾长花岗岩	动力变形期：170~165Ma B.P.；180~168Ma B.P.：英云闪长岩-花岗闪长岩；158~110Ma B.P.：岩浆活动"沉寂期"	170~125Ma B.P.：岩浆活动"沉寂期"
	III. 陆内构造体系：大陆边缘岩石圈减薄，地壳伸展导致陆内深断裂活化、陆内岩石圈再造		
燕山晚期早阶段	145~125Ma B.P.：流纹质-花岗质火山-侵入杂岩；145~123Ma B.P.：下扬子地区成矿-成岩(Cu,Fe)活动		
	IV. 板块构造体系：古太平洋向欧大陆斜向俯冲-碰撞(约 125Ma B.P.)、左旋走滑韧性变形和绿片岩-角闪岩相变质作用，碰撞事件岩岩石圈伸展减薄，日本海和台湾海峡以及红色断陷盆地的形成		
燕山晚期晚阶段	>120Ma B.P.：同造山片麻状过铝质TTG组合；动力变形期：120~117Ma B.P.；125~110Ma B.P.：高铝辉长岩；110~99Ma B.P.：花岗闪长岩-花岗岩类；94~81Ma B.P.：非造山双峰式火山岩，A型花岗岩和基性岩脉群	动力变形期：90~80 Ma B.P.；100~80Ma B.P.：花岗闪长岩-二长花岗岩，少量碱性玄武岩；80~50Ma B.P.：非造山双峰式火山岩，A型花岗岩	早阶段：>100Ma B.P.：埃达克质TTG组合和高镁安山岩；动力变形期：90~87Ma B.P.；晚阶段：90~82Ma B.P.：高铝辉长岩-闪长岩；82~74Ma B.P.：花岗闪长岩-花岗岩；74~62Ma B.P.：过铝质细粒花岗岩

参 考 文 献

柏道远，陈建超，马铁球，王先辉．2005．湘东南骑田岭岩体 A 型花岗岩的地球化学特征及其构造环境．岩石矿物学杂志，24（4）：255～272

包志伟，赵振华．2003．佛冈铝质 A 型花岗岩的地球化学及其形成环境初探．地质地球化学，31（1）：52～61

毕庆昌．1971．台湾造山运动后快断构造的某些特征．见黄玉昆编译．西太平洋岛弧近代地壳运动．北京：科学出版社，50～56

蔡宏渊．1995．中国锡矿床的稀土元素地球化学特征．矿产与地质，9（4）：227～233

蔡学林，朱介寿，曹家敏等．2002．东亚西太平洋巨型裂谷体系岩石圈与软流圈结构及动力学．中国地质，29（3）：234～245

柴田贤，神谷雅晴．1974．山口县阿武地区岩石矿床的 K-Ar 年代——阿武地区岩石矿床的研究．地调月报，25：323～330

长井雅史，高桥正树．2007．箱根火山外轮山喷出物的全岩化学组成．日本大学文理学部自然科学研究所研究纪要，42：71～95

陈必河．1994．宁远保安地区基性-超基性火山岩基本特征．湖南地质，13（4）：193～198

陈道公，张剑波．1992．福建龙海明溪两区玄武质火山岩 K-Ar 年龄和 Nd，Sr，Pb 同位素．岩石学报，8（4）：326～331

陈繁荣，裴愉卓．1995．江西贵溪冷水坑多金属矿床成矿过程流体地球化学模拟及其地质意义．地球化学，24（1）（增刊）：24～32

陈繁荣，王德滋，刘昌实．1995．赣杭地区中生代两类不同成因火山-侵入杂岩的对比研究．地球化学，24（2）：169～179

陈富文，付建明．2005．南岭地区中生代主要成锡花岗岩地质地球化学特征与锡成矿规律．华南地质与成矿，（2）：12～21

陈汉宗，孙珍，周蒂．2003．华南中生代岩相变化及海相地层时空分布．热带海洋学报，22（2）：74～82

陈景河．1999．紫金山铜（金）矿床成矿模式．黄金，7：8～13

陈骏．2000．锡的地球化学．南京：南京大学出版社．1～320

陈克荣，陈武，周建平，郭景峰．1988．江西冷水坑火山-侵入杂岩体岩石地球化学及地球化学特征．矿石矿物学杂志，6（1）：18～28

陈克荣，陈武，周建平．1998．江西冷水坑火山-侵入杂岩体岩石化学及地球化学特征．岩石矿物学杂志，6（1）：18～28

陈培荣，华仁民，章邦桐．2002．南岭燕山早期后造山花岗岩类：岩石学制约和地球动力学背景．中国科学（D 辑），32（4）：279～289

陈培荣，孔兴功，倪琦生，章邦桐，刘昌实．1999a．赣南燕山早期双峰式火山岩的厘定和意义．地质论评，45（增刊）：724～733

陈培荣，孔兴功，王银喜等．1999b．赣南燕山早期双峰式火山-侵入杂岩的 Rb-Sr 同位素定年及意义．高校地质学报，59（4）：379～384

陈培荣，章邦桐，孔兴功等.1998. 赣南寨背 A 型花岗岩体的地球化学特征及其构造地质意义. 岩石学报，14（3）：289～298

陈培荣，周新民，张文兰等.2004. 南岭东段燕山早期正长岩-花岗岩杂岩的成因和意义. 中国科学（D辑），34（6）：493～503

陈荣，周金城.1999. 浙东早白垩世复合岩流和岩墙中蕴含的壳幔作用信息. 地质论评，45（9）：784～795

陈荣，周金城.2000. 浙江沿海晚中生代拉斑玄武岩浆侵位深度的讨论. 高校地质学报，6（3）：431～436

陈荣，周金城.2001. 福建同安角闪辉长岩的矿物化学、^{40}Ar-^{39}Ar 年龄及地质意义. 地质论评，47（6）：602～607

陈荣，邢光福，杨祝良.2007. 浙东南英安质火山岩早侏罗世锆石 SHRIMP 年龄的首获及其地质意义. 地质论评，53（1）：31～35

陈卫锋，陈培荣，黄宏业，丁兴，孙涛.2007. 湖南白马山岩体花岗岩及其包体的年代学和地球化学研究. 中国科学（D），37（7）：873～893

陈卫锋，陈培荣，周新民等.2006. 湖南阳明山岩体的 La-ICP-MS 锆石 U-Pb 定年及成因研究. 地质学报，80（7）：1065～1077

陈文，刘新宇，张思红.2002. 连续激光阶段升温的 ^{40}Ar/^{39}Ar 地质年代测定方法研究. 地质论评，（增刊）：127～134

陈小明，王汝成，刘昌实等.2002. 广东从化佛冈（主体）黑云母花岗岩定年和成因. 高校地质学报，8（3）：293～307

陈毓川，毛景文.1995. 桂北地区矿床成矿系列和成矿历史演化轨迹. 南宁：广西科学技术出版社. 421～433

陈毓川，裴荣富，张宏良等.1989. 南岭地区与中生代花岗岩类有关的有色及稀有金属. 北京：地质出版社.1～55

陈毓川等.2005. 中国成矿体系与区域成矿评价. 北京：地质出版社

陈正宏.1990. 台湾之火成岩. 台北：经济部中央地质调查所

陈正宏，李寄嵎，谢佩珊等.2008. 利用 EMP 独居石定年法探讨浙闽武夷山地区变质基底岩石与花岗岩的年龄. 高校地质学报，14（1）：1～15

陈志刚，李献华，李武显，刘敦一.2003. 赣南全南正长岩的 SHRIMP 锆石 U-Pb 年龄及其对华南燕山早期构造背景的制约. 地球化学，32（3）：223～229

陈志雄，李善择，朱晋于.1989. 西华山和红岭钨矿床成矿地质特征的研究. 见：南岭地质矿产科研报告集（2）. 武汉：中国地质大学出版社.277～325

程海.1989. 两类花岗岩的差异及其与钨成矿的关系. 地质论评，59（3）：193～202

村上允英.1985. 中国地方西部"における"中生代后期古古近纪火成活动史. 地质志，91：723～742

党延松，李德荣.1993. 佳木斯地块前寒武纪同位素地质年代学问题的讨论. 长春地质学院学报，23：312～318

邓晋福，赵海玲，叶德隆等.1993. 中国东部新生代火山的迁移与大陆裂谷的扩张和大陆漂移. 石油实验地质，15（1）：1～10

邓平，舒良树，余心起等.2004. 闽西-赣南早-中侏罗世盆地及其火成岩特征. 岩石学报，20（3）：521～532

邓希光，陈志刚，李献华等.2004. 桂东南地区大容山-十万大山花岗岩带 SHRIMP 锆石 U-Pb 定年. 地质论评，50（4）：426～432

丁兴，陈培荣，陈卫锋等.2005. 湖南沩山花岗岩中锆石 LA-ICPMS U-Pb 定年：成岩启示和意义. 中国科学（D），35：606～616

董树文，张岳桥，陈宣华，龙长兴，王涛，杨振宇，胡健民．2008．晚侏罗世东亚多向汇聚构造体系的形成与变形特征．地球学报，29（3）：306～317．

董树文，张岳桥，龙长兴，杨振宇，季强，王涛，胡建民，陈宣华．2007．中国侏罗纪构造变革与燕山运动新诠释．地质学报，81（11）：1449～1461．

范春方，陈培荣．2000．赣南陂头A型花岗岩的地质地球化学特征及其形成的构造环境．地球化学，29（4）：358～366

方宗杰，王烈，梁承礼等．1989．湖南资兴三都中生代含煤地层研究的新进展．地层学杂志，13（3）：193～204

丰成友，丰耀东，许建祥等．2007．赣南漳天堂地区岩体型钨矿晚侏罗世成岩成矿的同位素年代学证据．中国地质，34（4）：642～650

冯宗帜，元润章，黄永兴等．1991．福建永泰-德兴地区火山地质及火山岩含矿性研究报告．南京地质矿产研究所所刊，9（增刊）

福建省地质矿产局．1985．福建省区域地质志．北京：地质出版社．135～561

付建明，马昌前，谢才富等．2004．湘南西山铝质A型花岗质火山侵入杂岩的地球化学及其形成环境．地球科学与环境学报，26：15～23

付建明，马昌前，谢才富等．2005．湖南金鸡岭铝质A型花岗岩的厘定及构造环境分析．地球化学，34：215～226

冈村聪，菅原诚，加加美宽雄．1995．北海道北部中新世火山岩的区域变化的成因．地质学论文集，44：165～180

高桥正树，内藤昌平，中村直子，长井雅史．2006．箱根火山前期、后期中央火口丘喷出物的全岩化学组成．日本大学文理学部自然科学研究所研究纪要，41：151～186

高天钧，王振民，吴克隆等．1999．台湾海峡及其周边地区构造岩浆演化与成矿作用．北京：地质出版社

高天山，陈江峰，谢智等．2004．苏鲁超高压变质带中三叠纪石岛杂岩体的地球化学研究．岩石学报，20（5）：1025～1038

顾晟彦，华仁民，戚华文．2006．广西姑婆山花岗岩单颗粒锆石LA-ICP-MS U-Pb定年及全岩Sr-Nd同位素研究．高校地质学报，80（4）：543～553

顾知微．2005．论闽浙运动．地层学杂志，29（1）：1～6

广东省地质矿产局．1985．广东省区域地质志．北京：地质出版社．193～325

郭峰，范蔚茗，林舸．1997．湘南道县辉长岩包体的年代学研究及成因探讨．科学通报，42（15）：1661～1663

郝秀云，刘文达．1999．福建紫金山金铜矿床地质特征及成因探讨．黄金，4：8～11

何春荪．1969．台湾北部公馆凝灰岩之底层研究．台湾省地质调查所汇刊，20：5～13

何开善．1986．湖南区域地质研究的新进展．地质通报，（3）：204～210

贺振宇，徐夕生，陈荣等．2007．赣南正长岩-辉长岩的起源及其地质意义．岩石学报，23（6）：1457～1469

洪大卫，王式，韩宝福，靳满元．1995．碱性花岗岩的构造环境分类及其鉴别标志．中国科学（B辑），25（4）：418～426

胡恭任，章邦桐．1998．赣中变质基底的Nd同位素组成和物质来源．岩石矿物学杂志，17（1）：35～39

胡恭任，陈培荣，于瑞莲．2002．柯树背岩体的元素地球化学特征及其成矿意义．地质与勘探，38（6）：25～29

胡受奚，孙明志，严正富，等．1984．与交代蚀变花岗岩有成因联系的钨、锡和稀有亲花岗岩元素矿床有关的一种重要的成矿模式．见：徐克勤，涂光炽．花岗岩地质和成矿关系．南京：江苏科学技术出版

社 . 346~358

胡受奚，赵乙英 . 1994. 中国东部中—新生代活动大陆边缘构造—岩浆作用演化和发展 . 岩石学报，10 （4）：370~381

胡志坚，吴永芳 . 2005. 水口山矿田矿床定位模式及找矿远景区评价 . 地质与勘探，41 （5）：17~21

华仁民，毛景文 . 1999. 试论中国东部中生代成矿大爆发 . 矿床地质，18 （4）：300~308

华仁民，陈克荣，赵连泽 . 1993. 江西银山外围地层中金的地球化学降低场及其成矿意义 . 矿床地质，12 （4）：289~196

华仁民，陈培荣，张文兰等 . 2003. 华南中、新生代与花岗岩类有关的成矿系统 . 中国科学 （D 辑），33 （4）：335~343

华仁民，陈培荣，张文兰等 . 2005. 论华南地区中生代 3 次大规模成矿作用 . 矿床地质，24 （2）：99~109

华仁民，陆建军，陈培荣，李晓峰，刘晓东，张文兰 . 2002. 中国东部晚中生代斑岩浅成热液金 （铜）体系及其成矿流体 . 自然科学进展，12 （3）：240~244

华仁民，吴佩红，陈克荣 . 1995. 江西银山多金属矿床水岩反应及成矿流体来源的讨论 . 高校地质学报，1 （2）：37~44

黄定堂 . 1999. 江西银山铜多金属矿床成因再认识 . 矿产与地质，13：199~203

黄定堂 . 2001. 江西银山铜多金属矿床地质特征及其成因分析 . 江西地质，15 （2）：102~106

黄汲清，任纪舜，姜春发等 . 1997. 中国大地构造基本轮廓 . 地质学报，（2）：117~135

黄萱，DePaolo D J，孙世华等 . 1986. 福建省白垩纪岩浆岩 Nd、Sr 同位素研究 . 岩石学报，2：50~63

贾大成，胡瑞忠，谢桂青 . 2002. 湘东北中生代基性岩脉岩石地球化学及构造意义 . 大地构造与成矿学，26 （2）：179~184

江西省地质矿产局 . 1984. 江西省区域地质志 . 北京：地质出版社 . 260~306

江西银山铜铅锌金银矿床编写组 . 1996. 江西银山铜铅锌金银矿床 . 北京：地质出版社 . 237~282

孔华，金振民，林源贤 . 2000. 道县玄武岩中麻粒岩包体的岩石学特征及年代学研究 . 长春科技大学学报，30 （2）：8~12

孔兴功，陈培荣，章邦桐 . 2000. 赣南白面石盆地双峰式火山岩的 Rb-Sr 和 Sm-Nd 同位素特征 . 地质评论，46 （2）：186~189

李华芹，刘家齐，魏林 . 1993. 热液矿床流体包裹体年代学研究及其地质应用 . 北京：地质出版社

李继亮 . 1993. 东南大陆岩石圈结构与地质演化 . 北京：冶金工业出版社

李金冬 . 2005. 湘东南地区中生代构造-岩浆-成矿动力学研究 . 中国地质大学 （北京）硕士研究生论文

李清龙，巫建华 . 1999. 赣南-粤北晚中生代双峰式火山岩地质特征及其意义 . 地质论评，45 （增刊）：724~733

李三忠，王涛，金宠 . 2011. 雪峰山基底隆升带及其邻区印支期陆内构造特征与成因 . 吉林大学学报 （地球科学版），41 （1）：93~105

李曙光，杨蔚 . 2002. 大别造山带深部地缝合线与地表地缝合线的解耦及大陆碰撞岩石圈楔入模型：中生代幔源岩浆岩 Sr-Nd-Pb 同位素证据 . 科学通报，47 （24）：1898~1905

李曙光，张宗清 . 1993. 北秦岭拉垃庙苏长辉长岩的痕量元素和 Sr，Nd 同位素地球化学 . 地质学报，67 （4）：310~322

李孙雄，云平，范渊等 . 2005. 海南岛琼中地区琼中岩体锆石 U-Pb 年龄及其地质意义 . 大地构造与成矿学，29 （2）：227~233

李武显，周新民，李献华 . 2003. 长乐-南澳断裂带变形火成岩的 U-Pb 和 $^{40}Ar/^{39}Ar$ 年龄 . 地质科学，38 （1）：22~30

李献华，胡瑞忠，饶冰 . 1997. 粤北白垩纪基性岩脉的年代学和地球化学 . 地球化学，26 （2）：14~31

李献华，李武显，李正祥．2007．再论南岭燕山早期花岗岩的成因类型与构造意义．科学通报，52（9）：981～991

李献华，周汉文，刘颖等．1999．桂东南钾玄质侵入岩带及其岩石学和地球化学特征．科学通报，44（18）：1992～1998

李晓峰，陈文，毛景文，王春增，谢桂青，冯佐海．2006．江西银山多金属矿床蚀变绢云母40Ar-39Ar年龄及其地质意义．矿床地质．25（1）：17～26

李晓峰，华仁民，季俊峰，陆建军，刘盛祥，刘连文．2002．江西银山多金属矿床伊利石的形成与流体成矿作用的初步研究．地质科学，37（1）：86～95

李亿斗，盛继福，Le Bel L，Giulian G．1986．西华山花岗岩下陆壳起源的证据．地质学报，60（03）：256～273

李逸群．1991．江西两种成矿花岗岩类的成因．江西地质，5（1）：36～48

李子颖，李秀珍，林锦荣．1999．试论华南中新生代地幔柱构造、铀成矿作用及其找矿方向．铀矿地质，15（1）：9～34

梁新权，李献华，丘元禧等．2005．华南印支期碰撞造山——十万大山盆地构造和沉积学证据．大地构造与成矿学，29（1）：99～112

林强等．1999．东北亚中生代火山岩的地球动力学意义．地球物理学报，42（S1）：75～84

凌洪飞，沈渭洲，黄小龙．1999．福建省花岗岩类Nd-Sr同位素特征及其意义．岩石学报，15（20）：255～262

凌洪飞，沈渭洲，孙涛等．2006．广东省22个燕山期花岗岩的源区特征及成因：元素及Nd-Sr同位素研究．岩石学报，22（11）：2687～2703

刘若新，陈文寄，孙建中等．1992．中国新生代火山岩的K-Ar年代与构造环境．见：刘若新主编，中国新生代火山岩的年代学与地球化学．北京：地震出版社．1～43

刘省三．2007．湖南水口山铅-锌多金属矿田硅化角砾岩体（带）地质特征与成矿关系．矿产与地质，21（2）：186～191

刘勇，李廷栋，肖庆辉等．2010．湘南宁远地区碱性玄武岩形成时代的新证据：锆石LA-ICP-MS U-Pb定年．地质通报，（6）：833～841

陆志刚，陶奎元，谢家莹等．1997．中国东南大陆火山地质及矿产．北京：地质出版社

路远发，马艳丽，屈文俊等．2006．湖南宝山铜-钼多金属矿床成岩成矿的U-Pb和Re-Os同位素定年研究．岩石学报，22（10）：2483～2492

马丽艳，路远发，梅玉萍，陈希清．2006．湖南水口山矿区花岗闪长岩中的锆石SHRIMP U-Pb定年及其地质意义．岩石学报，22（10）：75～82

马文璞等．2003．日本在亚洲前沿的构造定位及其对中国东部区域构造的含义．地质通报，22（3）：192～199

毛建仁．1994．中国东南大陆中新生代岩浆作用与地幔演化的动力学．火山地质与矿产，5（2）：1～12

毛建仁，程启芬．1990．东南大陆中生代玄武岩石系列及其构造意义．中国地质科学院南京地质矿产研究所所刊，11（4）：29～42

毛建仁，高桥浩，厉子龙，中岛隆，叶海敏，赵希林，周洁，胡青，曾庆涛．2009．中国东南部与日本中-新生代构造-岩浆作用对比研究．地质通报，28（7）：844～856

毛建仁，陶奎元，李寄嵎，谢芳贵，许乃正．2002．闽西南晚中生代四方岩体同位素年代学、地球化学及其构造意义．岩石学报，18（4）：449～458

毛建仁，陶奎元，邢光福，杨祝良，赵宇．1999．中国东南大陆边缘中新生代地幔柱活动的岩石学记录．地球学报，20（3）：254～259

毛建仁，许乃政，胡青，李寄嵎，谢贵芳．2004a．闽西南地区中生代花岗闪长质岩石的同位素年代学、地球化学及其构造演化．吉林大学学报（地球科学版），34（1）：12～20

毛建仁，许乃政，胡青，邢光福，杨祝良.2004b.福建省上杭-大田地区中生代成岩成矿作用与构造环境演化.岩石学报，20（5）：285～296

毛建仁，许乃政，胡青等.2006.闽西南地区晚中生代花岗质岩石的同位素年代学、地球化学及其构造演化.岩石学报，22（6）：1723～1734

毛景文，谢桂清，李晓峰等.2004.华南地区中生代大规模成矿作用与岩石圈多阶段伸展.地学前缘，11（1）：35～55

梅勇文，叶景平，朱元早等.1984.赣南地区锡多金属隐伏矿床预测研究.北京：地质出版社.25～97

孟繁松.1985.鄂湘粤桂侏罗系的几个问题.地层学杂志，9（4）：317～321

南京大学地球科学系.2000.中国东南部晚中生代花岗质火山-侵入杂岩成因与地壳演化.116～143

彭头平，王岳军，江志敏，喻晓彬，彭冰霞.2004.江西中西部地区白垩纪玄武质岩石的^{40}Ar/^{39}Ar年代学和地球化学研究.地球化学，33（5）：447～458

朴成燮，高小微，陈殿义.1988.日本的地质和矿产.地质矿产部"我国周边国家毗邻地区地质矿产"情报调研报告

祁昌实，邓希光，李武显等.2007.桂东南大容山-十万大山型花岗岩带的成因：地球化学及Sr-Nd-Hf同位素制约.岩石学报，23（2）：403～412

邱德同.1991.江西银山矿床成矿构造及成因的新认识.地质与勘探，6：8～10

邱检生，王德滋.1999.福建永泰云山晚中生代双峰式火山岩的地球化学及岩石成因.岩石矿物学杂志，18（2）：97～107

邱检生，胡建，王孝磊等.2005.广东河源白石冈岩体：一个高分异的I型花岗岩.地质学报，79：504～514

邱检生，McInnes B I A，徐夕生等.2004.赣南大吉山五里亭岩体的锆石LA-ICPMS定年及其与钨成矿关系的新认识.地质论评，50（2）：125～133

邱检生，周金城，张光辉，凌文黎.2002.桂北前寒武纪花岗岩类岩石的地球化学与成因.岩石矿物学杂志，21（3）：588～600.

任纪舜.1997.中国及邻区大地构造图.北京：地质出版社

任纪舜，牛宝贵，刘志刚等.1999.软碰撞、叠覆造山和多旋回缝合作用.地学前缘，6（3）：85～93

上田薫，西村进.1982.阿川汤本および青海岛地域に分布する白垩纪后期の火山岩类、层序、裂变径迹年代.日本地质学会第89届学术年会摘要，283

邵济安，唐克东.1995.中国东北地体与东北亚大陆边缘演化.北京：地震出版社.46～52

沈渭洲，陈繁荣，刘昌实，杜杨松.1991.江西银山多金属矿床的稳定同位素研究.南京大学学报（地球科学），2：186～193

沈渭洲，于津海，赵蕾等.2003.南岭东段后太古宙地层的Sm-Nd同位素特征与地壳演化.科学通报，48（16）：1740～1745

石礼炎，高天钧等.1998.福建省大型隐伏铜矿床预测.福州：福建省地图出版社

舒斌，王平安，李中坚等.2004.海南抱伦金矿的成矿时代研究及其意义.现代地质，18（3）：316～320

舒良树.2006.华南前泥盆纪构造演化：从华夏地块到加里东期造山带.高校地质学报，12（4）：418～431

舒良树，周新民.2002.中国东南部晚中生代构造格架.地质论评，48（3）：249～260

舒良树，卢华复，Charvet J.1997.武夷山北缘断裂带运动学研究.高校地质学报，3（3）：282～292

舒良树，卢华复，贾东，Charvet J，Faure M.1999.华南武夷山早古生代构造事件时^{40}Ar-^{39}Ar同位素年代研究.南京大学学报（自然科学），35（6）：668～674

舒良树，周新民，邓平等.2004.中国东南部晚中、新生代盆地特征与构造演化.地质通报，23（9-10）：

876～884

孙涛，陈培荣，周新民，王汝成，王志成．2002．南岭东段强过铝质花岗岩中白云母研究．地质论评，48（5）：518～525

孙涛，丁兴，周新民．2007．三标-桂坑岩体．见：周新民主编．南岭山脉晚中生代花岗岩成因与岩石圈动力学演化．北京：科学出版社．576～594

孙涛，周新民，陈培荣等．2003．南岭东段中生代强过铝花岗岩成因及其大地构造意义．中国科学（D辑），33（12）：1209～1218

谭立平．1969．菲律宾的铜矿地质．矿冶，13（4）：1～13

谭立平，魏稽生．1997．台湾经济矿物．第一卷，台湾金属经济矿物．台北：经济部中央地质调查所．1～202

唐贤君，於文辉，单蕊．2010．中国东部-朝鲜半岛中生代板块结合带划分研究现状与问题．地质学报，84（5）：606～617

陶奎元．1988．中国东南沿海与西南日本内带中生代火山活动时代旋回与迁移问题的讨论．资源调查和环境，9（1）：1～13

陶奎元．1997．台湾金瓜石金（铜）矿床及其与福建紫金山铜（金）矿床的比较．火山地质与矿产，18（4）：260～275

陶奎元，毛建仁，杨祝良，赵宇，邢光福，薛怀民．1998．中国东南部中生代岩石构造组合和复合动力学过程的记录．地学前缘，5（4）：183～191

万天丰，朱鸿．2002．中国大陆及邻区中生代-新生代大地构造与环境变迁．现代地质，6（2）：107～120

汪洋．2003．湘南早中侏罗世花岗闪长岩的岩石化学特征、构造背景及地质意义．北京地质，15（3）：1～7

王彬，舒良树，杨振宇．2006．赣闽粤地区早、中侏罗世构造地层研究．地层学杂志，30（1）：42～49

王德滋，沈渭洲．2003．中国东南部花岗岩成因与地壳演化．地学前缘，10（3）：209～220

王德滋，周金城．1999．我国花岗岩研究的回顾与展望．岩石学报．15（2）：161～169

王德滋，周金城，邱检生等．1994．东南沿海早白垩世火山活动中的岩浆混合及壳幔作用证据．南京大学学报（地球科学），6（4）：315～325

王德滋，周新民等．2000．中国东南部晚中生代花岗质火山-侵入杂岩成因与地壳演化．北京：科学出版社

王丽娟，于津海，徐夕生等．2007．闽西南古田-小陶花岗质杂岩体的形成时代和成因．岩石学报，23（6）：1470～1484

王强，赵振华，简平，许继峰，包志伟，马金龙．2004．德兴花岗闪长斑岩 SHRIMP 锆石 U-Pb 年代学和 Nd-Sr 同位素地球化学．岩石学报，20（2）：315～324

王岳军，范蔚茗，郭峰，李惠民，梁新权．2001a．湘湘东南中生代花岗闪长岩锆石 U-Pb 法定年及其成因指示．中国科学（D辑），31（9）：745～751

王岳军，范蔚茗，郭峰，李旭．2001b．湘东南中生代花岗闪长质小岩体的岩石地球化学特征．岩石学报，17（1）：169～175

王中杰，谢家莹，尹家衡等．1999．浙闽赣中生代火山岩区火山旋回，火山构造，岩石系列及演化．中国地质科学院南京地质矿产研究所所刊，6（增刊）：1～220

巫建华，张树明，周维勋．1998．江西龙南盆地中生代火山岩系划分和地质时代讨论．华东地质学院学报，21（4）：301～306

巫建华，左跃明，周维勋．1999．赣南-粤北中生代晚期火山岩系岩石地层划分．中国区域地质，18（4）：398～405

吴淦国，陈柏林，吴建设等．2006．福建尤溪肖坂金矿田及外围控矿构造及成矿预测．华东地区地质调查

成果论文集．北京：中国大地出版社

吴俊奇，章邦桐，凌洪飞等．2007．花岗岩锆石 U-Pb 年龄与全岩 Rb-Sr 等时线年龄对比研究及其地球化学意义．高校地质学报，13（2）：272～281

吴永乐，梅勇文，刘鹏程，蔡常良，卢同衍．1987．西华山钨矿地质．北京：地质出版社．201～231

吴元宝，郑永飞．2004．锆石成因矿物学研究及其对 U-Pb 年龄解释的制约．科学通报，49（16）：1589～1604

夏宏远，梁书艺．1991．华南钨锡稀有金属花岗岩矿床成因系列．北京：科学出版社．61～182

夏卫华，章锦统，冯志文等．1989．南岭花岗岩型稀有金属矿床地质．武汉：中国地质大学出版社．14～115

肖剑，王勇，洪应龙，周玉振，谢明璜，王定生，郭家松．2009．西华山钨矿花岗岩地球化学特征及与钨成矿的关系．东华理工大学学报：自然科学版，（01）：22～31

肖庆辉，邓晋福，马大铨等．2002．花岗岩研究思维与方法．北京：地质出版社

谢才富，朱金初，丁式江，张业明，陈沐龙，付杨荣，付太安，李志宏．2006．海南尖峰岭花岗岩体的形成时代、成因及其与抱伦金矿的关系．岩石学报，22（10）：2493～2508

谢才富，朱金初，赵子杰，丁式江，付太安，李志宏，张业明，徐德明．2005．三亚石榴霓辉石正长岩的锆石 SHRIMP U-Pb 年龄：对海南岛海西-印支期构造演化的制约．高校地质学报，（1）：47～57

谢窦克，马荣生，张禹慎等．1996．华南大陆地壳生长过程与地幔柱构造．北京：地质出版社

谢窦克，毛建仁，彭维增．1997．华南岩石层与大陆动力学．地球物理学报，40：153～163

谢桂青，胡瑞忠，赵军红，蒋国豪．2001．中国东南部地幔柱及其与中生代大规模成矿关系初探．大地构造与成矿学，25（6）：179～186

邢凤鸣，徐祥，陈江峰，周泰禧．1992．江南古陆东南缘晚元古代大陆增生史．地质学报，66（1）：59～71

邢光福，陈荣，杨祝良，周宇章，李龙明，姜杨，陈志洪，2009．东南沿海晚白垩世火山岩浆活动特征及其构造背景．岩石学报，025（01）：77～91

邢光福，陶奎元，杨祝良．1993．浙江温州山门双峰式火山岩成因探讨．岩石学报，9（增刊）：1～13

邢光福，杨祝良，毛建仁，舒良树等．2002．东南大陆边缘早侏罗世火成岩特征及其构造意义．地质通报，21（7）：384～391

邢光福，杨祝良，孙强辉等．2001．广东梅州早侏罗世层状基性-超基性岩体研究．矿物岩石地球化学通报，20（3）：172～175

徐步台，胡永和，李长江等．1990．浙东南沿海燕山晚期岩浆岩的稳定同位素和微量元素地球化学研究．矿物岩石，10（4）：57～65

徐鸣洁，舒良树．2001．中国东南部晚中生代岩浆作用的深部条件制约．高校地质学报，1（7）：21～32

徐铁良．1956．台湾东部海岸山脉地质．台湾地质调查所汇刊，8：15～41

徐夕生，谢昕．2005．中国东南部中生代-新生代玄武岩与壳幔作用．高校地质学报，11（3）：318～334

徐夕生，邓平，O'Reilly S Y，Grifin W L，周新民．2003．中国东南部贵东复合岩体 LA-ICP-MS 单颗粒锆石 U-Pb 定年及其岩石成因意义．科学通报，48：1892～1899

徐夕生，周新民，O'Reilly S Y，唐红峰．1999．中国东南部下地壳物质与花岗岩成因探索．岩石学报，15（2）：217～223

徐先兵，张岳桥，贾东，舒良树，王瑞瑞，许怀智．2010．锆石 La-ICP-MS U-Pb 与白云母 $^{40}Ar/^{39}Ar$ 年代学及其对中国东南部早燕山事件的制约．地质科技情报，29（2）：87～49

徐先兵，张岳桥，舒良树等．2009．闽西南玮埔岩体和赣南菖蒲混合岩锆石 La-ICPMS-U-Pb 年代学：对武夷山加里东运动时代的制约．地质论评，55（2）：277～285

许美辉.1992.福建永定地区早侏罗世双峰式火山岩及其构造环境.福建地质,11(2):115~125

薛怀民,董树文,马芳.2010.长江中下游地区庐(江)-枞(阳)和宁(南京)-芜(湖)盆地内与成矿有关潜火山岩体的SHRIMP锆石U-Pb年龄.岩石学报,26(9):2653~2664

薛怀民,陶奎元,沈家林.1996.中国东南沿海地区中生代火山岩Sr-Nd同位素特征和岩浆成因.地质学报,70:35~47

薛怀民,陶奎元,杨祝良等.2001.浙江拔茅破火山岩浆作用:开放体系多机制复合演化.岩石学报,17(3):403~412

阎俊,陈江峰,钱红.2003.下扬子地区晚中生代镁铁质岩石Pb同位素特征:富集地幔的证据.高校地质学报,9:195~206

杨明桂,卢德揆.1981.西华山—漂塘地区脉状钨矿的构造特征与排列组合形式-钨矿地质讨论会论文集,地质出版社,293~303

杨永革.2001.柯树北岩体岩石谱系单位的建立及构造环境分析.江西地质,15(1):22~28

杨祝良,沈渭洲,陶奎元等.1999.浙闽沿海早白垩世玄武岩Sr、Nd、Pb同位素特征——古老富集型地幔的证据.地质学报,34(1):59~68

叶海敏,毛建仁,赵希林,刘凯,周洁.2011.开放体系下岩浆的再注入与混合作用——福建武平县油心地辉长岩的岩石成因.地球化学40:6~21

尹家衡.1999.中国东南沿海中-新生代火山岩相-构造图(附说明书).北京:地质出版社

尹家衡,黄光昭.1997.中国东南沿海中、新生代火山旋回.火山地质与矿产,3:167~190

尹家衡,阮宏宏,谢家莹.1995.中国东南大陆中生代火山旋回火山构造及其控矿意义.火山地质与矿产,16(04)

于津海,王丽娟,王孝磊等.2007.赣东南富城杂岩体的地球化学和年代学研究.岩石学报,23(6):1441~1456

于津海,周新民,赵蕾等.2005.壳幔作用导致武平花岗岩形成Sr-Nd-Hf-U-Pb同位素证据.岩石学报,21:651~664

余炳盛,叶学文.1990.金瓜石金铜矿床成因之回顾与讨论.地质,20(1):25~40

余达淦,管太阳,王贵金.1993.闽、浙、赣边境晚元古代早期地层特征及与板溪群对比.华东地质学院院报,16(3):320~332

俞云文.1993.浙江芙蓉山破火山口构造特征及火山-侵入杂岩的成岩物质来源.中国区域地质,(1):35~44

俞云文,徐步台,陈江峰,董传万.2001.浙东南中生代晚期火山岩Nd同位素组成及其地层学意义.高校地质学报,17(1):62~69

俞云文,周泰禧,陈江峰.1993.浙江玄坛地早白垩世晚期双峰式火山岩特征及其成因.南京大学学报(地球科学),5(4):420~429

喻享祥,刘家远.1997.水口山矿田花钢质潜火山杂岩的成因特征.大地构造与成矿学,21(1):32~40

袁洪林,吴福元,高山等.2003.东北地区新生代侵人体的锆石激光探针U-Pb年龄测定与稀土成分分析.科学通报,48(14):1511~1520

袁忠信,吴良士,张宗清等.1991.闽北麻源群Sm-Nd、Rb-Sr同位素年龄研究.岩石矿物学杂志,10(2):127~132

张达,吴淦国,陶建华等.2006.东南沿海成矿带成矿规律及找矿方向综合研究.华乐地区地质调查成果论文集.北京:中国大地出版社

张德会.1997.银山矿床成矿作用时空特征及矿床成因讨论.矿床地质,4:298~307

张开均,朱存星.2003.华北大陆楔入的华南板内效应:安徽沿江台阶式逆冲推覆构造及其控矿作用.南京大学学报(自然科学),39(6):746~753

张敏，陈培荣，陈卫锋．2006a. 粤北地区产铀岩体的铀矿化特征及其成矿机制探讨. 化工矿产地质，28（1）：9～14

张敏，陈培荣，黄国龙等．2006b. 南岭东段龙源坝复式岩体 La-ICP-MS 锆石 U-Pb 年龄及其地质意义. 地质学报，80（7）：984～994

张敏，陈培荣，张文兰等．2003. 南岭中段大东山花岗岩体的地球化学特征和成因. 地球化学，32（6）：529～539

张庆华．1999. 湖南水口山铅锌矿田地质特征及找矿思路. 有色金属矿产与勘查，8（3）：141～146

张文淮，张德会，刘敏．2003. 江西银山铅锌金银矿成矿流体及成矿机制研究. 岩石学报，19（2）：242～250

张文兰，华仁民，王汝成等．2004. 江西大吉山五里亭花岗岩单颗粒锆石 U-Pb 同位素年龄及其地质意义. 地质学报，78（3）：352～358

章邦桐．1992. 浙赣元古宙陆壳地球化学演化特征. 南大学报，（地球科学），4（2）：19～27

章邦桐，陈培荣，孔兴功．2002. 赣南临江盆地余田群双峰式火山岩的 Rb-Sr 年代学研究. 中国地质，39（4）：351～354

章邦桐，陈培荣，凌洪飞等．2004. 赣南中侏罗世玄武岩的 Pb-Nd-Sr 同位素地球化学研究：中生代地幔源区特征及构造意义. 高校地质学报，10（2）：145～156

赵春荆，彭玉鲸，党增欣等．1996. 吉黑东部构造格架及地壳演化. 沈阳：辽宁大学出版社

赵春荆，朱群，李之彤．1997. 佳木斯地块基底地质构造. 中国地质科学院沈阳地质矿产研究所集刊，（526）：1～118

赵蕾，于津海，王丽娟等．2006. 红山含黄玉花岗岩的成矿元素地球化学特征及成矿预测. 矿床地质，25（6）：672～682

赵希林，刘凯，毛建仁，叶海敏．2012. 华南燕山早期晚阶段两类花岗质岩体与成矿作用：以赣南-闽西南地区为例. 中国地质，399（4）：871～886

赵希林，毛建仁，陈荣，许乃政，曾庆涛，叶海敏．2007. 闽西南地区才溪岩体锆石 SHRIMP 定年及其地球化学特征. 岩石矿物学杂志，26（3）：223～231

赵希林，毛建仁，陈荣等．2008. 闽西南地区紫金山岩体锆石 SHRIMP 定年及其地质意义. 中国地质，35（4）：590～597

赵希林，毛建仁，刘凯，叶海敏．2013. 赣南与钨锡矿化有关的九曲二云母花岗岩的形成时代及其岩石成因初探. 地质论评，59（1）：待刊

赵振华，包志伟，张伯友．1998. 湘南中生代玄武岩类地球化学特征. 中国科学（D 辑），28（增刊）：7～14

支霞臣，冯家麟．1992. 汉诺坝玄武岩的地球化学. 见：刘若新主编. 中国新生代火山岩年代学与地球化学. 北京：地震出版社. 114～146

中岛圣子，周藤贤治，加加美宽雄，大木淳一，板谷徹丸．1995. 东北日本弧后期中新世—鲜新世火山岩的岛弧横断方向岩石化学组成和同位素组成变化. 地质学论文集，44：197～226

周金城，蒋少涌，王孝磊，杨竞红，张孟群．2005. 华南中侏罗世玄武岩的岩石地球化学研究——以福建藩坑玄武岩为例. 中国科学（D 辑），35（10）：927～936

周金城，张海进，俞云文．1994. 浙江新昌早白垩世复合岩流中的岩浆混合作用. 岩石学报，10（3）：236～247

周新民．2003. 对华南花岗岩研究的若干思考. 高校地质学报，9（4）：556～565

周新民，李武显．2000. 中国东南部晚中生代火成岩成因：岩石圈消减和玄武岩底侵相结合的模式. 自然科学进展，10（3）：240～247

周新民，朱云鹤.1992.江绍断裂带的岩浆作用及其两侧的前寒武纪地质.中国科学，（30）：296～303

周珣若，吴克隆.1994.漳州 I 型花岗岩.北京：科学出版社

朱大岗，孟宪刚，彭少梅等.1999.粤西地区海西-印支期推覆构造初步研究.地质力学学报，5（2）：51～58

朱介寿，蔡学林，曹家敏.2005.中国华南及东海地区岩石圈三维结构及演化.北京：地质出版社

朱金初，张佩华，谢才富等.2006.南岭西段花山-姑婆山侵入岩带锆石 U-Pb 年龄格架及其地质意义.岩石学报，22（9）：2270～2278

猪木幸男.1987.日本中国地区地质概述.日本地质"中国地区"

庄文明，黄友义，陈绍前.2000.粤中印支期花岗岩类的基本特征与成岩构造环境.广东地质，15（3）：33～39

左建湘.2005.湖南浅成低温热液型金矿成矿特征及找矿前景.湖南科技学院学报，26（7）：269～271

左力艳.2008.江西冷水坑斑岩型银铅锌矿床成矿作用研究.中国地质科学院博士论文

Abe N，Arai S，Yurimoto H.1998.Geochemical characteristics of the uppermost mantle beneath the Japan island arcs：implications for upper mantle evolution.Physics of the Earth and Planetary Interiors，107：233～248

Agency of Natural Resources and Energy.1981.Report of Regional Geological Survey of Kudo District，121 (in Japanese)

Akihiko F.1988.Tholeiitic and calc-alkaline magma series at Adatara volcano，northeast Japan：Geochemical constraints on their origin.Lithos，22：135～158

Akira H，Yoshihiko I.1984.Paleoposition of Southwest Japan at 16Ma：implication from paleomagnetism of the Miocene Ichishi Group.Earth and Planetary Science Letters，68：335～342

Akita Prefecture，1978.Geological Map of Oomagari disrict.With Geologial Sheet Map at 1：50000（in Japanese）

Almeida C N，Guimaráes I P，Da Silva Filho A F.2002.A-type postcollisional granites in the Borborema Province-NE Brail：The Quenmadas pluton.Gondwana Research，5：667～681

Altherr R，Holl A，Hegner E，Kreuzer C L H.2000.High-potassium，calc-alkaline plutonism in the European Variscides：northern Vosges（France）and northern Schwarzwald（Germany）.Lithos，50：51～73

Ames L，Tilton G R，Zhou G Z.1993.Timing of collision of the Sino-Korean and Yangtze cratons：U-Pb zircon dating of coesite-bearing eclogite.Geology，21：339～343

Anthony E Y.2005.Source regions of granites and their links totectonic environment：examples from the western United States.Lithos，80：61～74

Aoki K.1970.Petrology of magnetite-bearing ultramafic and mafic inclusions from Iki Island，Japan.Journal of Japanese Association of Mineralogy，Petrology，and Economic Geology，64：107～122（in Japanese with English abstract）

Aoike K.1999.Tectonic evolution of the Izu collision zone.Research report of the Kanagawa Prefectural Museum of Natural History，9：113～151（in Japanese）

Arakawa Y.1988.Two contrasting types of Rb-Sr isotope systems for the Funatsu granitic rocks in the northwestern part of the Hida belt，central Japan.Journal of Mineral Economic Geololgy.83：374～387

Arakawa Y.1990a.Strontium isotopic compositions of Mesozoic granitic rocks in the Hida belt，central Japan：diversities of magma sources and of processes of magma evolution in a continental margin area.Lithos，24：261～273

Arakawa Y. 1990b. Two types of granitic intrusions in the Hida belt，Japan：Sr isotopic and chemical characteristics of the Mesozoic Funatsu granitic rocks. Chemical Geology，85：101～117

Arakawa Y，Shinmura A. 1995. Nd-Sr isotopic and geochemical characteristics of two contrasting types of alc-alkaline plutons in the Hida belt，Japan. Chemical Geology，124：217～232

Arakawa Y，Takahashi Y. 1989. Strontium isotopic and chemical variations of the granitic rocks in the Tsukuba district，Japan. Contributions to Mineralogy and Petrology，101：46～56

Arakawa Y，Saito Y，Amakawa H. 2000. Crustal development of the Hida belt，Japan：Evidence from Nd-Sr isotopic and chemical characteristics of igneous and metamorphic Rocks. Tectonophysics，328：183～204

Aramaki S，Hirayama K，Nozawa T. 1972. Chemical composition of the Japanese granites，Part2. Variation trends and average composition of 1200 analyses. Journal of Geology Society of Japan，78：39～49

Aramaki S，Ui Y. 1982. Japan. In：Thorpe R（ed）. Andesite. New York：Wiley. 259～292

Arnaud N O，Vidal Ph，Tapponier P，Matte P，Deng W M. 1992. The high K_2O volcanism of northwestern Tibet：geochemistry and tectonic implications. Earth and Planetary Science Letters，111：353～367

Arth J G. 1976. Behavior of trace elements during magmatic processes -a summary of theoretical methods and their applications. Journal of research of the U S Geological Survey，4：41～47

Arzi A A. 1978. Critical phenomena in the rheology of partially melted rocks. Tectonophysics，44：173～184

Atherton M P，Petford N. 1993. Generation of sodium-rich magmas from newly underplated basaltic crust. Nature，362：144～146

Ayako N，Kurashimo E，Tatsumi Y，Yamaguchi H，Miura S，Kodaira S，Obana K，Takahashi N，Tsuru T，Kaneda Y，Iwasaki T，Hirata N. 2009. Crustal evolution of the southwestern Kuril Arc，Hokkaido Japan，deduced from seismic velocity and geochemical structure. Tectonophysics，472：105～123

Bachmann O，Charlier B L A，Lowenstern J B. 2007. Zircon crystallization and recycling in the magma chamber of the rhyolitic Kos Plateau Tuff（Aegean arc）. Geology，35：73～76

Ban M，Hirotani S，Wako A，Suga T，Iai Y，Kagashima S-i，Shuto K，Kagami H. 2007. Origin of felsic magmas in a large-caldera-related stratovolcano in the central part of NE Japan-Petrogenesis of the Takamatsu volcano. Journal of Volcanology and Geothermal Research，167：100～118

Barbarin B. 1999. A review of the relationships between granitoid types，their origins and their geodynamic environments. Lithos，46：605～626

Barbarin B，Didier J. 1992. Genesis and evolution of mafic microgranular enclaves through various types of interaction between coexisting felsic and mafic magmas. Transactions of the Royal Society of Edinburgh：Earth Science，83：145～153

Barnes C G，Petersen S W，Kistler R W，Murray R，Kays M A. 1996. Source and tectonic implications of tonalite-trondhjemite magmatism in the Klamath Mountains. Contributions to Mineralogy and Petrology，123：40～60

Beard B L，Johnson C M. 1997. Hafnium isotope evidence for the origin of Cenozoic basaltic lavas from the southwestern United States. Journal of Geophysical Research，102：20149～20178

Berndt J，Koepke J，Holtz F. 2005. An experimental investigation of the influence of water and oxygen fugacity on differentiation of MORB at 200 MPa. Journal of Petrology，46：135～167

Bonin B. 1990. From orogenic to anorogenic settings：evolution of granitoid suites after a major orogenesis. Journal of Geology，25：261～270

Bonin B，Azzouni-Sekkal A，Bussy F，Ferrag S. 1998. Alkalicalcic and alkaline post-orogenic granite magmatism：petrologic constraints and geodynamic setting. Lithos，45：45～70

Borg L E，Clynne M A. 1999. The petrogenesis of felsic calc-alkaline magmas from the southernmost Cascades，California：Origin by partial melting of basaltic lower crust. Journal of Petrology，39（6）：1197～1222

Bowin C，Lu R S，Lee C S，Schouten H. 1978. Plate convergence and accretion in Taiwan-Luzon region. American Association of Petroleum Geologists Bulletin，62：1645～1672

Brandon L，Browne，Eichelberger J C，Patino L C，Vogel T A，Uto K，Hoshizumi H. 2006. Magma mingling as indicated by texture and Sr/Ba ratios of plagioclase phenocrysts from Unzen volcano，SW Japan. Journal of Volcanology and Geothermal Research，154：103～116

Brown M，Solar G S. 1999. The mechanism of ascent and emplacement of granite magma during transpression：a syntectonic granite paradigm. Tectonophysics，312：1～33

Carter A，Roques D，Bristow C. 2001. Understanding Mesozoic accretion in southeast Asia：significance of Triassic thermotectonism（Indosinian orogen）in Vietnam. Geology，29（3）：211～214

Chai B H T. 1972. Structure and tectonic evolution of Taiwan. American Journal of Science，272：389～422

Chang W O. 2006. A new concept on tectonic correlation between Korea，China and Japan Histories from the late Proterozoic to Cretaceous. Gondwana Research，9：47～61

Chappell B W，White A J R. 1974. Two contrasting granite types. Pacific. Geology，8：173～174

Chappell B W，White A J R. 1992. I- and S-type granites in the Lachlan fold belt. Transactions of the Royal Socie-ty of Edinburgh：Earth Sciences，83：1～26

Charvet J，Faure M. 1984. Mesozoic orogeny，microblocks and longitudinal left-lateral motions in SW Japan. Ann Soc Géol Nord，CIII：361～375

Charvet J，Cluzel D，Faure M，Carigroit M，Shu L S，Lu H F. 1999. Some tectonic aspects of the pre-Jurassic accretionary evolution of East Asia. In：Metcalfe I，Ren J，Charvet J，Hada S（eds）. Gondwana dispersion and Asian accretion. Rutterdam：A A Balkema / brookfie. 37～65

Charvet J，Lapierre H，Yu Y W. 1994. Geodynamics significance of the Mesozoic volcanism of southeastern China. Journal of Southeast Asian Sciences，9：387～396

Chen C H. 1990. Igneous Rocks of Taiwan. Central Geological Survey，Taiwan（in Chinese）

Chen C H，Hsieh P S，Lee C Y，Zhou H W. 2011. Two episodes of the Indosinian thermal event on the South China Block：Constraints from LA-ICPMS U-Pb zircon and electron microprobe monazite ages of the Darongshan S-type granitic suite. Gondwana Research，19（10）：1008-1023

Chen C H，Tung T C. 1984. On-line data reduction for electron microprobe analysis. Acta Geologica Taiwanica，22：196～200（in Chinese）

Chen C H，Lee C Y，Shinjo R. 2008. Was there Jurassic paleo-Pacific subduction in South China？：Constraints from $^{40}Ar/^{39}Ar$ dating，elemental and Sr-Nd-Pb isotopic geochemistry of the Mesozoic basalts. Lithos，106：83～92

Chen C H，Lin W Y，Lan C Y，Lee C Y. 2004. Geochemical，Sr and Nd isotopic characteristics and tectonic implication for three stages of igneous rock in the Late Yanshanian（Crataceous）orogeny，SE China. Transactions of the Royal Society of Edinburgh：Earth Sciences，95：237～248

Chen C H，Lin W，Lu H，Lee C Y，Tien J L，Lai Y H. 2000. Cretaceous fractionated I-type granitoids and metaluminous A-type granites in SE China：the Late Yanshanian post-orogenic magmatism. Transactions of the Royal Society of Edinburgh: Earth Sciences，91：195～205

Chen D F，Li X H，Pang J M，Dong W Q，Chen G Q，Chen X P. 1998. Metamorphic newly producted zircon，SHRIMP ion microprobe U-Pb age of amphibolite of Hexi Group，Zhejiang and its implication. Acta Mineralogica Sinica，18（4）：396～400

Chen J F，Jahn B M. 1998. Crustal evolution of southeastern China：Nd and Sr isotopic evidence. Tectonophysics，284：101～133

Chen W S，Yang H C，Wang X，Huang H. 2002. Tectonic setting and exhumation history of the Pingtan-Dongshan metamorphic belt along the coastal area，Fujian Province，southeast China. Journal of Asian Earth Sciences，20：829～840

Cheong C S，Chang H W. 1996. Geochemistry of the Daebo granitic batholith in the central ogcheon belt，Korea：A preliminary report. Korea Societyof Economic and Environmental Geology，29（4）：483～493 （in Korean with English abstract）

Cho D L，Kwon S T. 1994. Hornblende Geobarometry of the Mesozoic granitoids in South Korea and the e-volution of crustal thickness. Journal of Petrology Society of Korea，30（1）：41～61（in Korean with English abstract）

Cho D L，Suzuki K. 1999. Theory and tech niques of the CHIME dating and a CHIME zircon dating of the Daegang alkali granite. Paper presented at 54th Annual Meeting，Geological Society of Korea，Dangjin，South Korea

Cho D L，Kee W S，Suzuki K. 2007. Chime monazite ages of Jurassic foliated granites in the Vicinity of the Gangjin Area，Korea. Journal of Petrology Society of Korea，16（3）：101～115（in Korean with English abstract）

Cho D L，Lee S R，Armstrong R. 2008. Termination of the Permo-Triassic Songrim（Indosinian）orogeny in the Ogcheon belt，South Korea：occurrence of ca. 220Ma post-orogenic alkali granites and their tectonic implication. Lithos，105：191～200

Cho D L，Suzuki K，Adachi M，Chwae U. 1996. A preliminary CHIME age determination of monazites from metamorphic and granitic rocks in the Gyeonggi Massif，Korea. Journal of Earth and Planetary Sciences，Nagoya University 43，49～65

Cheong C S，Kwon S T，Kim J M，Chang B U. 1998. Geochemical and Isotopic study of the Onjeongri granite in the northern Gyeongsang basin，Korea：Comparasion with Cretaceous to Tertiary granitic rocks in the other part of the Gyeongsang basin and the inner zone of southwest Japan. Journal of Petrology Society of Korea，7（2）：77～97（in Korean with English abstract）

Cho D H，Yun S H，Koh J S. 2009. Petrology of theCretaceous volcanic rocks in the Hampyeong area. Journal of Petrology Society of Korea，18（2）：93～114（in Korean with English abstract）

Cho K H，Takagi H，Suzuki K. 1999. Chime monazite age of granitic rocks in the Sunchang shear zone，Korea：timing of dextral ductile shear. Geosciences Journal，3（1）：1～15

Cho M，Kim H C. 2005. Metamorphic evolution of the Ogcheon Belt，Korea：a review and new age con-straints. International Geology Review，47：41～57

Christiansen E H. 2005. Contrasting processes in silicic magma chambers：evidence from very large volume ignimbrites. Geology Magazine，142：669～681

Chun H Y. 1996. Paleofloristic assemblages through geological time in Korea. Chemosphere，33（9）：1705～1735

Chung S L，Sun S S. 1992. A new genetic model for the East Taiwan Ophiolite and its implications for Dupal domain in the northern hemisphere. Earth and Planetary Science Letters，109：133～145

Chung S L，Jahn B M，Chen S，Lee T，Chen C H. 1995. Miocene basalts in northwestern Taiwan：evidence for EM-type mantle sources in the continental lithosphere. Geochimica et Cosmochimica Acta，59：549～555

Chung S L，Sun S S，Tu K，Chen C H，Lee C Y. 1994. Late Cenozoic basaltic volcanism around the Taiwan Strait，SE China：product of lithosphere-asthenosphere interaction during continental extension. Chemical Geology，112：1～20

Clemens J D，Vielzeuf D. 1987. Constraints on melting and magma production in the crust. Earth and Planetary Science Letters，86：287～306

Cluzel D. 1992. Formation and tectonic evolution of early Mesozoic intramontane basins in the Ogcheon belt (South Korea)：a reappraisal of the Jurassic "Daebo orogeny". Journal of Southeast Asian Earth Sciences，7（4）：223～235

Compston W，Williams I S，Kirschvink J L，Zhang Z，Ma G. 1992. Zircon U-Pb ages for the Early Cambrian time-scale. Journal of Geological Science China，149：171～184

Conceicão R V，Green D H. 2004. Derivation of potassic (shoshonitic) magmas by decompression melting of phlogopite ＋ pargasite lherzolite. Lithos，72：209～229

Condie K C. 1989. Plate Tectonics and Crustal Evolution. Oxford：Pergamon Press. 476

Cousens B L，Allan J F. 1992. A Pb，Sr，and Nd isotopic study of basaltic rocks from the Sea of Japan，LEGS 127/128. *In*：Tamaki K，Suyehiro K，Allan K，McWilliams M *et al*（eds）. Proceedings of the Ocean Drilling Program，Scientific Results. College Station. Texas：Ocean Drilling Program. 805～816

Dahlen F A，Suppe J，Davies D. 1984. Mechanisms of fold-and thrust belts and accretionary wedges：cohesive Colomb theory. Journal of Geophysics research，89：10087～10101

Daisuke Miura，Yutaka Wada. 2007. Effects of stress in the evolution of large silicic magmatic systems：An example from the Miocene felsic volcanic field at Kii Peninsula，SW Honshu，Japan. Journal of Volcanology and Geothermal Research，167：300～319

Defant M J，Drummond M S. 1990. Derivation of some modern arc magmas by melting young subducted lithosphere. Nature，347：662～665

Defant M J，Jackson T E，Drummond M S，De Boer J Z，Bellon H，Feigenson M D，Maury R C，Stewart R H. 1992. The geochemistry of young volcanism throughout western Panama and southeastern Costa Rica：an overview. Journal of the Geology Society，149：569～579

Defant M J，Maury R C，Joron J，Feigenson M D，Letterrier J，Bellon H，Jacques D，Richard M. 1990. The geochemistry and tectonic setting of the northern section of the Luzon are (the Philippines and Taiwan). Tectonophysics，183：187～205

Defant M J，Richerson P M，DeBoer J Z，Stewart R H，Maury R C，Bellon H，Drummond M S，Feigenson M D，Maury R C，Jackson T E. 1991. Dacite genesis via both slab melting and differentiation：petrogenesis of La Yeguada volcanic complex，Panama. Journalof Petrology，32：1101～1142

DePaolo D J. 1981. Trace element and isotopic effects of combined wallrock assimilation and fractional crystallization. Earth and Planetary Science Letters，53（2）：189～202

DePaolo D J，Daley E E. 2000. Neodymium isotopes in basalts of the southwest basin and range and lithospheric thinning during continental extension. Chemical Geology，169：157～185

Deprat J. 1914. Etude des plissements et des zones décrasement de la moyenneet de la basse Rivière Noire. Mémoire du Service Géologique Indochine，3：59

Dias G, Leterrier J. 1994. The genesis of felsic-Mafic plutonic associateions: a Sr and Nd isotopic study of the Hercynian braga granitoid massif (Northern Portugal). Lithos, 32: 207~230

Didier J, Barbarin B. 1991. Enclaves and Granite Petrology. Amsterdam: Elsevier Press. 625

Doi N, Kato O, Ikeuchi K, Komatsu R, Miyazaki S I, Akaku K, Uchida T. 1998. Genesis of the plutonic-hydrothermalsystem around Quaternary granite in the Kakkonda geothermal system, Japan. Geothermics, 27: 663~690

Dostal J, Chatterjee A K. 2000. Contrasting behaviour of Nb-Ta and Zr-Hf ratios in a peraluminous granitic pluton, Nova Scotia. Canada. Chemical Geology, 163: 207~218

Drummond M S, Defant M J. 1990. A model for trondhjemite-tonalite-dacite genesis and crustal growth via slab melting. Journal of Geophysical Research, 95: 21503~21521

Drummond M S, Defant M J, Kepezhinskas P K. 1996. Petrogenesis of slab-derived trondhjemite-tonalite-Deacite/adakite magmas. Transactions of the Royal Society of Edinburgh: Earth Sciences, 87: 205~215

Eby G N. 1990. The A-type granitoids: A review of their occurrence and chemical characteristics and speculations on their petrogenesis. Lithos, 26: 115~134

Ellis D J, Thompson A B. 1986. Subsolidus and partial melting reactions in the quartz-excess $CaO+MgO+Al_2O_3+SiO_2+H_2O$ system under water-excess and water-deficient condients to 10kb: some implications for the origin of peraluminous melts from mafic rocks. Journal of Petrology, 27: 91~121

Endo M, Tsuchiya N, Kimura J I. 1999. Petrochemical characteristics and their geological implications of the Kinkasan granitic rocks, South Kitakami belt, Japan. Memoir of the Geological Society Japan, 53: 85~110 (in Japanese with English abstract)

Engebretson D C, Cox A, Gordon R G. 1985. Relative motion between oceanic and continental plates in the Pacific Basin. Geology Society of Amercian, Special Paper, 1~59

Etcalfe R, Takase H, Sasao E, Ota K, Iwatsuki T, Arthur R C, Stenhouse M, Zhou W, Angus B, Mackenzie. 2006. A system model for the origin and evolution of the Tono uranium deposit, Japan. Geochemistry: Exploration, Environment, Analysis, 6: 13~31

Faure M, Sun Y, Shu L, Monié P, Charvet J. 1996. Extensional tectonics within a subduction-type orogen: the case study of the Wugongshan dome (Jiangxi Province, southeastern China). Tectonophysics, 263: 77~106

Finn C. 1994. Aeromagnetic evidence for an buried Early Cretaceous magmatic arc, northeast Japan. Journal of Geophysical Research, 99: 22165~22185

Fitches W R, Zhu G. 2006. Is the ogcheon metamorphic belt of Korea the eastward continuation of the Nanhua Basin of China? Gondwana Research, 9: 68~84

Fitton J G, James D, Leeman W P. 1991. Basic magmatism associated with Late Cenozoic extension in the western United States: compositional variations in space and time. Journal of Geophysical Research, 96: 13, 693~13, 711

Foley S, Amand N, Liu J. 1992. Potassic and ultrapotassic magmas and their origin. Lithos, 28: 181~18

Fowler M B, Henney P J, Rogers G, Watt C R, Friend C R L. 2001. Petrogenesis of high Ba-Sr granites: the Rogart pluton, Sutherland. Journal of the Geological Society of London, 158: 521~534

Fromagat J. 1932. Sur la structure des Indosinides. Comptes Rendus de l'Académie des Sciences, 195: 538

Frost B R, Barnes C G, Collins W J, Arculus R J, Ellis D J, Frost C D. 2001. A geochemical classification for granitic rocks. Journal of Petrology 42: 2033~2048

Fujimaki H. 1982. Basalt produced by mechanical mixing of andesite magma and gabbroic fragments-Hakone volcano and adjacent areas, central Japan. Journal of Volcanology and Geothermal Research, 12:

111~132

Fujimaki H, Wang C, Aoki K, Kato Y. 1992. Rb-Sr chronological study of the Hashikami plutonic mass, northern Kitakami, northeastern Japan. Journal of Mineralogy, Petrology and Economic Geology, 87: 187~196

Fujinawa A. 1988. Tholeiitic and calc-alkaline magma series at Adatara Volcano, Northeast Japan: 1. Geochemical constraints on their origin. Lithos, 22: 135~158

Fukudome T, Yoshida T, Nagao K, Itaya T, Tanoue S. 1990. Pliocene alkali basalt from Kyuroku-shima Island, northeast of Japan Sea. Journal of Mineralogy, Petrology and Economic Geology, 85: 10~18

Furukawa Y. 1993. Magmatic processes under arc and formation of the volcanic front. Journal of Geophysical Research, 98: 8309~8319

Furuyama K, Nagao K, Mitsui S, Kasatani K. 1993. K-Ar ages of late Neogene monogenetic volcanoes in the east San-in district, southwest Japan. Earth Science, 47: 519~532

Futa K, Stern C R. 1988. Sr and Nd isotopic and trace element compositions of Quaternary volcanic centers of the southern Andes. Earth and Planetary Science Letters, 88: 253~262

Gao S, Lin W L, Qiu Y M. 1999. Contrasting geochemical and Sm-Nd isotopic compositions of Archaean metasediments from the Kongling high-grade terrain of the Yangtze craton: evidence for cratonic evolution and redistribution of REE during crustal anatexis. Geochimica et Cosmochimica Acta, (13-14): 2071~2088

Gaudemer Y, Jaupart C, Tapponnier P. 1988. Thermal control on postorogenic extension in collision belts. Earth and Planetary Science Letters, 89 (1): 48~62

Geological Survey of Japan. 1992. Geological Map of Japan 1 : 1000000 (3rd ed). Geological Survey of Japan (in Japanese)

Geological Survey of Japan. 2003. Mineral Deposits Map of Japan, 1 : 5000000. Tsukuba: Geological Survey of Japan

Ghiorso M S, Sack R O. 1995. Chemical mass transfer in magmatic processes: IV, A revised and internally consistent thermodynamic model for the interpolation and extrapolation of liquid-solid equilibria in magmatic systems at elevated temperatures and pressures. Contributions to Mineralogy and Petrology, 119: 197~212

Gilder S A, Gill J, Coe R S. 1996. Isotopic and palaeomagnetic constraints on the Mesozoic tectonic evolution of south China. Journal of Geophysical Research, 101 (B7): 16, 137~16, 154

Gill J. 1981. Orogenic andesites and slab tectonics, Berlin: Springer-Verlag, 390

Green H T. 1994. Experimental studies of trace-element partitioning applicable to igneous petrogenesis—Sedona 16 years later. Chemical Geology, 117: 1~36

Griffin W L, Wang X, Jackson S E, Pearson N J, O'Reilly S Y, Xu X, Zhou X. 2002. Zircon chemistry and magma mixing, SE China: in-situ analysis of Hf isotopes, Tonglu and Pingtan igneous complexes. Lithos, 61: 237~69

Grove T L, Baker M B. 1984. Phase equilibrium controls on the tholeiitic versus calc-alkaline differentiation trends. Journal of Geophysical Research, 89: 3253~3274

Guo F, Fan W M, Lin G. 1997. Sm-Nd dating and petrogenesis of Mesozoic gabbro xenolith in Daoxian Country, Hunan Province. Chinese Science Bulletin, 42: 1661~1663

Gvirtzman Z, Nur A. 1999. Plate detachment, asthenosphere upwelling, and topography across subduction zones. Geology, 27: 563~566

Hacker B R, Ratschbacher L W, Ireland L. 1998. U/Pb zircon ages constrain the architecture of the ultrahigh-pressure Qinling-Dabie Orogen, China. Earth and Planetary Science Letters, 161: 215~230

Halliday A N, Fallick A E, Dickin A P, Mackenzie A B, Stephens W E, Hildreth W. 1983. The isotopic and chemical evolution of Mount St. Helens. Earth and Planet Science Letters, 63: 241~256

Hamamoto R, Sato H. 1987. Rb-Sr age of granophyre associated with the Cape Muroto gabbroic complex. Kyushu University Science Report, 15: 1~5 (in Japanese with English abstract)

Hammerstrom J M, Zen E. 1986. Aluminum in hornblende: an empirical geobarometer. American Mineralogists, 71: 1297~313

Han R, Ree J H, Cho D L, Kwon S T, Armstrong R. 2006. SHRIMP U-Pb zircon ages of pyroclastic rocks in the Bansong Group, Taebaeksan Basin, South Korea and their implication for the Mesozoic tectonics. Gondwana Research, 9: 106~117

Hanson G N. 1978. The application of the trace elements to the petrogenesis of igneous rocks of granitic composition. Earth and Planetary Science Letters, 38: 26~43

Hanson G N. 1980. Rare earth elements in petrogenetic studies of igneous systems. Annual Review of Earth and Planetary Sciences, 8: 371~406

Harris N B W, Pearce J A, Tindle A G. 1986. Geochemical characteristics of collion zone magmatism. *In*: Coward M P, Reis A C (eds). Colision Tectonics. Special Publication of the Geological Society of London. 19: 67~81

Harris N, Ayres M, Massey J. 1995. Geochemistry of granitic melts produced during the incongruent melting of muscovite-implications for the extraction of Himalayan leucogranite magmas. Journal of Geophysical Research, 100: 15767~15777

Hase A. 1958. The stratigraphy and geologic structure of the late Mesozoic formations in western Chugoku and northern Kyushu. Geology Report. Hiroshima University, 6: 1~50 (in Japanese with English abstract)

Hayashi S, Ohguchi T. 1998. K-Ar dating of the early Miocene Odose Formation, Fukaura-Ajigasawa area, northeast Honshu, Japan. Journal of Mineralogy, Petrology and Economic Geology, 93: 207~213

Hayashi T. 1986. Geology and petrography of the Tanohata zoned pluton in northern Kitakami Mountains. Journal of Japan Association of Mineral, Petrology, Econometric Geology, 81: 359~369 (in Japanese with English Abstract)

Hayashi T, Yoshida T, Aoki K. 1990. Geochemistry of the Tanohata zoned pluton, Kitakami Mountains. Research Report of Laboratory Nuclear Science, Tohoku University, 23: 45~65 (in Japanese)

He Z Y, Xu X S, Niu Y L. 2010. Petrogenesis and tectonic significance of a Mesozoic granite-syenite-gabbro association from inland South China. Lithos 119: 621~641

Healy B, Collins W J, Richards S W. 2004. A hybrid origin for Lachlan S-type granites: the Murrumbridgee batholith example. Lithos, 79: 197~216

Hee S Q, Sung T K. 2005. Mesozoic episodic magmatism in South Korea and its tectonic implication. Tectonics, 24: 1~18

Hibbard J P, Karig D E. 1990. Structural and magmatic responses to spreading ridge subduction: An example from southwest Japan. Tectonophysics, 9: 207~230

Hiroaki F, Yoshiaki T, Hiroo K, Takashi K. 2000. Sr-Nd isotopic systematic and geochemistry of intermedizte plutonic rocks from Ikoma mountains, southwest Japan : evidence for a sequence of

Mesozoic magmatic activity in the Ryoke belt. The island Arc, 9: 37~45

Hiroi Y. 1981. Subdivision of the Hida metamorphic complex, central Japan and its bearing on the Geology of the far east in Presea of Japan time. Tectonophysics, 16: 317~333

Hisatoshi I, Rasoul B, Sorkhabi, Tagami T and Nishimura S. 1989. Tectonic history of granitic bodies in the South Fossa Magna region, central Japan. Tectonophysics, 166: 331~334

Ho C S. 1986. A synthesis of the geologic evolution of Taiwan. Tectonophysics, 125: 1~16

Holland T, Blundy J. 1994. Non-ideal interactions in calcic amphiboles and their bearing on amphibole-plagioclase thermometry. Contributions to Mineralogy and Petrology, 116: 433~477

Hong Y K. 1987. Geochemical characteristics of Precambrian, Jurassic and Cretaceous granites in Korea. Journal of the Korean Institute of Mining Geology, 20 (1): 35~60 (in Korean with English abstract)

Hoshi H, Ishii M, Yoshida T. 2003. K-Ar ages of Miocene volcanic rocks from western Tsugaru, Aomori Prefecture, Northeast Japan. Journal of the Japanese Association for Petroleum Technology, 68: 191~199

Hoshino M, Kimata M, Nishida N, Kyono A, Shimizu M, Takizawa S. 2005. The chemistry of allanite from the Daibosatsu Pass, Yamanashi, Japan. Mineralogical Magazine, 69 (4): 403~423

Huang J Q, Ren J S, Jiang C F, Zhang Z K, Qin D Y. 1987. Geotectonic Evolution of China. Springer-Verlag, Berlin, 1~203

Huppert H E, Sparks R S J. 1988. The generation of granitic magmas by intrusion of basalt into continental crust. Journal of Petrology, 29: 599~624

Ichikawa K, Mizutani S, Hada I et al. 1990. Pre-Cretaceous Terranes of Japan. Osaka: Nippon Insatsu Shuppan Corporation Limited, 553: 413

Ichikawa K, Murakami N, Hase A, Wadarsumi K. 1968. Late Mesozoic igneous activity in the inner side of southwest Japan. Pacific Geology, 1: 97~118

Ichiyama Y, Ishiwatari A, Hirahara Y, Shuto K. 2006. Geochemical and isotopic constraints on the genesis of the Permian ferropicritic rocks from the Mino-Tamba belt, SW Japan. Lithos, 89: 47~65

Iizumi S, Imaoka T, Kagami H. 2000. Sr-Nd isotope ratios of gabbroic and dioritic rocks in a Cretaceous-paleogene granite terrain, Southwest Japan. The Island Arc, 9: 113~127

Ikemi H, Shimada N, Chiba H. 2001. Thermochronology for the granitic pluton related to lead-zinc mineralization in tsuhima. Geology Research of Japan, 51: 229~238

Imaoka T, Nakajima T, Itaya T. 1993. K-Ar ages of hornblendes in andesite and dacite from the Cretaceous Kanmon Group, Southwest Japan. Journal of Mineralogy, Petrology and Economic Geology, 88: 265~271 (in Japanese with English abstract)

Imaoka T, Nakashima K, Murakami N. 1982. Iron-titanium oxide minerals of Cretaceous to Paleogene volcanic rocks in western Chugoku district, southwest Japan. Journal of Mineralogy and Petrology Economic Geology, 77: 235~255

Imaoka T, Seki T, Nakashima K. 1989. Chromite Cr-endiopside in basaltic andesites from the cretaceous kanmon group. In : Shiraki K (ed) . Magnesian andesites in Japan, 119~123

Inger S, Harris N B W. 1993. Geochemical constraints on leucogranite magmatism in the Langtang Valley, Nepal Himalaya. Journal of Petrology, 34: 345~368

Irber W. 1999. The lanthanide tetrad effect and its correlationwithK/Rb, Eu/Eu*, Sr/Eu, Y/Ho, and Zr/Hf of evolving peraluminous granite suites. Geochimica et Cosmochmica Acta, 63: 489~508

Irvine T N, Baragar W R A. 1971. A guide to the chemical classification to the common volcanic rocks. Canada Earth Science, 8: 523~548

Isamu H. 1982. The mesozoic evolution of the mino terrane, central Japan: A geologic and paleomagnetic synthesis. Tectonophysics, 85: 313~340

Ishida K, Kozai T, Park S O, Mitsugi T. 2003. Gravel bearing radiolaria as tracers for erosional events: a review of the status of recent research in SW Japan and Korea. Journal of Asian Earth Sciences, 21: 909~920

Ishihara S. 1977. The magnetite-series and ilmenite-series granitic rocks. Mineralogy and Geology, 27: 293~305

Ishihara S. 2007. Origin of the Cenozoic-Mesozoic magnetite-series and ilmenite-series granitoids in East Asia. Gondwana Research, 11: 247~260

Ishihara S, Wu C. 2001. Genesis of Late Cretaceous-Paleogene granitoids with contrasting chemical trends in the Chubu District, central Japan. Bulletin of the Geological Survey of Japan, 52: 471~491 (in Japanese with English abstract)

Ishihara S, Sakamaki Y, Sasaki A, Teraoka Y, Terashima S. 1986. Role of the basement in the genesis of the Hishikari gold-quartz vein deposit, southern Kyushu. Japan Mining Geology, 36: 495~509

Ishihara S, Shibata K, Uchiumi S. 1988. K-Ar ages of ore deposits related to Cretaceous-Paleogene granitoids-Summary in 1987. Bulletin of the Geological Survey of Japan, 39: 81~94 (in Japanese with English abstract)

Ishii K, Kanagawa K, Shigematsu N, Okudaira T. 2007. High ductility of K-feldspar and development of granitic banded ultramylonite in the Ryoke metamorphic belt, SW Japan. Journal of Structural Geology, 29: 1083~1098

Ishizaka K, Yamaguchi M. 1969. U-Th-Pb Ages of Sphene and zircon from the Hida metamorphic terrain, Japan. Earth and Planetary science letters, 6: 79~185

Isomi H, Nozawa, T. 1957. Geology of the Funatsu district. With geological sheet map at 1: 50000. Geological Survey of Japan, 43

Isozaki Y. 1996. Anatomy and genesis of a subduction related orogen: a new view of geotectonic subdivision and evolution of the Japanese islands. The Island Arc, 5: 289~320

Ito T, Kojima Y, Kodaira S, Sato H, Kaneda Y, Iwasaki T, Kurashimo E, Tsumura N, Fujiwara A, Miyauchi T, Hirata N, Harder S, Miller K, Murata A, Yamakita S, Onishi M, Abe S, Sato T, Ikawa T. 2009. Crustal structure of southwest Japan, revealed by the integrated seismic experiment Southwest Japan 2002. Tectonophysics, 472: 124~134

Itoh Y. 1988. Differential rotation of the eastern part of southwest Japan inferred from paleomagnetism of Cretaceous and Neogene rocks. Journal of Geophysics Research, 93: 3401~3411

Itoh Y, Nagasaki Y. 1996. Crustal shortening of southwest Japan in the late Miocene. The Island Arc, 5: 337~353

Iwamori H. 2000. Deep subduction of H_2O and deflection of volcanic chain towards backarc near triple junction due to lower temperature. Earth and Planetary Science Letters, 181: 41~46

Iwano H, Hoshi H, Danhara T. 2000. FT ages of the Shionomisaki igneous complex, Kii Peninsula. Abstract of 107th Annual Meeting of the Geological Society of Japan. Geological Society of Japan, 228

Izumi S, Sawada Y, Sakiyama T, Imoka T. 1985. Cretaceous to paleogene magmatism in the chugoku and shikoku districts. Japan Earth Science，39：89～100

Jackson S E，Pearson N J，Griffin W L，Belousova W A. 2004. The application of laser ablation-inductively coupled plasma-mass spectrometry to in situ U-Pb zircon geochronology. Chemical Geology，211 (1-2)：47～69

Jahn B M. 1986. Mid-ocean ridge or marginal basin origin of the East Taiwan Ophiolite：chemical and isotopic evidence. Contributions to Mineralogy and Petrology，92：194～206

Jahn B M. 1974. Mesozoic thermal events in Southeast China. Nature，248：480～483

Jahn B M. 2011. Accretionary Orogen and Evolution of the Japanese Islands-Implications from a Sr-Nd isotopic study of the Phanerozoic granitoids from SW Japan. American Journal of Science (Alfred Kröner Special Issue)

Jahn B M，Chen P Y，Yen T P. 1976. Rb-Sr ages of granitic rocks in southeastern China and their tectonic significance. Bulletin of Geology Society American，87：763～776

Jahn B M，Zhou X H，Li J L. 1990. Formation and tectonic evolution of Southeastern China and Taiwan：isotopic and geochemical constraints. Tectonophysics，183：145～160

Jeon H J，Cho M S，Kim H C，Horie K J，Hidaka H. 2007. Early Archean to Middle Jurassic Evolution of the Korean Peninsula U-Pb Zircon Age Constraints. The Journal of Geology，115：525～639

Jin M S，Jang B A. 1999. Thermal history of the Late Triassic to Early Jurassic Yeongju-Chunyang Granitoid in the Sobaegsan Massif，South Korea，and its Tectonic Implication. Journal of the Geological Society of Korea，35 (3)：189～200 (in Korean with English abstract)

Johannes W，Holtz F. 1996. Petrogenesis and Experimental Petrology of Granitic Rocks. Berlin. Springer. 1～335

Johnson K，Barnes C G，Miller C A. 1997. Petrology，geochemistry and genesis of high-Al tonalite and trondhjemites of the Cornucopia stock，Blue Mountains，northeast Oregon. Journal of Petrology，38：1585～1611

Jolivet L K，Tamaki K，Fournier M. 1994. Japan Sea，opening history and mechanism：a synthesis. Journal of Geophysics Research，99：22237～22259

Jr R H，Shaver R H (eds). Volcanoes and Tectonosphere. Tokyo：Tokai Univ Press. 207～215 (in Japanese)

Juan V C，Chen C H，Lo H L. 1984. Basaltic rock types in various tectonic setting in Taiwan. Geological Society of China，Proceedings，27：11～24

Jung S，Hoernes S，Mezger K. 2000. Geochronology and petrogenesis of Pan-African，syn-tectonic，S-type and post-tectonic A-type granite (Namibia)：products of melting of crustal sources，fractional crystallization and wall rock entrainment. Lithos，50：259～287

Jung S，Mezger K，Hoernes S. 2003. Petrology of basement dominated terranes II. Contrasting isotopic (Sr，Nd，Pb and O) signatures of basement-derived granites and constraints on the source region of granite (Damara orogen，Namibia). Chemical Geology，199：1～28

Jwa Y J. 1996. Chemical composition of Korean cretaceous granites in the Gyeongsang basin. I. Major Element Variation Trends. Journal of the Korea Earth science society，17 (4)：318～325 (in Korean with English abstract)

Jwa Y J，Moutte J. 1990. A study on Jurassic granitic rocks in the Inje-Hongcheon district，South Korea. Journal of the Geological Society of Korea，26 (5)：418～427 (in Korean with English abstract)

Jwa Y J，Kim J S，Kim K K. 2005. Granite suite and supersuite for the Triassic granites in South Korea. Journal of Petrology Society of Korea，14 (4)：226～236 (in Korean with English abstract)

Jwa Y J，Lee J I，Kagami H. 1995. New ages of granitoids in the central Ogcheon belt，Korea，paper presented at 50th Annual Meeting. Geological Society of Korea，Gongju，South Korea

Kagami H，Iizumi S，Tainosho Y，Owada M. 1992. Spatial variations of Sr and Nd isotope ratios of cretaceous-Paleogene granitoid rocks，Southwest Japan arc. Contributions to Mineralogy and Petrology，112：165～177

Kagami H，Yuhara M，Tainosho Y，Iizumi S，Owada M，Hayama Y. 1995. Sm-Nd isochronoages of mafic igneous rocks from the ryoke belt，Southwest Japan：remains of Jurassic igneous activity in a late Cretaceous granitic terrain. Geochemical Journal，29：123～35

Kakubuchi S，Nagao T，Kagami H，Fujibayashi N. 1995. Chemical and isotopic characteristics of the source mantle for the late Cenozoic basalts in southwest Japan. Memoir of the Geological Society of Japan，44：321～335 （in Japan with English abstract）

Kakubuchi S，Nagao T，Nagao K. 2000. K-Ar ages and magmatic history of the Abu Monogenetic Volcano Group. Japanese Magazine of Mineralogical and Petrological Sciences，29：191～198 （in Japan with English abstract）

Kalsbeek F，Jepsen H F，Nutman A P. 2001. From source migmatites to plutons：tracking the origin of ca. 435 Ma S-type granites in the East Greenland Caledonian Orogen. Lithos，57：1～21

Kamata H，Kodama K. 1994. Tectonics of an arc-arc junction：an example from Kyushu Island and the junction of the southwest Japan Arc and Ryukyu Arc. Tectonophysics，233：69～81

Kamata II，Kodama K. 1999. Volcanic history and tectonics of the southwest Japan arc. The Island Arc，8：393～403

Kamei A. 2002. Petrogenesis of Cretaceous peraluminous granite suites with lowinitial Sr isotopic ratios，Kyushu Island，Southwest Japan arc. Gondwana Research，5：813～822

Kamei A. 2004. An adakitic pluton on Kyushu Island，southwest Japan arc. Journal of Asian Earth Sciences，24：43～58

Kamei A，Takagi T. 2003. Geology and petrography of the Abukuma granites in the Funehiki area，Fukushima prefecture NE Japan. Journal of geological society of Japan，109 （4）：234～251

Kamei A，Miyake Y，Owada M，Kimura J I. 2009. A pseudo adakite derived from partial melting of tonalitic to granodioritic crust，Kyushu，southwest Japan arc. Lithos，112 （3-4）：615～625

Kamei A，Owada M，Hamamoto T，Osanai Y，Yuhara M，Kagami H. 2000. Isotopic equilibration ages for the Miyanohara tonalite fromthe Higo metamorphic belt in central Kyushu，Southwest Japan：implications for the tectonic setting during the Triassic. The Island Arc，9：97～112

Kamei A，Owada M，Nagao T，Shiraki K. 2004. High-Mg diorites derived from sanukitic HMA magmas，Kyushu Island，southwest Japan arc：evidence from clinopyroxene and whole rock compositions. Lithos，75：359～371

Kamei A，Owada M，Osanai Y，Hamamoto T，Kagami H. 1997. Solidification and cooling ages for the Higo plutonic rocks in the Higo metamorphic terrane，central Kyushu. Journal of Mineralogy，Petrology and Economic Geology，92：316～326

Kanagawa K，Shimano H，Hiroi Y. 2008. Mylonitic deformation of gabbro in the lower crust：A case study from the Pankenushi gabbro in the Hidaka metamorphic belt of central Hokkaido，Japan. Journal of Structural Geology，30：1150～1166

Kanisawa S. 1964. Metamorphic rocks of the southwestern part of the Kitakami Mountainland，Japan. Sciencetific Reply of Tohoku University Ser，39：155～198

Kanisawa S. 1969. On the Hitokabe granodioritic mass, Kitakamimountain land. Journal of Japan Association of Mineral, Petrology, Econometric Geology, 62: 275~288 (in Japanese with English Abstract)

Kanisawa S. 1990. Some zoned plutons and associated gabbros in the Kitakami Mountains, Northeast Japan. In: Shimizu M, Gastil G (eds). Recent advance in concepts concerning zoned plutons in Japan and Southern and Baja California. University Museum, Tokyo University, Nature Culture, 2: 3~20

Kanisawa S, Katada M. 1988. Characteristics of Early Cretaceous igneous activity, Kitakami Mountains, Northeast Japan (in Japanese with English abstract). Earth Science, 42: 220~236

Kanisawa S, Yoshida T, Ishikawa K, AokiK. 1986. Geochemistry of the Tono granitic body, Kitakami Mountains. Research Report of Laboratory of Nuclear Science, Tohoku University, 19: 251~264 (in Japanese)

Kano K, Kato H, Yanagisawa Y, Yoshida F. 1991. Stratigraphy and Geologic History of the Cenozoic of Japan, Geology svrvey of Japanese Republic, 274. Geology Survey of Japan, 114

Karakida Y. 1985. Geological classification of granitic rocks in northern Kyushu Island. Japan Society of Engineering Geology (branch office of Southwest Japan), Abstract Volume, 2~12

Karakida Y. 1987. K-Ar ages of the igneous rocks in Tsushima Shimojima, Nagasaki Prefecture. Journal of Nikkan Tunnel Study Group, 7: 32~42

Katada M, Yoshii M, Ishihara S, Suzuki Y, Ono C, Soya T, Kanaya H. 1974. Cretaceous granitic rocks in the Kitakami Mountains: petrography and zonal arrangement. Geology Survey Reply of Japan, 251: 1~139 (in Japanese with English abstract)

Kato Y, Iwazawa H. 1981. Petrology of the Hashikami granitic mass, Kitakami Mountains, northeastern Japan. Journal of Japan Association of Mineral, Petrology, Econometric Geology, 76: 47~155 (in Japanese, with English Abstract)

Kawabata H, Shuto K. 2005. Magma mixing recorded in intermediate rocks associated with high-Mg andesites from the Setouchi volcanic belt, Japan: implications for Archean TTG formation. Journal of Volcanology and Geothermal Research, 140

Kay S M, Ramos V A, Marquez M. 1993. Evidence in Cerro Pampa volcanic rocks for slab-melting prior to ridge-trench collision in southern South America. Journal of Geology, 101: 703~714

Kee W S, Kim W, Jeong Y J, Kwon S. 2010. Characteristics of Jurassic continental arc magmatism in South Korea : Tectonic implications. Journal of Geology, 118: 305~323

Keith J D, van Middelaar W, Clark A H, Hodgson C J. 1993. Oredeposition associated with magmas. Review Economic Geology, vol. 4, Chapter 14

Kelemen P B. 1995. Genesis of high $Mg^\sharp$ andesites and the continental crust. Contributions to Mineralogy and Petrology, 120: 1~19

Kelemen P B, Shimizu N, Dunn T. 1993. Relative depletion of niobium in some arc magmas and the continental crust: partitioning of K, Nb, La, and Ce during melt/rock reaction in the upper mantle. Earth and Planetary Science Letters, 120: 111~134

Kelley D L, Hall G E M, Closs L G. 2003. The use of partial extraction geochemistry for copper exploration in northern Chile Robert. Geochemistry: Exploration, Environment, Analysis, 3: 85~104

Kepezhinskas P K, Defant M J, Drummond M S. 1996. Progressive enrichment of island arc mantle by melt-peridotite interaction inferred from Kamchatka xenoliths. Geochimica et Cosmochimica Acta, 60: 1217~1229

Khim B K, Woo K S, Sohn Y K. 2001. Sr isotopes of the Seoguipo Formation (Korea) and their application to geologic age. Journal of Asian Earth Sciences, 19: 701~711

Kiji M, Ozawa H, Murata M. 2000. Cretaceous adakitic Tamba granitoids in northern Kyoto, San'yo belt, southwest Japan. Japanese Magazine of Mineralogical and Petrological Sciences, 29: 136~149

Kim C B, Turek A. 1996. Advances in U-Pb zircon geochronology of Mesozoic plutonism in the southwestern part of Ryeongnam massif, Korea. Geochemistry Journal, 30: 323~338

Kim C B, Turek A, Chang H W, Park Y S, Ahn K S. 1999. U-Pb zircon ages for Precambrian and Mesozoic plutonic rocks in the Seoul-Cheongju-Chooncheon area, Gyeonggi massif, Korea. Geochemistry Journal, 33: 379~397

Kim C B, Yoon C H, Kim J T, Park J B, Kang S W, kim D J. 1994. Petrochemistry of Mesozoic granites in Wolchulsan Area. Korean Society of Economic and Environmantal Geology, 27 (4): 375~385 (in Korean with English abstract)

Kim C S, Kim G S. 1997. Petrogenesis of the early Tertiary A-type Namsan alkali granite in the Kyongsang Basin, Korea. Geosciences Journal, 1: 99~107

Kim C S, Park K H, Paik I S. 2005. ^{40}Ar/^{39}Ar Age of the volcanic pebbles within the Silla conglomerate and the depositions timing of the Hayang group. Journal of Petrology Society of Korea, 14 (1): 38~44 (in Korean with English abstract)

Kim G S, Kim J Y, Jung K K, Hwang J Y, Lee J D. 1995. Rb-Sr whole rock geochronology of the granitic Rocks in the Kyeongju-Gampo Area, Kyeongsangbugdo, Korea. Journal Korean Earth Science Society, 16 (4): 272~279 (in Korean with English abstract)

Kim H S, Kim J S, Moon K H. 2009. Petrology of the Cretaceous volcanic rocks in the Gyemyeong peak and Janggun peak area. Mt. Geumjeong, Busan. Journal of Petrology Society of Korea, 18 (1): 1~17 (in Korean with English abstract)

Kim J H. 1996. Mesozoic tectonics in Korea. Journal of Asian Earth Sciences, 13: 251~265

Kim S W. Chang W O, Williams I S, Rubatto D. 2006. Phanerozoic high-pressure eclogite and intermediate-pressure granulite facies metamorphism in the Gyeonggi Massif, South Korea: implications for the eastward extension of the Dabie-Sulu continental collision zone. Lithos, 92: 357~377

Kim S W, Kwon S, Hee J K, Yi K, Jeong Y J, Santosh M. 2011. Geotectonic framework of Permo-Triassic magmatism within the Korean Peninsul. Gondwana Research, 20: 865~899

Kim S W, Williams I S, Kwon S H, Chang W O. 2008. SHRIMP zircon geochronology, and geochemical characteristics of metaplutonic rocks from the south-western Gyeonggi Block, Korea: implications for Paleoproterozoic to Mesozoic tectonic links between the Korean Peninsula and eastern China. Precambrian Research, 162: 475~497

Kim Y L, Koh J S, Lee J H, Yun S H. 2008. Petrological study on the Cretaceous volcanic rocks in the southwest Ryeongnam massif: (1) the Mt. Moonyu volcanic mass, seungjn-gun. Journal of Petrology Society of Korea, 17 (2): 57~82 (in Korean with English abstract)

Kiminami K, Miyashita S. Kawabata K. 1993. Active ridge-forearc collision and its geological consequeneces: an example from late Cretaceous southwest Japan. Memoirs of geological society of Japan, 42: 167~82

Kimura G. 1986. Oblique subduction and collision: forearc tectonics of the Kuril arc. Geology, 14: 404~407

Kimura J I, Nagao T, Yamauchi S, Kakubuchi S, Okada S, Fujibayashi N, Okada R, Murakami H, Kusano T, Umeda K, Hayashi S, Ishimaru T, Ninomiya J, Tanase A. 2003. Late Cenozoic volcanic activity in the Chugoku area，southwest Japan arc during back arc basin opening and re-initiation ofsub-duction. The Island Arc，12：22～45

Kimura J I，Stern R J，Yoshida T. 2005. Reinitiation of subduction and magmatic responses in SW Japan during Neogene time. Geological Society of America Bulletin，117：969～986

Kimura K，Kiji M. 1993. K-Ar ages high magnesian andesite and basalt sheets inrudeed into the Minotamba belt，southwest Japan. Journal of Geological Society of Japan，99：205～208

Kincaid C，Sacks I S. 1997. Thermal and dynamical evolution of the upper mantle in subduction zones. Journal of Geophysical Research，102：12295～12315

Kinnaird J A，Batchelor R A，Whitley J E，*et al*. 1985. Geochemistry，mineralization and hydrothermal al-teration of the Nigerian high heat producing granites. The Institution of Mining and Metallurgy，Chame-leon. High Heat Production Granites，Hydrothermal Circulation and Ore Genesis. London：Chameleon Press. 169～194

Kinoshita O. 1995a. Slab window-rerlated magmatism caused by the Kula-pacific ridge subduction beneath the Eurasia continent in the Cretaceous. Episodes，20：185～187

Kinoshita O. 1995b. Migration of igneous activities related to ridg subduction in Southwest Japan and the East Asian continental margin from the Mesozoic to the Paleogene. Tectonophysics，245：25～35

Kinoshita O. 2001. Possible manifestations of slab window magmatisms in Cretaceous southwest Japan. Tectonophysics，344：1～13

Kinoshita O，Ita H. 1986. Migration of Cretaceous igneous activity in Southwest Japan related to ridge sub-duction. Journal of the Geological Society of Japan，92：723～735 (in Japanese with English abstract)

Kita I，Yamamoto M，Asakawa Y，Nakagawa M，Taguchi S，Hasegawa H. 2001. Contemporaneous ascent of within-plate type and island-arc type magmas in the Beppu Shimabara graben system，Kyushu island，Japan. Journal of Volcanology and Geothermal Research，11：99～109

Kobayashi N，Kano K，Ohguchi T. 2004. The Nomuragawa Formation：proposal for a new stratigraphic unit in the west Oga Peninsula，NE Japan. Journal of the Japanese Association for Petroleum Technology，69：374～384 (in Japanese with English abstract)

Kobayashi T. 1953. Geology of South Korea with special reference to the limestone plateau of Kogendo. Journal of Science University Tokyo，8：145～293

Koester E，Pawley A R，Lu：A D，Fernandes L A D，Porcher C C，Soliani Jr E. 2002. Experimental melting of cordierite gneiss and the petrogenesis of syntranscurrent peraluminous granites in Southern Bra-zil. Journal of Petrology，43：1595～1616

Kogiso T，Tatsumi Y，Nakano S. 1997a. Trace element transport during dehydration processes in the subducted oceanic crust：1，Experiments and implications for the origin of ocean island basalts. Earth and Planetary Science Letters，148：193～205

Kogiso T，Tatsumi Y，Shimoda G，Barsczus H G. 1997b. High (HIMU) ocean island basalts in southern Polynesia：new evidence for whole mantle scale recycling of subducted oceanic crust. Journal of Geophysical Research，102：8085～8103

Koh J S，Yun S H. 1999. The compositions of biotite and muscovite in the Yuksipryong two-micagranite and its petrological meaning. Geosciences Journal，3 (2)：77～86

Koh J S，Kim E H，Yun S H. 2004. Petrology of cretaceous igneous rocks in Gadeog Island，Busan，Kore-a. Journal of Petrology Society of Korea，13 (2)：47～63 (in Korean with English abstract)

Koido Y. Yamada N. 2005. Cauldrons associated with the Nohi Rhyolite. Monograph-Association for the

Geological Collaboration of Japan，53：71～80 (in Japanese with English abstract)

Koido Y. 1991. A Late Cretaceous-Paleogene cauldron cluster：the Nohi Rhyolite，central Japan. Bulletin of Volcanology，53：132～146

Koido Y，Yamada N，Shirahase T. 2005. Hypabyssal rocks intruding the Nohi Rhyolite. Monograph-Association for the Geological Collaboration of Japan，53：81～88 (in Japanese with English abstract)

Komatsu M，Osanai Y，Toyoshima T，Miyashita S. 1989. Evolution of the Hidaka metamorphic belt，northern Japan. In：Daly J S，Cliff R A，Yardley B W D. (eds) . Evolution of Metamorphic Belts. London：Geology society. 566

Koppers A A P，Morgan J P，Morgan J W，Staudigel H. 2001. Testing the fixed hotspot hypothesis using 40Ar/39Ar age progressions along seamount trails. Earth and Planet Science Letters，185：237～252

Koshimizu S，Yamazaki J，Kato M. 1986. Fission-track dating of the Cainozoic formations in the Oshima Peninsula，southwestern Hokkaido，Japan. Journal of the Geology Society of Japan. 92 ：771～780 (in Japanese with English abstract)

Koshiro K. 1986. Geology and tectonics of the Ryukyu islands. Tectonophysics，125：193～207

Koyaguchi T，Kaneko K. 1999. A two-stage thermal evolution model of magmas in continental crust. Journal of Petrology，40 (2)：241～254

Koyama A. 1991. Collision of the Kushigatayama block with the Honshu arc during the middle Miocene. Modern Geology，15：331～345

Kubota Y. 2001. Late Cenozoic gold veinsand volcanic collapse tectonics in the island arc junctions of the Japanese islands. Geotectonica et Metallogenia，25 (1-2)：85～92

Kuno H. 1960. High-alumina basalt. Journal of Petrology，1：121～145

Kuroda Y，Yamada T，Kobayashi H，Ohtomo Y，Yagi M，Matsuo S. 1986. Hydrogenisotope study of the granitic rocks of the ryoke belt，central Japan. Chemical Geology (Isotope Geoscience Section)，58：283～302

Kushiro I. 1973. Origin of some magma in oceanic and circum-oceanic regions. Tectonophysics，17：211～222

Kushiro I. 1990. Partial melting of mantle wedge and evolution of island arc crust. Journal of Geophysical Research，95：15929～15939

Kushiro I. 1994. Recent experimental studies on partial melting of mantle peridotites at high pressures using diamond aggregates. Journal of the Geology Society of Japan，100：103～110 (in Japanese with English abstract)

Kutsukake T. 2002. Geochemical characteristics and variations of the Ryoke granitoids，Southwest Japan：Petrogenetic implications for the plutonic rocks of a magmatic arc. Gondwana Research，5 (2)：355～372

Kwon S H，Sajeev K，Mitra Gautam，Park Y D，Kim S W，Ryu I C. 2009. Evidence for Permo-Triassic collision in Far East Asia：The Korea collisional orogen. Earth and Planetary Science Letters，279：340～349

Kwon S T，Cho D L，Lan C Y，Shin K B，Lee T，Mertzman S T. 1994. Petrology and geochemistry of the Seoul granitic batholith. Journal of Petrology Society of Korea，3 (2)：109～127 (in Korean with English abstract)

Kwon S T，Cheong C S，Sagong H. 2006. Rb-Sr isotopic study of the Hwacheon granite in northern Gyeonggi massif，Korea：A case of spurious Rb-Sr whole rock age. Geosciences Journal，10 (2)：

137~143

Kwon S T, Lan C Y, Lee T. 1999. Rb-Sr and Sm-Nd isotopic study of the Seoul granitic batholith in middle Korea. Geosciences Journal, 3 (2): 107~114

Lambert I B, Wyllie P J. 1972. Melting of gabbro (quartz eclogite) with excess water to 35 kb, with geological applications. Journal of Geology, 80 (6): 693~708

Lan C Y, Chung S L, Long T V. 2003. Geochemical and Sr-Nd isotopic constraints from the Kontum massif, central Vietnam on the crustal evolution of the Indochina block. Precambrian Research, 7 (27): 7~27

Lan C Y, Chung S L, Mertzman S A. 1997. Mineralogy and geochemistry of granitic rocks from Chinmen, Liehyu and Dadan Islands, Fujian. Journal of the Geological Society of China, 40: 527~558 (in Chinese with English abstract)

Lan C Y, Chung S L, Shen J S. 2000. Geochemical and Sr-Nd isotope characteristics of granitic rocks from northern Vietnam. Journal of Asian Earth Sciences, 18: 267~280

Lan C Y, Lee T, Zhou X H, Kwon S T. 1995. Nd isotopic study of Precambrian basement of South Korea: Evidence for early Archean crust? Geology, 23: 249~252

Lapierre J, Jahn B M, Yu Y W. 1997. Mesozoic felsic arc magmatism and continental olivine tholeiites in Zhejiang Province and their relationship with the tectonic activity in SE China. Tectonophysics, 274: 321~338

Le B N, Thompson A B. 1988. Fluid-absent (dehydration) melting of biotite in metapelites in the early stages of crustal crustal anatexis. Contributions to Mineralogy and Petrology, 99: 226~237

Le Bas M J, Le Maitre, R W, Streckeisen R W, Zanettin BA. 1986. A chemical classification of volcanic rocks based on the total alkali-silica diagram. Journal of Petrology, 27: 745~750

Le Maitre R W. 1989. A Classification of Igneous Rocks and Glossary of Terms: Recommendations of the International Union of Geological Sciences Subcommission on the Systematics of igneous rocks. Blackwell: Oxford. 193

Lee C L, Lee Y J, Hayashi M. 1992. Petrology of Jurassic granitoids in the Hamyang-Geochang Area, Korea. Journal of the Korean Institute of Mining Geology, 25 (4): 447~461 (in Korean with English abstract)

Lee D S. 1987. Geology of Korea. Geology Society of Korea, Seoul: Kyohak-sa Press

Lee M J, Lee J I, Lee M S. 1995. Mineralogy andmajor element geochemistry of A-type alkali granite in the Kyeongju area, Korea. Journal of the Geological Society of Korea, 6: 583~607 (in Korean with English abstract)

Lee S G, Masuda A, Kim H S. 1994. An early Proterozoic Leuco-Granitic geniss with the REE tetrad phenomenon. Chemical Geology, 114: 59~67

Lee S G, Shin S C, Jin M S, Dgasawara M, Yang M K. 2005. Two Paleoproterozoic strongly peraluminous granitic plutons (Nonggeori and Naedeokri granites) at the northeastern part of Yeongnam Massif, Korea: geochemical and isotopic constraints in East Asian crustal formation history. Precambrian Research, 139: 101~120

Lee S G, Shin S C, Kim K H, Lee T, Koh H, Song Y S. 2010. Petrogenesis of three Cretaceous granites in the Okcheon Metamorphic Belt, South Korea: Geochemical and Nd-Sr-Pb isotopic constraints. Gondwana Research, 17: 87~101

Lee S R, Cho M, Hwang J H, Lee B J, Kim Y B, Kim J C. 2003. Crustal evolution of the Gyeonggi massif, South Korea: Nd isotopic evidence and implications for continental growths of East Asia. Precambrian Research, 121: 25~34

Lee S R, Cho M, Yi K, Srtern R A. 2000. Early Proterozoic granulites in Central Korea: Tectonic correlation with Chinese craton. Journal of Geology. 108: 729~738

Lee T Q, Kissel C, Laj C, Horng C S, Lue Y T. 1990. Magnetic fabric analysis of the Plio-Pleistocene sedimentary formations of the Coastal Range of Taiwan. Earth and Planetary Science Letters, 98: 23~32

LeMaitre R W. 1989. A Classification of Igneous Rocks and Glossary of Terms: Recommendation of IOU Subcommission on the Systematics of Igneous Rocks. Oxford: Blackwell. 193

Lepvrier C, Maluski H, Van T V, Leyerloup A, Thi P T, Van V N. 2004. The Early Triassic Indosinian orogeny in Vietnam (Truong Son Belt and Kontum Massif): implications for the geodynamic evolution of Indochina. Tectonophysics, 393: 87~118

Li S G, Chen Y, Cong B L, Zhang Z, Zhang Y, Liou D L, Hart S A, Ge N. 1993. Collision of the North China and Yangtze Blocks and formation of coesite-bearing eclogites: timing and processes. Chemical Geology, 109: 80~89

Li X H, McCulloch M T. 1998. Geochemical characteristics of Cretaceous mafic dikes from northern Guangdong, SE China: age, origin and tectonic significance. In: Flower M F J *et al* (eds). Mantle Dynamics and Plate Interactions in East Asia. AGU Geodynamics Series, 27: 405~419

Li X H. 2000. Cretaceous magmatism and lithospheric extension in southeast China. Journal of Asian Earth Science, 18: 293~305

Li X H, Chen Z G, Liu D Y, Li W X. 2003. Jurassic gabbro-granite-syenite suites from Southern Jiangxi province, SE China: age, origin, and tectonic significance. International Geological Review, 45: 898~921

Li X H, Chung S L, Zhou H W, Lo C H, Liu Y, Chen C H. 2004. Jurassic intraplate magmatism in southern Hunan-eastern Guangxi: $^{40}Ar/^{39}Ar$ dating, Geochemistry, Sr-Nd isotopes and implications for the tectonic evolution of SE China. Geological Society, 226 (special publication): 193~215

Li X H, Li Z X, Li W X, Wang Y J. 2006. Initiation of the indosinian orogeny in South China: evidence for a permian magmatic arc on Hainan Island. The Journal of Geology, 114: 341~353

Li Z X, Li X H. 2007. Formation of the 1300km——wide intracontinental orogen and postorogenic magmatic province in Mesozoic South China: A flat-slab subduction model. Geology, 35: 179~182

Li Z X, Li X H, Chung S L, Lo C H, Xu X S, Li W X. 2012. Magmatic switch-on and switch-off along the South China continental margin since the Permian: Transition from an Andean-type to a Western Pacific-type plate boundary. Tectonophysics, 532-535: 271~290

Li Z X, Li X H, Wartho J A *et al*. 2010. Magmatic and metamorphic events during the Early Paleozoic Wuyi-Yunkai Orogeny, southeastern SouthChina: New age constraints and P-T conditions. Geological Society of American Bulletin, 22: 772~793

Li Z X, Li X H, Zhou H W, Kinny P D. 2002. Grenvillian continental collision in south China: new SHRIMP U-Pb zircon results and implications for the configuration of Rodinia. Geology, 2: 163~166

Liang X R, Wei G J, Li X H, Liu Y. 2003. Precise measurement of $^{143}Nd/^{144}Nd$ and Sm/Nd ratios using Multiple-collectors inductively couple plasma-mass spectrometer (MC-ICP-MS). Geochimica, 32 (1): 91~96

Lim H S, Lee Y I. 2005. Cooling history of the Upper Cretaceous Palgongsan Granite, Gyeongsang Basin, SE Korea and its tectonic implication for uplift on the active continental margin. Tectonophysics, 403:

151～165

Liou J G，Lan C Y，Suppe J，Ernst W G. 1976. Petrology of East Taiwan Ophiolites. Petroleum Geology of Taiwan，13：59～82

Liou J G，Lan C Y，Suppe J，Ernst W G. 1977. The East Taiwan Ophiolite：its occurrence，petrology，metamorphism and tectonic setting. MRSO special，Report 1，212

Liu R，Zhou H W，Zhang L，Zhong Z Q，Zeng W，Xiang H，Jin S，Lu X Q，Li C Z. 2010. Zircon U-Pb ages and Hf isotope compositions of the Mayuan migmatite complex，NW Fujian Province，Southeast China：Constraints on the timing and nature of a regional tectonothermal event associated with the Caledonian orogeny. Lithos，119 (3-4)：163～180

Lo C H，Onstott T C，Wang Lee C M. 1993. $^{40}Ar/^{39}Ar$ dating of plutonic/metamorp-hic rocks from Chimen island off southeast China and its tectonic implications. Journal of the Geological Society of China，36：35～55 (in Chinese with English abstract)

Lppierre H，Jahn B M，Charvet J et al. 1997. Mesozoic felsic arc magmatism and continental olivine tholeiites in Zhejiang Province and their relationship with tectonic activity in SE China. Tectonophysics，274：321～338

Lu C Y，Hsu H J. 1992. Tectonic evolution of the Taiwan Mountain Belt. Petrology and Geology of Taiwan，27：21～46

Ludwig K R. 2001. Sqiud 1.02：A User Manual. Berkeley Geochronological Center Special Publiccation. 1～219

Mao J R，Hu Q，Xu N Z et al. 2003. Geochronology and Geochemical Characteristics of the Early Mesozoic Tangquan Pluton，Southwestern Fujian and Its Tectonic Implications. Acta Geology Sinica，77（3）：361～371

Mao J R，Hu Q，Xu N Z，Chen R，Ye H M，Zhao X L. 2006. Mesozoic magmatism and copper polymetallic mineralization processes in the Shanghang-Datian region，Fujian Province，Southeast China. Chinese Journal of Geochemistry，25（3）：266～278

Mao J R，Li Z L，Zhao X L，Zhou J，Ye H M，Zeng Q T. 2010. Geochemical characteristics，cooling history and mineralization significance of Zhangtiantang pluton in South Jiangxi Province，China. Chinese Journal of Geochemistry：29（1）.53～64

Mao J R，Takahashi Y，Kee W S，Li Z L，Ye H M，Zhao X L，Liu K，Zhou J. 2011. Characteristics and geodynamic evolution of Indosinian magmatism in South China：A case study of the Guikeng pluton. Lithos，127：535～557

Mao J R，Tao K Y，Yang Z L et al. 1997. Continental Geodynamics background of Mesozoic intracontinental magmatism in Southeast China. Chinese Journal Geochemistry，16（3）：230～239

Martin H. 1995. The Archean grey gneisses and the genesis of continental crust. In：Condie K C（ed）. Archean Crustal Evolution. Elsevier：Amsterdam. 205～259

Martin H. 1999. Adakitic magmas：morden analogues of Archaean granitoids. Lithos，46：411～429

Maruejol P，Cuney M，Turpin L. 1990. Magmatic and hydrothermal REE fractionation in the Xihuashan granites (SE China). Contributions to Mineralogy and Petrology，104：668～680

Maruyama S，Seno T. 1986. Orogeny and relative plate motion：example of the Japanese Islands. Tectonophysics，127：305～329

Maruyama S. 1997. Pacific-type orogeny revisited：Miyashiro-type orogeny proposed. The Island Arc，6：91～120

Maruyama S，Isozaki Y，Kimura G，Terabayashi M. 1997. Paleogeographic maps of the Japanese islands：Plate tectonic synthesis from 750 Ma to the present. The Island Arc，6：121～142

Maruyama T，Miura H，Yamamoto M. 1993. Initial Sr isotopic ratios of the some Late-Mesozoic igneous masses in the Kitakami Mountains，northeastern Japan. Research Reply of Natural Resources Institute，Mining College，Akita University，58：29～52

Masumi U M，Imai N，Terashima S，Tachibana Y，Okai T. 2006. Geochemical mapping in northern Honshu，Japan. Applied Geochemistry，21：492～514

Masumi U M，Kanisawa S，Matsuhisa Y，Togashi S. 2004. Geochemical and isotopic characteristics of the Cretaceous Orikabe plutonic complex，Kitakami Mountains，Japan：magmatic evolution in a zoned pluton and significance of a subduction——related mafic parental magma. Contributions to Mineralogy and Petrology，146：433～449

Matsuda T. 1964. Crustal structure of the South Fossa magna，Japan，inferred from the geological data. International Geology Review，6：420～429

Matsuda T，Nakamura K，Sugimura A. 1967. Late Cenozoic orogeny in Japan. Tectonophysics，4（6）：349～366

Matsuhisa Y. 1972. Oxygen isotopic study of the Cretaceous granitic rocks in Japan. Contributions to Mineralogy and Petrology，37：65～74

Matsuhisa Y，Sasaki A，Shibata K，Ishihara S. 1982. Source diversity of the Japanese granitoids：An O，S and Sr isotopicapproach. Abstr Issue，5th Int Conf Geochr，Cosmochr and Isotope Geology，Nikko，239～240

Matsumo I，Sawada Y，Kagmi H. 1994. Rb-Sr isochron ages of cretaceous Kisa volcanics and granitoids in the central chugoku district and southwest Japan and their geological significance. Journal of geological society of Japan，100：399～407

Matsuzawa T，Umino N，Hasegawa A，Takagi A. 1986. Upper Mantle Velocity Structure Estimated From Ps-Converted Wave Beneath the North-Eastern Japan Arc. Geophysical Journal of the Royal Astronomical Society，86：767～787

Maughan L L，Christiansen E H，Best M G，Grommé C S，Deino A L，Tingey D G. 2002. The Oligocene Lund Tuff，Great Basin，USA：a very large volume monotonous intermediate. Journal of Volcanology and Geotherm. Research，113：129～157

McCulloch M T，Chappell B W. 1982. Nd isotopic characteristics of S- and I-type granite. Earth and Planet Science Letters，58（1）：51～64

McDermott F，Defant M J，Hawkesworth C J，Maury R C，Joron J L. 1993. Isotope and trace element evidence for three component mixing in the genesis of North Luzon arc lavas（Philippines）. Contributions of Mineralogy and Petrology，113：9～23

McDonough W F，Sun S S. 1995. The composition of the earth. Chemical Geology，120：223～253

McDonough W F，Sun S S，Ringwood A E，Jagoutz E，Hofmann A W. 1992. K，Rb and Cs in the earth and moon and the evolution of the earth's mantle. Geochimica et Cosmochimica Acta，56：1001～1012

McKee E H，Rytuba J J，Xu K Q. 1987. Geochronology of the Xihuashan composite granitic body and tungsten mineralization，Jiangxi Province，South China. Economic Geology and the Bulletin of the Society of Economic Geologists，82：218～223

Meen J K. 1987. Formation of shoshonites from calc-alkaline basalt magma：Geochemical experimental constraints from the type locality. Contributions to Mineralogy and Petrology，97：333～351

Middlemost E A K. 1994. Naming materials in the magma/igneous rock system. Earth Science Review, 37: 215~224

Mikoshiba M U. 2002. K-Ar ages of the igneous rocks in the Senmaya-Kesennuma area, southern Kitakami Mountains. Magmatism Mineral Petrol Science of Japan, 31: 318~329 (in Japanese with English abstract)

Miller C F. 1995. Are strongly peraluminous magmas derived from pelitic sedimentary source? Journal of Geology, 93: 673~689

Miller C F, Schuster R, Klotzli U, Frank W, Purtscheller F. 1999. Post-collisional potassic and ultrapotassic magmatism in SW Tibet: Geochemical and Sr-Nd-Pb-O isotopic constraints for mantle source characteristics and petrogenesis. Journal of Petrology, 40 (9): 1399~1424

Miller J A, Holdsworth R E, Buick I S, Hand M. 2009. Continentalreactivation and Reworking. London: Geological Society Special Publication. 195~218

Mitsunami T. 1992. Geophysics. In: Karakida Y, Hayasaka S, Hase Y (eds). Regional Geology of Japan: Part 9 Kyushu. Tokyo: Kyoritsu Shuppan Co, Ltd. 303~310

Miura D, Wada Y. 2007. Effects of stress in the evolution of large silicic magmatic systems: An example from the Miocene felsic volcanic field at Kii Peninsula, SW Honshu, Japan. Journal of Volcanology and Geothermal Research, 167: 300~319

Miyake Y. 1985. Chemical variations among andesitic and basaltic rocks from Setouchi province and its south. Chidanken Monograph, 39: 153~164

Miyake Y. 1994. Geochemistry of igneous rocks of Shimane peninsula, formed within a Miocene back-arc rifting zone at the Japan Sea margin. Geochemical Journal, 28: 451~472

Miyake Y, Hisatomi K. 1985. A Miocene Forearc Magmatism at Shionomisaki, Southwest Japan, Advances in Earth and Planetary Sciences: Formation of Active Ocean Margins. Tokyo: Terra Scientific Publishing Company. 411~422 (in Japanese)

Moon S H, Park H, Ripley E M, Hur S D. 1998. Petrochemistry and stable isotopes of granites around the Eonyang rock crystal deposits. Journal of the Geological Society of Korea, 3: 211~227 (in Korean with English abstract)

Moriguti T, Shibata T, Nakamura E. 2004. Lithium, boron and lead isotope and trace element systematic of Quaternary basaltic volcanic rocks in northeastern Japan: mineralogical controls on slab-derived fluid composition. Chemical Geology, 212: 81~100

Morishita T, Arai S, Green D H. 2003. Evolution of low-Al orthopyroxene in the Horoman peridotite, Japan: an unusual indicator of metasomatizing fluids. Journal of Petrology, 44 (7): 1237~1246

Morozumi H, Ishikawa N. 2006. Relationship between Kuroko mineralization and paleostress inferred from vein deposits and Tertiary granitic rocks in and around the Hokuroku district, northeast Japan. Economic Geology, 101: 1345~135

Morris G A, Hooper P R. 2000. The petrogenesis of the Colvilleigneous comples, northeast Washington: Implications for Eocene tectonics in the northern U. U. Cordillera. Geology, 25: 831~834

Morris P A. 1995. Slab melting as an explanation of Quaternary volcanism and aseismicity in southwest Japan. Geology, 23: 395~398

Morris P A, Kagami H. 1989. Nd and Sr isotope systematics of Miocene to Holocene volcanic rocks from southwest Japan: Volcanism since opening of the Japan Sea. Earth and Planetary Science Letters, 92: 335~346

Morris P A, Itaya T, Watanabe T, Yamaguchi S. 1990. Patassium-Argon ages of Cenozoic igneous rocks from eastern Shimane Prefecture-Oki Dozen Island，southwest Japan and the Japan Sea opening. Journal of Southeast Asian Earth Science，4：125～131

Morris P A，Miyake Y，Furuyama K，Puelles P. 1999. Chronology and petrology of the Daikonjima basalt，Nakaumi Lagoon，eastern Shimane Prefecture，Japan. Journal of Mineralogy，Petrology，and Economic Geology，94：442～452 (in Japanese with English abstract)

Morrison G W. 1980. Characteristics and tectonic setting of the shoshonite rock association. Lithos，13：97～108

Murakami N. 1974. Some problems concerning late Mesozoic to early Tertiary igneous activity on the Inner side of Southwest Japan. Pacific Geology，8：139～151

Murakami N. 1985. Late Mesozoic to Paleogene igneous activity in West Chugoku，Southwest Japan. Journal of the Geological Society of Japan，91 (10)：723～742 (in Japanese with English abstract)

Murakami N，Kanisawa S，Ishikawa K. 1983. High fluorine content of Tertiary igneous rocks from the Cape of Ashizuri，Kochi Prefecture，Southwest Japan. Journal of Mineralogy，Petrology，and Economic Geology，78：495～504

Murao S，Sie S H，Nakashima K，Suter G F，Watanabe M. 1997. Elemental behavior during the fractionation of felsic magma at Hobenzan polymetallic province，SW Japan. Nuclear Instruments and Methods in Physics Research，130：671～675

Murata M，Yoshida T. 1985. Trace elements behavior in Miocene I-type and S-type granitic rocks in the Ohmine district，central Kii peninsula. Journal of Mineralogy，Petrology，and Economic Geology，80：227～245

Na C K，Lee I S，Chung J I. 1997. Petrogenetic study on the foliated granitoids in the Chonju and Sunchang area：II. In the light of Sr and Nd isotopic properties. Economic Environment Geology，30：249～262 (in Korean with English abstract)

Nakada S，Takahashi M. 1979. Regional variation in chemistry of the Miocene intermediate to felsic magmas in the Outer Zone and the Setouchi province of southwest Japan. Journal of the Geological Society of Japan，85：571～582 (in Japanese with English abstract)

Nakai Y. 1970. On the granites in the Mikawa district，Aichi Prefecture，Central Japan. Earth Science，24：139～144

Nakai Y. 1976. Petrographical and petrochemical studies of the Ryoke granites in the Mikawa-Tono district，central Japan. Bull of Aichi Education University，25：97～112

Nakajima J，Takei Y，Hasegawa A. 2005. Quantitative analysis of the inclined Low-velocity zone in the mantle wedge of northeastern Japan：A systematic change of melt-filled pore shapes with depth and its implications for melt migration. Earth and Planetary Science Letters，234：59～70

Nakajima T S，Imaoka T. 1995. Igneous activity of Cretaceous sakurayama cauldron in Yamaguchi Prefecture，SW Japan. Abstracts of 102nd Annual meeting of Geological society of Japan，87

Nakajima T. 1994. The Ryoke plutonometamorphic belt：crustal section of the Cretaceous Eurasian continental margin. Lithos，33：51～66

Nakajima T. 1996. Cretaceous granitoids in SW Japan and their bearing on the crust-forming process in the eastern Eurasian margin. Transactions of the Royal Society of Edinburgh：Earth Sciences，87：183～191

Nakajima T，Kamiyama H，Williams I S，Tani K. 2004. Mafic rocks from the ryoke belt，Southwest Japan：implications for Cretaceous Ryoke-San-yo granitic magma genesis. Transactions of the Royal Society of Edinburgh：Earth Sciences，95：249～263

Nakajima T，Shirahase T，Shibata K. 1990. Along-arc lateral variation of Rb-Sr and K-Ar ages of Cretaceous granitic rocks in southwest Japan. Contributions to Mineralogy and Petrology，104：381~389

Nakajo T，Funakawa S. 1974. Eocene radiolarians from the lower formation of the Taishu Group，Tsushima Islands，Nagasaki prefecture，Japan. Journal of Geological Society of Japan，102：751~754

Nakajo T，Maejima W. 1998. Morpho-dynamic development and facies organization of the Tertiary delta system in the taishu group，Tsushima Islands，southwestern Japan. J. geol. Soc. Jpn. ，104：749~763

Nakamura E，Mcculloch M T，Campbell I H. 1990. Chemical geodynamics in the back~arc region of Japan based on the trace element and Sr-Nd isotopic compositions. Tectonophysics，174：207~233

Nakanishi I，Kinoshita Y，Miura K. 2002. Subduction of young plates：A case of the Philippine Sea plate beneath the Chugoku region，Japan. Earth，Planets and Space，54：3~8

Nakashima K. 1996. Chemistry of Fe-Ti oxide minerals in the Hobenzan granitic complex，SW Japan：subsolidus reduction in relation to base metal mineralization. Mineralogy and Petrology，58：51~69

Nelson K D et al. 1996. Partially molten middle crust beneath southern Tibet：synthesis of project INDEPTH results. Science，274（5293）：1684~1688

Nguyen T T B，Satir M，Siebel W，Chen F K. 2004. Granitoids in the Dalat zone，southern Vietnam：age constraints on magmatism and regional geological implications. International Journal Earth Science（Geolical Rundsch），93：329~340

Nishioka Y. 1997. Petrography and bulk chemical composition of the Miyako zoned pluton，Kitakami Mountains. Japan Magazine of Mineral，Petrology Science. 92：291~301（in Japanese，with English Abstract）

Nohda S，Wasserburg G J. 1986. Trends of Sr and Nd isotopes through time near the Japan Sea in northeastern Japan. Earth and Planetary Science Letters，78：157~167

Norry M J，Fitton J G. 1983. Compositions differences between oceanic and continental basic lavas and significance. In：Hawkesworth C J，Norry M J（eds）. Continental Basalts and Mantle Xenoliths. Nantwich：Shiva Pub. 5~19

Northrup C J，Royden L H，Burchfiel B C. 1995. Motion of the Pacific plate relative to Eurasia and its potential relation to Cenozoic extension along the eastern margin of Eurasia. Geology，23：719~722

Nozawa T，Kawada K，Kawai M. 1975. Geology of the Hida-Furukawa district. With geological sheet map at 1：50000：Geological Survey of Japan，79

Obata M，Yosimura Y，Nagakaw K，Odawara S，Osanai Y. 1994. Crustal anatexis and melt migrations in the Higo metamorphic terrane，west-central Kyushu，Kumamoto，Japan. Lithos，32：135~147

Ochi F，Nakamura M，Zhao D. 2001. Structure of the Philippine Sea slab beneath southwest Japan-A new observation. Earth Monthly，23：679~684

Ohguchi T. 1983. Stratigraphical and petrographical study of the Late Cretaceous to Early Miocene volcanic rocks in Northeast Inner Japan. Journal of Mining College. Akita University. Series A，6：189~258（in Japanese with English abstract）

Ohguchi T. 2002. Review on the Miocene volcanic sequences relating with volcanic reservoir，Akita Prefecture northeast Japan. Journal of the Japanese Association for Petroleum Technology，67：431~439

Ohta T. 2004. Geochemistry of Jurassic to earliest Cretaceous deposits in the Nagato Basin，SW Japan：implication of factor analysis to sorting effects and provenance signatures. Sedimentary Geology，171：159~180

Okada H. 1974. Migration of ancient arc-trench systems. In：Dott Okudaira T，Beppu Y，Yano R，

Tsuyama M，Ishii K. 2009. Mid-crustal horizontal shear zone in the forearc region of the mid-Cretaceous SW Japan arc，inferred from strain analysis of rocks within the Ryoke metamorphic belt. Journal of Asian Earth Sciences，35：34～44

Okada H，Fujiyama. 1970. Sedimentary cycles and sedimentation of the taishu group in the shiohama area，central tsushima，Kyushu. Mem Natural of Science Museum，3：9～18

Okuyama-Kusunose Y. 1994. Phase relations in andalusite-silimanite type Fe-rich metapelites：Tono contact metamorphic aureole，northeast Japan. Journal of Metamorphic Geology，12：153～168

Okuyama-Kusunose Y. 1999. Contact metamorphism in the aureole around the Tanohata plutonic complex，northern Kitakami Massif，Northeast Japan：depth of magma chamber of Cretaceous plutonic rocks. Magmatism Mineralogy and Petrology Science of Japan，94：203～221

Okuyama-Kusunose Y，Morikiyo T，Kawabata A，Uyeda A. 2003. Carbon isotopic thermometry and geo-barometry of sillimanite isograd in thermal aureoles：the depth of emplacement of upper crustal granitic bodies. Contributions to Mineralogy and Petrology，145：534～549

Onizawa S，Oshima H，Aoyama H，Maekawa T，Suzuki A，Miyamachi H，Tsutsui T，Tanaka T M S，Oikawa J，Matsuwo N，Yamamoto K，Shiga T，Mori T. 2009. Basement structure of Hokkaido Komagatake Volcano，Japan，as revealed by artificialseismic survey. Journal of Volcanology and Geothermal Research，183：245～253

Osamu K. 1995. Migration of igneous activities related to ridge subduction in Southwest Japan and the East Asian continental margin from the Mesozoic to the Paleogene. Tectonophysics，245：25～35

Osamu K. 1999. A migration model of magmatism explaining a ridge subduction，and its details on a statistical analysis of the granite ages in Cretaceous Southwest Japan. The Island Arc，8：181～189

Osamu K. 2002. Possible manifestations of slab window magmatisms in Cretaceous southwest Japan. Tectonophysics，344：1～13

Osamu U，Tsuchiya N. 1993. Geochemistry of Miocene basaltic rocks temporally straddling the rifting of lithosphere at the Akita～Yamagata area，northeast Japan. Chemical Geology，104：61～74

Osanai Y，Masao S，Kagami H. 1993. Rb-Sr whole rock isochron ages of granitic rocks from central Kyushu，Japan. Memoirs of Geological Society of Japan，42：135～150

Osozawa S，Yoshida T. 1997. Arc-type and intraplate type ridge basalts formed at the trench-trench-ridge triple junction：Implication for extensive sub-ridge mantle heterogeneity. The Island Arc，6：197～212

Otofuji Y. 1996. Large tectonic movement of the Japan Arc in late Cenozoic times inferred from paleomagnetism：review and synthesis. The Island Arc，5：229～249

Otofuji Y，Hayashida A，Torii M. 1985. When was the Japan sea opened? Palemagnetic evidence from southwest Japan. In：Nasu N，Kushiro I，Kobayashi K，Uyeda S，Kushiro I（eds）. Formation of Active Oceanic Margins. Tokyo：Terra Publication. 551～566

Otofuji Y，Itaya T，Matsuda T. 1991. Rapid rotation of southwest Japan－Paleomagnetism and K-Ar ages of Miocene volcanic rocks of southwest Japan. Geophysical Journal International，105：397～405

Otofuji Y，Kambara A，Matsuda T，Nohda S. 1994. Counterclockwise rotation of northeast Japan：Paleo-magnetic evidence for regional extent and timing of rotation. Earth and Planetary Science Letters，121：503～518

Otsuki K. 1992. Oblique subduction，collision of microcontinents and subduction of oceanic ridge：their im-plications on the Cretaceous tectonics of Japan. The Island Arc，1：51～63

Owada M，Kamei A，Yamamoto K，Osanai Y，Kagami H. 1999. Spatial-temporal variations and origin of granitic rocks from central to northern part of Kyushu, southwest Japan. Memoirs of Geological Society of Japan, 53: 349~363

Owada M, Osanai Y, Nakano N. 2007. Crustal anatexis and formation of two types of granitic magmas in the Kontum massif, central Vietnam: Implications for magma processes in collision zones. Gondwana Research, 12: 428~437

Ozawa A, Ohguchi T, Takayasu T. 1979. Geology of the Asamai district. With geologial sheet map at 1: 50000. Geological Survey of Japan, 53 (in Japanese with English abstract)

Park K H, Lee H S, Song Y S, Cheong C S. 2006. Sphene U-Pb ages of the granite-granodiorites from Hamyang, Geochang and Yeongju area of the Yeongnam Massif. Journal of Petrology Society of Korea, 15 (1): 39~48 (in Korean with English abstract)

Park S O, Jang Y D, Hwang S K, Kim J J. 2006. Petrology of theCretaceous volcanic rocks in the eastern part of the Kyeongsan Caldera. Journal of Petrology Society of Korea, 15 (2): 90~105 (in Korean with English abstract)

Patiño-Douce A E, Harris N. 1998. Experimental constraints on Himalayan anatexis. Journal of Petrology, 39: 689~710

Patiño-Dounce A E, Humphreys E D, Johnston A D. 1990. Anatexis and metamorphism in tectonically thickened continental crust exemplified by the Sevier hinterland, western North America. Earth and Planetary Science Letters, 97: 290~315

Paul A, Morris I, Kagami H. 1989. Nd and Sr isotope systematics of Miocene to Holocene volcanic rocks from Southwest Japan: volcanism since the opening of the Japan Sea. Earth and Planetary Science Letters, 92: 335~346

Peacock S M, Rushmer T, Thompson A B. 1994. Partial melting of subducting oceanic crust. Earth and Planetary Science Letters, 121 (1-2): 227~244

Pearce J A. 1996. Sources and setting of granitic rocks. Episodes, 19: 120~125

Pearce J A, Norry M J. 1979. Petrogenetic implications of Ti, Zr, Y, and Nb vatiations in volcanic rocks. Contributions to Mineralolgy and Petrology, 69: 33~47

Pearce J A, Harris N B W, Tindle A G. 1984. Trace element discrimination diagrams for the tectonic interpretation of granitic rocks. Journal of Petrology, 25: 956~983

Peccerillo R, Taylor S R. 1976. Geochemistry of Eocene calc-alkaline volcanic rocks from the Kastamonu area. Northern Turkey. Contributions to Mineralogy and Petrology, 58: 63~81

Perry F V, Baldridge W S, DePaolo D J. 1987. Role of asthenosphere and lithosphere in the genesis of Late Cenozoic basaltic rocks from the Rio Grande rift and adjacent regions of southwestern United States. Journal of Geophysical Research, 92: 9193~9213

Petford N, Cruden A R, McCaffrey K J W, Vigneresse J L. 2000. Grantic magma formation, transport and emplacement in the Eartn's crust. Nature, 408: 669~673

Petford N, Psterson B, McCaffrey K J W. 1996. Melt infiltration and advection in microdioritic enclaves. European Journal of Mineralogy, 8: 405~412

Pitcher W S. 1997. The Nature and Origin of Granite. London: Chapman and Hall. 1~36

Pouclet A, Lee J S, Vidal P, Cousens B, Bellon H. 1995. Cretaceous to Cenozoic volcanism in South Korea and in the Sea of Japan: Magmatic constraints on the opening of the back-arc basin. *In*: Smellie J L (ed). Volcanism Associated with Extension at Consuming Plate Margins. London: Geological Society Special Publication. 169~191

Powell R，Powell M. 1977. Geothermometry and oxygen barometry using coexisting iron-titanium oxides：a reappraisal. Mineralogical Magazine，41：257~263

Rapp R P，Watson E B. 1995. Dehydration melting of metabasalt at 8—32 kbar：Implication for continental growth and crust-mantle recycling. Journal of Petrology，36：891~931

Rapp R P，Shimizu N，Norman M D，Applegate G S. 1999. Reaction between slab-derived melts and peridotite in the mantle wedge：experimental constraints at 3. 8 GPa. Chemical Geology，160：335~356

Rapp R P，Watson E B，Miller C F. 1991. Partial melting of amphibolite/eclogite and the origin of Archean，trondhjemites and tonalites. Precambrian Research，51：1~25

Ree J H，Kwon S H，Park Y，Kwon S T. Park S H. 2001. Pretectonic and posttectonic emplacements of the granitoids in the south central Okchon belt，South Korea：Implications for the timing of strike-slip shearing and thrusting. Tectonics，20：850~867

Ren J，Tamaki K，Li S，Zhang J X. 2002. Late Mesozoic and Cenozoic rifting and its dynamic setting in Eastern China and adjacent areas. Tectonophysics，344：175~205

Roberts M P，Clemens J D. 1993. Origin of hign-potassium，calc-alkaline I-type granitoids. Geology，21：825~828

Rogers G，Saunders A D. 1989. Magnesian andesites from Mexico，Chile and the Aleutian Islands：implications for magmatism associated with ridge-trench collisions. In：Craw-ford A J（ed）. Boninites and Related Rocks. London：Unwin Hyman. 416~445

Rogers N W，Hawkesworth C J，Ormerod D S. 1995. Late Cenozoic basaltic magmatism in theWestern Great Basin，California and Nevada. Journal of Geophysical Research，100：10287~10302

Rogers N W，Hawkesworth C J，Parker R J，Marsh J S. 1985. The geochemistry of potassic lavas from Vulsini，central Italy and implications for mantle enrichment processes beneath the Roman region. Contributions to Mineralogy and Petrology，90（2-3）：244~257

Rollinson H. 1993. Using Geochemical Data：Evaluation，Presentation，Interpretation. Longman，Singapore，352

Rosenberg C L. Handy M R. 2005. Experimental deformation of partially melted granite revisited：implications for the continental crust. Journal of Metamorphic Geology，23：19~28

Rowley D B，Xue F，Tucker R D. 1997. Ages of ultrahigh pressure metamorphism and protolith orthogneisses from the eastern Dabieshan：U-Pb zircon geochronology. Earth and Planetary Science Letters，151：191~203

Ryan J G，Morris J，Tera F，Leeman W P，Tsvetkov A. 1995. Cross-arc geochemical variations in the Kurile arc as a function of slab depth. Science，270：625~627

Sagong H，Kwon S T，Cho D R，Jwa Y J. 2005. Relative magma formation temperatures of the phanerozoic granitoids in South Korea estimated by zircon saturated temperature. Journal of Petrology Society of Korea，14（2）：83~92（in Korean with English abstract）

Saito S. 1992. Stratigraphy of Cenozoic strata in the sourthern terminus area of Boso Peninsula，central Japan. Contributions of Instutite Geology and Paleontology Tohoku University，93：1~37

Saitoh T，Arima M，Nakajima T. 2001. The miocene granitic rocks in the Izu-Honshu arc collision zone，central Japan：The origin of granitic crust of intra-oceanic arc system. Gondwana Research，4（4）：761~762

Sakai H，Yuasa T. 1998. K-Ar ages of the Mogi and Ugetsuiwa subaqueous pysoclastic flow deposits in the taishu group，Tsushima islands. Mem Natural of Science Museum，31：23~28

Sakashima T，Takeshita T，Itaya T，Hayasaka Y. 1999. Stratigraphy，geologic structures，and K-Ar ages of the Ryuhozan metamorphic rocks in western Kyushu, Japan. Journal of Geological Society of Japan 105: 161~180

Sakashima T, Terada K, Takeshita T, Sano Y. 2003. Large-scale displacement along the Median Tectonic Line, an evidence from SHRIMP zircon U-Pb dating of granites and gneisses from the South Kitakami and paleo-Ryoke belts. Journal of Asian Earth Sciences, 21: 1019~1039

Sakuyama M. 1981. Petrological study of the Myoko and Kurohime volcanoes, Japan: crystallization sequence and evidence for magma mixing. Journal of Petrology, 22: 553~583

Sakuyama M, Nesbitt R W. 1986. Geochemistry of the Quaternary volcanic rocks of the Northeast Japan arc. Journal of Volcanology and Geothermal Research, 29: 413~450

Sandiford M, Hand M. 2001. Tectonic feedback, intraplate orogeny and the geochemical structure of the crust: a central Australian perspective. Geological Society, Special Publication, 184, 195~218

Sano Y, Hidaka H, Terada K, Shimizu H, Suzuki M. 2000. Ion microprobe U-Pb zircon geochronology of the Hida gneiss: Finding of the oldest minerals in Japan. Geochemical Journal, 34: 135~153

Sasada M. 1987. Pre-Tertiary basement rocks of Hohi area, Central Kyushu, Japan. Geological Bull of Survry of Japan, 38: 385~422

Sasaki A, Ishihara S. 1979. Sulfur isotopic composition of the magnetite-series and ilmenite-series granitoids in Japan. Contributions to Mineralogy and Petrology, 68: 107~115

Sasaki M, Fujimoto K, Sawaki T, Tsukamoto H, Kato O, Komatsu R, Doi N, Sasada M. 2003. Petrographic features of a high-temperature granite just newly solidified magma at the Kakkonda geothermal field, Japan. Journal ofvolcanology and geothermal research, 21: 247~269

Sato H. 1994. The relationship between late Cenozoic tectonic events and stress field and basin development in northeast Japan. Journal of Geophysical Research, 99: 61~74

Sato M, Shuto K, Yagi M. 2007. Mixing of asthenospheric and lithospheric mantle-derived basaltmagmas as shown by along-arc variation in Sr and Nd isotopiccompositions of Early Miocene basalts from back-arc margin of the NE Japan arc. Lithos, 96: 453~474

Schilling F R, Partzsch G M, Brasse H, Schwarz G. 1997. Partial melting below the magmatic arc in the central Andes deduced from geoelectromagnetic field experiments and laboratory data. Physics of the Earth and Planetary Interiors, 103: 17~31

Schilling J G. 1973. Iceland mantle plume: geochemical study of Reykjanes Ridge. Nature, 242: 565~571

Schilling J G, Kingsley R H, Hanan B B, McCully B L. 1992. Nd-Sr-Pb isotopic variations along the Gulf of Aden: evidence for Afar mantle plume-continental lithosphere interaction. Journal of Geophysical Research, 97: 10927~10966

Schmidt M W. 1992. Amphibole composition in tonalite as a function of pressure: an experimental of the Al-in-hornblende barometer. Contributions to Mineralogy and Petrology, 110: 304~310

Schwartz M O. 1989. Geologic, geochemical, and fluid inclusion studies of the tin granites from the Bujanf Melaka pluton, Kninta valley, Malaysia. Econ Geol, 84: 751~779

Segawa J, Oshima S. 1975. Buried Mesozoic volcanic-plutonic fronts of the north-western Pacific island arcs and their tectonic implications. Nature, 256: 15~19

Seki T. 1978. Rb-Sr geochronology and petrogenesis of the late Mesozoic igneous rocks in the Inner zone of the southwestern part of Japan. Memoirs of Science, Kyoto University, 45: 71~110

Sen C, Dunn T. 1994. Dehydration melting of a basaltic composition amphibolite at 1.5 and 2.0 GPa: Implications for the origin of adakites. Contributions to Mineralogy and Petrology, 117: 394~409

Senda R，Tanaka T，Suzuki K. 2007. Os，Nd，and Sr isotopic and chemical compositions of ultramaficxenoliths from Kurose，SW Japan：Implications forcontribution of slab-derived materialto wedge mantle. Lithos，95：229～242

Seno T，Maruyama S. 1984. Paleogeographic reconstruction and origin of the Philippine Sea. Tectonophysics，102：53～54

Sewell R J，Chan L S，Fletcher C J N et al. 2000. Isotope zonation in basement crustal blocks of southeastern China：evidence for multiple terrane amalgamation. Episodes，23（4）：257～261

Shaw J E，Baker J A，Menzies M A，Thirlwall M F，Ibrahim K M. 2003. Petrogenesis of the largest intraplate volcanic field on the Arabian Plate（Jordan）：a mixed lithosphere-asthenosphere source activated by lithospheric extension. Journal of Petrology，44：1657～1679

Shen J S，Yang H J. 2004. Sources and genesis of the Chinkuashih Au-Cu deposits in northern Taiwan：constraints from Os and Sr isotopic compositions of sulfides. Earth and Planetary Science Letters，222：71～83

Shibata K，Nishimura Y. 1989. Isotope ages of the sangun crystalline schists，Southwest Japan. Memoirs of Geological society of Japan，33：317～341

Shibata K，Nozawa T. 1967. K-Ar ages of granitic rocks from the Outer Zone of southwest Japan. Geochemical Journal，1：131～137

Shibata K，Ishihara S. 1979. Initial ^{87}Sr/^{86}Sr ratios of plutonic rocks from Japan. Contributions to Mineralogy and Petrology，70：381～390

Shibata K，Kaneoka I，Shigeru U. 1994. ^{40}Ar-^{39}Ar analysis of K-feldspars from Cretaceous granitic rocks in Japan：significance of perthitization in Ar loss. Chemical Geology，115：297～306

Shibata K，Otsubo T，Maruyama T. 1988. A Rb-Sr whole rock age of the Utsubo granitic complex，Hida mountains. Bulletin of the Geological Survey of Japan，39：35～138

Shibata T，Nakamura E. 1997. Across-arc variations of isotope and trace element compositions from Quaternary basaltic volcanic rocks in northeastern Japan：Implicationos for interaction be tween subducted oceanic slab and mantle wedge. Journal of Geophysical Research，102：8051～8064

Shih C Y，Sun S S，Liou J G，Yen T P，Rhodes J M，Hsu I C. 1972. Petrology and geochemistry of the coastal range ophiolite of Taiwan. EOS，53：535

Shimazu M，YoonS，Tateishi M. 1990. Tectonics and volcanism in the Sado-Pohang Belt from 20 to 14 Ma and opening of the Yamato Basin of the Japan Sea. Tectonophysics，181：321～330

Shimoda G，Tatsumi Y. 1999. Generation of rhyolite magmas by melting of subducting sediments in Shodo shima island，southwest Japan，and its bearing on the origin of high-Mg andesites. The Island Arc，8：383～392

Shimoda G，Tatsumi Y，Nohda S，Ishizaka K，Jahn B M. 1998，Setouchi high-Mg andesites revisited：Geochemical evidence for melting of subducting sediments. Earth and Planetary Science Letters，160：479～492

Shin K. 2008. Geochemical Study of the Back Arc Tsushima Granite Pluton and Its Comparison to the Other Middle Miocene Granites in Southwest Japan. Dissertation for the Degree of Doctor of Philosophy in Science. The Graduate School of Life and Environmental Sciences，the University of Tsukuba

Shin K，Kurosawa M，Anma R，Nakano T. 2009. Genesis and minxing/mingling of mafic and felsic magmas of back-arc granite：Miocene Tsushima Pluton，Southwest Japan. Resource geology，59：25～50

Shinjoe H. 1997. Origin of the granodiorite in the forearc region of southwest Japan：Melting of the Shimanto accretionary prism. Chemical Geology，134：237～255

Shinjoe H，Sumii T，Orihashi Y. 2003. Miocene igneous activity in the trench ward regions of SW Japan arc：Their relationship to the Shikoku Basin subduction. Earth Monthly，S43：31～38

Shirahase T. 2005. Rb-Sr whole-rock isochron ages and Sr isotopic ratios of the Nohi Rhyolite. Monograph. Association for the Geological Collaboration in Japan，53：119～127（in Japanese with English abstract）

Shuto K，Hirahara Y，Sato M，Matsui K，Fujibayashi N，Takazawa E，Yabuki K，Sekine M，Kato M，Rezanov A I. 2006. Geochemical secular variation of magma source during Early to Middle Miocene time in the Niigata area，NE Japan：Asthenospheric mantle upwelling during back-arc basin opening. Lithos，86：1～33

Sibuet J C，Hsu S K，Shyu C T，Liu C S. 1995. Structural and kinematic evolutions of the Okinawa Trough backarc basin. In：Taylor B（ed）. Backarc Basins：Tectonics and Magmatism. New York：Plenum. 343～379

Sillitoe R H. 1989. Gold deposits in western Pacific island arcs：the magmatic connection. Economic Geology and the Bulletin of the Society of Economic Geologists，6：274～291

Sonehara T，Harayama S. 2006. Significance of whole-rock chemical analysis for ignimbrites：chemical comparison between essential clasts and matrix of the Late Cretaceous Setogawa Ash-Flow Sheet of the Nohi Rhyolite. Earth Science（Chikyu Kagaku），60：93～111

Sonehara T，Harayama S. 2007. Petrology of the Nohi Rhyolite and its related granitoids：A Late Cretaceous large silicic igneous field in central Japan. Journal of Volcanology and Geothermal Research，167：57～80

Sonehara T，Harayama S，Shirahase T. 2005. Chemical composition of the Nohi Rhyolite and related igneous rocks. Monograph. Association for the Geological Collaboration in Japan. 53：99 ～ 117（in Japanese with English abstract）

Stern C R，Kilian R. 1996. Role of the subducted slab，mantle wedge and continental crust in the generation of adakites from the Andean Austral Volcanic Zone. Contributions to Mineralogy and Petrology，123：263～281

Stern R J. 2004. Subduction initiation：Spontaneous and induced. Earth and Planetary Letters，226：275～292

Sudo H，Honma H，Sasada M，Kagami H. 1988. Sr isotope ratios of late cretaceous to paleogene igneous rocks of the MIsasa-Okutsu-Yubara area，eastern San-in province，SW Japan. Journal of Geological Society of Japan，94：113～128

Sugimura A，Matsuda T，Chinzei K，Nakamura K. 1963. Quantitative distribution of late Cenozoic volcanic materials in Japan. Bulletin of Volcanology，26：126～140

Sun S C. 1985. The Cenozoic tectonic evolution of offshore Taiwan. Energy，10：421～432

Sun S C，Hsu Y Y. 1991. Overview of the Cenozoic Geology and Tectonic Development of Offshore and Onshore Taiwan. Taicrust Workshop Proc. 35～47

Sun S S，McDonough W E. 1989. Chemical and isotopie systematics of oceanic basalts：implications for mantle composition and process. In：Saunders AD，Norry MJ（eds）. Magmatism in the Ocean Basins. Geological Society，Special Publication. 42：313～354

Sun S S，Tatsumoto M，Schilling J G. 1975. Mantle plume mixing along the Reykjanes Ridge axis：Lead isotopic evidence. Science，190：143～147

Sun T，Zhou X M，Chen P R，Li H M，Zhou H Y，Wang Z C，Shen W Z. 2005. Strongly peraluminous granites of Mesozoic in Eastern Nanling Range，southern China：petrogenesis and implications for tectonics. Science in China (Series D)，48 (2)：165~174

Sun W D，Ding X，Hu Y-H，Li X H. 2007. The golden transformation of the Cretaceous plate subduction in the west Pacific. Earth and Planetary Science Letters，262：533~542

Sun W D，Li S G，Chen Y D. 2002. Timing of synorogenic granitoids in the South Qinling，central China：Constraints on the evolution of the Qinling-Dabie orogenic belt. Journal of Geology，110：457~468

Suppe J. 1981. Mechanics of mountain building and metamorphism in Taiwan. Geological Society of China，4：67~89

Suppe J. 1984. Kinematics of arc-continent collision，flipping of subduction，and back-arc spreading near Taiwan. Geological Society of China，6：131~146

Suzuki K，Adachi M. 1994. Middle Precambrian detrital monazite and zircon from the Hida gneiss on Oki-Dogo Island，Japan：their origin and implications for the correlation of basement gneiss of Southwest Japan and Korea. Tectonophysics，235：277~292

Suzuki K，Adachi M. 1998. Denudation history of the high T/P Ryoke metamorphic belt，southwest Japan：constraints from CHIME monazite ages of gneisses and granitoids. Journal of Metamorphic Geology，16 (1)：23~37

Suzuki K，Shiraki K. 1980. Chromite bearing spessarties from kasuga-mura Japan and their bearing on possible mantle origin andesite. Contributions to Mineralogy and petrology，71：313~22

Suzuki K，Morishita T，Kajizuka I，Nakai Y，Adachi M，Shibata K. 1994. CHIME ages of monazites from the Ryoke metamorphic rocks and some granitoids in the Mikawa-Tono area，Central Japan. Bulletin of Nagoya University Furukawa Museum，10：17~38 (in Japanese)

Suzuki K，Nakazaki M，Adachi M. 1998. An 85±5 Ma CHIME age for the Agigawa welded tuff sheet in the oldest volcanic 79 T. Sonehara，S. Harayama. Journal of Volcanology and Geothermal Research，167：57~80

Sylvester P J. 1998. Postcollisional strongly peraluminous granites. Lithos，45：29~44

Taira A，Tokuyama H，Soh W. 1989. Accretion tectonics and evolution of Japan. In：Ben-Avrham Z (ed). The Evolution of the Pacific Ocean Margins. Oxfod：Oxford University Press. 234

Takahashi K. 1969. A study of the Taishu Group. Bulletin of Faculty Library Arts，Nagasaki University，Nature Science，10：67~82

Takahashi M. 1983. Space-time distribution of late Mesozoic to early Cenozoic magmatism in East Asia and its tectonic implications. In：Hashimoto M，Uyeda S (eds) . Accretion Tectonics in the Circum-Pacific Regions.

Takahashi M. 1986. Arc magmatism before and after the Japan Sea opening. In：Taira A，Nakamura K (eds). Development of the Japanese Islands：History as a Mobile Belt and the Present State. Tokyo：Iwanami Shotenp. 218~226 (in Japanese)

Takahashi M. 1999. Large felsic magmatism of Miocene outerzone of southwest Japan. Earth Mon Extra，23：160~168 (In Japanese)

Takahashi M，Aramaki S，Ishihara S. 1980. Magnetite-series/Ilmenite-series vs. I-type/S-type granitoids. Min Geol Spec Issue，8：13~28

Takahashi M，Tagiri M，Notsu K，Lopez-escobar L，Moreno-roa H. 2002. Comparative study of quaternary arc volcanic belts：Southern Chile vs. Northeast Japan. Proceedings of the Institute of Natural

Sciences，Nihon University，37：135～156（in Japanese with English abstract）

Takahashi T. 1995. Major element geochemistry and mineral chemistry of granitic rocks in Awaji Island：implications for the zonal distribution of Cretaceous granitic rocks inner zone of southwest Japan. Bulletin of the Geological Survey of Japan，46：23～40

Takahashi Y，Cho D L，Kee WS. 2010. Timing of mylonitization in the Funatsu Shear Zone within Hida Belt of southwest Japan：Implications for correlation with the shear zones around the Ogcheon Belt in the Korean Peninsula. Gondwana Research，17，102～115

Takahashi Y，Kagashima S I，Masumi U，Mikoshiba. 2005. Geochemistry of adakitic quartz diorite in the Yamizo Mountains，central Japan：Implications for Early Cretaceous adakitic magmatism in the inner zone of southwest Japan. The Island Arc，14：150～164

Takahashi Y，Mao J R，Zhao X L. 2011. Timing of mylonitization in the Nihonkoku Mylonite Zone of north Central Japan：Implications for Cretaceous to Paleogene sinistral ductile deformation in the Japanese Islands. Journal of Asian Earth Sciences，47：265～280

Takasu A，Wallis S R，Banno S，Dallmeyer R D. 1994. Evolution of the Sambagawa metamorphic belt，Japan. Lithos，33：119～133

Takizawa F. 1987. Geology of the Kinkasan district. Geological sheet map 1：50000. Geology Survey of Japan，62（in Japanese with English Abstract）

Tamaki K. 1995. Opening tectonics of the Japan Sea. In Taylor B（ed）. Back arc Basins：Tectonics and Magmatism. New York：Plenum Press. 407～420

Tamaki K，Pisciotto K A，Allan J，ODP Leg 127 Shipboard Scientific Party. 1992. Background，objectives and principal results，ODP Leg 127，Japan Sea. In：Tamaki K，Pisciotto K A，Allan J（eds）. College Station. TX：Ocean Drill Program. 5～33

Tamura Y. 1994. Genesis of island arc magmas by mantle-derived bimodal magmatism：evidence from the Shirahama Group，Japan. Journal of Petrology，35：619～645

Tamura Y. 2003. Some geochemical constraints on hot fingers in the mantle wedge：evidence from NE Japan. In：Larter R D，Leat P T（eds）. Intra-oceanic subduction systems：tectonic and magmatic processes. Geological Society，219：221～237

Tamura Y. 2005. A dynamic model of hot fingers in the mantle wedge in northeast Japan. Frontier Research on Earth Evolution，1：87～91

Tamura Y，Nakamura E. 1996. The arc lavas of the Shirahama Group，Japan：Sr and Nd isotopic data indicate mantle-derived bimodal magmatism. Journal of Petrology，37：1307～1319

Tamura Y，Tatsumi Y，Zhao D，Kido Y，Shukuno H. 2001. Distribution of Quaternary volcanoes in the Northeast Japan arc：geologic and geophysical evidence of hot fingers in the mantle wedge. Proceedings of the Japan Academy，77：135～139

Tamura Y，Tatsumi Y，Zhao D，Kido Y，Shukuno H. 2002. Hot fingers in the mantle wedge：new insights into magma genesis in subduction zones. Earth and Planetary Science Letters，197：105～116

Tanase A，Kamei G，Harayama S. 2005. Shogawavolcano-plutonic complex. Monograph. Association for the Geological Collaboration in Japan，53：143～157（in Japanese with English abstract）

Tateishi M，Takano S，Takashima T，Kurokawa K. 1997. Depositional system and provenance of Cenozoic coarse sediments in northern Fossa Magna. Journal of Japanese Association of Petroleum Technologists，62：35～44（In Japanese）

Tatsumi Y. 1982. Origin of high-magnesian andesites in the Setouchi volcanic belt，southwest Japan，

II. Melting phase relations at high pressures. Earth and Planetary Science Letters，60：305～317

Tatsumi Y. 2005. The subduction factory: How it operates in the evolving Earth. Geological Society of Amercia Today，15：4～7

Tatsumi Y，Hanyu T. 2003a，Geochemical modeling of dehydration and partial melting of subducting lithosphere: Toward a comprehensive understanding of high-Mg andesite formation in the Setouchi volcanic belt，SW Japan. Geochemistry Geophysics Geosystems (G3)，4：1081～1099

Tatsumi Y，Ishizaka K. 1982. Origin of high-magnesian andesites in Setouchi volcanic belt，southwest Japan，I. Petrographical and chemical characteristics. Earth and Planetary Science Letters，60：293～304

Tatsumi Y，Kogiso T. 2003b. The subduction factory: its role in the evolution of the Earth's crust and mantle. In: Larter R D，Leat P T (eds) . Intra-Oceanic Subduction Systems: Tectonic and Magmatic Processes. London: Geological Society，Special Publications. 219：55～80

Tatsumi Y，Arai R，Ishizaka K. 1999，The petrology of a melilite-olivine nephelinite from Hamada，SW Japan. Journal of Petrology，40：497～509

Tatsumi Y，Ishikawa N，Aono K，Ishizaka K，Itaya T. 2001. Tectonic setting of high-Mg andesite magmatism in the SW Japan arc: K-Ar chronology of the Setouchi volcanic belt. Geophysics International，144：625～631

Tatsumi Y，Nohda S，Ishizaka K. 1988. Secular variation of magma source compositions beneath the Northeast Japan arc. Chemical Geology，68：309～316

Tatsumi Y，Shukuno H，Sato K，Shibata T，Yoshikawa M. 2003. The petrology and geochemistry of high magnesian andesites ar the western tip of the Setouchi Volcanic Belt，SW Japan. Journal of Petrology，44：1561～1578

Tatsumi Y，Shukuno H，Yoshikawa M，Chang Q，Sato K，Lee M W. 2005. The Petrology and Geochemistry of volcanic rocks on Jeju Island: plume magmatism along the Asian continental margin. Journal of Petrology，46 (3)：523～553

Tatsumoto M，Nakamura Y. 1991. DUPAL anomaly in the Sea of Japan: Pb，Nd，and Sr isotopic variations at the eastern Eurasian continental margin. Geochimica et Cosmochimica Acta，55：3697～3708

Taylor B，Hayes D E. 1983. Origin and history of the South China Sea，in Hayes D E (eds) . The tectonic and geologic evolution of Southeast Asian seas and islands，Part 2. American Geophysical Union Geophysical Monograph 27：23～56

Taylor B，Martinez F. 2003. Back-arc basin basalt systematics. Earth and Planetary Science Letters，210：481～497

Taylor S R，McLennan S M. 1985. The Continental Crust: Its Composition and Evolution. Blackwell: Oxford Press. 1～312

Teng L S. 1987. Tectonostriatigraphic facies and geologic evolution of the Coastal Range，eastern Taiwan. Member of Geology Society China，8 ：229～250

Teng L S. 1990. Geotectonic evolution of late Cenozoic arc-continent collision in Taiwan. Tectonophysics，183 ：57～76

Teng L S. 1996. Extensional collapse of the northern Taiwan mountain belt. Geology，24 ：949～952

Teng L S，Chen C H，Wang W S，Liu T K，Juang W S，Chen J C. 1992. Plate kinematic model for late Cenozoic arc magmatism in northern Taiwan. Journal of Geology Society China，35 ：1～18

Tepper J H. 1996. Petrology of Mafic plutons associated with calc-ackaline granitoids，Chilliwack batholiths，North Cascades，Washington. Journal of Petrology，37：1409～1436

Terakado Y, Nakamura N. 1984. Nd and Sr isotopic variations in acidic rocks from Japan: significance of upper-mantle heterogeneity. Contributions to Mineralogy and Petrology, 87: 407～417

Terakado Y, Nohda S. 1993. Rb-Sr dating of acidic rocks from the middle part of the Inner Zone of southwest Japan: tectonic implications for the migration of the Cretaceous to Paleogene igneous activity. Chemical Geology, 109: 69～87

Terakado Y, Fujitani T, Walker R J. 1997. Nd and Sr isotopic constraints on the origin of igneous rocks resulting from the opening of the Japan Sea, southwestern Japan. Contributions to Mineralogy and Petrology, 129: 75～86

Terakado Y, Shimizu H, Masuda A. 1988. Nd-Sr isotopic variations in acidic rocks formed under a peculiar tectonic environment in Miocene southwest Japan. Contributions to Mineralogy and Petrology, 99: 1～10

Thompson A B. 1996. Fertility of crustal rocks during anatexis. Transactions of the Royal Society of Edinburgh: Earth Sciences, 87: 1～10

Tokuyama H, Kuramoto S, Soh W, Miyashita S, Byrne T, Tanaka T. 1992. Initiation of ophiolite emplacement: a modern example from Okushiri Ridge, northeast Japan Arc. Marine Geology, 103: 323～334

Tong W X, Tobisch O T. 1996 Deformation of granitoid plutons in the Dongshan area, southeast China: constraints on the physical conditions and timing of movement along the Changle-Nanao shear zone. Tectonophysics, 267: 303～316

Torii M, Hayashida A, Otofuji Y. 1986. Rotation of the southwest Japan arc and formation of the Japan Sea, In: Taira A, Nakamura K (eds). Development of the Japanese Islands: History as a Mobile Belt and the Present State. Tokyo: Iwanami Shoten. 235～240

Toya N, Ban M, Shinjo R. 2005. Petrology of Aoso volcano, northeast Japan arc: temporal variation of the magma feeding system and nature of low-K amphibole andesite in the Aoso-Osore volcanic zone. Contributions to Mineralogy and Petrology, 148: 566～581

Tsuboi M. 2005. The use of apatite as a record of initial $^{87}Sr/^{86}Sr$ ratios and indicator of magma processes in the Inagawa pluton, Ryoke belt, Japan. Chemical Geology, 221: 157～169

Tsuboi M, Suzuki K. 2003. Heterogeneity of initial $^{87}Sr/^{86}Sr$ ratios within a single pluton: evidence from apatite strontium isotopic study. Chemical Geology, 199: 189～197

Tsuchiya N. 1995. Temporal change in Oligocene-middle Miocene magmatism on the Japan Sea side of northern Honshu. Memoir of the Geological Society of Japan, 44: 227～240 (in Japanese with English abstract)

Tsuchiya N, Kanisawa S. 1994. Early Cretaceous Sr rich silicic magmatism by slab melting in the Kitakami Mountains, northeast Japan. Journal of Geophysics Research. 99, 22205～22220

Tsuchiya N, Furukawa S, Kimura J I. 1999a. Petrochemical study of the Jodogahama rhyolitic rocks in the North Kitakami belt, Japan-origin of peraluminous adakites. Memoir of the Geological Society of Japan, 53: 57～83 (in Japanese with English abstract)

Tsuchiya N, Kimura J I, Kagami H. 2007. Petrogenesis of Early Cretaceous adakitic granites from the Kitakami Mountains, Japan. Journal of Volcanology and Geothermal Research, 167: 134～159

Tsuchiya N, Suzukib S, Kimura J I, Kagami H. 2005. Evidence for slab melt/mantle reaction: petrogenesis of Early Cretaceous and Eocene high-Mg andesites from the Kitakami Mountains, Japan. Lithos, 79: 179～206

Tsuchiya N, Takahashi K, Kimura J I. 1999b. Petrochemical characteristics of dike rocks preceding the Early Cretaceous plutonic activity in the Kitakami Mountains, Japan. Memoir of the Geological Society of

Japan，53：111～134

Tsukada K. 2003. Jurassic dextral and Cretaceous sinistral movements along the Hida Marginal Belt. Gondwana Research，6（4）：687～698

Tsutsumi Y，Miyashita A，Terada K，Hidaka H. 2009. SHRIMP U-Pb dating of detrital zircons from the Sanbagawa Belt，Kanto Mountains，Japan：need to revise the framework of the belt. Journal of Mineralogical and Petrological Sciences，104：12～24 (in Japanese with English abstract)

Tu K，Flower M F J，Carlson R W，Xie G H，Chen C Y，Zhang M. 1992. Magmatism in the South China Basin，1. Isotopic and trace element evidence for an endogenous Dupal mantle component. Chemical Geology，97：47～63

Turek A，Kim C B. 1995. U-Pb zircon ages of Mesozoic plutions in the Damyang-Geochang area，Ryeongnam massif，Korea. Geochemistry Journal，29：243～258

Turner S，Hawkesworth C. 1997. Constraints on flux rates andmantle dynamics beneath island arcs from Tonga-Kermadec lava geochemistry. Nature，389：568～573

Turner S，Sandiford M，Foden J. 1992. Some geodynamic and compositional constraints on postorogenic magmatism. Geology，20：931～934

Uchiumi S，Uto K，Shibata K. 1990. K-Ar age results，3. New data from the Geological Survey of Japan. Bulletin of the Geological Survey of Japanese. ，41：567～575 (in Japanese with English abstract)

Uto K. 1986. Variation of Al_2O_3 content in late Cenozoic Japanese basalts：a re-examination of Kuno's high-alumina basalt. Journal of Volcanology and Geothermal Research，29：397～411

Uto K，Hoang N，Matsui K. 2004. Cenozoic lithospheric extension induced magmatism in Southwest Japan. Tectonophysics，393：281～299

Uto K，Takahashi E，Nakamura E，Kaneoka I. 1994. Geochronology of alkali volcanism in Oki-Dogo Island，southwest Japan：Geochemical evolution of basalts related to the opening of the Japan Sea. Geochemical Journal，28：431～449

Utsu T. 1974. Space-time pattern of large earthquakes occurring off the Pacific coast of the Japanese Islands. Journal of Physics ofthe Earth，22：325～342

Uyeda S，Miyashiro A. 1974. Plate tectonics and the Japanese islands：a synthesis. Geological Society of America Bulletin，85：1159～1170

Vava G，Schmid R，Gebauer D. 1999. Internal morphology，habit and U-Th-Pb microanalysis of amphibole to granulite facies zircon：geochronology of the Ivren Zone（Southern Alps）. Contributions to Mineralogy and Petrology，134：380～404

Vielzeuf D，Schmidt N W. 2001. Melting relations in hydrous systems revisited：application to metapelites，metagreywackes and metabasalts. Contributions to Mineralogy and Petrology，141：251～267

Vigneresse J L. 1995. Control of granite emplacement by regional deformation. Tectonophysics，249：173～86

Wada H，Harayam S，Yamaguchi Y. 2004. Mafic enclaves densely concentrated in the upper part of a vertically zoned felsic magma chamber：The Kurobegawa granitic pluton，Hida Mountain Range，central Japan. Geological Society of American Bulletin，116（7-8）：788～801

Wager L R，Deer W A. 1963. Geological investigations in east greenland，part III. The petrology of the skaergaard intrusion，kangerdlugssuaq，east Greenland. Meddelelserom Gronland，105：1～352

Wan Y S，2007. SHRIMP U-Pb zircon geochronology and geochemistry of metavolcanic and metasedmentary rocks in Northwestern Fujian，Cathaysia block，China：Tectonic implications and the need to redefine lithostratigraphic. Gondwanan Research，12：166～183

Wang H Z，Mo X X. 1995. An outline of the tectonic evolution of China. Episoes，18 (1-2)：6～16

Wang K L，Chung S L，O'reilly S Y，Sun S S，Shinjo R，Chen C H. 2004. Geochemical Constraints for the Genesis of Post-collisional Magmatism and the Geodynamic Evolution of the Northern Taiwan Region. Journal of Petrology，45：975～1011

Wang K L，Chung S L，Shinjo R，Chen C H，Yang T F，Chen C H. 1999. Post collisional magmatism around northernTaiwan and its relation with opening of the Okinawa Trough. Tectonophysics，308：363～376

Wang Q，Zhao Z H，Jian P. 2003. SHRIMP U-Pb zircon geochronology of Yangfang aegiriteaugite syenite in Wuyi Mountains of South China and its tectonic implications. Chinese Science Bulletin，48 (20)：2241～2247

Wang Y J，Fan W M，Guo F，Peng T P，Li C W. 2003. Geochemistry of Mesozoic mafic rocks around the Chenzhou-Linwu fault in South China：implication for the lithospheric boundary between the Yangtze and the Cathaysia Blocks. International Geology Review，45 (3)：263～286

Wang Y J，Fan W M，Sun M，Liang X Q. 2007. Geochronological，geochemical and geothermal contraints on petrigenesis of the Indosinian peraluminous granites in the South China Block：A case study in the Hunan Province. Lithos，96：475～502

Wang Z H，Lu H F. 2000. Ductile deformation and $^{40}Ar/^{39}Ar$ dating of the Changle-Nanao ductile shear zone，southeastern China. Journal of Structural Geology，22：561～570

Wang Z. 2002. The origin of the Cretaceous gabbros in the Fujian coastal region of SE China：implications for deformation-accompanied magmatism. Contributions to Mineralogy and Petrology，144：230～240

Watson E B，Harrison T M. 1983. Zircon saturation revisited：temperature and composition effects in a variety of crustal magma types. Earth and Planetary Science Letters，64：295～304

Whalen J B，Currie K L，Chappell B W. 1987. A-type granites：geochemical characteristics，discrimination and petrogenesis. Contributions to Mineralogy and Petrology，95：407～419

Williams I S，Cho D L，Kim S W. 2009. Geochronology and geochemical and Nd-Sr isotopic characteristics of Triassic plutonic rocks in the Gyeonggi Massif，South Korea：Constraints on Triassic post-collisional magmatism. Lithos，107：239～256

Wilson M. 1989. Igneous Petrogenesis：A Global Tectonic Approach. London：Unwin Hyman. 466

Winther K T，Newton R C. 1991. Experimental melting of hydrous low-K tholeiite：Evidence on the origin of Archean cratons. Bulletin of Geological Society，39：213～228

Wones D R. 1989. Significance of the assemblage titanite＋magnetite＋quartz in granitic rocks. American Mineralogist，74：744～749

Wu F Y，Jahn B M，Simon W，Sun D Y. 2000. Phanerozoic crustal growth：U-Pb and Sr-Nd isotopic evidence from the granites in northeastern China. Tectonophysics，328：89～113

Wu F Y，Wilde S，Sun D Y. 2001. Zircon SHRIMP U-Pb ages of gneissose ic granites in Jiamusi massif，northeastern China. Acta Petrologica Sinica，17 (3)：443～452 (in Chinese with English abstract)

Wu F Y，Yang J H，Lo C H，Simon A W，Sun D Y，Jahn B M. 2007. The Heilongjiang Group：A Jurassic accretionary complex in the Jiamusi Massif at the western Pacific margin of northeastern China. The Island Arc，16：156～172

Xie X，Xu X S，Zou H B et al. 2005. Early J_2 basalts in SE China：Incipience of large-scale late Mesozoic magmatism. Science in China (Series D)：Earth Sciences，49 (8)：796～815

Xing G F, Yang Z L, Chen R. 2004. Three stages of Mesozoic bimodal igneous rocks and their tectonic implications on the continental margin of southeastern Chian. Acta Geologica Sinica, 78 (1): 27~39

Xu J F, Suzuki K, Xu Y G, Mei H J, Li J. 2007. Os, Pb, and Nd isotope geochemistry of the Permian Emeishan continental flood basalts: insights into the source of a large igneous province. Geochimica et Cosmochimica Acta, 71: 2104~2119

Xu K Q, Tu G C. 1984. Geology of Granites and Their Metallogenetic Relation. Beijing: Science Press

Xu X B, Zhang Y Q, Shu L S, Jia D. 2011. La-ICP-MS U-Pb and ^{40}Ar/^{39}Ar geochronology of the sheared metamorphic rocks in the Wuyishan: Constraints on the timing of Early Paleozoic and Early Mesozoic tectono-thermal events in SE China. Tectonophysics, 501: 71~86

Xu X S, Deng P, O' Reilly S Y, Griffin W L, Zhou X M, Tan Z Z. 2003. Single zircon LAM _ ICPMS U-Pb dating of Guidong complex (SE China) and its petrogenetic significance. Chinese Science Bulletin, 48 (17): 1892~1899

Xu X S, Dong C W, Li W X, Zhou X M. 1999. Late Mesozoic intrusive complexes in the coastal area of Fujian, SE China: the significance of the gabbro-diorite-granite association. Lithos, 46: 299~315

Xu X S, O'Reilly S Y, Griffin W L, Zhou X M. 2003. Enrichment of upper mantle peridotite: petrological, trace element and isotopic evidence in xenoliths from SE China. Chemical Geology, 198: 163~188

Yagi M, Hasenaka T, Ohguchi T, Baba K, Sato H, Ishiyama D, Mizuta T, Yoshida T. 2001. Transition of magmatic composition reflecting an evolution of rifting activity —a case study of the Akita-Yamagata basin in Early to Middle Miocene, Northeast Honshu, Japan. Journal of Mineralogical and Petrological Sciences, 30: 265~287 (in Japanese with English abstract)

Yamada N, Akahane H. 2005. Granitic rocks intruding the Nohi Rhyolite. Monograph. Association for the Geological Collaboration in Japan, 53: 89~97 (in Japanese with English abstract)

Yamada N, Koido Y. 2005. Nohi Rhyolite: distribution, basement rocks, ages and lithologic features. Monograph. Association for the Geological Collaboration in Japan, 53: 15~28 (in Japanese with English abstract)

Yamada N, Koido Y, Harayama S, Tanase A, Shikano K, Tanabe M, Sonehara S. 2005. Volcanostratigraphy of the Nohi Rhyolite. Monograph. Association for the Geological Collaboration in Japan, 53: 29~69 (in Japanese with English abstract)

Yamada N, Koido Y, Ichikawa K. 1979. The sennan group-late Mesozoic acid volcanism in the southern ryoke belt. Memoirs of Geological Society of Japan, 17: 195~208

Yamada N, Nozawa T, Hayama Y, Yamada T. 1977. Mesozoic felsic igneous activity and related metamorphism in Central Japan, from Nagoya to Toyama. Geological Survey of Japan, 103

Yamaji A. 1990. Rapid intra-arc rifting in Miocene northeast Japan. Tectonics, 9: 365~378

Yamaji A, Yoshida T. 1998. Multiple tectonic events in the Miocene Japan arc: the Heike microplate hypothesis. Journal of Mineralogy, Petrology and Economic Geology, 93: 389~408 (in Japanese with English abstract)

Yamamoto K, Shuto K, Watanabe N, Itaya T, Kagami H. 1991. K-Ar ages of the Tertiary volcanic rocks from Okushiri Island and the petrological characters of the Oligocene to Early Miocene volcanic rocks from the Northeast Japan arc the surrounding areas. Japanese Association of Mineralogists Petrologists and Economic Geologists, 86: 507~521 (in Japanese with English abstract)

Yamamoto K, Tanaka T, Minami M, Mimura K, Asahara Y, Yoshida H, Yogo S, Takeuchi M, Inayoshi M. 2007. Geochemical mapping in Aichi prefecture, Japan: Its significance as a useful dataset for geological mapping. Applied Geochemistry，22：306～319

Yan J，Liu H Q，Song C Z，Xu X S，Song Y L，Liu J，Dai L Q. 2009. Zircon U-Pb dating of volcanic rocks of the Fanchang-Ninwu volcanic basins in Middle-Lower Yangtze River Reaches and its geological significance. Chinese Science Bulletin，54：1716～1724.

Yanai S，Park B S，Otoh S. 1985. The Honam Shear Zone（South Korea）：deformationand tectonic implication in the Far East. Science Papers of the Collage of General Education，University of Tokyo，Earth and Astronomy，35：181～209

Yang H C，Chen W S，Lo C H，Chen C H，Huang H，Wang H，Wang Lee C. 1997. ^{40}Ar/^{39}Ar thermochronology of granitoids from the Pingtan-Dongshan Metamorphic Belt and its tectonic implication. Journal of the Geological Society of China，40：559～485（in Chinese with English abstract）

Yang J H，Chung S L，Wilde S A，Wu F Y，Chu M F，Lo C H，Fan H R. 2005. Petrogenesis of post-orogenic syenites in the Sulu Orogenic Belt，East China：geochronological，geochemical and Nd-Sr isotopic evidence. Chemical Geology，214：99～125

Yang T Y. Liu T K. 1988. Thermal event records of the Chimei igneous complex：contraint on the ages of magma activities and the structural implication based on fission track dating. Acta Geologia Taiwanica，26：237～246

Yang T Y，Chen C H，Lee T. 1992. Fission track dating of Lutaovolcanic：implications of partial annealing and eruption history. Journal of Geology Society China，35：19～44

Yi K，Kim N H，Kim H G，Kim Y，Kim J. Cho M. Cheong C S. 2010. SHRIMP zircon U-Pb ages and reevaluation of geochemistry of Permian-Jurassic granitoids in Northeastern Gyeongsang Basin. Abstract Volume for the Conference of the Geological Society of Korea，122

Yogodzinski G M，Kelemen P B. 1998. Slab melting in the Aleutians：implications of an ion probe study of clinopyroxene in primitive adakite and basalt. Earth and Planetary Science Letters，158（1-2）：53～65

Yoon S. 1997. Miocene-Pleistocene volcanism and tectonics in southern Korea and their relationship to the opening of the Japan Sea. Tectonophysics，281：53～70

Yoshida T，Murata M，Yamaji A. 1993. Formation of Ishizuchi cauldron and Miocene tectonics in southwest Japan. Memoir of the Geological Society of Japan，42：297～349（in Japanese with English abstract）

Yu X Q，Di Y J，Wu G G，Zhang D，Zheng Y，Dai Y P. 2009. The Early Jurassic magmatism in northern Guangdong Province，southeastern China：constraints from SHRIMP zircon U-Pb dating of Xialan complex. Science in China（Series D），52：471～483

Yuan X C，Zuo Y M，Cai Y L，Zhou J X. 1989. The structure of the lithosphere and the geophysics in South China Block. In：The Editorial Board of Bulletin of Geophysic（ed）Progress on Geophysics in China in the 1980s. Beijing：Science Press. 243～249（in Chinese）

Yuge T，Imaoka T，Iizumi S. 1998 Whole-rock chemistry and Sr and Nd isotope ratios of Cretaceous rhyolites and granitoids in Abu district，Yamaguchi Prefecture，Southwest Japan. Journal of Geological Society of Japan，104（3）：159～170

Yuhara M. 1994. Timing of intrusion of the Otagiri granite with respect to the deformation and metamorphism in Ryoke belt in the Ina district，central Japan：Examination by Rb-Sr whole rock isochron ages. Journal of Mineralogy and Petrology Economic Geology，89：269～284

Yuhara M，Uto C. 2007. Relationship between the Shikanoshima granodiorite and Shikanoshima basic rocks at the Shikanoshima Island，northern Kyushu，southwest Japan：coexistence of high Mg dioritic magma and granodioritic magma. Journal of Geological Society of Japan，113：519～531

Yuhara M，Kagami H，Nagao K. 2000. Geochronological characterization and petrogenesis of granitoids in the Ryoke belt，Southwest Japan Arc：constraints on K-Ar，Rb-Sr and Sm-Nd systematic. The Island Arc，9：64～80

Yuhara M，Takahashi Y，Kagami H. 1998. Rb-Sr whole rock isochron ages and source materials of granitic rocks in Awaji Island，southwest Japan arc. Bulletin of the geological survey of Japan，49：477～491

Yuhara M，Takashi M，Kagami H，Yuhara M. 2003. Rb-Sr and K-Ar geochronology and petrogenesis of the Aji granite in the Eastern sanuki district，Ryoke belt，southwest Japan. Journal of Mineralogical and petrologica sciences，98：19～30

Yui T E，Heaman L，Lan C Y. 1996. U-Pb and Sr isotopic studies on granitoids from Taiwan and Chinmen-Leiyu and their tectonic implications. Tectonophysics，263：61～67

Zen E. 1986. Aluminum enrichment in silicate melts by fractional crystallization：some mineralogic and petrograp-hic constrains. Journal of Petrology，27：1095～1117

Zeng Q T，Mao J R，Chen R，Hu Q，Zhao X L，Ye H M. 2008. Chronology and cooling history of Tianmenshan pluton in South Jiangxi province and their geological significances in ore deposit geology. Chinese Journal of Geochemistry，27：276～284

Zhang G W. Hua R M，Wang R C，Li H M，Chen P R. 2004. Single zircon U-Pb isotopic age of the Wuliting granite in Dajishan area of Jiangxi and its geological implication. Acta Geologica Sinica，78（3）：352～358

Zhao D，Horiuchi S，Hasegawa A. 1990. 3-D seismic velocity structure of the crust and uppermost mantle in the northeastern Japan arc. Tectonophysics，181：135～149

Zheng Y F，Fu B，Gong B，Li L. 2003. Stable isotope geochemistry of ultrahigh pressure metamorphic rocks from the Dabie-Sulu orogen in China：implications for geodynamics and fluid regime. Earth Science Review，62：105～161

Zhong D L. 1998. Paleo-Tethyan Orogenic Belts in Yunnan and Western Sichuan. Beijing：Science Press

Zhou X M，Li W X. 2000. Origin of Late Mesozoic rocks in southeastern China：implications for lithosphere subduction and underplating of mafic magmas. Tectonophysics，326：269～287

Zhou X M，Sun T，Shen W Z，Shu L S，Niu Y. 2006. Petrogenesis of Mesozoic granitoids and volcanic rocks in South China：a response to tectonic evolution. Episodes，29：26～33

Zindler A，Hart S R. 1986. Chemical geodynamics. Annual Review of Earth and Planetary Sciences，14：493～571

后　记

本书是根据"中国东南部和日本中新生代火山-侵入作用与成矿对比研究"（编码：1212010611805）和"海峡两岸地质矿产对比研究"（编码：1212010911012）两个工作项目的综合研究报告经进一步编辑、加工、提炼而成的。

"中国东南部和日本中新生代火山-侵入作用与成矿对比研究"工作项目是国土资源大调查计划项目"亚洲地质编图与关键地质问题对比研究"下属的工作项目之一。计划项目负责单位为中国地质科学院地质研究所，工作项目承担单位为中国地质调查局南京地质调查中心，参加单位为浙江大学地球科学系。中国地质调查局科技外事部于 2006 年 3 月下达任务书（编号：科〔2006〕05-04），于 5 月完成项目总体设计，2009 年 1 月下达任务书（编号：科〔2009〕01-07-05），于 2009 年 3 月完成项目设计。

项目的总体目标任务是配合 1∶500 万国际亚洲地质图的编制，重点总结中国东南部和日本印支期、燕山期、喜马拉雅期三个主要地质时期代表性构造-岩浆-成矿事件群各自的总体特征。为解决一系列基础地质问题，更好地完成本项目目标任务，中国地质调查局于 2006 年和 2007 年，分别与日本国家产业技术综合研究院和韩国地质资源研究院签署地学合作谅解备忘录，以本项目为依托，南京地质调查中心与日本地质和地质情报研究所及大韩民国韩国地质资源研究院分别合作开展"中国东南部和日本中新生代火山-侵入作用对比研究"和"华南与朝鲜半岛南部地质矿产对比研究"项目，作为地学合作谅解备忘录的附录。中日韩三国的项目负责人分别是毛建仁研究员、高桥浩博士（Dr. Yutaka Takahashi）和奇洹叙博士（Dr. Weon-Seo Kee）。

"海峡两岸地质矿产对比研究"（2009～2010 年）是国土资源大调查计划项目"中国大陆构造演化及对成矿制约研究"下属的工作项目之一，编号为 1212010911012，计划项目负责单位为中国地质科学院地质研究所，工作项目承担单位为中国地质调查局南京地质调查中心，中国地质调查局科技外事部于 2009 年 1 月下达任务书（编号：科〔2009〕01-10-08），2009 年完成项目总体设计。该项目的设立使我们有机会与台湾同行共同开展中国东南部地质与矿产的研究，于 2009 年 3 月毛建仁研究员与台湾大学地质科学系陈正宏教授签署了"南京地质矿产研究所台湾地质研究室与台湾大学地质科学系华南花岗岩研究群体科学合作谅解备忘录"。

地质工作本来就是逐步累积资料，逐步推进并逐步深入的，前人的工作是我们前进的基础，我们的工作也同样为后来者提供了上升的阶梯。也就是说我们的工作既有超过前人的有所创造有所前进的部分，也有只是开了头，起了步，有的甚至只是提出问题的部分。随着新理论、新技术的不断涌现和各学科的互相渗透以及国际与地区间合作研究的广泛开展，还会提出更多新的问题。不管怎么说，本书是现阶段有关中国东南部及其邻区有关中生代岩浆活动一次全面系统的总结。书中提出的许多地质事实和数据，也丰富了研究区火成岩石学的资料库，有了数据和材料，人们可以取得各种有用的信息。

板块构造理论是基于大洋板块研究的基础上创建的，板块构造理论目前还无法合理解释深入大陆板块内部宽达上千千米的大陆再造过程及其地球动力学机制，板块构造尚不能回答陆内构造与动力学问题。中国东南部处于太平洋俯冲带之上，目前尚未发现中生代洋壳俯冲形成的弧岩浆岩，扬子与华夏块体在加里东期完成了拼合、秦岭-大别-苏鲁带是在印支期拼合造山后形成了如今的构造格局，但是，没有大洋参与的造山运动和岩浆活动始终没有停止，华南中生代大陆构造不是简单的单一的板块构造及其后期效应，应是有板块构造和陆内构造复合的一个复杂的构造综合体。华南中生代岩浆活动记录了大陆岩石圈的破坏和改造，是探讨板块构造"登陆"的最佳实验室。通过上述研究，我们认为进一步工作重点要加强以下两个方面：

（1）扬子与华夏块体在加里东期完成了拼合，形成了钦杭结合带，秦岭-大别-苏鲁带是在印支期拼合，亦影响了长江中下游成矿带。因此，华南各块体的岩浆活动时空分布和地质地球化学特征、岩浆活动与成矿作用的关系、定位的构造背景是进一步研究的重点。

（2）南岭、钦杭、长江中下游和东南沿海四条构造-岩浆-成矿带的岩浆活动和成矿作用各具特色，以此为基础，总结华南中生代板块拼合碰撞-伸展类型及其动力学机制。

总之，要注重西太平洋盆地中（West Pacific Basian）板块相互作用，包括板块俯冲方向、角度和速率等的变化，对华南大陆多块体运动的影响。同时，从华南大陆构造和岩浆活动来研究大陆动力学，在全球板块构造体系内，探讨亚洲三大全球性构造动力学体系从深部到地表的构造演化与动力学过程，具有创新意义，可以丰富板块构造理论。